THE ADOLESCENT
Development, Relationships, and Culture
(Fourteenth Edition)

青春期心理学

青少年的
成长、发展和面临的问题
（原书第14版）

〔美〕金·盖尔·多金（Kim Gale Dolgin）著

王晓丽 周晓平 译

机械工业出版社
CHINA MACHINE PRESS

图书在版编目（CIP）数据

青春期心理学：青少年的成长、发展和面临的问题：原书第 14 版 /（美）金·盖尔·多金 (Kim Gale Dolgin) 著；王晓丽，周晓平译 . -- 北京：机械工业出版社，2021.9（2023.6 重印）

书名原文：The Adolescent: Development, Relationships, and Culture (Fourteenth Edition)

ISBN 978-7-111-68970-6

Ⅰ. ①青…　Ⅱ. ①金… ②王… ③周…　Ⅲ. ①青少年心理学　Ⅳ. ① B844.2-49

中国版本图书馆 CIP 数据核字（2021）第 225069 号

北京市版权局著作权合同登记　图字：01-2021-2531 号。

Authorized translation from the English language edition, entitled *The Adolescent*: *Development, Relationships, and Culture, 14th Edition*, ISBN：978-0-134-41529-1, by Kim Gale Dolgin, published by Pearson Education, Inc, Copyright © 2018 by Pearson Education, Inc.

All rights reserved. No part of this book may be reproduced or transmitted in any form or by any means, electronic or mechanical, including photocopying, recording or by any information storage and retrieval system, without permission from Pearson Education, Inc.

Chinese Simplified language edition published by China Machine Press, Copyright © 2022.

本书中文简体字版由 Pearson Education（培生教育出版集团）授权机械工业出版社在中国大陆地区（不包括香港、澳门特别行政区及台湾地区）独家出版发行。未经出版者书面许可，不得以任何方式抄袭、复制或节录本书中的任何部分。

本书封底贴有 Pearson Education（培生教育出版集团）激光防伪标签，无标签者不得销售。

青春期心理学
青少年的成长、发展和面临的问题（原书第 14 版）

出版发行：机械工业出版社（北京市西城区百万庄大街 22 号　邮政编码：100037）

责任编辑：刘利英　　　　　　　　　　　　　责任校对：殷　虹

印　　刷：北京捷迅佳彩印刷有限公司　　　　版　　次：2023 年 6 月第 1 版第 2 次印刷

开　　本：185mm×260mm　1/16　　　　　　印　　张：27.5

书　　号：ISBN 978-7-111-68970-6　　　　　定　　价：99.00 元

客服电话：（010）88361066　68326294

难以相信，我竟然有幸完成了本书的写作（最初的作者是菲利普·赖斯（Phillip Rice））。看到青少年心理学领域持续的发展和变化是非常有趣的。我们很难知道，与 1975 年菲利普完成这本教材的第 1 版时相比，我们对这一领域的了解到底增加了多少，研究青少年的视角发生了怎样的变化。20 世纪 70 年代，认为性别可能在发展过程中发挥了重要作用的观点才刚刚出现，人们还没有认识到种族和文化因素对青少年发展的影响，神经科学领域的研究也几乎没有开始，我们还不知道青少年行为的生物学基础。在过去的 40 年里，出现了很多涉及青少年生活、欲望、需求、优势和压力的研究。

第 14 版的内容安排

在上一版中，我已经对教材结构进行了重大调整，我对其结构和内容范围仍然满意。在这一版中，我发展了一些新的特点和新的教学辅助方法，但本书内容的顺序和组织仍然和上一版一致。

与上一版一样，本书的前 3 章主要是对青少年进行总体介绍。第 1 章是在社会背景中看待青少年的发展、人际关系和文化，讨论我们的社会发生的显著变化，以及这些变化如何影响青少年的生活。在这一章中讨论了 7 个变化：青少年期的延长、新的信息技术进入人们的生活、工作和消费环境的变化、不断增长的延长教育年限的需求、家庭性质的改变、逐渐变化的性道德标准和青少年生活中不断增加的暴力。此外，第 1 章还介绍了青少年发展的研究设计。

第 2 章是在理论背景下看待青少年的发展，从多学科视角介绍青少年的发展。第 3 章在民族和社会经济的背景下考察青少年的发展，讨论较低社会经济地位和不同种族或民族的青少年的发展：非洲裔美国人、拉美裔美国人、本土美国人、亚裔美国人，还有一部分内容是关于移民和难民的。

第 4 章和第 5 章考察的是青少年的成长。第 4 章讨论身体的变化，如青春期的生理解剖和生物化学方面的变化，还有关于外表吸引力、体重、营养和运动的主题。第 5 章详细介绍青少年期的认知发展，介绍了皮亚杰奠基性的贡献和较新的信息加工理论视角的研究，还介绍了关于认知发展的生理基础的最新研究。

第 6 章和第 7 章聚焦青少年的自我发展。第 6 章介绍了个人和民族同一性以及性别角色。道德伦理的发展对于个体形成成熟的自我概念是非常必要的，因此在第 7 章单独介绍它。

第 8～11 章探讨青少年的社会关系，考察青少年与那些对他们产生影响的人之间的相互作用。第 8 章和第 9 章介绍了家庭成员与青少年的关系，涉及的主题有父母的教养方式、家庭冲突、兄弟姐妹间的互动、离婚和再婚。另一个重要的社会关系是青少年与同伴的关系，因此本书接着描述了青少年之间的互动。第 10 章介绍了青少年的友谊和青少年独特的亚文化。第 11 章介绍了青少年的性活动。

第 12～15 章介绍了青少年是如何为未来的成年生活做准备的。第 12 章介绍了青少年接受中等教育的情况，第 13 章讨论了青少年职业选择的相关问题。第 14 章和第 15 章探讨了困扰许多青少年的心理社会问题，如抑郁、饮食障碍、物质滥用和犯罪。

第 16 章是一个简短的结语，也是本书的结尾，论述的是积极的青少年发展，内容包括他们即将进入的新的人生阶段"成人初显期"和年青成年人主要的生活任务。

第 14 版新增加的内容

我希望读者可以发现这个版本比以前的版本更好。这一版的章节顺序和组织与上一版相同。与上一版相比，本书主要的变化如下。

- 本书更加强调全球视野，包括非美国的例子，并在相应的章节中直接讨论了国际性的问题。
- 探讨了技术和数字世界对青少年的影响。
- 本书涵盖了近年来对青少年产生影响的事件及其发展，使教材更具现实意义。例如，本书讨论了对同性恋和双性恋的接纳度提高，无家可归的青少年数量增加、发送性短信，对大麻的态度变化和相关法律等重要问题。
- 鉴于近年来生物学理论和研究的增加，本书也增加了相关内容。
- 所有研究都得到了广泛的更新。本书包括将近 1350 篇新的参考文献，这些文献是从关于青少年成长、发展和行为的最新研究中选取出来的。
- 所有的数据和术语都尽可能做了更新。

在本书中，我补充了约 1350 篇新的参考文献（是在第 13 版增加了约 500 篇新的参考文献的基础上），当然也尽可能补充了最新的数据和术语。此外，还增加了以下新的内容：

第 1 章：青少年期的社会背景

全球青少年概况

青少年经历的共性

21 世纪青少年群体的扩大

青少年就业的全球性需求

数字鸿沟

教室中的技术

对同性恋和双性恋的接纳度提高

暴力视频游戏的影响

攻击家庭成员的青少年

时滞研究设计

第 2 章：青少年发展的理论

间隔年和志愿旅行

青少年发展的生物理论再次兴起（进化论和基因模型）

时序系统

第 3 章：青少年的多样性

美国民族群体构成的变化

阿拉伯裔美国人和阿拉伯裔美国青少年

农村贫困

无家可归的青少年数量的上升

制度的、个人的与内部的种族主义

微攻击

心理弹性的个人特质和外部资源

居住区域隔离与教育不平等

次大陆印度裔美国青少年

本书的特点

这本教材有许多重要的特点，一直以来受到读者的高度赞扬，本书继续保留了这些特点。在本书中这些特点呈现于以下五种不同类型的栏目，其中包括许多新的话题和例子。

1. 私人话题：讨论学生感兴趣的私人话题。

2.跨文化研究：各种问题在不同种族和民族之间的比较。

3.研究热点：继续对特别感兴趣的研究主题进行探讨。

4.青少年的心里话：青少年以第一人称叙述他们的经历，为正文中的概念提供具体的例子。

5.你想知道吗：以提问和回答的方式激发学生对课程材料的兴趣。

这些栏目使本书更有特色，使读者更感兴趣。

此外，本书还包括一些其他的特征。

广泛的研究基础

本书的论述是基于5000多篇参考文献而展开的，其中大部分是原创的研究。本书的重点是对相关主题进行讨论，而不是一个接一个地总结这些研究结果。

兼收并蓄的取向

本书介绍了许多关于青少年的理论，而不只是关注某一个理论。本书讨论了每个理论的贡献、长处和短处。除了介绍心理学领域的研究，本书还呈现了来自社会学、教育学、经济学、通信、公共卫生、人类学和医学领域的信息。

覆盖全面

本书尽可能做到全面。本书是在当代社会的背景下讨论青少年的，所用材料包括相关理论和青少年的生活经历，讨论的范围涵盖青少年发展和行为的生理、智力、情绪、心理、性欲、社会、家庭、教育和职业等方面。本书还总结了青少年的心理社会问题。

当代社会中的青少年

现代社会及社会力量如何塑造了今天青少年的生活，是一个重要的课题。本书将在社会、理论和民族背景中讨论青少年，而不是把他们孤立于社会影响之外进行探讨。

文化的多样性

青少年并不相似，他们之间的差异甚至超过成年人之间的差异。本书对美国和其他世界各地的不同民族、种族、文化群体的青少年都进行了分析和讨论。

青少年社会与文化

本书不仅包括青少年发展和社会关系，而且包括群体的生活和文化。涉及的主题有文化与亚文化、服饰、社会活动、校内外的群体生活，特别强调了汽车、手机和音乐在青少年生活中的重要性。

性别问题

性别问题涉及很多主题：生理特征、身体形象、认知能力和智力、饮食障碍、社会性发展和约会、性价值观和性行为、教育、工作、职业等。

致谢

我要感谢所有审阅了本书并提出了建议的人，他们的帮助使本书对读者来说更有价值和趣味。

最后，我要感谢我的丈夫、家人和朋友能够忍受一个妻子和母亲在修改本书时的疯狂状态。谢谢你们的理解，也谢谢你们从来没有因为过于简单的晚餐或者不能在一个美好的日子去散步而抱怨。我爱你们。

金·盖尔·多金

⊖　本部分在华章网站 www.hzbook.com 中搜索本书查看。

第 1 章

青少年期的社会背景

　　青少年期（adolescence）这个词来源于拉丁文 adolescere，意思是成长或成熟，它主要指介于童年和成年之间的这一段时期。从童年到成年的过渡是渐进的，同时充满了不确定性，尽管这个过渡期的长度因人而异，但是大多数青少年最终都能顺利地走向成熟。在这个意义上，青少年期就如同架在童年期与成年期之间的一座桥梁，而这座桥梁是每个孩子在成为成熟的、肩负责任的成年人之前的必经之路。

　　大多数人认为青少年期的开始是以身体开始发育、成熟并具有生殖能力为标志的，即性成熟。人们通常称之为"进入青春期"。其实这并不恰当，因为**青春期**（puberty）实际上意味着身体具有了繁殖生育的能力，并且青春期发生的身体变化在孩子们具有生育能力的前几年就开始了。不管怎样，大多数孩子在 11 ～ 13 岁就开始进入青春期了，而这个年龄一般是青少年期的下限年龄（在拉丁文中，青春期的意思是"开始生长毛发"，这是身体成熟的一个标志。）

　　然而，青少年期的上限年龄是模糊的。人们可以用几个不同的标准对其进行界定，但没有一个能够得到大众的普遍认同。一些人认为，一旦达到生理上的成熟，青少年期就结束了；另外一些人则认为，在个体获得完全的法律地位，有选举权，也有喝酒、参军、结婚等一系列权利之后，青少年期才结束。（这种观点存在问题：法律许可公民拥有这些权利的年龄是各不相同的，大多数情况下，人们满 18 岁就可以结婚了，但是 21 周岁之后才可以饮酒。）另外一种界定方法更为模糊：当个体被绝大多数人当作成人一样对待，在决策时尊重他的意见、给予他独立性时，个体的青少年期就结束了。

　　青少年自身趋向于认为，若不再依赖父母，情感上获得独立并可以对他们自己的行为负责，那么青少年期就结束了（Arnett，1997）。大多数成年人认为青少年期的结束是以经济的独立、情感的独立，以及开始思考更多与成年人有关的问题，而较少思考与青少年有关的问题为标志的。所以，在本书中我们认为全日制大学生也处于青少年期，也会对他们进行研究和探讨。

用于描述青少年期的术语

青少年期个体的表现是多样化的，并非一成不变。身体瘦小、缺乏安全感的12岁初中生与完全成熟并充满自信的20岁大学生有着巨大的差异。因此，我们将青少年期分成早期、中期、后期。

青少年早期主要指11～14岁，青少年中期为15～17岁，青少年后期则为18岁以上，同时我们承认一些十八九岁的人已经是真正的成年人了。成年人在理论上所有方面都已经成熟，包括身体、情感、社会性、智力以及精神等各个方面，而处于青少年后期的个体在有些方面仍然需要长足的发展以达到成熟水平。

什么时候青少年会认为自己完全成人了呢？ 一些人认为他们不得不等很多年才能"进入成年人的俱乐部"。事实上，很多中老年人通常会感觉自己要比实际年龄小，年青人会真实地觉察到自己的年龄，而青少年会感觉自己要比实际年龄大，并且也更成熟一些（Galambose & Tilton-Wilton-Weaver，2000）。由于父母和老师不理解青少年对自己年龄的评估，因此很多青少年对父母和老师的过度控制感到愤慨。

在本书中，我们将频繁使用"**十几岁的人**"（teenager，它的缩简形式是teen）一词。严格地说，这个词指13～19岁的人。这是近年来才出现的一个词。它最早出现在1943～1945年的《读者期刊文献指南》（Readers' Guide to Periodical Literature）上。但是，因为有些儿童（特别是女孩）在13岁前身体就已经成熟了，所以会出现一些不一致的情况。比如，一个11岁女孩的行为和外表可能会像一个十三四岁的青少年，而一个还没有达到性成熟的15岁男孩的行为和外表可能仍然像一个儿童。在本书中出现的"十几岁的人"和"青少年"是可以互相替换的。

未成年人（juvenile）一词多用于法律的意义，表示一个人还没有在法律上被当作成年人——在美国大多数的州，18岁以上的人才被当作成年人。但是年满18岁的人，其法律权利是模糊的，州与州之间都有所不同。美国宪法第二十六条修正案赋予18岁的公民选举权，有些州称之为陪审义务。在一些商店或银行，他们能以自己的名义获得贷款，也有些商店或银行需要有人为他们的贷款做担保。许多房东要求18岁的租房者的父母为租房合同做担保。

我们在本书中还会使用**年青人**（youth/youths）这个词，在本书中它与青少年是完全同义的，尽管年青人通常指年龄大一些的青少年。

你想知道吗

青少年期何时开始，何时结束

青少年期大约在12岁的时候开始，这个时候个体的身体开始成熟，个体逐渐迈向青春期。青少年期具体什么时候结束，我们很难描述清楚。一些人在17岁的时候就离开家，自己养活自己（他们算不算成人呢），而另外一些人直到二十几岁还一直待在家里，靠父母养活（他们是青少年吗）。

研究青少年的途径

　　研究青少年的途径有很多种，后面我们将回顾很多有影响的思想家对这个年龄段的人群进行的研究及其著作。在一些情况下，由于研究青少年的学者对彼此的基本观点是认可的，或者他们所从事的是不同的、非重叠性的研究，因而他们的观点是互补的。还有一种情况，就是这些研究者的某些观点之间存在激烈的冲突，而这些冲突源于研究者探讨的是青少年期的不同阶段，因而形成了不同的认识。他们的研究背景和理论取向也是不同的。

　　在本书中，我们采取折中的途径来研究青少年。这种研究途径是跨学科的，并不局限于某一方面的研究，而是考虑到青少年发展的各个方面，因为绝没有哪个单一的学科可以完全描述青少年期的情况。

研究青少年的不同视角

　　来自很多学科的研究者对青少年的研究都做出了重要的贡献，包括生物学、心理学、教育学、社会学、经济学、人类学以及医药等领域的研究者。如果我们想要对青少年期有一个全面的了解，我们就必须站在不同的位置，以不同的视角来研究青少年。

社会和文化的途径

　　第一个途径是社会和文化和途径。在本章中，我们主要考察当前影响青少年的文化背景。因为美国青少年是一个多样化的群体，所以本书后面的章节将探讨导致这种多样性的原因：社会经济地位和民族。我们还将探讨移民青少年的独特经历。

　　其他研究途径包括生物学途径、认知途径、心理性欲途径和社会关系途径。

青少年研究中的其他关键问题

　　本书后面的章节将讨论青少年与更广阔的社会世界之间的重要联系。青少年大多数时间待在学校里，其交往对象主要为老师、学校的行政人员和同伴。学校能够教给青少年许多他们作为独立的成年人所需要的技能，包括社会技能和与职业相关的技能。在本书中，我们还探讨了中途辍学的特殊需求。通常大多数青少年在校时或者在毕业后是有工作的。我们会探讨职业选择、职业教育、青少年就业的成本和益处以及青少年失业的问题。

　　在第 15 章中，我们会集中讨论当今青少年所面临的严重问题：自杀、自残、犯罪、饮食障碍、离家出走以及药物滥用等。（另外一个严重问题是少女怀孕问题，我们会在较前面的章节中讨论。）尽管并不是所有青少年都会遇到这些问题，但有很大比例的青少年存在这些问题。即使他们自己并没有亲身经历这些问题，他们也清楚地知道哪些人有这些问题。因此，如果一本关于青少年心理学的书没有对这些问题产生的原因、症状以及解决方案进行深入探究，这本书就是不完整的。

　　本书的结语部分对整本书做了一个总结。在这一部分，我们主要讨论了以下几个方面的内容：我们从书中学到的哪些内容可以用来帮助青少年顺利地度过这一人生阶段，青少年期结束后会发生什么，成人初显期是怎么回事。成人初显期介于青少年期和成年期之间。在现代社会，成人初显期已经日益成为一座架在青少年期与成人期之间的桥梁，成为很普遍的人生阶段，值得进行讨论，因为对很多青少年而言，成人初显期而非成年早期更适合作为青少年期的下一个阶段。然后，我们将以青少年期、成人初显期以及成年早期之间的区别来结束本书。

全球青少年概况

截至 2014 年，全球 10 ～ 24 岁的人口已达到 18 亿。全球总人口仍在增长，目前青少年的数量比历史上任何时候都要多（但在 20 世纪 70 年代和 80 年代，青少年占全世界总人数的比例最高），占全世界总人口的 25%。绝大多数青少年生活在不发达国家，而且在很多国家，20 岁以下的人占全国总人口的一半多。大多数青少年是亚洲人（例如，United Nations Population Fund，2014）。美国青少年只占很小的比例，大约是全球青少年总数的 3.5%。

本书主要讨论美国青少年，主要原因有以下几点。第一，基于现实的证据：大部分关于青少年的研究都是美国青少年参与并在美国进行的。很简单，我们只是对美国青少年有更多的了解。第二，全世界各地青少年的发展是类似的，其相似性远远高于差异性：他们都必须面临青春期的挑战，经历脑的快速发展带来的认知能力发展以及从儿童到成人的转变。在其他国家开展的青少年研究的发现在很大程度上与在美国开展的青少年研究的发现是相似的。第三，在不同的文化中，青少年面临的压力或困难的频率、强度和数量可能有所不同，但是其本质是相同的。

在最浅的层面上，一个贫穷的印度尼西亚（以下简称印尼）农村女孩与一个贫穷的纳米比亚女孩的处境的相似性，要远远高于她与居住在首都、家庭富裕且有特权、就读于私立学校的女孩的相似性，哪怕她们身处不同的大洲，说着不同的语言，来自不同的种族，信仰不同的宗教。她们需要得到好的教育，从而找到一份工作，建立自己的家庭，在社会上找到自己的位置，这些需求是相同的，不同的是她们如何完成这些任务以及完成每个任务的时间节点。第四，大多数选修这门课程的人希望对美国青少年有更多的研究与理解。你可能正居住在美国，接触着美国青少年。你们可能有不同的兴趣，有些人想去学教育，有些人想学青少年医学，有些人想去做牧师，还有些人可能进入未成年人司法领域，甚至有些人想成为青少年心理咨询师或社会工作者——我在选择本书内容时尽量考虑到这些不同的需求。

你想知道吗

世界上哪个国家的青少年数量最多

居住在印度的青少年的数量超过其他任何一个国家（3.56 亿），其次是中国（2.69 亿）和印尼（0.67 亿），第四位是美国（0.65 亿），接下来是巴基斯坦（0.59 亿）和尼日利亚（0.57 亿），排在第七位和第八位的是巴西（0.51 亿）和孟加拉国（0.47 亿）。上述八个国家中有五个在亚洲。

美国青少年的数量及构成的变化

由于移民率和出生率一直在变化，因此美国未成年人的绝对数量也一直在变化。20 世纪 60 年代后期至 80 年代中期，美国 10 ～ 24 岁的人数稳步下降，之后进入了缓慢而稳定的上升阶段，截至 1990 年，这个年龄段的人数约 5400 万（见图 1-1）。

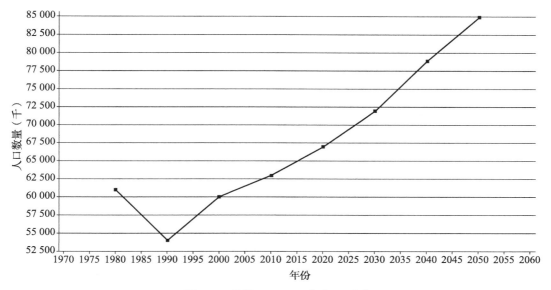

图 1-1　美国 10 ～ 24 岁人口预测

注：如果预测精确，那么这种缓慢而稳定的增长至少会持续到 2050 年，那时 10 ～ 24 岁的人口数量将达到大约 8500 万（U.S.Bureau of the Census，2014d，2014e）。这表示从 2000 年到 2050 年，未成年人口将增长 25%。

资料来源：Data from U.S. Census Bureau (2014d, 2014e).

尽管这种变化似乎是巨大的，但事实上，同其他年龄段的人口增长情况相比，这种变化很小。老年人口，尤其是 65 岁以上的老年人，增长幅度更大。因此，在接下来的三四十年，尽管青少年的绝对数量增加了，但他们占美国总人口的比例会略微下降。2010 年，10 ～ 24 岁的人占美国总人口的 21%，到 2050 年，这一数字估计为 19%（U.S. Census Bureau，2014e）。

由于移民率和出生率在变化，因此美国青少年的种族和民族构成也在变化。就像过去几十年一样，在接下来的 35 年间，亚裔和拉美裔青少年的数量相对增加，将会超过非拉美裔白人青少年。美国青少年的构成将日益呈现多民族化和多种族化趋势。（我们将在后面继续讨论青少年的多样性。）

青少年和他们的家庭成员在迁移。尽管很多州青少年的数量显著增长，但还有很多其他州的青少年的数量呈下降趋势（见图 1-2）。这些变化反映了美国人口从中北部和东北部向西部和东部迁移的总体趋势。

你想知道吗

美国青少年的变化趋势是什么

尽管美国青少年的数量在不断增加，但是美国青少年占美国总人数的比例仍然较小，因为人们的平均寿命增加了，出生率却在下降。美国青少年的种族构成也在不断变化，拉美裔和亚裔青少年的数量越来越多。

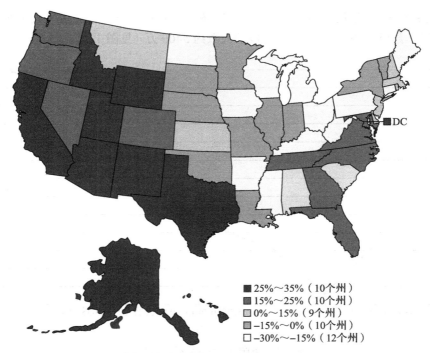

图 1-2　美国各州青少年数量的预期变化趋势（1995 ～ 2015）(百分比)

注：观察这幅图，看看你家所在的州青少年数量是增多还是减少。如果你住在西部，数量更有可能是增加
　　的，如果你住在中西部或东北部，数量更有可能是减少的。

资料来源：Snyder and Sickmund (2006).

不断发展的社会

青少年成长于其中的社会对他们的发展、人际关系、适应情况以及可能面临的问题都
有很大的影响。社会期望会塑造他们的人格，影响他们的角色，引导他们的未来。社会结
构帮助他们满足自身的需求，与此同时也会造成压力和挫折，从而给他们带来困扰。因为
青少年是处于大的文化背景中的社会成员，所以我们需要理解这种社会秩序以及这种秩序
对他们各个方面的影响。

当然，很多青少年的经历是比较相似的，毕竟所有的个体都要面临青春期的到来和与
之相伴的一切，但是并非所有的事件都是可预测的。这个世界是不断变化的，有时候会发
生相当快速的变化，有时候则发生缓慢的变化。今天美国的青少年和全球青少年面临的许
多新状况，是与以往任何一代青少年都截然不同的。有些是日渐进化的结果，是旧事物的
衍生物，而有些是 50 年前的人们没有预料到的。这些社会变迁都是互相联系的，每一种改
变都会起作用并影响社会的其他方面。

不同历史时期的青少年群体

因为某些时代社会的飞速发展或者单一的历史事件，不同历史时期的青少年，或称同
代人（cohorts），有着不同的特点。讨论过去的青少年相对比较容易，但我们很难描述今天
的青少年，因为我们没有足够的历史时空去完全了解到底是哪些重要的事件造就了当今青

少年的特征。

主要历史年代的青少年

下面是人们对 20 世纪初期以来不同历史年代的青少年的描述。

迷惘的一代

大兵的一代

沉默的一代

婴儿潮一代

X 一代

千禧年一代

? 一代：出生于 2000 年之后，其中很多人至今尚未进入青春期。他们将是在后"9·11"时代（与在此之前的乐观时代完全不同的时代）成长起来的第一代人。这一代人的种族和民族是多样化的，他们认为非洲裔美国人成为美国总统是理所当然的事。只有时间会告诉我们"9·11"事件以及其他事件对这一代人的影响。

跨文化研究

全球青少年面临的主要危机

根据联合国人口基金会的数据，历史上青少年人口最多的一代（约 18 亿）正在成年。青少年最紧迫的全球性需求包括促进性别平等、教育的普及、健康服务、普及生殖健康和性健康知识以及保障就业。实现这些目标不仅会改善青少年的生活，也将有助于遏制艾滋病的流行和改善贫困状况（全球超过一半的青少年的生活费用少于 2 美元 / 天）。尽管其他国家的青少年所面临的一些问题和美国青少年有所不同，但有些问题惊人地相似。例如，在学习如何在新世界中生存时，他们过多地向同龄人和媒体寻求建议而不是依靠传统，这是一个全球现象，而不仅仅是美国现象。

性别不平等是一个普遍的现象：世界上很多地方的青少年女性都面临着性别歧视。在许多社会中，家庭给女儿的健康和教育投资没有给儿子的投资多。在许多地方，女性不允许拥有自己的财产。由于贫困和缺乏就业机会，女孩和妇女容易受到性剥削，如童婚、性胁迫、性交易。女童新娘几乎不可能继续接受教育，因为她们和丈夫之间的年龄差距很大，所以她们在家庭中处于从属地位，并且通常不允许进行家族以外的社交，她们很少有机会离开施暴的丈夫。不幸的是，女童结婚的发生率仍在提高：每天有 39 000 个 18 岁以下的女孩结婚。在妇女几乎没有权利和地位的社会里，女性受到性胁迫司空见惯，女性被迫对性胁迫的发生负责。每年约有 700 000 ～ 4 000 000 个青少年女性被迫从事性交易，在堕落与疾病中黯淡地活着。

由于婚前性行为在全球范围内变得更加普遍，因此艾滋病和其他性传播疾病（STDs）已经成为年青人的疾病。在全球范围内，艾滋病是青少年死亡的第二大原因。艾滋病新病例中有一半发生在 15 ～ 24 岁的人群里，这意味着每天有 6 000 名青少年受到感染，其中大多数是女性。感染率最高的地区是撒哈拉以南的非洲。艾滋病的流行对青少年产生影响的另一种途径是他们的家人因艾滋病而死亡。如果某个家庭成员生病了，这个家庭中的孩子（通常是女儿）就必须辍学来照顾他。如果家人因病死亡，这个儿童或青少年就成了孤儿，他们往往会通过偷窃或卖淫求得生存。

给青少年提供生殖健康知识以帮助他们防止被传染上性病是很重要的。我们不能只依赖学校提供这些知识，因为许多发展中国家的青少年没有上学。各个国家已经尝试了不同的方法，通常是利用大众媒体来传播这些信息。最常见的方法有节欲、对伴侣专一、使用安全套。

当然，这些做法也将减少怀孕的青少年女性的数量。早孕对于青少年女性来说有很大的健康风险，这是全球 15～19 岁的年青女性死亡的第二大主要原因。大多数死亡原因是分娩的并发症，也有少数死亡案例是拙劣的堕胎手术所致（15～19 岁的女孩死亡的第一大原因是自杀，自杀往往与她们所面临的生活条件有关）。一些分娩之后活下来的青少年女性永远失去了生育能力。

当青少年长大成人，好的就业机会成为重要的需求。缺少合适的工作会增加社会动荡，导致大规模的迁移。很多人的迁移是在一个国家内部从农村到城市的迁移，还有些是从一个国家迁移到另一个国家。如果在新的地方，青少年没有工作机会，他们就没办法养活自己，也没有家人可以依靠。在撒哈拉以南的非洲以及南亚和西亚，这个问题特别严重。那里有大量的新工作，特别是可以雇用有半熟练技能的工人并有发展空间的制造业。国家支持农村地区的微型和小型企业很重要，但除非这些企业能获得金融服务和贷款，否则它们很难成功。

幸运的是，人们已经开始严肃地对待青少年的幸福。我们已经知道威胁青少年的最大问题并开始采取行动，全球青少年的生活会逐渐得到改善。在过去的十年里，我们已经取得了真正的进步。

资料来源：Data from the United Nations Population Fund (2007, 2014).

青少年期的不断延长

现在，让我们来简要地探讨正在影响或即将影响当代青少年的七个社会变化：青少年期延长、互联网和其他通信工具的出现、经济的发展、延长受教育期限的需求、家庭构成的变化、关于性的价值观和实践的变化、对健康和安全的关注。我们将在本书后面的章节详细介绍提到的每个问题，在这里提及是为了让大家思考影响当代（而不是近代）青少年群体的社会因素。当代青少年的世界与他们的祖父母或曾祖父母的世界是完全不同的。

从 20 世纪 70 年代起，个体完全进入成人期的时间变得越来越晚，因为青少年在完成教育、择业、搬离父母的住所、结婚、生子等事情上花了很多时间（Arnett，2000）。换句话说，青少年期延长了，而且时间越来越长。20 多岁的时候在经济上还部分依赖父母，在近 30 岁的时候结婚并不罕见。这种延时不仅导致了重大生活事件的推迟，而且打乱了这些生活事件的固有传统顺序（Fussell，2002）。例如，如果一个女性在 19 岁而不是在 27 岁时结婚，她在婚前生育的可能性就是很小的。同样，和那些 28 岁才获得学位的人比，那些 20 岁前就结束教育的人，离校前有过全职工作的可能性更低。

有很多原因可以解释青少年期的延长：我们需要更多的技能去获取一份好工作，社会对于婚前性行为给予了更多的宽容，低成本而有效的避孕措施，父母更加愿意继续支持他们的子女，等等。一些年青人的成熟度和生活方式确实将青少年期延长了较长时间，其他人则进入了**成人初显期**，过着一种介于青少年和年青的成人之间的生活。成人初显期将在结语部分详细描述。

不断发展的通信和信息技术

今天的青少年生活在一个技术快速变革的时代。可以说以前没有哪个时代像现在一样经历了技术创新的大爆发。在过去的一百多年里，人们见证了前所未有的进步：出现了收音机、电视、移动电话、飞机以及卫星通信。这些技术都使得世界变小，联系更加紧密，使人们可以体验自己日常居住的社区以外的生活。

在所有的变化中，计算机的普及产生的影响最为深远。史上第一台计算机没有现在的个人计算机功能强大，它占据了整个房间，价值数百万美元。很多人不会记得第一台个人计算机是在 40 多年前的 1980 年诞生的。就是从那个时候起，计算机的使用率开始直线上升。现在大多数美国职员都在使用计算机工作，他们表示互联网和电子邮件是最重要的工具（Purcell & Rainie，2014）。

互联网

使用计算机的重要原因之一就是互联网。互联网的开始可追溯到 20 世纪 60 年代初期：创造互联网的军事研究人员认为，倘若核战争爆发，他们需要一个较为安全的方式来存储和传送敏感的政府信息，这个系统不应该固定在任何一个地方。解决的方法就是设置一个网络，这个网络不需要一台中央计算机来存储数十亿字节的信息以及远程操控其他计算机，在这个网络上，每一台计算机都可以独立工作，但它们之间又是彼此相连接的。如此一来，在战争中，其中一个节点受到破坏并不能阻止其他节点之间进行信息交换，不会摧毁其他节点存储的数据。我们所知道的现代互联网可追溯到 1991 年，瑞士的计算机程序员蒂姆·伯纳斯·李（Tim Berners-Lee）发现了一种超越了从特定计算机发送文件到另一台特定计算机的方式，这种新的方式是建立一个系统，在这个系统中，文件对所有用户都是可以获得的。在 1992 年，美国政府开始允许商业机构建立自己的网站，电子商务和社交网络诞生了（History channel，2015）。

据估算，全世界的互联网用户已经超过 30 亿（Internet World Stats，2015）。互联网一年 365 天、一天 24 小时对人们开放。通过互联网，我们可以交友，找到需要的信息，分享见解和经历，找工作，找约会对象或伴侣，也可以提问或提供建议等。上千所学校、政府机构和研究人员的信息都在你的指尖，互联网就像一个从不打烊的购物中心，你可以买到从汽车到食物的任何东西。它就是一个网络空间、一个最前沿的领域，这个空间没有边界，它是一个可以交友、沟通、学习、探索和获取信息的系统，它还是一个人们分享自己的思想和情感的空间。一旦在线，你就可以进行私人或群组对话，可以与知名专家实时讨论，可以玩在线游戏，浏览各类期刊上的文章，阅读影评，预订机票或酒店，还可以追踪最新的股票市场情况和投资建议。

美国大约有 97% 的青少年和年青的成人自我报告说他们上网（Fox & Rainie，2014）。超过 90% 的青少年每天上网，大约 1/4 的青少年“几乎一直在线”（Lenhart et al.，2015）。很多人用手机上网，87% 的人也用计算机上网。青少年上网最主要的原因是获取信息、与他人交流、访问娱乐网站和玩游戏。

在全世界的互联网用户中，北美用户只占不到 10%（Internet World Stats，2015）。青少年一般都很了解新技术，显然，互联网给全世界的青少年提供了一个彼此直接或间接互动的机会，他们可以浏览相同的网站，下载相同的音乐和电影，在网络游戏中比赛，在 YouTube 上看到彼此等。很多发展中国家的青少年也上网，其中大部分人每天上网（Poushter et al.，2015）。一些研究者认为，借由这些互动，网络促进了品位和价值观相同的全球青少年文化的形成（例如，United Nations，2011）。

互联网的好处 显而易见，上网有很多好处，我们可以从互联网的迅速增长看出这一点。互联网上可用信息的绝对数量是惊人的，你可以得到你想得到的任何信息，就像你的指尖上有一个博大而奇异的图书馆，你可以查阅任何图书、图片，听你喜欢的音乐片段。你也可以去世界著名博物馆来一次虚拟旅行，可以观看政策制定者宣布重要决定时的视频资料（当然，互联网上的资料质量也是参差不齐的，用户必须学习如何判断网站信息的准确性，权衡信息的价值）。这些信息对那些无法接触到教育资源的用户而言更加重要。通过互联网，你花很少的钱就能和其他人（即使对方离你很远）保持联系，例如，你可以在个人网页上传图片，让你的朋友知道你在假期里做了什么，你的新男朋友（或女朋友）长什么样。你也可以在网络上购买一些在你身边买不到的东西，收听其他国家的直播电台节目。

你想知道吗

谁发明了互联网？为什么要发明

互联网是由美国军队发明的，用来保护计算机网络不被破坏。由于网络是分散的、非集中式的，因此它很难被摧毁。

互联网的潜在危害 互联网的使用也有许多潜在的消极影响。互联网带来的一个问题是未成年人可以轻易获取大量不适合他们的信息。他们可以轻易找到色情信息，诸如单人、两人或多人性行为的照片和视频，一些摄影作品或其他艺术作品可能包含人兽性交和恋童癖内容，一些真实或虚构的关于性伙伴的描述含有乱伦或性虐待等行为。互联网用户也能看到寻找一夜情的私人广告，各种性爱工具和性感的衣服、从电话性交到陪伴服务等有偿性消费的广告都可以从网络上轻易找到。

网上能得到的东西在其他地方也可以获得，但网络是不受控制的，因此，对于未成年人而言，从网络获取资料比从其他渠道获取要容易得多。大约有一半的美国（Wolak et al.，2007）、欧洲（Peter & Valkenberg，2011）和亚洲（To et al.，2012）学生查询色情网站，其他还没有进行过研究的地区的学生也很有可能这么做。有时候，你原本想要搜索无害的网站却有可能打开含有色情图片的链接。琼斯等人（Jones et al.，2012）发现，在他们的调查样本中，有 1/4 的青少年接触过网络色情信息，即使他们并没有去寻找这些信息，与几年前相比，这一比例有所

使用互联网的缺点之一是它为青少年提供了浏览色情材料或其他令人反感的材料的机会。

提高，而且 10% 的青少年受到过在线的色情诱惑，与之前的研究相比，这一比例有所下降。

使用互联网的其他缺点

互联网的潜在危害不仅限于性内容，使用互联网还可能带来其他问题。

可以获得有关暴力和危害社会安全的信息

在互联网上可以找到有关暴力和危害社会安全的信息，如怎样制造炸弹，仇恨团体宣传，恐怖主义者的日程（Simon Wiesenthal Center，2011）。帮派会利用互联网招募新成员和组织活动（Pyrooz et al.，2015）。网上也经常会有鼓励使用药物、自残、饮食障碍行为的帖子。

手机

约超过 3/4 的美国青少年拥有手机（Lenhart，2015），而且这一数字每年都在增长。青少年通常用手机打电话或发短信给朋友，他们以一种前所未有的方式和朋友保持联系。手机在几个方面改变了社会关系的性质。例如，通过手机（朋友圈和无限制的短信包），朋友之间可以很方便地进行交流，即使他们不在一起，甚至相距很远也没有关系。根据高中生的自我报告，他们与朋友通过手机"见面"与面对面见面的可能性是相同的（Lenhart，2015a）。借助手机，一个大学生能与高中时期的朋友保持密切的联系，这提高了他们在毕业后继续维持友谊的可能性。此外，手机使得聚会具有更强的随意性——你能够在最后一分钟核实一个朋友是否到来，或者因为你不能赶到聚会地点而取消聚会等，并不需要像以前一样提前做好计划。

手机也影响了家庭关系。正如青少年和朋友们的联系方式，他们同样通过手机与父母和兄弟姐妹保持着较为密切的联系。当然，父母也能借助手机更严密地监控他们。在必要的时候，青少年可以用手机打电话求救，因此父母和孩子都有了安全感，很多父母说因为孩子拥有手机，所以可以给孩子更多的自由（Ribak，2009）。同时，青少年也不像以前那样独立了，因为父母的帮助和建议通过按几下键就可以轻易得到。这一变化是否会产生不同的影响，我们还不得而知。

不断变化的工作和消费世界

美国是一个相当物质主义的社会。大多数人相信为了过上好生活拥有一个舒适的家和很多财产是十分重要的。那些持这种观点的人在很大程度上是错误的：不那么物质主义的人比那些更相信物质主义的人过得要快乐些（Kasser et al.，2014）。当儿童进入青少年阶段，他们的物质主义偏向会提高，这一偏向在青少年阶段结束时下降（Chaplin & John，2007）。很多青少年，特别是处于青少年早期和中期的人，非常注重穿着打扮和拥有合适的财物，以使自己跟得上潮流，甚至包括去高端的咖啡店喝一杯拿铁。这种物质主义价值观和相应的动机包容甚至促进了青少年消费需求的日益增长，这个国家的就业情况也在不断变化并将对当代青少年产生影响。

工作时间增加

美国人用于工作的时间越来越多，但一些人仍然面临着经济困境。一些人迫于雇主的要求不得不延长工作时间，因为雇主发现工人的加班费要比再雇一名职员需要的费用低。还有一些人想要过高标准的生活，而每周工作 40 个小时不能满足其生活所需。在过去的几十年里，同时拥有两份工作（通常是一份全职和一份兼职）的工人数量开始逐渐增多，当然，只有一份工作但是工作更久的人数也在增加。无论你如何衡量工作时间，都会发现美国人用于工作的时间比欧洲人和日本人要多：美国人可以享受的假期比他们短，每周工作的时间更长，退休年龄也更大（Schabner，2015）。

网络进一步延长了美国人的日均工作时间。24% 的美国工人通常把工作带回家，他们在家的时候也参加商业活动（U.S. Bureau of Labor Statistics，2011a）。其中很重要的一个原因是人们都有个人电脑、笔记本电脑或平板电脑，能在家（或者在餐馆、在排队时等）接收和回复邮件。那些有手机的人可以在一周七天中的任何时间被找到，因此工作和闲暇时间的区分没有以前那么明显了。

显然，长时间工作挤占了工人与他们的家人和孩子待在一起的时间。频繁地接听电话、发短信、检查邮件，甚至是在家人一起吃饭或出游时也不能停下来，这往往也会降低休闲时间的质量。

职业女性

除工作时间增加外，另一个能说明美国人试图跟上高消费水平的指标是越来越多的女性开始工作，甚至有年幼孩子的女性也开始在外工作。这一趋势开始于 20 世纪 60 年代。女性就业现象在 1999 年达到高峰，从那以后有轻微的下降（U.S. Bureau of Labor Statistics，2014）。

在 2012 年，大约有 58% 的女性外出工作。子女年龄在 6 ~ 17 岁的女性中大约有 76% 在工作，子女年龄小于 6 岁的女性中大约有 65% 在工作。单亲妈妈比非单亲妈妈外出工作的可能性更高，在美国，这个比例大约为 76% 和 69%（U.S. Bureau of the Census，2009b）。仔细观察这些数据，你会发现与没有孩子的女性相比，成为妈妈的女性更有可能出去工作（这大概与抚养孩子需要高额费用有关）。

随着外出工作的母亲越来越多，照顾孩子的需求也相应增加。这会以几种不同的方式对青少年产生影响。

这意味着很多青少年在托儿所度过童年。与母亲在家照顾他们不同，托儿所让他们有了不同的经历。

有些青少年（16%）在父母工作的时候承担起了照顾弟弟妹妹的责任（Laughlin，2013）。这还意味着妈妈们在傍晚前后无法监管她们处于青少年期的孩子。25% 的中学生在放学以后独自在家度过几个小时（Laughlin，2013）。这些女性也给她们的女儿做出了榜样，她们长大以后也可以像她们的母亲一样出去工作。

你想知道吗

你期望的工作时间比你父母的工作时间长还是短

如果目前的趋势持续下去，你将来工作的时间要比你的父母或祖父母更长。（这么多的技术保证了休闲时间的增加！）

青少年就业

美国人比欧洲人工作时间长的原因之一就是美国有更多青少年参加工作。高中生参加工作的人数比例一直在快速稳定地上升，现在达到了一个高点，超过 90% 的高中生在毕业之前就有了正式的工作（Hirschman & Voloshin，2007）。一般来讲，有工作的学生得到了父母、老师和社会学家的支持。传统观点认为工作对学生是有好处的，他们可以获得工作技能、金钱，还可以学会承担责任。带着社会的祝福，美国青少年去参加工作。据统计，将近 300 万 15 ～ 17 岁的在校学生都在工作，400 万学生会在暑期打工。这些青少年在校时平均每周工作 17 个小时，暑假期间平均每周工作 29 个小时（Herman，2000；Stringer，2003）。

做兼职工作的青少年人数一直在稳步上升，放学后的工作经常与学校功课和家庭责任相冲突，特别是当这份工作每周花 20 小时以上时。

然而，很多专家认为青少年花了太多时间去工作，以致他们的学习时间不足（例如，Marsh & Kleitman，2005）。除此之外，他们挣的钱大都花在了诸如演唱会、快餐和昂贵的衣服等不重要的事情上，而不是用于储蓄或帮助负担家庭支出。这种消费模式不仅滋养了物质主义，而且没有很好地帮助青少年过渡到自力更生的成年期。

在本书后面的章节中，我们将详细阐述青少年就业的影响，现在我们要说的是，可靠的数据表明，课余工作与学业成就低、犯罪和药物滥用率增加有关（例如，Lee & staff，2007）。与其同伴相比，已就业的青少年没有充足的睡眠（Pruitt & Springer，2010）和足够的运动（Fischer et al.，2008）。大多数有工作的青少年有时候可能面临着这些消极后果，那些长时间工作的青少年更有可能面临这些消极后果。

青少年消费

参加工作的青少年之所以如此之多，主要是因为他们觉得自己需要挣钱。大众媒体对造就这一代青少年这样的消费观负有一定的责任。今天的孩子被大量来自杂志、收音机或电视的（甚至电脑上弹出的广告窗口）最新款止汗露、美味早餐或者洗发水等物品的广告信息包围着。超过 99% 的美国家庭都有电视，超过 2/3 的青少年卧室里有电视（Rideout et al.，2005）。

今天的年青人撑起了巨大的消费市场，他们逐渐增长的财富吸引了越来越多的商家的目光。服装、化妆品、电影、太阳镜、美容用品、运动装备、电子产品以及成千上万、形形色色的商品都在使出浑身解数赚取青少年口袋里的美元。

青少年的购买力正快速增长，他们不仅有自己工作得来的薪水，而且有父母给他们的零花钱。青少年最大的开销项（大约 1/3）是购买衣服，10% 用于购买美容用品和化妆品（Business Wire，2013），20% 用于食物。女孩们更是花了比成年女性和男性更多的时间去购物：青少年女性平均每年去购物中心 54 次，每次大约 90 分钟，这一时长比其他购物者长 40%（Voight，1999）。很多青少年女性说购物是她们最喜欢的活动（Dolliver，2010）。青少年对家庭购物也产生了越来越大的影响。2010 年，美国青少年消费额达到 2000 亿美元（Business Wire，2011），比 2001 年增长了 25%（MarketResearch.com，2005）。

那些无法在金钱、地位和声望上赶上他人的家庭似乎看起来更加贫穷了。来自这些家庭的孩子经常会感到被排斥，来自贫穷家庭的青少年更有可能不参加学校活动，也很少当选重要的职位，经常通过反社会行为来寻求地位（U.S. Bureau of the Census，2005）。这些青少年希望得到认可，有时他们会因为自己的身份是受中产阶级排斥的而最终变成问题青少年。

持续增长的教育需求

科技的发展以及社会复杂性提高了人们对高等教育的需求，也延长了青少年依赖父母的时间。要想找到一份收入不错的工作，得到高中或大学毕业文凭是至关重要的。如果美国青少年想要比其他国家的青少年更具有经济竞争力，他们就必须花更多的时间去接受学校教育、做家庭作业以及掌握更复杂的知识。他们投入更多时间去学习新的科学技术是必要的。

这种逐渐增长的教育需求延长了青少年依靠父母生活的时间。2012 年，18 ～ 30 岁的人中，超过 1/3 的人和父母住在一起（Fry，2013），其中一半是大学生（另外一半是失业的人，且几乎都是单身）。这个结果就是年青人独立性延迟的表现。

受教育程度

近年来，美国的高中教育取得了极大进步。2013 年，25 ～ 29 岁的人中，大约 90% 的人至少完成了四年的高中教育，这个数据代表 94% 的非拉美裔白人、90% 的非洲裔美国人以及 76% 的拉美裔美国人完成了高中教育（Child Trends，2004a）。过去的 40 年里，完成高中教育的人数比例增加了一倍，但获得大学学位的学生数量没有跟上这个步伐。

2013 年，25 岁以上的人中，34% 的人完成了四年或四年以上的大学教育（见图 1-3），这个数据代表 60% 的亚裔美国人、40% 的非拉美裔白人、20% 的非洲裔美国人和 17% 的拉美裔美国人完成了四年大学教育（Child Trends，2004a）。

虽然所有种族完成四年或四年以上的大学教育的人数比例都有所增加，但教育发展仍有很长的路要走。

提升教育水平面临的问题之一，是要确保更多的青少年能受到大学教育，教育费用就会大量增加。尽管每年教育津贴、教育贷款等各种形式的财政补贴一直在增加，但是这仍然赶不上学费的增长。大学教育所需费用的增长速度超过了生活水平的增长速度，正如图 1-4 所示，在过去的 30 年里，无论是哪种类型的大学，读大学所需的费用都增加了近 500%。

接受新技术

关于教育最令人兴奋的变化之一是教师们对计算机和互联网的使用越来越熟练，并且学会使用越来越多的新功能。全国的教育者都接受了新的电子科技,很多人开发动态教学方案,其中包括大量在线资源的运用。除使用计算机进行研究外,很多老师还会在科学课堂上借助计算机来做实验,在外语实验室用计算机与其他国家的学生互动,对学生们正在学习的国家进行虚拟参观,在艺术教室制作 3D 动画和影像,以及在数学课堂上模拟复杂的数学方程。学生们可以在几分钟内给世界各地的人回复电子邮件;在网络聊天室里,他们可以参与即时的交互讨论;视频会议使得人们即使远隔重洋也能“面对面”交谈。

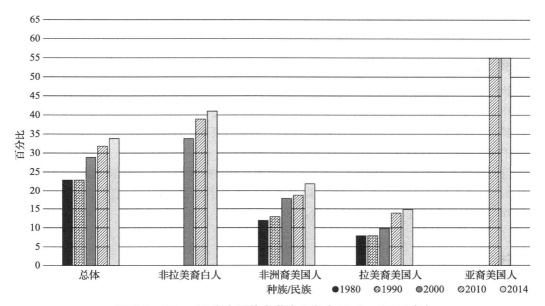

图 1-3　25 ~ 29 岁人群的大学毕业率(1980 ~ 2014 年)

注:虽然所有种族完成四年或四年以上的大学教育的人数比例都有所增加,但教育发展仍有很长的路要走。在过去的 35 年里,所有族群的受教育程度都取得了进步。

资料来源:Data from U.S. Bureau of the Census, Current Population Survey Historical Tables.

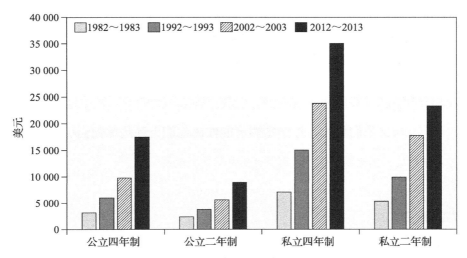

图 1-4　不同类型大学的平均价格(1982 ~ 2013)

资料来源:Data from U.S. Bureau of the Census, Current Population Survey Historical Tables.

当然，使用技术的花费相当高，只有 40% 的美国学校拥有设备和宽带服务以让教师和学生能够充分利用互联网带来的便利。更多的学生在家使用平板电脑或手机来完成作业，而不是在学校完成作业，这令人忧虑。学生们这么做部分是因为对于这些在互联网时代长大的儿童和青少年来说，基于计算机的教学比传统的教学方法更加吸引人（Armstrong，2014）。为了解决这个问题，2013 年，奥巴马总统启动了"互联网计划"，目标是在 2018 年前让 99% 的美国学生能够上网。很多大公司为完成这一目标捐赠了互联网连接设备（White House，2015a）。

30 年来，教育发生了很多意义重大、鼓舞人心的变化，但是没有什么比计算机应用于课堂对教育的发展影响更大。

职业教育的创新

除计算机和互联网的使用外，另一个影响青少年的教育趋势，是人们越来越意识到在高中开展职业准备课程的必要性。并不是所有学生都会读完高中，那些读完高中的学生也有很多没有继续上大学。因为薪水较高的工作通常需要更加专业的技能，所以学校正在安排这样的职业预备课程来教学生一些实用的技能。

目前，美国学校在帮助学生顺利进入职场这方面做得远不及很多欧洲国家（Kerckhoff，2002）。也许有一天，学徒机会的增加以及其他一些新措施能消除这一差距，我们会在后面的章节对这些新措施进行更详细的讨论。

不断变化的家庭

近几十年，人们结婚或成为父母的概率已经发生了变化。在 2014 年，美国单身人数第一次超过已婚人数（Florida，2014）。不仅结婚率下降了，而且结婚年龄增大了，未婚同居的人口增加了，家庭所拥有的子女数量也减少了，更多的人开始选择不生孩子。

结婚率与生育率的变化

社会对于各种不同的生活方式的态度越来越开放，个体不一定要选择结婚或生孩子去满足文化对他们的期待。与以往相比，越来越多的成年人选择保持单身（见图 1-5）。

值得注意的是，在所有的年龄阶段，男性都比女性更有可能保持单身。

> **你想知道吗**
>
> **与父辈们相比，你结婚的可能性比他们大还是比他们小**
>
> 选择结婚的个体比以前少了，而且他们总是选择晚婚。

家庭动力的改变

不仅人们的结婚率发生了变化，而且人们对于婚姻的期望也有所变化，比如，现在的青少年长大后结婚时，他们要考虑的首要因素不再是经济状况，而是要追求浪漫的爱情、志同道合的伴侣。从某种角度讲，这种对个人情感关系的需求给家庭带来了更大的负担。当

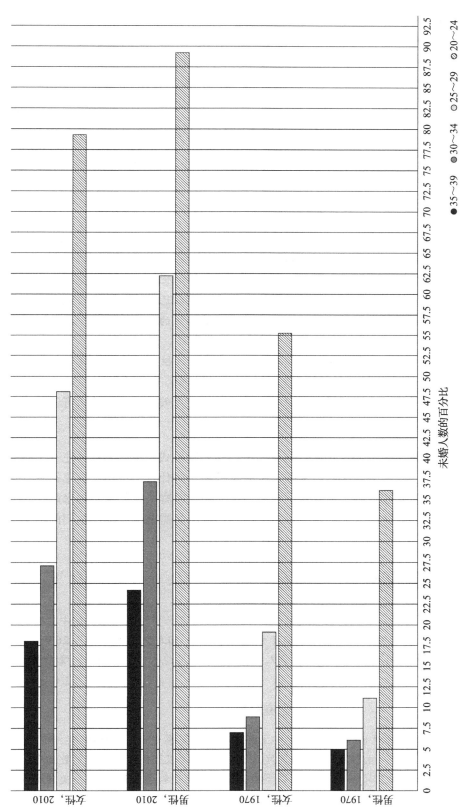

未婚人数的百分比

● 35～39　　● 30～34　　○ 25～29　　○ 20～24

图 1-5　1970 年和 2010 年，15 岁以上的人群中，不同年龄和性别的单身人数比例

注：如图所示，越来越多的成年人选择单身生活。

资料来源：Data from U.S. Bureau of the Census, American Fact Finder data.

人们基于爱、友情和安全感而组建一个家庭却并没有得到满足时，他们会失望、沮丧，从而会体验到一种深深的挫折感，这也是当今美国的离婚率较高的原因之一。当个人需求和期望没有得到满足时，他们宁可选择分开，也不愿为了家庭而勉强在一起。

现在的美国家庭逐渐变得更加民主。在大部分历史时期，美国家庭都是父权制，父亲是一家之主，拥有权力并对其他成员负有责任。因为他是家庭的主宰和财产的所有者，所以他的妻子和子女需要和他住在一起或住在他附近。这种传统家长制的一个特点是丈夫和妻子的家庭角色有着鲜明的差别，父亲负责养家糊口，那些较困难费力的工作被认为是男人的专利，他们有责任来承担这些工作，而清洁房屋、做饭、缝缝补补、照顾孩子等其他职责是属于女性的，孩子们只需要顺从和服从他们的父母，遵从他们的要求，包括承担一些家务劳动等。

渐渐地，一种更为民主的家庭模式开始形成了。究其原因，主要包括以下几点。

- 女权运动的兴起给女性带来了更强的经济能力和更多人身自由，在 19 世纪 70 年代，女性获得了拥有自己的财富和借贷的权利。
- 女性接受教育的机会逐渐增多，已婚女性外出工作的比例的提高使她们在家庭中起到一些传统家庭中男性所起的作用。随着越来越多的已婚女性拥有自己的收入，越来越多的男性需要承担更多做家务、照顾孩子等相应的家庭责任。现在的主流趋势呼吁夫妻双方平等参与家庭决策和平等分担家庭责任。
- 20 世纪 60 年代～ 20 世纪 70 年代，随着人们对女性性能力的认识增多，女性要求平等的性表达和性满足的呼声增强了。基于这种认识，婚姻便是以彼此交付的爱与情感为基础的事。有效的避孕措施也解放了不愿怀孕的女性，使她们有了更多的私人空间和社交生活。

二战之后的儿童研究运动催化了以儿童为中心的家庭模式，我们不再关注一个孩子可以为家庭做些什么，转而关注家庭能为孩子的终生发展做些什么，将孩子看作家庭的重要成员，关注他们的需求和权利。随着孩子长大，他们参与家庭决策的意愿越来越强，有时候青少年甚至会因此叛逆。今天的青少年对自由和影响力的需求可能会使他们的祖父母感到震惊。

结婚年龄和家庭规模的变化

虽然很多人选择结婚，但是他们会拖很久才结婚。1970 年，男性结婚年龄的中位数是 23.2 岁，2010 年为 28.4 岁；1970 年，女性结婚年龄的中位数是 20.8 岁，2008 年为 26.9 岁（U.S. Bureau of the Census，2012）。男性和女性步入婚姻的年龄差距也大幅度变小了。晚婚意味着一对夫妻生孩子的数量减少。

家庭规模

20 世纪 50 年至 20 世纪 80 年代，出生率下降导致家庭规模变小。在 2014 年，有 18 岁以下的孩子的家庭不到一半（43%）。18% 的家庭只有一个 18 岁以下的孩子。这些数据令人难以置信：美国家庭中没有或者只有一个 18 岁以下的孩子的比例达到了 3/4。事实是美国女性现在较少生育。20 世纪初，平均每个已婚女性生育 5 个孩子（Dye，2005），在 1960 年，这一数字是 2.33，到 1975 年下降到 2.1。自 20 世纪 80 年代早期以来，已婚女性平均生育孩子的数量稳定地保持在 1.8 左右（U.S. Census Bureau，2015a）。晚婚和较小的家庭规模紧密相关，因为两个想更晚一些结婚的人总是倾向于生育较少的子女。

来自小规模家庭的青少年能享受很多好处。他们的父母会给他们足够的关注，全心照看每一个孩子。来自小规模家庭的孩子有更多机会继续接受高等教育，因为他们父母的资源不像多子女家庭那样紧张，而且会影响他们的兄弟姐妹也比较少。

传统婚姻的替代形式

自从不结婚的耻辱感渐渐减弱，更多人开始选择其他生活方式。

未婚同居

在美国，另一个重要的婚姻变化趋势是婚前同居的人越来越多。根据古德温等人（Goodwin et al.，2010）的调查，超过一半的成年美国人有未婚同居的经历，超过一半的婚姻是从同居开始的。40% 的儿童与未婚同居的父母生活在一起。（未婚同居的问题将会在后面进行更详细的讨论。）

未婚同居率的上升会对青少年产生较大的影响，主要原因如下：

第一，他们可能在未婚同居的家庭环境中长大。

第二，他们将来更可能会未婚同居。

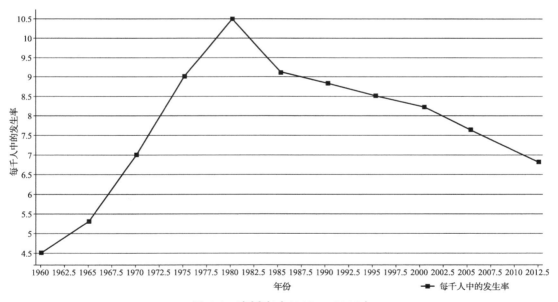

图 1-6　离婚率（1960 ～ 2012）

注：自 20 世纪 80 年代中期以来，美国的离婚率呈稳定下降的趋势，但目前的离婚率仍然高于 1960 年的离婚率。

资料来源：Data from U.S. Bureau of the Census (2006) and Centers for Disease Control and Prevention (2015).

两性关系的变化

性革命开始于 20 世纪 60 年代（主要是在大学校园里），在 20 世纪 70 年代，其影响变得更加广泛和强烈。社会学家认为这是由于避孕药的发展和现代女权运动的兴起。不久后，同性恋者的权利问题也成为这场革命的一部分。这场革命给青少年带来了巨大的影响。

性革命的消极影响

性话题的接受度越高，性自由被滥用的机会就越多。媒体将骑着三轮车的小孩子暴露于色情图片和暴力信息之下。在 20 年前，这些信息是禁止未成年人接触的，而现在儿童在面对这些信息时没有受到保护。毫无疑问，青少年受到了电视（例如，Chandra et al.，2008）、音乐视频（例如，Council on Communications and Media，2009）和电影（例如，O'Hara et al.，2012）中的色情信息的影响，而且，如前所述，互联网使得这些信息更容易获得。

你想知道吗

性解放的三个消极影响是什么

很不幸，性解放带来了一系列的消极影响：性传播疾病的高发率、青少年怀孕、过早尝试性行为（大多数青少年还没有做好准备）、电视和电影中的性信息的扩散，这些导致青少年对性感到很困惑。

💡 性革命的积极影响

性革命使更多人意识到人类是复杂的性生物，允许人们诚实地表达性欲和性经验。这意味着人们可以研究、讨论和应对性行为的后果。

接纳性欲

性革命所带来的一个好处就是人们对人类的性欲有了更为开放的态度，即人们不会因为自己有与性相关的想法和感觉产生负罪感。性变成了可以讨论的话题（尽管很多父母和他们处于青春期的子女谈论这个话题时仍然觉得尴尬）。学校也开设了更多较为全面的性教育课程（尽管现在又有所减少）。因为性欲已经被广泛接纳，所以青少年就明白他们的欲望和行为都不是反常的，这让他们感到轻松。

💡 性革命的消极影响

虽然有风险的性行为的发生比率自 20 世纪 90 年代达到峰值之后已经有所下降，但仍有很多青少年进行性活动并导致了消极后果。

婚前性行为的发生时间提前

研究者已经注意到，在过去的 50 年里，人们婚前的性态度和性行为发生了巨大的变化：青少年更可能发生婚前性行为，而且他们首次发生性行为的时间也比 20 世纪 60 或 70 年代提前了。研究指出，近 2/3 的美国青少年在高中阶段就已经发生了第一次性行为（Centers for Disease Control and Prevention，2014）。而且，在年龄更小的青少年间，口交已经成为一种普遍的行为（Remez，2000）。

　　不幸的是，很多青少年早期和中期的孩子并没有做好情绪上的准备来面对性行为，所以，当两个人的关系变质时，他们可能会情绪崩溃。由于他们对避孕知识的了解很少，很少关心性传播疾病，也不知道如何设定界限。因此很多在年龄很小时发生的性行为并不是他们真正想要的或感到满意的。

安全问题的变化

　　美国的另一个社会变化是对暴力越来越强烈的恐惧。很多青少年、儿童和成人都经历过暴力事件。几十年来，许多美国人越来越感觉到他们的社区和学校并没有他们希望的那么安全。校园枪击事件和高调的大规模杀伤事件似乎越来越常见了。自"9·11"事件以来，很多美国人意识到恐怖主义发生的可能性也急剧上升。严重的暴力行为已经入侵人们的休闲活动。

暴力犯罪

　　美国的暴力犯罪率在 20 世纪 90 年代中后期急剧下降，这一趋势一直持续到 2010 年。事实上，现在的犯罪率比过去 30 年间的任何时期都要低（Federal Bureau of Investigation，2012；Snyder & Sickmund，2006）。即便如此，我们仍然会产生这样的念头——美国各地变得更加危险了。多所学校发生的著名的枪击事件使青少年对他们的安全感到担忧，他们总感觉暴力会在任何时候、任何地点爆发，并且自己无处可逃。事实上，与 20 世纪 90 年代中期相比，现在青少年成为暴力犯罪对象的可能性只有当时的 25%（Sickmund & Puzzanchera，2014），但每年仍有超过 50% 的美国青少年遭受暴力（有些是在自己的家中）。尽管犯罪率下降了，但是与其他年龄段的人相比，青少年仍然更容易遭遇攻击、强奸、抢劫等暴力事件，他们受到伤害的可能性是其他年龄的人们的两倍（Sickmund & Puzzanchera，2014）。

社会上的暴力

　　现在，相当比例的青少年卷入暴力犯罪事件，而且他们能了解到世界各地的暴力和骚乱事件，例如，谋杀或企图暗杀国家领导人、轰炸大使馆、国内和国际恐怖主义、十几个国家的战争。电视和网络让他们持续不断地接触暴力事件。我们生活在一个即时新闻的时代：电视和 YouTube 使人们能看到非洲饥民、轰炸、海啸、战争以及大规模地震等。现在的青少年不仅听说过杀戮，而且经常会看到这些。这种持续不断的关于暴力事件的信息轰炸不仅影响他们的情绪和情感，还影响他们的认知和知觉。不断暴露于暴力之下的后果是，一些青少年感到恐惧，还有些青少年对发生在他们周围的暴力事件异常敏感，他们开始相信暴力事件必然会发生，而且是他们生活的一部分。

🔈 研究热点

电脑游戏

电脑游戏最早出现在 20 世纪 70 年代，从那时起，游戏玩家的数量开始剧增，因为它们将更复杂的主题和更好的图片整合在一起。游戏成为世界上发展最快的娱乐形式（Biscoti et al.，2011）。电脑游戏已经非常普遍，大约97%的美国青少年玩过这些游戏（Lenhart et al.，2008）。很多游戏变得越来越暴力，例如，要求玩家使用武器去杀死大量无罪的敌人；2014年的十大畅销游戏中有六个都以极端暴力为特色（MSN Money，2015）。因此，很多父母和教育家关注这类游戏对青少年的影响。这一问题是如此普遍，以至于美国参议院在2000年举行了听证会，会上很多著名的研究者证明了暴力游戏带来的危害（例如，Funk，2000）。

毫无疑问，很多非常流行的视频和电脑游戏都是暴力的。2001年的一个研究发现，89%在售的视频游戏包含明显的暴力情节，其中超过3/4的游戏介绍上写有"E"，表示"适用于所有人"（Children Now，2001）。杀戮总是合理地出现在游戏中（如果不杀戮，就不可能取得胜利），玩家总是会因为他们的暴力表现获得相应的奖励。此外，游戏很少描述暴力的消极结果，游戏中的大多数受害者似乎也没有受到攻击性行为的影响。视频游戏有三种类型（Ernest & Rollings，2006）：①第一人称射击者游戏，如侠盗猎车手和使命召唤系列；②求生游戏或恐怖游戏，如生化危机；③角色扮演游戏，如终极命运。这些游戏几乎都是暴力的。

与对暴力电视节目影响的研究相比，对暴力视频和电脑游戏的研究要少得多。然而，因为该数据清楚地表明观看暴力电视节目将会提高儿童和青少年的攻击性，所以关注暴力电脑游戏对青少年的影响便有了有合理的理由。安德森和迪尔（Anderson & Dill，2000）提出三方面的原因说明玩暴力游戏可能比看电视暴力更糟：

1.当玩电脑游戏的时候，玩家通常扮演成功杀死"坏人"的英雄角色，玩家和"英雄"是一个人，玩家透过"英雄"的眼睛来看待世界，他们认同"英雄"的观点。很多先前的研究表明电视观众越认同某个具有攻击性的"英雄"，"英雄"的暴力行为的影响就越消极。

2.电脑和视频游戏要求积极参与，玩家并不只是坐在电视机前观看。参与性的提高促进了攻击性脚本的发展，并使玩家养成了选择暴力反应的习惯。

3.电脑和视频游戏对玩家的攻击性行为给予积极的奖励。通过杀敌，玩家会赢得分数，更加接近他们的目标。

暴力电视节目提高攻击性的机制还有好几种，在玩暴力游戏时，这些机制也起作用，并且其作用效果与暴力电视节目的效果相同。例如，观看暴力电视节目与玩暴力游戏都会提高生理唤醒水平（例如，Ivory & Kalyanaraman，2007），而这会提高出现攻击行为的可能性。新近的研究表明玩暴力游戏会影响大脑前额叶的功能，这一大脑区域与抑制不合适的行为有关（Hummer et al.，2010），玩暴力游戏还会加强生理唤醒与攻击行为之间的联系。

但是，目前已有的证据还不够充分。很多研究都是横向研究，其中很多数据是基于旧有的游戏获得的，那些游戏的图像远没有今天的游戏图像真实，暴力水平也远没有现在的游戏高。迄今为止，还没有人系统地调查过不同种类的暴力游戏对青少年的影响，例如，以第一人称为视角的游戏比以第三人称为视角的游戏带来的伤害更多还是更少，需要杀死尽可能多的目标的游戏和那些需要躲避以免被打或被杀的游戏可能具有不同的影响，这些我们还不得而知。不过最新的研究已经发现，玩暴力游戏与道德推理和道德发展呈负相关（例如，Bajovic，2013）

此外，我们应该知道，如果暴力游戏可以影响青少年，那么亲社会游戏也可以影响青少年。如果游戏的目标是帮助他人或与他人合作，那这样的游戏将能够提高助人行为发生的概率（Prot et al.，2014）。还有几项研究表明，竞争性比视频游戏中的暴力对激发攻击性行为更重要（Adachi & Willoughby，2013）。我们无意做出玩游戏的利弊的权衡，也有研究者发现玩视频游戏可以提高视觉空间能力、视觉记忆能力和心理旋转能力（例如，Ferguson，2011）

　　我们还没有得到所有的答案。很多从事青少年研究的心理学家相信更进一步的研究将会提供大量确凿的证据证明暴力电脑和视频游戏对青少年是有害的。

家庭暴力

　　青少年所遭受的一部分暴力来自他们的家庭，那些在虐待妻儿的家庭中成长的孩子将来更有可能成为虐待配偶和儿童的人（例如，Cort et al.，2011）。青少年一般都会模仿他们在家庭中所目击的婚姻侵害行为。那些看到父亲伤害母亲的孩子更有可能成为婚姻侵害行为中的施暴者和受害者。遭受暴力的频率越高，年青的受害者成长为暴力父母和配偶的可能性就越大。而且暴力家庭中的青少年更有可能使用暴力来反抗他们的父母（例如，Iverson et al.，2011）。

　　此外，虐待所引起的压力和痛苦也会导致消极后果，如药物滥用、抑郁、焦虑以及自杀（Fuller-Thomson & Sawyer，2014）；看到家庭成员受到虐待也会导致长期的问题（例如，Claridge et al.，2014）。

学校暴力

　　近年来，人们越来越关注哪些学生在学校更易受欺负。尽管一般情况下欺凌不会造成很严重的身体伤害，但是它能够引起心理创伤。很多青少年都说他们因为怕受到同学的嘲弄和骚扰而不敢去学校。由此产生的压力会导致这些学生成绩较差、抑郁或其他身心症状，也可能会引起受害者的反击。与欺凌行为有关的学生数量要比以前认为的多，很多学生都与欺凌行为有关，或者是受害者，或者是施暴者，或者是旁观者，似乎很多国家都有这种情况（例如，Due et al.，2009）。

近年来，越来越多的青少年参与暴力犯罪。图中这个 15 岁的少年被指控在加州某学校开枪，致 2 人死亡，13 人受伤。

你想知道吗

与 10 年前或 20 年前的你相比，你是否更有可能成为暴力行为的受害者

　　暴力犯罪率已经有显著的下降，与 20 世纪 80 年代和 20 世纪 90 年代初期相比，你被攻击或谋杀的可能性要小一些，但公众对学校的关注、黑帮枪击事件以及恐怖袭击事件提高了青少年的恐惧水平。

暴力导致的死亡

　　近几年最令人不安的变化是青少年的死亡率。在死亡的美国青少年中，大约 1/3 死于

暴力行为、自杀或凶杀（Heron，2013）。这不同于过去，以前大多数青少年死于自然原因（Ozer et al.，2003）。在过去的 30 多年，美国唯一的死亡率没有降低的人群就是青少年，其原因是暴力致死的持续增加。

研究方法

我们在本书中经常做出这样的陈述："那些工作时间较长的青少年学业表现不如那些没有参加工作的青少年""那些观看了较多暴力电视节目的青少年比不常看的青少年更具攻击性和侵犯性"。

像这样的陈述说明了什么是**相关**（correlations），或者说因素或变量之间的关系。

负相关和正相关一样有意义，他们之间的不同在于相关的方向，而不在于其相关的程度或确定性（见表 1-1）。

表 1-1　正相关与负相关

正相关	负相关
相关可能是**正相关**（positive correlation），即当一个因素增加时，另一个也会增加	相关也可能是**负相关**（negative correlation），即当一个因素增加时，另一个因素会降低
例如，收入水平和文化程度呈正相关，这句话的意思是一个人的收入越高，他的文化程度也越高	例如，在白人女孩中，体重和受欢迎程度呈负相关。也就是说，一个女孩的体重越重，受欢迎的可能性越小

理解相关最重要的一点是要明白相关不表示因果关系。很多人可能会读到这样的句子："**智商高的学生在校的学业成绩也高**"，大多数人会认为这句话的意思是学生智商高是其学业成绩好的原因。

我经常会在心理学导论课上举这样一个例子：

一天中蛋卷冰激凌的出售量与因中暑而去医院就诊的病人数量呈显著正相关。那么你真的相信我买一个蛋卷冰激凌会使你叔叔弗雷德中暑吗？

当然不会。

这种相关产生的原因是第三个因素的存在，目前为止还未被发现的因素——温度。这才是能激起我购买冰激凌的欲望、导致你叔叔中暑的独立因素。图 1-7 呈现了相关的一个可能原因。

由此我们得到这样的启示：当你阅读这篇文章时（或其他文章、报纸、杂志等），不要在相关关系中想当然的假设前一因素引起了后一因素的变化。

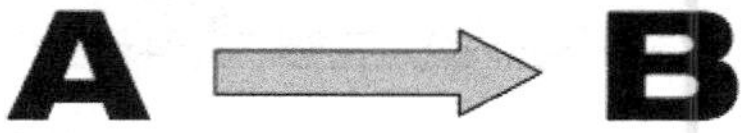

A是B的原因

高智商确实帮助你获得了好成绩。

图 1-7　相关的一个可能原因

注：把相关误认为因果关系是一种常见的错误。

真实验和准实验

如果我们不能从相关关系中得到因果结论，那我们为什么还要做这么多的相关研究呢？原因有两个。

首先，相关研究给我们提供了很多有价值的信息，让我们能预测哪些青少年更可能会有某种特别的经历。例如，因为我知道学业成就和辍学之间有很强的负相关，所以我会将预防辍学基金多用于那些学业成绩较差的学生，而不是用于平均成绩为 B 以上的学生。

其次，很多我们感兴趣的问题，如性别差异、年龄差异、种族差异及社会经济差异，不可能运用可以得出因果结论的方法进行研究。要得到合理的因果结论，研究者必须进行真实验研究。在**真实验**（true experiment）中，研究者会控制环境和被试。实验之前，研究者会确保被试的各个相关方面都是同质的，实验期间，研究者会对所有被试都做相同处理（除了我们要研究的问题）。

例如，假设某个教育心理学家想要知道观看"不要酒后驾车"的电影是否会减少酒后驾车行为，于是她设计了这样一个实验：她去了一所高中，将所有学生随机分成两组（这就是研究者在实验开始之前通常用的确保所有被试具有可比性的方法之一，另一种方法是根据一个重要特征将所有被试平均分为两组，例如每组被试都包含同样数量的饮酒者和不饮酒者）。然后，她让一组被试观看"不要酒后驾驶"的电影，另一组被试则观看关于车辆维修的电影。一段时间后，可能是两个月以后，她对两组被试做调查，问他们在过去的一个月里酒后驾车几次。结果发现那些观看"不要酒后驾车"电影的学生酒后驾车的可能性小于那些观看中性电影的学生。然后她得出了确切的结论：观看这一电影使酒后驾车行为减少了。

然而，很多时候研究者无法控制某些额外变量，特别是他们无法确保被试除了待考察的方面之外其他方面是否同质（如贫与富、男与女等）。为什么呢？因为在真实验中，被试可以被随机分配到各种条件的小组中，但是**准实验**（quasi-experiment）使用的是已经存在的群体。例如，研究者无法对一个 14 岁的女孩说"为了我的实验，今天你就是一名男孩，请到男孩组去"。因为实验变量没有得到很好的控制，所以如果 14 岁女孩组与 14 岁男孩组的得分存在显著差异，研究者就不能得出"得分差异由性别差异造成"的结论。

例如，如果我们要 14 岁的男孩和女孩做数学测试，可能会发现男孩得分要比女孩高。这和性别差异有直接的关系吗？也许有，也许没有。可能是因为男孩们上了更多的数学课，得到了更多来自老师的鼓励，也可能是因为男孩没有因数学成绩好而受到同伴的排挤。如果没有控制好变量，我们便无法判断是不是性别造成了两组成绩的显著差异，其他未知的因素也可能是造成差异的原因。因此，当你阅读准实验或相关研究的数据时，不要急着去下因果结论，这点至关重要。

研究热点

杀害家人的青少年

有一种家庭暴力是青少年自己犯下的罪行。发生最多的情况是父母为受害者（Robinson et al.，2004）。很难判断这种现象有多少，因为大多数受害者不会报告出来，就像发生在家庭内部的虐待一样（Contreras & Cano，2015）。

这种反常的行为在某些情况下更加常见。例如，青少年 – 父母虐待在以母亲为首的单亲家庭中发生的频率更高（Biehal，2012）。施虐者大多是家里唯一的或最大的孩子（Ibabe & Jaureguizar，2010），兄弟姐妹较少（Kethineni，2004）。关于这种行为是否在高收入家庭（例如，Gallagher，2004）中发生的频率更高，或者是否不存在社会经济地位差异（例如，Boxer et al.，2009），两方面的数据都有。没有证据表明在低收入家庭中这种行为更常见。

正如我们所料，这些虐待父母的青少年都有与他们的父亲或母亲的关系不良的历史（Kennedy et al.，2010）；如果父母是药物滥用者或者反社会行为者，这一问题会更加严重（Kethineti，2004）。还有一个不太明显的事实是，很多受到子女虐待的父母是放任型父母，而不是严格型父母（Contreras & Cano，2015），因此，并不是所有施虐的青少年都是为了反抗过度控制和苛刻的父母。父母已经把权威让给了青少年子女（Tew & Nixon 2010）。在其他一些家庭中，确实存在青少年报复过度控制或严厉管教，甚至之前父母对孩子或配偶的虐待的情况（Pagani et al.，2009）。

青少年对家庭成员最极端攻击的形式是杀害父亲或母亲、杀害兄弟姐妹。尽管这种行为在文学作品比比皆是，例如，《俄狄浦斯王》《该隐与亚伯》，但事实上，这种耸人听闻的行为并不常见。每年大约有120例死亡案例是杀害父亲或母亲（Heide & Frey，2010），其中1/4是青少年犯罪。杀害兄弟姐妹事件的数量与杀害父亲或母亲事件的数量大致相同，但与青少年有关的更可能是杀害父母，而不是杀害兄弟姐妹（Peck & Heide，2012）。

约90%杀害父母的罪犯是14～17岁的白人男性（Shon & Targonski，2003）。弑母比弑父发生的概率小，女性弑母的情况尤其罕见。最常见的罪犯是来自中产或上层中产阶级家庭、没有暴力行为史的17岁或18岁男性。他们通常独来独往，尽管经常会受到父母虐待，但是不会有即时的自我防卫（Hart & Helms，2003）。关于这些弑亲者是否可能有心理障碍，研究结果是矛盾的——一些研究发现他们有心理障碍（例如，Bourget et al.，2007），而另一些研究发现他们没有（例如，Hart & Helms，2003）。

青少年袭击他们的母亲或父亲时使用的武器是不同的，很可能是因为他们的父亲通常比自己更高更强壮，母亲却不是。弑父一般用枪，因为用枪能更快速地杀掉对方，还能远距离完成任务，而袭击母亲所使用的武器范围较广（Heide & Petee，2007）。

杀害兄弟姐妹罪类似于杀害父母罪，但二者又有所不同。大部分杀害兄弟姐妹者在15～17岁，杀害姐姐的人比杀害兄弟的人年纪要小一些（Peck & Heide，2012）。几乎所有受害者都在25岁以下。女性受害者一般比男性受害者年纪小，常常在12岁以下。兄弟之间，无论什么年龄都有可能涉案成为受害者或凶手，姐妹则更有可能成为受害者而不是凶手。与弑父一样，杀害兄弟姐妹者往往用枪。通常情况下，谋杀在争吵之后发生，而与饮酒或使用药物无关（Peck & Heide，2012；Underwood & Patch，1999）。

测量发展变化的研究设计

尽管关于青少年我们有无数的问题亟待了解，然而最基本的问题还是他们是否会随着年龄的增长发生变化。我们想要知道青少年是否和儿童有所不同，青少年早期与青少年后期是否有差异，处于青少年后期的个体是否和年青的成人有所不同。我们想知道在人的一生中是否存在稳定性，不论个体水平（如16岁的斯坦与11岁的斯坦是否一样）还是群体水平（作为一个群体，16岁的青少年和11岁的儿童是否一样）。有很多研究设计可以用来回答这些问题，这些都属于**准实验设计**。再次强调，由于在这些准实验中我们不能把被试随机分配到不同的年龄群组，因此我们无法对研究变量进行控制。

有三种研究设计可以测量发展的变化。

1. 横断研究：比较某一年龄群体和另一年龄群体之间的差异。
2. 纵向研究：针对同一组被试，随着他们长大和成熟，在一段相对长的时间内对他们进行跟踪研究。

3. 聚合交叉设计：前两种设计的混合形式，是对不同年龄的被试进行一段时间的跟踪研究。

横断研究

这些准实验设计中最简单的是**横断研究**（cross-sectional study），主要用于比较某一个年龄群体和另一年龄群体之间的差异。例如，如果我们对个体在他们度过青少年期后焦虑是否会有所减少这一问题感兴趣，我们就可以去找 13 岁、16 岁和 19 岁的被试各 100 名，共 300 名被试参加这项研究，然后我们可以给所有被试做相同的测验以确定他们的焦虑水平。

接下来要做的是比较每组被试的平均分。首先计算他们每组的平均分，假设 13 岁年龄组的平均分为 70，16 岁年龄组的平均分为 55，19 岁年龄组的平均分为 32。然后观察这些数据，假定高分数代表高焦虑水平，那么看起来从 13 岁到 19 岁焦虑水平似乎是持续递减的。

但是别那么快下结论，如果我们再仔细地观察一下这些群体的得分情况，并且发现 13 岁年龄组的被试分数范围为 10 ～ 180，16 岁年龄组的被试分数范围为 5 ～ 180，19 岁年龄组的被试分数范围为 0 ～ 140，那么我们还会对刚才所得出的结论感到自信吗？我们会像看到这些分数的区间分别为 70 ～ 72、50 ～ 60 和 27 ～ 32 时一样自信吗？我希望你不会。判断各组的分数之间是否有差异，不仅有赖于其平均分数的差异，而且有赖于组内各分数之间的相似程度（如果你已经学会统计，那么你会知道这一点并且理解我所说的是检验平均数与标准差或方差）。

横断研究的一个明显优势是你可以很快得到结论。如果测验很简短，或许我们在几周之内就能测完这 300 个被试。然而这种设计也有一些不足之处，最主要的一点就是这种设计永远不会告诉你这种特性在个体内部是否稳定。即使每个年龄组中都有 20% 的被试是高焦虑的，我们也无法断定这些焦虑的 13 岁被试在 16 岁和 19 岁是否同样焦虑。相反，青少年的焦虑期很可能是短暂的。

除此之外，横断研究也很难将真实的发展差异与横断研究中的**时代效应**（cohort effects）区别开来。在先前的数据中，13 岁被试有着最高的焦虑水平，假设我对焦虑的测量是比较准确的，那么这一结果是不是处于青少年早期的个体比处于青少年后期的个体焦虑水平高造成的？不一定。有可能是因为正在读初中的 13 岁被试有其他两个年龄组被试所没有的经历。也许是在我开始测量他们的焦虑水平的几个星期之前，附近的一所学校发生了炸弹恐吓或校园枪击案并且被媒体过度宣传。很有可能这一偶然事件对初中生的影响要大于高中生。时代效应加剧了组间差异，使之看起来好像存在发展差异，但事实上并不存在。

纵向研究

另一种完全不同的发展研究方法是**纵向研究**（longitudinal study）。所谓纵向研究是指我们对同一组被试在一段相对长的时间内进行跟踪研究。例如，如果我们想要知道个体在青少年期是否会变得更加固执和武断，那么我们可以找 150 名六年级学生，测量他们在面对信息冲突时是如何固执地坚持自己的观点的。几年以后重新测量这些被试，甚至当他们成为高中生时也可以将他们再找回来做第三次测量。

💡 纵向研究的优点

纵向研究有两大优点。

纵向研究的第一个优点是我们可以用它研究个体特征的稳定性，这是横断研究做不到的。使用这种方法，我们可以确定 13 岁时焦虑的个体是否在 16 岁和 19 岁时也焦虑。这一点非常重要，它对何时干预、是否有必要进行干预都有重大的意义。

纵向研究的第二个优点是，因为我们追踪相同的个体在一段时间内的变化，所以借助纵向研究，我们能够了解事件发生的时间序列。这些研究能帮助我们回答"先有鸡还是先有蛋"的问题。例如，青少年被欺凌是因为他们有社交困难，还是被欺凌导致了他们的社交困难。如前所述，我们从一个准实验数据中得出因果结论时必须谨慎，只有当一个因素在时间上先于另一个因素出现时，我们才能说这个因素导致了另一个因素。因此，如果青少年的社交困难发生于受欺凌之前，那么我们可以得出结论：受欺凌没有造成社交障碍。（如果我们试图得出社交障碍造成他们受欺凌的结论，那么目前是证据不足的。）但现在有新技术可以使我们能够在判断因果关系时比用准实验研究更近一步。

聚合交叉设计

20 世纪 90 年代出现了一种新的研究设计，它结合了横断研究和纵向研究的特点，被称为**聚合交叉设计**（cross-sequential design）（Schaie，1996）。尽管它耗时长于横断研究，但是它比纵向研究更有效率，而且消除了这两个设计各自不可避免的弊端。聚合交叉设计要求研究者在研究一开始时招募不同年龄组的被试，例如 11 岁、14 岁和 17 岁。这些被试会在一段时间后或之后几个不同的时间再次接受测试，较为理想的做法是一直给这些被试做测试，直到这些年龄组有重叠。在这个例子中，11 岁的个体至少要测到 14 岁，14 岁的个体则要到 17 岁。这需要三年时间，但是在研究结束时，研究者可以收集到 11 ～ 20 岁的被试的数据。除此之外，研究者还可以追踪个体差异和特征稳定性（在横断研究中无法得到该项数据），并且聚合交叉设计受被试流失和测验效应的影响比较小（这是纵向研究不可避免的弊端）。而且，在聚合交叉设计研究中，通过数据分析研究者可以判断组间差异是成熟造成的还是时代效应（横断研究和纵向研究都受这一效应影响）造成的。聚合交叉设计是研究青少年心理发展的最佳方法。表 1-2 列出了三种研究设计的区别。

表 1-2 横断研究、纵向研究以及聚合交叉设计的比较

设计	2011 年的被试	2015 年的被试
横断研究	第 1 组（12 岁） 第 2 组（14 岁） 第 3 组（16 岁）	无
纵向研究	第 1 组（12 岁）	第 1 组（16 岁）
聚合交叉设计	第 1 组（12 岁） 第 2 组（14 岁） 第 3 组（16 岁）	第 1 组（16 岁） 第 2 组（18 岁） 第 3 组（20 岁）

时滞研究

　　尽管时滞设计没有被用于研究发展，但它对于发展心理学家来说是很有用的。时滞设计的目的是研究一种现象是否受时代效应的影响。例如，假设我想知道青少年的利他倾向是否受他们所生活的时代影响。为了回答这一问题，我可以设计时滞研究。我可以在 1990 年研究 15 ～ 17 岁的被试，在 2000 年研究另一组 15 ～ 17 岁的被试，在 2010 年研究第三组 15 ～ 17 岁的被试，在 2020 年研究最后一组 15 ～ 17 岁的被试。如果这几组被试的利他水平相同，我就可以认为时代效应对利他行为没有显著影响。和纵向研究一样，时滞研究也需要很长的时间。通常，时滞研究是一个更大的研究项目的附属，而不是唯一的研究。

　　当你阅读本书描述的各种研究时，要注意它们所使用的研究设计的优点和缺点。

青少年发展的理论

　　回答"什么是青少年期"这一问题的途径之一是从不同的角度来考察青少年期。在本书中，我们借鉴了生物学家、精神病学家、心理学家、经济学家、社会学家、人口统计学家及人类学家的研究。在本章中，我们先概括介绍上述不同领域具有代表性和影响力的学者对于青少年期的观点，随后我们会更仔细地观察青少年期的各个方面并回顾这些观点。通过从不同角度理解青少年期，我们能看到一个更真实、更完整的青少年期的概貌。

　　本章介绍的理论是按照其生物性基础的重要性程度（从高到低）排序的。生物论者主要是生物学家和心理学家，他们认为青少年期是基因、激素或进化史所致。他们贬低环境的影响，并且相信不论个体的成长环境如何，其青少年期的经历都是相似的。最不重视生物基础的学者是行为导向的心理学家、人类学家和社会学家，他们相信个人经历和文化共同塑造了青少年期，每个青少年都可能不同，因为他们在生活中经历的具体事件不同。

生物学观点

　　对于青少年期的严格的生物学定义，是一个人达到身体和性成熟的阶段，在此期间，他们的身体会发生重要的生长变化。青少年发展的生物学观点近年来再次兴起。

G·斯坦利·霍尔：狂风骤雨期

　　如果有"青少年心理学之父"这一头衔，那么霍尔（1844—1924）当之无愧，因为他是第一个使用科学方法研究青少年期的心理学家。1904年，他出版了《青少年：它的心理学及其与生理学、人类学、社会学、性、犯罪、宗教和教育的关系》一书，共上、下两卷。该书被很多人视为该领域的第一部重要著作。

霍尔相信达尔文的进化论，即人类是由远古的原始生命形式通过自然选择（适者生存）的过程进化而来的。和达尔文一样，霍尔相信"胚胎重演论"。所谓"胚胎重演论"，是指个体在胚胎的发育过程中重复着种系的进化历史。霍尔把这种观点应用于人类研究，尤其是青少年的行为研究。

根据霍尔的观点，经过动物、猎人和野蛮人阶段后（分别对应婴儿期，儿童期和前青少年期），青少年发现自己进入了一个**狂风骤雨**（sturm and drang）的时期。这个德语词翻译为混乱和压力，这个词反映了霍尔的观点：青少年期的本质是骚乱不安的。他认为青少年正处于情绪的跷跷板上：一时自鸣得意，一时沮丧不堪，今天麻木冷漠，明天充满激情。霍尔认为这些游移不定的极端情绪会一直持续到他们 20 岁出头的时候，而且，我们很难做些什么来阻止这些极端情绪，因为它们具有基因基础。

💡 青少年发展的生理成熟理论复兴的三个原因

尽管最早的青少年发展研究者持坚定的生物学观点，但这种观点的首要地位减弱了，那些持以环境为中心观点的研究者认为生物因素没有那么重要。近年来生理成熟因素的作用再次受到重视有以下三个方面的原因：

- 环境
- 人类基因组
- 脑的发展

在此我们只对脑的发展做简单的解释。新技术的发展使人们能够对发展中的脑进行安全复杂的成像，这为探究脑的成熟如何影响青少年的决策、情绪反应和行为提供了可能性。（这些研究发现在本书后面的章节中会进行详细的介绍）。在以前，观察正常和健康青少年的脑的发展是不可能的，因为这会使青少年的脑暴露在辐射中。现在，我们不仅能够检查脑组织的尺寸和构成的生理变化，还能够确定当青少年在解决某一类型的问题时脑的哪一部分在活动。我们还知道，脑的变化是基因和环境共同作用的结果。

例如，赫林加等人（Herringa et al., 2013）发现，在幼年时受到虐待的青少年之所以有过度强烈的恐惧反应，是因为其杏仁核和海马体之间的联系的变化（这两个部分与情绪反应有关），这导致此类青少年抑郁和焦虑的风险提高。

霍尔的理论认为，青春期是人生中一个动荡的时期，其特点之一是情绪的两极性。

尽管心理学家不再赞同霍尔提出的青少年的狂风骤雨期不可避免的观点，但这一观点还是有助于激励其他人研究青少年。他关于青少年期经历的消极观点也被其他人采用了，例如弗洛伊德。

阿诺德·格塞尔：螺旋发展模式

阿诺德·格塞尔（1880—1961）主要因观察个体从出生到青春期的发展而成名，这些观察是他在耶鲁儿童发展诊所与同事一起进行的。他最著名的关于青少年期的著作是《青少年：从十岁到十六岁》（Gesell & Ames，1956）。格塞尔是霍尔的学生，他从霍尔那里学到了很多。

格塞尔相信，基因决定着人类不同阶段的行为特质出现的顺序和发展的趋势，各种能力和技能的出现并不受专门的训练和练习的影响。格塞尔也考虑到个体差异，但是他轻视教师和父母为影响青少年发展而做出的努力。他强调文化的影响永远不会超越成熟，成熟才是最重要的因素（Gesell & Ames，1956）。他还强调发展不是直线上升的，而是螺旋式上升的，既有向上的变化，也有向下的变化，因此有些特征会在不同年龄阶段重复出现，例如，他认为 11 岁和 15 岁的个体普遍比较叛逆、好争论，而 12 岁和 16 岁的个体相对稳定。

在 20 世纪四五十年代，格塞尔的著作被父母们奉为经典，在育儿实践领域产生了巨大的影响。

你想知道吗

首位研究青少年的心理学家怎样描述青少年

"青少年心理学之父" G. 斯坦利·霍尔认为青少年天生就情绪动荡、不稳定。

精神分析和心理社会观

在这一节中，我们将回顾西格蒙德·弗洛伊德、他的女儿安娜·弗洛伊德和安娜的同事埃里克·埃里克森的理论贡献。

西格蒙德·弗洛伊德是一个对神经病学研究感兴趣的维也纳内科医生。他是精神分析理论的创始人。他的女儿安娜·弗洛伊德将他的理论应用于青少年。尽管弗洛伊德的观点在本质上是心理的，但是他的观点仍然有着浓厚的生物学意味，因为他相信"生物因素决定命运"。也就是说，他认为男性和女性生殖器官的构造不同，必然会使他们有不同的经历，最终导致他们彼此不同。虽然他的观点现在已经不被大多数心理学家所接受，但是精神分析理论仍有强大的吸引力，并仍与许多哲学家、精神病学家和文学评论家产生共鸣。

西格蒙德·弗洛伊德和个体化

西格蒙德·弗洛伊德（1856—1939）的理论并未过多地涉及青少年期，因为他认为孩子的童年经历将会影响他们一生。他在《性学三论》（Freud，1953）一书中对青少年期做过简短的描述。他认为青少年期是一个出现性冲动、焦虑，有时伴有人格混乱的阶段。

💡 心理性欲发展阶段

根据弗洛伊德的观点，青春期就是一系列变化的顶峰时期，这些变化使幼儿期的性欲转化成最终的成人形式的性欲。

口唇期

在婴儿阶段，快感是与口腔活动联系在一起的（口唇期，oral stage）。处于该阶段的儿童从他们身体以外的对象上获得快感，主要是母亲的乳房。从这些对象身上，他们获得了生理的满足感、温暖和安全感，当母亲哺育自己的孩子时，她们也会拥抱、抚摸、亲吻和轻摇他们（Freud，1953b）。

除口唇期外，还有肛门期、性器期、潜伏期、生殖期。

认同　弗洛伊德认为儿童进入性器期后（4～6岁），男孩和女孩就会因为身体结构的原因开始显出不同的行为。他们在性器期的变化必然是不同的。这一时期的男孩会出现"恋母情结"，又称"俄狄浦斯情结"（这一名称来自希腊悲剧的主人公俄狄浦斯王，在故事中，俄狄浦斯是杀父娶母的国王）。这一时期，男孩对于母亲把注意力集中到他们的父亲身上而感到嫉妒，并且本能地认为他们的父亲对于母亲把注意力集中到自己身上感到同样嫉妒和愤怒。他们总是觉得父亲会因此伤害他们，消灭性竞争的对手（这种感觉被称为"阉割焦虑"）。为了减轻这种焦虑，他们开始认同并服从于他们的父亲。

认同包括接受父亲的信念、行为和价值观。这种认同有两个作用：

- 减轻阉割焦虑，因为这种模仿能讨好父亲，减少父子之间的冲突。
- 教会男孩怎样才能表现得像一个男人，使他有能力在成熟之后找到自己的妻子。

因为这种阉割焦虑让人内心充满压力和紧张感，所以这一时期的男孩总是很努力地形成认同，使其人格得到全面的发展。

这个时期的女孩并没有嫉妒父亲，也没有经历恋母情结。相反，她们要以自己的方式克服"恋父情结"，又称"厄勒克特拉情结"（厄勒克特拉也是希腊悲剧中的一个人物，她怂恿自己的弟弟杀死了自己的母亲来替父亲报仇）。根据弗洛伊德的观点，这个时期的女孩总是被父亲吸引，因为父亲是男性，强壮而有力量。一旦女孩开始意识到男性和女性生殖器的不同之处，她们便会对男孩产生嫉妒，因为她们觉得男孩的生殖器比女孩的外阴好（这种情绪被称为"阴茎嫉妒"）。女孩开始对她们的母亲产生敌对心理，责怪母亲没有给她们男孩一样的生殖器，并且憎恨父亲把注意力集中在母亲身上。女孩不情愿地认同母亲：她们吸引了丈夫，这是好的，但她们是女性，这是不好的。弗洛伊德认为这种恋父情结和它所导致的对母亲较弱的认同导致女性拥有很多消极的人格特征，如道德水平低、过度谦虚、缺乏性冲动，他认为这些消极的人格特征是女性的内在特点。

弗洛伊德认为，在童年期结束的时候，儿童已经认同父母中与他性别相同的那个，并且在情感上依赖对方。青少年的核心任务便是破坏这种亲密的情感纽带以使他们能够长大成为独立的个体。这个过程叫作**个体化**（individuation），青少年会表现出与父母的观点相悖的一些行为、情感、判断和思想。

今天很少有心理学家认同弗洛伊德的观点，它是维多利亚时期的产物。在那个时代，妇女被认为是弱小、低下的个体。尽管他的理论开创性地承认人类性欲的重要性，但是走向了另一个极端，即过度强调了性欲在控制行为方面的作用。此外，精神分析理论存在消极偏差，该理论宣称人类的本性是自私、充满敌意、受欲望驱使的。精神分析理论之所以持这种消极的观点，是因为弗洛伊德的这一理论是从医院的精神病人身上得出的，而不是从普通个体身上得出的。而且很多心理学家认为弗洛伊德夸大了早期经历的重要性，低估了人格的可变性。

当然，我们必须承认弗洛伊德对我们理解人类行为所做出的巨大贡献，即使他只是提出了潜意识的概念而没有做其他的事，他也将被人们永远记住。

你想知道吗

西格蒙德·弗洛伊德是怎样看待青少年的

弗洛伊德认为青少年容易焦虑和情绪化，因为他们被新觉醒的性冲动所困扰。

安娜·弗洛伊德和防御机制

安娜·弗洛伊德（1895—1982）是西格蒙德·弗洛伊德的女儿，与父亲相比，她更加关注青少年阶段，她详尽地描述了很多青少年的发展过程和青春期个体的心理结构变化（Freud，1946，1958）。

安娜认为青春期就是内心冲突不断、心理失衡、行为变幻不定的一个阶段。青少年是以自我为中心的，认为自己是宇宙的中心，是他人感兴趣的唯一对象，他们也勇于奉献、敢于牺牲。他们的恋爱充满激情，却也会戛然而止，无疾而终。有时候他们渴望完全投入到社会和集体中去，有时候却喜欢独处。他们在盲目服从与反抗权威之间摇摆不定。他们是自私的、物质主义的，却又有着崇高的理想。他们自我克制但又行为放纵。他们不体贴他人，对自己也时常感到不满。他们总是在乐观与悲观之间徘徊，不知疲倦地在热情、懒惰、冷漠之间摇摆（Freud，1946）。

根据安娜·弗洛伊德的观点，这种冲突行为是心理的失衡和伴随着青春期性成熟而产生的内心冲突导致的。青春期最明显的变化是本能欲望逐渐增多，但根据安娜·弗洛伊德的观点，青春期闪现的这种本能冲动不仅仅体现在一个人的性生活上，长期被压抑的口唇期和肛门期的欲望都会重新出现。攻击的冲动会增强，饥饿会变成贪吃，保持洁净的习惯会被肮脏和混乱所替代，谦虚和同情会被出风头和残暴所替代（Freud，1946）。

这种满足个人欲望的驱动力被称为**本我**（id），它在青春期会增强。这种本能冲动对个体的自我和超我提出了直接的挑战。关于**自我**（ego），安娜认为这是个体为保护自己而出现的所有心理过程的总和。自我是个体的一种评价性的推理能力。关于**超我**（superego），安娜认为这是认同同性别的父母所致的一种道德良知（见图 2-1）。在青春期，本能恢复了活力，直接挑战个体的理性和道德。随着本我与超我之间公开的矛盾与冲突的爆发，个体在潜伏期所达到的自我与超我之间的心理动力平衡在青春期又被打破了。而以前能够使本我和超我之间停止争斗的自我，此时就像意志薄弱的父母，在两个争吵的不可开交的子女之间维护和平。

如果本我、自我、超我之间的冲突没有在青春期得到解决，它将给个体带来灾难性的后果。安娜·弗洛伊德讨论了自我如何使用**防御机制**（defense mechanisms）来赢得这场战斗。自我会使用压抑、置换、否认、反向作用等方式来控制本能的冲动。根据安娜的观点，青春期所出现的禁欲主义和理性主义，其实是对所有本能欲望不信任的一种表现。然而她也相信本我、自我和超我之间也是有可能达到和谐一致的，在大多数青少年中也的确出现过这种和谐。如果超我能够在潜伏期得到足够的发展且没有过度压抑本能的欲望（过度压抑本能会让人产生极度的焦虑和内疚），或者自我足够强大和智慧以调节冲突，本我、自我和超我就能达到平衡状态（Freud，1946）。

图 2-1　根据安娜·弗洛伊德的观点，本我、自我和超我的矛盾在青春期迅速增强

埃里克·埃里克森和积极自我同一性

埃里克·埃里克森（1902—1994）在见过安娜·弗洛伊德之后，开始对精神分析非常感兴趣，他在维也纳精神分析研究所接受安娜·弗洛伊德的训练，后来对西格蒙德·弗洛伊德的理论进行了修正。虽然埃里克森仍然保留了许多西格蒙德·弗洛伊德提出的概念，包括本我－自我－超我的人格结构，但是他并未过多地强调本我的原始生物冲动。相反，埃里克森认为，自我才是个体行为背后的驱动力。

埃里克森描述了个体发展的八个阶段（Erikson，1950，1968，1982）。在每个阶段，个体都有一个心理社会任务需要完成。当个体面对任务时会产生冲突，并且可能出现两种可能的结果。如果能够成功解决冲突，个体的人格中就会出现一个积极的品质并且会持续发展下去；如果冲突仍存在或解决得不令人满意，个体就会因为消极品质被整合为人格的一部分而使自我遭到破坏。

埃里克森认为，个体的总任务是在从一个阶段过渡到另一个阶段时获得积极的自我同一性（Erikson，1959）。

同一性形成　虽然我们最为关注的是自我同一性的形成，即与表 2-1 中所列出的第五阶段（青少年期）有关的事件，但是理解前四个阶段也是非常有用的，因为每个阶段都建立在前一阶段的基础之上。如果前一个阶段已经成功渡过，那么在这个阶段成功解决冲突的可能性就会更大一些。那些乐观而安全、独立而好奇、充满成就感的青少年更有可能成功地形成自我同一性，而这些品质是在前四个阶段中形成的。

自我同一性的形成既不是开始于青少年期，也不会随青少年期的结束而结束，它是一个持续一生的过程。它可以追溯到童年时期的个体与父母一起经历的事。儿童起初通过人际互动来形成自我概念：如果父母爱他们并把他们当作珍宝，他们就会觉得自己是重要的；如果父母忽视或拒绝他们，他们就很可能会觉得自己是有缺陷、不完美的。随着儿童长大，他们与伙伴或其他重要的成人之间的互动会继续影响他们的自我同一性的形成。社区也会塑造并认可这些渐渐成熟的个体。

这个女孩房间里所展示出的区域表明她已经建立"自我同一性"。

表 2-1 中列出了埃里克森提出的个体发展的八个阶段的发生年龄及可能产生的积极或消极结果。阅读这些内容，然后尝试将这些阶段、年龄组和发展结果相匹配。

表 2-1　埃里克森的人格发展阶段论

年龄组	阶段	结果
婴儿期 （0～2 岁）	基本信任 vs. 不信任	乐观和平静 vs. 悲观和焦虑
儿童期 （2～4 岁）	自主 vs. 害羞和怀疑	自信和独立 vs. 畏惧和依赖
学前期 （4～6 岁）	主动 vs. 内疚	好奇和精力旺盛 vs. 厌烦和冷漠
学龄期 （6～11 岁）	勤奋 vs. 自卑	体验成就感和勤奋努力工作 vs. 没有成就的自卑感
青春期 （11～20 岁）	自我同一性 vs. 角色混乱	当前和未来的自我意识 vs. 缺乏责任心和不稳定
成年早期 （20～40 岁）	亲密 vs. 孤独	亲密有意义的关系 vs. 孤独
成年中期 （40～65 岁）	繁殖 vs. 停滞	成长和奉献他人 vs. 停滞和无意义
成熟期 （65 岁以上）	完善 vs. 绝望	坦然接受死亡 vs. 恐惧死亡

埃里克森强调，探索同一性是一个正常的危机，是冲突日益增多的正常阶段。在此期间，个体必须建立自我同一感以避免**同一性混乱**（identity diffusion）或同一性缺乏的危机出现。自我同一性的建立要求个体努力对自己的优势和劣势做出评估，从而得出"我是谁"和"我想成为什么样的人"的清晰概念。埃里克森理论一个有趣的方面是他把青少年期看作一个**社会心理延缓**（psychosocial moratorium）的过程，是存在于童年和成年之间的社会认可的过渡阶段。在此期间，个体通过自由的角色尝试，也许会找到自己在社会上的准确

位置（Erikson，1959）。也就是说，青少年期是一个个体可以不断分析并尝试各种角色的特殊时期，而且个体也不会对所尝试的角色负责。埃里克森承认不同社会中的青少年期的持续时间和强度有差异，但是它们也有共同点：如果不能确立自我同一性，那么个体最终将会深陷痛苦。有意思的是，目前很多青少年建立同一性所需要的时间持续增加，完成时间甚至延续到了他们 20 多岁的时候。结果是一个新的人生阶段出现了——**成人初显期**。我们将会在本书的结尾部分讨论这个最近被人们承认的人生阶段。

同一性危机　探索同一性失败的青少年将会经历自我怀疑和角色混乱。这样的个体可能会沉湎于自我毁灭行为，片面地注重他人的看法或转向另一个极端——完全不顾及他人想法。为了缓解自我同一性混乱带来的痛苦，个体可能会逃避现实或者求助于药物和酒精。

埃里克森强调，虽然同一性危机在青春期表现得最为明显，但是个体对自我同一性的重新定义也可能发生生命的其他阶段，例如当个体离家、结婚、为人父母、离婚、改变职业时。一个人是否能够从容应对以后出现的同一性危机，一定程度上是由他们在青春期首次遇到同一性危机时是否成功解决这一危机决定的（Erikson，1959）。

埃里克森关于自我同一性的理论将会在本书后面的章节中详细讨论。

你想知道吗

大多数心理学家认为青少年期最重要的任务是什么

大多数心理学家认为形成自我同一性是青少年发展的最重要任务。

 私人话题

海外经历、间隔年和志愿旅行

间隔年和海外经历是欧洲和澳大拉西亚的普遍传统，在美国也变得越来越流行，其形式也发生了一些变化。它们被看作处于青少年后期的个体探索同一性的重要组成部分，是受到社会认可的"延缓期"（moratorium）比较极端的例子。

海外经历（overseas experience，简称 OE 或 the big OE）是新西兰的一个词，用来表示长期的海外工作假期（Haverig & Roberts，2011）。通常海外工作假期发生在大学毕业之后不久，至少持续一年或更久，一般是自筹资金。很多新西兰人认为海外经历是获得一份好工作的前提条件。现在，更多青少年选择去北美或亚洲国家（如中国或日本），这些国家目前与新西兰有重要的经济联系，而以前的传统是去英国。英国是新西兰移民来源最多的国家，很多人在英国有扩大家庭成员（Belich，2002）。不过直到 20 世纪 70 年代，英国法律才允许澳大利亚人和新西兰人无限期地在英国自由居住或工作。

间隔年（gap years）是一个用来表示相关现象的英国词语。Snee（2013）将间隔年描述为"一个人在上大学之前在海外度过的时间，可能是独自旅行，也可能是实习工作。欧洲的青少年将在海外度过的所有时间都用于旅行而完全不工作的情况不太多见。据估计，有 10%～50% 的英国青少年经历了上大学前的间隔年（King，2011）。

间隔年和海外经历可能提高一个人的文化资本，增强个体的就业竞争力（Heath，2007），是一种"性格塑造"（Pike & Beames，2007），在这段时间里，个体可以做灵魂探索和寻找同一性（Bagnoli，2009）。青少年认为，在另一种文化中工作和生活，而不仅仅是短暂的游览，能使他们获得更丰富和深刻的体验（O'Reily，2006）。大部分青少年可以至少体验一次作为少数民族群体成员生活在另一个完全不同的文化中的感受，当然，这取决于他们去哪里旅行（Snee，2013）。

在美国，青少年选择间隔年变得越来越普遍了。在间隔年，美国青少年尤其喜欢做志愿者旅行（volunteer tourism）。欧洲和澳大拉西亚的青少年也是如此（Lyons & Wearing，2008）。也就是说，他们主要不是为了工资而工作，而是把时间（通常会为此付出代价）用于帮助贫困人群或者从事环境保护工作（Butcher & Smith，2010）。这些机会往往需要去遥远的非西方的异国他乡旅行（Mowforth & Munt，2009）。被参与者激发的利他主义是这类旅行的主要动机（Pearce & Coghlan，2008）。

如上所述，虽然间隔年被广泛认为有利于青少年发展（例如，Wearing，2001），但也有人持不同的观点（例如，Nyauppane et al.，2008）。有些人担心这类旅行会增加而不是减少偏见和刻板印象，会增强享乐主义而不是促进成熟（例如，O'Reily，2006）。还有人认为年青的志愿者缺乏足够的技能来正确地帮助当地人（Callanan & Thomas，2005）。当然，大部分参加间隔年的青少年认为他们是从中受益的（King，2011）。

认知发展观

认知（cognition）是认识（know）的行为或过程，是一种心理活动或与理解有关的思维活动。我们之所以在了解众多生物学取向的理论家之后讨论认知理论家的观点，是因为个体思维能力的发展部分依赖于脑的发育（没有人会相信，人们能教会 6 个月大的婴儿下棋）。

让·皮亚杰起初是一名野外生物学家，所以他的观点蕴含着生物学的意味。他经常被归于**机体心理学家**（organismic psychologist）之列，也就是说，他认为是脑的成熟和个体的经历共同推动了认知发展。我们要讨论的第二个认知心理学家是维果斯基，他强调认知发展中环境因素的影响。

让·皮亚杰和认知发展

让·皮亚杰（1896—1980）是一名对人类认知发展感兴趣的瑞士心理学家，他改变了人们对儿童推理能力的理解和相关概念。皮亚杰认为，儿童从一出生就积极地和他周围的环境互动以理解他们身处的世界。

皮亚杰于阿尔弗瑞德·比内在巴黎的实验室开始了他的研究，现代智力测验就起源于那里。他不同意比内所认为的智力是固定和天生的观点，他开始探索更高级的思维过程（Piaget & Inhelder，1969）。皮亚杰对儿童如何得出结论比对他们的答案是否正确更有兴趣。皮亚杰向儿童提出一些问题，着重寻求儿童的答案背后的逻辑，而不是去判断它们的对错。通过对自己的孩子以及其他儿童的仔细观察，他开始构建关于认知发展的理论（Piaget，1951，1967，1972）。

皮亚杰提出了五个概念来描述认知发展的过程。

皮亚杰用来描述认知发展的六个术语

皮亚杰认为，环境因素、脑和神经系统的成熟共同影响了认知的发展。

图式（schema）

图式代表个体在与环境互动的过程中所使用的原始思维模式或心理结构。例如，当儿童看到他们想要的东西时，他们会学着伸出手去抓它。他们形成了这种情境下所需要的一种图式。通过形成新的图式和联结已有的图式，儿童学会了适应环境。

其他五个术语为适应（adaptation）、同化（assimilation）、顺应（accommodation）、平衡（equilibrium）、不平衡（disequilibrium）。

皮亚杰的认知发展阶段　皮亚杰将认知发展过程分为四个阶段：感知运动阶段、前运算阶段、具体运算阶段和形式运算阶段（见表 2-2）。

表 2-2　皮亚杰、弗洛伊德和埃里克森提出的发展阶段的比较

生命阶段	皮亚杰的认知阶段	弗洛伊德的性心理发展阶段	埃里克森的社会心理发展阶段
成年后期 成年中期 成年早期 青少年期	形式运算阶段	生殖期	自我完善 vs. 绝望 繁殖 vs. 停滞 亲密 vs. 孤独 自我同一性 vs. 角色混乱
童年中期和后期	具体运算阶段	潜伏期	勤奋 vs. 自卑
童年早期	前运算阶段	性器期	主动 vs. 内疚
婴儿期	感知运动阶段	肛门期 口唇期	自主 vs. 害羞和怀疑 基本信任 vs. 不信任

皮亚杰的认知发展阶段

皮亚杰认为，随着个体的成熟，儿童的思维会发生质的变化，而不是用同样方式来更好、更快地思考。因此，他将认知发展过程分为四个不同的阶段，在此我们只讨论感知运动阶段。

感知运动阶段（0～2 岁）

在感知运动阶段，个体学会将自己的身体动作和感觉经验搭配使用。婴儿的触觉、听觉、视觉和味觉带着他们去接触各种物体。借此，他们学会了去抓自己的奶瓶，抬起胳膊并抓取物体，移动头部和让眼睛跟随运动的物体。

你想知道吗

青少年在哪些方面比儿童聪明

青少年能够运用抽象和假设来思考，他们也更加有逻辑性，而且他们能够想象没有亲身经历过的事情。

维果斯基与认知的社会文化影响

维果斯基（1896—1934），俄罗斯心理学家，曾是一名教师。他的认知发展观与皮亚杰显著不同。皮亚杰认为，认知发展即儿童在对自己周围的环境进行探索的过程中所取得的个人成就，而维果斯基（1978）认为认知技能是借助社会互动发展的。根据维果斯基的观点，当儿童和技能更熟练的伙伴合作解决问题时，学习的效果最好。当学习任务的难度超出孩子能独立解决的水平但又不是那么难以克服，学习效率最高。这种水平的学习被称为**最近发展区**（zone of proximal development）。如果有更为专业的帮手提供**支架**（scaffolding）给儿童，他们的学习效率也会提高，即给儿童提供辅助，随着儿童能够独自完成任务，渐渐撤回辅助。维果斯基的理论对教学是有意义的，它强烈推荐合作或小组学习的方式，认为这种学习方式甚至可以代替独自学习。

阿尔伯特·班杜拉和社会学习理论

社会学习理论关注我们周围的人如何塑造我们的各种行为倾向。

阿尔伯特·班杜拉（1925—）首次提出了社会学习理论，也一直在关注该理论在青少年身上的应用。他强调儿童通过观察和模仿他人的行为模式来学习，这个过程被称为**模仿**（modeling）。随着儿童长大，他们会模仿社会环境中不同的榜样。在许多研究中，父母被看作青少年的生活中最重要的成年人，因此父母最有可能成为被模仿的榜样，兄弟姐妹、朋友、同伴也是极其重要的榜样。

个体行为的许多方面都有对父母的模仿塑造，其中有些是好的、建设性的行为，例如，如果父母经常参与社区服务活动，子女就也更可能这样做（Perry et al.，2008）。然而青少年同样会模仿他们所观察到的父母的破坏性行为，例如，如果母亲饮酒或使用药物，青少年就更有可能滥用药物或酒精（Yule et al.，2013）。众所周知，经常体罚子女的父母养育的孩子很有可能在生气的时候攻击他人（例如，Barry，2007）。

强化的作用

最著名的学习理论是斯金纳的操作性条件反射理论（Skinner，1938），该理论强调**强化**（reinforcement）（奖励）和惩罚对行为的影响。众所周知，当青少年的逃课行为得到朋友的支持和称赞时，他将来就更容易出现逃课行为；反之，如果他们逃课被抓住，还被罚要在接下来的两周里下课后待在学校，延迟回家，惩罚就可能也阻止他们再次逃课。

班杜拉扩展了这个观点，提出了**替代强化**（vicarious reinforcement）和**自我强化**（self-reinforcement）。替代强化是指个体观察到的他人的经历所带来的积极或消极后果会对自己的行为产生影响。如果个体观察到别人的攻击性行为带来了奖励，观察者表现出攻击行为的可能性就会提高（例如，Iireland & Smith，2009）。班杜拉最早观察到自我强化和外部强化一样有效地影响个体行为（Bandura，1973）。青少年一旦完成他希望做到的事情，自我强化就能够发生。例如，如果投篮投中了，青少年就获得积极的奖励，从那以后，青少年就可以通过投篮来让自己感觉很好。那些给自己设置了合理目标且已达成目标的青少年会感到自豪，也会从内心感到满意，不那么依赖父母、老师、老板给他们的外部奖励。

社会学习理论家的研究对解释人的行为有非常重要的意义。它特别强调成人的行为以及他们所提供的角色榜样对青少年行为的影响，这种影响远远胜于言语上的教育。如果想要强化青少年的利他主义、道德价值观和社会良知等美德，那么教师和家长以身作则是最好的方法。

你想知道吗

观察他人的行为能在多大程度上影响青少年

青少年（同成人和儿童一样）能通过观察他人而受到影响，尤其是观察他们尊重的人。他们几乎是本能地去复制或模仿他们所看到的其他人所做的事情。

社会认知理论

20 世纪 80 年代，班杜拉扩展了他的社会学习理论，加入了认知的作用（Bandura，1986，1989）。他摒弃了个体的行为由环境决定的观点，强调个体所选择的未来环境以及他们所希望达成的目标在很大程度上可以决定他们的命运。人们不断地反思和调控自己的思想、情感和行为以实现自己的目标。简而言之，人们解读环境影响的方式决定人们的行为。现在，我们再以有攻击性行为的男孩为例来说明这一点。研究表明，很多时候攻击性强的男孩大多倾向于认为他人对自己是怀有敌意的（Dodge，2006）。攻击性强的男孩在加工可以帮助他们判断对方的行为意图是恶意还是友好的信息时是不谨慎的，即他们很少关注那些有助于对他人的意图做出准确推断的信息。因此，他们比其他人更可能推断出恶意的意图。换句话说，对这些男孩而言，他们的攻击水平并不是由发生了什么事决定的，而是和他们解读他人意图的方式有关。

社会认知理论强调个体能够积极、主动地操控影响他们生活的事件，而不是被动地接受环境的影响。他们以自己的反应方式部分地控制着环境。例如，平和、愉快、易于照顾的青少年对父母可能会有正面的影响，能够无形中鼓励父母变得同样友好、温暖和慈爱。过分活跃、喜怒无常、难以照料、容易烦躁的青少年很容易刺激家长，使者变得充满敌意、脾气暴躁和冷漠。从这个角度来看，儿童对创造自己的生活环境负有部分责任，虽然这可能是无意识的。由于个体差异，不同的人在不同的发展阶段会以不同的方式对他们周围的环境做不同的解读和反应，从而造就个体独特的经历（Bandura，1986）。

文化对青少年的影响

我们现在来看看对于青少年发展持有不同观点的理论家，他们强调青少年的发展受他们成长的文化和社会环境影响（维果斯基和埃里克森的理论也可以放在这部分，他们都提到了文化的重要性）。回想一下：霍尔和格塞尔强调了生物学因素在影响个体发展方面的重要性，弗洛伊德和皮亚杰强调了生物因素和个人经历的相互作用，班杜拉关注与青少年有直接互动的人所产生的影响，而下面这些研究者强调的是文化规范、传统和价值观在影响个体行为方面的重要性。

罗伯特·哈维格斯特与青少年的发展任务

在《发展性任务与教育》（1972）一书中，罗伯特·哈维格斯特概述了他所认为的青少年期主要的发展任务。他的发展任务理论是一个较为折中的理论，综合了一些以前的观点。

哈维格斯特试图将个体需求与社会需求结合在一起，建构青少年期发展的心理社会理论。个体需求与社会需求构成了**发展性任务**（developmental task），即在身体逐渐成熟、社会赋予期望和个人做出努力的情况下，个体在他们的生活中必须获得的技能、知识、功能和态度等。完成每一发展阶段的任务后就可以为下一阶段的任务进行调整和准备。完成青少年期发展任务会使个体成熟，反之则会导致对社会的不满，且个体无法作为一个成年人发挥作用。

根据哈维格斯特的观点，个体存在一个易于教育的时刻，即教授一个发展性任务最适合的时间。一些发展性任务是生理变化要求个体掌握的，一些则是特定年龄的社会期望或特定时间做特定事情的个人动机要求个体掌握的。在不同的文化背景下，个体的需求和机会也大不相同。所以，成功是一种文化上的定义，不同的文化背景所需的能力也可能不同（Brown et al., 2002）。

💡 美国青少年所面临的主要任务

哈维格斯特概括了美国青少年在这一时期所面临的八个主要发展任务（Havighurst，1972）。

接受自己身体，并有效地使用它。青少年的特征之一是伴随着性成熟，出现对身体自我的高度自我意识。青少年需要接受自己的身体和身体的成长模式，要学会照顾自己的身体，并在体育、娱乐、工作以及日常事务中有效地运用自己的身体。

其他七个主要发展任务如下：

- 与同龄男女之间形成新的、更成熟的人际关系。
- 习得男性或女性的社会性别角色。
- 情感独立，不再依赖父母或其他成人。
- 为职业生涯做准备。
- 为结婚和家庭生活做准备。
- 寻求并履行社会责任的行为。
- 习得一套价值观和伦理系统，将其作为自己的行为指南。

正如哈维格斯特所说，青少年期主要的发展任务之一是接受自己的身体并有效使用它。

库尔特·勒温的场论

库尔特·勒温（1890—1947）在《社会心理学中的场论和实验：概念与方法》（Lwein，1939）一文中概括了其关于青少年发展的理论。他提出的场论试图解释为什么青少年会在成熟和幼稚的行为之间摇摆不定，为什么他们会经常感到不开心。

　　勒温的核心思想是"行为（B）与个体（P）和环境（E）存在函数（f）关系"。为了理解青少年的行为，必须把个体的人格和环境看作相互依存的因素。所有可能的行为被称为生活空间（LSp）。遗憾的是，并非整个生活空间都能为个体所获得。

　　勒温比较了儿童和成人的生活空间。儿童的生活空间结构包括他不能做什么和他做不到什么；随着儿童的成熟，他们的能力得到发展，限制他自由的领域越来越少，他们的生活空间开始扩展到新的领域，他们有了新的经历。儿童进入青少年期后，他们可以进入的领域更多了，但他们还不清楚青少年应该进入哪些领域，因此，他们的生活空间仍然是不确定的。成年人的生活空间更宽广，但青少年是否能够进入，仍然受到自身能力的限制和来自社会的约束。

　　根据勒温的观点，青少年期是一个过渡时期，在此期间，个体要从儿童时期过渡到成年时期。青少年在某种程度上是儿童，在某种程度上又是成人。不只是青少年，他们周围的很多大人也不清楚青少年到底是一个什么样的状态。结果，有时青少年被当作成人一样对待，被给予尊重和责任，而有时候，他们被当作儿童一样对待，人们期望他们毫不质疑地服从并保持沉默，这导致了青少年的混乱和故意的不当行为。

　　这种困惑其实有助于解释青少年行为的不确定性。勒温认为青少年是"边缘人"（如图 2-2b 所示），他们属于儿童区域（C）和成人区域（A）的重叠部分（Ad）。

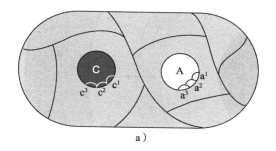 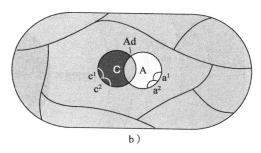

a）　　　　　　　　　　　　　　　　　b）

图 2-2　作为边缘人的青少年

注：作为边缘人意味着当青少年想要逃避成人的责任时，他们可能更像一个孩子，而有时候，他们表现得更像成年人并要求成年人的权利。

资料来源：Lewin, K. (1939). Field theory and experiment in social psychology: Concepts and methods. American Journal of Sociology, 44, 868–897. Copyright © the University of Chicago Press. Used by permission of the University of Chicago Press.

　　勒温场论的一个优点在于它承认人格差异和文化差异的存在，"允许"个体行为存在广泛的差异，也"允许"不同文化背景以及同一文化背景不同阶层的青少年期持续的时间不同。

你想知道吗

当今的美国社会是如何将青少年边缘化的

　　勒温认为美国社会在给予青少年作为成年人的快乐之前先否定他们作为儿童的快乐使青少年边缘化了。

尤里·布朗芬布伦纳与生态系统理论

青少年在家庭、社区和国家的多重背景中成长。他们受同伴、亲人和有接触的其他成年人的影响，受他们所属的宗教组织、学校和其他群体的影响，也受媒体、他们成长的文化背景、国家和社区领导者及世界事件的影响。某种程度上来说，青少年是环境和社会影响的产物。

为了更好地理解社会对个体的影响，布朗芬布伦纳（1917—2005）提出了生态系统理论模型（Bronfenbrenner，1979；Bronfenbrenner & Morris，1998）。他的观点在过去的 35年里深入人心，甚至现在，也是一个被大家广泛接受、极具影响力的见解（见图 2-3）。

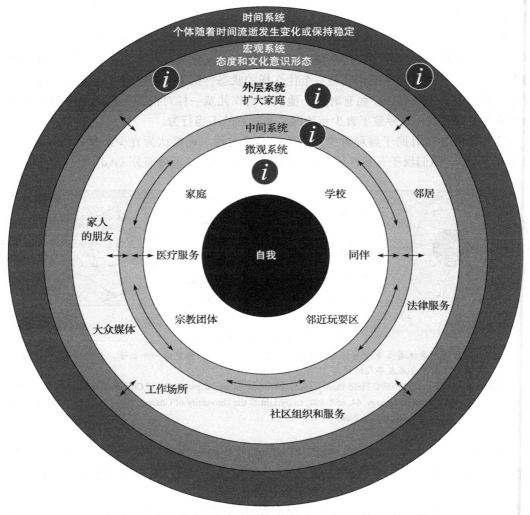

图 2-3　布朗芬布伦纳提出的关于社会影响的生态系统模型

注：根据布朗芬布伦纳的理论，社会影响可以分为一系列延伸到青少年外部的嵌套系统。

让我们来了解这一系统。

我们可以通过一篇综述（Hong et al., 2012）来说明生态系统中的每一层的作用。在这篇文章中，康等人（Hong et al., 2012）考察了青少年虐待父母事件的风险因素。虽然青少年虐待父母的现象不像父母虐待青少年那样普遍，但是也比我们想象的更多。在引起相关官方机构注意的家庭暴力犯中，每 12 个就有 1 个是青少年，在其中一半的案件中，是他们的父母受到攻击（Snyder & McCurley，2009）。

康和他的同事从生态系统理论出发，研究了虐待父母的相关变量；他们发现布朗芬布伦纳理论中五个水平的影响因素以及个体因素（如性别、种族等）与青少年引发的家庭暴力有关。重要的**微观系统**因素包括先前被父母虐待的历史和家庭中发生在父母之间的虐待；**中间系统**的相关因素是有攻击性强的朋友；接触暴力的媒体内容也会提高虐待父母的可能性，这属于**外层系统**；**宏观系统**的相关因素是轻视女性的性别角色的社会模式——母亲受到虐待的情况比父亲更多；**时序系统**的相关因素是虐待常常发生在父母离婚之后。

玛格丽特·米德与人类学观点

玛格丽特·米德（1901—1978）和鲁思·本尼迪克特（1887—1948）与一些其他文化人类学家的理论被称为**文化决定论**（cultural determinism）和**文化相对主义**（cultural relativism），和布朗芬布伦纳一样，人类学家强调更广阔的社会环境对儿童人格发展的重要性。因为不同社会的社会制度、经济模式、行为习惯、礼仪典礼、宗教信仰等都有所不同，所以文化是相对的。人类学家认为，是西方社会的特定条件，而不是生理的发展，促发了父母与青少年紧张的关系（Mead，1974）。米德与其他人类学家认为，激烈的社会变迁、观点的多样性、技术的飞速发展，这些因素共同作用，降低了父母观点的权威性。

尽管米德的研究受到一些人的批评（例如，Freeman，1983，见 Côté，2000），但她在1950 年出版的书《萨摩亚人的成年》仍然震惊了学术界。从霍尔的时代开始，大家已经理所当然地认为青少年期是个无法避免的、充满麻烦的时期，但他们忽然发现存在这样一个社会，在这里青少年期是平静的，这动摇了所有对青少年行为的生物学解释。

文化的连续性和非连续性　米德对所有关于儿童和青少年发展阶段的理论的基本观点都提出了挑战（如弗洛伊德和埃里克森的观点）。她发现萨摩亚儿童的发展过程没有从一个阶段到另一个阶段的突然变化，而是相对连续的。他们的文化不期望儿童、青少年和成年人有不同的行为方式。萨摩亚人从来不会突然改变他们的思维和行为方式，他们成年的时候不会抛却儿童期学到的东西，因此青少年期并不代表从一个行为模式到另一个行为模式的突然改变或转换。

很多非西方国家的青少年负有重要的责任。图中的柬埔寨女孩正在收割水稻，帮助养活她的家人。

💡 布朗芬布伦纳的生态系统模型

让我们展开讨论布朗芬布伦纳的模型中的每一层。

微观系统

微观系统（microsystem）对青少年有直接的影响，该系统包括与他们直接接触的社会情境。对大多数青少年而言，家庭是微系统最主要的组成部分，其次是朋友与学校。该系统的其他组成部分是宗教团体、邻近玩耍区以及青少年所属的各种社会群体。

随着青少年出入不同的社会情境，他们的微系统开始发生变化。例如，青少年可能会转学，不再去一个特定的教堂、清真寺或犹太教堂，退出某些活动以及加入其他活动。一般情况下，在青少年时期，同伴微系统的影响作用会增强，它会在接纳度、受欢迎度、友谊和地位方面给予青少年有力的社会奖励。一个健康的微系统会为青少年提供成功进入成年生活所需要的学识与发展。

这里只介绍微观系统，其他几个系统是中间系统、外层系统、宏观系统、时序系统。

💡 私人话题

青少年是什么时候变为成人的

成年期是世界各地的文化都承认的一个人生阶段。在很多非科技社会，达到成年期的一个主要标准是已婚（Schlegel & Barry, 1991）。在西方国家，重大的生活变化，如完成教育、成为全职工作者或建立自己的家庭等则被认为是社会性成熟的标志（Goldscheider & Goldscheider, 1999）。青少年和年青的成人也适用这些标准吗？

答案在很大程度上似乎是"否"。很多研究表明青少年更可能认为心理和认知的特点比这些社会角色标志要重要。例如，阿内特（Arnett, 2001）在他的研究中发现，几乎90%的青少年认为"为自己的行为负责"是一个成年人必须具有的品质，不到15%的青少年认为结婚是成年的必要条件。与之相类似，在巴克和加兰博（Barker & Galambos, 2005）的研究中，青少年对"成年人"所给出的一个最常见的标志是"有能力为行为负责"，超过了"独立生活""经济独立"或"完成学业"等。

那么青少年觉得自己何时开始承担责任并变为成年人了呢？这依赖于他们的年龄。一般而言，青少年的年龄越大，越认为成年期来得越晚（Galambos & Vitunski, 2000）。大多数青少年认为成年期来得要早一些，也许是20岁或21岁。然而，阿内特（2004）发现在他研究样本中20多岁的人当中认为自己已经是成年人的不足一半。

这些研究发现与那些认为成年期是一个渐渐出现的过程的研究结果一致。在这个阶段（通常是青少年中期），青少年开始认为自己在认知、情感和行为上成为一名成年人。

👤 工业社会与非科技文化中的青少年过渡期的差异

本尼迪克特（1938）和米德（1950）描述了工业社会与非科技文化社会对青少年过渡期的期望的三个显著差异。

负责任与无责任的角色

我们可以将非科技社会的儿童的负责任角色与在西方文化中不负责任的儿童角色进行对比，非科技社会的儿童习得责任感的时间相当早，他们的玩耍和工作往往是相同的活动。例如，通过"玩"弓和箭，一个男孩学会了狩猎；他成年时的狩猎"工作"是他幼时的狩猎"游戏"的延续。相反，西方文化中的儿童必须随着他们长大承担完全不同的角色，如他们必须从不负责任地玩耍转换到负责任地工作，而且这一转换过程相当突然。

其他两个差异体现在顺从和主导的角色、相似和不相似的性别角色。

你想知道吗

当代美国文化是怎样使青少年期向成年期的过渡变得更难的

当代美国文化是不连续的，这意味着青少年必须要随着他们的成熟而改变自己的行为，而改变比保持一致更难。

再论混乱和压力

早期的理论家、哲学家和作家几乎一致认为青少年是无礼的、易怒的、极端的和有破坏性的。即使在今天，很多美国成人仍然认为青少年比年幼的儿童有更多问题（Nichols & Good，2004）。很不幸的是，父母对青少年的冒险和逆反行为的预期与这些行为的实际水平相关（Bunchana & Hughes，2009）。可是，这些观点真的正确吗？

阿内特（Arnett，1999）在回顾了一些文献后这样总结道：那些认为青少年期是狂风骤雨期的人通常会提及以下三种类型的行为。

● 与他人冲突，特别是父母和其他权威人物。
● 情绪不稳定。
● 参与冒险行为。

（这几种行为的发生率分别在青少年早期、中期和后期达到峰值（Lougheed & Hollenstein，2012）。

以上任何一种行为在青少年期似乎都比其他年龄段更常见。当然，这并不意味着这样的行为具有普遍性。并非所有青少年都抑郁，但抑郁的青少年的比例在某一阶段偏高；并非所有青少年都发生过不安全的性行为或开车不系安全带，但太多人是这样。这些发现在某种程度上强化了狂风骤雨期的观点。

也许更为合理的结论是青少年比儿童和成年人更有可能体验到较大的困难。反之亦然，如果一个人在他生命的某个阶段情绪化或举止鲁莽，那么他最有可能正处于青少年期。我们没有什么理由像一些青少年那样害怕——害怕到达成年期之后生命就开始走很长的下坡路。同时，我们要记住，大多数青少年不会陷入太大的麻烦中，即使有问题出现，也往往是偶尔的和暂时的（Steinberg，2001）。

人们对于生理成熟、遗传和经历共同影响青少年的发展有越来越深入的认知和理解。最近，霍伦斯坦和洛盖德（Hollenstein & Lougheed，2013）在整合这几方面相关知识的基础上，提出了关于狂风骤雨期的一个新的整合观点。他们认为青少年成熟的模式基于以下六个原则：

1. 生物学变化是必然的、普遍的。

2. 生物学变化是青少年行为的基础和中介。

3. 这些生物学变化受环境的影响。

4. 青少年情绪和行为变化的强度存在个体差异。

5. 情绪和行为变化何时出现，持续多长时间存在差异。

6. 情绪和行为变化持续的时间和强度的个体差异受个体情绪调节能力的影响（一部分是生物学现象，一部分是经验现象）。正如之前提到过的，生物决定论和环境决定论开始走向融合。

你想知道吗

青少年期是生命中不可避免的一段艰难时期吗

那些持生物学倾向的理论家倾向于相信青少年期是生命中不可避免的一段艰难时期，那些认为环境对人的发展有更大影响的人则没有那么悲观。研究数据表明，青少年没有成人和儿童快乐，但也不是一直不开心。

青少年的多样性

  关于青少年的一个最常见的误解是认为他们是相似的，事实上，我们不能将所有的青少年当作一个同质群体来进行讨论，这不仅因为他们来自不同的族群，有着不同的文化背景，也因为他们的成长环境和生活条件大不相同。

  本书的许多章节都涉及青少年的文化差异。低社会经济地位青少年与中产阶级青少年之间有明显的差异，正如白人青少年与非白人青少年之间的差异。虽然这些差异在不断地变化，但是关于青少年的大量研究仅涉及白人青少年和中产阶级青少年，虽然他们占美国人口的大多数，但他们并不能代表全部青少年。因此，在我们对青少年进行详细的讨论之前，需要首先关注青少年的文化多样性。

  我们首先来讨论各个种族和民族的低社会经济地位青少年。低社会经济地位这一分类打破了民族与种族的界限，影响着全球 15% 的人（DeNavas-Walt & Proctor，2014）。18 岁或 18 岁以下的年青人比成年人更有可能贫困。未成年人的贫困率大约是 20%。从绝对数字上看，由于青少年群体中白人青少年的数量最多，因此贫穷的白人青少年比亚裔、非洲裔、拉美裔美国青少年或美国土著青少年的数量都多。然而，非白人青少年贫穷的比例更高。例如，约 9% 的白人青少年生活水平低于贫困线，非洲裔青少年中却有 30% 的人的生活水平低于贫困线，亚裔青少年中有 15% 的人的生活水平低于贫困线（Wright & Chau，2009）。

  接下来考察四个不同民族或种族的青少年：非洲裔美国人、拉美裔美国人、亚裔美国人和美国土著。拉美裔一词并不是指有着某种肤色的人，而是指说西班牙语的人。拉美裔人既有黑人也有白人，其中大部分人认为自己是白人。在 2014 年，大概有 17% 的美国人是拉美裔人。

图 3-1 显示了这些群体的人数比例。在 2014 年，大约 77% 的人是白人，13% 的人是黑人。亚裔美国人占 6%，美国土著只占一小部分，约 2%。大约 2.5% 的人是不同种族的混血（U.S. Census Bureau，2015b），其中大多数是白人与其他种族的混血（见图 3-2）。

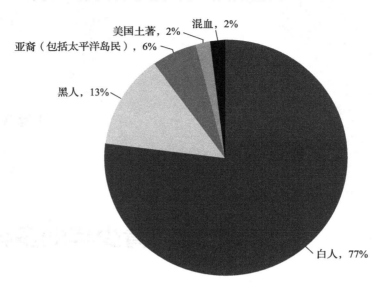

图 3-1　美国的种族 / 民族构成，2014

注：本图显示了 2014 年美国各种族 / 民族的比例。

资料来源：Data from U.S. Bureau of the Census (2015b).

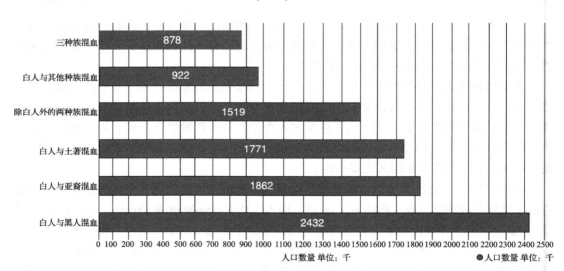

图 3-2　美国混血的构成

注：本图显示了不同民族 / 种族的美国混血的相对数量。

资料来源：U.S. Census Bureau, 2013, American Community Survey.

由于各群体在移民和出生率方面的差异，我们可以预期非拉美裔白人的比例将会有所下降。到 2050 年，白人比例将失去其"统治地位"，其比例会略低于 50%，而拉美裔的比例预期会提高到 29%，亚裔比例也会有所提高，达到 9%。黑人和美国土著的比例将保持稳定，仍然为 13% 和 1%（Passel & Cohn，2008）。

低社会经济地位青少年

我们用了很多术语来描述低社会阶层和贫困阶层的青少年，包括弱势群体、贫困阶层和低社会经济地位群体。本书中使用**低社会经济地位**（low socioeconomic，low SES）一词是因为它涉及生活条件的两个重要方面：低社会地位和低经济收入。

这两个因素并不总是同时出现，有些人也许有着相对较低的经济收入和相当高的社会地位（例如艺术家或诗人），相反，有些人有着较高的收入却被社会所厌恶（如毒品交易者）。经济状况不佳的个体一般处于社会的边缘，他们享受到的休闲设施、教育、工作机会、健康和医疗保健、生活条件都是非常有限的。

在 2013 年，近 15% 的美国人的收入低于贫困线。18 岁以下的人的贫困率大约是 20%（U.S.Census Bureau，2014）。低社会经济地位青少年大多来自非白人家庭（见图 3-3）。这些家庭的规模大于平均水平，经济来源较少，女性掌控整个家庭的情况较多。他们大多居住在南部、农村地区和市中心的贫民区，而非城郊地区（DeNavas-Walt & Proctor，2014）。

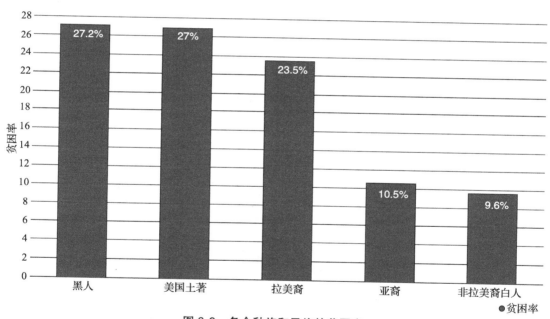

图 3-3　各个种族和民族的贫困率

资料来源：Data from DeNavas-Walt and Proctor (2014) and Macartney et al. (2013).

社会经济地位在青少年的生活中有着重要的作用。对社会经济地位的不同水平的觉知影响着青少年的自我觉知和他们对外部世界的认知。儿童、青少年以及成人在某种程度上通过与他人比较来了解自己的价值，而且他们对自己的态度在很大程度上会受其他人对自己的态度影响（Pearlman，1995）。

低社会经济地位的限制

低社会经济地位青少年常常面临着几个问题。贫困的后果远不止缺少想拥有的财物或者买不起时尚的衣服。

低社会经济地位青少年面临的限制

有限的机会

低社会经济地位青少年只能接触到有限的社会和文化环境。贫困限制了他们的教育水平和职业成就。他们及家人对居住地、学校没有太多选择的余地，就业机会也很少。（而且，由于学校教育依靠当地的房产税收支持，因此这些居住在低收入社区的人所就读的学校也是最差的。）在职业发展方面，贫困的年青人在中学里很少有机会得到训练，他们上不起大学，也没有什么认识的人能够帮助他们找到好的工作。他们没有足够的资金来丰富自己的经历，也经常因交通工具匮乏而无法离开居住区。他们像是"被卡住了"，有限的经历限制了他们生活中的各种机会与可能性（McLoyd，1998）。

低社会经济地位青少年面临的限制还有无助与无力感、剥夺与苦难、安全隐患。

贫困的循环与剥夺

低社会经济地位青少年生活中的各种限制所导致的实际结果就是贫穷的不断延续（例如，Funk et al.，2012）。图 3-4 说明了这种贫困循环。

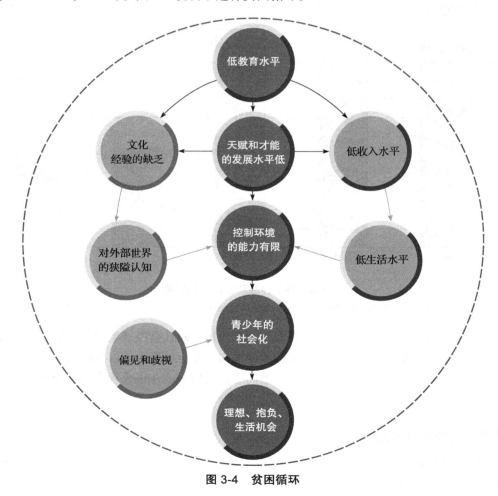

图 3-4　贫困循环

　　该循环从上往下，以低教育水平为起点。沿顺时针方向看图 3-4，低教育水平导致低收入，从而导致了较低的生活水平，也使得个体对外部环境的管理与控制力受到限制。因此，生活贫困的人的孩子也会对自己的教育水平、生活水平和权力产生较低的期望，他们的世界观使他们习惯了的生活方式永远如此。

　　再沿逆时针方向来看图 3-4，低教育水平导致个体的天赋和才能的发展水平较低。（如果一个人在一个很少上课、同伴水平很低且没有良好教学的数学班级中，他就难以拥有高水平的数学能力。）缺少知识和外部世界的经历导致了个体对外部环境的狭隘认知及低生活水平，这又导致个体能力有限，难以控制环境。（如果你不知道地质学这个领域的存在，你就不可能梦想着成为地质学家。）他们身上背负着众多歧视和束缚，他们的父母也教育他们不要期待较高的收入、良好的生活水平或较高的教育水平。低社会经济地位青少年极易陷入长期的贫穷循环中，在他们的父母一生都处于贫困中，或者家庭的贫困已经持续几代的情况下更是如此。之前具有经济优势然后陷入贫穷的个体对其子女的未来更加乐观，他们更有可能以有助于其子女取得学业和经济成就的方式来培养子女。

你想知道吗

什么是贫困循环

　　长期的贫困循环是指生活贫困的人们容易一直处于贫困状态，很难进入中产阶层的恶性循环。例如，如果你是穷人，你可能会去一个经费不足的高中，即使你努力学习，你学到的也可能会比你中产阶级的同伴少。正因如此，你上大学或找到一份好工作的可能性也比较小，如果你找不到一份好工作，你就没有合法的方式去赚足够的钱来提高你的生活水平。

低教育水平

　　阅读理解能力、分析论点的能力、进行批判性思考的能力以及数字运算能力对个体和社会都是非常重要的。基本技能全面的个体大都会进入高中并完成学业，也可能进入大学，有良好的就业保障，收入更高并且通常生活富足。因读写能力低而沮丧的个体很少能完成学业，在劳动力市场中也较难取得成功，因此更有可能做出导致消极的社会后果的行为，如使用药物或犯罪。

　　研究者对 74 项调查学业成就与贫穷间的相互关系的研究结果进行了元分析，发现在个体水平上，社会经济地位与学业成就具有中等程度的相关，在学校水平上，二者具有较高程度的相关（Sirin，2005）。这证实了生活在贫困家庭的孩子更有可能学业不良。虽然这一效应在个体水平上的预测力很小，但它仍是学业成就最好的预测因素之一。与非白人学生相比，这种社会经济地位效应对白人学生的影响更大。与低社会经济地位地区的学校相比，高社会经济地位地区的学校提供了更好的学习资源和经验丰富的教师，而且教师的流动性较低，师生比也较小（McLoyd et al.，2009），这些都有助于学生更有效地学习。加上低收入的父母对子女的期望不高，而且缺少为子女学业提供帮助的能力（Wood，et al.，2007），因此上述情况几乎不可避免。

家庭动荡

低社会经济地位家庭比高社会经济地位家庭更加不稳定，这在很大程度上是早婚及经济困境造成的。随着社会经济地位下降，离婚率和分居率都上升了（Elliot & Simmons，2011）。低社会经济地位家庭的生育率，尤其是非婚生育率，高于高社会经济地位家庭（Nelson，2013）。与中产阶级少女相比，经济困难的少女更可能成为母亲。而在很小的年纪成为单亲家长极大地提高了贫困循环的概率，他们可能会一辈子都处于贫困的状态（Shattuck & Kreider，2013）。

较高的离婚率和未婚怀孕率导致了贫困人群中女性支撑家庭这一现象的普遍性和持久性。许多研究表明，尽管单亲家庭与双亲家庭相比未必处于劣势（父亲有可能加重家庭经济负担或者引发家庭冲突），但是，整体上而言，父亲缺失或仅仅偶尔出现确实不利于青少年的情感和社会性发展。对青少年来说，生活在单亲家庭中是一个风险因素，可能引起许多问题（例如，Jablonska & Lindberg，2007）。简而言之，贫穷增加了个体在单亲家庭中成长的可能性，从而增加了个体在儿童期以及成年期一直处于经济劣势的可能性。

无家可归

很多贫困的人都无家可归。近年来，因各种原因而无家可归的人逐渐增多。这些原因如下。

第一，随着 2008 年房地产泡沫的破裂，出现了大量房屋止赎的情况。

第二，房屋止赎导致的衰退又加剧了经济困境，带来了更高的失业率和更高的贫困水平。

第三，尽管经济正在向好的方向发展，但是收入差距在增大。相对来说，最低收入群体赚的钱甚至比以前更少了（没有任何一个州的最低工资可以负担得起一居室公寓的房租）。

第四，低价住房越来越少，破旧、便宜的单元楼被拆除，代之以相当昂贵的住宅。

第五，在住房援助方面，政府的资助有所减少。

第六，持续上升的医疗保健费用把许多家庭推到了悬崖边上，以至于他们无力支付住房费用（National Coalition for the Homeless，2009）。

住房危机影响着青少年生活的各个方面。无家可归的青少年同时受到身体和精神上的双重压力。为了生存，许多青少年上街行乞、交易毒品、卖淫或偷盗；一些青少年需要接受精神治疗；一些青少年由于经常旷课而学业不良（Kennedy，2007）。很多无家可归的青少年有多重问题，如果不进行直接干预，他们的未来将会黯淡无光。

某些城市廉价住房短缺，许多贫困家庭必须求助于无家可归者庇护所来抚养孩子。

抚养子女的目标及理念

低社会经济地位家庭往往是等级制的，亲子关系较为紧张。当处于压力下时，大多数父母会变得非常严格，更容易采用惩罚的手段对待孩子（Crnic & Low，2002），而且，经济匮乏是一个慢性压力源，会使父母变得冷漠（Friedson，2015），较少参与孩子的生活（Guttman & Eccles，1999）。青少年认为父母是不可接近的，家庭氛围是一种充满了命令和绝对指示、服从纪律以及与父母疏离的氛围。亲子互动的模式是以维持秩序、服从及纪律为导向的。纪律通常是严厉且不一致的，强调身体惩罚（甚至对青少年）而非口头解释（Berger，2007）。一般来说，与来自经济地位较高家庭的青少年相比，来自低社会经济地位家庭的青少年与父母之间存在更多的问题。

同伴导向

与来自中产阶级家庭的青少年相比，来自低社会经济地位家庭的青少年与父母的关系更脆弱，因此低社会经济地位青少年更易形成强大的、具有较大影响力的同伴关系。与对父母评价高的青少年相比，那些对父母评价低以及低自尊的青少年更易受同伴的影响（Vitaro et al.，2000）。

这种现象的发生有三个可能的原因。

第一，青少年不能通过家庭认同获得地位。他们的父母不是医生、教授，也不是企业高管，因此，这些青少年无法从父母认同上获得地位。事实上，他们对父母在社区中没有地位非常敏感，对自己没有地位也很敏感。当一个群体处在成就导向的社会中，如果个体不能以社会认可的方式获得身份和地位，那么偷窃、涉毒、打架、肆意破坏等反社会行为就会成为其赢得地位和认可的手段。同伴群体取代了家庭，成为青少年的主要参照群体。

第二，每个人都需要情感支持。如果父母对子女冷漠和排斥，他们就不能给子女提供情感的支持，也无法满足子女归属感的需求（Maslow，1943）。

第三，因为低社会经济地位青少年需要安全感，所以他们会更加以同伴为导向而非父母。居住在恶劣的环境中，青少年需要他们的帮派来保护自己。

社会弃儿

许多低社会经济地位青少年与中产阶级青少年的社会化大有不同。他们有自己的穿着风格和言谈举止风格。那些吵闹、举止无礼、具有攻击性的青少年被中产阶级群体鄙夷。而且那些脱离群体的个体通常有较低的自尊，害怕参与各种社会活动及团体，经常被忽视。此外，破旧、不得体的穿着也会招致中产阶级同伴的非议。

在青少年的社交活动中，学校通常是非常重要的一部分，但是，由于受到中产阶级成人和学生的偏见，低社会经济地位青少年变成了社会的弃儿（Wadsworth & Compas，2002）。随着年级升高，他们越来越觉得被学校这个小社会孤立，于是他们趋向于同校外青少年建立友谊，而与这些校外青少年的联系有时会导致他们辍学。

心理健康

低社会经济地位家庭受到的压力、社会污名、缺乏安全感以及不稳定性使得低收入的青少年成为心理问题和精神疾病的高发人群（Najman et al.，2004）。这一现象在长期贫困的青少年身上尤为明显（Goosby，2007）。

最近的研究探讨了不良的心理健康状况与这些因素的联系的内在机制。例如我们现在知道前额叶（大脑中负责问题解决、判断、复杂决策的区域）在青春期迅速发展（Arnsten & Shansky，2004）。我们还知道当青少年长期处于压力情境时，其前额叶的发展会受到损害（Bar-On et al.，2003），从而导致各种问题的发生，如滥用药物（Fishbein et al.，2006）和学业成就低下（Hair et al.，2015）。

再者，当低社会经济地位青少年因心理问题就医时，他们可能得不到合适的治疗，他们或许会被分配给经验不足的治疗师，或者治疗强度不够，接受治疗的时间也较短。因此，与中产阶级患者相比，他们的精神症状不太可能得到较大改善也就不足为奇了（Gozález，2005；Santiago et al.，2013）。

身体健康

贫穷也会导致很多身体健康问题。当经济收入较低时，医疗保健落后、营养不良、生活在污染的环境中就更加常见。这些问题可能导致学校缺勤率变高，还有疲劳感——这使得个体即便在课堂上也无法集中注意力。对于有这些问题的学生来讲，学业任务就像苦难，而学业不良的学生经常叛逆、辍学、吸毒，或者因意外怀孕而成为父亲或母亲。这些压力可能会使贫困的青少年长期血压偏高（Evans et al.，2007），这对他们以后的健康也有消极影响。

我们从之前的讨论可以得出什么结论呢？也许你应该有这样的认识：在经济条件较差的家庭中成长的青少年有非常大的压力，并且与中产阶级青少年相比，贫困的青少年在成长过程中更可能需要努力去克服各种问题。因此，与中产阶级青少年相比，生活贫困的青少年实质上更易表现出问题行为。需要注意的是，这种现象并非不良基因或是道德低下造成的，而是家庭入不敷出的压力所致。同样需要注意的是，许多贫困的青少年取得了成功。他们拒绝不良行为，保持较高的身心健康水平，完成高中学业，成功地进入了成人角色（见研究热点）。

你想知道吗

低社会经济地位青少年的生活和中产阶级青少年的生活有什么不同

与中产阶级青少年相比，低社会经济地位青少年由亲生父母共同抚养的概率小一些，此外，父母在孩子放学之后待在家里的可能性也较小，当父母在家的时候，父母会对他们更加严厉。低社会经济地位青少年比中产阶级青少年经历着更多身体和心理上的疾病，他们读完高中的机会也更少。

研究热点

农村贫困人口

很多人听到"穷人"这个词的时候，会立刻想到那些居住在破败的城中贫民区的人。想到墙上布满涂鸦，烧毁的建筑，废弃的空地上杂草丛生，充斥着垃圾。这些景象是准确的，很多穷人确实生活在城市里，但也有相当数量的贫困人口生活在农村：在 2010 年，城市居民中有 17.3%

的人属于贫困人群，而农村居民中有 16.3% 的人属于贫困人群（Housing assistance council，2012）。在全世界范围内，绝大多数穷人生活在农村（United Nations，2011）。

生活在农村的贫困人群主要集中在美国东南部地区。超过一半的农村贫困人群居住在南部的几个州。在这些地区居住的人有很多是非洲裔美国人，他们的贫困率超过 30%。在农村居住的美国土著的贫困率也超过了 30%，那些居住在保留地的美国土著贫困率达到 50%。大量农村地区处于长期的贫困之中（Housing assistance council，2012）。

贫困对农村青少年与城市青少年的影响是相同的：消极影响。农村青少年饮酒、使用违禁药物和烟草的比例高于其他人群（Lambert et al.，2008）。他们焦虑症的发生率很高（Smokowski et al.，2013），他们更有可能自杀及死于意外伤害（Singh et al.，2013）。他们肥胖的概率也更高（Liu et al.，2008）。贫困的农村青少年可以得到的医疗保健（包括心理保健）非常有限（Chan et al.，2006）。

因此，当你讨论有关低社会经济地位青少年的问题时，你应该将农村青少年考虑进去。

少数族裔青少年

当我们开始这一节的讨论时，需要特别谨慎。尽管我们会对不同的少数族裔做出一些论断，但每一个少数族裔中的个体都是不同的。少数族裔中的个体差异之大，就像白人中产阶级的个体间的差异。描述少数族裔是为了提供相关背景，让我们更好地相互理解，而不是创造或强化刻板印象。这些描述可能与你所认识的某个少数族裔的人完全不符合或者仅仅是部分符合。

不同的少数族裔青少年背景各不相同：有些人是第一代移民，在家中并不讲英语，有些人是几代以前为躲避战争和迫害而来到美国的移民的后代，有些人的祖先作为奴隶被带到了美国，还有一些人的父母是富有、受过高等教育的专业人士。这些少数族裔青少年可能富有，可能贫穷，也可能是中产阶级，他们可能居住在农场、城郊或城中贫民区。

尽管存在这些差异，但少数族裔青少年有一个共同的重要特质：极易辨认，因为他们与美国白人相差甚大，经常遭遇偏见和敌意。即使他们现在没有遭遇偏见，他们也能清楚地觉察到各种潜在的偏见。他们觉得自己是另类，是被边缘化的人，这种感觉要比他们的文化背景对他们的影响大。

许多研究表明，作为少数族裔的经历，而非文化差异本身，对美国人口中非洲裔、亚裔、拉美裔和美国土著青少年有巨大的影响。如果一个美国白人青少年即将搬到日本或尼日利亚，那么他也会经历与美国少数族裔青少年类似的压力和紧张。其他人认为你与他们不同会让你觉得生活很困难，特别是当他们的行为表明"不同"意味着"没有我们好"的时候。当其他人意识不到文化差异，他们期待你有的行为方式不同于你在家里学到的行为方式时，你也会觉得很困难。

因为少数族裔青少年比白人青少年更有可能贫穷，所以他们更容易受到本章开头讨论的那些压力的影响。他们比白人青少年，甚至贫穷的白人青少年，更有可能经历持续的贫穷，他们也更可能居住在贫民区中。除了低于标准的生活条件，少数族裔青少年还经常面临社区和学校的暴力、药物和酒精滥用、学业不良、违法犯罪以及青少年怀孕这些状况（Leventhal et al.，2009）。

接下来我们会讨论与特定的少数族裔青少年有特殊相关的问题。需注意,少数族裔内部的多样性和少数族裔间的多样性一样明显,贫困和歧视比不同文化的价值观和行为方式更能导致各族群之间的差异。

种族主义

种族主义是指一个特定群体的系统性劣势以及多数群体的系统性优势(Fujishiro,2009)。种族主义共三种类型。第一种类型是制度性种族主义,这种情况发生在社会模式不平等的情况下,这种不平等的最终结果是基于种族或民族压迫特定的群体(例如,Shavers & Shavers,2006),例如,与白人青少年罪犯相比,非洲裔美国青少年罪犯常面临更严厉的判决。第二种类型是个人种族主义,其行为表现可能是明显的骚扰、社会排斥、微攻击、轻微的(很多时候是无意的)轻视或刻板印象(Sue et al.,2007)。种族主义者对某一个人的态度有可能被这个人接受,导致内部种族主义(即第三种类型),使这个人对自我产生消极感受(Paradies,2006)。

成为种族主义的目标具有很多有害后果。制度性种族主义导致机会缺少和不平等,这提高了那些被歧视的人不能得到良好教育的概率,如此一来,他们自然也难找到收入高的工作。内部种族主义会引发恐惧、愤怒和抑郁,其产生的压力会影响个体的身心健康(Okazaki,2009;Williams & Mohammed,2009)。内部种族主义还会导致低自尊(例如,Chao et al.,2014)

非洲裔美国青少年

大多数黑人已经居住在美国很多代,是非洲奴隶的后代。近年来的黑人移民来自拉丁美洲和加勒比海区域。每一个群体都有自己的文化。这里我们主要讨论非洲裔美国人。

在最早的英国殖民时期,就有来自非洲的人在美国居住:在17世纪,他们开始被带到当时的美洲殖民地(向南美洲输入非洲奴隶的时间比这早约100年)。因此,大部分现在的非洲裔美国人家庭都已经在这个国家生活了很多代。其他非洲裔家庭是在加勒比海地区或南美生活了一段时间之后再搬到美国的,这些家庭往往曾经是奴隶。当然,近年来,非洲人和非洲人的后代可以自由地选择移民到美国。尽管这些群体各自有其独特的文化,但他们面临着很多相似的问题,可以放在一起来讨论。

💡 研究热点

那些成功的个体

大量的研究关注**心理弹性**(resiliency)(人们在压力之下时复原的能力)的影响因素(例如,Sandler,2001)。一些个体所具有的特质和外部资源可以提高心理弹性(Fergus & Zimmerman,2005)。人们认为能提高心理弹性的特质和资源对各个不同的种族和社会经济群体都同样起作用。

我们需要牢记,许多青少年在艰难的条件下成长,克服了自己的生活背景的限制并打破了贫困循环。

遗留问题：歧视

世世代代都是非洲裔的美国家庭，尤其是那些低社会经济地位家庭，为了与白人群体和谐相处，被迫承担着卑微的角色。在不远的过去，和谐相处意味着他们只能坐在公交车的最后一排，避免去"仅限白人"的餐馆、公共洗手间、娱乐场所、电影院以及游乐场。非洲裔的美国父母不得不教子女所谓的"黑人角色"。非洲裔美国儿童在学校如果没有坐在该坐的地方或行为举止不恰当，就会使自己陷入险境。不论是 5 岁、15 岁还是 25 岁，他们都必须清楚他们的位置。他们需要学习的重要课程之一是不论受到多么不公平的对待，他们都必须控制愤怒、隐藏敌意。面对挑衅，他们必须屈从并且表现得彬彬有礼；面对嘲弄，他们只需低下头一直往前走，毫不反抗。总之，他们必须忽略所受到的侮辱，永远不能与白人争辩或起冲突。黑人父母认为对子女最好的保护就是通过严格的手段给他们灌输恐惧感，否则白人社会将更严厉地惩罚他们。

一位很受尊敬的作家理查德·怀特（Wright，1937）写下了《黑人生活的第一课》，讲述了他因与向他和他的朋友扔瓶子的白人男孩发生冲突而受了重伤的事情。他写道：

> 我坐在前面的台阶上沉思着，处理了下伤口，等着妈妈下班回家……我的直觉告诉我她会理解我的……我拉着她的手讲完了整件事情的经过。她检查了我的伤口，然后给了我一耳光。
>
> "你为什么不躲啊？"她问道，"为什么你总是打架？"
>
> 我非常生气，大声痛哭起来，呜咽着告诉她周围没有树木或者篱笆可以躲……
>
> 她拿起一块木板，把我拽进家里，脱掉我的衣服，痛打了我一顿，打了有一两百下。我的屁股已经火辣辣地疼痛，她仍然用木板继续打我的屁股，向我传递着作为一个黑鬼应有的"智慧"。我再也不会扔煤球了……我再也不会跟那些白人打架了，再也不敢了，而且他们朝我扔破牛奶瓶是绝对正确的。

新局面

2008 年 11 月，贝拉克·奥巴马成为美国历史上第一位黑人总统。非洲裔美国人担任了国务卿、国家最高法院法官。他们管理着美国规模最大、最有名望的企业，创作出杰出的艺术和音乐作品。很明显，黑人的处境有了极大的改善并且将持续改善。20 世纪后半叶，一系列废除美国的种族隔离和承认非洲裔美国人应有权利的法律促进了黑人中产阶级的兴起，这些法律允许黑人政治领袖的崛起，为更多黑人公民开启了机遇之门，黑人普遍得到解放。

如今，84% 的黑人成年人完成了高中学业，大约 20% 的黑人成年人获得了大学学位（U.S. Bureau of the Census，2013）。（黑人成年人的高中毕业率比国家的平均水平略高，但获得更高学位的人的比例显著低于国家的平均水平。）黑人成年人的受教育程度越来越高这一趋势一直在继续，越来越多的

许多因素影响着非洲裔青少年的自尊水平和自我形象，如完成高中教育、与家庭的亲密关系、受到家人的赞许。

非洲裔美国人进入大学并顺利毕业。与黑人贫困率的历史最高点相比，黑人贫困率呈下降趋势，自 2002 年开始又有所上升，至今，黑人贫困率仍然是非拉美裔白人贫困率的四倍。尽管如此，仍有 20% 的非洲裔美国家庭的年收入超过 75 000 美元（U.S. Bureau of the Census，2014）。

当代种族隔离

1954 年 5 月 17 日，在最具影响力的"布朗诉托皮卡教育管理委员会案"的决案中，美国最高法院否决了受教育机会"隔离但平等"的原则。1955 年，马丁·路德·金倡导非暴力抵抗运动，反对亚拉巴马州蒙哥马利公交车的种族隔离规定。虽然反对种族隔离的法庭斗争取得了胜利，但是至今白人和黑人在收入、教育程度和其他生活水平上仍然有相当大的差异。很不幸的是，种族隔离在现实生活中仍然在继续。

更多的非洲裔美国人居住在南部（55%），而非东北部（17%）、中西部（18%）或西部地区（10%），这是奴隶制遗留的部分问题。有很多家族世世代代都居住在某一特定区域。从绝对数字来看，更多的非洲裔美国人居住在纽约州、加利福尼亚州、得克萨斯州、佛罗里达州和佐治亚州。然而，从人数比例来看，密西西比州、路易斯安那州、南加利福尼亚、佐治亚州和马里兰州的黑人更多。美国首都哥伦比亚特区一半以上的居民是黑人。在每个州内，黑人常常被隔离在一些聚居的县和社区。但在南方以外的地方，这一趋势正在下降，美国黑人主要集中在大城市，如底特律、纽约市和芝加哥（Rastogi et al.，2011）。

不平等的教育

尽管法律致力于保障所有公民平等接受教育的权利，但非洲裔美国青少年仍然没有充分享受到这一权利（见图 3-5）。

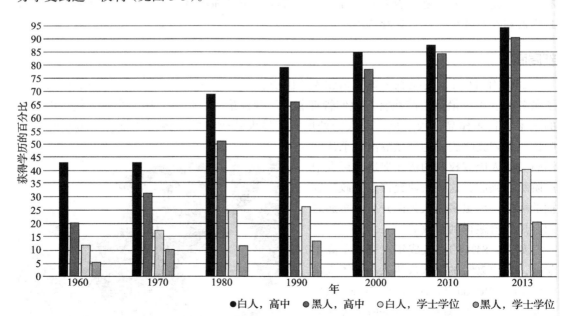

图 3-5　25 岁及以上的非洲裔和白人美国人的学历情况（1960～2013 年）

注：在受教育时长方面，非洲裔美国青少年正逐渐赶上白人青少年，尤其是高中毕业率。然而，如果考虑教育的质量，非洲裔青少年仍然远远落后于白人青少年。

资料来源：Data from National Center for Education Statistics (2014c).

因为各种族的居住区域没有很好地融合（例如，人们往往与同种族的人居住在一起），黑人和白人仍然在完全种族隔离或基本实行种族隔离的学校上学。这对黑人儿童有很大的影响，因为在黑人（或拉美裔）儿童为主的学校里，学生学的内容比较少（Ready & Silander, 2011）。数据证实，居住在基本实行种族隔离的州的黑人学生比居住在融合区域的黑人学生的学业成就低（Vigdor & Ludwig, 2008）。除了那些居住在种族融合区域的学生，中产阶级黑人家庭的学生，还有那些父母对学业成就有较高期望的学生，也往往在学业上有良好表现（Wu & Qi, 2006）。

职业抱负

最近几十年来，虽然越来越多的非洲裔美国人取得了较高的社会经济地位，但是许多研究者指出，进入中产阶级的黑人的比例在下降，鉴于目前整个国家较为萧条的经济状况，他们的孩子将面临跌回低社会经济阶层的潜在风险（例如，Isaacs, 2007）。

非洲裔美国大学生似乎意识到了他们的社会经济地位的不稳定性。许多研究已证实，与白人相比，他们在选择职业时更加关注未来的收入，他们也更倾向于选择能够提升其社会地位的职业，如律师或医师（例如，Daire et al., 2007；Hwang et al., 2002）。相反，与非洲裔美国学生相比，白人学生在进行职业决策时更多考虑这一职业能在多大程度上帮助他人和有益于社会。黑人大学生虽然觉得自己能够克服遇到的障碍，但他们仍然认为自己的就业机会比白人学生少，面临的困难也更多（Fouad & Byars-Winston, 2005）。

失业率

从 20 世纪 50 年代开始，黑人失业率一直是白人失业率的两倍左右（DeSilver, 2013）。例如，在 2013 年，白人的失业率是 6.7%，黑人的失业率达到了 13.4%。这在很大程度上是因为在经济衰退时黑人比白人更可能失去工作，也可能是教育水平低、距离工作地点远、缺少交通工具、歧视以及缺少技能等因素的复杂交互作用所致。黑人比白人更有可能在公共部门工作，黑人女性占黑人劳动力的一半以上。

收入

尽管白人和非洲裔美国人的收入都在持续增长，但白人与非白人之间的贫富差距变大了，尤其是那些取得了大学学位的人（见图 3-6）。

无论何种职业，非洲裔美国人得到的报酬总是少于做相同工作的白人。获得学士学位（四年制）的黑人平均薪酬是 46 502 美元。

你想知道吗

在过去的 20 年中，非洲裔美国人在哪些方面发生了巨大的变化

与 20 年前相比，非洲裔美国人不再像以前那样贫穷，更有可能上大学。然而，与此同时，黑人和白人之间的工资差距增大了。很多时候，黑人就读的公立学校得到的资金支持比白人就读的学校得到的资金支持要少。

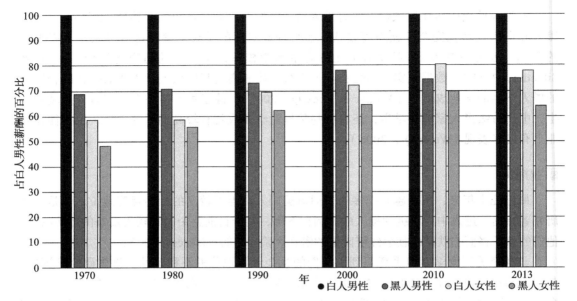

图 3-6 不同种族、不同性别的人们的平均全职收入（1970～2013）

注：在 2010 年，黑人男性的薪酬仅仅是白人男性薪酬的 76%，黑人女性的薪酬是白人女性薪酬的 86%，黑人职业经理人和专业人员的薪酬是相同职业领域的白人平均薪酬的 79%。虽然收入差距在缩小，但在每一个职业领域，这种差距依然存在。而且从事低收入工作的黑人比例比白人高（如销售和服务业）。

资料来源：Data from U.S. Bureau of Labor Statistics, historical earnings tables.

监禁

非洲裔只占美国总人口的 13%，但在联邦监狱中监禁的犯人中 37.5% 是黑人（Federal Bureau of Prisons，2015）。这一悬殊差异背后的原因包括：很多非洲裔美国人生活在城中贫民区，那里的生活暗淡且没有希望，缺少就业机会；国家严厉的毒品量刑政策；与白人相比，当表现出同样的行为时非洲裔美国人更有可能被警察拦截和拘捕；强制性的最低量刑法律对黑人不利（例如，持有快克可卡因比使用粉末可卡因被判的刑罚更重，而黑人常常用快克可卡因，白人更多使用粉末可卡因）；黑人的高中辍学率更高（NAACP，2015）。

青少年和未婚怀孕

通常，青少年怀孕及生育对青少年相当不利。青少年母亲高中毕业的可能性很小，她们很可能比其他青少年更贫穷。非洲裔美国少女的怀孕率是白人少女的两倍左右（Hamilton et al.，2015），对黑人社区而言，青少年怀孕是一个相当严峻的问题。怀孕生子的黑人女性中大约有 3/4 是未婚母亲（National Center for Health Statistics，2015）。通常祖父母在抚养这些孩子方面起着主要作用。

家庭的力量

非洲裔美国家庭被许多问题困扰着，这些问题源于种族歧视和他们的经济条件。他们在高失业率、高贫困率以及一些重要的社会项目减缩的背景下为生存努力奋斗。

非洲裔美国家庭与白人美国家庭有什么不同

当大部分非洲裔美国人想到自己从小生活的家庭时，他们想到的家庭成员包括叔叔、婶婶、堂兄弟、祖父母，甚至父母的好朋友。他们的家庭成员的性别角色很灵活，他们比白人家庭更有可能经常去教堂。

非洲裔美国家庭的积极品质

非洲裔美国家庭有很多积极品质，这些品质使他们在充满敌意的社会环境中得以生存。

强大的血缘纽带

扩大家庭在许多少数族裔中都很常见。一般来讲，与白人相比，非洲裔美国人处在更大的压力情境下，但家庭成员相互信赖，互相关心，互相扶持（Gerstel，2011；Taylor，2000）。扩大家庭的成员倾向于选择较近的地方居住，他们有着很强的家庭责任感。他们的家庭界限具有流动性，一个家庭可以接纳需要帮助的亲戚和朋友。他们之间有很多互动，能够给对方直接的帮助和支持。

非洲裔美国家庭的其他积极品质包括角色的灵活性、强大的宗教取向。

拉美裔美国青少年

拉美裔美国人的家族来自使用西班牙语的地区，有可能是任何一个种族。大约 17% 的美国人是拉丁美洲人（U.S. Census Bureau，2015），其中，近 3/4 具有美国公民身份，他们要么出生在美国，要么是归化公民（U.S. Census Bureau，2013a），大约 10% 的拉美裔是暂时或正在等待成为公民的合法移民，其他 15% 是非法移民（Pew Research Center，2013；NBC Politics，2013）；很多拉美裔家庭在美国生活了很多代，因为现在的得克萨斯州和其他西部边境州的一部分土地最初是墨西哥人的居住地（事实上这些地方原本属于墨西哥）。如图 3-7 所示，大约 60% 的拉美裔来自墨西哥，约 10% 来自波多黎各。鉴于此，我们将会在接下来的章节对这两个群体进行讨论。

大部分拉美裔美国人（75%）居住在美国西部或者南部，超过一半的人居住在加利福尼亚州、得克萨斯州和佛罗里达州。居住在加利福尼亚州和得克萨斯州的主要是墨西哥人的后代，居住在佛罗里达州的主要是古巴人的后代（Ennis et al.，2011）。

大多数在美国的拉美裔是非法移民吗

当然不是！ 75% 的拉美裔人是公民，还有 10% 是合法移民。

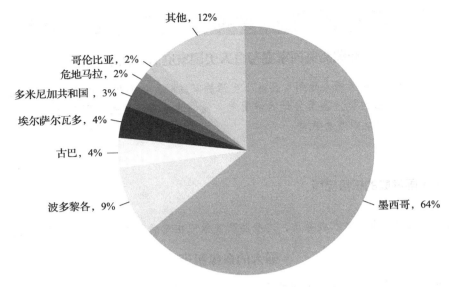

图 3-7 拉美裔美国人的祖居地

注：此图显示了美国拉美裔家庭的来源地。
资料来源：Data from Brown and Patton (2014).

教育问题

有必要讨论一下整个拉美裔群体面临的主要问题：教育程度的不平等。

与其他美国公民相比，拉美裔美国人从高中毕业的可能性更低（National Center for Education Statistics，2015c）。88% 的拉美裔青少年拿到了高中文凭或者高中同等学力证书，而有 95% 的白人青少年和 93% 的黑人青少年获得了同样的学历。不过白人和拉美裔青少年毕业率的差距缩小了，从 1990 年的 23% 下降到现在的 7%。由于学历是谋得一份好工作的基本条件，因此拉美裔美国人的贫困率居高不下也就不足为奇了——拉美裔美国人的贫困率为 23.5%，几乎与黑人的贫困率一样高。拉美裔学生总体上在学业落后的主要原因是英语不是他们在家庭中使用的主要语言。超过 60% 的拉美裔家庭在家中使用西班牙语（Ryan，2013），说西班牙语的儿童和青少年必须做更多的努力来理解老师的话以及非母语编制的课本，他们也必须将自己的思想用一种他们并不习惯的语言记录下来。

因为语言上的困难，所以拉美裔学生在小学期间就更容易出现学业落后。到初中时，他们很可能已经在阅读和数学上落后好几年（Hemphill & Vanneman，2010，Jeynes，2015）。因此，他们比其他族群的学生更可能被分配去学习普通的高中课程，这些课程不是为读大学做准备的课程，它们还助长了退学率。

除语言障碍外，一些其他因素也会造成拉美裔青少年教育程度较低，包括学校资金分配的不平等、学校隔离、学校里讲西班牙语的员工数量少、教师缺少多元文化的训练、中学以后的经济援助缺乏、学校的安全性不足（President's Advisory Commission on Educational Excellence for Hispanic Americans，1996）（注意，这些因素与非洲裔青少年面临的困难没有太大差异）。

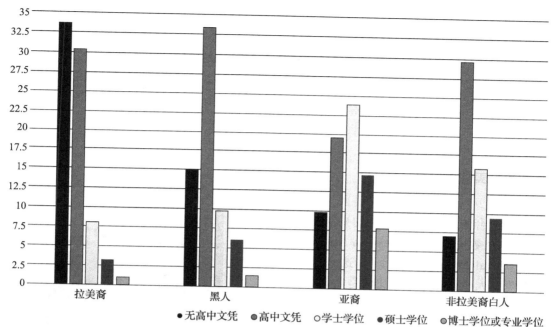

图 3-8　不同种族和民族的美国人受教育情况（2008）

注：英语熟练程度不足导致拉美裔青少年不大可能进入大学和研究生院。在全国获得学士学位的人当中，
拉美裔仅占约 8%。在全国获得博士学位的人当中，拉美裔仅占 4%（U.S. Census Bureau，2013）。

资料来源：U.S. Bureau of the Census Current Population Survey (2013).

你想知道吗

拉美裔美国青少年面临的最大问题是什么

　　最紧迫的问题是拉美裔儿童和他们上的学校不匹配。由于语言上的困难、经费不足、文化误解等原因，他们没能学到所需的技术，也没有得到文凭，而这种情况使社会隔离和高失业率持续存在。

健康

　　很多拉美裔家庭面临的另一严重问题是很多儿童和青少年经常忍受着疾病的痛苦。例如，糖尿病（American Diabetes Association，2009）和艾滋病（Hall et al.，2008）在拉美裔青少年中的发病率都相当高。拉美裔青少年肥胖的可能性也高于黑人及非拉美裔白人青少年（Fryer et al.，2012）。与其他美国儿童相比，拉美裔儿童大多没有医疗保险，这使得他们的健康状况变得更加糟糕（Centers for Disease Control and Prevention，2013a）。贫困、移民状态、害怕使用政府服务、使用西班牙语的医疗保健机构的缺乏、就职于不提供医疗保障福利的职业，这些原因共同导致了拉美裔青少年缺少医疗保障的状况。

你想知道吗

大多数墨西哥裔美国人是农民还是流动工人

都不是。墨西哥裔住在城市地区。只有一小部分人是流动工人，并非所有的流动工人都是墨西哥裔或者拉美裔，有很大一部分是黑人。

墨西哥裔美国青少年

大约2/3拉美裔人来自墨西哥。他们是一个年青的群体：年龄的中位数是25岁，众数是36岁（Mexican American Professional Archives，2011）。这意味着墨西哥裔人中有相当高的比例是儿童和青少年。大多数墨西哥裔美国人是墨西哥土著与欧洲人的混血（Silva-Zolezzi et al.，2009）。

你想知道吗

为什么墨西哥裔美国青少年的怀孕率和未婚生育率高

因为缺少生育控制的知识，宗教反对多种形式的生育控制，担心父母反对自己的性活动，所以墨西哥裔青少年的怀孕率和未婚生育率很高。

墨西哥裔美国文化非常强调家庭主义，或者说对家庭做出贡献。传统墨西哥裔美国家庭具有高度的凝聚力，而且亲戚们共居的扩大家庭非常常见。

关于墨西哥裔美国人的更多信息

虽然每个墨西哥裔青少年都过着独特的生活，有着与他人不同的经历，但他们也面临着一些相同的问题。

种族隔离和居住地

墨西哥裔美国青少年主要居住在城市：约80%居住在城市地区，其中相当一部分人是农场的流动工人。大部分墨西哥裔美国人被隔离在叫作巴里奥斯（barrios）、科洛涅阿斯（colonias）的聚居区（Hobbs & Stoops，2002）。科洛涅阿斯是一个贫困区，住房劣质，没有合格的污水处理措施、饮用水和道路。他们中的大部分人居住在得克萨斯州与墨西哥的边界线上（Mukhija & Monkkonen，2007），这些地区是美国最贫穷的地方。

波多黎各青少年

大约 500 万波多黎各人居住在美国，其中一半以上居住在东北部地区，纽约的波多黎各人最多。居住在美国的波多黎各人比其他拉美裔人的英语水平高。与墨西哥裔美国人相比，波多黎各人更有可能读完高中和大学。他们比其他拉美裔群体更有可能身处贫困之中。与其他种族或民族相比，波多黎各人的结婚率更低，青少年的未婚生育率最高（Brown & Patton，2013；stepler & Brown，2015）。

作为美国公民，波多黎各人可以自由进入美国，在美国自由旅行。（由于波多黎各是自治邦，而不是一个州，因此虽然波多黎各人享有很多美国公民享有的权利，但是他们没有总统、参议员、国会议员的选举权。）可以自由进入美国，加上波多黎各岛人口众多、极为贫困，这些因素使第二次世界大战之后的几十年里波多黎各人快速移民到美国大陆。后来，这一移民规模有所减小，但最近又有所增加（Cohn et al.，2004）。

波多黎各岛毗邻古巴。从 16 世纪到 1898 年，波多黎各岛都是西班牙殖民地，在西班牙和美国的战争结束后，波多黎各岛被割给美国。波多黎各的文化源于几个历史上的群体：当地的泰诺印第安人、于 16 世纪到达此地的非洲奴隶和西班牙探险者。他们最重要的文化价值观包括**宿命论**（fatalism）（认为人无法改变其命运或宿命）、服从等级制度、男性至上以及对尊重与尊严的需求（Gibbons et al.，1997）。

💡 波多黎各家庭与青少年

家庭，包括一个人在家庭中的地位和对家庭负有的责任，在波多黎各文化中处于核心位置。

家庭生活

波多黎各人有着强烈的家庭观念。大多数传统妇女将母亲这一身份视为她们的核心角色。她们对母亲这一身份持有的观念基于母亲能够孕育新生命以及玛利亚主义（marianismo），即她们将圣母玛利亚作为行为榜样。玛利亚主义指的是女性认同自己的身份，并通过母亲这一身份获得最大幸福感。

理想的家庭关系可以借由两个相互关联的主题来描述——家庭成员的相互依存和家庭团结。家庭成员的相互依存与波多黎各的生活态度相吻合，它强调仅凭个人的力量无法将所有事都处理得很好。年长的波多黎各妇女尤其强调家庭成员相互依存的观念。它影响着成人与子女相互支持的模式，以及他们对相互支持的期望。年长的妇女期待她们进入老年期后成人子女能照顾她们。

家庭团结强调形成紧密亲近的亲属关系——家庭成员和谐相处，分开的时候也经常保持联系。波多黎各人认为家庭越团结，家庭成员就越重视相互依存与家庭责任。

然而，与其他拉美裔群体相比，波多黎各人更不愿意结婚，这是因为他们不想结婚，也因为他们的婚姻更有可能以离婚告终。通常，当个体处于压力之下时，他们会发现自己所处的真实情境与他们的理想情境是有差异的。

美国土著青少年

在 2010 年，大约有 290 万美国土著居住在美国，还有 230 万人是具有土著血统的多种族混血。虽然与整个美国人口的增长速度相比，他们的人口增长较为迅速，但是他们只占美国人口的 1.5% 多一点儿。只有大约 20% 的美国土著居住在保留地，大多数人现在居住在城市与城郊地区（居住在农村地区的美国土著要多于其他族群）。大多数美国土著居住在美国西部地区：住在加利福尼亚、俄克拉何马、亚利桑那、得克萨斯、纽约、新墨西哥、华盛顿等州的美国土著要多于其他州（Norris et al., 2012）。

美国土著有 550 多个不同的部落。亚利桑那州和俄克拉荷马州代表着部落的两个极端。亚利桑那的美国土著人数位居第三，有着居住在美国最大保留地的最大或第二大部落——纳瓦霍部落。（如果按纯正的血统来计算人数，纳瓦霍是最大的部落，如果将与其他种族的混血也计算在内，纳瓦霍是第二大部落，切罗基是第一大部落）。俄克拉荷马州的部落数量最多，约 60 个。这里曾经是印第安人保留地，他们在部落领土被白人掠夺后被迫移居到此地。由于这些美国土著是后来迁居到这片土地上的，他们与移民到这里的白人成为邻居，所以在俄克拉荷马州，尽管在偏远的地区还有一些保留地，但大部分美国土著是与其他民族或种族混居在一起的。在新墨西哥州和南、北达科他州，大部分美国土著仍然居住在他们最初的保留地。在其他州，如北卡罗来纳州、加利福尼亚州以及纽约州，大部分土著居民没有居住在保留地（Norris et al., 2012）。

自二战开始以来，美国土著迅速涌入城市地区。1940 年，只有 7.2% 的美国土著居住在城市中，到 1999 年，这一数字达到了 50%。这一现象是二战期间青少年离开保留地去参军，成年人去了战时工厂所致。政府通过迁徙项目鼓励移民并为他们提供帮助，使他们快速地融入美国白人的生活（Fixico, 2000）。迁徙引发了许多问题。尽管城市化提高了美国土著的就业水平、居住质量以及生活质量，但城市化不能改变贫穷、歧视以及社会疏离。当代美国土著青少年最主要的问题之一是他们无法调和保留地生活与美国城市生活之间的文化冲突。

健康及生活水平

美国土著失业率高，收入低，他们的生活水平是美国所有少数族裔中最低的（Glick & Han, 2015）。大约 1/4 的美国土著生活水平处于贫困线以下。保留地的平均失业率是 50%，在一些保留地，失业率甚至高达 80%（Committee on Indian Affairs, 2010）。在大多数美国土著社区中，生活模式就是仅仅维持生存，因此美国最糟糕的贫民窟就在保留地。

虽然条约规定联邦政府认可的部落可以享受国家政府的健康服务，但许多美国土著不能或没有从中受益。首先，印第安人健康服务署的工作并不在部落地区和保留地进行，而且许多美国土著并不居住在这些地区。另外，一些其他因素，如贫穷、不合格的污水处理措施、对政府的不信任以及文化的障碍导致疾病发生率提高，减少了美国土著获得治疗的机会（Office of Minority Health, 2006）。

与其他种族或民族的青少年相比，美国土著青少年更有可能因各种各样的原因死亡。他们更有可能吸烟，较少锻炼，更可能肥胖（Jones et al., 2011）。在美国土著群体中，药物滥用（尤其是大麻和非处方药）和酗酒都很严重（Patchell et al., 2015）。与其他美国人相比，他们更有可能在年龄较小时就开始使用药物（Whitesell et al., 2012）。美国土著青少年的自杀率也比其他群体的自杀率高（Gray & Mason, 2015）。饮食障碍，尤其是暴食症在美国土著女孩中很常见（Lynch et al., 2007）。高酗酒率直接导致了胎儿酒精综合征

（FAS）的高发率，无论是成年人母亲还是青少年母亲都是如此（U. S. Department of Health and Human Services，2007）。胎儿酒精综合征是美国可预防的智力发育迟滞的主要原因。虽然总体上看美国土著的酗酒率相对较高，但事实上酗酒的人还是少数。

尽管存在这么多消极情况，美国土著的居住区仍然很有可能在经济方面取得较大的发展。美国土著的居住区里有很多地方景色优美，资源丰富，有很多稀缺的木材和铀。此外，分散在 28 个州的印第安部落中，有超过 40% 的部落在运营赌场和宾戈游戏厅。2014 年，这些赌场的年收入超过了 260 亿美元（National India Gaming Commission，2015）。然而，这些地区的经济增长仍然面临着许多困难，如缺乏金融资本投资新项目，保留地缺乏技术工人，缺乏创业型企业的经验，与市场距离远且交通费用较高（Cornell & Kalt，2004；The Oyez Project，2009）。

教育

发展美国土著的教育是一个不曾兑现的诺言。教育资源匮乏，师资力量不足，最可悲的是教育成了毁灭他们的文化与生活方式的工具。20 世纪初，作为政府法律信托责任的一部分，印第安人事务局（BIA）管理着全国各地的保留地走读学校、保留地寄宿学校和非保留地土著寄宿学校。然而，其目的是同化美国土著。当时的口号是"杀死印第安人，拯救人类"。学校将严格管制、阅读、写作、算术、手工业贸易以及家庭经济不断地灌输给学生（Trafzer et al.，2006）。

寄宿学校的生活有严格的纪律，设施像监狱一样，周围是高墙。由于远离家庭，在异文化的管制下生活，不能与老师交流（老师不懂美国土著的方言），因此美国土著学生的学业成绩比较落后。多达 75% 的儿童在远离家庭的寄宿学校中学习，他们有与学校相关的社会性或情绪问题。这些学校里的孩子约有 1/3 被"借给"当地白人家庭做佣人长达三年（Johansen & Pritzker，2008），大约 1/3 的孩子有身体残疾（McShane，1988）。

此外，印第安人事务局还在保留地或其周边建立了许多走读学校。这些学校也有许多问题。硬件设施明显不足，教科书以及物资供给都极度匮乏和陈旧，没有资金雇用能够胜任工作的员工。学校中的所有课程都是英语教学，有些学生能听懂很少的英语或者根本听不懂英语，因此辍学率很高。现在只有 7% 的印第安学生去这些由印第安人事务局建立的学校（Reyhner，2013）。

在中学，学校课程设置不允许民族或种族多样性的存在。一篇关于阿拉斯加州一所土著学校教育情况的报告这样写道："使印第安人、爱斯基摩人和阿留申人了解自己的历史和文化遗产并引以为傲的教育是不存在的"（Henninger & Esposito，1971）。1972 年的《美国印第安人教育法案》使这一状况得到了些许改善。该法案确立提供资金支持双语言双文化项目、与文化相关的教学材料、培训和雇用顾问，以及在美国教育部成立印第安人教育办公室。最重要的是，该法案要求美国土著参与制订相关教育项目的计划（O'Brien，1989）。

在过去的 40 多年里，美国土著的教育状况有了显著的改善。在 2010 年，印第安人教育办公室项目为分布在超过 23 个州和 60 多个保留地的 183 所学校的 49 000 余名学生提供直接的服务（Bureau of Indian Education，2012）。如今，超过 125 所学校由部落而非联邦政府管理。35 所部落大学得到了资金支持。这些大学吸引那些特定部落的学生（例如，亚利桑那州的戴恩学院主要服务纳瓦霍部落的学生）。大部分大学提供副学士学位，也有几所大学可以提供硕士学位。美国土著在大学注册的人数（包括土著管理的大学和非土著管理的大学）在过去的 25 年里翻了不止一番。截至 2002 年，大约有 166 000 美国土著学生接受了高等教育，这些人中超过一半进入了学制四年、可获得学位的大学。这一数字的增长是因为年青的女性美国土著入学率提高了（National Center for Education Statistics，2005a），但是土著学生的毕业率仅达到白人学生的 2/3 左右（Knapp et al.，2012）。

家庭生活

因为联邦政府承认的部落超过 550 个，所以不存在所谓的典型美国土著家庭。尽管国家曾经尝试让他们接受西方的家庭模式，但在不同的部落中，各种各样的家庭模式依旧存在。一些家庭是**母系家庭**（以母系血缘维系的家庭）（Carteret，2011）。对许多美国土著来说，多代扩大家庭是执行家庭功能的基本单元（LaFromboise & Dixon，2003）。即使一些亲戚并不生活在一起，这一点也仍然成立。儿童有可能在居住在其他地方的亲戚家长大。多个小家庭共同承担家庭功能是非常普遍的现象。

对很多美国本土部落而言，扩大家庭是基本的家庭结构。年长的家庭成员，特别是祖母，往往是教授传统和习俗的老师。

儿童

大多数美国土著将儿童视为家庭的财产。父母教导儿童家庭和部落是重要的，祖母尤其重要，事实上，人们普遍尊重年长者的智慧和建议。年长者通过讲故事的方式在传统、信念和风俗的传承中起着重要的作用。儿童应该多听少说，这是尊敬长者的表现，也是最好的学习方式。他们还被教育应该独立（他们没有严格的吃饭和睡觉时间表）、有耐心、谦逊，应当保持矜持，不表露自己的情绪。美国土著重视对疼痛、困难、饥饿及沮丧的忍耐，认为这是勇敢和勇气的表现（Gilliland，1995）。

文化冲突

多年来，美国政府的政策是同化，也就是说，其最终目标是使美国土著完全融入美国社会的主流群体。当少数族裔的成员变得像主流群体的成员时，同化就实现了。因为美国土著被视作异教徒和野蛮人，所以美国白人致力于教化他们，使他们能够被主流社会接纳（Williams et al.，1995）。然而，今天的美国土著决心保留他们的文化价值观并将其传授给他们的年轻人。宗教信仰一直都很重要，但是联邦政府在执行为期 60 年（1870 ~ 1930）的强制文化适应计划时，禁止了许多宗教活动（The Denial of Indian Civil and Religious Rights，1975）。

现在，在一些部落中成年礼仍然存在，它是宗教仪式的一部分。1870 ~ 1930 年，联邦政府禁止一切美国土著的集会，除了 7 月 1 日至 7 月 4 日的一个仪式——阿帕切人以女孩的第一次月经为标志的个体成人礼改变而来的一种群体仪式，所有在这一年里经历初潮的女孩都会参加。这一仪式标志着女孩从儿童期向成年期的转变，表明她们有了步入婚姻的资格。纳瓦霍儿童在第二性征出现的年龄参加一种宗教仪式，通过这种仪式，他们开始完全参与到正式的成人生活中。

美国土著的价值观与美国白人的文化有所不同。美国土著活在当下，不担心未来或时间的流逝，而白人关注未来，习惯提前做计划。美国土著认为人类应与自然和谐共处，而白人致力于征服自然。美国土著的生活是群体取向的，强调合作，而白人强调个人主义和竞争。美国土著珍视随着经历与年龄增长的智慧，而白人向往年轻（Joe & Malach，1992），友好、幽默、值得信赖等品质尤其受到尊重（Stiffman et al.，2007）。

文化冲突导致今天的美国土著出现了同一性危机：应该去适应白人的世界，学会在这个世界竞争，还是保持传统的习俗与价值观，远离白人的生活（Markstrom，2011）？ 150多年来，政府不懈的努力并没有瓦解美国土著的文化和社会。但是，美国土著青少年被隔离的时间越长，他们继续作为美国最受压迫的少数族裔的可能性就越大。当然，一种解决办法是让所有人欣赏和理解美国土著的文化及价值观，并认识到保存丰富的文化遗产的重要性。以自己是美国土著为傲的、受到白人社会尊敬的青少年越多，越有助于西方文化多样性的发展。

你想知道吗

美国土著的价值观和信仰有什么独特之处

美国土著文化更加重视合作和谦逊，不追求个人成就和逞强。他们也很尊重老人。美国土著并不是物质主义者，他们关注当下，而不是担忧未来。

亚裔美国青少年

一般情况下，与拉美裔美国人和非洲裔美国人相比，亚裔美国人在追寻"美国梦"的道路上更加成功。事实上，由于整个亚裔群体做得很好，因此他们被称为"模范少数族裔"（Yang，2004）。他们是发展最快的少数族裔（Pew Research Center，2012）。亚裔美国人的平均家庭收入比其他所有群体（包括非拉美裔白人）都高一些（DeNavas-Walt & Proctor，2014）。亚裔美国人也更有可能获取大学文凭，虽然他们只占美国人口的 5%（U.S. Census Bureau，2015b），但是他们获得了全美 12% 的博士学位和 25% 以上的工程博士学位（National Center for Education Statistics，2015c）。这并不是说亚裔美国人没有受到歧视，事实上他们也面临着歧视（例如，Sue et al.，2009）。然而，他们总是克服各种困难找到进入主流社会的路。一些人的成功可能是因为他们的价值观与美国社会的主流价值观是相容的，这使得他们能够走向更高的社会阶层。另一个可能的原因是亚裔美国人的婚姻通常比较稳定，80% 以上的亚裔美国儿童和他们的亲生父母生活在一起（U.S.Census Bureau，2013d）。超过一半（59%）的亚裔美国人不是在美国出生的，因此，有接近一半的亚裔（47%）美国人在移居到美国时就近选择西部的一些州居住也就不足为奇了（Pew Research

Center，2012）。许多亚裔移民来自受过教育的中产阶级家庭，也有一些是为了过上更好的生活或逃离政治压迫的农民。

亚裔美国人最初来自整个亚洲大陆的各个地区。如图 3-9 所示，祖居中国、菲律宾和印度的移民是最多的。

华裔青少年

美国大约有 400 万华裔美国人，其中一小部分是在 1820～1882 年的移民开放时期迁入美国的华人的后裔，更多人是新移民或二代移民。1882 年后，一系列的排华法案开始限制亚裔移民，一直到1965 年，歧视亚洲人的移民配额制度被废除，自那时起，华人移民开始大量涌入美国。

在那以前，中国男人通常会将他们的妻子和孩子留在国内，只身进入美国。中国传统要求男子结婚之后才能离家，他的妻子要留在家里照顾公婆，男人的责任则是挣钱并寄给他的家人，然后最终返回家园。一般情况下，几年后丈夫就会回家。很多人希望赚到足够的钱并把他们的家人也带到美国，但 1882 年 "排华法案" 颁布后，除了少数豁免阶级和美国公民的妻子，美国不允许中国女性移民美国，这一限制一直持续到 1943 年。结果是，那些留在美国的中国男人不得不过着缺少亲密家庭关系的生活（Chan，1991）。

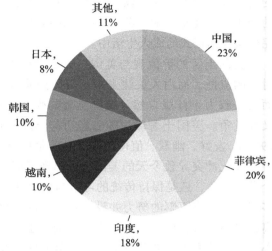

图 3-9 当前亚裔美国人的祖居地

注：此图显示了 2014 年不同民族或种族的亚裔美国人的相对比例。

资料来源：Pew Research Center (2013).

很多华裔美国人都很重视两代人之间的家庭联结，甚至连青少年都很重视家庭。

你想知道吗

美国移民法律是怎样破坏中国移民的家庭生活的

在长达 50 年的时间里，美国移民法律禁止中国女性移民美国，只有少数例外。中国男性来到这里工作，远离他们在中国的妻子、孩子和父母。

华裔美国家庭、青少年和教育

在传统上，中国家庭有着强烈的联结。青少年被期望尊敬和服从父母。他们的行为不仅要给自己带来荣誉，更要给家庭带来荣誉。

家庭和孩子

　　与一般的美国人相比，受过良好教育的华裔美国人离婚率较低，较少患精神疾病，很少需要公共援助，有较高的家庭收入。与其他少数族裔相比，华裔美国人有更为保守的性价值观、较低的生育率、较少的非婚生育，并且对女性角色持较为保守的态度。

　　今天的大多数华裔美国人有很强烈的家庭观念。他们觉得自己对家人和亲戚负有很大的责任，当辜负家人的期望时他们会感到自责，一个做错事的孩子会给他的家庭带来耻辱，他们强调集体主义（collectivism）（即个体利益低于家庭利益）、顺从、情绪的自我控制、学业成就、孝顺和谦逊（Kim et al., 2001）。华裔父母往往比白人父母更多地控制孩子。由于他们的文化传统，他们处于青春期的孩子一般比白人青少年更容易接受父母的干预（Lam, 2003）。在他们看来，家庭和谐、没有冲突比开放性和沟通更重要（Shek, 2001）。

　　华裔儿童从小被教育必须为家庭的幸福而努力。他们承担着大量责任，承担一定的家务。青少年有责任照顾年幼的弟弟妹妹，做一些房前屋后的家务活。尽管受到美国文化的影响，但身为第二代移民的青少年仍然认为家庭是生活中最重要的部分。

菲律宾裔美国人

　　菲律宾群岛被美国统治了 44 年，于 1946 年获得独立，美国人在菲律宾居住超过 100 年，两国人民之间也有很多联系。然而，这种关系是不平等的，事实上，是美国统治着菲律宾，这使许多菲律宾人感到耻辱，与其他族群的人相比，菲律宾人较少体会到民族自豪感（Rotheram-Borus, et al., 1998）。尽管如此，菲律宾裔美国儿童与菲律宾的亲戚待在一起体验他们自己的文化传统这一现象仍然非常常见（Agbayani-Siewart, 2002）。和其他大多数亚洲人有所不同，绝大部分菲律宾人信奉天主教，这源于 16 世纪西班牙人对菲律宾的影响。菲律宾裔美国人之所以不像其他亚裔美国人那般坚持传统的亚洲价值观，是因为他们的文化是西班牙文化、本土文化和亚洲文化的融合体（Kim et al., 2001）。有大约 340 万菲律宾裔美国人，其中 2/3 居住在美国西部（U.S. Census Bureau, 2015b）。

印度裔美国人

　　来自印度次大陆的人最早在 20 世纪初开始到达美国。1917 年，印度人被禁止移民到美国，这一禁令直到 1965 年才取消。从那以后，大量的印度人选择在美国生活。大约 17% 的在美亚裔是印度人的后代（Pew Research Center, 2012）。近 90% 的成年印度裔美国人不是在美国出生，但大部分人都能流利地说英语，其中是美国公民的人数略超过 50%。

　　在美印度裔有几个特征使他们与其他亚裔有明显的不同。首先，他们受到了良好的教育：70% 的在美印度裔有学士或学士以上学位，而这一比例在亚裔中是 28%，因此，他们的平均收入也更高。其次，大概一半的人信仰印度教，这一宗教信仰在其他美国族群中很少见，大约 10% 的人信仰伊斯兰教（在美印度裔不像其他美国人那样认为宗教在他们的生活中是非常重要的）。最后，他们有强烈的家庭价值观，他们更有可能宣称做一个好的父亲或母亲是人生中最重要的目标（Pew Research Center, 2012）。

你想知道吗

美国的种族构成是怎样变化的

美国正在成为更多的亚洲人和拉美人的居住地，这些群体占美国人口的比例会越来越高，黑人和美国土著的人数预计保持稳定状态，白人的相对规模预计有所减少。

跨文化研究

阿拉伯裔美国人和阿拉伯裔青少年

自 2001 年 9 月 11 日的恐怖袭击以来，人们开始特别关注阿拉伯裔美国人。很多非阿拉伯裔美国人很恐惧他们或者怀疑他们，认为他们持极端主义观点，同情基地组织或 ISIS（宗教极端主义组织）。很多人认为所有的阿拉伯裔美国人都是穆斯林。这些刻板印象在多大程度上是准确的呢？

阿拉伯裔美国人的祖先是来自中东的阿拉伯人，他们自称是阿拉伯人。需要注意的重要一点是，并非每个来自阿拉伯国家的人都是阿拉伯人，例如，库尔德族人和雅兹迪族人居住在阿拉伯国家，但是他们不认为自己是阿拉伯人。另外值得注意的是，"阿拉伯"和"穆斯林"不是同义词——不是所有的阿拉伯人都是穆斯林，大约 75% 的阿拉伯人是基督教徒（Hertz，2003），很多穆斯林的祖先来自非阿拉伯国家（例如，位于东南亚的印度尼西亚，有着世界上最多的穆斯林）。在 2013 年，有大约 190 万阿拉伯裔美国人，其中很多人来自黎巴嫩（490 000 人）或埃及（237 000 人）(U.S. Census Bureau，2013e)。

迄今为止很少有关于阿拉伯裔美国青少年的研究。我们对他们的有限了解与针对其他少数族裔青少年的研究发现是类似的。例如，阿拉伯裔美国儿童比他们的父母更容易被同化，这导致很多方面都可能发生冲突，如家庭责任、跨性别友谊和职业（Rasmi et al.，2014）。同化的差距可以预测阿拉伯青少年的心理障碍（Goforth ett al.，2014），在其他少数族裔青少年中也是如此。与阿拉伯文化的纽带比父母更强的青少年还会感受到压力（Rasmi et al.，2014）。

阿拉伯青少年穆斯林面临的另一个问题是参与那些与他们的宗教信仰相冲突的活动时经受的同伴压力。这些活动包括约会、婚前性行为、使用药物和酒精（Ahmed & Ezzeddine，2009）。有一些人发展出双重自我，他们与同伴在一起时会表现出与家庭在一起时或在穆斯林社区时不同的行为（Whittaker et al.，2005）。

最后，如上所述，很多阿拉伯裔美国青少年感到自己被主流美国社会歧视和边缘化。在一项研究中，70% 的被试报告说自己曾因民族或宗教而受到敌视（Muslim Piblic Affairs council，2005）。

移民和难民

美国是一个移民国家，也有很多难民。移民是从其他地方迁移过来并生活在美国的人，他们在原籍国可能是富有或有权力的，也可能是贫穷或受到伤害的。难民是那些因为战争、压迫或自然灾害而逃离原来生活的国家的人。99% 的美国人的祖先来自其他国家。

2010 年，在他国出生，现居住于美国的人数超过四千万，约占美国人口总数的 13%（Zong & Batalova，2015）。大约每四个美国儿童中就有一个来自移民家庭（Hernandez，2004）。历史上大多数美国移民来自欧洲，但是今天的移民多数来自墨西哥，墨西哥移民人数占美国移民总数的 28%。第二大移民群体来自印度，接下来是中国、菲律宾、越南、萨尔瓦多、古巴、韩国、多米尼加、危地马拉（亚洲和拉丁美洲国家占大多数）。移民者背景各异，他们不仅出生地和种族背景各不相同，社会经济水平也有很大差异。例如，很多人受过良好的教育：2013 年，大约 28% 在他国出生并移民美国的成年人至少有学士学位，与出生在美国并获学士学位的人数比例（30%）相近。（Zong & Batalova，2015）。

　　几乎所有移民来到美国都是因为他们相信能在这里找到更好的生活。图 3-10 说明了定居在美国的难民的来源。

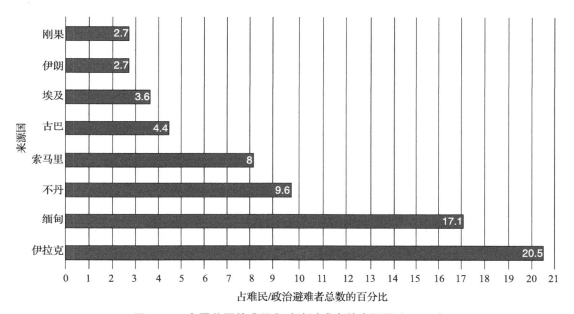

图 3-10　定居美国的难民和政治避难者的来源国（2013）

注：部分美国移民是难民和政治避难者，他们逃离政治迫害或极度贫困（难民和政治避难者的区别是难民目前居住在美国以外，而政治避难者已经身在美国）。

资料来源：Martin and Yankay (2014).

　　如图所示，大多数难民来自亚洲，事实上，自 2010 年以来，大约 2/3 的难民来自伊拉克、缅甸、不丹和索马里（Martin & Yankay，2014），这是近年来发生的趋势变化。在这之前的 20 年里，大多数难民来自非洲。

移民和难民面临的困难

　　无论来自哪个国家，这些移民、难民、政治避难者以及他们处于青春期的孩子都面临着许多困难。他们来到这个陌生的国家，这里的人讲着不同的语言，有着不同的行为方式、风俗习惯以及价值观。甚至那些在自己的国家受过良好教育的人也可能面临许多的困难，因为他们获得的学位不被承认。难民还要忍受在到达美国之前经历的创伤——也许是看到自己的家园被毁，也许是饥饿或战争，他们甚至可能会觉得内疚，因为他们活了下来，而他们的许多朋友和家人没有。移民也可能会极度想念那些他们丢失或留下来的家人。

由于这些问题的存在，因此很多难民都会经历文化适应的压力，主要是语言、就业和有限的正规教育等方面（例如，Nwadiora& McAdoo，1996）。文化适应是一个多方面的现象，青少年的文化适应程度依赖于以下几个方面：

1. 在美国居住的时间。
2. 他们的来源国文化和新文化的相容性。
3. 移民时的年龄。
4. 在家里时使用的语言。
5. 学校环境。
6. 父母和家庭成员的文化适应速度。

青少年难民的文化适应速度受来源国的文化、美国文化、难民文化、美国青少年文化和难民青少年文化交互作用的影响。难民中的青少年和儿童正面对着来源国的传统价值观、新国家的当代价值观和混合了传统和当代特质的过渡时期价值观。对于一个出生于难民家庭的越南裔美国女孩而言，她的美国朋友可能认为她仍然"太越南"，她的越南同伴认为她"太落伍"，她的父母却认为她"太美国"。她的美国朋友认为她课余时间应该出去玩、和美国男孩约会、驾车并且成为更加独立的个体；她的父母期望她在家只说越南语，帮助父母照顾祖父母和年幼的兄弟姐妹，打扫房间，遵从父母之命而成婚。很多这样的青少年以同时拒绝新文化和旧文化，整合这两种文化并结合其难民经历生成"第三文化"的方式来处理这种冲突。

许多移民所面临的一个问题是贫困，至少在最初是这样。有孩子的移民家庭的贫困率比那些孩子出生于美国的家庭的贫困率高50%——两者的贫困率分别为32%和21%（U.S. Census Bureau，2012a），他们往往被迫生活在贫困的区域，这里的学校也缺乏资源来帮助他们过渡到新生活（Suárez-Orozco & Suárez-Orozco，2001）。虽然移民中的父亲和本地男性被雇用的可能性基本上没有区别，但是他们的工作时间要少一些，收入自然也就相对较少。

虽然移民和难民来自世界各地，但是在接下来的章节中，我们将着重关注来自东南亚的移民和难民。关注东南亚移民的研究要比关注其他移民群体的研究多，因为有很多难民是在越南战争后来到美国的，他们所面临的许多问题是所有难民都会遇到的典型问题。无论难民来源哪个家，都是如此。

东南亚难民经历

大量东南亚难民是从越南、泰国、柬埔寨和老挝逃亡而来，这是现代历史上最大的移民运动。今天，超过180万前东南亚难民居住在美国。最大的来源国是越南，有2/3东南亚难民来自越南，

移民和难民面临着许多问题，包括学习新的语言、新的行为方式、新的传统和不同的价值观。

20%来自老挝，12%来自柬埔寨。加上他们的孩子，现在大约 250 万东南亚人居住在美国（Southeast Asian Action Center，2011）。

从东南亚到美国的移民潮有两次。第一次是 1975 年西贡沦陷之时，西贡难民几乎都是越南人。他们普遍受过良好的教育，是年轻的城市居民，身体健康，有家人陪伴。第二次难民潮包含苗族人、高棉人、老挝人和越南华人。他们一般没有受过良好教育，文化程度低，农村出身，他们从自己的国家逃亡的历程漫长而痛苦（Kinze et al.，1984）。

东南亚青少年常常在他们应该与谁约会、与谁结婚这个问题上与家长有不同意见。父母通常比青少年或年青的成年人更容易认为一个人应该和同族群的人结婚，他们也可能认为应该推迟结婚。这些家长从很远的地方跋涉而来，期望在生活中可以给孩子更好的机会，对孩子寄予厚望，希望他们能够得到一份体面且高薪的工作，这份工作也许符合孩子自身的需求，也许不符合。此外，东南亚青少年可能也会面临角色转换的压力，因为他们的英语更好，更熟悉美国的文化习俗，所以他们可能成为家长面对外部世界的"文化经纪人"，这种依赖有时会唤起双方的愤怒和不满，并可能导致家庭压力的出现。

教育困境　东南亚裔美国青少年在课堂上的整体表现并不是很优秀，这一点不像从其他地方移民至美国的亚裔美国人（Southeast Asian Action Center，2013）。其中一个原因是，很多人即使出生在美国，也不会说流利的英语，而且父母有限的英文能力、文化规范以及信息匮乏使他们无法密切参与孩子的教育。相当一部分的东南亚裔青少年认为老师歧视他们，这些都使他们对学校有一种疏离感，使他们的学业成就受到影响。此外，双语教师、辅导员、学校心理咨询师的数量都在减少。

| 第 4 章 |

CHAPTER 4

身体的发育

想象一下你一边在当地的公园里散步，一边观察周围的人跑步、漫步、骑车、滑滑板等。作为一个与生俱来的观察者，你看着身边来来往往的人，丝毫不费功夫就可以看出他们的大概年龄：瞧，那是个小孩，那是位老人，那个刚十几岁，那个刚成年但是还很年轻。你为什么能够如此快速地辨别他们的年龄呢？

显然，一些情境性的线索帮了你，比如他们行为和衣着风格，但很多时候你是通过观察他们的身体得知他们的年龄的。孩子看起来不像青少年，处于青春期后期的青少年也不像成人。为什么呢？身体发生了怎样的变化才会使得人们的体形差异如此之大呢？再看一看，你会发现，除了衣着和发型，不同性别的儿童之间的差别不是很大，处于青春期的少男少女之间、成人男女之间的差别却是显而易见的。

在本章中，我们会带着大家去了解男性和女性身体的发育与变化以及为什么男性和女性会变得如此不同。此外，我们也会谈及发生在青春期的不明显的身体内部变化，这些变化使得青春期成为一个新的发展阶段，有助于我们理解青少年的行为变化。本章还将讨论青少年对自己身体的态度，以及他们是如何受其体形变化和成熟的影响的。最后，我们会探讨与青少年的健康有关的几个问题。这些问题之所以重要，不仅是因为它们影响了青少年当前的幸福，更因为我们在青春期所形成的很多习惯会持续到成年，并对我们余生的健康产生很大的影响。

青春期的生物化学基础

身体的变化和青春期有关，此时大脑开始控制各种**内分泌腺**（endocrine glands）以增加**激素分泌**——激素是一种由血液运输的，能影响其他细胞活动的化学物质（见图 4-1）。

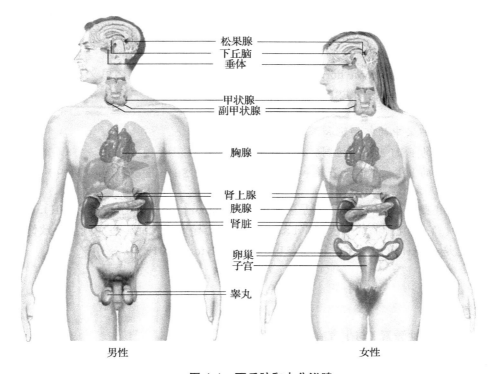

图 4-1　下丘脑和内分泌腺

注：内分泌系统由分泌激素的腺体构成，这种叫作激素的化学物质能直接进入血液。

虽然我们仍然不知道是什么引发了这样的大脑活动，但可以确定的是，这是遗传和环境因素（如食物摄入与压力）之间复杂的相互作用所致（Sisk & Foster，2004）。可能很多基因都会对这一过程产生影响（Lomniczi et al.，2013）。KISSI 基因已经被确认是内分泌活动机制的核心（Oakley et al.，2009）。KISSI 基因和其他基因开始产生作用，**下丘脑**（hypothalamus，脑的组成部分，与青春期和性征有着密切联系）变得更加活跃，并开始控制身体产生更多性激素。

下丘脑

下丘脑是前脑的一个弹珠大小的区域，是动机和情绪的控制中心，对饥饿、激素分泌、月经周期、性行为等有调节作用。我们主要关注的是下丘脑在激素的分泌和调节方面所起的作用。它会产生一种叫作**促性腺激素释放激素**（gonadotropin-releasing hormone，GnRH）的化学物质，启动并控制垂体分泌**促黄体生成素**（luteinizing hormone，LH）和**促卵泡激素**（follicle-stimulating hormone，FSH）。人脑中只有 800 ～ 1000 个可以生成促性腺激素释放激素的细胞，这些细胞都位于下丘脑（Ojeda et al.，2010）。促性腺激素释放激素持续激增大约一年后，我们就可以明显看到身体的变化了（Dorn & Biro，2011）。

垂体

垂体（pituitary gland）是一个豌豆大小的位于下丘脑下方的腺体，由三部分构成：前叶、中叶和后叶。前叶被认为是身体的主腺体，因为它可以产生很多控制其他腺体活动的激素。

促性腺激素（gonadotropic hormones）是垂体的前叶分泌的，顾名思义，它们可以影响性腺。促性腺激素有两种，即 FSH 和 LH。

- FSH 刺激卵巢中的卵细胞和睾丸中的精子的生长。
- 女性体内的 FSH 和 LH 控制卵巢产生和释放女性性激素。
- 男性体内的 LH 控制睾丸产生和释放男性性激素（Susman & Dorn，2009）。

另外一种重要的青春期垂体激素是**生长激素**（human growth hormone，HGH），也叫促生长素（SH）。它影响骨骼的形成和生长，分泌过多会导致巨人症，过少则会导致侏儒症。SH 的分泌也是 GnRH 分泌增多引起的（Murray & Clayton，2013）。

性腺

性激素

性腺分泌多种性激素（与生育有关的激素）。

雌激素

女性的卵巢会分泌一组**雌激素**（estrogen，希腊文意为"产生疯狂的欲望"），可以促进女性第二性征（例如乳房增大，臀部和腿部脂肪的分布）的发展。这些雌激素还维持子宫和阴道的正常大小和功能。通过与垂体的相互作用，它们控制着各种垂体激素的产生。研究表明，雌激素还影响着嗅觉的敏感性，当女性处于月经周期的最中间、雌激素水平最高时，嗅觉的敏感性是最高的（例如，Dory，2001）。

其他性激素有黄体酮（progesterone）、雄激素（androgen）等。

青春期之前，男孩和女孩的体内都存有极少量的雌激素和雄激素。它们由肾上腺和性腺分泌，在儿童时期缓慢增多。随着卵巢的成熟，卵巢分泌的雌激素激增，而且分泌水平开始随着月经周期呈周期性变化。女性血液中的雄激素水平也在增加，但没有雌激素增长得多。随着睾丸的成熟，男性体内的睾酮开始激增，而血液中的雌激素只是轻微增加。图 4-2 呈现了青春期激素的增长状况。

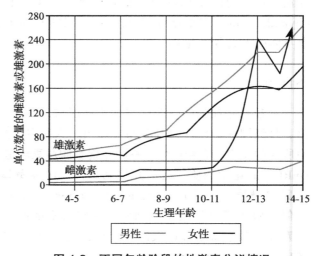

图 4-2　不同年龄阶段的性激素分泌情况

注：随着儿童进入青春期，雄激素和雌激素的分泌显著增多。

雄激素和雌激素水平的比例在很大程度上决定了一个人的男性或女性特征的发展与维持。儿童成长过程中激素的失衡状态会造成第一性征和第二性征的异常，也会影响预期的男性化或女性化等身体特征的发育。例如，一个雄激素过多的女性可能会长出胡须和体毛，有男性化的肌肉组织和力量，可能还会秃顶（Kulshreshtha & Ammini，2014）。一个雌激素过多或雄激素不足的男性可能会力量不足、性欲减退、胸部增大（Vincenzo et al.，2005）。

你想知道吗

为什么会出现青春期

没有人知道为什么会出现青春期及它开始的确切时间，已知的是它的出现和下丘脑的变化有关。下丘脑的变化是基因促发的，但何时出现这些变化受环境影响。

肾上腺

如果说睾丸分泌雄激素，卵巢分泌雌激素和黄体酮，那么为什么男女青少年体内会同时有雄激素和雌激素呢？男性体内的雌激素是由一些睾酮转化而来，女性体内的雄激素绝大多数来自她们的肾上腺。**肾上腺**（adrenal gland）位于肾脏上方，能够分泌少量雄激素，特别是 DHEA。卵巢也会分泌少量雄激素（Nussey & Whitehead，2001）。

男性的性激素调节

男性体内的下丘脑、垂体以及睾丸的功能主要是控制激素的产生。在来自下丘脑的 GnRH 的影响下，垂体会分泌 FSH 和 LH。FSH 会促进精子生成，LH 也有这一作用。没有 LH，也会有精子产生，但精子不能完全成熟。不过，LH 的主要功能是刺激睾丸以生成睾酮（Schaltt & Ehmcke，2014）。

负反馈回路使睾酮水平能够保持相对稳定（见图 4-3）。GnRH 刺激 LH 的分泌，LH 又会刺激睾酮的分泌。随着睾酮水平的提高，对睾酮水平敏感的下丘脑又会减少 GnRH 的分泌，从而减少 LH 和睾酮的分泌。当睾酮水平降低时，下丘脑会接收到这种信号，又会增加 GnRH 的分泌，从而促进 LH 和睾酮的分泌。这整个运作过程就如同用一个带恒温器的加热炉来控制房间的温度，温度升高到一定水平时加热炉关闭，温度降低时加热炉打开。

还有一种叫**抑制素**（inhibin）的物质，在另外一个负反馈回路中对 FSH 的水平进行调节（vanZonneveld et al.，2003）。抑制素是睾丸内的**支持细胞**（sertoli cells）分泌的。随着抑制素的增加，FSH 的分泌受到抑制，这会使精子的数量减少。正因为这种效应，研究者对使用这种抑制素作为男性的避孕工具产生了浓厚的兴趣，但这个想法是否能付诸实践，我们还需拭目以待。

女性的性激素调节

下丘脑、垂体以及卵巢共同协作，在一个负反馈回路中控制女性体内激素的分泌。来自下丘脑的 GnRH 刺激垂体分泌 FSH 和 LH。这些激素作用于卵巢以刺激卵泡和卵细胞的生长，同时刺激雌激素和黄体酮的分泌。随着雌激素水平的提高，GnRH 的分泌受到抑制，从而导致 FSH 的分泌减少。此外，女性体内的雌激素和黄体酮在月经周期的不同阶段会处于不同的水平，我们将稍后讨论这个问题。

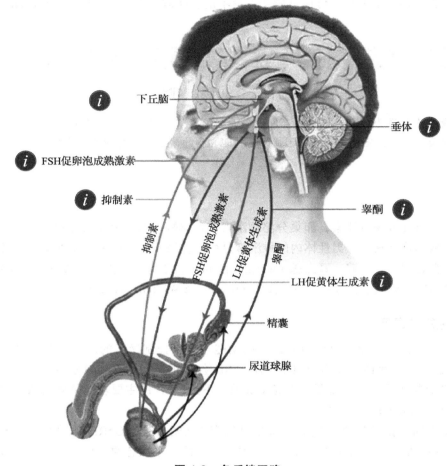

图 4-3　负反馈回路

注：如图所示，负反馈回路使睾酮的水平能够保持相对稳定。

血液中的生长激素、促性腺激素以及性激素对身体的大小和形态有着极大的影响。因为青春期的最终目标是达到身体的成熟，开始具有生育能力，所以青春期很重要的一个变化是性器官的成熟。

你想知道吗

当成年人说"青春期是一个激素肆虐的时期"时，他们指的是哪一种激素

当恼火的成年人说青春期是一个激素肆虐的时期时，他们很可能指的是雄激素、雌激素和黄体酮。其他相关的激素有 GnRH、LH 和 FSH。

男性性器官的成熟及其功能

图 4-4 呈现了主要的男性性器官：睾丸、阴囊、附睾、精囊、前列腺、尿道球腺、阴茎、输精管以及尿道。

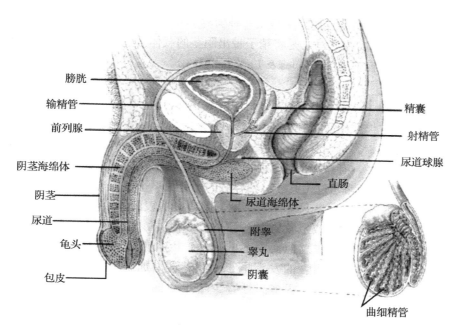

膀胱

输精管

前列腺

阴茎海绵体

阴茎

尿道

龟头

包皮

精囊

射精管

尿道球腺

直肠

尿道海绵体

附睾

睾丸

阴囊

曲细精管

图 4-4　男性生殖系统

注：男性的外部生殖器官包括阴茎和阴囊。

这些器官的许多重要变化都发生在青春期（Styne，2002）。在男孩 11 岁或 12 岁的时候，睾丸和阴囊（包含睾丸的皮囊）开始加速生长，13 岁或 14 岁时生长较快，此后生长速度放缓。这些年龄都是平均值。性器官的快速生长有可能开始于 9.5 ~ 13.5 岁，结束于 13 ~ 17 岁，在此期间，睾丸的长度增加了约 2.5 倍，重量增加约 8.5 倍。**附睾**（epididymis）是从睾丸到输精管的管道系统，精子在其中成熟并存储其中。青春期之前，与睾丸相比，附睾相对较大；性器官成熟后，附睾大约只有睾丸的 1/9 大。

你想知道吗

男性和女性的激素最主要的区别是什么？

男女激素系统之间最主要的区别是男性的睾酮水平保持稳定的状态，而女性的雌激素和黄体酮水平是周期性的。

精子形成

睾丸最重要的变化是精子细胞的发育成熟，当垂体分泌的 FSH 和 LH 刺激精子产生和成长时，精子形成的过程便开始了。从最开始的未发育的精子，到它们成熟至可以离开曲细精管，这整个过程大约为 10 天，其间它们停留在睾丸内。

精子形成后，会借助曲细精管的收缩到达附睾，精子可以在附睾停留长达 8 周。在射精过程中，肌肉收缩和纤毛作用使精子从阴囊通过**输精管**（vas deferens）最终到达**精囊**（seminal vesicle）和**前列腺**（prostate gland）；在这里，精液的加入使精子变得更加活跃，经过**尿道**（urethra），从阴茎排出。精液是一种营养丰富的碱性液体，呈乳白色，它维持着精子的存活、健康以及自由移动，是将精子带出阴茎的载体。这些精液中大约有 70% 来自精囊，剩下的 30% 来自前列腺（Jones & Lopez, 2013）。

阴茎的发育

阴茎（penis）的长度和直径在青春期增长了一倍，其中生长速度最快的阶段是 14 ～ 16 岁。青少年的生殖器官的发育通常需要 3 年时间才会达到成人的程度，但有些男性会在约 2 年内完成这种发展，有些需要 4.5 年之久。在成年男性中，松弛状态下的阴茎平均长度为 3 ～ 4 英寸[⊖]，直径略超过 1 英寸；勃起时的阴茎长度平均值为 5.5 ～ 6.5 英寸，直径约为 1.5 英寸，每个男性的阴茎尺寸略有不同。阴茎头的表面覆盖着的松弛的、褶皱的皮肤是包皮，人们往往出于健康或宗教的原因通过包皮环切术来切除多余的包皮。

处于青春期的男孩经常在意他们阴茎的尺寸，因为他们错误地将男子气概和性能力与阴茎的大小关联起来。阴囊的发育早于阴茎，这增加了他们的焦虑，因为他们误以为睾丸和阴茎应该同步发育，很多男性青少年担心他们的阴茎会永远保持这样小的状态。

阴茎勃起在婴儿期就开始出现，可能由紧身的衣服、局部疼痛、小便需要或外部刺激引起；进入青春期后，可以引起阴茎勃起的原因又增加了性幻想和自慰。当阴茎开始加速生长时，勃起变得更加明显，给男性青少年带来了很多尴尬。不希望出现的、不能控制的阴茎勃起对于男性青少年来说是相当普遍的，他们总是希望没有人注意到这些。

尿道球腺

尿道球腺（cowper's glands）也是在青春期成熟的，它可以分泌一种润滑尿道、中和尿道酸度的碱性液体，以方便精液容易并安全地通过。在性兴奋期间、射精之前，可在龟头处观察到一两滴这种液体。因为这种液体中往往含有精子，所以性交时即使是体外射精，也可能造成怀孕（Killick et al., 2011）。

梦遗

尽管男性在婴儿和儿童时期就能够勃起，但在青春期之前射精是不可能的，大多数处于青春期的男孩像大多数成年男子一样经历过**梦遗**（nocturnal emissions）。事实上，早在 1948 年，金西及其同事就报告说，几乎所有男人都有性梦，其中约 83% 有达到高潮的性梦。这些性梦最经常出现在十几岁和二十多岁的男性中，约有一半的成年男人有这样的性梦。

⊖ 1 英寸 = 2.54 厘米。

　　研究表明，男孩的第一次射精（被称为**遗精**）是一件值得纪念的事（Janssen，2007）。很多男孩对遗精的出现都很惊讶，因为它经常出现的比他们想象的要早（大多数男孩的遗精通常发生在 13 岁生日之前），而且在遗精出现之前，这一话题几乎没有被讨论过。除了困惑，男孩也报告了愉快和成熟的感觉。尽管如此，大多数男孩并不想告诉任何人他们已经开始射精。那些充分了解青春期身体变化的男孩对遗精表达了较为积极的感受。

💡 私人话题

运动员对类固醇的使用

　　运动员有时候会使用合成的雄激素，即**合成类固醇**（anabolic steroids），来提高自己的力量和耐力，自 1988 年几个运动员非法使用合成类固醇而被取消参赛资格起，人们开始关注所有年龄段的运动员对这类药物的使用。让人担心的是，棒球明星马克·麦奎尔、巴里·邦兹、亚历克斯·罗德里格斯对雄烯二酮的使用将增加青少年对于这类药物的兴趣。雄烯二酮是一种不需处方即可购买的食品补充剂，据说有助于肌肉的发展。类固醇可以以药片的形式服用、以药膏的形式涂抹或通过注射器注入。

　　类固醇会增强肌肉质量，减少身体脂肪。不幸的是，它们也会给身体带来严重的副作用。所有的滥用者都可能患肝肿瘤、黄疸病、高血压、肌腱变弱（导致撕裂或破裂）、心肌梗死、中风、血栓、头痛、肌肉痉挛、重症痤疮、脱发等疾病。共用针具的运动员更容易感染肝炎和可能导致艾滋病的 HIV 病毒（即人体免疫缺陷病毒）。滥用类固醇的男性还可能会出现精子数量减少、阳痿、前列腺肿大和乳房增大等情况，使用类固醇的女性常常出现乳房缩小、阴蒂增大、月经紊乱、声音变低沉、身体和面部的毛发增多的情况。青少年如果使用类固醇则要冒着永久性身材矮小的风险，因为体内过多的雄激素会终止人体生长激素的分泌（National Institute on Drug Abuse，2006）。

　　类固醇同样会带来情绪上的副作用。滥用者通常会有严重的情绪波动、妄想症、抑郁和焦虑等。他们经常表现出敌意和烦躁的情绪，容易发脾气，有时候这些情绪会导致打斗和其他破坏性行为，如破坏财产（lp et al.，2012）。

　　幸运的是，使用类固醇的青少年数量较少，尽管使用类固醇的 12 年级学生比例已经从 1991 年的 1.1% 缓慢地上升到了 2000 年的 2.5%，但是近期的数据（2014）显示这一比例下降到了 1.5%。大多数使用类固醇的青少年为男性。高中生认为这类药物是危险的（约 55%），大多数人（约 90%）不赞成使用这种药物。青少年发现类固醇药物不像前几年那么容易获得，很有可能是因为现在对这类药物的管控比以前严格了（Johnston, et al.，2015）。

女性性器官的成熟及其功能

　　女性主要的内生殖器是卵巢、输卵管、子宫和阴道，外生殖器统称为**外阴**（vulva），包括阴阜（覆盖耻骨的脂肪层）、大阴唇（外阴唇）、小阴唇（小的内阴唇）、阴蒂和前庭（由小阴唇所包围的分裂区域）。处女膜是一层结缔组织，它部分封住了处女的阴道口。前庭大腺位于阴道口的两侧，性兴奋期间会分泌少量液体。图 4-5 呈现了女性性器官的结构。

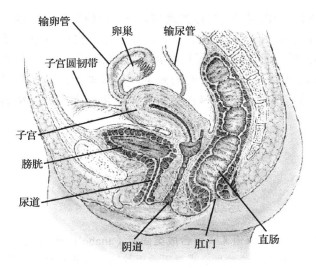

图 4-5　女性的生殖系统

注：该截面图呈现的主要是组成女性生殖系统的内生殖器。需要注意的是，正常情况下子宫是向前倾斜的。

💡 青春期女性性器官的变化

尽管不像男性器官的变化那样明显，但处于青春期的女性的性器官也在发生着显著的变化。

阴道的发育

在青春期，阴道在各个方面都逐渐成熟。阴道长度有所增加，内膜变得更厚、更富有弹性，颜色也逐渐加深，前庭大腺开始分泌体液，阴道内壁的分泌物逐渐转为酸性（Colvin & Abdullatif，2013）。

在青春期，女性的外阴、子宫、卵巢也会发生变化。

初潮和月经周期

一般来说，女孩的初潮（第一次月经）大约发生在 12 岁，虽然她可能会成熟得相当早或迟（9 ～ 15 岁是极端范围）。初潮通常并不意味着女孩青春期的开始，它是在青春期的中间发生的，而且是在身高和体重的生长率都达到最高的时候才会出现的。初潮的时间部分取决于基因（Demerath et al.，2004），部分取决于环境因素（Rzeczkowska，2014）。由于人们营养更充足，加上对保健的关注，当今女孩初潮的时间比前几代人要早一些（Gluckman & Hanson，2006）。身体脂肪的增加可激发初潮，剧烈的运动往往会使它推迟（Ellis，2004）。初潮的时间在种族和民族之间也有差异，例如，帕兰特和她的同事（Parent et al.，2003）发现，北欧血统的女孩的青春期要比南欧血统的女孩早好几个月。

月经周期的长度从 20 到 45 天不等，平均约 28 天（见图 4-6）（Hilliard，2008）。对月经周期进行对比，我们发现不同女性的月经周期长度有很大的差异，每个女性的月经周期也可能在很大范围内变化。真正规律的月经周期是相当罕见的。

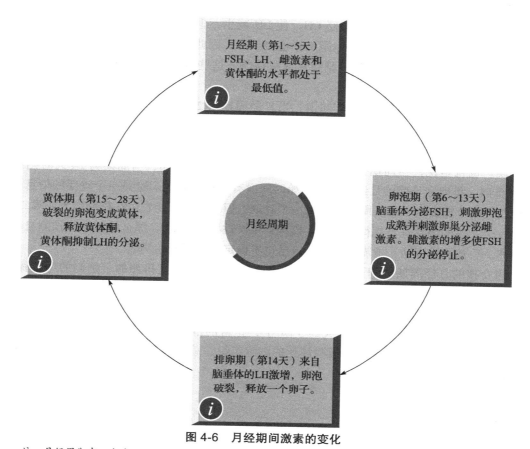

图 4-6　月经期间激素的变化

注：月经周期有四个阶段：月经期、卵泡期、排卵期和黄体期。如图4-6所示，激素控制着整个月经周期。

黄体的形成　在黄体期，卵泡发育成为黄体，在这一阶段的剩余时间里，黄体会分泌黄体酮（见图4-7）。

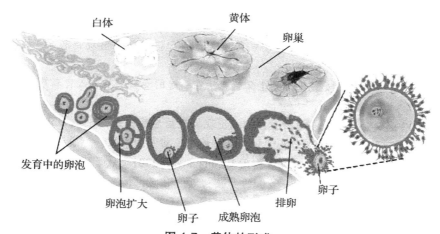

图 4-7　黄体的形成

注：黄体是在月经周期的后半段，由破裂的卵泡发展而来的。

资料来源：J. W. Hole, Anatomy and Physiology, 6th ed. (New York: McGraw-Hill, 1992). Copyright © 1992 McGraw-Hill Publishing Company. Adapted by permission of the McGraw-Hill Companies.

高黄体酮水平会抑制垂体分泌 LH，使 LH 减少，但如果没有 LH，黄体就会退化和消失，没有黄体分泌黄体酮，黄体酮水平也会下降。因此，在黄体期结束的时候，女性体内会含有相对较少的 FSH、LH、雌激素或黄体酮。这些激素会激发下次月经，开始新的循环。

很多（但绝不是全部）青少年知道，当月经周期为 28 天时，排卵发生在第 14 天，然而他们不知道当月经周期变长或变短时排卵会在什么时候发生。许多人相信排卵总是发生在女孩月经周期的中间，这是一个严重的误解！排卵几乎总是发生在下次月经开始前 14 天的时候。也就是说，当周期为 34 天时，女孩会在第 17 天排卵，当周期为 24 天时则在第 12 天排卵。排卵和当前的月经周期的开始时间没有密切的相关。这是一个重要的信息，因为虽然妊娠可能发生于月经周期的任何一个时刻，但它最有可能发生在排卵当天或第二天。如果一个女孩的经期是不规律的（大多数青少年女性都是如此），那么她就不能预测自己何时排卵。要预测排卵期，她需要从一个自己也不确定的日期开始倒数。

当女孩的月经周期刚刚开始的时候，她们在经期通常是**无排卵**的。她们的经血稀少，月经周期不规律，直到建立规律正常的月经周期。在最初的几个月经周期，经血只持续一天左右的情况并不少见。此后，经血渐渐会持续 2 ～ 7 天的时间，通常平均为 5 天左右，总出血量平均为 1.5 盎司[○]（大约 3 汤勺），正常的范围是 1 ～ 5 盎司。在月经排出的东西只有部分是血液，其他为黏液和坏死的细胞组织，总排放量大约为 1 杯（6 ～ 8 盎司）（Warner, et al., 2004）。

🏺 私人话题

压力、家庭混乱和青春期的时间

20 多年以来，很多研究都发现了女孩第一次出现月经的年龄与家庭环境特点之间的关系，且这些发现非常一致。例如，我们知道：

1. 那些父母较为温暖和热情的女孩进入青春期的时间通常比那些父母较为冷漠和拒绝的女孩晚一些（例如，Romans et al., 2003）。

2. 与家庭完整的女孩相比，那些来自离异家庭的女孩的初潮出现得较早（例如，Bogart, 2008）。

3. 与继父生活在一起的女孩比与亲生父亲生活在一起的女孩更早进入青春期（Mendle et al., 2007）。

4. 母亲报告的父母冲突较多与女孩的初潮出现较早呈显著相关（例如，Jorm et al., 2004）。

5. 如上所述，几方面的研究都表明父亲缺失加速了初潮的来临。为了证明缺少高卷入度的父亲会促使女孩提前进入青春期，卡纳扎瓦（Kanazawa, 2001）做了研究，他发现一夫多妻制文化中（这类文化中男性很少关心子女）的女孩初潮的时间比很多一夫一妻制社会中的女孩要早。一项近年开展的元分析（Webster et al., 2014）也证实父亲的缺失对于初潮的年龄有小到中等程度的影响。

6. 父亲的存在对青春期的影响受较低的社会经济地位和家庭资源缺乏的调节（Simpson et al., 2012）。

○ 1 美制液体盎司 = 29.57 毫升。

7. 女孩与母亲的关系也会影响初潮的年龄。在 15 个月时与母亲之间有不安全依恋的女孩初潮年龄比较早（Belsky et al.，2010）。

8. 抑郁情绪和不良的家庭关系会使初潮的时间提前。这一现象在美国的被试样本中被发现（例如，Ellis & Garber，2000），并在其他地方的被试样本中得到了证实。例如，Hulanicka（1999）在波兰女孩中发现了相同的现象。

家庭压力和家庭冲突是如何导致较早的初潮的？研究者提出家庭冲突会使女孩的新陈代谢水平偏低，从而使她们的体重增加，进而引起初潮提前（Ellis & Essex，2007）。此外，有研究表明儿童期的压力会引起下丘脑的变化，而下丘脑是会引发青春期发育的脑区域（Dobson et al.，2003）。

月经问题

初潮是女孩生活中的一件大事，标志着她正在长大。有些女孩，特别是那些对月经期待很久的女孩，对待这件事有一个很积极的心态。一位学生这样说：

当它来临的时候，我想它终于来了！好像我所有的朋友都已经有月经好几年了。当她们坐下来谈论它的时候（即使她们的谈论并没有让人觉得这是件很愉快的事），我似乎被遗忘了。我甚至练习用护垫，我已经准备好了。一个星期六的早晨，当我醒来发现床上那些明显的污渍时，我立刻打电话给我三个最好的朋友，那时是早上 7：30。我是如此开心！我咯咯地笑了一整天，因为我觉得我不再是个孩子了。

与此相反，很多女孩子对月经有消极的看法。这在早熟的女孩身上更为常见，与比她们成熟晚的同伴相比，她们在月经到来之前对它知之甚少，也不知如何处理这些事（Chrisler & Zittel，1998）。消极的看法通常源于三个方面：来自他人的不愉快信息、害怕窘迫和难堪、身体会出现不适（Stubbs，2008）。

这种对待月经的悲观情绪并不仅仅存在于美国，而是普遍存在于各种不同的文化中（Shuttle & Redgrove，2005）。在不同文化中开展的研究证实了这一点（Marván et al.，2006）。事实上，在各种文化中，普遍存在着三种关于月经的禁忌，人们期望女孩遵守这些禁忌（Robert, et al.，2002）。第一个是关于隐瞒的禁忌，即月经应该是保密的，特别是对男性保密，甚至父亲（Kalman，2003）。许多女大学生能够笑着回忆起当初她们是如何计划使用卫生间的时间，以便不让别人怀疑她们已经有了月经，以及她们如何只从女收银员处购买护垫或卫生棉条，哪怕要排更长的队也不在乎。幸运的是，这种不顾一切隐藏自己已经有月经的心理在青春期后期渐渐减弱。第二个禁忌是关于活动的禁忌，即在月经期间哪些活动可以做，哪些活动不能做的观念（例如，很多女孩认为月经期间她们的运动能力会下降）。第三个禁忌是关于交流的禁忌，禁止人们讨论月经，甚至抽象地讨论也不被允许。这一禁忌使人们普遍缺乏关于月经的知识。

在一定程度上，由于交流禁忌，很多女孩不得不依赖于卫生产品来获得相关信息（White，2013）。也因此，很多女孩在初潮之前就对月经形成了消极的条件反射（Teitelman，2004）。对月经产品广告的研究发现，这些广告将月经描绘成一种"卫生危机"，女孩需要一个"有效的安全系统"来保护自己。如果没有合适的防护，就可能有弄脏衣物、沾染血渍、出现不好气味的风险，会让人感到尴尬。这样的广告使女性产生内疚和不安全感，使她们的自尊降低（例如，Simes & Berg，2001）。母亲也不常深入讨论这个话题，她们自己也传递出为此感到尴尬以及需要保密的信号（Costos et al.，2002）。

🎙 与月经相关的健康问题

有些青春期女孩在月经期间确实会遇到一些健康问题（McEvoy et al.，2004），这些问题主要有四个类型。

痛经

痛经指在月经期间觉得疼痛：月经来临时，腹部疼痛或痉挛，还可能伴有背痛、头痛、呕吐、乏力、烦躁、性器官和乳房敏感、腿痛、脚踝肿胀或皮肤过敏等。

其他与月经相关的健康问题包括月经过多、闭经、子宫出血。

一般来说，月经来潮已有一段时间的女孩对月经的态度比未经历初潮的女孩更积极（McGrory，1990）。这表明，对月经的处理事实上并不像大家认为的那么糟糕。不过，一些女孩在月经来临的时候情绪仍然有些许波动。尽管并不像大多数人想象的那么普遍（大多数女性只有轻微的症状），但还是有许多女孩在月经来临的前几天会变得更加烦躁或抑郁；一些女孩还发现自己情绪多变、体重增加、食欲增强、乳房胀痛等（Claman, et al, 2006）。人们倾向于将这些月经来临前的情绪变化错误地归结于激素水平的波动。事实上，每个人都会有情绪波动，不论是男性还是女性，例如，一个女孩在月经前一天情绪低落可能是低激素水平的影响，也可能是她与男友分手的结果，正如她平常的坏情绪一样。很多人总是习惯于将经期所有的坏情绪归咎于生物因素，然而事实并非总是如此（Matlin，2003）。

🎙 研究热点

运动员的月经失调

大量研究已经证明，闭经在女性运动员身上非常常见：事实上，多达 25% 的女运动员有这种情况（例如，Misar，2008）。人们普遍认为是身体脂肪的缺乏引起了闭经，因为只有当女孩的体脂率大于等于 17% 时，月经才会开始（Warren & Perlroth，2001）。也有人认为闭经是长期的身体紧张引起的可的松水平的日渐增高所致（Reid，2008）。当前的证据表明，运动诱发的闭经在停止训练后很快就会恢复。当训练减少或停止时，不论是休假，还是伤后休息，闭经的女运动员都报告说月经周期会恢复正常。

近年来，人们越来越多地关注"女运动员三联征"：即同时出现能量摄入不足、闭经和骨质疏松症（Nattiv et al.，2007）。持续闭经的运动员的骨骼矿物质流失相当严重，与绝经的女性相类似（Tietzet al.，1997）。骨质流失会导致骨骼脆弱，增加骨折的风险，而且流失的骨质可能是不可替代和不可逆转的。目前关于女运动员三联征的认识极其有限，上述症状中的两个或三个甚至出现在高中运动员群体中（Brown et al.，2014）。

应当注意的是，适度的运动可以减少月经问题，如痛经和不适（Brown & Brown，2010）。

第二性征的发育

在本章的开头我们提到，即使青少年穿着衣服，我们也能很容易地通过观察发现男性和女性身体之间的差异，但是对于穿着衣服的个体，我们是无法看出其生殖器官的差异的。在青春期引起生殖结构变化的性激素同样会引起**第二性征**（secondary sexual characteristics）的发展。

表 4-1 列出了处于青春期的男孩和女孩身体的发展顺序，表中也有一些主要的第二性征的发育（主要的特征后面都标有星号）。表中所列的年龄都是平均年龄，实际时间可能提前也可能延后几年。一般女孩成熟的年龄比男孩早两年，且男孩和女孩的发展速度不一致。

表 4-1　第一性征和第二性征的发展顺序

虽然第二性征对生殖系统的发育并非绝对必要，但它们将男性和女性的身体区别开来。这些特征包括是否出现体毛、喉结的大小、肌肉或脂肪是否增加等。

男孩	年龄范围	女孩
睾丸、阴囊、阴毛开始发育 胸部出现色素沉淀和结块（后面会消失） 身高突增开始 阴茎开始生长 *	11.5～13 10～11	身高突增开始 出现少量阴毛 胸部、乳头开始生长，形成"蓓蕾期"
直的有色阴毛的发育 早期的声音变化 阴茎、睾丸、阴囊、前列腺以及精囊迅速发育 * 第一次射精 * 弯曲的阴毛 生长最快的年龄 开始出现腋毛	13～16 11～14	直的有色阴毛 一些女孩声音变得低沉 阴道、卵巢、阴唇，以及子宫迅速发育 * 弯曲的阴毛 生长最快的年龄 胸部进一步增大，出现色素，乳头耸起，出现乳晕，形成"初期乳房" 月经初潮 *
腋毛迅速生长 声音出现明显变化 胡须开始生长 前额发际线缩进	16～18 14～16	腋毛开始生长 乳房变得丰满，形成了成乳房，进入第二乳房阶段

注：主要的性特征以 * 号标出

一般而言，这些年来，性成熟的平均年龄有所下降（Asglaede et al.，2009），尤其是女孩（Euling et al.，2008）。一般认为这种现象由两个因素引起：今天的青少年得到了较好的医疗服务，他们的体重也更重一些。许多研究发现体重的增加和性早熟之间有一个总体的联系（例如，Anderson et al.，2003），这种联系对女孩而言似乎比男孩更强（Biro et al.，2006）。此外，非洲裔女孩进入青春期的平均年龄比白人女孩要小，这有可能是非洲裔女孩体内脂肪水平较高（Kaplowitz et al.，2001）以及她们分泌了更多**瘦素**（leptin）的缘故，这种激素与青春期的开始有关（Susman & Dom，2009）。相似地，非洲裔男孩也比白人男孩更早进入青春期（Sun et al.，2002），但我们尚未找到其原因。

男性

男孩第二性征的发育是一个渐进的过程，从阴毛的出现开始（见图 4-8）。

腋毛（位于腋下）通常在阴毛出现约两年后出现，最后是胡须的出现，发际线会向上缩进（女孩不会出现这种情况），至此，毛发发育完成。肌肉发展、肩膀和胸部变宽，以及其他体形变化仍在继续。通常，一个男孩在 17 岁时就已经达到了其成年身高的 98%。

男孩声音的变化是喉部的快速发育和声带延长的缘故，此时的声带几乎是以前的两倍长，从而使音高降低了一个八度，音量有所提高，音质也变得更好。沙哑的噪音以及一些意想不到的音调变化可能会持续到 16 ～ 18 岁。

在到达一阶段之前以及这一阶段期间，一些男生（还有女生）出现"更衣室综合征"。上过生理卫生课后，初中生被赶进公共浴室，他们不得不在他人面前脱衣服和淋浴。正常的发展速度范围较大，有些男孩完全没有发育，而有些人的发育远远领先于他的同学。在青春期期间，那些阴毛或腋毛很少、阴茎较小、肌肉不够发达的男孩在他们充分发育了的朋友面前感觉极不舒服，那些已经开始发育的男孩可能会有意识地关注自己的身体，在他人面前无意识的勃起使他们感觉特别尴尬，就像有明显的体味一样。此外，多达 70% 的男孩都出现过**男性乳房发育症**（gynecomastia），乳房的暂时增大是青春期体内过量的雌激素引起的（Lee & Houk，2008）。事实上，对处于青春期的男孩而言，任何与身体发育有关的事情都可能成为尴尬的来源。

女性

处于青春期的女孩也会长出很多的体毛。女孩阴毛的发育过程和男孩类似。女孩一般在 12 岁时开始长出直且有色的阴毛，阴毛先出现在阴唇，然后变得浓密、弯曲，慢慢延伸到阴阜，呈倒置的三角形状，青春期后期时，阴毛扩散到大腿内侧。

女孩乳房的发育从 9 ～ 10 岁开始（见表 4-2）。

表 4-2 女孩乳房的发育阶段

女孩身上一个显著的变化是乳房的发育，包括 5 个阶段（Tanner，1990）。

阶段	发展
前青春期	乳房扁平
蓓蕾期	乳头和乳晕变大，周围出现隆起，有色素沉淀，通常于初潮约 2.5 年前开始
初期	乳头和乳晕及周围的脂肪层增厚，形成明显增大的圆形隆起
成熟期	乳腺组织开始发育，乳房继续增大，看上去更加圆润，乳晕褪去，只有乳头突起。这个阶段通常出现在初潮之后。无论何时开始发育，乳头从乳房中突出来通常都需要三年时间
成年期	乳房发育完成

很多少女都比较关注自己乳房的大小和形状。一些平胸的女孩总是感到难为情，因为社会往往强调丰满的乳房是美和性感的标志。胸部特别丰满的女孩在面对他人不友善的评论和注视（Yuan，2012），或者在受到逗弄和性骚扰时会感到不安（Summers-Effler，2004）。

青少年的心里话

"我想大多数朋友都很羡慕我的胸部，但是他们并没有表现出来。我恨别人盯着我看，我现在仍然这样。我每次走在街上，总会有人说三道四。在我上初中后情况更糟糕了。在我 7 年级的时候，我的胸部已经长得很大了，在我的班级里，只有我一个人的胸部发育得这么快。我特别痛恨在健身房做运动，因为胸部会上下晃动。这真是太不舒服了，而且那些男生会注视着我并开玩笑。我甚至退出了足球队，因为我不希望任何人看见我跑步。我一直穿着紧身运动内衣，试图使胸部看起来小一些。我不能像其他女孩一样穿抹胸或者吊带衫，我一直为此感到怨恨，因为这些衣服太可爱了！

"我在初中和高中时真的很瘦，毫无疑问，我是个晚熟的人。我小时候经常打垒球，但是直到 7 年级我都没能加入球队，因为我太矮小了。有一伙打垒球的家伙跟我坐同一班车，他们使我的日子很艰难。其中三个人比我高大，他们一直把我当作胆小鬼来欺负。有一天，他们胡闹得变本加厉了。我们开始打斗，其中一个人抓住我的衬衫，我的衬衫破了，一半掉了下来，一个人边笑边说"没关系，看看他身上的汗毛！"然后，他们开始叫我"汗毛"，但是他们停止骚扰我了，我想，可能是因为我的腋毛证明了我是个真正的男人。

性成熟的结果

性成熟的最直接结果之一是对性的关注。青少年开始集中注意力于新的性感觉，开始注意迷人和有魅力的异性。处于青春期的男孩和女孩会花很多时间去思考性爱，看性感人物的照片，谈论异性。

逐渐觉醒的性兴趣激励着处于青春期的男孩将大量的时间和精力投入在自己的外貌、服装或体型上，尝试用各种方式吸引女孩的注意。他们也可能会看色情小说或去找色情网站。女孩们开始花心思摆弄自己的头发，试着化妆、调情、因为浪漫的电影叹息，她们也会花数小时与最好的朋友一起讨论班上最受欢迎的男孩。

毫无疑问，青少年的性兴趣并不止于思考和幻想，大多数青少年会有某种形式的性行为，包括接吻、爱抚、手淫和性交等（这些话题在后面的章节中会充分讨论）。

你想知道吗

一般情况下，进入青春期的第一个标志是什么

对于大多数男孩而言，青春期开始的第一个标志是他们的睾丸和阴囊开始生长，女孩的第一个明显标志是开始长高，但事实上对女孩来说，这一标志是乳芽的出现。

身高和体重的增加

青春期最早也最明显的身体变化是身高的急剧增长，身高的增长伴随着体重的增加和身体比例的变化。

成长趋势

如图 4-8 所示，儿童时期的孩通常比男孩矮，体重也更一些，然而，因为她们发育较早，所以女孩的身高在 12 ～ 14 岁时超过了男孩，体重在 10 ～ 14 岁时超过男孩。女孩 17 岁时的体重达到成年时期的98%，但男孩直到 18 岁时才达到这一水平。

身高的决定因素

是什么决定了一个人最终的身高？值

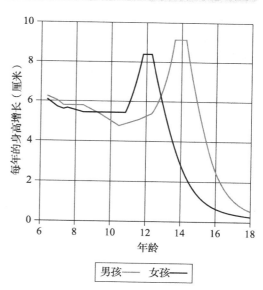

图 4-8　青少年的身高增长情况

注：如图所示，女孩在约12岁时身高和体重增长最快，而男孩是在约14岁时（Abassi, 1998）。女孩的身体快速生长期比男孩早大约两年。

得一提的因素有很多，其中最重要的一个是遗传（例如，Tu et al.，2015）。身材高大的父母往往有个头较高的孩子，身材较矮的父母往往有个头较矮的孩子。最重要的环境因素是营养。在成长过程中营养充足的孩子比营养不良的孩子更能成长为高个子的成人。研究已经表明，来自高社会经济群体的儿童比那些来自贫困家庭的儿童要高（例如，MascieTayor & Lasker，2005），主要原因是良好的营养状况，尽管良好的健康状况可能也起了一定的作用。

很多处于青春期的女孩都比较关注胸部的大小和形状，这很大程度上是社会对于女性体型的关注导致的。

性成熟开始的年龄也影响着个体的最终身高，尽管二者并不像人们以前认为的那样具有直接的关系（Dorn & Viro，2011）。早熟的女孩到成年时往往比那些晚熟的女孩要矮一些（Huang et al.，2009）。关于男孩的数据并没有显示出明确的结果，可能是由于这些结果在很大程度上取决于用什么来作为青春期的始终的标志。无论如何，由于四肢骨骼的纵向生长快于横向生长，所以与较早停止生长的个体相比，晚熟的个体骨骼相对较细，不那么强壮。

一些证据表明，现代人身体生长的速度更快了。当今工业化国家的儿童和青少年的快速成长期出现得更早，发展得更快，成年期的身高也更高，且青少年达到成年身高的年龄早于 100 年前甚至 30 或 40 年前的儿童和青少年。研究者在很多国家，如比利时（Matton et al.，2007）、南非（Hawley et al.，2009）、波兰（Kulaga ett al.，2011）、中国（Chen & Ji，2014）都发现了这一现象。在 1880 年，英国男性到 23 ～ 25 岁才会达到他们的最终身高，而今天，他们 18 岁时就可以达到成年身高（Tanner，1968）。进入青春期的其他标志也比以前出现得早了：在 18 世纪中期，男童声歌唱者的高音在 17.5 ～ 18.5 岁出现下降的情况，而现在男童声歌唱者变声的平均年龄是 10.5 岁（Mendel & Ferrero，2011）。

这种被称为**长期趋势**（secular trend）的加速生长近年来在逐渐减缓，至少在美国（Sun et al.，2005）和其他发达国家是这样（例如，Simsek，et al.，2005）。显然，人类的身高是有限度的。

你想知道吗

为什么在青春期早期女孩的身高普遍超过男孩

你 6 年级时的班级合照不会说谎：初中时期，大多数时候，女孩要比男孩高，这是因为她们早两年到达了"青少年快速生长期"。

其他身体变化

我们来看一下男性和女性其他方面的身体差异。男性体内较高的睾酮水平促使他们的身体发育不同于睾酮水平较低的女性（Wells，2007）。睾酮使骨骼变得更粗、更大，所以男性比女性的下颌大，眉脊更明显。男性的声音因为他们的喉结增大而变得更加低沉。睾酮会刺激肌肉生长，所以与女性相比，男性更容易出现大块的肌肉。

睾酮还能促进身体各个部位的毛发生长：男性手臂、腿部、胸部和背部的体毛比女人多。矛盾的是，睾酮会使前额的发际线向后退，导致男性的前额比女性更多地显露出来。因为处于青春期的女性体内也有少量的睾酮，所以她们的骨骼和肌肉也会有一定的生长，而且也会出现体毛，但其程度比处于青春期的男性轻得多，女性腋毛和阴毛的生长是肾上腺分泌的类固醇 DHEA 触发的（Dorn & Biro，2011）。

女性体内较高的雌激素水平使女孩变得更加女子气。最明显的是雌激素会刺激乳房发育，并促使身体产生男性所缺少的皮下脂肪（Gloria-Bottini et al.，2007）。此外，女孩的髋骨也会变宽以便于分娩。

还有一些发生在体内的、不可见的其他身体变化。男性的心脏和肺叶相对来说比女性的大，因此男性往往有较高的血压，他们的血液中也含有较多携带氧气的血红蛋白。男性比女性有更多快缩肌纤维，这些细胞很有力量，但它们并不能维持收缩太久。女性有相对较多的慢肌纤维，它们虽没有太强的初始爆发力，但可以很好地维持其张力（Mannion & Dolan，1994）。

总之，这些差异使处于青春期后期的男孩和成熟的男性比女性更加强壮。（当然，由于遗传变异以及锻炼等因素，有些女性会比男性强壮。）成熟的男性有较强的爆发力，他们可以吸入运输更多的氧气，并迅速利用这些氧气给他们的大肌肉提供能量。女性的身体结构像是为一种"长途运输"而设计的，女性的内分泌情况降低了她们患心肌梗死、动脉硬化和中风的风险。

> **你想知道吗**
>
> ### 除明显的特征外，男性和女性的身体还有什么不一样
>
> 在青少年中期快结束时，他们之间的区别不仅限于生殖器的不同。与男孩相比，女孩通常身体娇小，较为丰满，肌肉较少，体毛也较少。女孩的乳房开始发育，臀部变宽，而男孩的变化是肩膀变得宽阔。

身体形象

青少年所做出的与健康有关的选择通常和他们对自己的看法联系在一起。那些自我感觉良好的青少年很有可能避免一些有害的行为，那些自我感觉较差的个体却不一定会这么做。不幸的是，在青春期，我们自尊的很大一部分与我们对自己的外表吸引力的认知有着紧密的联系。更不幸的是，我们衡量自己的标准往往过高。下面的讨论侧重于青少年对外表吸引力的概念以及他们对自己身体的看法。

外表吸引力

外表吸引力和身体形象与青少年积极的自我评价、受欢迎度以及同伴接纳都有很重

要的关系（Davison & McCabe，2006）。外表吸引力影响个体的人格发展、社会关系和社会行为。有吸引力的青少年一般被认为拥有一些积极的品质：热情、友好、成功、聪明（Zebrowitz et al.，2002）。

造成这种情况的部分原因是区别对待，与低吸引力的同伴相比，高吸引力的青少年似乎有更高的自尊和健康的人格特质，能够更好地适应社会，具有更多的人际交往技能（Perkins & Lerner，1995）。外表吸引力与男性和女性的自尊都有显著相关（Frost & McKelvie，2004）。有研究表明，那些自认为且被老师认为具有吸引力的青少年有更好的同伴关系和亲子关系（例如，Lerner et al.，1991）。研究还表明，身体形象对女孩自尊的影响比男孩更大（Williams & Currie，2000），对女孩社会地位的影响也比男孩大。

体形和理想体形

常见体形有三类：瘦型、胖型和匀称型。大多数人都是混合型，很少有纯粹的某种类型的人，但确定体型的分类有助于讨论体型的发展。

瘦型（ectomorphs）　个高、修长、体型狭窄、瘦骨嶙峋。

胖型（endomorphs）　处于另一个极端：柔软、圆润、体型较大、躯体和四肢都比较笨重，是摔跤型身材。

匀称型（mesomorphs）　介于上述两种类型之间，匀称型个体棱角分明、强壮有力、肌肉发达、四肢长度适中、肩膀宽阔。他们属于运动类体形，看起来就像比其他体形的个体更频繁地参加剧烈的体力活动。

处于青春期的男孩和女孩开始出现各种不同的体形，图中最左边的女孩是匀称型，最右边的男孩是胖型，他旁边的那位女孩是瘦型。

大多数处于青春期的女孩不满意自己的体形，想成为瘦型体形的人（Suisman et al.，2014）。一项大型的全国范围的研究显示，有 23% 的黑人女孩、19% 拉美裔女孩和 14% 的白人青少年女性体重过重，但是分别有 33% 的黑人女性、40% 的拉美裔女性、36% 的白人青少年女性认为自己体重过重（注意如此之大的错误知觉）。有 2/3 的女孩报告说她们正在试图减肥（这一比例如此之大，而且这表明很多女孩即使不觉得自己体重过重，也仍然想减肥，换言之，她们想变得更"骨感"）。她们减肥的愿望非常强烈，有几乎 1/5 的女孩为了控制体重曾经在过去的一个月里长达 24 小时甚至更长时间不进食（Kann et al.，2014）。这种对身体不满意的感觉在整个青春期变得越来越明显（Bearman et al.，2006）。

大多数研究者都认为，大众媒体对于女孩想要苗条身材的愿望负主要责任（例如，Levine & Harrison，2004）。电影、电视节目、电视广告和杂志上所描绘的受人喜爱的女性一律个子高挑、身材苗条、细腰（Tiggeman，2005）。媒体上不停出现的这些形象向处于青春期的女孩以及所有女性传递一个明确的信号：如果你想要漂亮，你就一定要瘦。有研究表明，哪怕只是短暂地让女孩接触到体型苗条的模特，她们对自己身体的不满意度也会提高（Clay et al.，2005），因此，观看这些信息数百个小时的效果是极其强大而又无处不在的。例如，斯普尔等人（Spurr et al.，2013）发现，处于青春期的女孩觉得自己的体重必须得和媒体描绘的女性一样。她们认为，女孩不讨厌自己身体的某一个部分是件很奇怪的事。

对身体的不满意和自尊　青少年对身体的不满意逐渐扩展成对自我的不满意，尤其是女孩。换句话说，认为自己超重的女孩比其他女孩的自尊心要低，并且更容易感到抑郁（Wertheim et al.，2009）。西格尔等人（Siegel et al.，1999）发现，在他们的研究中，身体形象不佳是青春期女孩比男孩更容易抑郁的主要原因。这不是西方文化中独有的现象，基姆（Kim，2009）发现对身体的不满意是韩国青少年（无论男孩还是女孩）产生自杀想法的最重要原因之一。

为了变得苗条、迷人，很多处于青春期的女孩经常节食。很可惜，胡萝卜条和无糖苏打并不能提供足够的营养。

自尊降低的一部分原因可能是超重的个体不能愉快地与同伴交往。肥胖的少女，特别是白人女孩，在学校很少有朋友，不太能够很好地融入学校的社交网络（Ali，2012）。体重超重的青少年在学校里要比其他青少年更容易被嘲弄（Haydem-Eade et al.，2005）。他人的嘲弄会提高他们对身体的不满意（Helfert & Warshburger，2011）。女孩们肯定会担心，如果自己过重就会对男孩没有吸引力，不太可能有机会与男孩约会。然而有趣的是，尽管男孩也认为苗条的女孩的确比稍胖的女孩更具有吸引力，但是苗条的女孩并不会比稍胖的女孩更容易与男孩约会（Paxton et al.，2005）。

此外，研究表明，女性对外貌的焦虑与父母，尤其是母亲向她们传递的信息有关。例如，麦卡贝和里卡亚尔德利（McCabe & cciarrdelli，2005）发现，青少年女性会因为母亲和好朋友向她们传递的信息而努力减肥。相反，有一位支持性的母亲或父亲可以降低青少年女性对自己身体的不满意度（Barker & Galambos，2003）。处于青春期的少女对身体形象的不满意度随种族和民族的变化而变化。与其他种族或民族的女性相比，非洲裔女性较少认为自己是超重的（White et al.，2003）；拉美裔女性比白人或黑人女性更不喜欢自己的"曲线"（Kann et al.，2014）；与其他种族相比，亚裔女孩通常对自己的体形更不满意（de Guzman & Nishina，2014）。研究者在很多国家都发现了处于青春期的女孩对自己的身体不满意的情况，其不满意的程度与不同文化中的完美形象有关，每个地方的女孩对身体的不满意度都有所不同。例如，印度、阿曼、菲律宾的女孩不像西方女孩那样强烈地追求苗条的身材（Kayano et al.，2008）。

相比之下，男孩最喜欢匀称型（Ricciardelli & McCabe，2004）。相对于女孩，一般来说，处于青春期的男孩只有在特别重的时候才会认为自己超重（Jones & Crawford，2005）；比较瘦的男孩会因为自己的肌肉不够发达对身体不满意（Carlson et al.，2005）；一般认为身材好的高个男性比矮个男性更具吸引力，那些矮或胖的男孩更容易遭受侮辱和其他心理社会压力（Barker & Galambos，2003）。男孩对肌肉极度关注的一部分原因是媒体的引导，看到男性杂志上的模特（Baird & Grieve，2006）会增加男孩对自己身材的不满。

在青春期，男孩对自己身体形象的感觉倾向于越来越好，女孩却不是这样（Bearman et al.，2006）。男孩越来越接近自己的理想形象（更多肌肉），而女孩常常有更多的脂肪，离自己的理想形象越来越远。因此，不仅在青春期早期男孩比女孩对身体形象的满意度更高（Rosenblum & Lewis，1999），而且这一差异在青春期后期变得更大（Yuan，2007）。

你想知道吗

大多数青少年对自己的身体是否满意

大多数青少年对自己的身体不太满意，尤其是处于青春期后期的白人女孩和亚裔美国女孩。

私人话题

青少年的整形手术

对自己身体不满意的青少年会采取最极端的措施——整容来改变他们的"瑕疵"，这在过去15～20年间已变得更加普遍。2013年，超过220 000个年龄小于等于18的青少年进行了整形美容手术（American Society of Plastic Surgeons，2015）。最常见的侵入性手术是隆鼻（或者说鼻子整形），约占所有整形美容手术的一半。缩胸手术也非常流行：约有11 000个青少年——其中60%是男孩——通过外科手术来缩小他们的胸部；与之相反，大约8000名女孩将自己的乳房增大了。利用手术来改变招风耳和吸脂占其余侵入性手术的绝大部分（American Society of Plastic Surgeons，2015）。

美国整形外科学会认为这种手术仅限于主动请求（不是被父母强迫而来），有现实目标和期望，并且足够成熟，能处理初始阶段的不适以及手术可能造成的毁容的青少年（Plastic Surgery Information Service，2000）。

渴望整形手术的青少年需要明白，改变一个人的外表并不是变得受欢迎、使体格健壮或重新获得失去的男朋友或女朋友的锦囊妙计。这种身体上的变化是永久性的，手术费用是高昂的，而且有并发症的风险或不令人满意的结果。不过，做了缩胸手术和鼻子整形的人通常对手术的结果非常满意（Chauhan et al.，2010；Xue et al.，2013）。青少年对于身体的满意度趋向于随着年龄的增长而提高，在青少年后期的时候，他们可能会觉得自己不再需要整容手术（Zuckerman & Abraham，2008）。大多数情况下，更好的解决方案是鼓励基于个人积极特质的自信，而不是过分追求外表的完美。

你想知道吗

大多数青少年认为自己胖吗

通常青少年女性倾向于认为自己是较胖的，因为她们的理想体型是非常苗条的。而青少年男孩有两种情况，觉得自己太胖或者太瘦；他们希望自己瘦但要健壮。

早熟和晚熟

如前所述，青少年进入青春期的年龄有一个很大的范围，图 4-11 进一步说明了这一点。

青少年在青春期出现身体变化的时间对他们如何看待自己的身体和自我有着深远的影响，也影响其他人如何对待他们以及对他们的期望，对那些早熟或晚熟的青少年来说更是如此。许多研究致力于探讨青春期开始的时间对青少年的自尊和行为的影响，包括对与健康相关的行为的影响。

早熟的女孩

早熟对处于青春期的女孩而言不是一种积极的体验（Susman & Dorn, 2009）。因为女孩子进入青春期的时间通常比男孩早约两年，所以最早发育的女孩将她的同龄人远远地甩在了身后。她们高挑性感，往往会为此感到尴尬和难为情。与同龄人比，早熟的女孩一般更重一些，身体脂肪较多，正如前面所讨论的，大部分处于青春期的女孩对此都持消极态度。这些和同伴不同的特征伤害了她们的自尊，拉开了她们与同伴之间的距离（Ge et al., 2001）。

鉴于这些压力以及早熟的女孩更可能与年龄较大的男孩一起玩的事实，她们可能出现各种各样问题的风险更高。早熟的女孩更容易出现内化问题，例如焦虑和抑郁（Copeland et al., 2010；Graber et al., 2004），也更容易出现进食障碍（Klump et al., 2013）。她们更容易出现犯罪行为，甚至暴力犯罪（Haynie, 2003）。她们更可能较早发生性行为（Ellis, 2004）和饮酒（Lanza & Collins, 2002）。这些影响不仅限于美国女孩，在欧洲和亚洲国家也是如此。例如，在关于斯洛伐克人的研究中，普罗科普卡科娃（Prokopcakova, 1998）发现，与正常发育或晚熟的同伴相比，早熟的女孩更容易出现喝酒、抽烟、吸食大麻等行为，也更可能花较长的时间与男孩子混在一起。

早熟的男孩

基于以前的研究数据，长期以来一直存在这样的说法，即早熟对男孩而言是一种积极的体验（Mendel & Ferrero, 2012）。这看起来合乎逻辑，似乎确实如此，毕竟，对于那个年龄的男孩而言，早熟的男孩比晚熟的男孩更高大、更强壮、肌肉更发达、协调性更好，所以他们在运动方面有相当大的优势。早熟的男孩更擅长竞技体育项目，而且他们的运动技能给他们带来了更多荣誉和更高的地位，他们在同伴关系中享有更多的优势，更频繁地参与学校组织的课外活动，经常被选为团体中的领导角色。早熟的男孩也倾向于对女孩表现出更大的兴趣，并因成熟的外表而受到她们的欢迎。性早熟使他们在年龄较小时就开始了两性关系。

最近的研究数据说明了一个事实，即有些早熟的男孩无法正确使用他们所得到的自由，他们感到需要服从比自己年纪稍大的同伴，这对他们来说是有压力的，而他们不能很好地处理这些压力。早熟与吸烟（van Jaarsveld, et al., 2007）、饮酒（Wichstrom, 2001）和滥用违禁药物（Wiesner & Ittel, 2002）有很紧密的关系。有研究发现，早熟的男孩更有可能出现外化问题，如发泄、冒险、攻击行为（例如，Halpern et al., 2007），他们也更有可能出现犯罪行为，如破坏公共财物、逃学等（Ge et al., 2002）。他们不仅伤害他人，也可能伤害自己（Schreck et al., 2007）。因为他们达到了生理性成熟，所以他们比其他青少年更早开始性行为，包括有风险的性行为（Downing & Bellis，2009）。如果早熟的男孩在他们的生活中遇到一些压力，例如家庭不和（例如，Rudolph & Troop0Gordon，2010），这些问题就更有可能出现。虽然这些问题并没有影响所有早熟的男孩，但是与那些较晚发育的男孩相比，这些问题在早熟的男孩中更加常见。

晚熟的女孩

晚熟女孩在初中和高中的时候处于劣势。她们看起来像小女孩，而且她们本身也讨厌被这样看待。很多时候她们都会被忽略，收不到派对或社交活动的邀请。那些14～18岁才经历初潮的女孩很晚才开始约会。因此，这些晚熟的女孩可能更羡慕那些发育很好的女孩子。她们一般与正常发育的男孩处在同一水平上，因此他们之间有很多共同之处并能够成为朋友。然而，事实上，她们往往对那些比自己年龄小的人的活动比较感兴趣，并愿意与他们一起玩。

晚熟的一个好处就是她们没有像早熟的女孩那样体验过来自父母和其他成年人的尖锐批评。主要的坏处似乎是身体发育的延迟导致了社会地位的暂时性丧失。总之，在晚熟的女孩身上表现出的严重消极影响比较少，持续的时间也比较短。

晚熟的男孩

虽然关于晚熟的男孩的研究较少，但是我们假设晚熟的男孩可能会受到社会诱导的影响并感到自卑是合乎逻辑的。一个还没有进入青春期的15岁男孩可能比他早熟的那些朋友个头矮8英寸，体重轻30磅，同时伴随着体型、力量和协调性的显著差异。由于身材和动作协调对社会接纳有相当重要的影响，因此晚熟的个体对自己的身体不满意，形成了消极的自我概念（AIsaker，1992；Richards & Larson，1993），更可能出现抑郁（Conley & Rudolph，2009）。一般认为晚熟的男孩比较缺乏吸引力，也不太受欢迎，他们可能因为社会排斥而感到难堪并且退缩。一些研究发现，晚熟的男孩会饮酒（Andersson & Magnusson，1990），更可能使用药物（Graber et al.，2004）。因为他们的身体和神经发育的不成熟，以及晚熟导致的他人对待他们的不同方式，所以晚熟的男孩对性持消极态度（Linfors et al.，2007）。更重要的是，对晚熟的男孩来说，药物滥用和问题行为可能会持续到成年早期（Graber，2013）。

概括以上研究可以发现，早熟与青少年的问题行为的相关存在性别差异，早熟的女孩出现的问题要比早熟的男孩多。晚熟的男孩也会出现问题，但直到青春期的后期才会出现。晚熟的女孩基本上与以正常速度发育的同伴没有明显差异。青春期开始的时间对青少年的影响在早熟的女孩身上最为明显，在晚熟的女孩身上最不明显。

为什么早熟会给个体发展带来更多困扰

研究者提出了一些理论来解释为什么青春期比同龄人出现得早会给青少年带来困扰。

成熟异常理论

第一种解释是成熟异常理论（Skoog & Stattin，2014）。这一理论认为，与众不同是艰难的，而较早或较晚进入青春期使你在同伴群体中显得突出，这会给一个人带来压力（Neugarten，1969）。

其他解释有阶段终止假设、同伴社会化、环境放大。

比其他人早熟或晚熟会给青少年带来困扰吗

如果你属于发育不早不晚的中间人群，那么对你来说，面对青春期是一件很容易的事情。早熟也许会受到嘲弄，会因为常和年龄较大、有不良行为的同伴在一起玩而引来麻烦。晚熟者也可能会被嘲弄，被同伴排除在外，因为他们看起来很稚嫩，像小孩一样，但晚熟的女孩似乎很少会受到这种情况的困扰。

健康状况

与成年人相比，青少年群体总体上更加健康。实际上，他们所面临的健康威胁很大程度上是他们的行为导致的，而不是由于基因的问题或者他们无法战胜疾病。因此，非常重要的一点是教会青少年如何做选择，保护自己的安全和健康。

死亡率

了解健康情况最常见的方式之一是考察**死亡率**。不同年龄、性别和民族的青少年死亡率有所不同（见图 4-9）。

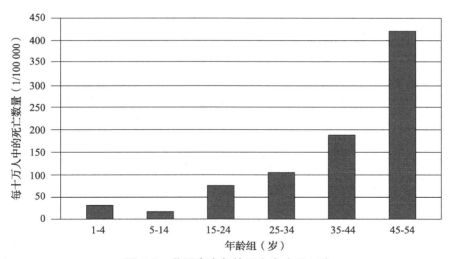

图 4-9　美国青少年的死亡率（2013）

注：死亡率可以告诉我们某个群体的相对健康状况，死亡原因会告诉我们最主要的问题是什么。图中显示了美国青少年的死亡率和死亡原因。儿童和年幼的青少年的死亡率较低（5～14 岁），15～19 岁之间的青少年死亡率尽管低于成年人，但仍然相对较高。

意外事故是最常见的死亡原因：在年龄较小的青少年死亡原因中占 40%，在年龄较大的青少年死亡原因中占 49%，其中大部分是车祸造成的死亡，其他死亡主要是中毒和溺水所致。在年龄较小的死亡青少年中，60% 死于非医疗方面的原因：意外事故、凶杀和自杀。在年龄较大的死亡青少年中，86% 死于上述三个非医疗原因（Kochanek et al., 2014）。换言之，大部分青少年死亡都是可以防止的。这种情况与过去相比发生了变化，以前大部分青少年死亡是自然因素导致的（Ozeret al., 2003）。年龄较大的青少年更有可能死于意外事故和暴力，因此处于这一年龄阶段的青少年的死亡率较之前更高了。要记住，意外事故和暴力会导致伤害、残疾和死亡，对青少年的安全有很大影响。男性通常比较喜欢暴力和冒险，他们的死亡率要比女性高（见图 4-9）。

健康决策

每个人每天都会做影响自己幸福感的决策。我们可能做出正确的决策，如健康的饮食习惯、定期的锻炼、按时预约体检、保证充足的睡眠等，也可能做出错误的决策，做出危险的行为，如使用药物、发生不安全的性行为、做出刺激但有风险的动作等。青少年所做的有关健康的决策受一系列因素之间复杂的相互作用的影响。

> **你想知道吗**
>
> ### 青少年是健康的吗
>
> 青少年并非想象中的那样健康，因为很多人把自己置于会提高健康的风险的情境中。青少年所面临的大多数严重健康问题都是可以避免的。

全球视角下的青少年死亡率

2012 年，全世界总计有 130 万青少年死亡，其中大部分死亡都是可以避免的。在全球各个国家，正如美国一样，最主要的死亡原因是交通意外伤害（World Health Organization，2014），其次是 HIV，自杀和暴力分别位列第三和第四。在美国，呼吸系统疾病和消化系统疾病并不特别危险，但也是主要的致死原因之一。2004 年，全世界 10 ～ 14 岁青少年的死亡率是 95/100 000，15 ～ 19 岁青少年的死亡率是 139/100 000，20 ～ 25 岁的成年人死亡率与 15 ～ 19 岁青少年相同（Patton et al., 2009）。此外，青少年所面临的风险有很大的性别差异。青少年男孩的主要死亡原因是交通意外和暴力（在美国也是如此）。生育是青少年女性最主要的死亡原因。在非洲，生育是女孩唯一的主要致死原因（Gore et al., 2011）。

尽管在过去的 50 多年里，在全世界范围内，儿童的健康状况有了很大改善，但是青少年的健康状况没有多少改善（Viner et al., 2011），这可能与多种因素有关（World Health Organization，2014a）。死于 HIV 的儿童数量有所下降，但是死于 HIV 的青少年数量没有下降。生育带来的风险也不可能在青春期之前出现。在每个国家，过量饮酒都会带来健康风险，人们在进入青春期之前几乎不会饮酒。驾驶是青少年死亡的主要原因，而驾驶行为在尚未进入青春期的儿童中不太常见。

其他健康问题可以归因于西方化和快速的文化变迁。例如，当今第三世界的吸烟的青少年越来越多。这在很大程度上是因为美国烟草公司在本土受到了更多限制，它们逐渐将自己的销售市场转向海外（Verma & Saraswathi，2002）。随着性价值观的变化，东南亚、中国、印度次大陆、拉丁美洲和非洲的青少年（更不用说北美和欧洲了）在较小的年龄发生了非婚性行为（Brown et al.，2002），这大大增加了这些青少年感染性传播疾病的可能性。

🔖 私人话题

驾车所致的伤亡

青少年并不是安全的驾驶者。事实上，他们出事故的可能性比任何年龄段的人（包括老年人）都要大：16～19岁的青少年驾驶者平均每公里出车祸的概率大约是成人驾驶者的四倍（Centers for Disease control and Prevention，2009）。一部分原因是驾驶经验不足（与有经验的司机相比，新手司机缺少练习），也有一部分原因是青少年驾驶者更容易冒险。在以下情境中，青少年尤其容易出事故：刚拿到驾照的时候、晚上、饮酒之后、与车里的乘客嬉闹的时候（McCartt et al.，2003）。

一个好消息是青少年的车祸死亡率在过去的20年里显著下降了，坏消息方面是交通死亡仍然是导致美国青少年死亡的最主要原因。

青少年不像成年驾驶者那样小心谨慎。他们更有可能酒后驾驶，不系安全带，紧跟着前面的车，超速（Shope & Bingham, 2008; Simons-Morton et al.，2005）。青少年男性比女性更容易做出不安全的行为，因此其死亡率几乎是女性的两倍（Centers for Disease Control and Prevention，2012）。如果在青少年开车时有其他朋友在车里，这些问题行为出现的概率就会更高：当青少年向他人炫耀，或者将注意力放在朋友身上而不是关注路况时，其驾驶行为变得更危险了（National Highway Traffic Safety Administration，2012）。

降低青少年交通死亡的做法

下面的几种做法可以降低青少年因车祸死亡的风险。

强烈鼓励青少年系好安全带

首先，应该鼓励青少年系安全带，无论是驾驶者还是乘坐者。通常在机动车事故中，不系安全带的死亡率是系安全带的两倍。现在只有大约55%的青少年报告说他们总是系安全带（Centers for Disease Control and Prevention，2014），还有很多人说他们有时候或经常系安全带。系安全带并不丢脸。

其他可以降低青少年因车祸死亡的风险的做法有强制实施关于饮酒年龄的法律，通过法律禁止驾驶时使用手机，实施分级驾驶执照政策。

影响青少年的健康决策的因素

青少年的健康决策受很多因素的影响。

特定行为会影响健康的相关知识

青少年在这方面的知识主要来自父母、同伴、医生和老师，他们也会从媒体和社会上得到信息。

其他因素包括风险判断和合理决策的能力、父母的行为、青少年与家庭的可用资源、同伴压力、社会价值观。

为什么青少年不能很好地照顾自己

青少年经常会做出风险较高的行为：过度节食，不系安全带，滥用药物。原因如下。首先，他们觉得自己不会受到伤害，很难相信不好的事情会发生在自己身上。其次，他们所面临的一些风险对他们而言是在遥远的未来，现在无须担忧。最后，父母和朋友往往鼓励了青少年的不良习惯，大众媒体也是如此——流行歌手和演员经常被曝饮酒和吸烟，这对青少年健康的行为习惯的养成没有任何好处。

健康问题

要想身体健康，不仅需要避免不健康的行为，更需要践行健康的行为。为了保持健康，青少年必须吃好，充分运动，保持适宜的体重，保证充足的睡眠等。那么，我们到底要怎么做呢？

营养

成人有时会觉得青少年在不停地吃东西。事实上，处于快速成长期的青少年确实需要大量食物和某些营养物质来满足身体成长的需要。

为了能够更好地消化青少年所需的大量食物，他们的胃在大小和容量上都有所增加。研究表明，女孩在 10 ～ 15 岁对卡路里的需求平均增加了 25%，然后会略有下降并趋于平稳；男孩在 10 ～ 19 岁对卡路里的需求量平均增加了 90%。在青春期较活跃的男孩每天需要 2500 ～ 3000 卡路里的热量，而女孩因身材较小、基础代谢率较低，需要大约 2200 卡路里的热量（DiMeglio，2000）。

青少年还需要适当的营养。大多数相关研究表明许多青少年的饮食是不合理的（Brown & Isaacs，2013；U.S. Department of Agricultrue，2010），主要体现在以下几方面。

1. **缺钙**：这主要是由于牛奶和奶制品的摄入量不足——青少年每日需要 1200 ～ 1500 毫克的钙，这个需求量要高于儿童或成人，相当于大约 3 份乳制品中的钙含量。只有大约 20% 的美国青少年摄入足够的钙。

2. **缺铁**：尤其是女孩。由于月经期间失血，女孩（每天需要 15 毫克铁元素）比男孩（每天需要 12 毫克铁元素）需要更多的铁元素。含铁元素的食物有红色肉类、蛋类、豆子和深绿色蔬菜（如菠菜）。

3. **维生素 A 严重不足**：可以从黄色和绿色的水果和蔬菜中获取。

4. **缺少维生素 B6**：可以从瓜子、谷类和豆类中获得。

5. **缺锌**：锌是人体内很多种酶在形成过程中不可缺少的微量元素。肉类、奶制品和豆类富含锌元素。

6. **缺少纤维素**：富含纤维的食物有水果（不是果汁）、蔬菜、谷类和豆类。纤维素能提高消化系统的工作效率。

青少年女性缺乏营养的现象往往比男孩更严重。一个原因是女孩吃得少，自然不太可能得到必需的营养成分；另一个原因是她们频繁地节食减肥（Adams et al., 2000）。因为月经或妊娠而对某些营养物质的额外需求也会引起一些问题。总之，只有大约 20% 的男孩和 7% 的女孩摄入了他们所需的一切营养物质（DiMeglio, 2000）。

相反，从总体上看，美国青少年摄入过多其他营养。例如，他们吃的食物中含有过量的胆固醇（对血管有害）和钠（会使血压升高）。他们摄入过多的脂肪（占摄入总热量的 20%），而这些脂肪大多是饱和脂肪（来自动物制品）而非不饱和脂肪（来自植物）。糖和其他甜食（如玉米糖浆）的热量占美国青少年摄入总热量的 20%：女孩每天吃掉几乎半杯糖，男孩每天吃掉 3/4 杯糖。这些糖大部分来自苏打水、果汁饮料、冰激凌、蛋糕、比萨（Reedy & Krebs-Smith, 2010）。

媒体上出现的身材苗条的女明星使青春期少女对自己的体重极其不满。

青少年的饮食问题　如何才能鼓励青少年吃得更好？父母和其他成年人要养成良好的饮食习惯，为青少年树立榜样，并为他们准备营养丰富的饭菜。大多数青少年不愿麻烦地计算钙和其他营养物质的摄入量，父母或其他成年人应教他们关于食物营养的指南，帮助他们摄入好的东西（维生素、矿物质、蛋白质），远离那些不好的东西（饱和脂肪、糖）。在美国广泛使用的一个模型是美国农业部推出的 "我的膳食金字塔" 模型（见图 4-10），那些遵循这一模型的青少年基本能获得摄入所有他们所需要的营养。

如果能按照这个模型来控制饮食，青少年就能够摄入所有他们需要的营养。在每一类食物中做出合理的选择可以为青少年提供足够的营养且不会有多余的热量。

青少年饮食不合理的原因

为什么这么多的青少年都没有合理的饮食？原因如下：

- 不吃早餐
- 依赖零食
- 有营养的食物摄入量太少
- 营养知识的缺乏
- 社会压力
- 不良的家庭关系
- 家庭贫困

私人话题

能量饮料

自产生起，能量饮料的受欢迎度就直线上升，能量饮料的消费者当中有很多青少年（Bramstedt, 2007）。据估计，有 30% ～ 50% 的青少年和年青的成年人喝能量饮料（Seifert et al., 2011）。

能量饮料在欧洲和美国都很受欢迎（Van Baternburg-Eddes et al.，2014）

能量饮料中的咖啡因含量要超过咖啡和苏打水；一杯咖啡含有 125～250 毫克咖啡因（Mayo Clinic，2014），一听苏打水含有 35 毫克咖啡因（Kumar et al.，2014），一罐能量饮料含有 250～500 毫克的咖啡因（Van Baternburg-Eddes et al.，2014），还往往含有大量的糖和草药补充剂（Temple，2009）。这些化学成分能快速提供和唤醒能量。

这些饮料使人的能量激增，同时伴随着短时的警醒状态（Wesnes et al.，2013），但是从长期效果来看，这些饮料对青少年没有益处。每天一罐能量饮料甚至与行为调节问题、元认知技能下降有关（Van Baternburg-Eddes et al.，2014）。中等程度的摄入能量饮料与健康问题有关（Seiffert et al.，2011）。因为咖啡因会使一个人保持清醒，所以喝能量饮料会使人们夜间失眠，白天困倦（Roehrs & Roth，2008）。疲惫的青少年难以维持注意，易怒（Jackson et al.，2013）。喝大量能量饮料的青少年饮酒的风险会提高（Myyake & Mormerstern，2015）。喜欢将这两种饮料混合在一起的人处于更大的风险中。例如，他们更有可能出现交通意外事件（Striley & Khan，2014）。

很多饮用能量饮料的青少年认为能量饮料是安全的。他们常常将能量饮料与运动饮料混淆（运动饮料包含电解质，而非咖啡因）(Kumar et al.，2014）。显然，青少年需要这方面的教育。

谷物（7盎司）　蔬菜（3杯）　水果（3杯）　牛奶（3杯）　肉类和豆类（6盎司）

图 4-10　我的金字塔——政府的最新饮食建议

你想知道吗

青少年应该吃哪些食物

对青少年来说，最健康的食物包括大量的水果和蔬菜（绿色、红色和黄色的蔬果）、全谷类（糙米而不是白面包）、瘦肉和鱼、低脂奶制品，还包括经过很少加工的糖、饱和脂肪（黄油和冰激凌）以及淀粉（土豆）。

锻炼

美国的青少年和成人都加入了全民健身的热潮——至少我们这样说。锻炼和保持良好的身材已经成为一个时髦的话题，最流行的衣服包括运动服和昂贵的运动鞋，每一个较大的社区都设有健身中心、健身房、游泳池、网球场和自行车道。

不幸的是，所有的谈论和关注还没有转化成实际的活动。只有大约 1/2 的美国青少年经常参加剧烈的体育活动。29% 的高中生报告说他们每天有至少一小时的体育活动，15% 的高中生很少或者从来不参加体育活动。青少年女性比男性进行锻炼的可能性小，黑人女孩比白人女孩或者拉美裔女孩锻炼的可能性更小。在青春期的整个过程中，体育活动的总量呈下降趋势，这意味着年龄较大的青少年比年龄较小的青少年更少锻炼（Kann et al.，2014）。女孩体育活动量的下降要比男孩开始的早（Wenthe et al.，2009）。

锻炼的好处　人们发现做运动很有趣，并且做运动对很多方面是有益的。一个最明显的好处就是提高身体素质——运动可以强化身体系统、锻炼肌肉、增强心肺功能、促进血液循环，运动还可以缓解精神紧张、抑郁和焦虑。减肥的愿望也促使许多青少年做运动。几乎每个人都知道，运动能够消耗热量，抑制食欲（Vartanian & Herman，2006）。

运动还可以促进心理健康（Birkeland et al.，2009）。拥有一个符合文化期望的修长美丽的理想体型可以促进自我的身体形象，提高自尊，有利于提升青少年的胜任感和掌控感（Grieve et al.，2008）。与很少做运动的青少年相比，那些经常做运动的青少年不太容易感到抑郁或焦虑（Kremer et al.，2014）；男孩和女孩都会在运动和锻炼中受益（Gore et al.，2001）。

有证据表明，青春期所形成的锻炼模式可能会持续到成年。一项研究对 453 名 23 ～ 25 岁的男性锻炼水平与他们童年时的体能成绩进行比较，结果表明那些经常锻炼的成年人的童年体能测试成绩比那些不常锻炼的人要好（Friedman et al.，2008）。

那么青少年到底需要多少运动量呢？美国卫生部长建议青少年每天或者每周的大部分天数里至少做 30 分钟中等强度的运动（U.S. Department of Health and Human Services，2001）。如何才能更好地鼓励他们这样做呢？最好的办法似乎是鼓励他们报名参加有组织的课后体育活动（Sallis, et al.，1999）。这说明学校应该像重视校际体育比赛一样重视校内的体育活动。此外，可以给女孩提供一个即使其动作不优美或运动出汗也不必担心尴尬的环境，从而提高女孩的参与度，因为对女孩而言，尴尬是做运动的一道障碍（Grieser et al.，2006）。

肥胖症

很少有青少年想成为肥胖的人，甚至很多儿童都会担心自己的体重。例如，Ricciardelli 等人（2003）曾经问 500 名 8 ～ 11 岁的澳大利亚儿童是否担心他们的体重以及是否曾经节食减肥，男孩和女孩的回答几乎是一致的：约 45% 的儿童有时、经常或总是担心自己的体重，几乎相同数量的儿童曾经试图节食减肥。当然，也有很多孩子是通过运动来减肥的（Ricciardelli & McCabe，2001）。

即便如此，美国青少年中的肥胖症患者仍然在增加：在过去的 30 年里，美国青少年的肥胖率增加了四倍（Ogden et al.，2014）。超过 20% 的美国青少年符合肥胖的标准（National Center for Health Statistics，2012）。青少年超出正常体重的量也在增多，也就是说，超重青少年的体重比以前超重更多了（Jolliffe，2004）。除此之外，有 15% 的美国青少年是超重的（使用较低标准）。超重和达到肥胖标准的美国青少年加在一起，数量超过了青少年总数的 1/3。非洲裔和拉美裔青少年比亚裔和白人青少年更有可能超重或肥胖（Ogden et al.，2014）。不只在美国，而且在全世界，无论是发展中国家，还是发达国家，人们的体重都在上升。众所周知，肥胖会给我们带来很多严重的健康问题，对儿童和青少年来说也是如此。尤其是青少年肥胖，它与 2 型糖尿病的发病率变高显著相关，以前这种病是不会发生在儿童身上的。超重的青少年也更容易有高血压和高胆固醇，这两种情况都极有可能诱发心脏病（Katzmarzyk et. al.，2003）。当然，除此之外，超重青少年还有可能面对社会排斥和低自尊的问题（Hayden-Wade et al.，2005）。

肥胖以及肥胖如此普遍的原因是复杂的，为了更好地理解这种健康危机，我们需要看看以下几个方面：

1. 青少年本身。
2. 青少年和他人的互动。
3. 他们生活的环境。
4. 更广泛的社会影响。

人际互动与超重　父母和同伴会影响青少年体重增加的趋势。

家庭的影响　孩子吃什么，做多少运动，这一切都受到父母很大的影响（Faith et al.，2004）。例如，父母可以坚持一家人一起吃晚餐，准备健康的食物，父母也可能让青少年自己照顾自己，结果是他们去吃花生酱三明治、热狗和快餐。有些父母用高热量的食物作为奖励，在不经意间使孩子在获得成功时会有对饼干和糖果的期望。他们为孩子提供了饮食行为的示范，可能是好的示范，也可能是坏的示范。同样，家长也可以通过散步或和孩子一起做运动来让孩子进行锻炼，或者花时间同孩子们一起看电视（见 Larson et al.，2013）。

同伴影响　同伴也会对彼此的体重产生影响（Field & Kitkos，2009），例如，他们可以帮助彼此建立行为规范，那些有朋友参加体育运动的青少年更容易做一些体育锻炼。相反，那些经常出入快餐店或吃零食的朋友通常不会鼓励青少年保持正常体重。一个青少年的同伴吃零食或者喝软饮料越多，他自己也会有越多这样的行为（Wouters et al.，2010）。

更广泛的社会影响　肥胖者逐渐增多的一部分原因是食物（特别是高热量的食物）要比过去容易获得。而且，我们现在可以买到成品或半成品的食物，这种便利鼓励了人们的冲动性进食。餐馆的食物分量也大大增加了（Nielsen & Popkin，2003）。

青少年不只是缺少运动，他们还在总体上缺少活动。今天的青少年比过去花了更多的时间在电视和电脑前，使得体内的热量燃烧相对较少。我们出门也越来越依靠于汽车，以至于走路的时间更少了。

💡 超重的个人原因

许多个人特点使得个体极其容易超重。这些特点包括基因构成、过量饮食的动机、偏好高热量食物的饮食习惯和缺乏体育锻炼，在此我们只对遗传因素进行讨论。

遗传因素

几项研究为体重与基因之间的联系提供了明确的证据。例如，我们知道在不同的家庭中长大的亲兄弟体重仍然是相似的，正如在同一家庭中长大的亲兄弟的体重相似；并且被收养的孩子在体重方面与他们的亲生父母更相似（Hebebrand & Hinney，2009）。目前已经发现与肥胖有关的一些基因（例如，Hinney et al.，2014）。

🐛 环境对体重增加的影响

青少年日常生活的地方会影响他们的体重增加情况。

学校

青少年大部分时间都待在学校，学校的制度决定他们在这段时间里吃什么。午餐供应哪些食物？有自动售货机吗？如果有，里面有哪些食物？学生是否可以离开学校去其他地方吃午饭？（如果可以，他们有可能会去快餐店。）2006 年，美国最大的饮料分销商同意停止向小学生和初中生销售苏打水，在高中只卖无糖苏打水。这些措施有助于确保年龄较小的青少年喝更多的水、果汁、低脂牛奶，也有可能减少高中生对糖的摄入。

学校的制度也能提高学生身体活动的水平。例如，他们鼓励那些住在学校周围的学生用步行上学代替搭乘巴士到校。学校也可以让学生定期参加能让他们流汗的体育课。

💡 青少年的心里话

就我所能记得的，我的体重总是和自尊紧密联系在一起，当我在高中的时候，这种情况就已经开始了。节食是每个女孩迟早都会尝试的事情。不吃东西是一件值得自豪的事情！我必须要说我的体重是正常的，而且我班上的其他女孩也都是正常的，但是我们都觉得自己太胖了。放学后去健身房是一件必做之事，尽管我们都很讨厌它。

有这样的说法：如果你瘦，你就是漂亮的。学校里的男孩总是拿超重女孩开玩笑。我不认为男孩子的看法是最能激励我们的动力。激励我们的是这样一个想法——苗条意味着漂亮和性感。当我不进食的时候，我感觉非常良好，当我进食的时候，我会感到痛苦。有一段时间，我除了食物再不能思考任何别的事情。如果我吃了一个三明治，我就会感到非常内疚，对自己非常恼火。我总是梦见自己长胖，大家都在嘲笑我。

我以前常常购买有苗条女孩的杂志，每次我看着她们的时候，即使我很饿，食欲也会随之而去。我希望像她们那样苗条！我现在简直难以想象那时我居然那么笨，认为变瘦就能解决自己所有的问题，能让我开心。

甚至今天，我仍然密切关注我的体重。我认为我并没有饮食障碍，但是当我吃比萨的时候我仍然会感到内疚，但是我已经学会接受这种感觉。

你想知道吗

为什么越来越多的青少年迈入肥胖行列

之所以有越来越多的青少年肥胖，其部分原因不仅仅是垃圾食品更容易获得（甚至在学校和家里也是如此），而且每一份的分量也更大了。此外，现在的青少年很少锻炼身体，他们花更多的时间坐在电视机前、玩电子游戏或去上网浏览。

睡眠

青少年不仅需要做运动来保持健康，也需要充足的睡眠。事实上，80%的青少年没有得到他们那个年龄段所需要的睡眠（National Sleelp Foundation，2006）。

玛丽·卡斯卡顿和她的同事对青少年的睡眠模式及其对应的结果开展了一系列研究。在其中一项研究中，他们比较了在学校表现不佳的学生（大部分分数为C或更低）与学业表现良好学生的睡眠习惯，发现与成绩为A和B学生相比，得分为C和D的学生每晚睡眠时间要少40分钟左右，周末睡得更晚些（Wolfson & Carskadon，1998）。难怪与那些睡眠充足的人相比，睡眠较少的被试通常都说自己一整天都比较累、比较低迷。缺乏睡眠的学生不能很好地集中注意力（Fallone et al.，2001），这肯定不利于他们在学校的表现。卡斯卡顿在后来的一项研究中更加强调了青少年睡眠不足问题的严重性。在她的研究样本中，大约有2/3的青少年报告说疲劳导致他们的驾驶技术很糟糕，20%声称他们在开车时实际上已经睡着了，男性比女性更有可能在过度疲惫的状态下开车（Carskadon，2002b）。

虽然大多数青少年认为他们应该比儿童时期睡得晚一些，实际上他们需要比尚未进入青春期的儿童更多的睡眠（9小时），而不是更少（Carskadon et al.，1980）。然而事实是青少年比儿童睡得晚，年龄稍大的青少年甚至睡得更晚，因为他们面对着越来越大的来自功课、体育、就业等各方面的压力（Carskadon，2002a）。他们也更可能在晚上参加社交活动，熬夜玩电子游戏，给朋友发消息或者用电脑（Leomola et al.，2015；Maume，2013）。另一个问题是，父母不再像他们小时候那样强迫他们早点上床休息（Merce et al.，1998）。

其他研究者提出了另外了一些青少年缺少睡眠带来的消极后果。海西因（Hysing et al.，2015）发现，缺少睡眠的学生旷课更多。每天少睡一小时甚至与自杀行为、药物滥用都有一定的相关（Winsler et al.，2015）。最近的一些研究发现二者之间不只是相关关系——那些晚睡的并不是吸烟或者饮酒的青少年，也不是抑郁或攻击性诱发了睡眠问题，而是睡眠问题引发了这些消极的行为。为什么二者之间不只是相关关系呢？因为睡眠问题的出现早于问题行为（Lin & Yi，2015）、抑郁（Lovato & Gradisa，2014）和药物使用，而不是相反。为什么这么多青少年经常熬夜，甚至那些并不是特别忙的青少年也要熬夜？卡斯卡顿的研究表明这种行为背后存在生物基础。她发现青少年的褪黑素分泌高峰期要比儿童和成人晚两个小时，这种由大脑分泌的激素能使人产生睡意（Carskadon et al.，1998）。褪黑素分泌的延迟与青春期有直接的联系。研究者在对已经进入和没有进入青春期的同龄女孩进行比较时发现，只有那些已经进入青春期的女孩才会出现褪黑素分泌达到峰值延迟的情况（Carskadon et al.，1993）。

虽然青少年的入睡时间变晚了，但他们的起床时间比以前更早了。初中生一般比小学生到校早，高中生更早一些，通常在8点之前。（大多数学区已经实行阶梯入校时间，这样他们就可以使用同一批校车来接送小学、初中和高中学生。）鉴于青少年的生物钟设置使他们早上爱睡懒觉，初中和高中学生在学校的前几节课昏昏欲睡也就不令人惊讶了。因此青少年睡眠专家呼吁学校将青少年的到校时间稍稍延迟，并强制晚上尽早熄灯（Carskadon et al.，1998）。

但是很少有学校会出这样的改变（Owens et al.，2014）。为什么呢？除前面所提到的校车原因外，国家睡眠基金会（2015）发现，让高中学生延迟到校存在六个障碍。

1. 担心影响放学后的活动，因为延迟到校时间会导致放学后的时间不足。
2. 对老师不公平，会给他们带来压力。
3. 这样做对年幼的儿童不利。
4. 学生使用图书馆和其他公共服务的时间会缩短。
5. 会打乱家庭日常生活规律，带来新的压力。
6. 学生会抗拒改变作息时间。

　　他们还提出，公众在这方面缺少足够的信息也是一个障碍。国家睡眠基金会不认为这些障碍是不能克服的，如果公众愿意去做，那这些问题都能得到解决。

你想知道吗

为什么你和你的朋友不能在早晨 8 点的课堂上保持清醒

　　你很有可能在早晨的课上昏昏欲睡，因为你熬夜，没有足够的睡眠。然而这不全是你的错，因为与成人相比，青少年的大脑本来就需要较多睡眠。尽管如此，还是不要选择在最后一刻熬夜去完成你的学期论文。

皮肤问题

　　以下三种皮肤腺可以引导起青少年的皮肤问题。

- **外泌**汗腺　分布在身体的大部分皮肤表面。
- **顶泌**汗腺　分布在腋下、乳晕、生殖器和肛门等区域。
- **皮脂腺**　分泌油脂的皮肤腺。

　　在青春期，外泌汗腺和顶泌汗腺会分泌出一种气味明显的脂肪性物质，这会造成体味。皮脂腺的发展速度远远超过用来释放皮肤油脂的皮肤导管，结果是导管堵塞，出现青春痘（Kurokawa et al.，2009）。青春痘出现得比较早，常常发生在其他青春期特征还没有显现的时候（Thiboutot et al.，2009）。超过 90% 的青少年会有青春痘，大概有 15% 的青少年出现中度或严重的青春痘（Ghodzi et al.，2009）。青春痘可以有多种形式，这取决于它的严重程度。当皮脂腺导管阻塞时，产生白头和黑头。黑头是堵塞导管的皮脂暴露在空气中被氧化变黑所致（黑头的黑色并不是因为它们包含污垢）。如果堵塞的导管被感染，就会出现丘疹——柔软、发炎、粉红色的小疙瘩，或形成脓疱——充满脓汁的疱。大的脓疱又叫囊肿，可以留下永久的疤痕。青春痘出现的最常见部位是脸、后背上部和胸部。

　　青春痘的压力　尽管长青春痘不是一个严重的健康问题，但它常常使青少年感到不安。很多青少年花很多钱购买并用大量时间去使用药膏、收敛剂或专用肥皂控制青春痘的发作。长青春痘可能会唤引起自我意识或导致社会退缩，特别是当青少年因为皮肤问题而受到嘲弄或感到尴尬时（Goodman，2006）。

　　有严重青春痘的青少年常常会为此感到沮丧。在一项研究中，大部分青少年为此感到尴尬，认为长青春痘是青春期经历中最困难的一部分（Ritvo et al.，2011）。大部分青少年缺少自信，很多人报告说因为青春痘而很难交到朋友或者找到约会对象。这一研究似乎表明，他们的不安全感有着真实的基础：这几位研究者还发现，有相当高比例的成年人和青少年将那些长青春痘的人评价为"更愚蠢""更不整洁"和"更孤独"。

🔍 青春痘的产生原因和治疗方法

尽管长青春痘是一种正常现象，但它仍然引起了青少年的压力和焦虑。

青春痘的产生原因

青春痘是青春期体内分泌的睾酮增加引发的（Mayo Clinic，2015）。男孩体内有更多睾酮，因此男孩比女孩更容易长青春痘，青春痘和个人卫生习惯没有多大关系，因为大多数人每天都是洗一次或两次脸，手淫也不会引起青春痘。与流行的看法相反，吃巧克力不会加重青春痘。油性化妆品、挤压皮肤造成的摩擦以及压力会使青春痘恶化。

皮肤晒黑

如果你因为本章将"皮肤晒黑"作为一个健康相关的问题而感到疑惑，那你可能已经将自己置于患皮肤癌的风险之中了。黑色素瘤是一种致命的皮肤癌，是青少年或年青的成年人中最常见的一种癌症（Weir et al.，2011）。阳光晒伤会提高患黑色素瘤的概率。

只有不足40%的美国青少年报告说平常会擦防晒霜。大约70%的青少年在过去的一年里被晒伤过（Buller et al.，2011）。青少年希望将自己的皮肤晒黑并保持这种状态，因为他们相信这会使他们看起来更有魅力（Cokkinides et al.，2006）。青少年女性比男性更在乎自己的外貌，她们更有可能将皮肤晒黑，年龄较大的青少年比年龄较小的青少年更有可能将皮肤晒黑（Geller et al.，2002）。

室内晒黑并不比在海滩上晒黑更安全。像户外晒黑一样，采用室内晒黑的女性也比男性多（Lazovich et al.，2004）。与户外晒黑不同，室内晒黑与其他风险行为相关。使用室内晒黑床的青少年女性更有可能吸烟、过量饮酒、使用非法药物（O'Riordan et al.，2006），青少年男性更有可能使用类固醇和过量饮酒（Miyamoto et al.，2012）。换言之，有些青少年容易做出威胁健康的风险行为，他们往往会同时做出多种风险行为。如果有父母的允许，如果在青少年的认知中，同伴认为晒黑这件事很有吸引力或者同伴也去晒黑，青少年就会更有可能使用晒黑床（Hoerster et al.，2007）。

为了健康，青少年应该像儿童和成人那样，在户外活动时使用防晒霜，在上午10点至下午2点将皮肤遮盖住或者待在阴凉地方。他们应该避免使用晒黑床。

第5章

认知发展

　　"认知"一词原意是"知道或者知觉到的行为"。在这一章中，我们致力于理解青少年的知识增长的过程，更具体地说，是探讨青少年理解、思维、分析的能力以及他们如何运用这些能力解决日常生活中的实际问题。

　　认知研究有四种基本途径。第一种是皮亚杰主义途径，这种途径强调青少年思维方式的普遍模式和质的变化。第二种是信息加工途径，它主要研究在青少年接收、知觉、记忆、思维和使用信息的过程中发生的具体步骤以及青少年采取的行动和操作。第三种是神经科学途径，致力于理解大脑发展所带来的思维模式变化。第四种是心理测量途径，其主要目标是测量青少年智力的量值变化。我们将依次探讨这四种研究途径。

皮亚杰的认知发展阶段论

　　让·皮亚杰是早期认知发展研究者中最重要的一位。他把人的认知发展分为四个阶段（Piaget，1963）。

　　让我们更深入地了解每个阶段的特征。

皮亚杰的认知发展阶段论

　　这四个发展阶段之间的主要区别表现在三个方面：思考的内容、思维灵活性、运用数据和逻辑的正确性。

感知运动阶段

　　感知运动阶段是 0 ～ 2 岁左右。在感知运动阶段，婴儿的思考伴随着动作，如果没有动作的参与，这个阶段的儿童就无法进行思考：思考本身就是一种动作。因此，婴儿的思维是相当不灵活的，无法进行逻辑思考。

　　前运算阶段、具体运算阶段、形式运算阶段的特点在此不做详细讨论。

感知运动阶段

　　在**感知运动阶段**（sensorimotor stage），学习与感知运动序列的掌握有关。随着视觉、触觉、味觉、听觉和嗅觉的发展，婴儿能理解各种不同的客体属性及不同客体之间的关系，于是，婴儿逐渐从以自我为中心、以身体为中心的世界进入到以客体为中心的世界。儿童开始做简单的运动动作，例如拾起物体，向后仰卧到枕头，向外吹气等。尽管这一阶段的后期开始出现象征游戏、模仿和客体的心理表征，但如果说这个阶段存在思考，思考也是主要体现在与物理世界相联系的刺激 – 反应联结中。

在皮亚杰提出的感知运动阶段中，两岁以下的儿童从以身体为中心的世界逐渐进入到以客体为中心的世界，例如拾起物体这样的简单动作开始出现。

前运算阶段

　　在**前运算阶段**（preoperational stage），儿童获得了语言。除通过动作及与环境直接相互作用的方式学习外，儿童开始通过学习和操作符号来应对世界。符号游戏（或称为内部模仿）出现了。

　　在这个阶段出现了**转换推理**（transductive reasoning），更为成熟的演绎推理和归纳推理尚未出现。转换推理是指儿童从某个特定情境进入另一个特定情境时发生的一种没有概括的从特殊到特殊的推理，它不是从特殊到一般的**归纳推理**（inductive reasoning），也不是从一般到特殊的**演绎推理**（deductive reasoning）。运用转换推理的人在不存在因果关系时也会做出因果推论。例如，如果一个四岁的女孩遇到一个吝啬的长着胡子的男人，她就可能会认为所有长胡子的男人都是吝啬的，因为胡子使人吝啬。如果她的父亲说他想留胡子，她就会担心父亲变得吝啬。再比如，一个男孩如果有一次在梳头发的时候发现喉咙酸痛，他可能就以为梳头会让他生病。这些例子也体现了**联合**（syncretism）的概念，即试图把彼此无关的观念联系起来。例如，一位母亲去医院生了一个宝宝，当她再去医院时，孩子就会期待妈妈再带一个宝宝回家。

　　前运算思维也是以自我为中心的，也就是说，儿童难以理解为什么别人看到的东西与自己看到的不同。假定你有三块饼干，你的姐姐只有一块，这时盘子里还有一块饼干，如果你处于前运算阶段，你认为谁应该吃盘子里这最后一块饼干？当然，你会认为是自己，因为你很饿。你还不能站在你姐姐的角度考虑她的感受。联合与以自我为中心这两个特征共同导致了**泛灵论**（animism）。年幼的儿童认为无生命的物体，特别是那些有眼睛或脸等与动物相似的物体都是具有感觉的，是有生命的。当儿童独自一人时，他们会感到孤单，因此他们认为玩偶和泰迪熊也会感到孤单。

为什么学龄前儿童有时候似乎很自私

学龄前儿童看起来自私是因为他们是以自我为中心的。他们不能想象他人在想什么。他们认为别人想的就是他自己想要的，他们喜欢的东西，别人也会喜欢。他们并非有意忽略他人的感受。

具体运算阶段

皮亚杰将青春期和青春期早期的认知发展阶段称为**具体运算阶段**（concrete operational stage）。正如我们将要看到的，年长一些的青少年和成年人思考问题的方式有时候也具有具体运算的特征，而不是纯粹的形式运算。因此，重要的是我们要理解处于这个发展阶段的人能够做什么和不能做什么。

在具体运算阶段，儿童展示出更强的逻辑推理能力，尽管这种逻辑推理能力处于具体的而非抽象的水平。其中一种逻辑推理能力是他们能够对客体进行**层级关系分类**（hierarchical classifications），并能够理解**类包含关系**（class inclusion relationships，在同一时间对处于不同水平的客体进行心理操作）。因为儿童拥有这种能力，所以他们能够理解部分与整体、整体与部分、部分与部分之间的关系。

例如，假定给你一些蓝色和红色的方块以及一些黑色和白色的圆圈。如果你能够理解类包含关系，你就会从中发现两个主要类别——方块和圆圈，每个类别有两个子类别（蓝色或红色的方块，黑色或白色的圆圈）。类别层级中的较高水平是由形状来定义的，较低水平是由颜色来定义的。这样你就能够说出所有的方块不是蓝色的就是红色的；方块比蓝色的方块多；如果红色的方块被拿走，余下的就是蓝色的；等等。

处于这一阶段的儿童知道不同的客体可以根据大小、字母顺序、年龄等属性来分类，而且一个客体可能同时属于多个类别。例如，一个孩子可以同时是女孩、四年级的学生、运动员、有红头发的人。儿童还能理解对称关系和互反关系，例如，我是弗洛伦斯的女儿，弗洛伦斯是我的妈妈。在处理数字问题的过程中，儿童学会了数字的不同组合可以得到相同的总和，为了得到同样的结果，可以对数字进行替换。在解决液体问题和固体问题的过程中，儿童学会了形状的变化并不会改变物体的体积或质量。

在这个阶段，儿童第一次能够进行**传递性推理**（transitive inferences）。传递性推理问题可以是简单的，也可以是难的。无论难度如何，传递性推理问题的形式都是相似的。一个典型的传递性推理问题是"橙子比葡萄柚贵，葡萄柚比苹果贵，苹果比橙子贵吗"。为了解决这个问题，你必须能够排列，即在脑海中将项目依次按照从小到大或从大到小的顺序排列。处于前运算阶段的儿童能够进行排列（尽管对他们来说这很困难），但他们不能进行传递性推理所必需的心理运算。

皮亚杰把这个阶段称为认知发展的**具体运算阶段**（concrete operational stage），因为它涉及具体的元素（客体、关系、维度）和对这些元素进行操作的心理运算（例如加或减）。

🔆 重要的心理运算

在具体运算阶段，有四种心理运算尤为重要：可逆性、同一性或可抵消性、联结性、组合性。这四种心理运算被广泛运用于思考和解决问题。在此我们只对可逆性进行讨论。

可逆性

所有的动作，甚至是心理上的动作，都有其相反的方面。例如，金丝雀和海龟可以合并在一起，归到宠物这一类，宠物也可以细分出金丝雀和海龟这样的子类。

可逆性实际上是指个体能够逆向思考，即想象出一个客体在被施加某种行为之前的状态。例如，当我们看到一条湿毛巾时，我们知道之前一定有人将它放进了水里，去除其中的水分之后，毛巾又会变成干燥的。

皮亚杰用守恒问题判断儿童是否进入认知发展的具体运算阶段。守恒是对物体的重量或体积等属性不会随着形状或者其容器的变化而改变的认知。守恒任务就是通过一些操作改变物体的形状，但不改变其质量或体积等基本属性（Piaget & Inhelder，1969）。再来看图5-1，如果将其中一个杯子中的水倒入盘子，那么一个处于前运算阶段的儿童会告诉你杯子中的水比盘子中的水多（杯子中的水更高），一个处于具体运算阶段的儿童则会告诉你两个容器中的水一样多，尽管它们的形状看起来不相同。

很重要的一点是，我们要知道处于这个阶段的儿童的思维仍然是与经验世界相联系的（Piaget，1967）。儿童的思维已经从现实世界向潜在世界的方向迈出一步，但是这一步需要真实的经验的助推，因为处于具体运算阶段的儿童只能对那些他们具有直接个人经验的事物进行逻辑推理。当他们从假设的或者与事实相反的命题开始推理时，他们仍然会遇到困难。

图5-1　理解体积守恒

注：上述所有特征都与**中心化**（centering）有关。中心化是指儿童只能将注意力集中于一个细节，不能将注意力转移到情境的其他方面。此图中，儿童同意杯子A和杯子B中的水一样多。

为什么小学阶段的儿童比学前儿童更聪明

小学阶段的儿童比学前儿童更聪明，是因为他们能更好地理解层级关系和部分/整体的关系。他们能够将项目按照大小在头脑中排序。他们能够逆向思考，能够根据现在的情况推理出过去的状态。他们还知道不是所有的外观变化都有意义。总而言之，这些技能都标志着认知发展的重大变化。

形式运算阶段

最后一个认知发展阶段是**形式运算阶段**（formal operational stage），这一阶段始于青春期早期。皮亚杰把这一阶段又细分为两个子阶段。第一个子阶段是从 11、12 岁至 14、15 岁，此时个体已接近完全的形式运算能力，第二个子阶段是 14、15 岁之后，此时的个体具有完全的形式运算能力。第一个子阶段是预备阶段，此时的青少年可能有正确的发现，会进行某些形式运算，但他们所用的方法比较粗糙，尚且不能为所提出的论断提供系统的严谨的证据。在有些情境中他们能进行形式运算，在另一些情境中却不能进行形式运算。很多青少年和成年人从未真正达到第二个子阶段。他们似乎一直停留在第一个子阶段，他们只能在熟悉的情境中进行形式运算（Flavell et al.，1993）。

形式运算思维与具体运算思维有着根本性的区别。尽管处于具体运算阶段的儿童能够进行心理运算，对类和关系也有一些理解，但是他们运用演绎和归纳推理的能力依旧非常有限。当要求处于具体运算阶段的儿童同时考虑问题的多个维度时，或者要求他们在解决问题时忽略先前的经验时，他们会感到困惑。相反，处于形式运算阶段的青少年能够通过归纳推理将他们的观念系统化，并且能批判性地看待自己的思想和建构理论。他们还能够科学地、有逻辑地检验这些理论，同时考虑多个变量，继而通过演绎推理发现真相（Inhelder & Piaget，1958）。在这个意义上，青少年可以承担"小科学家"的角色，因为他们已经具有建构理论和检验理论的能力。

皮亚杰提出的形式运算阶段开始于青少年早期，处于这个阶段的青少年的思维与儿童的思维有着本质上的区别——前者能够建构理论并用科学的方法来检验理论。

钟摆问题　皮亚杰通过钟摆实验发现了青少年在解决问题时使用的策略。钟摆实验即给青少年被试呈现一个悬挂的钟摆（见图 5-2），实验任务是找到影响钟摆摆动速度的因素，要求被试探究四种可能的情况：

- 改变钟摆的长度
- 改变钟摆的重量
- 在不同的高度释放钟摆
- 在放开钟摆时给钟摆不同大小的力

在实验中，青少年被试可以采用任何方式来解决这一问题。

青少年在解决问题的过程中表现出了三个基本特征。

第一，他们针对探究过程制订了系统的计划。他们开始测试所有可能影响钟摆运动的原因：钟摆的长度、钟摆的重量、起点的高度和放开钟摆时给钟摆的推力。他们的探究是穷尽式的。

第二，他们准确记录了不同实验条件下的结果，只有很小的偏差。

第三，他们能够基于他们的观察得出有逻辑的结论。青少年依靠直觉知道一次只改变一个因素，例如，钟摆的长度、对钟摆的推力或者钟摆的重量。他们意识到如果一次改变多个因素，就不能判断是哪个因素引起了钟摆速度的变化。心理学家把这种方法称为**假设－演绎推理**（hypothetico-deductive reasoning），或者称为**科学方法**。

年幼一些的被试在解决同样的问题时，可能也能够通过试错得到正确的答案，但他们不能使用系统的、科学的程序，也不能对答案给出有逻辑的解释。儿童倾向于得出那些似乎已得到事实支持的结论，但这些结论常常是不成熟的或错误的，因为儿童不能考虑到所有重要的事实，也不能根据事实进行逻辑推理。即使给他们呈现相反的证据，他们也会顽固地坚持先前的假设，试图使环境、事实符合他们已有的观点。

图 5-2　皮亚杰的钟摆问题

注：一个简单的钟摆由一条或长或短的绳子和一系列重量不同的砝码组成。首先可能考虑的其他相关变量是钟摆释放点的高度和实验者给它的推力。

资料来源：Based on "The Pendulum Problem" from *The Growth of Logical Thinking: From Childhood to Adolescence* by Jean Piaget, 1958 by Basic Books, Inc.

你想知道吗

为什么青少年有时候被称为"小科学家"

一些心理学家认为青少年是"小科学家"，因为他们自发地、依靠直觉地使用科学方法来解决问题。换言之，他们知道为了找到情境中引起某种效应的因素，必须一次只改变其中一个因素并保持其他因素恒定。

思维的灵活性　青少年思维的一个显著特征是灵活性。他们在思考和解决问题的过程中非常灵活多变。他们可以对一个观察到的结果给出许多不同的解释。因为他们能够在一件事发生之前预见许多种可能性，所以他们对于不同寻常的结果也不会感到意外。他们不会纠结于自己的预设。相比之下，年幼的儿童在看到与自己对事件的知觉不一致的、非典型的结果时常常会感到困惑。

前面已经说过，处于前运算阶段的儿童已经开始运用符号。处于形式运算阶段的青少年开始运用第二符号系统——用来表征符号的一套符号系统。例如，隐喻性语言是另外一些词句的符号，代数符号是数的符号。将符号符号化的能力是青少年的思维比儿童的思维更灵活的原因。词可以有两种或三种含义。一个故事可以用语言来描述，也可以用一系列漫画来表示。

处于具体运算阶段的儿童与处于形式运算阶段的青少年之间的另一个重要区别是后者拥有抽象思维，不受当时当地的限制。他们能够摆脱具体的现在，思考那些假设的和可能的事物。青少年的这种能力使他们可以将自己投射到未来，能够将现实与可能性区分开来，并思考未来可能是什么样的。他们不仅能够接受和理解已经存在的事实，还能够理解什么是可能的，思考那些根本不可能发生的事情（反事实推理）。因为他们能够建构观念，所以他们有能力思考他们曾经被灌输的观念，产生新的、不同的思想和观点。他们的思维更具有原创性和想象力。对他们来说，可能性重于客观事实。

图 5-3 呈现了具体运算阶段和形式运算阶段思维的主要区别。表 5-1 列出了形式运算思维的主要特点。

图 5-3　具体运算和形式运算思维的特征

表 5-1　形式运算思维的五个主要方面

根据皮亚杰的理论，形式运算思维主要涉及以下五个方面。挑战一下你自己，将这些特征与相对应的例子进行匹配。

形式运算思维的五个方面	例子
内省（关于思维的思维）	我怀疑是否还有其他人会花时间考虑宇宙有多大
抽象思维（超越现实性，对可能性进行思考）	是什么使照片成为艺术
组合思维（能够考虑所有重要的事实和观点）	如果我有四张卡片，分别是蓝色、红色、黄色，那我可以用 24 种不同的方式来排列它们
逻辑推理（用归纳和演绎法得出正确结论的能力）	如果所有的树都有叶子，那么那些看起来像树的、光秃秃的东西在春天会长出叶子来
假设推理（提出假设并收集证据，检验假设，能考虑多个变量）	为了弄清楚为什么这次做的饼干味道比较好，我将重新制定配方，仅仅多加一些肉桂，或者不多加肉桂但延长烘烤时间

青少年的思维对人格和行为的影响

父母和哥哥姐姐常常会感慨他们乖巧有礼貌的儿子、女儿、弟弟或妹妹长到十几岁的时候变成了一个坏小孩，这种刻板印象也常常成为情景剧和喜剧的素材，但是这种印象在多大程度上是准确的呢？青少年的人格真的变坏了吗？青少年喜怒无常，与儿童和成年人相比甚至有些抑郁。在本章中，我们将详述青少年的人格和行为变化，这些变化都与认知发展密切相关。这些概念大部分都是由戴维·埃尔金德（1967，1975）提出的。

理想主义

随着认知功能的成熟，青少年的反省性思维能力使他们可以更好地评价自己所学到的东西。他们可以进行更为成熟的道德推理，对他人进行道德上的判断。他们区分现实与可能性

的能力使他们能够将真实的成人世界与可能的成人世界区分开来。青少年把握现实与可能性

的能力使得他们变得理想主义。当他们比较现实世界与可能的世界时，他们发现现实世界不够理想，于是，他们中的很多人变成了爱批判的观察者。他们经常通过口头抱怨和嘲讽来发泄对现实的不满，这种不满有时候会激励他们参与一些有益于他人的服务活动，有些时候也会导致他们做出极端的行为（例如那些加入 ISIS 的美国和欧洲的中产阶级青少年）。

青少年的理想主义源于他们区分现实与可能性能力的发展。他们成为弱势者权益的捍卫者，乐于帮助困境中的人。

你想知道吗

为什么青少年经常持极端的政治观点

青少年之所以常常持极端的观点，无论是政治还是其他方面，是因为他们是理想主义者。理想主义源于他们新发展的假设思维和想象可能世界的能力。十几岁的青少年还可以使用假设思维发现新方法来解决以前的旧问题。

虚伪

青少年的行为是虚伪的，他们表现出理想主义和行为的分离。这是因为处于这个阶段的青少年还不能把一般理论与特定的实践相结合。青少年在青春期早期就具有了构建一般理论和原则的能力，但是他们缺乏将理论运用于实践的能力。例如，有些青少年强烈反对温室气体排放，但他们自己不关掉取暖器，也不减少驾车或者买一部节省能源的车。青少年认为，如果他们已经具有较强的道德观念并且能够将其表达出来，就说明他们已经达到这些道德标准，而无须做任何具体的事。这种态度使成年人感到困惑和不安，他们认为观念必须要现实化，要落实到行为上。因此，成年人认为青少年的态度是虚伪的、值得怀疑的（Elkind，1975）。

随着青少年反省自己、自己的思想和社会的能力发展，另一种**虚伪**（hypocrisy）行为出现了：假装成他们原本不是的样子。人们期望十几岁的青少年喜欢学校，但是很少有青少年真正喜欢。父母期望他们哪怕不同意父母的观点也要服从。人们期望他们在感到不安时不要表现出受伤或愤怒的情绪。人们还希望他们不要做出使父母失望或伤害父母的行为，因此他们不敢对父母说出真话。他们被迫否认自己，做出虚伪的行为。新获得的能力使他们能够预见他们应该是什么样子，从而超越真实的自我，假装成为别人期望他们成为的样子。

你想知道吗

为什么青少年常常言行不一

青少年喜欢关注崇高的理想，而他们的身体还在做着平凡的、日常的行为，他们看不到理想与日常行为之间的联系。成年人也会要求青少年假装有他们并没有真正体验到的情绪，这也在不知不觉中助长了青少年的虚伪。

假性愚蠢

埃尔金德（1975）指出，青少年常常表现出**假性愚蠢**（pseudostupidity）：倾向于使用过于复杂的方式处理问题，致使无法成功解决问题——不是因为问题太难，而是因为问题太简单。他们解决大多数问题时都像对待一个复杂的多项选择题。他们过度分析问题情境，寻找那些无意义的、可能根本无法找到的细节，觉得问题太难，无法解决。例如，一个青少年在餐馆里可能会花 20 分钟的时间盯着菜单看，却依然决定不了点什么菜。一个高年级的学生可能会为参加什么课程或穿什么衣服而犹豫不决。

换言之，拥有形式运算能力使青少年可以同时考虑多种可能性，但这种新出现的能力还不够成熟，他们还不能很好地控制、运用它。所以，青少年似乎看起来变得愚笨了，事实上，他们比以前更聪明，只是缺少经验而已。

自我中心

埃尔金德提出的所有概念中被研究得最充分的是**自我中心**（egocentrism），它以两种方式表现出来：**假想观众**（imaginary audience）和**个人神话**（personal fable）(Albert et al.，2007)。

随着青少年反省自己思想能力发展，他们变得以自我为中心，有强烈的自我意识和内省。他们将思维更多地朝向自身而不是别人。因为过度关注自我，他们甚至认为其他人也一样关注他们的外表和行为。结果是，青少年在很多时候都感觉自己像站在舞台上，受到很多人的关注。他们将很多精力用于应对这种假想观众。

应对假想观众的需求有助于解释很多，甚至可以说大多数青少年身上表现出来的强烈的自我意识（Peterson & Roscoe，1991）。无论是在午餐室里还是在回家的公交车上，他们都认为自己是大家注意的焦点。有时一群青少年会在一起大声说话，做出挑衅性行为，因为他们相信每个人都在看着他们，而他们希望自己看起来很酷。对假想观众的反应也会造成从众。例如，如果同伴穿的鞋子和你一样，他们就不会取笑你的鞋子。最终，假想观众使青少年对隐私的需求越来越高。只有当他们独自一人，不会被别人看见时，他们才会觉得放松自在。

埃尔金德（1967）还描述了他提出的个人神话概念：青少年对自身经验独特性的信念。因为假想观众的存在，以及他们相信自己对其他人来说很重要，所以青少年认为自己是独特的。他们认为自己的情绪比其他人更强烈，自己的思想比其他人更深刻。此外，他们还有一种自己很强大，不会受到伤害的独特感觉（Alberts et al.，2007）。研究者相信，这就是为什么青少年会觉得意外怀孕可能发生在别人身上，但绝不会发生在自己身上，即使他们开快车，也不会发生车祸。

因为青少年的自我中心与冒险行为之间存在着潜在的联系，所以很多研究者关注这一领域。我们在本章后面讨论风险决策时，将继续讨论自我中心这一概念。

你想知道吗

为什么青少年有强烈的自我意识

青少年的自我意识水平高是因为他们相信其他人一直在注视着他们。他们不仅认为其他人一直注意他们，还认为观众都是很挑剔的人。这样的观众足以使任何人感到不安。

青少年的心里话

"假想观众确实是当我还是青少年时经历过的。我想,一部分是因为我是个晚熟的男孩,过分关注自己的外貌。我记得在跳舞前,我会用很长时间梳理头发,以至于胳膊都酸痛了。"

"我从来不是一个爱写日记或者写诗的女孩,但是我非常热衷于写信给名人,有时候我真的会把信寄给他们。还记得有一次我写信给一些《老友记》中的演员,告诉他们我对这部电视剧的共鸣有多大,我多么理解剧中的角色,与我的同学相比,我更能够与他们成为好朋友。我那时13岁!"

"我家房子的车库里有一个篮球筐。当我一个人去那打篮球时,我会想象我在与迈克尔·乔丹这样著名的球星比赛,我所有的同学都前来观看,每当我投篮时,观众都疯狂地欢呼。当我觉得很累时,我就会倒计时,就好像比赛马上就要结束了,我想在最后的五秒钟内再得两分。这最后的两分将是这场比赛输赢的关键。很显然,我就是假想观众最好的案例!"

内省

随着青少年抽象思维和假设思维的发展,他们对社会问题的兴趣日益浓厚,假想观众信念和个人神话的发展使他们开始用更多的时间内省。当把所有的认知变化综合起来看时,我们可以发现青少年日益沉浸于自己的思想和感受中。他们的确比以前聪明了,能够思考以前不理解的复杂问题。毫无疑问,他们的思想比其他人的更好,值得详细研究。青少年会在头脑中重现他们与朋友或他人互动的情景:凯瑞今天早上说"嗨"的语气是不是有什么特别的意义?如果我今天在几何课上给托尼传个纸条,而不是让玛茜传话给他,会不会更好?青少年的世界充满了复杂的问题,仔细思考有助于这些问题的解决。

研究热点

个人神话是坏事吗

当埃尔金德(1967)首次提出个人神话这个概念时,他强调的是其消极的特征。如果你认为自己是独特的,你就可能会感到孤独或者被误解。如果你认为自己是不受伤害的,你就会觉得不幸的事情永远不会发生在你身上,从而做出冒险的行为。如果你认为自己是无所不能的,你就会理所当然地认为自己永远是正确的,其他人总是错误的。但个人神话全然是坏事吗?最近的研究表明,个人神话并不是消极的,至少不完全是消极的。

阿拉斯玛等人在2006年的一项研究中探讨了6~12年级儿童的个人神话与心理健康的关系(Alasma et al., 2006)。他们的研究结果表明:一方面,个人神话的独特感与心理健康呈负相关,尤其是那些感觉自己最独特的青少年,他们最有可能抑郁并且产生自杀念头;另一方面,那些认为自己无所不能的青少年拥有积极的心理特征——他们认为自己是有价值的、强大的,能够成功应对困难并进行良好的自我调节。不受伤害性与心理健康的关系更为复杂。认为自己不会受到伤害的青少年更容易做出危险的冒险行为或者滥用药物,也会有自我感觉良好的倾向。

研究者很谨慎地提出,这些存在于青少年期的个人神话与心理健康的关系可能也适用于成年人。他们的研究并没有比较成年人与青少年的自我中心。除青少年外,这些模式是否可能适用于成年人还有待于进一步研究。

对皮亚杰理论的批判

皮亚杰的研究主要是在 20 世纪早期进行的，在 21 世纪的今天，人们对他的理论提出了各种批判，认知发展领域也不断涌现出一些新的理论，这并不令人感到意外。尽管没有人怀疑皮亚杰提出的青少年思维水平远远超越儿童这一论断，也没有人否认与年幼的儿童相比，青少年能够更好地解决皮亚杰用来测量形式运算的任务（Keating，2004），但是他的理论中关于形式运算阶段的一些具体解释已经受到人们的质疑（Kuhn，2009）。借助新技术的发展，越来越多的研究发现得到了与皮亚杰的观点相冲突的证据。

年龄和普遍性

研究者已经对皮亚杰所提出的形式运算思维代替具体运算思维的年龄以及这一转变的必然性提出质疑。皮亚杰（1972）提出，在某些情境下，形式运算的出现可能会延迟到 15 ~ 20 岁，"在极端不利的条件下，甚至有可能不会发生"。他认为社会环境可以加速或者延迟形式运算的出现（Piaget，1971）。实际上，与来自经济状况较好的家庭的青少年相比，贫困的青少年很少能达到形式运算阶段，在那些挑战性较高的任务中，他们甚至完全缺乏形式运算。青少年能够达到形式运算思维的比例在 50% 以下（Shayer & Ginsburg，2009）。

一些跨文化研究表明，形式运算思维比感知运动思维和具体运算思维更依赖社会经验，皮亚杰理论中的前三个发展阶段似乎更具有普遍性，是否能够完全达到形式运算阶段并不一定，即使大学生和成年人也不一定会达到这一阶段（Cole，1990）。有些文化将青少年置于问题解决的情境中，为他们提供丰富的有助于抽象思维发展的语言环境和经验，从而为他们提供更多的机会发展抽象思维。相似地，更为直接的环境（如家庭和学校）也能加速或延缓形式运算思维的发展（Ardila et al.，2005）。父母鼓励交流思想、探索观念，追求优秀的学业、较高的受教育程度和职业目标，会提高孩子的推理能力。学校教育鼓励学生发展抽象推理和问题解决的技能也能促进认知发展。

总而言之，形式运算能力并不一定在某个特定的时间出现，而且不一定会出现。

一致性　即使那些能运用形式运算的人也并不总是运用形式思维。尤其是当人们愤怒、不安或者冲动的时候，其思维水平常常会倒退（Neimark，1975）。一个人查看床底下是否有他丢失的一串钥匙，找了 15 次还没找到，这时候他就很难系统地、有逻辑地收集和分析数据。当一个人的硬币被自助售货机吞掉时，他会不停地按按钮，不能接受这个办法根本不奏效的事实，这时他的思维也无法在形式运算水平上进行。

个体能够运用形式运算思维，但在运用这一能力时缺乏一致性，这一事实破坏了皮亚杰的假设——形式运算思维依赖于对形式命题逻辑的理解。皮亚杰认为，在青春期早期，个体已经掌握运用逻辑命题的

父母可以通过创造激励的和支持性的家庭环境来促进儿童认知发展。

规则，他们的思维变得更复杂了。然而，我们现在已经知道，即使是幼儿也能处理一些涉及简单的命题逻辑的问题，成年人在处理涉及复杂的命题逻辑的问题时也会感到困难。而且，在整个青春期，这种能力几乎没有提高（Klaczynski et al.，2004）。

超越形式运算

皮亚杰认为形式运算阶段是认知发展的第四个也是最后一个发展级别。尽管随着个体的成熟，学习还在继续，并且个体能做出更好的决策（假定是因为他们更有经验，能基于更多的数据做决策），但个体其实在青春期中期就已经有所有的"硬件"了。现在很多研究者不同意皮亚杰的观点（例如，Commons et al.，1982）。

现在还没有形成一个关于后形式认知发展的一致的、统一的观点。实际上，人们已经渐渐对发展阶段论失去兴趣（Marcharnd，2002）。我喜欢一种被称为辩证法的高级推理，这一概念是由里格尔（1973）和巴塞切斯（1980）提出的。尽管称呼不同，但这一概念与当前的认知发展研究是吻合的（本章稍后将继续讨论这个问题）。拥有辩证思维的人能整合两个或者更多相互冲突的数据，拥有形式思维的人则会假定一个观点是正确的，另一个是错误的。拥有辩证思维的人能理解世界的许多方面是相互联系的，如果你改变了其中一部分，其他部分也可能会发生变化，拥有形式思维的人则倾向于戴着"眼罩"关注他关心的某个问题，忽略了情境中的涟漪效应。形式思维常常会导致与理想主义有关的极端立场。

例如，我们可以想象去问形式推理者和辩证推理者对新颁布的关于允许在国有土地上无限制伐木的法律有什么看法。形式推理者可能会说"可怕的法律！野生动物会被杀死"，或者"太好了！我们需要很多木材建造房子，这项法律将有利于经济发展"。辩证思维者更可能说："哦，这项法律有好处，它有助于降低伐木工人的失业率，可野生动物是不可替代的、美丽的生命，也许我们能找到一个办法，既能够允许伐木，又能够保护森林。"在形式运算思维者眼中，世界是简单而直接的。思维简洁的积极面在于它使个体能够做出决定并采取行动，不至于因为问题太复杂而不知所措，其消极面是人们更容易犯错，不能深刻理解他们所处的情境。（大多数现象都有好有坏，这也为辩证推理提供了一个例子。）

成年人是真的比青少年更聪明，还是说他们只是知道得更多

成年人确实比青少年有更多的时间了解事实和获得经验，他们思考的方式也似乎比青少年更好。他们能够更好地理解问题的复杂性和模糊性，处理相互矛盾的信息。许多成年人（当然不是所有的成年人）能在危机到来之前就把问题解决。因此，大部分专家认为成年人确实比青少年更聪明。

怎样才能提高青少年的推理水平

我们可以在与持不同观点的人讨论和争辩时获得高水平的推理能力。让青少年有机会形成自己的观点和思想，然后逐渐去挑战他们，这是一个促进推理能力发展的途径。（几千年前，苏格拉底就是这样教授推理的。）使青少年有机会在操作、实验和质疑中学习也是非常有帮助的。

皮亚杰关于形式运算的描述对青少年认知发展研究的贡献

我们在这里列举了很多关于皮亚杰理论的批判，这可能会让人产生误解，认为皮亚杰关于认知发展的观点完全是错误的，与当前的研究毫无联系。事实上，尽管皮亚杰提出，在青春期，个体的认知发展水平进入形式运算阶段的观点不足以解释这一时期出现的所有推理能力发展变化（Moshman，2011），但他的贡献也不能被完全抹杀。皮亚杰的理论中关于青少年认知发展的这几个重要方面是正确的：

- 儿童在 11 岁左右智力发生显著的质的变化（我们会在后面的章节里更详细地讨论这些变化）。这一变化在青春期的大部分时间里一直在进行着。
- 演绎推理能力显著提高使青少年能够在更短的时间里找到更好的答案（Foltz et al.，1995）。
- 个体思考假设的，甚至明显的非真实情境的能力在青春期显著提高（Amesel，2011）。
- 命题逻辑的使用增加，尽管是缓慢的增加（Ward & Overton，1990）。
- 关于概率推理的研究证据表明，在青春期，个体穷尽组合推理能力会提高（Dixon & Moore，1996）。
- 元认知，即对自己思维的认知，在整个青春期都在提高（Moshman，2011；Van der Stel & Veenman，2014）。

认知发展研究领域一直在向前发展，很多当代关于青少年的认知研究仍然是由皮亚杰最初提出的研究问题激发的，即使他的很多具体研究发现已经受到质疑，他的工作也仍然是现代研究所依赖的基石。

信息加工

在本章的前半部分，我们讨论了皮亚杰的认知发展理论，现在我们继续讨论认知发展的当代视角。大量关于认知发展的研究都是基于**信息加工途径**（information-processing approach）的。研究者探讨一个人如何知觉、注意、提取和操纵信息，也有一些研究者试图弄明白青少年如何推理和做出困难的决策。

综上所述，当前研究与皮亚杰的研究在以下几个方面有所不同。首先，皮亚杰感兴趣的是发现认知发展的一般概况——对随着个体的成熟过程而展开的智力发展的宽泛描述，而当代研究者更关注在微观水平上分析重大认知变化背后的过程。他们之所以走上这样一个研究路径，是因为大多数心理学家都认为皮亚杰提出的发展机制没有很好地解释在各个发展阶段中观察到的巨大个体差异。

其次，当代研究者与皮亚杰的不同之处在于前者不认同"阶段"这个概念。皮亚杰坚定地相信认知发展阶段论，认为个体的发展是阶梯式的。根据阶段论，个体在某一段时间内迅速发展，然后变缓，最后达到一个相对稳定的水平，直到下一个阶段开始。大部分当代研究者认为发展是渐进的和持续的，那些看起来跨越式的变化实际上是很多微小变化累积的结果（见图 5-4）。

当代研究者与皮亚杰之间的第三个不同是关于知识与技能的领域特殊性的观点。皮亚杰认为，一旦一个人获得了一种认知技能，他就能够把它广泛地应用于各种情境。而当代研究者认为，技能只能应用在那些与获得技能时相类似的情境中（例如，Wellman & Gellman，1998）。今天的研究者认为认知结构是领域特殊性的，而不是领域一般性的。

最后一个不同是，皮亚杰认为青少年认知发展的核心特征是抽象思维能力的发展，而当代研究者更强调**执行控制**（executive

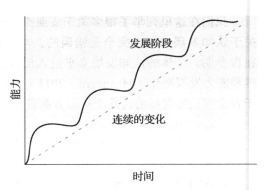

图 5-4　非连续的和连续的成长：发展阶段与渐进的变化

control）能力的提高（Kuhn，2006）。换言之，处于青春期后期的个体比处于儿童期、青春期早期的个体能够更好地监控自己的工作记忆，及时更新所需要的信息，抑制初始的自发反应，延迟采取行动，他们能够在不同的心理任务之间更有效率地切换（Lehto et al.，2003），这使他们在认知任务中更有效率，更易取得成功。

信息加工的步骤

信息加工途径强调渐进的步骤和行动，以及青少年在接收、知觉、记忆、思考和运用信息时的操作。一种理解信息加工的方式是将人类大脑与计算机的工作方式进行比较。信息被有组织地编码和输入计算机，然后被放在存储器中。当需要任何信息时，可以让计算机将其提取出来。计算机对相关信息进行搜索，把需要的项目显示或输出。计算机可以对这些信息进行处理，例如以某种方式排序、加权或者以某种形式进行合并。青少年以类似但是更复杂的方式加工信息。

如图 5-5 所示，从信息的接收到行动的开始，信息的流动是单向的。总的来说，信息流向一个方向，但有时候也可能反向流动。例如，一个青少年可能接收和选择某些信息，把它存储到记忆中，又把它提取出来，思考了很长一段时间后才做出决策和采取行动。无论如何，流程图有助于我们理解整个信息加工的过程。

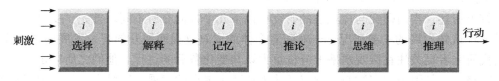

图 5-5　信息加工的步骤

注：青少年接收、组织、存储、提取、思考、以某种方式组合信息来回答问题、解决问题或做出决策。如图所示，信息加工过程被分为一系列有逻辑的步骤。

信息加工过程最初的几个步骤包括刺激、选择、解释，现在让我们看看刺激这一步骤的细节。

刺激

每个人都处于听觉、视觉和触觉刺激的不断"轰炸"中。例如，当你走在街上时，你就暴露在声音、图像中，当有人撞到你时你们还会有身体接触。你的感觉器官就是你的接收器，在你与外部世界相接触的过程中，通过接收器，你可以收到所有信息。感觉器官在个体很小的时候就发展成熟了，在青少年阶段，其接收信息的能力几乎没有发展。

记忆的三阶段模型　有用的信息必须要保存下来以供将来使用或者对其进行进一步加工。记忆的过程包含一系列步骤。最被广泛接受的模型是三阶段模型（Gary，2007）：感觉记忆、短时记忆和长时记忆。三阶段模型如图 5-6 所示。

信息在大脑中只能保存很短的时间（不到 1 秒），然后就开始衰退或者被新进入的外部感觉信息覆盖。**感觉记忆**（sensory storage）中还没有消退的信息进入到**短时记忆**（short-term storage）。因为短时记忆的容量有限，所以要使信息保存的时间更长，必须使之进入相对持久的**长时记忆**（long-term storage）。为了满足所有实际应用的需要，长时记忆的容量是无限的。存储在长时记忆中

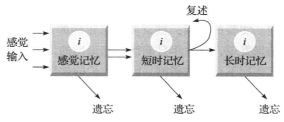

图 5-6　记忆的三阶段模型

注：信息从一个阶段进入下一个阶段，在这个过程中，能够进入下一个阶段的信息量有所减少。记忆的三阶段模型如上图所示。

的信息可以通过检索、发现和记起的过程被提取出来。回忆是指缺乏线索时的信息提取，例如回答一个论述类的题目，再认是指有线索时的信息提取，例如回答一个多项选择题。记忆的效率依赖于这三个过程，一般在青春期和成年早期达到最高水平（Li et al.，2005）。

感觉器官接收到的信息可以被短暂地存储在某一类型的感觉存储器中。语音信息被存储在听觉存储器中，被称为声音记忆。视觉信息被存储在视觉存储器中，被称为图像记忆。个体还有触觉和味觉信息的存储器。研究证据表明，从感觉记忆中提取信息的能力几乎不随儿童和青少年的成熟而变化（例如，Wickens，1974）。

短时记忆与长时记忆　短时记忆与长时记忆常常混淆。短时记忆中存储的信息是个体还在复述着的、在意识中的信息。长时记忆的特征是加工的深度，而不是信息保存时间的长短。通过深加工，个体知觉到的信息"进入"意识水平之下，成为长时记忆。例如，当你记忆一个词表时，你正在思考的词在短时记忆中，那些你已经看过并记住的词在长时记忆中，即使这些词是你刚刚学过的，它们也已经在长时记忆中了。你在几天或几个月后回忆起来的词是从长时记忆中提取出来的。长时记忆中的信息可以保存 30 秒或者是几年。一旦你想到这些词，它们就又回到短时记忆中了。

在测量短时记忆时，研究者会给被试呈现一串数字、字母或者单词，然后测试他们能立即回忆出来的项目的总数。研究发现，短时记忆能力从青春期到成年早期持续提高（例如，Fandakova et al.，2014）。研究者发现一个人的记忆广度在整个青春期阶段都在提高（Conklin et al.，2007），记忆的准确性和速度也在提高（Luciana et al.，2005）。言语短时记忆和视觉空间短时记忆都是如此（Myatchin & Lagae，2013；Swanson，1999；Zald &

Iacono，1998），这些能力的提高是青少年抽象思维能力提高的基础（Amso et al.，2014）。

记忆能力中变化最显著的是长时记忆能力，或者说是将短时记忆中的信息转移到长时记忆中的能力。长时记忆在儿童期至成年早期一直在发展。青少年从长时记忆中提取信息所需的时间比年青的成人需要的时间长（Kail，1991），他们运用记忆策略的效率也不如成年人，尤其是不能像成年人一样有效地提取、利用线索（Lehman et al.，1998）。

青春期发生的一些记忆能力变化可以归因于：与年幼的儿童相比，青少年抑制无关信息的能力提高了，这使记忆不容易受到干扰。研究者给儿童和青少年呈现一些句子，但这些句子的最后一个词是缺失的（Bjorklund & Harnishfeger，1990）。这最后一个词的可能性是唯一的，而且非常显而易见，句子很容易被正确补全，如"香蕉的颜色是……"。实验要求每个被试说出句子中缺失的最后一个词，有时候正确答案是显而易见的选择，有时候被试被告知他的回答是错误的，正确答案是另外一个出乎意料的词。被试需要记住正确的词。实验的最后，被试要回忆正确的词以及他们猜测的词，无论他们猜测的词是否正确。结果发现，青少年只能回忆起正确的词，而年幼的儿童不仅能回忆起正确的词，还能回忆起他们不正确的猜测。因为年长的被试只把注意力集中于正确的词，所以他们比年幼的儿童被试能回忆起更多正确的词。

你想知道吗

青少年的记忆力比儿童更好吗

青少年的工作记忆能比儿童存储更多的信息。而且，青少年比儿童更擅长记忆，部分原因是他们可以更好地在他们想要记住的信息上集中注意力。

加工速度

注意广度和记忆随年龄发生的变化可以用同一个机制来解释：心理加工速度。

加工速度（processing speed）指大脑知觉和使用信息的速度，它影响个体注意刺激细节的速度和思考的速度。研究发现，在很多加工速度任务上，包括心算、心理旋转、记忆搜索和简单动作技能，十二三岁的青少年的完成速度比成年人慢一个标准差（Kail，1991）；到青春期中期，他们的加工速度基本达到成年人的水平（Hale，1990）。加工速度的变化可能与神经系统的发展和髓鞘化有关（Kail，2000），加工速度的提高使得短时记忆容量提高（Kail，1997）。（髓鞘是神经元表层覆盖的一层脂肪膜，帮助神经冲动迅速传导。）

短时记忆的提高促使智力、推理能力和问题解决能力提高（Coyle et al.，2011；Demetriou et al.，2002）。弗莱和黑尔把这一系列能力的提高称为"发展的瀑布"（Fry & Hale，1996）。

你想知道吗

为什么青少年比儿童的思考速度快

青少年比儿童的思考速度更快是因为他们的神经元已经髓鞘化，即他们的神经细胞上面覆盖了一层绝缘的脂肪组织。这层膜加速了神经传导，因而青少年的思考速度更快。

研究热点

多任务处理

21 世纪的生活似乎比以往任何一个时代都更加忙乱。很多人每天都感到时间不够用，很多事情来不及做完。由于这个原因，也由于技术的发展（手机、平板电脑等），许多人开始同时做多件事情，即多任务处理（multitasking）。

关键问题是：他们在同时处理多个任务时，能像处理单一任务时完成的那么好吗？或者换一种更直接的表达：如果你在学习时发消息、听音乐或聊天，你能达到与集中精力学习时同样的效果吗？与之相关的问题是：

同时做两件事，能帮助你节省时间吗？这么做是否更有效率？

人们多任务处理的能力存在个体差异（Watson & Strayer，2010），上述两个问题的答案分别是"取决于具体情况"和"否"。

同时处理多任务的效果取决于什么？研究表明，这主要取决于你能否控制这些任务的时间和节奏（Pashler et al.，2013）。如果你一边在教室里听讲，一边听音乐，此时教授的讲课和播放的音乐都是持续进行的，你的学习质量就会下降。如果你在听音乐的同时所进行的学习活动不是听课，而是自己能够控制时间和节奏的阅读，那你学习的质量几乎不会受到明显的影响。芬蒂和她的同事研究了发信息对阅读理解的影响，得到了同样的结论（Fante et al.，2013）。

这些研究表明奥斯瓦尔德等人在 2007 年提出的观点是正确的——人们并不能真正进行多任务处理（Oswald et al.，2007）。人们不能同时将注意力放在两件事上。实际上，人们是在两个任务之间来回切换，可以称之为"任务转换"。这就解释了为什么有些人能够较好地进行多任务处理。任务转换的能力依赖于一个人的工作记忆和执行功能（如集中注意和快速转换注意）（Hambrick et al.，2009）。

当下的青少年喜欢多任务处理，这一群体具有**多元时间观**（polychronicity）的特点，这个词语意为他们很享受同时处理多个任务的情况。这一现象既可能发生在微观水平（真正的多任务处理：在发信息或看视频的同时进行学习），也可能发生在宏观水平（做清洁 20 分钟，再学习 20 分钟，再做清洁……）（König & Waller，2010）。研究表明，对宏观水平的多任务处理的偏好不能预测对微观水平多任务处理的能力（König et al.，2005）。

高级思维过程

个体从记忆中提取出信息后，必须以某种方式运用它。莫什曼在一篇很长的文献综述中提出了三种高级思维过程的区别：推论、思考和推理（Moshman，2011）。在青春期，这三种思维过程都在发展。

推论（inference）是最基本的思维过程，是根据旧信息推论出新事实的能力。即使是幼儿也能够进行无意识的推论，这种根据已知信息推论出新事实的能力随着年龄的增长持续提高。巴恩斯等人在他们的研究中让 6 ~ 15 岁的儿童阅读一个故事，然后进行推论（Barnes et al.，1996）。结果发现，与年幼的儿童相比，青少年能根据故事推论出更多隐含的事实。

思考（thinking）是更高级的认知过程，是对信息的有意识整合。当你试图解决一个问题时，当你在两个选择之间难以取舍或者计划假期行程时，你就在思考。青少年的思维更加清晰，例如，他们的计划性更强（Lachman & burack，1993）。几项研究表明，年长的青少年比年幼一些的青少年更能有意识地、系统地使用信息（例如，Nakajima & Hotta，1989）。正如皮亚杰提出的，年幼的青少年在问题解决时一般只能操纵一个变量（Kuhn & Dean，2005）。

青少年的思考能力更高的原因之一是他们能比儿童更好地使用负面信息，即那些不支持假设的信息。在儿童期早期和中期，儿童寻找能够支持假设的信息，并且根据他们所发现的支持性信息做出决策。青少年则会搜集不支持假设的证据，并据此做出决策。例如，假设你要判断是否所有的梨子都是绿色的。为了帮助你做出判断，对方给你提供了很多梨子的照片。如果你是8岁或9岁的儿童，你会指着许多绿色梨子的照片，高兴地说梨子都是绿色的。如果你已经15岁，你会指着这些相同颜色的图片说，它们看起来都是绿色的，但是我还不太确定。或者你会找到有一个红色梨子的图片，然后你会得出结论，不是所有的梨子都是绿色的。因为你知道哪怕有几百个正例支持假设，一个反例就足以否定它。青少年依据**否定**（negation）而不是**肯定**（affirmation）下结论（Mueller et al.，1999），他们使用**排除策略**（elimination strategy），而年幼的儿童使用**证实策略**（confirmation strategy）（Foltz et al.，1995）。

青少年在进行判断时，能比年幼的儿童更好地整合负面信息，但是当身临其境或者有个人情绪卷入时，他们还不能做得像成年人一样好（Kuhn，1989）。有研究者发现，当青少年对有关宗教的观点进行辩论时，当论点与他们的宗教信仰不一致时，他们能更好地发现逻辑漏洞，而当论点与他们的宗教信仰一致时，他们做不到那么好（Klaczynski & Gordon，1996）。正如成年人一样，在青春期可能也存在**自我服务偏差**（self-serving bias）：看到更多与自己的观点一致的数据时，青少年感到自尊提高了，自我强大了，变得更乐观主义了（Schaller，1992）。

推理　最复杂的认知涉及第三种类型的思维过程：**推理**（reasoning）。推理是沿着你认为是理性和有用的路径来思考时发生的思维过程。你这样做是基于先前使用过的成功和不成功策略的经验。

第一种推理形式是类比推理，即寻找相似问题之间的相似之处。例如，草是绿色的，正如天空是＿＿＿＿＿＿＿。如同许多其他的认知技能，年幼的儿童具有一些类比推理的能力，这种技能在整个青春期持续提高（Nippold，1994）。

第二种推理形式是有意识地使用逻辑规则，或称之为**演绎**。皮亚杰在关于形式运算阶段的论述中关注的就是这种类型的推理（Piaget，1963）。形式运算思维在青春期出现，表明了逻辑演绎推理能力的发展。这一事实也被其他研究者证实，例如，莫什曼和弗兰克斯发现年龄较大的青少年比年龄较小的青少年能更好地理解逻辑辩论（Moshman & Franks，1986），伯恩斯和奥弗顿发现随着年龄的增长，青少年能更好地理解"如果……那么"连接起来的句子（Byrnes & Overton，1988）。

青少年在解决自己熟悉的问题时，对演绎推理的运用是最好的（Klaczynski & Narasimhan，1998）。当面对内容陌生或者与事实相反的问题时，他们也能设立和检验假设（Ward & Overton，1990）。实际上，莫什曼认为，青春期演绎能力的提高源于个体搁置自己已有观点能力的提高（Moshman，2011）。

第三种推理形式是**归纳**（从一系列实例中得出一般结论的能力），归纳能力在青春期也有所提高（Galotti et al，1997）。

尽管推理能力在青春期有所提高，但它还远远不够完美。青少年不能像成年人一样有效地使用数据（Kuhn & Pease，2006），他们常常会扭曲数据使之符合自己的假设（Klahr，2000）。例如，在一项研究中，十几岁的青少年倾向于将学生成绩的提高归因于单一的因素——较小的班级、教学辅助或者课程的变化，实际上，有几个因素同时在发生变化，并不能分析出因果关系得出结论（Kuhn et al.，2004）。公平地说，在面临可能由多个因素引起的后果时，即使是成年人也不能很好地推理，虽然他们确实比青少年做得好一些（Kuhn & Dean，2004）。

思维和推理对问题解决有重要的影响。儿童和青少年的问题解决能力的某些差异可以归因于青少年**信息加工**（information processing）的本质与儿童不同。正如前面所提到的，与儿童相比，青少年能记住更多的信息，能考虑到所有可能的关系进行逻辑思维，在做出决定或者采取行动之前能够想到不同的解决方案并对它们进行评价。儿童常常不能收集和记住充分的信息，思维的逻辑性也不够，在问题解决过程中不能考虑到所有可能的关系。与青少年相比，儿童的信息加工能力是有限的，问题解决能力也没有达到与青少年相同的水平（Kuhn，2006）。

个体还会使用一种高级的推理——**原则**，来解决问题。原则不同于规则，规则比原则更加精确。例如，"任何数乘以零都等于零"，这是一个规则，因为它永远都是正确的。如果你应用一个规则，你将一直得到相同的、正确的答案。原则更为抽象。当两个人使用相同的原则来处理相同的问题时，可能会提出不同的解决方案。两个人都相信"人应该友善待人"原则，但他们可能会以不同的方式对待邻居。一个人可能认为友善是指乐于助人，另一个人可能认为人与人之间互相礼貌寒暄就足够了。青少年比儿童更有可能使用基于原则的推理（Moshman，2011）。

你想知道吗

青少年的推理能力是如何发展的

青少年比儿童更善于发现问题之间的相似性，这使得他们能更有效地运用过去的经验来解决当前的困难。青少年还比儿童更善于运用演绎推理，即从一个普遍性规律出发，运用逻辑推理得出某一特定问题的解决方案。青少年还能根据一些特殊的样例，运用归纳推理得出一般性结论。

知识的作用

"进去的是垃圾，出来的也是垃圾"，用这句计算机领域的话来形容问题解决再合适不过了。为了准确地操纵大脑中储存的知识，你必须知道这些知识。青少年比儿童更聪明的部分原因是他们比儿童知道得更多，更有经验（Byrnes，2003）。他们能凭借这些知识和经验来类比所面临的新问题。例如，假定你从朋友那里学到了一种派的制作方法，但是你忘记问朋友要烤多长时间。如果你以前烤过很多次派，你就能够猜出烘烤的时间大约是一个小时，但是如果你以前从来没有做过派，此时你就会不知所措。

正如前面提到过的，在熟悉的领域，青少年能更好地解决问题。显然，随着年龄的增长，我们对越来越多的领域变得熟悉，我们的问题解决能力会随之提高。

决策

决策（decision making）是为了达成某一目标在多个不同选项中进行选择的过程（Miller & Byrnes，2001）。成熟、有智慧的人的特征之一是具有做出良好决策的能力。缺少决策能力的青少年没有他们的同伴过得快乐（Cenkseven-Önder，2012），学业成就水平也比较低（Baiocco et al.，2009）。他们常常做出不恰当的选择，更有可能做出一些不安全的行为（例如，Commendador，2007）。在青春期做出的一些决策可能会对后半生都有影响，例如是否继续接受教育，职业或伴侣的选择等重要决策。决策带来的后果在很大程度上依赖于青少年是否经常练习如何做出良好的决策。

决策过程

决策是一个复杂的过程，包括信息的搜索和加工，这使我们能了解所有可能的选择（Moore et al.，1990）。这是一个发现新异的或创造性的问题解决方法的过程。罗斯（1981）提出，决策者需要具有五种技能：

- 确定替代方案。
- 为替代方案确定适当的标准。
- 根据标准评估替代方案。
- 总结归纳关于替代方案的信息。
- 评估决策结果。

当个体面对的问题没有简单答案，或者面临互相冲突的信息，或者当所有可能的选择都既有积极的方面也有消极的方面时，他必须进行决策。做出好的决策，需要运用前面讨论到的所有技能及一些其他技能。

年长一些的青少年能比儿童更好地意识到这个过程。一项研究表明，处于青春期中期的个体对于决策行为有更好的理解，处于青春期早期的个体对于决策过程的认识极少，他们还不能了解决策行为，包括明确目标，考虑可能的选择，做出决策并在采取行动之前检验这些过程。与年长一些的青少年相比，他们能够提出的行动方案很少，也不太能够预测决策的后果及评估资源的可靠性（Ormond et al.，1991）。

这种个体所具有的关于自己思维的思考及意识常常被称为元认知（metacognition）。如果你知道自己在音乐轻柔的情况下比在音乐大声的情况下学习更有效率，或者知道自己复习物理课本中的一章比读一章畅销小说花的时间多，你就具有一些元认知能力。现在元认知也被称为执行控制（executive control）。如上所述，许多研究者相信执行控制能力的提高是青春期表现出来的许多认知发展的主要原因（例如，Keating，2004）。例如，从儿童期到青春期，个体监控任务的实施过程并根据目标完成度调整策略的能力一直在提高（Crone & van der Molen，2008）。随着成熟，人们能更有效地抑制那些无效的策略，运用有效的策略（Kuhn，2009）。

认知功能进步的另一个原因是，随着年龄的增长，青少年拥有了更多的决策经验，在决策质量方面，经验的广度起着重要的作用。正如那句古老的谚语所说：经验是世界上最好的老师。那些有更多机会为自己做决策的青少年比那些很少做决策的同龄者做得更好（Quadrel et al.，1993）。父母让青少年参加家庭的决策有助于他们为成年生活做准备。这种决策机会如此重要，以致许多学校开发课程教授青少年批判性思维的技能。

良好决策的障碍

不幸的是，无论是青少年还是成年人都无法一直做出良好的决策。有时候是因为缺少信息或者经验不足，有时候则是因为我们在决策时太过于依赖**启发式**（heuristics）策略，或称之为"经验法则"。

一个典型的例子是沉没成本谬误，它是指当人们已经为一件不喜欢的事情付出了代价时，他们会继续为它付出更多。一项研究比较了人们自己付钱和免费观看一部无聊电影的情况，发现在自己付钱的情况下，有 63% 的成人被试比在不付钱的情况下看电影的时间长。73% 的 16 岁被试和 84% 的 12 岁被试在自己付钱的情况下比在不付钱的情况下看电影的时间长（Klaczynsky & Cottrell，2004）。显然，避免这种错误的倾向随着年龄的增长增强了，但大多数个体，即使是成年人，仍然会做不好的选择。

相似地，青少年（像成年人一样）会错误地认为一个漂亮的、快乐的女孩更可能成为一个啦啦队队长而不是成为一个乐队的成员，因为他们是根据刻板印象来做判断的。事实上，女乐队成员要比啦啦队队长多得多（Jacobs & Potenza，1991）。他们还过度依赖轶事证据，而不愿意相信严谨的证据（Klaczynski，2001），甚至到青春期末期的时候仍然如此。他们忽略或高估基础概率，这是一个常见的逻辑谬误（Kahneman & Tversky，1973）。

风险决策

众所周知，青少年比成年人更容易冒险（例如，Steinberg，2007）。一项元分析结果证实青少年比儿童或成年人更喜欢做出有风险的决策，其中，年幼一些的青少年比年长的青少年更爱冒险（Defoe et al.，2015）。很多年来，青少年的这个特点都被归因于埃尔金德的个人神话理论，这个概念我们在前面已经介绍过。个人神话理论认为青少年之所以进行潜在的危险活动是因为他们觉得自己不会受到伤害，他们认为任何坏事在他们身上发生的概率都是极其微小的。几十年来的研究发现**自我中心**与冒险行为之间存在相关（例如，Schwartz et al.，2008），但最近的研究表明，之前我们对这种相关的潜在机制的解释可能是不正确的。事实上，新的数据表明青少年更容易高估冒险行为的消极后果（Reyan & Farley，2006）。那么，为什么他们还愿意去冒险？

令人惊奇的是，冒险行为与风险知觉并不存在显著相关。有一些研究发现青少年会做出高风险的判断，避免做出危险行为，但也有一些研究发现了相反的结果：至少有一部分青少年，如果他们认为一个行为是危险的，他们就更愿意做出这种行为（Mills et al.，2008）。许多研究者（例如，Holland & Klaczynsky，2009）提出青少年关注的不是风险，他们似乎更关注从这些行为中得到的利益。他们更多地依赖直觉而不是分析推理。这些研究者提倡决策的**双加工理论**（dual process theory）（Reyna & Rivers，2008），认为直觉和启发式策略常常会战胜逻辑和深思熟虑。

社会情绪和认知控制系统　双加工模型提出在决策过程中有两个不同的机制在起作用。首先起作用的是直觉，这是一个"社会情绪系统"，当青少年很激动，与同伴在一起，或者不得不仓促地决定一件事时，当决策涉及自我控制，或者决策的结果在当下就会对个人产生影响时，青少年会自动运用这个直觉性的社会情绪系统进行决策。第二个机制是

"认知控制系统"，在问题比较抽象，青少年情绪平稳，决策不会即刻就对个人产生较大的影响，或者决策的后果可能在很久以后才会显现等情境下，认知控制系统会自动地、无意识地启动（Crone & van der Molen，2008；Steinberg et al.，2009；Steinberg，2010）。当认知控制系统在工作的时候，青少年能够做出较好的决策（Steinberg，2008），当社会情绪系统被启动时，青少年更容易做出冒险的或不合适的决策。

不幸的是，在现实生活中，社会情绪系统几乎总在决策过程中起作用。同伴在场会显著提高青少年做出冒险的决策的概率。由于青少年大量时间都与同伴在一起，因此同伴在场对青少年决策的影响是非常深远的。相反，当成年人与同伴在一起时，其行为会更保守和谨慎（Albert & Steinberg，2011）。同伴无须积极地鼓励青少年做出冒险行为，仅仅他们的在场就会使青少年更有可能做出冒险行为。加德纳和斯坦伯的研究证实了这一点（Gardner & Steinber，2005）。他们让不同年龄的被试单独或与朋友一起在房间里玩一个有关驾车的视频游戏。结果表明，青少年在同伴在场时更容易做出危险驾驶的行为，成年人则不受同伴是否在场的影响。后续的研究也表明无论青少年是否具有消极事件发生率的知识，无论陪伴者的身份是朋友还是匿名的陌生人，同伴在场都会导致青少年的冒险行为增加（Weigard et al.，2014）。

这两种加工过程的神经生理基础将在后面的章节中进行讨论。

青少年还受到他们对风险的概念的影响。如果他们认为一个行为是危险的，在任何情况下都要避免，在绝对的意义上"是坏的行为"，他们就会避免这一行为。相反，如果他们以一种复杂的方式来看待某一行为（这么做有一些代价，但是也有一些好处），他们将很有可能选择做出这一行为（Mills et al.，2008）。

其他影响青少年做出冒险行为决策的因素还有，在青少年看来，冒险导致的伤害并不像成人所认为的那样严重，因此他们认为风险行为的后果较轻（Millstein & Halpern-Felsher，2002）。此外，一些青少年做出冒险行为可能是因为他们比较悲观，觉得自己有一个长寿、健康和快乐的生活的机会很小（Chapin，2001）。很显然，对这些青少年来说，是行为后果的严重程度促使他们吸烟、过度饮酒和不系安全带驾驶，而不是低风险本身促使他们这样做。

青少年比成年人更容易做出冒险的决策。其中的一些行为，如开车时发信息，可能会导致严重的后果。

你想知道吗

为什么青少年比成年人更爱冒险

一些青少年之所以做出冒险的行为，是因为他们想给朋友留下深刻的印象。另外一些青少年则是因为他们对于消极的后果并没有感到不安。他们认为这些事情是不可避免的，无论他们怎么做，这些不好的事情都有可能会发生，既然如此，为什么需要这么小心谨慎呢？

认识论推理

在青春期，推理能力的一个主要变化体现在如何思考事实与真理。随着年龄的增长，个体面临的信息知觉和推理任务越来越复杂。他们开始理解真理不是客观的，而是主观的。更具体地说，他们学会如何处理互相冲突的信息和怀疑，他们发现一个人只能建构自己对真理的理解，不能揭示真理（Mansfield & Clinchy，2002）。**认识论**（epistemology）（即对知识的认识）的巨大进步发生在青春期，这与在**形式运算阶段**出现的抽象推理能力和更为成熟的执行功能的出现密切相关。

认识论发展的四水平理论

博伊斯和钱德勒（1992）提出了认识论发展四水平理论。这个理论很吸引人，因为它很简洁且能够解释很多在儿童和青春期发生的变化，在此，我们只对水平 1 进行讨论。

水平 1

在儿童早期（直到 6、7 岁），儿童是**朴素的现实主义者**（naive realists）。他们相信世界上有绝对的普遍真理。他们很难区分事实与观点。朴素的现实主义者认为，人们之所以持有不同的观点，是因为他们得到的信息不同。4 岁的儿童听到你说巧克力是你最喜欢的口味时，可能会对你说"试试我的香草冰激凌，你就知道它真的比巧克力味的好吃"，这表明这个儿童是一个朴素的现实主义者。

其他研究者也提出了一些与博伊斯和钱德勒的理论相似的理论模式。例如，库恩（2009）将儿童描述为"绝对主义者"，认为知识是对绝对现实的反映；青少年是"相对主义者"，认为所有的知识在本质上都是观点。只有那些成为"评价主义者"的个体才能理解某些观点比另一些观点更合理，因为它们与数据资料更相符。金和她的同事也持有相似的观点，但他们的理论更为复杂。他们认为，个体会经过认识论推理的七个发展阶段。前三个阶段是前反省阶段（pre-reflective）（相当于绝对主义者阶段），然后是两个准反省阶段（quasi-reflective）（相当于相对主义者阶段），最后两个阶段是反省阶段（reflective）（相当于评价主义者阶段）。因此，至少有三组研究者针对认识论推理水平的发展提出了相似的模式。

当然，也有一些研究者对认识论推理水平的发展速度提出了不同的观点。例如，博伊斯和钱德勒（1992）在一项研究中发现高中一年级的学生就出现了理性主义，而伍德等人（2002）的一项元分析结果表明理性主义在更晚一些才会出现。研究者关于批判理性主义（或称之为评价主义）的观点比较一致，通常认为它从高中阶段开始出现，直至个体进入大学和研究所，批判理性主义渐渐达到成熟。此外，还有证据表明，认识论推理水平与行为问题有关。例如，那些有反社会行为的青年的认识论推理水平比同龄人低（Beaudoin & Schonert-Reichl，2006）。

你想知道吗

为什么青少年有时会质疑权威

一些青少年不尊重权威，因为他们认识到真理是变化的，有时候专家也可能是错误的。在某种意义上，他们认为所有的观点都是有根据的，因为他们知道，我们关于真理的知识是不完美的。

🧠 青少年的心里话

"毫无疑问，我是用二分法来看待这个世界的。我认为这个世界上有一些真理，比如善与恶，公正与不公正。成年人并不以同样的方式来看待世界，这让我很吃惊。对我来说，世界上存在的问题都可以很容易地解决，这是显然易见的事实。在宗教和信仰方面，我变得很武断，我坚持认为我是正确的，不同意我的观点的人是错误的。我与我的妈妈、其他家人和朋友们经常争论。我并不担心我因为坚持自己的信仰而成为争议的对象。我觉得我的信念和思想是世界上的真理。"

"天啊，我曾经是怀疑论者！在某种程度上，我现在仍然是。我过去常常与我的爸爸和老师争论，说一些"你并不真正了解它，你只是那么想它而已"这样的话。我认为我的观点与其他人的观点一样好。我与我的英语老师有一次很激烈的争论。她很爱莎士比亚，而我认为他的戏剧一点儿也不好。她告诉我，大多数学者都同意莎士比亚是世界上最伟大的作家之一。我告诉她我认为他的戏剧愚蠢又无聊，我根本不在乎别人是怎么想的。我不认为有人能告诉我任何有价值的东西。我需要自己把问题想清楚。我到现在仍然认为许多所谓的专家都只是在胡说，我喜欢自己把事情想清楚。"

青少年的脑发展

为什么青少年能够获得这些认知成就？可能部分原因是他们有时间获得大量的知识；也有部分原因是他们有时间练习认知技能或者他们学会了哪些认知策略是最成功的；还有部分原因是脑的生理成熟（Byrnes，2003），这是从神经科学的角度理解认知发展。当然，上述这三种解释都有可能是正确的。

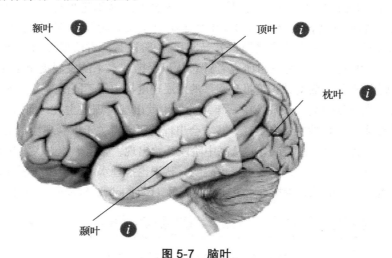

图 5-7　脑叶

注：大脑分为两个半球，两个半球通过胼胝体（corpus callosum）相连，胼胝体是一组来回传送信息的神经纤维。每个半球分为四个叶（或者四个部分）。

许多年来，科学家相信脑的发展在儿童早期已经基本完成（Straugh，2003）。他们现在知道事实并非如此，青少年的脑既不同于儿童，也不同于成年人，这一点已经被广泛接受（Ernst & Fudge，2010）。许多关键的脑部结构直到二十几岁才达到成熟（Casey et al.，2000）。青春期的脑变化既与年龄有关，也与青春期激素的分泌有关（Goddings et al.，2012）。大部分能够被识别的变化都发生在**大脑**（cerebrum）。大脑是最大的一个脑部结构，当你观察一个完整的大脑时，你看到的大部分都是大脑。

每个类型的脑叶都以不同的方式参与思维。其中的三个叶——顶叶（parietal lobe）、额叶（frontal lobe）和颞叶（temporal lobe）——一直到青春期还在持续发展。当一个人在解决空间推理方面的问题时，顶叶的细胞变得活跃起来，例如，判断一辆车是否能够停在一个很小的停车位上，在哪条路上转弯才能到达朋友家。额叶与高级思维过程有关，特别是执行功能，如计划和控制。额叶受到伤害的人未经思考就已经做出行动，也不关心长远的结果。相反，如果你能在老板不讲道理时控制住自己的舌头不去责怪他，或者你在期末考试前一周多就开始学习，你就具有良好的额叶功能。额叶的成熟促进了执行控制能力的提高。颞叶（对大多数人来说是左颞叶）最广为人知的功能是语言（大脑右半球的颞叶与非言语交流关系更为密切）。

在整个青春期，不仅这些脑叶在持续发展，它们之间的连接也在持续发展。例如，连接额叶和颞叶的神经纤维变得更粗，髓鞘化程度也更高（Barnea-Goraly et al.，2005；Giorgio et al.，2010），**胼胝体**也变得更粗了。在此种情况下，脑的不同区域能够更有效地共享信息。

在颞叶下面还有两个结构在青春期达到成熟，分别是海马体（Ostby et al.，2009）和杏仁核（Mills et al.，2014）。海马体（hippocampus）与学习、记忆和动机有关。杏仁核（amygdala）解释我们接收到的感觉信息，使我们以原始的、情绪化的方式对这些信息做出反应。杏仁核也与记忆有关，特别是情绪记忆。如果一个人的杏仁核比较发达，额叶比较弱，他可能会很容易愤怒，无法控制地攻击别人，或者因为一个小挫折哭泣。有趣的是，女孩的海马体成熟得更快，男孩的杏仁核成熟得更快（Giedd et al.，1997）。

你想知道吗

为什么青少年比成年人更情绪化

青少年比成人更加情绪化是因为杏仁核（情绪中心）发展得比额叶（计划和冲动控制中心）快，对男孩来说更是如此。

脑结构的成熟　这些脑结构的成熟经历了两个阶段。首先，脑细胞迅速生长和繁殖。细胞生长得如此迅速，以致细胞之间产生大量的相互连接的突触被称为"活力突触"。脑细胞的生长一直持续到 16 岁左右。此时，细胞和突触的数量开始减少。有些细胞越来越大，越来越强壮，它们周围不太经常使用的细胞则相继死去（想象一棵快速生长的橡树苗逐渐长大，形成很大的树荫，它周围长得比较慢的树苗渐渐死去，它现在有了更大的空间来舒展，甚至长得更大）。细胞的减少会急剧发生。脑会失去 7% ～ 10% 的细胞，在某些特定的区域，甚至一半细胞都会消失（Durston et al.，2001）。抑制与成熟有关，兴奋性突触减少的要比抑制性突触减少的多。事实上，兴奋性突触与抑制性突触的数量比例在青春期会从 7：1 下降到 4：1。这反过来增强了环境对青少年脑发展的重要性，因为哪些连接被

加强，哪些连接消失，是青少年获得的经验在起作用。

许多研究者相信刚刚描述的这些脑结构变化可以解释青春期的许多认知发展（例如，Kail，2000）。加工速度的提高，加工容量的增大，记忆力的发展，语言运用的复杂性增强，自我意识提升以及执行功能的提高都被认为可能是这些脑结构变化所带来的认知发展（Choudhury et al.，2008）。大脑的成熟还会带来逻辑思维能力的发展。

之前提到在很多情境下，青少年比成年人和儿童更愿意冒险，这也与大脑发展有关。简而言之，大部分青少年的边缘系统（limbic system）（与社会情绪加工有关）达到成熟的时间要早于执行控制系统（executive control system）（前额叶）（Casey et al.，2008）。我在课堂上常常用一个比喻来描述这一现象：执行控制系统仿佛一个骨瘦如柴的只有 98 磅[⊖]重的小个子，边缘系统就像一个有着强壮肌肉的超级英雄，这两个人之间的战争谁会赢得胜利？因为两者发展的不平衡，青少年更容易做出冒险行为，愿意追求快乐，更容易受到短期利益的影响（Urošević，2012）；与成年人相比，青少年更加情绪多变和冲动。一旦大脑皮层成熟的水平赶上边缘系统的发展水平，抑制能力增加，执行控制水平就会随之提高。（Liston et al.，2006；Schilling et al.，2013）。

评估认知发展

除皮亚杰理论、信息加工理论和神经科学途径外，还有第四种研究认知发展的视角：**心理测量途径**（psychometric approach）。心理测量学家对如何理解智力的本质以及智力如何随着年龄发生变化表现出很大的兴趣。为了研究智力，他们设计了很多心理测验来测量知识和思维能力。其中一些测验广泛应用于儿童和青少年。尽管这些测验应用如此广泛，但它们并不完美。

智力理论

智力的定义几乎与试图测量它的专家的数量一样多。它已经被描述为一种先天的学习、思维、推理、理解和问题解决的能力。接下来我们会介绍两个完全不同的智力理论，虽然这两个理论被提出的时间很早，但现在仍然被广泛接受和运用。我们还将介绍两个当代的智力理论，这两个理论也有一定的支持者。

- "g"
- 流体智力和晶体智力
- 智力的三元理论
- 八种（或十种）智能框架

🔦 四种智力理论

心理学家经常讨论四种不同的智力理论对智力本质的解释，在此，我们只对"g"进行讨论。

⊖　1 磅 = 0.454 千克。

"g"

英国心理学家斯皮尔曼（1904）提出了"一般智力"的概念，或称之为"g"。斯皮尔曼在研究了很多人的思维和问题解决能力后，发现那些在一个认知任务上表现好的人往往在其他任务上也表现好。因此他认为存在一种单一的能力，这种能力是大多数思维的基础，他还认为存在一些特殊能力"s"，这些特殊能力以较为有限的方式影响思维。数学能力和言语能力是一般智力。

在加德纳近年来的著作中，他提出了三种可能的智力：存在的、灵魂的、自然的（Gardner，1999，2006）。他尤其明确地提出了**自然观察智力**（naturalistic intelligence），即辨认植物和动物的能力。

加德纳认为，心理学家应该发展出一个完全不同的什么是"聪明"以及如何测量"聪明"的观点。他的观点很独特，他宣称不同的智能在人类神经系统中独立存在。他希望不再根据被称为"智力"的单一维度来测量人们。反之，他认为需要考虑到不同智力的强度。

这些不同类型的智力从儿童期到成年期是否有所提高？言语的、空间的和数学能力当然是在提高，人际关系智力也是在发展的。在青春期，自我意识也发生了巨大的变化。音乐智力似乎突然提高了（Hassler，1992），运动智力也一直在提高，直到成年早期（Visser & Geuze，2000）。

情绪智力

除了这些宽泛的智力理论以外，在 1990 年，一种新的特殊类型的智力被提出。萨洛弗和梅耶（1990）创造了情绪智力这一词语来概括四种能力。这些能力包括：

- 通过观察面部表情、语调、身体语言来准确地知觉他人的情绪。
- 敏锐地利用情绪线索来指导注意和认知。例如，当你看到妹妹很伤心时，主动去关心她，与她说话。
- 恰当地解释他人情绪的原因。例如，意识到你的好朋友之所以烦恼是因为他的考试分数不理想，而不是因为你。
- 管理自己的情绪：保持冷静的能力，对他人做出共情反应等。

情绪智力似乎是加德纳多元智力理论中的人际关系智力和反省智力的混合体。

自情绪智力的概念被提出以来，研究者对它有两种不同的理解。包括萨洛维和梅耶在内的一些研究者把情绪智力理解为一组加工情绪信息的能力（Salovey & Mayer，1997）。也有一些研究者更倾向于认为情绪智力是人格的一个方面，是与自我知觉和情绪有关的一系列人格倾向（Petrides et al.，2007）。这两种理解分别被称为能力模型和特质模型。

高情绪智力与高水平的身心健康有联系（Martins et al.，2010），与药物成瘾、饮酒、吸烟行为有负相关（Kun & Demetrovics，2010）。雷斯托雷西翁和他的同事（Resurrección et al.，2014）对有关青少年研究的文献进行的元分析发现，具有较高情绪智力水平的青少年适应良好，压力反应较小，也较少地表现出焦虑或抑郁（又见 Poulou，2014）。此外，欺凌者和受害者更有可能有情绪智力缺陷（Lomas et al.，2012）。

智力测量

用来测量智力的测验常被称为 IQ（即**智商**）测验（IQ tests），IQ 测验被广泛应用于学校，诊断学生是否需要特殊的课程。还有其他类型的测验，如**成就测验**（achievement tests），此类测验测量学生对某一门学科知识的掌握程度，如阅读理解或几何。SAT 学科测验就属于学业成就测验。

对这些测验及其运用的质疑已经成为公众争论的一个话题，这很大程度上是因为布什政府对所有美国学龄儿童实施频繁的、强制性的成就测验，将这一举措作为"不让一个学生落后"教育计划的一部分。尽管后来乔治·布什不再担任总统，但这些测验仍然在继续。这些测验常常被贴上为智力测验或者成就测验的标签，事实上这些测验常常是二者的混合物。为了做好这样的测验，你必须有敏捷的思维并拥有相关的知识。

最广为人知的智力测验是斯坦福 - 比奈智力量表和韦克斯勒量表。这两个量表都不是基于斯腾伯格或加德纳的智力理论的，因为它们在这两个理论被提出之前就诞生了（也有智力测验是基于三元智力理论的，即斯腾伯格三元能力测验，简称 STAT。这个测验的结果与其他智力测验的结果高度相关（Koke & Vernon，2003）。目前还没有被广泛应用的基于加德纳多元智力理论的测验。）尽管这些测验中的问题测量了这两个理论所涉及的一些方面，但是这些测验所测量的能力范围要比这两个理论小得多。（韦克斯勒测验的分量表见表 5-2。）

表 5-2　韦克斯勒成人智力量表的分量表（WAIS- Ⅲ）

言语分量表	操作分量表
算术：进行数学计算	积木：根据呈现的图案将彩色的积木搭成相应的样子
理解：解决社会和实际问题	数字符号：按照一定的规则将符号翻译成数字
数字广度：重复一系列数字，有正着背数字和倒背数字	拼配：拼一个拼图
常识：回答关于一般常识和知识的问题	图片排列：将一组图片排成一个连贯的故事
类同：使用归纳推理技能（A 与 B 有什么相似之处）	填图：找到图画中缺少的部分（如：一只没有尾巴的狗）
词汇：给词下定义	矩阵推理：填出一个符号序列中缺失的成分
字母 - 数字排序：记住呈现的数字和字母的顺序	

资料来源：Adapted from L. R. Aiken, *Psychological Testing and Assessment* (7th ed., pp. 163–164). Copyright © 1991 Pearson Education. Used with permission.

用斯腾伯格的话来说，这些测验主要测量了分析智力；用加德纳的话来说，它们测量了语言智力和逻辑数学能力。这两个测验都提供智商分数。智商分数的平均数是 100。

智商从儿童早期到成年期可能会发生很大的变化（Schneider et al.，1999），在青春期，个体的智商分数已经基本稳定下来；但有 1/4 的青少年的智商分数可能会有 10 分甚至更多的变化（Watkins & Smith，2013）。个体经验的变化可以解释儿童和青少年智商的差异。例如，如果一个人经历过重大压力（如生活贫困、父母长期患病或死亡，或者父母经常吵架），他的智商就可能会随着时间下降（例如，Gutman et al.，2003）。这表明智商不仅受基因影响，也受环境影响，IQ 的遗传率是比较高的（Bouchard，2013）。过去经验和当下经验都会影响一个人在智力测验上的表现。

影响智力测验结果的因素

智商以及其他智力测量分数不稳定的一个原因是我们很难得到有效的测验结果。分数不同不仅仅是因为智力的变化，其他某些因素也会影响测验结果（Richardson，2002）。其中一个最重要的影响因素是被测者的焦虑程度。焦虑的人没有那些情绪稳定的人表现得好（Hopko et al.，2005）。动机也对测验结果有显著的影响。一个聪明的学生如果在做智力测验时缺少动机，智力测验就无法测量到他的真实水平，测验结果往往会比他所能达到的水平差很多（Duckworth et al.，2011）。一个学生可能会在测验当天感觉身体不适，或者受到外面的噪声的干扰，这也会影响测验结果。

此外，测验本身存在文化差异。智力测验最初是为了测量不受环境影响的、天生的一般智力，但是长期以来的研究表明，社会文化因素对智力测验结果有显著的影响（Van Stumm & Plomin，2015）。测验的语言、说明、实例和抽象思维是根据中产阶级的标准来设计的（Martinez，2000）。因此，一些青少年在测验上做得不好，并不是因为他们智力较低，而是因为他们不能理解那些远离他们背景和经验的语言或概念。

心理学家致力于开发文化公平的智力测验的尝试是令人失望的。一般方法是在测验中采用某个特定群体所熟悉的语言或者设计非言语测验。著名的智力测验瑞文渐进矩阵测验（也叫 RPM）就是这种非言语智力测验。在这个测验中，测题由几行符号构成。右下角的符号是空着的，被测者的任务是选择一个符号放在这个位置上，这个符号的图案要与其所在的行相匹配。尽管这个测验本质是非言语的，被认为保证了文化公平性，但是现在很多研究者也不同意这一点了（例如，Carpenter et al.，1990）。

动态测量这个相对较新的测量方法受到一些人的认可（Liz，2001）。这种方法基于维果斯基的智力理论，测量的是在社会互动的基础上提高成绩的一种能力。使用这种方法时，我们首先测量儿童在一些任务上的能力，然后对儿童进行辅导，尽可能地为他提供帮助，接着再要求他们单独完成这个任务。动态测量与传统的智力测量不同，在动态测量中，每个儿童都被当作单独的个体对待，而不是以固定的、一致的方式对待，儿童初始完成会得到他们最初的表现的反馈。那些已经运用动态测量方法的研究者发现，动态测量的结果能够更好地预测儿童在学校的学业成就（Sternberg & Grigorenko，2002）。

智力测验的使用和误用

在解释智力测验的结果时必须非常谨慎。首先，正如前面提到过的，测验分数只是反映了一个人在某一特定时间点的能力。如果你曾经在很累、心情不好或不舒适的时候参加考试，你就会理解人们有时候在测验中不能把自己最好的水平发挥出来。其次，即使分数反映了一个人在某个测验上的真实水平，也不能反映他的智力，有可能只是反映出他的态度或背景。如果你参与一个智力测验，测验的语言是你不熟悉的语言，测题的内容涉及你不熟悉的文化，你认为自己在这个测验上的分数是否会变化？显然，你在这样的测验上所得的分数会比在一个更能反映你生活背景的测验上所得的分数要低。

智力测验可以有积极的作用。事实上，一个青少年的低智力测验得分很低可能是某个原因造成的，无论这个原因是什么——担忧个人问题，缺少动机，生活环境没有给他提供应有的学习机会，或者是智力低下。辨别出智力低下的学生也是非常重要的，这样才能为他提供合适的服务。因此，智力测验可以作为筛选工具，使人们关注需要帮助的青少年。

此外，尽管智商分数是间接的，与智力也没有因果联系，但智力测验确实能预测一个人在不同方面的表现。例如，智商在某种程度上可以预测青少年在同伴中受欢迎的程度（Scarr，1997）。正如人们所期望的，智商能预测学业成就（例如，Chamorro-Premuzic & Furnham，2006）。也正因此，智商能预测职业状态（Nyborg & Jensen，2001）。智商较高的青少年更有可能过得比较快乐，较少出现犯罪、酗酒等问题行为，也更少出现心理健康问题（Zettergren & Bergman，2014）。

你想知道吗

智力测验能准确地测量智力吗

如果智力的某些方面恰好是该测验试图测量的智力子成分，那智力测验在测量这些方面时可以做得很好，例如记忆、词汇、空间知觉等。如果一个人某一个测验的成绩好，我们就可以假定他具有相关的技能。但是，这反过来不一定是正确的：如果一个人在某个智力测验上表现不好，那他可能缺乏这些技能，也可能是其他因素造成的。

成就测验

成就测验是用来测量对知识或技能的掌握水平的。我们在小学、初中、高中参加的大部分测验都是成就测验，在大学里参加的考试也是成就测验。例如，期中考试和期末考试常常会评估你是否学习了课程内容（这些测验不只是考察已经教过的内容，往往还需要你根据学过的内容做出推论，事实上也可能涉及智力）。联邦政府教育法规定必须对美国的学龄儿童施测的能力测验是成就测验。SAT 中的生物、文学测验也是属于成就测验。

学术推理测验（SAT）与 ACT 在美国使用最为广泛的测验之一是 SAT（以前它被称为学术评估测验，再以前被称为学术能力测验，现在它被命名为学术推理测验，SAT 这个缩写仍然沿用，尽管与测验全称不完全匹配）。很多大学用 SAT 成绩作为招录学生的基础条件。在 2012 年，超过 160 万高中学生参加了这一测验（Lewin，2013）。

SAT 由三个部分构成：批判性阅读、数学和写作。写作是三个部分中最后增加的，直到 2005 年才加入 SAT。批判性阅读包括"句子完成"问题和阅读理解问题。"句子完成"测词汇量和对句子结构的理解，阅读理解问题需要阅读一些长度不同的段落，然后回答一些相关的问题。SAT 的数学部分需要完成数学运算和读图，其中包括代数、几何和概率。写作部分也有句子完成问题，这些问题与语法和写作风格有关，学生还需要撰写一篇论文。在 2016 年，论文成为可选题。每个部分的得分区间都是 200 ～ 800，所以 SAT 的总分最高是 1600（每个必选的分测验得分都为 800 分）。SAT 的总分不仅可以作为大学入学资格的条件，也常常决定学生是否有资格获得奖学金和经济资助。编制 SAT 的教育考试中心（ETS）宣称，研究表明 SAT 成绩和高中成绩比其他测验成绩更好地预测了学生在大学第一年的学业成就，许多研究者都同意这一观点（例如，Richardson et al.，2012），SAT 成绩是否比高中成绩更好地预测后来的学业成就仍然不得而知（Atkinson & Geiser，2009），而且仍然有很多人反对使用这个测验或者担心误用这个测验的结果（例如，Zwick & Himelfarb，

2011）。

如果训练能够提高学生的分数，那 SAT 成绩是否可以作为衡量学生学术能力的基本标准？大学录取是否应该部分取决于那些可以通过参加培训课程获得的技能？为了公平起见，大学入学考试委员会一直在提醒不要仅仅根据 SAT 成绩做出录取的决定。ETS 也声明一个人的 SAT 成绩可能在 ±30 ～ 35 的范围内变动，即有 60 ～ 70 分的变化幅度。出于这些原因，大多数学校同样甚至更加看重学生的论文、面试和学生在其他录取程序中的表现（Laird，2005）。此外，越来越多的大学开始把 SAT 作为可选的而不是必须的条件。在我们写作本书的时候，已经有超过 800 所大学把 SAT 作为可选条件（Fairtest.org，2015）。

💡 对 SAT 的反对意见

对 SAT 的反对意见主要有两个方面，在此，我们仅对其中一个方面的反对意见进行讨论。

反对意见 1

这个测验在种族 / 民族、社会经验地位，性别等方面不是中立的（例如，Freedle，2003）。亚裔美国人在该测验上的得分一直高于白人，这两个人群的得分又都高于非洲裔美国人和拉美裔美国人。而且男性在该测验的言语部分和数量部分的得分数都高于女性（Jackson & Rushton，2006）。那些社会经济背景较好的人的 SAT 分数往往较高（Atkinson & Geiser，2009）。

SAT 的主要竞争者是 ACT。在 SAT 产生相当长时间后，ACT 于 20 世纪 50 年代诞生了。在很多年里 ACT 一直在追赶 SAT，因为只有相对较少的学生参与 ACT（这些学生主要在南部和中西部）。这种情况已经发生了改变，近年来，参与 ACT 的人数已经超过了SAT（Pope，2012）。ACT 由四个部分构成：英语、阅读、数学和科学推理。ACT 也有一个可选的部分——写作。每个部分的得分区间都是 11 ～ 36。可能是因为 ACT 没有 SAT 那么流行，所以它受到的争议少一些。

💡 研究热点

不同智力水平的青少年

95% 左右的人的 IQ 分数在 70 到 130 之间。其余的 5% 平均地分布在顶端和底部，即 2.5%的人 IQ 分数高于 130，2.5% 的人 IQ 分数低于 70。那些 IQ 分数高于 130 的人被认为智力超常，那些 IQ 分数低于 70 的人则患有智力障碍。如果一个人属于这两个群体中的任何一个，那青春期对他来说会是一段艰难的时期。

💡 有认知缺陷的青少年所面临的问题

因为在青春期从众被认为是非常重要的，所以那些在某一方面与他人不同的青少年常常会面临困境。对于那些有认知缺陷的青少年来说尤其如此，他们面临的问题有压力的增大、社会接纳度、性发展等方面的问题。在此，我们只讨论压力的增大。

压力的增大

那些有认知局限的个体在青春期容易受到越来越大的压力。他们发现学校生活比以往任何时候都更困难，因为他们比同伴落后得更多了。这些学生还停留在前运算阶段或**具体运算阶段**，而他们的同伴已经进入**形式运算阶段**。他们缺少执行功能，如维持注意和选择性注意的能力（Costanzo et al.，2013）。与智力正常的青少年相比，有认知障碍的学生自尊水平低，缺少对自己生活的控制感（Wehmeyer & Palmer，1997）。他们往往缺少自我决定的能力，也缺少一种特质，这种特质能让人们拥有较高的理想并为这些理想努力，在追求理想的过程中遇到困难时坚持下去（Erickson et al.，2015）

第6章

自我概念、同一性、种族和性别

　　自从埃里克·埃里克森首次提出形成自我同一性是青春期最重要的人生任务，研究者便开始对青少年这种自我发现过程的途径进行研究。在形成自我同一性之前，青少年已经拥有一些在童年期就已经形成的对自己的某些认识。一个人如何描述自己，很好地体现了其对自我的认识。

　　自我（self）是一个人所意识到的那一部分人格。**自我概念**（self-concept）是一个人对自我有意识的认知知觉和评价，它是一个人对自己的看法和认识。自我概念比同一性的范围更加有限，同一性更完整、更一致，并且更有前瞻性，因为它包含长期目标。自我概念和后来的同一性构成了**自尊**（self-esteem）的基础。自尊指一个人对自己的感受，它在本质上具有评价性。如果我的自我概念告诉我我身体比较强壮，我的自尊水平就会提高。那些有着高自尊的人更喜欢自己，低自尊的人则不喜欢自己。

　　在本章中，我们首先会回顾有关青少年的自我概念和自尊水平变化的研究，之后将对同一性研究进行详细的讨论。由于当代美国社会中民族和性别在个体自我概念的发展过程中起着重要作用，因此本章还将探讨自我知觉和同一性的民族与性别差异。

自我概念和自尊

　　个体**自我概念**形成的第一步是他认识到自己是作为一个不同的、独立的个体存在的。这种意识开始于婴儿期，被称为**存在的自我**（existential self）。自我概念还意味着个体不断发展的对于"我是谁"和"是什么"的意识，它描述了个体是如何看待自己的，包括自我觉察的身体特征、人格、技能、特质、角色以及社会地位。它可能会被描述为个体对待自己的态度的系统。它是自我定义和自我形象的总和（Harter，1990），被称为类属自我（categorical self）。类属自我在一生中都在发生变化，在青春期发生的变化是最大的。这一巨大变化背后的原因包括认知复杂性的提高、身体的成熟、新的性冲动、与父母关系的变化等。

青少年会收集一些能够帮助他们评价自己的证据：我是否有能力？我是否有魅力？我是不是一个好人？根据这些证据，他们做出了一些关于自己的假设，并借助自己的经历和社会关系来检验他们对自己的感受和看法是否正确。他们通过与理想中的自我比较和以他人的反应为镜子来进行自我反思。有时候这能使青少年认识自己，有时候这会引起变化。

个体的自我概念准确与否有着重要的意义。正如图 6-1 所示，所有人都有七种不同的自我：他们是什么样的人，他们认为自己是什么样的人，别人眼中的他们，他们认为的别人眼中的自己，他们认为自己将来能够成为的人，他们认为别人想让他们成为的人以及理想自我（ideal self）（他们希望自己成为的人）。

图 6-1　七种不同的自我

自我概念可能与事实相近，也可能与事实并不相近，两者相近当然更好。卡尔·罗杰斯（1951）把知觉到的自我与理想自我之间的相似性称为**自我和谐**（self-congruence），他还认为自我和谐是良好的心理健康状况的充分必要条件。

这几种不同的自我对行为都有影响，它们也会相互影响。例如，如果青少年认为自己在别人眼里是无趣的、不被欢迎的，他们就会以这种消极的方式来看待自己。如果他们的理想自我不太可能实现，他们就可能会不喜欢他们知觉到的自我。如果他们知觉到的自我有幽默感，他们就可能会一直讲笑话。

有些自我概念是比较稳定的，另一些自我概念则是短暂的。这些关于自我的看法受此时此刻的情绪或某段时间的经历影响。近期一次考试成绩不佳可能会让一个人暂时觉得自己很笨，父母的一次严厉批评可能会使青少年觉得自己很懒惰。

私人话题

完美主义

通常来说，追求完美是很好的特质。适应良好的完美主义者会从他们的成就中得到真正的快乐，但是如果情况允许，他们对自己的要求不会太苛刻。适应不良的完美主义者对完美的追求达到了不健康的极端程度。他们持有一个不理智的观点——必须做到完美才会被接受。他们的标准超出常理，他们追求不可能完成的目标，被自我批评折磨得筋疲力尽，自我价值因为每个知觉到的失败被持续贬低。因为在他们的眼中自己从来不能达到标准，所以当面临可能出现的批评时，他们会变得防御、愤怒，这会使他人沮丧并疏远他们，还会造成他们所担心的不被他人认可。他们饱受焦虑和情绪波动的煎熬，体验到的痛苦比奖赏更多。对许多人来说，连获得学业成功对提升自信都没有任何效果（Flett & Hewitt，2002）。完美主义与饮食障碍有密切的关系。因此，发展健康的同一性意味着我们一方面想要成为一个很好的人，同时不能要求自己没有任何缺点。

良好的自我概念的重要性

为什么有良好的自我概念如此重要？因为它能激发并指导人的行为。比起你认为自己又笨拙又缓慢，如果你相信自己是强壮且协调的，那么你更容易去尝试学习滑冰。同样地，如果你认为自己很聪明并且很努力，比起你认为自己不聪明不努力，你会更倾向于选择一些难度较大的课程。

奥瑟兰和马库斯（1990a，1990b）在关于动机和自我概念的关系的讨论中更注重青少年的**可能自我**（possible self）。可能自我是他们以后可能成为的样子，涉及的是未来而非现在。每个人都会有：**希望自我**（hoped-for selves），即我们希望成为的人；**预期自我**（expected-self），即我们认为我们将来能够成为的人；**恐惧自我**（feared self），即我们害怕成为的样子。例如，你可能希望成为一个世界闻名的小提琴家，预期自己可以成为一个高中音乐老师，害怕自己成为一个没有工作的街头艺术家。

奥瑟兰和马库斯认为，那些缺少积极的预期自我的青少年倾向于做出一些无意义或反社会的行为。看来，如果一个人对好结果不抱任何希望，这个人就有可能做出自我毁灭的行为。如果你觉得自己所预想的最积极的未来一点儿也不好，为什么还要去尝试呢？相反，如果你相信自己可以实现梦想，你就会更愿意为自己的梦想努力。平衡恐惧自我能够促进负责任的行为，意识到坏的结果可能具有激励性，知道消极的结果能够帮助一个人避免做出反社会行为。例如，你可能希望变得富有（希望自我），但是你知道抢银行会使你进监狱成为囚犯（恐惧自我），所以你不会这么做。研究者已经证明，青少年的可能自我会影响他们的违法行为、吸烟、饮酒等行为（Aloise-Young et al.，2001；Lee et al.，2015）。

研究热点

这一代人是否有更高的自尊

当下这一代青少年常被描绘为对自己满意的人。一个近期的调查显示，这的确是一个准确的描述。特温奇和坎贝尔（2008）分析了2006年以来的"Mornitoring the Future"[⊖]的调查数据，这个调查每年给全美各地约15 000名高中生发放问卷。他们抽取了一部分关于自尊的项目进行调查，结果证实当前美国的高中生对自己和自己的未来比1975年的美国高中生更乐观。与1975年的高中生相比，当今的学生更喜欢自己，他们很大程度上倾向于认为自己能够成为好的配偶、父母或员工。然而，他们不相信自己是更有能力的，尽管他们相信自己更聪明一些。

后来的一些研究，包括特温奇和坎贝尔的后续研究也得到了相似的结果。特温奇和他的同事在2012年发现高中生对自己的领导力、学术能力和成功动机等方面的自我评价分数比之前的青少年的自我评价分数更高。他们还发现当代初中生的自尊水平也很高。康拉斯等人在2011年的研究发现，与之前的青少年相比，千禧一代比较容易自我欣赏，较少关注他人。

有些研究者对这些结论持不同观点。其中一些研究者，如阿内特（2013）对上述研究采用的方法进行了批评。也有些研究者认为处于青春期后期和成年早期的人之所以更容易自我欣赏，并不是因为年代效应，而是因为年龄差异（例如，Wilson & Sibley, 2011）。换言之，他们相信年青人更加自恋，而不是当下的年青人比以前的年青人更加自恋。

如果事实果真如此，那为什么当下的年青人拥有高自尊？研究者提出，也许是因为他们比以前的学生拿到了更高的分数。在2006年的调查数据中，被调查的高中生中能拿到A的人数几乎是1975年被调查高中生中拿到A的人数的两倍。正如鲍明斯特等人（2003）提出的，成绩的提高和学校对提高自尊的重视这两个原因都促使高自尊人数的增加。如果高自尊的个体更倾向于乐观，这就可以解释这代人对于自己的成功充满期待的缘由了。

自尊

青少年建立自我概念后必须要处理的问题是随之产生的自尊。当他们评价自己的时候，会认为自己有什么样的价值？自我评价是否会带来自我接纳与认同？是否会带来自我价值感？如果是这样，青少年就有足够的自尊接纳自己。对那些高自尊的人来说，他们的自我概念与自我理想之间一定存在着一致性。

随着青春期的开始，大多数青少年开始对自己做一个全面的评价，将自己的身体、运动技能、智力、社会能力等与同伴、理想自我或者偶像进行比较。这个批判性的自我评价伴随着自我意识，自我意识使青少年很容易感到尴尬，导致假想观众的产生。结果是，青少年会竭尽全力地试图使现实自我与理想自我保持一致。青春期后期，大多数人已经成功地了解了自己——确定自己最有可能成为什么样的人，并将目标与理想自我整合在一起。

自尊是非常重要的，生活的许多方面都与它密切相关，下面将讨论其中的几个，如心理健康、人际能力以及青少年犯罪。

心理健康

长久以来，人们认为高自尊与长期的心理健康和幸福感有关。那些自尊从来都没有得到很好发展的个体表现出了许多情绪疾病的症状。青少年的低自尊与抑郁的关联已经得到

⊖ 美国国家健康研究所资助，密歇根大学开展的一项针对高中生、大学生和年轻成人的行为、态度和价值观的持续的调查研究。——译者注

证实（Martyn-Nemeth，et al.，2009）。低自尊与自杀行为有着同样密切的联系（Chatard et al.，2009）；低自尊的个体还会出现身心症状和焦虑（Byrne，2000）；低自尊也是滥用药物（Donnelly et al.，2008）和未婚怀孕（Parker & Benson，2005）的一个影响因素。事实上，未婚怀孕经常是年青女性提升自尊所做的一种努力。低自尊通常与神经性厌食症和暴食症等饮食障碍有关（Sassaroli & Ruggiero，2005）。不仅在美国，在很多其他国家也发现了这些相关。

　　有时候，一个低自尊的青少年会尝试以虚假的面目去面对世界，这是一种补偿机制——通过使他人相信自己是有价值的来克服无价值感。他试图通过表演给他人留下深刻的印象，然而，这样做是有压力的。当一个人的行为表现出自信、友好或开心，但是内心并非如此时，这个人将陷入一场长期斗争。那种担心做错的焦虑会使人产生强烈的紧张感。

自尊和社会适应

　　焦虑的一个原因是低自尊的人自我意识较强，容易受到批评和排斥的影响，这些负面信息又强化了他们的不自信（McDonald et al.，2010）。当他们被嘲笑或被责备，或者其他人对他们有负面评价的时候，他们可能会深陷困扰。这会引起他们的攻击性反应（Jacobs & Harper，2013）。他们越是觉得自己脆弱，他们的焦虑水平就越高。这些青少年表示，"批评极大地伤害了我""我不能忍受在有些事出错时有任何人嘲笑我或责备我"。他们会在社会情境中感觉尴尬并尽量避免此类事情发生。

犯罪行为

　　多年来，心理学家和社会学家认为低自尊与犯罪行为有密切的联系。也就是说，他们认为犯罪行为是对自我的消极感受的补偿。这一观点最早是卡普兰（1980）提出的，被称为自我增强论（self-enhancement thesis）。他认为那些所谓的没有走正路的青少年是因为其行为没有得到积极的强化才有低自尊的。因此，那些学业分数低的青少年与那些适应良好的同伴不能很好地相处，什么事都做不好，对自己没有好感，自尊水平低。为了让自己感觉好些，他们会与那些行为有偏差的青少年交往，这些行为有偏差的青少年会因为他们表现出同样的犯罪行为表扬和强化他们。与这类同伴的联系会鼓励他们出现进一步的偏差行为，这反过来加强了强化，他们的自尊水平得到提高。总之，卡普兰指出低自尊的青少年将会出现犯罪行为，一旦做出犯罪行为，他们的自尊水平就会提高。

　　然而，一项20世纪90年代开展的研究并没有发现这一联系。实际上，不同研究的结果差异很大，比如有的研究发现犯罪者的自尊水平提高了，有的研究发现犯罪者的自尊水平降低了，也有的研究发现犯罪者的自尊水平保持稳定。犯罪者的自尊水平可能低，可能高，也可能正常。更多的研究发现自尊水平与犯罪行为有弱的负相关（Baumeister et al.，2003），也就是说，大多数研究发现犯罪者的自尊水平是比较低的。

　　最近的研究结果可能为这些互相矛盾的发现提供了解释。唐纳伦和他的同事（2005）进行了一项研究，他们将自尊与自恋（过度关注自己的人格特质）的效应分离开来。他们发现低自尊与犯罪行为和攻击性有着较强的相关。高自尊不能预测犯罪行为，自恋则能预测犯罪行为。巴里等人（2007）也发现了相似的结果。由于先前的研究没有区分正常的、健康的高自尊和病态的自恋，因此许多研究发现的高自尊与攻击性的相关事实上并不是真正的相关。

积极自我概念的发展

如何发展积极的自我概念？如前所述，人们通过反思自己的经历来建立自我概念。一个人经历过的愉快或成功的事件越多，就越有可能发展出积极的自我概念。人们的性格会影响他们能做和能做好的事的类型，也会影响他人对自己的成就的反应。对自我概念的发展产生影响的因素有很多，包括：

- 重要他人
- 社会经济地位
- 种族／民族
- 性别
- 残障
- 压力

重要他人

自我概念部分由他人对我们的看法，或者说我们认为的他人对我们的看法决定，这一观点已经被广泛接受。但是，不是所有人都能产生同样大的影响。重要他人指那些很重要的人。他们具有很大的影响力，他们的观点很有意义。他们的影响力大小取决于他们与青少年的亲密程度、他们对青少年投入的感情、他们所提供的社会支持以及他们被赋予的力量与权威。

许多研究者发现青少年的家庭关系质量与他们的自尊水平相关，不仅在美国，在许多其他国家也是如此（例如，Farruggia et al.，2004）。

当孩子认为父母之间存在矛盾或他们与父母之间存在矛盾时，他们容易产生低自尊的（例如，Siiffert et al.，2012）。一项研究表明，与同龄人相比，经历过父母离婚的青少年更有可能遇到父母对他的期望较低、信任较少，家庭中很少有讨论以及较大的经济困难等情况。研究发现较消极的自我概念和社会能力与这些生活经历相关（Sun & Li，2002）。父母离婚所导致的低自尊一般是暂时的。例如，古德曼和皮肯斯（2001）发现成年人的自尊水平与其在儿童期是否经历父母离婚或去世并没有显著的相关。

与父亲的积极关系有助于青少年男性发展高自尊和稳定的自我形象。对青少年女性来说也是如此。

💡 青少年与父母的关系

高自尊的青少年与他们的父母有着更高的亲密度。换句话说，他们与父母的关系更亲近，相处得更加和睦（例如，Phillips，2012）。青少年的自尊水平与父母是否愿意给孩子自主权（Linver & Silverberg，1995）、接纳和温暖（Dusek & McIntyre，2003）、权威型教养方式（Dekovic & Meeus，1997）、健康的沟通模式（Caughlin & Malis，2004）以及父母的支持、参与和控制（Robinson，1995）有关。

在此，我们只讨论青少年与母亲的关系。

青少年与母亲的关系

母子或母女关系的质量很显然是青少年自尊发展的重要影响因素之一（Turnage，2004）。例如，年纪稍大、与母亲关系很亲密的少女认为自己自信、聪明、理智并且有自我控制力，而那些与母亲疏远的少女对自己的知觉是消极的：逆反、倔强、易冲动、过于敏感、不乖巧。这些研究发现表明，对母亲的认同程度会影响青少年的自我概念。和青少年居住在一起的继母与生母都对青少年的自尊水平有重要影响（Berg，2003）。

社会经济地位和种族 / 民族

社会经济地位对自尊水平的影响很小却很显著（Twenge & Campbell，2002）。一般来说，低社会经济地位的学生比高社会经济地位的学生的自尊水平更低，而且社会经济地位对学生的影响似乎随着年龄的增大而增强。相对剥夺感（relative deprivation）（你周围的人都比你更富有的程度）似乎比实际剥夺水平所产生的影响更大（Pals & Kaplan，2013）。

社会经济地位的影响是间接的，而非直接的（Dusek & McIntyre，2003）。这些青少年的自尊水平低并不是因为他们贫穷，而是因为他们受经济状况所限，做得不够好。经济困难会减少来自父母的积极情感支持，父母也可能会因为经济困难表达对青少年的消极评价，从而降低他们的自尊（Ho et al.，1995）。而且来自低收入家庭的青少年不太可能负担得起最新的时尚产品，他们可能无法像富有的同龄人一样参加可以提高自身声望的俱乐部或组织。他们有合理的理由担心他们的同学是如何评价自己的，而这当然会使他们的自尊水平降低。

💡 种族 / 民族与青少年的自尊

在 20 世纪 50 年代，一位著名的心理学家肯尼思·克拉克（1953）报告了他的一项具有开拓性的研究结果，他发现非裔美国儿童比白人儿童有着更低的自尊。他给黑人儿童呈现黑人玩偶和白人玩偶，然后问他们哪些玩偶更可爱，哪些更漂亮，他们更愿玩哪种玩偶等问题。黑人儿童更偏爱白人玩偶，这表明他们对自己、对黑人总体上的感觉并不好。克拉克的研究对说服美国最高法院成员在 1954 年对布朗诉托皮卡教育局案的判决中宣布种族隔离违宪起到了一定作用。

在今天，非洲裔美国人这一身份是否仍然是影响自尊的因素

是的。一项元研究（Rivas-Drake et al.，2014）发现，有大量证据表明积极的种族同一性与高自尊有中等程度的正相关。研究显示，随着人权运动的开展，人们的种族自豪感逐渐提高，非洲裔美国人的自尊水平也有所提高。事实上，大部分研究表明非洲裔美国青少年比其他群体，包括白人青少年，有更高的自尊水平（Twenge & Crocker，2002），无论男性还是女性都是如此

（Buchanan teal., 2011；Ridolfo et al., 2013）。

总体来说，有证据表明，当美国的非洲裔青少年不遭受白人的歧视时，他们拥有更高的自尊。当非洲裔青少年生活在与其有相似的身体特征、社会阶层、家庭背景或学业成就的人群中时，他们的自尊水平要比生活在白人为主的环境中时的自尊水平更高（Ward，2000）。大部分或所有学生都是非洲裔学生的学校里的青少年，比混合性学校里的非洲裔青少年具有更高的自尊。混合性学校有很多优点，但不包括提高非洲裔青少年的自尊水平这一点。

如果非洲裔美国青少年能够有一个积极的民族同一性，他们的自尊水平就会提高。（我们将在本章后面的部分更充分地讨论这一点。）那些有着健康的种族自豪感的青少年更可能有较高的自尊（Harris-Britt et al.，2007）。

性别

许多关于性别对自尊影响的研究发现，女孩的整体自尊（global self-esteem）水平低于男孩。金泰尔和她的同事对 100 多个研究的元分析研究证实了这一点（Gentile et al.，2009）。他们没有分析整体自尊，而是分析了自尊的各个具体领域。他们发现，男性的个人自尊和自我满意度在一定程度上都高于女性——这些量与整体自尊类似——男性对他们的外貌和运动能力也表现出更高的自尊。青少年女性则在行为和道德品质方面的自尊更高。学业、家庭、社会接纳或情感自尊的分数没有表现出性别差异。女孩的低自尊模式并非仅局限于美国，其他国家也呈现出类似的结果。例如，博洛尼尼等人（1996）发现瑞士的青少年女性的自尊水平低于青少年男性，莫克斯内斯和埃斯内斯（2013）在挪威青少年自尊的研究中也发现了相同的趋势。

女孩自尊的基础似乎与男孩不同。女孩的自尊更多地与她们所知觉的外表吸引力（Dellfabbro et al.，2011）和相互联系感——她们的社交网络（Thomas & Daubman，2001）有关。男孩的自尊与他们对成就和体育能力的知觉相关更高（Jacobs et al.，2002）。

为什么青少年女性比男性的自尊水平低？一些研究者指出一个事实：被美国社会视为男子气的特质比那些女子气特质更受欢迎（Markus & Kitayama，1994）。其他研究者提出，媒体对女孩的身体形象有消极的影响（例如，Stice et al.，2001）；还有研究者认为，当自尊主要依赖于他人对你的印象时，个体更难保持高自尊（Gentile et al.，2009）。无论如何，这些不同点都很重要，因为自尊会影响一个人的情绪、目标以及生活计划。

你想知道吗

青少年男性与女性有不同水平的自尊吗

尽管在儿童期几乎不存在自尊水平的差异，但在青春期，男性的自尊水平往往比女性高。这可能是因为在这个年龄的女孩比男孩更加关注自己的外貌，而且对自己的外貌不满意。

残疾和压力

我们可以想象，有身体残疾的个体具有消极的身体意象，因此他们比那些健康的人更难发展出积极的自我概念和自尊（例如，Jemtå et al.，2009）。有认知障碍（如学习困难）的青少年也是如此（例如，Ginieri-Coccossis et al.，2013）。当你的一个特点不仅使你与同伴看起来不同，并且使你在做所有事情的时候都比他们困难时，你很难对自己有好感。

在青少年群体中，压力和自尊水平呈负相关：当压力增加时，自尊水平降低（Gerber & Puhse，2008）。许多原因可能导致压力增加，例如所爱的人去世、考试成绩不理想、换学校或搬家、疾病、人际关系问题、家庭中的变化（如增加新成员或父母离异）等。通常来说，青春期是有很多压力的一个阶段，因此许多青少年都遭受着低自尊的折磨并不令人奇怪。低自尊可能会导致适应问题，如应对压力的能力减弱（例如，Haine et al.，2003）。

青春期自我概念的变化

在青春期，自我概念会产生多大程度的变化？通常，一个人的自我概念的总体水平是逐渐趋于稳定的（Cole & Kerns，2001），同时变得更加多样化，因此年龄较大的青少年倾向于从各个方面对自己进行评价，而不是从整体上来评价自己（Alsaker & Kroger，2006）。正如前面提到的，青少年会对他们生活中重要的事情和变化极度敏感，因此个体在青春期早期的自尊水平通常会比儿童时期低。不同种族／民族、性别、社会经济地位的青少年都是如此。青春期发生的很多变化可以解释这种自尊水平的下降。随着认知水平的发展，一个人能够更加现实地看待自己的能力，而不再像幼儿那样以一种夸大的眼光来看待自己（例如，Young & Mroczek，2003）；因此，在青春期，一个人会突然感到自己没有以前认为的那么好。而且，青春期开始后，青少年开始对找男朋友或女朋友感兴趣，因此他们变得更关心自己的外貌，对自己的外貌更不满意。在青春期后期，女孩的体重增加，男孩的肌肉开始变得发达，但在这一阶段女孩往往认为苗条的身材更美，因此女孩会比男孩对自己的身体更不满意，这在很大程度上导致处于这一阶段的女孩的自尊水平比男孩下降得更多（Nanu et al.，2013）。

也许最重要的是，这时学生正好离开小学升入初中。在受保护的小学阶段，孩子只有几个老师和同班同学，进入更大的人与人之间比较冷漠的初中之后，老师、同学，甚至教室都一直在变化，这可能会对青少年的自我形象造成困扰。研究已经表明，相比于年龄，学校水平是更重要的一个因素。一项研究发现，小学六年级学生比中学六年级学生自我感觉更加良好（Wigfield et al.，2006）。许多研究进一步证实，从小学升入初中这一转折是青春期早期很有压力的一个事件（例如，Fenzel，2000; Grills-Taquechel et al.，2010）。

总而言之，尽管已经存在一些可以识别的趋势和特征，但自我概念在青春期并没有完全稳定。随着年龄的增长，这些可以识别的特征会变得更加稳定。自我概念在强大的力量的作用下，不论这力量产生的是积极的还是消极的影响，都会发生改变

图 6-2　青少年自尊的影响因素

（见图 6-2）。帮助那些有消极同一性的青少年找到一个成熟且积极的自我形象是我们最终要完成的重要任务。可以确定的是，这种转变在青春期比在成年期更容易发生。

🔘 青少年的心里话

"我记得在青春期早期，我没有多少自尊……我很害羞、安静，像个男孩子。因此当其他女孩开始化妆、穿裙子时，我与他们有很大的不同。我不想改变自己！我很享受像个男孩，这让我有很多乐趣。当我进入初中时，我的自尊水平开始有了很大的下降，因为我不认识任何人，感到自己被孤立。过了一段时间后，我发现了我喜欢的一群人，他们也喜欢我，慢慢地，我的自尊开始水平提高了。自尊水平的提升花了一段时间，现在，我感到自己有足够的自尊了。"

同一性

毫无疑问，青少年面临的最重要的任务之一是形成**同一性**。同一性概念最早是由埃里克·埃里克森（1968）提出来的，他认为这是青春期最重要、最核心的生活任务。从某种意义上说，同一性是一个人的生活故事（McAdams，2001）。社会期望年青人上大学，有一份工作，谈恋爱，能够有自己的政治哲学和宗教信仰。埃里克森将同一性形成任务描述为：通过探索不同的可能性，最终做出决定并且付诸行动，然后履行相应的职责。一个人的同一性主要在青春期形成。随着个体进入成年期并经历新的挑战，同一性会不断修正。生孩子、搬家到新地方、换工作等都会引发自我反思，并使一个人修改对自我的认识和对未来的计划。

你想知道吗

为什么拥有良好的自我概念如此重要

积极的自我概念不仅能使一个人更热情外向，还可以给他足够的自信去尝试新的活动和迎接挑战。积极的自我概念还能使人有高自尊。

七个冲突

你只有做过很多个决定才能发展出完全成型的同一性，如：

- 你应该住在哪里？
- 你想有孩子吗？
- 宗教信仰在你的生活中有多么重要？

🔘 埃里克森的七个核心冲突

埃里克森相信有七个问题是最重要的，这些问题显然比其他问题更重要（Erikson，1968）。

时间透视对时间混乱

获得时间感和生命连续感对青少年来说非常重要，他们必须将过去和未来整合起来，形成个体需要多长时间才能达到他的生活目标的观念，也就是学习如何估计和分配一个人的时间。

其他冲突为自我确定对自我意识、角色尝试对角色固着、工作见习对无所事事、性别极化对两性混淆、领导与遵从对权威混乱、意识信念形成对价值混乱。

同一性状态

埃里克森对同一性这一概念的描述加深了我们对青少年发展的理解，引发了大量关于青春期自我感的发展研究。在这些研究中，最有影响力的是詹姆斯·马西亚（1966，1976，1991，1994）所做的研究。根据马西亚的理论，要形成成熟的同一性必须满足两个条件——一个人必须经历危机和做出承诺："危机指青少年面临多个有意义的可能性并从中进行选择，承诺指一个人表现出来的投入程度"（Marcia，1966）。只有当个体经历过危机并最终对一种信念做出承诺之后，他才能形成成熟的同一性。

马西亚（1996）区分了四种基本的同一性状态：同一性混乱、同一性拒斥、同一性延缓、同一性获得。图 6-3 展示了这四种同一性状态，我们将在本节中详细探讨它们。

图 6-3　根据自我同一性维度区分的四种同一性状态

同一性混乱

处于**同一性混乱**（identity diffused）状态的个体没有经历过危机，也没有对职业、宗教、政治哲学、性别角色或行为的个人准则做出任何承诺。他们没有经历过与这些问题中的任何一个有关的同一性危机，也没有经历过重新评价、寻找和思考各种可能性的过程。

同一性混乱是发展过程中最不复杂的一种同一性状态，往往是青春期早期的正常特征（"长大后你想住在哪儿？""我不知道，我从来没有想过这个问题。"）。随着时间的流逝，来自父母、同伴和学校压力的增大，大多数青少年终将开始考虑这些问题。那些仍然表示自己没有兴趣做出承诺的青少年可能是在掩饰内心对同一性问题的不安全感（Berzonsky et al.，1999）。因为缺少自信，所以他们用冷淡来掩饰自己的感受。同一性混乱的个体常常是低自尊的，过度受到同伴压力的影响，缺少深厚的友谊。他们不断改变兴趣，不断从一段关系转换到另一段关系。他们自私自利，追求享乐。如果一个人一直停留在同一性混乱状态中，他可能会抱着虚无主义的态度，或者开始滥用酒精和药物。

同一性拒斥

处于**同一性拒斥**（foreclosure）状态的人没有经历过危机，但是他们已经对职业和信念做出**承诺**，他们的承诺不是自己探索的结果，往往是父母已经为他们准备好的。同一性拒斥的个体常常对与自己性别相同的父母一方有高度的认同（Cella et al., 1987）。他们成为他人希望他们成为的样子，而非由自己做决定。例如，一个处于同一性拒斥状态的青少年可能会成为一个医生，因为他的父亲或母亲是医生。同一性拒斥的青少年无法区分自己的目标和父母为他们设定的目标。他们与家庭有很强的情感联系，这种亲密的关系表明他们缺少独立性。同一性拒斥的青少年的健康分离水平显著低于其他人（Papini et al., 1989）。

同一性拒斥的个体常常行为良好和顺从。（表面上看起来他们像模范生。）他们往往是独裁主义的、不宽容的。他们墨守成规，遵循传统（Kroger, 2003）。他们在重要他人那里或熟悉的情境中寻找安全感和支持（Kroger, 1990），他们强烈希望得到别人的认可（Kroger, 1995）。当他们处于压力之下时，他们不能将任务完成得很好。他们的安全感有赖于避免改变或拒绝挑战。正如一位研究者观察到的："在青春期完全没有冲突是一个人的心理发展没有前进的明显标志"（Keniston, 1971）。同一性拒斥是减少焦虑的一种手段。那些因不确定性感到不安的人在做出选择之前不会考虑太长时间。他们可能还没毕业就结婚了，也可能没有经过很长时间的思考就早早地决定要从事的职业。

其他青少年采纳了与社会文化价值观不同的**消极同一性**（negative identity）。在某种意义上，消极同一性是同一性拒斥的一种变式。处于同一性拒斥状态的人被认为会高度认同权威人物的期望，而当具有消极同一性的人听到别人让他站起来时，他反而会坐下。他们从反抗和藐视那些顺从主流的人群中获得满足感。具有消极同一性的人可以被看作反向同一性拒斥者，因为他们的行为也是根据父母、老师、社会上的大多数人的期望做出来的，但不是顺从这些人的期望，而是做出与这些人的期望相反的行为。游手好闲的人、逃学者、青少年犯罪者和对立违抗性障碍患者是典型的具有消极同一性的个体。

在既不鼓励也不支持同一性危机的文化中，个体是否具有同一性？当然有，在这样的文化中，成熟的同一性状态是同一性拒斥。在这些文化中，一个人不一定要获得同一性。如果一个人不需要做出选择，也就无所谓通过决策来获得同一性。例如，如果一个人只有一个可能的职业（如农民），如果每个人都有相同的信仰，如果每个人都会结婚，那么就不会有真正需要面对的危机。在一个同一性拒斥的社会里保持同一性拒斥状态当然更容易。

💡 青少年的心里话

"我完全处于同一性延缓阶段，在这个阶段可一点也不好玩儿。我还记得，一进入大学，周围的人就告诉我应该用多少时间弄清楚我想做什么。嗯……时间飞快地溜走，可我还是不知道自己应该怎么做。当我知道没有人会一直处于这个阶段的时候，我感到被鼓励了，因为现在，我也不知道我该怎么办。我满脑子想的都是我的未来，十年以后我会在哪里。总结过去这十年，我已经从担忧自己的外貌和是否受欢迎转到担忧工作和钱的问题了，但是后者没有一个明确的答案，这使得解决这一问题变得更加困难。我是个高自尊的人。"

同一性延缓

同一性延缓（moratorium）指给一个还没有准备好做出决定或承担责任的人一段缓和的时间。这是青少年在做出承诺之前探索各种可能性的阶段。一些处于同一性延缓状态的人多次处于危机之中，他们似乎迷茫、不稳定、不满足（Schwartz et al., 2008）。他们常常很逆反，不合作。一些处于同一性延缓阶段的个体会逃避问题，他们可能有拖延倾向，直到情境要求他们必须有所行动（Berzonsky, 1989）。因为这些个体正在经历危机，所以他们自尊水平偏低（Crocetti et al., 2011），还有焦虑倾向（Meeus et al., 1999）。一项研究甚至表明，处于同一性延缓状态的青少年的死亡焦虑比处于其他三种状态的人都高（Sterling & Van Horn, 1989）。处于这种状态的青少年往往对他们已经选择的大学专业感到不确定，他们不喜欢自己在大学里的生活和所受到的教育。当然，青少年尝试体验各种不同的同一性状态这种情况并不少见，他们甚至会去尝试体验那些截然不同的同一性，直到找到最适合他们自己的一种。他们会去尝试相信外来的宗教，穿一些引人注意的奇装异服，选择不切实际的职业。然而，大部分青少年在同一性探索结束之后，就变得比较符合社会常规了（Bosma & Kunnen, 2011）。

为什么青少年会从同一性拒斥状态发展成同一性延缓状态？因为上大学可以激励青少年去探索，鼓励他们积极地、深思熟虑地面对选择专业的危机，重新思考他们的信念。此外，在大学里，个体可以遇到很多与自己不同的人。面对与自己的价值观和需求不同的人，常常可以激发个体对自己原有观点的重新思考，可能会使个体对自己的信念不再像以前那样确信无疑。遇到与自己相冲突的观点，尤其当对方是你尊敬的人时，可以促进同一性的发展（Bosma & Kunnen, 2001）。

那些没有上大学直接工作的青少年的同一性形成过程我们知道的很少（Schwartz, 2005）。是最近的一项的研究发现，比利时的年青工人比大学生有更多的同一性承诺（Luycks, et al., 2008），这表明他们处于同一性延缓状态的时间比大学生短。

一个人长期（可能是很多年）处于同一性延缓状态是相当常见的。现在二十几岁的人往往还没有做出生活的选择。事实上，这是被称为"成人初显期"这一人生阶段的标志之一（Arnett, 2004）。

同一性获得

那些达到同一性获得状态的人经历了心理延缓阶段，通过仔细地评估各种不同的可能与选择，解决了自己的同一性危机，他们已经独立地做出了决定。一旦获得同一性，个体就拥有了自我接纳、稳定的自我定义和对职业、宗教和政治信念的承诺。个体内部达到了和谐，个体可以接纳自己的能力、机遇和局限，对目标的理解也更加现实了。

对高中生的研究表明，高中毕业时很少有人能获得同一性。事实上，大部分大学生直到在学校的最后一年都还没有获得同一性（van Hoof, 1999）。埃里克森描述道：由于住在家里或宿舍里，有限的生活和工作经验导致青少年难以形成同一性，大多数 18 ～ 22 岁的青少年知道他们还没有形成同一性。正如一个学生在她的日记中写道：

我一直认为我将来会成为一名科学家。我的父母也这么认为。我小时候就很喜欢收集石头和叶子，并且会对他们进行分类和记录。我对大自然和户外工作感到好奇。但是当我在大学里学习必修的数学课时，我的梦想破灭了。我勉强得了几个C（还得了两个D）。现在我即将毕业，我仍然不太确定我想做什么，但是我肯定不会做科学领域的工作了！我还想做一份可以在户外工作的职业，但是没有考虑好最终的选择。

那些处于同一性拒斥状态的青少年往往对自己的职业规划有很明确的想法，相信自己已经形成同一性。但是，如果他们走进同一性延缓状态，他们会否定以前的计划进行重新思考。80%的大学生在大学四年期间改变了专业（College Parents of America，2015）。总体上看，形成同一性的青少年比例随着年龄的增大而逐步提高（Waterman，1986）。

根据埃里克森的理论，当青少年选择好价值观、信仰和目标时，一致的自我同一性就形成了。这些选择是通过探索不同的可能性和尝试各种不同的角色做出来的。

你想知道吗

大学生中哪种同一性状态最普遍

大多数大学生都处于同一性延缓状态，他们正在积极地探索自己想从生活中得到什么。

对马西亚理论的批评

自马西亚在20世纪60年代提出四种同一性状态框架以来，人们对这一框架提出了许多批评。有些人批评他的四种同一性状态没有反映埃里克森提出的同一性概念。也就是说，批评家认为马西亚过度关注同一性的危机/承诺方面，几乎没有关注同一性的其他关键成分。例如，范·霍夫（1999）提出马西亚的框架是不合适的，因为它对个体的连续感没有做任何解释，而连续感是埃里克森所描述的同一性概念的核心。格洛迪斯和布拉西认为这四种状态不能反映出因为形成了同一性而具有的自我整合感和统一感（Glodis & Blasi，1993）。卢伊克克斯和他的同事发现，除这四种状态外，还存在其他同一性状态（例如，Luckx et al.，2008）。

现在人们认识到同一性状态并不总是严格地按照固定顺序发展的。以前人们认为存在一个常规的发展顺序：大多数青少年从拒斥状态进入同一性危机，再经历同一性延缓阶段，最后形成同一性。青春期的混乱状态可以看作偏离了正常的发展轨道，希望这只是一个短暂的阶段。是否有证据表明同一性的发展是按照这样的顺序呢？回答是肯定的。在2010年，克罗格和他的同事对已有的纵向研究做了元分析，发现大多数个体都是从同一性拒斥或混乱状态发展成同一性延缓或同一性获得状态（Kroger et al.，2010）。

需要注意的是，不是所有个体都会完成这样的发展序列并达到同一性获得状态。一个人可能会停留在同一性拒斥、混乱或延缓状态。而且，大多数个体都未能在青春期完成这一过程，而是处于变化的过程中，一直到 20 多岁（Kroger，2007）。

同一性的形成过程

埃里克森和马西亚的研究将同一性作为一种状态，或者说一种发展结果。他们的研究没有关注青少年找到同一性的过程。后来许多关于青少年同一性形成的研究，以及许多对埃里克森和马西亚工作的批评，都更关注同一性的形成过程。

格罗特文特是最早从过程的角度研究同一性的研究者之一，也是最有影响的研究者之一（Grotevant，1992）。他强调探索是形成同一性的关键。一个人为了做出人生的选择需要收集关于自我和环境的信息。（这当然与埃里克森的观点不矛盾。）

与格罗特文特的观点相类似，伯克认为**同一性控制系统**（identity control system）由两个人际间成分和三个个体内成分组成（Burke，1991）。人际间成分包括个体的社会行为和个体从他人那里得到的社会反馈。个体内成分包括

- **自我概念**
- **同一性标准**（identity standards）（或关于一个人应该如何行事的信念）
- 评估这两者的相似性的**比较器**（comparator）

当个体做出某种行为并得到反馈时，他的自我概念会受到影响。比较器将一个人的自我知觉与他想要成为的人的标准进行对比，如果二者不一致，这个人就必须调整他的行为或者标准或者自我概念以提高一致性。

处于不同的同一性状态的青少年以不同的方式处理这种不一致。同一性混乱的个体还没有发展出同一性标准，因此不会体验到不一致。同一性拒斥的青少年过度强调父母和重要他人的反馈，过早形成标准，如果反馈不符合他们已经形成的同一性标准，他们就不会相信这种不一致的反馈。同一性延缓的人会主动寻求反馈，愿意调整自己的同一性标准。与同一性拒斥的人相似，**同一性获得**的人已经有了固定的同一性标准，但是他们的标准是比较缓慢地发展出来的，是建立在广泛的社会反馈之上的（Kerpelman et al.，1997）。

伯宗斯基和库克提出了另外一种过程模型，他们区分了三种同一性探索风格：信息风格、规范风格和逃避风格（Berzonsky & Kuk，2000）。信息风格的青少年寻找关键信息，如果有必要，他们会修正自己的计划和行为，使其与关键信息相匹配。这种风格是同一性延缓和同一性获得个体的特点。规范风格的人抗拒改变，拒绝不一致的信息。这种风格是同一性拒斥个体的特点。同一性混乱的个体更有可能表现出逃避风格，他们会推迟做决定，逃避反馈，他们做出的改变是表面的，持续时间较短。这三种同一性探索风格呈现了跨性别的一致性，且至少在三个不同国家表现出了跨文化一致性：美国、芬兰和捷克（Berzonsky et al.，2003）。

整合与统一　马西亚对埃里克森理论的发展关注于同一性状态，而其他研究者，特别是亚当斯和他的同事对埃里克森理论的发展在于扩展对同一性功能的理解。亚当斯和马歇尔提出了五种同一性功能（Adams & Marshall，1996）。值得注意的是，他们探讨了同一性的统一和整合，这是前面提及的对埃里克森理论的批评之一。

1. 同一性提供了个体关于自我的知识结构和有序感。

2.同一性提供了个体的信仰、目标和关于自我知识的一致感和连续感（例如，Luyckx et al.，2010）。

3.同一性提供了个体过去、现在和未来的连续感。

4.同一性提供了个体的目标和方向。

5.同一性提供了个体对自身的行动和命运的控制感。

从上一节中我们知道形成同一性对个体来说是有益的。而且，有许多研究证实那些形成同一性的个体（甚至同一性拒斥的个体）更加快乐，呈现出较低水平的抑郁和焦虑，药物滥用和行为不良的概率也比同一性混乱及同一性延缓状态的个体低（Meeus et al.，1999，2012）。

同一性状态的数量　当代研究者对埃里克森和马西亚理论的发展还有最后一种路径，就是提出了新的同一性状态。在马西亚提出的两因素模型中，每个因素有两种水平，共四种同一性状态。现在研究者普遍认为共有三个因素，可能产生五种同一性状态（例如，Meuss et al.，2010）。这三个因素分别是承诺、深度探索和对承诺的重新思考。深度探索类似于马西亚提出的危机，承诺有两种，即马西亚所说的"初始的承诺"和"在仔细思考过每个选项后做出的承诺"。这五种同一性状态除包括马西亚提出的四种同一性状态外，还包括"**探索中的延缓**"（searching moratorium），同一性延缓的另一种变式。同一性混乱的个体在这三个因素上的水平都低。同一性拒斥的个体承诺水平高，深度探索和对承诺的重新思考水平低。同一性获得的个体具有高水平的承诺和深度探索，但是对承诺的重新思考水平低。典型的同一性延缓是承诺水平低，深度探索水平中等偏高，对承诺的重新思考水平高。探索中延缓的个体在三个因素上的水平都高。后两种同一性状态的区别在于探索中延缓的个体已经对某个选择做出承诺，但是又开始思考做出改变（例如，他们可能在做出承诺之后发现自己并不喜欢实验室工作）。在大学里，这种差异会表现为改变自己的专业或者一直没有决定选择哪一专业（见图6-4）。

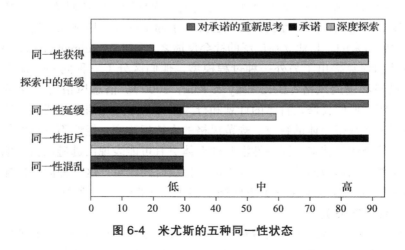

图6-4　米尤斯的五种同一性状态

同一性的成分

同一性有许多成分——身体、性别、社会、职业、道德、信仰、心理特征，这些成分构成了完整的自我（Grotevant，1987）。因此个体可能会通过外貌特征、性别、社会关系、群体成员、职业和工作、宗教信仰和政治观点来定义自己。同一性是个人的，因为它是"我的"，它也是社会的，因为它包括"我们"，或称之为个人的群体同一性。同一性既是个体现象也是社会现象（Adams & Marshall，1996）。具有积极的自我同一性的青少年发展出了自我接纳。同一性的发展与亲密性的发展和对他人的接纳是相联系的。同一性获得有助于发展亲密关系，反过来，亲密关系也可以改变同一性——亲密关系有助于人们成长（Kacerguis & Adams，1980）。

同一性中的一些方面比另一些方面更容易形成。身体同一性和性别同一性似乎是最早形成的。青少年开始关心自己的身体形象，之后才对职业选择、道德价值和思想意识感兴趣。相似地，他们青春期到来之前和之后都必须处理性别认同问题。

职业、思想意识和道德同一性的发展比较缓慢。这些同一性的发展需要青少年的认知发展到更高的水平，这样他们才能探索可能的观点和行动方案。这些方面同一性的发展还需要思维的独立性。青少年结束高中学业进入大学后，对职业选择的探索是他们最紧迫、最具体的任务。对宗教和政治观念的探索往往在青春期后期才出现，一般是在大学阶段，但是这些领域的同一性可能会在几年之内一直处于变化中（Coté & Levine，1992）。

民族和种族同一性

民族或种族同一性是一个多维的心理结构，反映了个体对自己所属族群身份的信仰和态度，以及这些信仰和态度随时间的发展过程（Umaña-Taylor et al.，2014，）。对很多人来说，民族同一性的发展是人类的一种基本需求。它可以给人一种与本民族的其他成员"共命运"的感觉（Syed & Azmitia，2008）。它对学业成就有积极影响（Arellano & Pedilla，1996），能够帮助个体抵抗被歧视的压力（Phinney & Chavira，1995），提升心理幸福感（Umaña-Taylor et al.，2015）。

文化适应的选择

文化适应（acculturation）指少数民族群体对主流群体文化的适应（Roysircar-sodowsky & Maestas，2000）。来自少数民族家庭和移民家庭的青少年遇到的一个问题是他们出生于一种文化但成长于另一种文化，这两种文化并不总是一致，他们成长于其中的文化也并不总是认可和欣赏他们所出生的文化。在形成同一性的早期阶段，少数民族和移民常常发现他们自己的民族文化和价值观与他们所生活于其中的社会的价值观有冲突。

少数民族群体成员参与多元文化社会的四种可能方式有同化、整合、隔离和边缘化。哪种类型的参与形式最有助于青少年的同一性和自尊的积极发展？

一项针对不同贫民区学校的高中生和大学生的研究试图寻找这一问题的答案。这些学生来自多种不同的文化背景：亚洲人、非洲裔美国人、拉丁美洲人和白人。结果表明：

- 在四种文化适应方式中，**整合**是最适应良好的，可以带来更好的心理调节能力与高自尊。
- 研究者在亚洲人和于美国之外出生的被试身上发现**同化**与低自尊相联系。因此我们可以得出结论：放弃自己的民族文化对自我概念有消极影响。
- 在学生群体中，有关**隔离**（一个族群坚持自己的文化，不融入主流社会）的证据较少，无论是在族群之间还是在社会地位方面，都没有发现显著差异。

● 在这四种文化适应方式中，**边缘化**是最不令人满意的一种，它意味着人们既不认同自己的民族群体，也不认同主流文化（Phinney，1992）。

菲尼和他的同事运用元分析方法研究积极的民族同一性对适应的影响（Phinney et al.，2014）。他们发现，较强的民族或种族同一性与学业成就、社会功能、自尊、幸福感都呈正相关，与抑郁和外化行为问题呈现负相关，相关的效应量是小到中等程度。

混合的和交替的双文化主义 几年后，菲尼对她之前的理论进行了修正，修改了整合的概念，把它分为两种新的类型（Pinney & Devich-Navarro，1997）：

● **混合双文化主义**（blended biculturalism）一个混合双文化主义者会发现他自己的民族文化与主流社会的共同点，这个人往往能够以与这两种文化都一致的方式行事。
● **交替双文化主义**（alternating biculturalism）交替双文化主义者在两种文化之间来回转换，有时根据自己的民族文化规定的方式行事，有时候根据主流文化规定的方式行事。

他们还提出了第三种新的文化适应方式——**融合**（fusion）。融合发生于一个人真正将两种文化合并成一个新的、一致的整体之时。图 6-5 列出了这些不同的文化适应模式。

图 6-5 菲尼的民族文化适应模式

资料来源：Based on J. Phinney and M. Devich-Navarro, " Variations in Bicultural Identification among African American and Mexican American Adolescents," *Journal of Research on Adolescence*, 7 (1997): 3–32.

在菲尼和德维奇 - 纳瓦罗的研究中，绝大部分非洲裔美国人和墨西哥青少年被试都是双文化的。混合双文化的青少年感觉自己既是美国人也属于自己的民族。他们认为美国是一个多元的国家，积极对待其他民族的人，对他们来说，民族并不特别重要，他们感觉自己的双文化主义是没有问题的。那些选择了交替双文化模式的青少年更多地感觉到自己的民族。他们热爱自己的民族，在协调自己的民族文化与主流美国社会的过程中经历了更多冲突。隔离类型的青少年感到自己远离主流文化，他们觉得那只是白人的文化。他们感到自己

正在进行民族同一性探索的青少年会根据民族把自己隔离起来，至少是暂时隔离。

被排除在社会之外，不是社会的一员，对其他民族的人抱消极态度。菲尼和德维奇 – 纳瓦罗在他们的 98 个 10 年级和 11 年级被试中没有发现同化、融合和边缘化类型的个体。

发展民族或种族同一性

儿童并不是一出生就理解民族的概念，他们必须通过学习才能理解。在一个人形成民族或种族同一性之前，他必须首先发展对民族或种族的**认同**（identification）（Umaña-Taylor et al.，2014）。为了产生对民族或种族的认同，儿童必须学会给自己或他人贴上某一民族或种族的标签，获得不同种族的知识和行为，发展种族或民族恒常性。拥有这种恒常性意味着儿童理解一个人的民族或种族不会变化，它是一个人永久的组成部分。在儿童期，个体逐渐意识到社会阶层和歧视的存在。

个体进入青春期后，在发展自我同一性的同时也在发展种族或民族同一性，后者也是个体同一性的一个方面。青少年开始专注于他们的民族和种族文化遗产：他们会思考、讨论，去参加一些有关于族群历史的课程，参与民族有关的活动（如学习传统民族舞蹈，学习祖先的语言）（Syed et al.，2013）。然后，他们认定自己的民族或种族是关于自我的重要部分（Sellers et al.，1998）；换言之，他们对自己的民族或种族做出了承诺（民族的重要性在不同的个体之间，不同的时间可能存在差异）。最后，个体会认可自己的族群，对自己的族群产生积极的感觉（Umaña-Taylor et al.，2004）。

你想知道吗

民族同一性的发展如何影响自尊

整合的文化适应模式的青少年——无论是混合双文化还是融合双文化青少年——比同化的文化适应模式的青少年有更高的自尊。

民族同一性与多种族血统的青少年

关于多民族青少年的早期理论研究将他们的处境描述成一幅黯淡的图画：他们夹在不同的文化之间，被父母双方的种族群体成员所排斥，这导致他们有低自尊和消极的自我感（Bracey et al.，2004）。其他实证研究提供了各种不同的观点：有些研究发现多种族血统青少年有高自尊（例如，Brown，2001），另一些研究没有发现单一种族和多种族血统青少年的自我概念存在稳定差异（例如，Phinney & Aliuria，1996）。那些民族 / 种族同一性发展良好的青少年更有可能发展出高自尊（Bracey et al.，2004），出现问题行为的可能性更小（Choi et al.，2006）。那些具有多种族同一性的青少年的幸福感水平更高（Binning et al.，2009）。多种族血统个体不太重视种族，对他们来说，种族并不是一个核心问题（Bonam & Shih，2009）。

🔍 **研究热点**

阻止西方青年人的极端化

我们在新闻媒体中经常读到关于西方青少年——包括法国、英国、美国等国家的青少年去中东，与极端组织（如阿拉伯半岛基地组织，宗教极端主义组织）联系，成为"圣战士"。尽管这些只是很少发生的个别案例，但足以引起公众的极大关注，引发朋友和亲戚之间的不信任。为什么这些人会产生如此重大的改变，愿意参与恐怖行动？著名的荷兰研究者维姆·米尤斯认为这与个体探索自我同一性有关（Meeus，2015）。他认为青少年这种巨大的转变是同一性发生重大变化的一种表现形式。

同一性理论和发展研究告诉我们，没有成熟的同一性和支持性人际关系的青年人更有可能出现极端的变化。这可能意味着处于同一性混乱和延缓状态的青年人是最易发生这种变化的群体，因为他们缺少与他人的亲密情感联结。

与之相类似的是洛弗兰德和斯塔克（1965）提出的宗教皈依模型。他们提出了可能助长一个人发生突然改变的三个诱发条件和四个情境条件。三个诱发条件是：

> 未能实现个人目标和期望
> 用宗教方式来解决问题的观点
> 将自己定义为"宗教探索者"

当一个人符合上述条件，并且他发现自己处于某个合适的情境中时，他更有可能皈依宗教。什么是"合适的情境"？四个情境条件包括：

> 在人生的转折点接触到宗教团体
> 宗教团体成员表达出与其形成密切情感联结的意愿
> 缺少或失去与宗教团体外成员的情感联结
> 为了加入宗教团体，开始与其有密切的接触和互动

尽管洛弗兰德和斯塔克的研究是基于一个人如何选择加入宗教团体的，但米尤斯认为这种模式也适用于那些加入恐怖组织的人。

简而言之，当青年人缺少明确的认同，由于未能实现个人目标而经历压力时，容易发生极端的同一性改变。如果一个青年人处于这种情境之下，认为自己是有宗教信仰的，那他的同一性可能会变化，他也可能会皈依宗教。因此，那些处于同一性混乱状态的青年穆斯林和那些不快乐的、犹豫不定的、有其他宗教信仰的青年可能会被极端组织吸引。当这些极端组织在招募成员时提供清晰明确的目标和情感支持时更是如此。

那么如何才能阻止西方的青少年成为"圣战主义者"？要确保给青少年提供温暖有爱的重要他人（如父母、老师、导师等），帮助他们找到达成个人目标的积极方法。

民族／种族同一性与白人青少年　白人学生具有民族／种族同一性吗？即便不是大部分人，也有许多白人青少年没有强烈的民族／种族同一性（St. Louis & Liem，2005），因为民族和种族对他们来说通常并不是特别明显或重要。很多白人青少年甚至不觉得自己属于某一个种族（Jackson & Heckman，2002）。因此，虽然非洲裔和拉美裔从青春期早期至中期对民族／种族的探索呈上升趋势，但白人青少年人并未出现同样的趋势（French，et al.，2006）。

其中一部分原因是与少数民族／种族群体相比，白人父母较少鼓励青少年对民族／种族进行探索（Else-Quest，2015）。对于一些白人来说，接纳自己的种族似乎是个痛苦的经

历：对他们来说，其民族同一性越强，他们越会因为种族越界和特权感到羞愧（Knowles & Peng，2005）。有些白人青少年会通过接纳自己的民族（如意大利裔美国人、爱尔兰裔美国人）将自己与"白人"拉开距离（Grossman & Charmaraman，2009）。这种"无色化"策略使得白人能够将自己的成就完全归因于自己的能力和努力，而非不劳而获的特权（diTomaso et al.，2003）。

有些白人青少年更有可能意识到自己的白人身份。白人青少年与非白人群体的接触越多，白人身份越有可能成为其自我同一性的一部分。因此，对那些生活在其他种族聚居区域（Knowles & Peng，2005）或者就读于多文化高中（Perry，2001）的白人青少年来说，他们的肤色会成为突出的特点。同样，那些来自低社会经济地位家庭的青少年比来自高社会经济地位家庭的青少年更可能意识到自己的肤色，因为他们与少数民族群体有更频繁的接触（McDermott & Samson，2005）。而且低社会经济地位的白人青少年更容易接受自己的种族，因为他们不需要因为自己拥有白人的特权而感到愧疚（Grossman & Charmaraman，2009）。

总之，关于民族同一性的研究表明，对非白人美国青少年来说，具有一个积极的民族同一性与健康的自尊高度相关（Smith & Silva，2011），但对白人青少年来说并非如此，只有当他们处于少数民族群体当中时，自尊才与民族同一性有关（Robert et al.，1999），这正类似于大多数少数民族青少年所面临的情境——被主流文化包围。**整合**，即对自己的民族文化和主流文化都抱有好感，与一个人的积极自我概念有着紧密的联系。此外，对自己的民族有好感使得一个人能够积极地面对与自己的民族背景不同人（Phinne et al.，2007）。

性与性别

当心理学家和社会学家提到"**性**"（sex）这个词时，他们指的是一个人的解剖学特征。如果一个人有阴茎和阴囊，他就是男性；如果一个人有阴道和阴唇，她就是女性。性是由染色体和产前激素决定的，它是一种生物现象。因此，一个人在出生时就具有生理性别。

从出生的第一天起，每个人都被赋予了性别（gender）。性别的概念包含了性（sex）。性别包括与生理性别有关的所有文化联系和期待，它是心理和社会现象。有些文化期待是直接建立在生物基础之上的：例如，只有女性才能怀孕和生产，男运动员比女运动员有更多的肌肉。有些文化期待则是间接地与生物基础相联系的，例如，女性应该养育和照料孩子，男性应该彼此竞争来吸引配偶。当然，也有一些文化期待与生物基础或进化历史很少有联系或者根本没有联系：例如只有女性可以穿裙子（苏格兰除外），只有男性可以参与有身体接触的运动。

一个人对自己的性或性别的感觉是同一性的重要组成部分。因此，理解社会对性别特征的期待，建立自身性别的行为准则，是同一性探索的核心。

生理性别

生理性别是基因和激素决定的。胎儿成为男性或女性依赖于它是有一个 X 染色体和一个 Y 染色体（男性），还是有两个 X 染色体（女性），以及出生前血液循环中雄激素和雌激素的平衡。甚至在出生之后，激素也会对身体特征产生一定的影响。雄激素可以对女性产生作用，促使女性长胡子和体毛，阴蒂增大，发育出男性化的肌肉、体格以及力量。与之相似，雌激素也能对男性产生作用，促使男性胸部发展，音调提高，产生其他女性化特征。因此，男人和女人在某种程度上是不确定的，可以部分发生改变。

一个儿童的性别角色同一性开始于出生时被认定的性别。社会还会认为这个儿童可能具有某种男子气或女子气，这对儿童的性别角色同一性的发展也起着重要作用。

激素能影响身体特征，它们是否也能影响性别行为？如果女性在出生前受到过量的雄激素的影响，她们就会变得更像男孩，精力充沛，比其他女性更加果断。她们更喜欢跟男孩玩，而不是跟女孩玩，她们会选择力量型的活动，而不是大多数前青春期女孩所喜欢的、相对温和的游戏（Meyer-Bahlburg et al.，2006）。相似地，男孩的母亲如果在怀孕期间接受黄体酮治疗——黄体酮会抵消雄激素的影响——这些男孩在青春期就会表现得不太果断，身体活动较少，有可能在一般的男性化行为方面表现较弱（Cohen-Bendahan et al.，2005）。这表明产前激素水平的变化可能对性别角色行为有显著影响，但是在出生以后，激素的变化对已经呈现出来的男子气／女子气特征的影响要小得多。

认知发展理论

认知发展理论认为性别同一性始于儿童出生时被认定的性别，并随着年龄的增长渐渐为他们自己所接纳。在出生的时候，性别的认定主要基于外部性器官的检查。从那时开始，儿童就被认为是一个男孩或一个女孩。如果存在外部性器官异常、外部性器官与儿童的性染色体和内部性器官不一致的情况，性别认定就有可能出现错误。但是，即使是性别认定是错误的，儿童的性别同一性往往也会按照其在养育过程中被认定的性别来发展。

性别认定影响一个儿童对自我的知觉以及他人对该儿童的知觉。认知理论主要关注儿童的自我知觉。他们认为儿童将自己归类为男孩或女孩是性别认同态度发展的基础。例如，当一个儿童认识到他是男性时，他就会开始稳定地按照男性角色期待来行事。他开始根据他所接受的性别来组织自己的经历，按照合适的性别角色来行事。随着儿童学会文化规定的性别角色期待以及他们对性别角色期待的解释，性别的分化发生了（Ruble et al.，2006）。

一个广为人知的认知发展观变式是**性别图式理论**（gender schema theory）。这一理论提出了性别同一性的发展步骤。首先，儿童知道他们是男孩或女孩（即使他们并不清楚这些标签的真正含义）。接下来，儿童认识到不仅仅人会被贴上男孩或女孩的标签，事情或行为也会被贴上"男孩的事情"或"女孩的事情"的标签。儿童自然地对与他们的标签相符合的事物和行为更加好奇，因此他们对与自身性别相符的事物或行为会注意得更多，学习得也更多。人类本质的一个方面就是我们会喜欢我们熟悉的事物，这些事物使我们觉得舒服。因此，儿童将开始偏爱与自己的性别角色相符的行为，并且更为频繁地做这些行为，而不是那些与性别角色不相符的行为（Martin et al.，2002）。

传统的性别角色

做一个有男子气的男人有时候是不好的，这与自杀、健康和情绪问题、压力、药物滥用有关。这些青少年符合关于男子气的刻板印象吗？

　　儿童不能在真空环境中发展他们对于性别的态度。他们被父母、老师、其他成人朋友和普通的同伴包围着，这些人会表露出他们对合适的男性化行为或女性化行为的观点。即使那些儿童并不认识或者没有直接接触过的人（如电视节目和电影的制作人，创作那些在电台或网络平台播放的歌曲的音乐家），也会给儿童提供大量关于男人和女人的形象的信息。通过这些观察和互动，儿童学会了他们所生活的社会规定的性别角色，也就是说，社会期待男人和女人做出某种行为的频率是不同的。例如，有进取心是美国男性性别角色的一部分，情绪化是女性性别角色的一部分。吃东西不是任何一个性别角色的一部分，因为男性和女性都需要吃东西，其频率也几乎相同。（但吃某种食物或者不吃某种食物可能是性别角色的一部分，例如在某些社会阶层，人们认为吃烤香肠比吃黄瓜三明治更有男子气。）

　　尽管现在美国社会中许多人已经不再具有这么严格的男子气的概念了，但是一些亚群体仍然持有这样的概念。例如，那些加入街头犯罪团伙的男青少年会非常在意自己是不是看起来有男子气。很多入伙仪式，如打架或者通过某些危险的行为来表现他们的勇气（如沿着地铁轨道奔跑），都让人想起旧式的关于男子气的概念（hunt & Laidler，2001）。

💡 性别角色期待

那些被形容为男子气或女子气的人是基于他们与性别角色期待的一致程度的。
在此我们只对男子气进行讨论。

男子气

　　传统观念中，有男子气的男人应该是有进取心、有力量、有主见、自信、强壮、有勇气、有逻辑、感情不外露的。普莱克（1976）提炼了传统美国男性性别角色的四个要求。第一，一个男人应该是个"大人物"，也就是说，他必须是成功的，有较高的社会地位。第二，男人应该是棵"结实的橡树"，就像克里斯蒂安·贝尔和阿诺德·施瓦辛格，应该不断地表现出坚韧不拔和自信。第三，人们也允许和期望男人能够"给他们点厉害"——勇敢，在需要的时候可以用暴力解决问题。第四，一个男人还应该"不像女孩子"，也就是说，任何女性化的兴趣或行为都要绝对避免。对于一个男人来说，尤其重要的是不能对其他男人表现出关心或体贴。

社会学习理论

　　社会学习理论提出儿童学会性别典型行为与儿童学会其他任何行为的方式是相同的：

通过奖励、惩罚、直接指导和模仿。从一开始，男孩和女孩就被不同地社会化了。男孩被期待主动、有敌意、有攻击性。当他们被别人逗弄和威吓时，他们被期待敢于跟对方打架。当他们的行为符合社会期待时，他们就会被表扬；当他们拒绝打架时，他们会被批评是个胆小鬼。相似地，当女孩表现得过于喧闹和有攻击性时，她们就会受到谴责或惩罚，当她们表现得有礼貌、顺从时，她们就会被奖励。结果是，男孩和女孩渐渐表现出不同的行为（见表 6-1）。

表 6-1　儿童如何学会性别典型行为

由于对待男孩和女孩的不同方式，随着年龄的增长，他们逐渐表现出不同的行为。阅读表中的例子，将每种机制与男性或女性的例子相匹配。

男性的例子	女性的例子	机制
一个男孩因在足球比赛中射入致胜一球得到队友的欢呼；第二天，他练习快速跑步，为了在将来的比赛中成功射门更多次	一个女孩因为在书桌旁安静地学习受到老师的表扬，她继续坐在那儿学习，不站起来与其他人说话	奖励
当一个男孩因宠物死掉哭泣时，他的父亲嘲笑他，后来男孩避免在其他人面前哭	一个学龄前女孩玩得太粗鲁，其他女孩子拒绝与她一起玩，这个女孩在第二天玩得温和了一些	惩罚
一个爷爷教他的孙子钓鱼，下午，这个男孩在他家房子后面的小溪边钓鱼	一个妈妈教她的女儿编织，女儿为阿姨织了一条围巾作为生日礼物	指导
一个男孩在观看访谈节目时看到体育明星说脏话，这个男孩开始对他的朋友说脏话	一个女孩偶然听到她姐姐批评一些穿着不时尚的女孩，她后来也在自己的朋友面前批评那些不时尚的女孩	模仿

传统的**性别角色**和概念会通过很多种途径传授给儿童。例如，电视在社会化过程中起着重要的作用（对年青人和老年人都起作用）。电视商业广告和节目包含大量的性别偏见和性别歧视（Signorielli，2003；见 Furnham & Palzer，2010）。强化性别角色的另一种途径是给孩子玩可能会影响其职业选择的、针对某一性别的玩具。例如，因为受到不同玩具的影响，男孩可能会希望当科学家、宇航员、足球运动员、女孩会倾向于做护士、教师、空姐（Blakemore & Centers，2005）。

社会和父母的影响

在学校里，尽管许多教师没有意识到，但是他们仍然引导了学生传统的男子气/女子气行为。对教师与男孩和女孩之间的关系的研究表明，一般来说，教师会鼓励男孩更加自信地表达（例如，Sadker & Sadker，1995）。当教师提问时，男孩会不举手就大声说出他们的想法，这实际上是为了引起教师的注意。大多数女孩则耐心地坐在座位上，举手发言，但当一个女孩不举手就大声发言时，老师会责备她："在班级里，我们不能大声喊叫，发言之前要举手。"这个信息虽不明显却非常有力：男孩应该在学业方面更加自信地表达自己，女孩应该保持安静。新近的研究表明，这样的偏见仍然存在：例如，萨克和齐特尔曼发现老师对女孩的注意仍然没有对男孩的注意多（Saker & Zittleman，2009）；冈德森等人发现老师认为男孩的学业能力比女孩更强（Gunderson et al.，2012）。

儿童也会通过认同和模仿找到"正确"的性别角色，特别是对父母的**认同**和模仿。父母认同指儿童采纳并内化父母的价值观、态度、行为特质、人格特征的过程。由于儿童对父母的早期依赖，父母认同在儿童出生后不久就开始了。这种依赖往往会带来亲密的情感依恋。性别角色学习几乎是无意识地、间接地发生在亲密的亲子关系中。儿童模仿他们的父母：他们观察到父母在面对彼此时、在对待其他孩子时，在面对家庭外的人们时，是以不同的方式来行事、说话和打扮的。儿童通过榜样，通过日常的接触，学会了母亲、妻子、父亲、丈夫、女人、男人是什么。

父母还通过提供有关性别典型行为的机会和鼓励来影响儿童的性别角色发展（Fredricks & Eccles，2004）。例如，他们更有可能给儿子报名参加计算机营，而不是女儿。有着传统价值观的父母更有可能将家务活分配给女儿，而不是让儿子去做（McHale et al.，2005）。父母常常有意无意地引导孩子的性别典型行为。

同伴在儿童的性别同一性发展中也可能起着重要的作用。埃莉诺·麦考比观察到，在独自一人的时候，男孩和女孩的行为是相似的，在同性别的群体游戏中，他们的行为则非常不同（Maccoby，1990）。同性游戏群体在孩子很小的时候就形成了，如果让孩子自由选择，大多数孩子都愿意与同性伙伴玩。女孩愿意跟女孩玩，因为男孩的游戏对她们来说太粗鲁，男孩也不会听从她们的建议。男孩愿意跟男孩玩，因为女孩不喜欢玩有趣味的游戏。这些男性和女性的同性群体发展出不同的文化。男孩的游戏有竞争性，有更多身体游戏，他们喜欢战胜别人，证明谁是最好的。女孩喜欢交谈、轮流做事和合作。女孩和男孩从他们各自的同伴那里得到不同的信息，麦考比认为许多行为方面的性别差异可以追溯到这些早期的社会群体（Mehta & Strough，2009）。

麦考比一开始认为是实际的行为差异导致了性别的自我隔离，但新近的研究表明，除了实际的行为差异，儿童对行为性别差异的期待和信仰也会导致自我隔离（Martin et al.，2011）。换言之，男孩之所以选择跟男孩一起玩，一方面是因为他们确实比女孩更喜欢打闹的游戏，另一方面是因为他们相信男孩比女孩更愿意玩这种游戏。麦考比对其理论的修正使之与上述的性别图式理论更相似了——在性别图式理论中，性别刻板印象是性别典型行为的主要原因。

性别刻板印象

性别刻板印象对那些被定型的人是有害的，对持有这些刻板印象的人也是有害的。个体可能会因为试图做出符合性别角色期待的行为而感觉到压力，担心性别刻板印象与自己的性格或者能力不一致。青少年会感觉到压力特别大，因为他们比儿童和成年人更加重视从众和同伴的观点。试图成为一个与真实的自己不同的人是很有压力、不愉快的，试图做一件不适合自己的事情也往往会失败。坚信严格的性别角色是有局限的，因为这会阻碍一个人探索那些被认作不合适的行为，但这些行为实际上很可能是他很喜欢的。

幸运的是，在过去的四分之一个世纪中，性别刻板印象已经在某种程度上被打破了，人们获得了更多追求自己兴趣的自由，无论这些兴趣是否符合典型的性别角色。由于同伴压力，在青春期早期和中期，性别刻板印象仍然比其在人生的其他阶段所起的作用更大。即使如此，当代的青少年也比过去的青少年给了彼此更大程度的性别角色灵活性。

双性化

男性和女性的特质与性别角色的混合可能会产生一种理想状态，**双性化**（androgyny），或者称为双性同体（Bem，1974）。双性化的个体在性别角色方面不属于任何一种性别类型（尽管他们有不同的性别），他们的行为与情境相匹配，而不是受到文化定义的男性或女性的限制。一个双性化的男性会觉得拥抱和照顾一个小孩子很舒服，双性化的女性在给自己的车打气或加油时会感觉舒服。双性化扩展了人类行为的范围，使个体能更有效地应对各种各样的情境。

双性化给女性带来的好处多于男性，因为许多男性化特质比女性化特质容易受到高度评价。例如，那些带有果断、独立等男性化特征的女性一般会因此得到更多的好处。但是，那些喜欢表达情绪的、被动的或那些从事非传统的职业的男人一般会被人贬低。所以，男性双性化的理由不像女性那么充分（Lee & Schuerer，1983）。

尽管双性化的概念超越了相互对立的关于男子气和女子气的观点，但它也并不像这一概念的倡导者所想象的那样是个万能药（Doyle & Paludi，1995）。一些理论家认为双性化**应该被性别角色超越**（gender-role transcendence）的概念所代替。当我们关注个体成就时，不应该将它建立在男子气或女子气或双性化的基础之上，而是应该建立在个人的基础上。我们应该将把人看作人，而不是把人们按照性别角色分类，或者将人们定型为男子气和女子气。

伍德希尔和萨缪尔（2004）仍然认为，双性化是一种理想的状态，但他们认为双性化需要被分成两个部分，具体如下。

消极的双性化：个体拥有过多负面的男子气特征和女子气特征，例如，他们可能在某些情况下表现出攻击性，在另一些情况下又容易哭泣。

积极的双性化：个体拥有大量好的、适应性的男子气特征和女子气特征，例如，他们在朋友有需要的时候是温暖的、关爱的，在面对危机时又能冷静。

他们的研究表明，只有积极的双性化个体才是适应良好的、成功的。他们认为，以前的一些研究没有得到这一发现是因为当时他们没有对积极的双性化和消极的双性化做出区分。

青春期的性别发展

当一个人进入青春期后，他的性别感会发生什么变化？通常，青少年的性别表现得更明显了。也就是说，青少年开始以更加性别定型化的方式来行事，坚持更加刻板的信念。（青少年往往认为他们比其他人更时尚和进步，但在这一方面，他们并非如此。）这被称为**性别增强假设**（gender intensification hypothesis）（Ruble et al.，2006）。这种效应在女孩身上比男孩身上更强，可能是因为女孩的性别角色行为在儿童期中期时不像男孩那么定型，所以她们有更大的空间发展女子气（Huston & alvarez，1990）。而且一旦到达青春期，女孩会比较在意男孩是否觉得自己有吸引力，而女子气被看作吸引力的一部分。

这些发现与同一性有什么联系？如果女孩是被生理的、社会的信息以及对定型的女性特质的强化塑造的，或者认为她们应该具有定型的女性特质，她们就将把自己的同一性选择范围限定于这些品质。她们将因此不愿意去选择那些需要果断性和竞争的职业，相信自己必须成为妻子和母亲。如果男孩相信只有当他们符合定型的男性特质时他们才会被认可，他们就将投入工作，不重视生活中的人际关系的价值。显然，我们做出的选择是基于性别背景的。

个体形成同一性的过程似乎很少有性别差异，似乎女性的同一性发展开始的较早。很多关于同一性发展的研究发现，青春期早期和中期的性别差异比青春期晚期更大（Crocetti et al.，2013）。已经发现的一种性别差异是男性比女性更有可能具有混乱 – 回避型的同一性（Bosch & Card）。

你想知道吗

性与性别的区别是什么

性是纯粹的生物学概念：男性或女性。性别是一个社会的建构，包括对男性和女性应该是什么样子的期望。

为什么把男子气特质与女子气特质混合在一起是好的

拥有传统的男子气特质和传统的女子气特质的人可以在更多情境下做出合适的行为，因此双性化是件好事，特别当你是女性时。

第 7 章

道德价值观的发展

这章论述的是道德判断、行为以及价值观的发展。我之所以在第14版中将这个话题放在关于同一性的章节之后，是因为我相信道德和价值观是（或应该是）个体的自我感的核心。你的价值观会引导你做很多重要的决定。例如，你对帮助别人的重要性的认知有助于你决定是否要选择社会工作、护理工作或教育行业。你认为一个人应该对下一代负责任的信念可能会决定你是否会努力做到环保和节约能源。你对攻击行为的接受性可能会决定你是否要购票去观看职业拳击比赛，或者如果你担任裁判，你会做出什么样的决定。道德规范着我们对待别人的方式以及我们对他人如何对待我们自己的期待。我们的道德准则描述了我们的权利和我们对周围人负有的责任。

青少年的道德判断的发展过程是非常有趣的。让·皮亚杰和劳伦斯·科尔伯格的理论都强调道德判断的发展是儿童随着年龄增大所面临的日益复杂、不断变化的社会关系激发的认知过程。这些阶段理论已经逐渐被道德行为的社会认知领域的模型取代，这些理论强调的是直接影响道德决策的多重因素。还有研究人员专注于探讨影响道德发展的各种家庭因素。在这一章，我们将讨论父母的温暖、亲子互动模式、纪律、父母的榜样以及在家庭外独立的机会等因素对道德学习的影响。父母向孩子传递的宗教信仰和习俗也是一个需要考虑的重要问题，它取决于一些宗教和家庭变量。最后，我们会研究其他社会因素，如同伴群体、电视、学校等对道德发展的影响。所有这些因素对价值观和行为发展的影响是重要的、复杂的。

发展的认知 – 社会化理论

道德判断发展最重要的早期研究是皮亚杰和英海尔德的研究（Piaget，1948 ； Piaget & Inhelder，1969）。虽然皮亚杰的发现中的一些细节并没有被后来的研究证实，但他的思想是许多重要的后续研究的理论基础。皮亚杰的研究对象是儿童，但其关于发展阶段的理论框架同样适用于青少年以及成年人。因此，了解皮亚杰的发展理论于我们理解青少年的道德发展是很重要的。

皮亚杰关于道德的研究有两种类型（Piaget，1948）。

在第一种类型的研究中，他观察和询问孩子们在玩游戏时对规则的需要：这些规则可以被改变吗？如果可以，在什么情况下可以改变？

在第二种类型的研究中，皮亚杰给孩子们讲故事，要求孩子们对故事的人物进行道德判断。例如，假设一个孩子故意打破一个杯子，或者不小心打破几个杯子，在哪种情况下这个孩子更淘气？

基于这项工作，皮亚杰得到了关于发展变化的很多发现。

皮亚杰与儿童道德发展

在一项关于儿童对弹珠游戏规则的态度的研究中，皮亚杰得出的结论是：道德发展的过程中，首先出现的是**约束的道德**（morality of constraint），然后出现的是**合作的道德**（morality of cooperation）。在道德发展的早期阶段，孩子们受到游戏规则的约束。这些规则是强制性的，因为孩子认为规则是神圣的、不可违背的，规则反映了父母的权威，构成了存在的秩序，规则就像父母一样，必须无条件地服从。逐渐地，通过社会互动，孩子们认识到规则并不是绝对的，相反，它们可以通过社会共识被改变或调整。规则不再被认为是由成年人制定的神圣的、不容置疑的外部"法律"，而是通过自由决策和协商达成的社会产物。

皮亚杰还基于故事的研究提供了关于儿童道德判断背后的推理过程的理解。他说，早期的道德判断完全基于行为后果（objective judgments，客观判断），后来的道德判断则考虑到了意图或动机（subjective judgments，主观判断）。因此，年幼的被试认为不小心打碎了几个杯子的孩子比故意打破一个杯子的孩子更应得到惩罚，年长一些的被试则不这样认为。

皮亚杰谈到孩子从**道德现实主义**（moral realism）阶段发展到**道德相对主义**（moral relativism）阶段（Piaget，1948）。道德现实主义意味着接受，在这个阶段你会按照权威人物告诉你的去做。你不会质疑，只是服从。你认为规则是绝对的、不可挑战的，因为你相信那些制定规则的人（父母、上帝、老师）无所不知，你相信如果你不遵守规则，那你必然会被发现并会受到处罚。皮亚杰称这种想法为**内在公正**（immanent justice）。相反，道德相对主义既是独立的又是合作的。说它是独立的，是因为你相信你拥有自己的道德信念，这些信念来自你的内心，而不是别人给你的。说它是合作的，是因为这些信念是在与他人合作的基础上得出的。例如，在开始玩一种棋盘游戏之前，我们都同意这样的游戏规则——掷骰子得到最小点数的人先走，我们没有理由坚持这个规则不可能改变。

道德的发展　当儿童走向道德现实主义，他们关于公正的观念就发生变化了。他们开始发展一种互惠的观念。最初，他们相信合作只是因为他们明白如果与人合作，他们就会从中获得利益。最终，他们理解了应该用自己希望被他人对待的方式来对待别人，因为这是符合道德的、正确的。

皮亚杰（1948）相信道德是发展的，因为儿童在以下两个方面是持续发展的。一方面，他们变得更加聪明，认知水平也越来越高。不断提高的思维能力让他们能够考虑其他的可能，识别矛盾，更好地理解他人从而体验共情。另一方面，他们沉浸在一个更复杂的社会中。非常年幼的儿童主要与成年人进行互动，年龄较大的儿童不仅与成年人互动，还与同伴进行互动。与同年龄的伙伴的互动给年龄较大的儿童提供了更多合作和协商的机会。当没有成年人在场时，儿童可以独自制定规则，设定标准。皮亚杰认为，这些互动对自律道德的发展是至关重要的。

虽然皮亚杰的结论来自对 12 岁以下的儿童的研究，但这些结论也与成年人的道德生活有关。值得一提的是，皮亚杰说过，儿童会从约束的道德（或服从）发展到合作的道德（或互惠），从客观的责任感发展到主观的责任感。皮亚杰说，随着儿童的成长，道德发展的第二阶段会逐渐取代第一阶段，到青春期早期时，个体应该真正处于道德相对主义阶段。

当然，有些青少年甚至成年人之所以会遵守一定的规则和法律只是因为外部惩罚的威胁。他们受制于权威，而不是受内在良心的支配。当他们违反规则时，他们关心的并不是悔恨自己做错了，而是悔恨自己被逮住了。换句话说，他们从来没有从约束的道德过渡到合作的道德。他们依然像小孩子一样，处于道德发展的不成熟阶段，这些规则从来没有被他们内化，他们不会从相互尊重的角度来做正确的事，也不关心他人的感受和利益。

因此，把某一个道德发展阶段与某一个固定的年龄范围联系起来是不合理的。儿童、青少年和成年人都有可能处于道德发展的早期阶段。这是皮亚杰的研究结果不仅适用于儿童也适用于青少年的一个原因。

科尔伯格的道德发展水平

皮亚杰研究的一个主要的不足之处是他只关注 12 岁以下的儿童。科尔伯格弥补了这个不足，他对青少年进行了一系列的研究（例如，Kohlberg，1963，1970；Kohlberg & Gilligan，1971；Kohlberg & Turiel，1972）。科尔伯格大大扩展了皮亚杰的工作，后来，他还形成了自己的道德发展理论。

科尔伯格最初的研究被试包括 72 个男孩，年龄分别是 10、13 和 16 岁（Kohlberg，1963）。数据是通过录音访谈收集的，在访谈中，他给每个男孩子呈现 10 个道德两难问题。在每一个道德两难问题中，不服从法律规范或权威人物的命令与人类的需求或他人的幸福相冲突。科尔伯格的道德故事中最有名的是海因兹的故事。

在欧洲，一个女人得了一种特殊的癌症，病情严重，濒临死亡。医生认为有一种药物有可能救她。这是一种镭，是同一个城镇里的药剂师最近发现的。这种药物的制作成本高昂，药剂师以成本价格的十倍来出售——他花了 200 美元制作镭，却以 2000 美元的价格出售很小剂量的药物。患病妇女的丈夫，海因兹，去向所有他认识的人借钱，但他最后也只有大约 1000 美元，正好是这种药物价格的一半。他告诉药剂师，他的妻子要死了，请求药剂师以较低的价格卖给他药或允许他晚一点再付钱。但药剂师说："不，我发现了这种药物，我要从中赚钱。"海因兹在绝望中闯入药剂师的店为妻子偷药。

丈夫应该偷药吗？这样做是对还是错？（Kohlberg，1963）

参与研究的男孩需要从两个方案中选择一个更合乎道德标准的解决方案，并解释他选择这一方案的原因。在这项研究中，科尔伯格关注的不是道德行为，而是道德判断和个体做出判断的思维过程。答案没有正确或错误之分，科尔伯格根据被试推理的模式来记分，其结论并不重要。图 7-1 列出了科尔伯格提出的关于道德发展的阶段和水平。

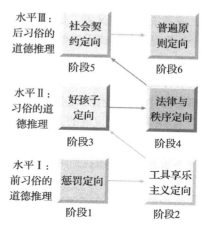

图 7-1　科尔伯格道德发展水平与阶段

注：从对访谈结果的分析中，科尔伯格（1970）确定了道德发展的三个水平，每个水平包括两个道德取向（或称之为道德判断的发展阶段），具体如图 7-1 所示。

- 水平 I　**前习俗水平的道德推理**（preconventional moral reasoning）从低年龄组到高年龄组急剧减少。
- 水平 II　**习俗水平的道德推理**（conventional moral reasoning）一直随着年龄的增长而增多，到 13 岁后保持稳定。
- 水平 III　**后习俗水平的道德推理**（postconventional moral reasoning）在青春期期间基本上不存在。

科尔伯格对道德发展水平的解释　科尔伯格发现儿童的道德发展几乎都处于前习俗水平，到青春期中期则以习俗水平的道德推理为主。可能你会以为处于成年期的个体大多处于后习俗水平，但事实并非如此：尽管有些成年人达到了这个高级阶段，但大多数成年人仍然处于习俗水平。

科尔伯格在描述他提出的道德发展阶段时，十分谨慎地避免将每种类型与一个特定的年龄画等号。在任何一个年龄组中，不同个体的道德思维都是处于不同发展水平的：一些人的发展是提前的，一些人的发展是延缓的。没有人正好与这 6 种类型的某一个完全吻合。科尔伯格（1970）提出，道德思维的发展是一个渐进的、连续的过程，个体会经历一系列越来越复杂的道德发展阶段。

科尔伯格的道德发展阶段与思维能力的关系

科尔伯格的理论是关于道德推理的，理论上来说，整体推理能力的发展应该能使更高水平的道德思维成为可能。因此，认知水平与道德推理之间应该有关系。科尔伯格认为，高水平的认知发展是高水平的道德推理的必要条件（Kuhn et al.，1977）。他认为，高级的推理技能虽然是必需的，但它并不足以保证复杂的道德推理的出现。换句话说，作为一个后习俗水平的道德推理者，你必须能够以一种成熟的方式来思考，但是有成熟的思维过程并不能保证你一定是个后习俗水平的道德推理者。

科尔伯格的论断是正确的吗？看来是的。认知水平和道德推理水平当然是相关的。例如，有一项研究成功地发现了道德推理与认知水平之间的联系。克雷特纳（2004）询问了 200 个德国 7 ～ 9 年级学生关于道德判断确定性的信念，道德判断是相对还是绝对的，道德信念合理变化的理由，以及在进行道德评价时应该考虑在内的信息。大多数被试表现出相当一致的反应，可以被很明确地划分到某一个认识论范畴。克雷特纳的研究中最年轻的被试大多是直觉主义者，或者说现实主义者。他们认为，一个道德判断或者是对的，或者是错的，你只是"知道"一个行为是道德的或不道德的，你应该听取专家的意见。高中生主要是主观主义者，或者说怀疑论者。他们认为道德判断完全是主观的，任何一种道德立场都同样合理。超主观主义者，或者说后怀疑理性主义，在 9 年级以后逐渐出现。后主观主义者认为一个道德判断或多或少都是有事实支持的，所有的观点都有主观性，一个人应该根据所有可用的证据来调整自己的观点。

有些研究道德发展的人认为认知发展与道德发展之间的影响是双向的：认知发展会影响道德发展，道德发展也会影响认知发展。这些研究者（例如，Gibbs，2003）相信，如果儿童和青少年不断思考并试图找到困难的道德两难问题的解决方法，他们就也能获得新的认知能力发展。

科尔伯格的三个道德发展水平之间主要差异是什么

道德发展的三个水平是截然不同的，但每个水平的两个阶段是相似的。在此我们只对水平 II 进行讨论。

水平 II

处于习俗水平的人，其行为是为了获得他人的认可。他们做那些他人认为正确的行为。在这一水平中较低的阶段——阶段 3 或称为**好孩子定向**（good girl-good boy orientation）阶段，"他人"一般是家庭成员、朋友、老师、同事和其他对个体来说很重要的人。海因兹是否应该偷药？当然不应该："如果他被抓到，他的名字就会被报纸登出来，想一想他的家人会多么难为情。"他的行为也可能会被处于这一阶段的人认为是正当的："他的孩子一定会为他感到自豪，因为他很勇敢，冒着危险去救他的妻子。"

那些处于**法律和秩序定向阶段**（law and order orientation）（阶段 4）的人，对"他人"的理解更为广泛和抽象。他们会担心一般的社会大众会对他们的行为说三道四，而不只限于熟人的反应。他们遵守规则，服从法律，因为"他人"说的话是正确的和道德的。很难想象处于阶段 4 的人说海因兹应该偷药。一个更典型的反应是："他当然不应该偷药！偷窃是违法的！如果每个人都为了自己的方便而违反法律，社会将会处于混乱和无政府的状态！没有一个人是安全的！"大多数青少年，事实上，还有大多数成年人，都是习俗水平的道德推理者。

对科尔伯格理论的批评

对科尔伯格理论的批评主要涉及三个问题：

他提出的阶段是有普遍性的，还是仅适用于西方文化中的人。
道德推理是否应该被描述为阶段性的。
他的观点是否有性别偏见。

科尔伯格提出的阶段有普遍性吗

科尔伯格强调，阶段概念意味着发展的序列在不同的文化中有普遍性（Jensen，1995）。

也就是说，道德判断的发展不仅要求个体学习一个特定文化中的规则，也反映了一个普遍的发展过程。为了验证这个假设，科尔伯格（1966）使用他的方法对中国台湾的城市、马来西亚原住民的部落、土耳其村庄，以及英国、加拿大和美国的 10 岁、13 岁、16 岁的男孩进行研究。结果表明，各国家和地区、各民族的被试都呈现出相似的阶段趋势。

　　近年来的关于儿童和青少年的研究也证实了这些发现。吉布斯等人（2007）总结了分别在 23 个国家开展的 75 项关于道德发展的研究，发现阶段 1 到阶段 4 似乎有普遍性。此外，他们发现阶段 3 的推理通常出现在青春期早期，到青春期后期时成为最常见的道德推理形式。然而，尽管在不同的文化中这些较早的阶段呈现出相似的发展序列，但是道德发展的最后两个阶段（一般来说它们直到成年期才出现）在没有文字的村庄或部落社区中没有出现（Snarey，1995）。普遍原则定向的道德推理只有当个体暴露于不同的、相互冲突的观点中时才可能得到发展。跨文化研究表明，只有那些城市化了的或可以提供正规教育的社会中，才有可能存在发展出普遍原则定向的道德推理的公民（De Mey et al.，1999）。

　　在美国进行的研究表明，一个人的受教育程度越高，可能达到的道德推理水平就越高。这一发现与跨文化研究的结果一致。进入大学可以促进道德发展：在文理学院要比在综合大学对道德发展的促进作用更大，综合大学又比圣经学院的作用大（Pascarella & Terenzini，2005）。这可能是因为文理学院给学生提供的讨论、反思和辩论的机会比其他类型的大学更多（Buchs & Butera 2004）。

　　一些文化中的价值观与科尔伯格的理论相冲突。例如，在集体主义社会长大的人更强调个人对周围人的责任，他们往往会为科尔伯格的两难故事寻找一种结构化的宏观解释，而不是责怪故事中某个特定的人物（Miller，1997）。也就是说，在这样一种文化中长大的个体可能会认为问题不在于海因兹，而在于这种有限供应的药物将他置于一个尴尬的处境中。

道德发展是阶段性的吗

　　要将任何类型的发展定义为阶段性的，必须符合两个标准。首先，阶段必须是稳定一致的。例如，一个人或者在阶段 1，或者在阶段 2，不可能在两个阶段之间来回变化。其次，这些阶段必须以一个不变的、渐进的顺序依次出现。也就是说，阶段 1 必须在阶段 2 之前出现，阶段 2 必须在阶段 3 之前出现，等等。道德推理的发展符合这两个标准吗？

　　有证据（包括科尔伯格自己的数据）表明，人们对科尔伯格的两难故事没有给出一致的道德反应（Boyes et al.，1993），也不总是沿着他提出的发展序列发展。例如，科尔伯格和克莱默（1969）发现他们的许多被试由阶段 4 退回到阶段 2 了。事实上，许多研究已经发现，在青春期中期和后期，前习俗水平的道德推理再度出现，特别是在个人付出的代价很高的情况下（例如，Eisenberg，1998）。此外，当采用新的替代方法测试道德思维时，个体的回答也往往是不一致的，是依赖于情境的（Semtana & Turiel，2003）。

　　科尔伯格理论的批评者还提出，认为阶段越靠后道德水平越高的说法是不正确的、不公平的（例如，Callahan & Callahan，1981）。阶段 6 即普遍原则的道德定向阶段，即此阶段的个体判断是非不受法律和规则限制，以具有普遍意义的道德原则为依据，反映了自由主义极端的政治推理。这是否意味着自由主义者比保守主义者更有道德？我们很难从经验事实中得出这样的结论。

　　对科尔伯格理论最普遍和最严重的挑战是其对女性的偏见。

吉利根和道德推理的性别差异

卡罗尔·吉利根，科尔伯格的助理，指出科尔伯格是以男性被试来研究道德发展的（Carol Gilligan，1977）。其评分方法是根据男性的反应发展而来的，后来的一些研究也使用这个评分系统，其结果表明女性比男性的道德推理水平低。（在这些研究中，无论男女，大多数被试都处于习俗水平，但女性被试更可能停留在阶段3，没有进入阶段4。）吉利根不相信女性的道德推理水平低于男性，而认为测试结果反映出女性是从不同的角度来看待道德问题的。男性强调公正——维护权利、规则和原则。女性强调对他人的关心和照顾，以及对他人感情和权利的敏感性。女性强调对人类的责任不是抽象的原则。因此，用她的话来说，男人和女人以两种不同的声音来说话（Gilligan，1982）。她总结了6项研究，其中包括4项纵向研究，最后得出结论认为，男性更多地依赖公正取向，而女性依赖关怀取向（Gilligan，1984）。

由于男性和女性的思维方式差异，吉利根提出了与科尔伯格的道德推理阶段相对应的、适用于女性的道德发展阶段。在水平Ⅰ，女性关注自身的利益和生存，这就需要她们遵守他人给她们设定的规则。渐渐地，她们意识到她们想得到什么（自私）与她们应该做什么（责任）之间的差异，这使她们进入水平Ⅱ。在水平Ⅱ，取悦他人的需求优先于自己的利益。女性变得有责任感，她们照顾别人，甚至牺牲自己喜欢的东西。渐渐地，她开始怀疑她是否能够满足别人的需求和保持真实的自己。不过，此时她还无法平等地对待自己的需求与他人的需求。在水平Ⅲ，女性发展出一种具有普遍性的观点，即她不再认为自己是顺从的和没有力量的人，而是积极地参与决策。她在做决定时关心决定给所有人带来的结果，其中也包括她自己。许多女性从未达到这个水平。

吉利根的研究并不是没有受到过批评。许多学者认为，科尔伯格的实验并没有对女性的偏见（例如，Greeno & Maccoby，1986）。虽然许多研究都验证了关怀道德取向的存在，但似乎男性和女性都使用法律道德与关怀道德推理（Wark & Krebs，1996），只是女性运用关怀道德推理更多一些（Jaffe & Hyde，2000）。性别差异的出现往往是人们选择讨论的两难故事内容所致，女性选择的故事往往是个人化的（Walker，2006）。当谈到与个人有关的内容时，男性和女性都表现更多的关怀道德取向，而谈到非个人化的问题时，男性和女性都表现出更多的法律道德取向，这可以解释在一些研究中发现的性别差异。也许吉利根的开放式访谈技术在很大程度上依赖于研究者的解释，研究者偏见使她在解释研究结果时强调性别差异而不是性别相似性（Colby & Damon，1983）。当然，吉利根的研究也是有价值的，它使人们对关怀道德取向有更多关注。

🔦 青少年的心里话

"当我读到卡罗尔·吉利根的研究时，我真的震惊了。在我家，我的妈妈是个受气包：她做饭，打扫卫生，解决每个人的问题。她忍受我的哥哥对她无礼。她总是问别人他们想要什么，从来不想她自己想要什么。我的家人一直称赞她是多么伟大的好妈妈。因此我慢慢产生这样的想法：她就应该这样对待丈夫和孩子。所以……我以前就是这样对我的男朋友的。我们会与他的朋友一起出去玩，做他们想做的事情。在过去的几年里，我开始觉得我从来都不想结婚。我的意思是，我为什么要做别人的奴隶？现在我读到人可以为自己所能给予他人的东西设定一个限制，这简直太好了。"

艾森伯格的亲社会推理理论

南希·艾森伯格也提出了一个颇有影响的道德推理模型（Eisenberg-Berg，1979）。她的理论探讨了亲社会道德推理，即当一个人的需求与他人的需求相冲突时的推理过程，而不是用规则来判断行为是否正确。她的理论关注的是一个人在给他人提供帮助时是否基于责任感，而非服从权威。当一个人的认知和社会能力达到成熟时，他会更有能力也更倾向于做出亲社会行为的决策（例如，Liable et al.，2014）。艾森伯格的理论不主张阶段论，他预期年龄大的个体有时会基于他们对自身和他人需求的评估做出自私的行为。个体的亲社会道德推理是发展的，因为年龄大的个体使用的道德推理模式在年龄小的个体身上出现的可能性较小。艾森伯格研究中所使用的情境都是儿童在参加派对的路上遇到一个受伤的同伴向她求助。如果这个孩子花时间去帮助求助者，她就可能会错过派对。表 7-1 列举了不同类型的反应。

表 7-1　艾森伯格的亲社会道德推理理论

阅读下表，根据给出的例子来描述道德发展的各个水平

水平和阶段	例子	描述	年龄
水平 1 享乐主义	取决于这个女孩认为派对是否有趣	助人是为了获得奖赏	学龄前阶段 小学低年级
水平 2 需要取向	取决于同伴的伤有多严重，是否确实需要帮助	关心他人的需要，甚至在他人需要与自己的需要有冲突时也是如此。不太可能出现观点采择和共情	学前阶段 小学阶段
水平 3 赞许取向	这要看她的父母和朋友怎么看待这件事	符合社会期望的行为。希望自己被认为是乐于助人的	一部分小学阶段和初中阶段的儿童
水平 4 自我投射性的共情	她应该给对方帮助，否则她会感到内疚	为了不感到内疚而助人。对他人的境遇产生共情	一部分小学儿童很多初中儿童
水平 5 抽象的内化原则	她应该给对方帮助，因为如果她不这样做，她会觉得自己不是个好人	行为与自己的价值取向保持一致。如果不这样，就会失去对自己的尊重	一部分青少年大多数成年人

艾森伯格的模型与科尔伯格的阶段理论是对道德发展的两种理解，其相似性要大于不一致性。这两位心理学家都认为，一开始，儿童的行为是自私的；后来他们之所以做出道德行为往往是为了获得他人的喜爱；在最后的阶段，儿童之所以做出某种道德行为是因为他相信这一行为是正确的选择。

道德推理的社会 – 认知领域途径

如前面的章节所述，阶段理论存在一些问题（特别是个体并不总是一致地按这些阶段的顺序发展），于是，一种新的研究道德推理的途径出现了。这种**社会 – 认知领域模型**（social-cognitive domain model）实际上不限于道德推理，它也可以被用来分析更广泛的社会推理，但其支持者所讨论的大部分问题都与道德发展有关（Killen et al.，2002）。皮亚杰认为，规则就是规则，所有的规则本质上都是道德的，现在我们知道不是所有的规则都被

儿童、青少年和成人同等地对待。

社会－认知领域的途径强调社会决策是复杂的，个体在决策时必须考虑道德、社会和个人需求。是个体在什么情境中做出决策以及个体给每个因素的权重决定了道德判断，而不是个体处的推理阶段。如果青少年在道德发展中出现了后退，那是因为随着年龄的变化，他们给这些相互竞争的因素以不同的权重（Killen et al.，2002）。

青少年倾向于认为成年人有权利规定什么是真正的道德行为，这些规则应该被遵守（Smetana, 1995；Smetana & Turiel, 2003）。然而，成年人只被允许在自己的影响范围之内制定或执行道德规则。例如，老师不能告诉年青人在学校外应该如何行事。父母和青少年很少争论他们同意的一些基本道德问题，如偷窃或欺骗是否正确，但是青少年不像成年人一样尊重社会习俗。早期的青少年把社会习俗看作权威人物毫无必要地控制青少年行为的一种手段。后期的青少年认为社会习俗是多余的、过时的社会期望（Smetana & Turiel，2003）。父母和他们处于青春期的孩子经常就某一问题是个人选择还是社会习俗有不同意见。在青春期，个体更愿意相信一个问题属于个人选择领域（Smetana, Crean, & Campione-Barr，2005）。例如，一个十几岁的女孩可能会认为穿暴露的衣服是个人领域的问题，而她的父母可能认为这样做违反了社会规范。青少年普遍同意——即使是那些在传统的、非西方文化中的青少年——父母无权干涉他们的个人选择（Smetana，2002）。他们的父母当然经常不同意这个观点。

🧠 社会－认知领域模型：三种类型的规则

社会－认知领域模型认为有三种类型的规则——道德准则、社会习俗和个人偏好，其中只有一个类似于皮亚杰和科尔伯格研究的那些规则（Turiel，1998）。

这种类型的规则是一种**道德准则**（moral rule），是关于人们应该如何彼此相待的规则，例如，人们互相伤害是不可以的。

💡 研究热点

青少年的道德观

在前面的章节中我们已经讨论了关于青少年如何思考道德的一些理论。在新近的研究中，研究者往往更直接地询问青少年"什么样的人是有道德的"（Hardy et al.，2011）。

在这一系列研究中，研究者要求 10 ~ 18 岁的被试描述一个"有道德的人"，或者对一些特质与"有道德的人"之间的关联程度进行评分。处于青春期早期和后期的被试在列举"有道德的人"所拥有的特质时都提到了诚实、善良、尊重他人。

处于青春期早期的被试最频繁提到的五个特质还包括友好、关心他人，而处于青春期后期的被试提到的是可信和忠诚。当对特质进行评分时，处于青春期早期和后期的被试的反应有80% 的重叠。两个群体不一致的部分是由于处于青春期早期的被试给了顺从（如服从规则）和乐观（如有积极的态度）更高的权重，而处于青春期后期的被试更多地提及公正的理想（如正义、中立）和关怀（如乐于助人、善良）。年龄较小的青少年倾向于提及聪明，努力等常常被认为是与道德无关的特质。年龄较大的青少年倾向于认为一个人的行为与道德信仰一致。

最后一项研究采用了聚类分析。聚类分析是把一个个单独的项目放在一起，通过统计检验的方法来找到其中共同的概念。通过聚类分析，研究者发现处于青春期早期的被试对"有道德的人"的描述中包括四组特质：诚实（honesty）、正直（integrity）（有良好的价值观，遵从自己的信念）、明辨是非（know the right）（能区分正确与错误，不做坏事）和关爱（loving/caring）。对处于青春期后期的被试反应的聚类分析发现了上述四组特质以及另外一组特质——高尚（virtuous）（负责任和忠诚）。两个年龄组的被试对"诚实"的评分都是最高的，高年龄组对诚实的评分甚至更高。研究没有发现性别差异。

关于成年被试的研究发现，成年人对"有道德的人"的描述可以聚类为六组特质（Walker & Pitts，1998）。上述针对青少年被试的研究结果虽然只有四组或五组特质，但与成年被试的研究结果相比，并没有很大的不同。这可能意味着关于道德的推理随着青少年的成熟变得更加分化，但从总体上看，青春期早期到成年期的数据仍然呈现出很大的共性。跨文化研究也表明，尽管在不同文化中这些特质的相对重要性有些不同（Smith et al.，2007），但在世界范围内，人们对道德的理解是非常相似的。

你想知道吗

儿童的道德思维与成年人有什么不同

儿童和成年人的道德思维有两个主要区别。一是儿童相信规则是被设定的，是不可改变的，而成年人认为规则是可以讨论和加以改变的。二是儿童认为应该根据后果来判断一个行为，而成年人更可能会考虑到行为背后的意图。

道德推理与亲社会行为

前面的章节已经表明，大多数早期研究聚焦于道德推理——做出正确的道德决策的能力。尽管现在的许多研究仍然探讨道德推理技能的发展，但该领域已扩大到包括亲社会行为的研究。**亲社会行为**（prosocial behavior）包括帮助、支持和有益于他人的行为，与反社会行为是相反的。亲社会行为的例子有赞美朋友、帮邻居忙、帮父母洗碗和志愿清扫当地的公园等。

道德推理与亲社会行为之间有着密切的联系，但它们并不总是一致的。一方面，许多人能够做一个好的道德决策，但会因为懒惰、恐惧或既得利益等不付诸行动。因此，好的道德决策是亲社会行为的必要不充分条件。另一方面，人们会出于自私的动机做出亲社会行为。例如，一个十几岁的男孩帮爸爸修车只是因为这样他就可以借这辆车用，或者他今天帮助

达到较高道德发展水平的青少年不像不成熟的同龄人那样自私。道德发展成熟可以表现为个体帮助他人的意愿。

一个朋友完成她的数学作业，是为了下星期她可以帮助他完成化学作业。当然，毫无疑问，好的道德推理者更容易表现出亲社会的行为方式（Eisenberg et al.，1995；Hardy & Carlo，2011）。

影响青少年行为的主要因素

菲伯斯和卡罗以及他们的同事总结了影响青少年亲社会和道德行为倾向的主要因素（Carlo et al.，1999；Fabeset et al.，1999）：

1. **青春期状态**：处于青春期后期的青少年更强大了，因此他们能够采取更多的行动。同时，随着青春期的到来，他们开始出现性唤醒和恋爱的感觉，这些都可能会激发亲社会行为或反社会行为。

2. **观点采择**：认知的成熟与新的经验让青少年能更好地了解他人。这会激发青少年对他人的共情和关心，从而促使道德行为产生（Sherblom，2012）。

3. **道德推理**：青少年的道德推理能力越高级，越有可能做出道德的决策。

4. **共情**：青少年越能够理解他人的感受，越有可能做出道德行为和亲社会行为（Sahdra et al.，2015）。

5. **人格**：人格的很多方面都对亲社会行为倾向有影响。例如，容易愤怒的人更可能表现出反社会行为（Carlo et al.，1998），具有积极的个性倾向的人更有可能做出亲社会行为（Atkins et al.，2005）。

6. **高自尊**：喜欢自己的青少年比不喜欢自己的青少年更有可能做出亲社会行为（Lerner et al.，2009），而且那些高自尊的人在面对外部压力时更有可能坚持自己的道德信念（Sonnentag & Barnett，2013）。

7. **家庭关系**：支持性的家庭背景有助于促进道德发展。

8. **同伴关系**：同伴可以鼓励亲社会或反社会行为。

9. **学校教育**：学校规模、班级规模、学校氛围都会影响亲社会倾向（eg.，Brugman et al.，2003）。学校教育鼓励高水平道德推理的发展。

10. **文化和民族**：青少年受他们的文化中的价值取向和规范影响。例如，在一项关于英国和中国的青少年的研究中，中国的青少年比英国的青少年更有可能冒着生命危险去拯救别人（Ma，1989）。在另外一项较新的研究中（Kumru et al，2012），研究者发现土耳其和西班牙青少年的亲社会道德推理和亲社会行为也有很大的差异。

我们将在下面讨论其中的几个问题，其他问题会在后面的章节中讨论。

自菲伯斯和卡罗总结亲社会行为的影响因素以来，科学家开始探究控制个体应对社会刺激（如面部表情）的神经系统在青春期的成熟过程。在青春期，神经系统逐渐成熟，促使一些新能力出现，使个体能够辨别他人的感受与需求（Nelson，et al.，2005）。因此神经系统的发展程度也是亲社会行为的影响因素之一。

道德认同

亲社会行为的另一个影响因素——道德认同，已经得到了研究者的广泛关注。道德认同意味着道德行为是一个人自我概念的重要组成部分，也就是一个人认为自己是一个有道德的人。现在，许多研究者认为拥有道德认同是激励一个人的道德行为的强烈动力，是道德推理与道德行为之间的桥梁（Bergman，2004）。换言之，当一个人将自己定义为一个有道德的人时，他会感到自己有义务去帮助他人（Schlenker et al.，2009）。

由于认知的发展，当儿童成为青少年时，他更有可能将道德整合为自我概念的一部分（Hardy & Carlo，2005）。那些表现出榜样行为的青少年比其他青少年更有可能用有关道德的词来描述自己是什么样的人（Reimer et al.，2009）。那些有着强烈的道德认同，用较多有关道德的词描述自己的人更有可能参与社区服务（Porter，2013），避免反社会行为（Barriga et al.，2001），做出亲社会行为（Hardy，2006）。他们能从较高的幸福感和好的人际关系中获益（Hardy et al.，2013）。

哪些青少年会发展出强烈的道德认同？如果父母愿意与孩子讲道理，鼓励孩子思考某种行为给自己和他人带来的后果，那这些孩子往往会发展出道德同一性（Hardy et al.，2010）。反之，如果父母严厉地惩罚孩子，或者以否定和拒绝来管教孩子，这些孩子发展出道德同一性的可能性就会大大降低。

亲社会行为随年龄的变化

从儿童期到青春期以及整个青春期，亲社会功能是如何变化的？

我们有理由相信，亲社会功能应该是提高的（Eisenberg et al.，2005）。

- 青少年认为自私行为是不恰当的和不成熟的（Galambos et al.，2003）。
- 亲社会推理一直以来都被认为是与共情能力和采择他人观点的能力联系在一起的，我们知道，观点采择能力在青春期会显著提高（Eisenberg，1986）。
- 认知发展使青少年越来越能够抽象地理解那些他们不认识的人和那些与自己不同的人，从而拓宽了利他行为的动机（Hoffman，2000）。

正如上面所讨论的，道德推理能力会随着个体的成熟而提高，使青少年更有可能做出亲社会行为而不是自私行为。

研究表明，亲社会功能的某些方面从儿童期到青春期有所提高，但并不是所有方面都在提高（Eisenberg et al.，2009）。个体与他人分享和表现共情的意愿增加了，但是提供的安慰或实际上的帮助没有增加。关于从儿童期到青春期亲社会行为增加的证据并不有力，它似乎只出现在实验室研究中（不是自然观察），而且是只有当个体关心的目标是孩子而不是成年人的时候才出现。同样，从青春期中期到青春期后期，从青春期后期到成年早期，个体的亲社会倾向都是某些方面有所提高，而另外一些方面没有提高。尽管亲社会道德推理和观点采择能力还在发展，但实际上，在二十几岁时，个体为他人提供帮助的行为是减少的。共情反应并不总是导致系统的道德行为变化，但是个体的亲社会行为表现出相当明显的跨时间一致性（Eisenberg et al.，2002）。换句话说，一个高度亲社会的孩子，将来也将成为一个高度亲社会的青少年和成年人，而一个自私的孩子将来仍然是一个自私的人。

家庭因素与道德学习

关于家庭社会化的研究已经反复证明，父母对儿童的发展有巨大的影响。父母在培养子女基本的社会、宗教和政治价值取向，以及鼓励他们在面对不幸的人时采取亲社会行为和共情反应方面发挥着根本性的作用（例如，Yoo et al.，2013）。很多关于儿童和青少年道德发展的重要研究都强调父母和家庭在这个过程中的重要性。一些家庭因素与道德学习显著相关：

- 父母的温暖、接纳、相互尊重和对孩子的信任程度
- 亲子互动与沟通的频率和强度
- 管教的类型和程度
- 父母给孩子树立的角色榜样
- 父母给孩子提供的独立机会

每一个因素都值得进一步阐述。

父母的接纳和信任

道德学习的一个重要辅助是父母与孩子之间相互信任的、尊重的、温暖的、接纳性的关系。在感情上依赖父母，对父母有强烈情感依恋的儿童会发展出强大的良知，而那些对父母没有依赖的孩子长大后缺乏良知（Eisenberg & McNally，1993）。

父母的温暖和道德学习之间的相关性有几种解释。在一个温暖的、包容的情境中，受尊敬的父母可能会受到孩子的敬佩和模仿，从而使青少年拥有类似的积极特质。青少年因为能感受到父母的关心、爱和信任而学会了为他人着想（Pratt, et al.，2003）。事实上，支持性养育不仅鼓励道德信念，也最有可能培养出孩子的**道德勇气**（moral courage），即在面临反对意见时坚持自己价值观的倾向（Eisenberg et al.，2009）。

亲子沟通的频率和强度

角色 – 模仿理论认为，孩子**认同**（identification）家长的程度是随着孩子与父母互动的数量而变化的。频繁的互动为有意义的关于价值取向和行为规范的交流提供了机会，特别是民主的和相互的交流。单方面的权威互动形式会导致不良的沟通，不利于青少年的学习。因此，保持青少年和父母之间畅通的沟通渠道是很重要的。某些类型的沟通似乎对培养道德推理特别有好处。例如，研究发现，如果父亲与青少年进行维果斯基或苏格拉底风格的"协商对话"，通过挑战他们的推理来推动他们的思维发展，会使这些青少年比他们的同龄人拥有更高的道德发展水平（Pratt et al.，1999）。

对青少年行为的管教

一些关于父母管教对青少年道德学习影响的研究表明：当管教具有以下特征时，具有最积极的作用。

- 一致的而非多变的
- 通过清晰的言语解释来发展内部控制，而不是通过外部的物理手段
- 公正、公平，避免粗暴、惩罚性的措施
- 民主的而不是放任或专制的（Zelkowitz，1987）

其中最重要的要求是管教必须是一致的，无论是父亲、母亲还是父母之间都需要保持一致。不稳定的父母期望会导致模棱两可的环境，不利于青少年的道德学习，还会导致焦虑、混乱、不服从、敌对，甚至犯罪。

用清晰、理性的言语解释去影响和控制行为的父母，要比那些用强硬的命令来控制行为的父母有更积极的影响（Lopez et al.，2001）。这主要是因为认知方法可以导致价值观和标准的内化，带着感情的言语解释使青少年更乐于倾听和接受父母。用来纠正或强化行为的推理与表扬可以促进学习，但是物理手段的管教、消极的言语（如贬低和唠叨）或很少的解释往往与反社会行为和犯罪有联系。

那些依靠粗暴的、惩罚性方法的父母并不理解管教的真正目的：发展敏感的良知、社会化和促进合作（Hoffman，1994）。残酷的惩罚，尤其当惩罚伴有父母的拒绝时，会使一个孩子发展为不敏感、冷漠、有敌意、叛逆、不友好的人。它使孩子的敏感性降低，学会恐惧和憎恨他人，不再关心他人也不想取悦他人。他们可能会服从，但是当没有外部惩罚的威胁时，他们是反社会的。

过于放任的父母也会使孩子的道德发展延缓（Boyes & Allen，1993），因为他们没有帮助孩子发展内部控制。当没有外在的权威时，孩子仍然是不明是非的。青少年希望得到并需要家长的指导，否则他们可能会成为一个被宠坏的孩子，不受同伴的欢迎，因为他们不会为他人考虑，缺乏自律、坚持和目标，不能应对挫折。

还有很重要的一点需要强调：父母要塑造孩子的道德行为和亲社会行为，并不是只有在孩子做错事时进行管教这一条途径，父母还可以对孩子正确的行为给予积极的反应。例如，哈代和卡罗（Hardy & Carlo，2010）发现，青少年关于父母可能对孩子的亲社会行为（而非不恰当行为）所做出的反应的预期对青少年的行为有更大的影响。这是因为青少年在预期自己受到鼓励而非惩罚时更有可能内化父母的价值观。

有时候父母必须管教青少年子女，尽管没有人真正享受管教的过程。最好明确地说明为什么某种行为是不可接受的。如果处理得好，父母和孩子的互动可以促进青少年的道德发展。

你想知道吗

父母应该怎样帮助他们的孩子成长为有道德的人

父母应该是温暖的、支持孩子的，避免粗暴，向孩子解释规则的逻辑，给他们提供做决策的机会和道德行为的示范。

父母的角色榜样

如果父母想为他们的孩子提供积极的角色榜样，很重要的一点是父母自己要做有道德的人。儿童，甚至处于青春期的儿童，有一种模仿他们的母亲和父亲行为的天然倾向。所以无论父母如何说人应该诚实，当孩子看到他们逃税，拾起桌子上其他顾客留给服务生的小费，或者在商店买东西时明知道店员给他们多找了零钱却故意离开时，他们都在教孩子不诚实。青少年比儿童更有可能认识到父母的虚伪，因此，对于父母来说，随着孩子年龄的增大，给他们示范道德行为更加重要。父母也可以通过关心和慷慨的行为鼓励孩子的亲社会行为。说教是没有用的。

独立的机会

父母给孩子独立进行道德判断的机会的次数和类型会影响道德的发展。做出好的决策是一个通过学习获得的技能，是需要练习的。青少年需要有机会去做决策，这些决策将影响他们的道德行为，我们能够观察到其行为的结果。

当然，如果父母给了过多的独立——既不监督孩子也不对他们提出引导，将会使孩子去外面寻找关于道德的指导。例如，一个有魅力的同伴可能会鼓励反社会行为。如果父母的忽视和冷漠创造了一个道德真空，各种外部力量就会产生更大的影响。

同伴对道德发展的影响

一群青少年朋友往往有相似的行为方式，无论亲社会行为、反社会行为还是较为道德中立的行为都是如此。鉴于此，社会高度关注青少年同伴因为相互影响而陷入诸如使用药物和犯罪等冒险行为或不良行为的程度。事实上，许多青少年干预计划将同伴抵制训练作为课程的一部分。尽管同伴之间的相似性可能部分是因为青少年选择与自己类似的朋友，但也可以将其解释为同伴之间直接或间接影响彼此的行为所造成的。

布朗和西奥博尔德（1999）确定了四种同伴之间相互影响的方式：

- 同伴压力
- 规范的期望
- 为某种行为的实施提供机会
- 仿效

有时，这四种力量同时发挥作用。

例如，一个十几岁的女孩洛里最近转到了一个新的高中，有了一群新朋友。当她们在一个星期五的晚上一起去看电影时，洛里非常吃惊地发现她的新朋友们从不花钱看电影。她们会一起凑钱给一个女孩买张票，这个女孩就可以合法地进入剧场并把一扇边门打开，这样其他女孩就都可以进来了。洛里觉得很不舒服，因为虽然她不赞成这些朋友的行为，但她们显然认为这是正常的（规范的期望），她们找到了不用买电影票的办法并且每周都这么做（机会），她们依次违规进入电影院（仿效），当她拒绝进入时，她们让她觉得很有压力（同伴压力）。

同伴之间也可以鼓励彼此做出积极的亲社会行为。事实上，同伴和亲社会活动之间有相互作用：同伴可以鼓励个体做好事，做好事又可以使个体受到同伴的欢迎（Wentzel &

McNamara，1999）。与人们的刻板印象相反，同伴更经常鼓励和促进亲社会行为而不是反社会行为，因此青少年的亲密朋友越多，他的道德推理水平越高（Schonert-Reichl，1999）。

宗教和灵性信仰

一个有灵性信仰的人不一定要信仰某种宗教。灵性信仰意味着一个人有关于神灵或上帝的私人体验。宗教虔诚度指一个人相信某种宗教的教义，遵循宗教仪式的程度（Benson et al.，2003）。这是两种既重叠又相互独立的现象（King & Benson，2006）。两者都是大多数青少年试图解决的重要问题（Good & Willoughby，2008）。灵性信仰似乎与宗教一样，也有很多益处。例如，灵性信仰可以使青少年免于抑郁的威胁（Desrosiers & Miller，2007），提高青少年助人的倾向（Einolf，2013），提高青少年的心理健康水平（Yonker et al.，2012）和生活满意度（Kim et al.，2013）。

宗教

宗教在许多美国人，包括美国青少年的生活中起着重要的作用，它是青少年学习道德规范的一个途径。

- 是什么决定了青少年的宗教虔诚度？
- 他可能会信仰哪种宗教？
- 一般的青少年对宗教有多虔诚？
- 宗教是否使青少年的行为更道德？
- 为什么宗教信仰对青少年的发展有益？

💡 青少年的心里话

"我想指出，我非常确定地认为一个有着强烈道德感的人可以没有强烈的宗教信仰。我是这样的人中的一个。我的父母从来没有强迫我们信仰宗教，所以作为孩子，我们是幸运的。任何时候，如果我们需要，他们就会带我们去任何我们喜欢的教堂，我们也经常与我们的朋友一起去。我真的感激我的父母让我和我的兄弟们在我们的时代找到自己信仰的宗教，而不是强迫我们跟随他们的信仰。我不想在没有花时间去了解一种宗教以及我的其他选择时就轻易相信它。显然，世界上有如此多的宗教，我可以探索直到我找到一个我真正相信的宗教。"

"我第一次走进教堂是因为我的姑妈邀请我们家去。当我听到上帝的话通过牧师被讲出来时，我非常感兴趣和好奇他在说什么。我坚持去教堂，在大学的时候，我开始决定信教。我开始认真研读上帝的话，吸收我见到的所有相关信息。我一直努力建立我的宗教信仰的基础，现在我仍然在这么做。"

💡 青少年与宗教

宗教在很多青少年的生活中具有重要的作用。对青少年来说，信仰宗教有许多好处，原因如下。

第一，参与有组织的教会给青少年提供了大量的**社会资本**（social capital），其他人也可能愿意为青少年提供支持（King & Furrow，2004）。

第二，它给青少年提供了帮助他人的机会（Mattiset al.，2000）。

第三，它使青少年被那些愿意表扬和强化好的行为的人包围（Eillison，1992）。

第四，它给青少年提供了发展技能和领导力的机会（Smith，2003）。

第五，许多（尽管不是所有）宗教都提倡诸如善良这一类积极的亲社会价值观（Hardy & Carlo，2005）。

电视、视频、游戏和其他荧屏时间

大众媒体对青少年的影响越来越大，这一点在这本书的其他部分有所论述。电视内容对青少年的潜在有害影响受到了太多关注，在这里考察这些影响也是值得的。青少年花大量的时间观看视频：约每天 4.5 小时。大约 3 个小时是在看电视（实际上最近几年有所下降），约半个小时在看在线节目，另外半个小时是在看 DVD，每天约有 15 分钟是在玩 MP3 播放器和用手机看视频（Rideout et al.，2010）。到青少年高中毕业的时候，他们在屏幕前的时间要多于在教室里的时间（Comstock & Paik，1999）——分别是 20 000 小时与 14 000 小时，这还没有把年青人玩视频游戏或看电影的时间计算在内。美国有近 70% 的 8 ~ 18 岁儿童及青少年的卧室里有电视机（Roberts et al.，2005）。

所以公众担心经常看电视对青少年的价值观有影响还有什么奇怪的呢？他们担心的主要是以下三个问题：

- 电视暴力的影响
- 暴露在煽动性的性刺激之下的影响
- 广告对青少年的物质欲望的影响

暴力

公众对电视内容的关注焦点是观看过多的暴力内容会对儿童和青少年产生什么影响。在 1992 年，爱尔西亚·休斯顿和她的同事估计，普通的美国儿童到 18 岁时，平均每人将会在电视上看到 200 000 次暴力行为，如强奸、攻击和谋杀。众所周知，在美国，电视中的暴力行为一直呈增长趋势（部分是因为有线网络），现在儿童看到的暴力行为次数当然远远超过之前的数字。大部分电视节目都有暴力内容。有研究表明，超过 60% 的黄金时段电视节目含有暴力内容

观看含有暴力内容的电视节目会以几种方式增加暴力行为。例如，暴力似乎是普遍的、可接受的。当有吸引力的角色因为他们的暴力行为获得回报时，人们甚至会觉得暴力行为是令人敬佩的。

（Signorielli，2003）。

　　几乎所有研究过这一问题的学者和儿童保护组织都得出结论，接触电视暴力确实会提高人的攻击性（Brown & Bobkowski，2011）。大部分关于电视暴力与儿童和青少年攻击行为的关系的经典研究支持这一结论。到 20 世纪 90 年代，已经有超过 1000 个独立研究将看电视和青少年的反社会行为联系起来（Strasburger，1995）。两者之间的相关性甚至高于吸二手烟与患肺癌之间的相关性以及钙摄取量与骨量之间的相关性（Bushman & Anderson，2001）。

暴力媒体是如何使暴力行为增多的

　　大多数青少年会通过视频和电脑游戏接触暴力内容：97% 的青少年玩电子游戏，普通美国青少年每天玩电子游戏的时间超过 1 小时（Rideout ett al.，2010）。尽管并非所有的电子游戏都是暴力的，但很多畅销游戏的名字，例如真人快打（Mortal Kombat）、侠盗猎车手（Grand Theft Auto）、战争机器（Gears of War）等都表明这些游戏含有暴力内容。我们有理由相信暴力视频游戏甚至比暴力电视节目和电影更有害，因为视频游戏需要玩家实施攻击行为，而且玩家会因此而得到奖赏。有很多研究表明玩暴力视频游戏与增加暴力行为相关（Anderson et al.，2007），当这些游戏中有大量血腥场面时更是如此（Farrar et al.，2006）。

　　含有暴力内容的电视节目以几种方式增加暴力行为。它使攻击行为看起来不那么可怕，更容易接受，甚至让人觉得攻击行为是普遍的、正常的（krcmar & Hight，2007）。在许多情况下，电视中可爱的、有吸引力的角色榜样会做出攻击性行为（Wilson et al.，2002），而且这些角色常常会因为他们的攻击性行为获得赞赏，被他人羡慕。动作导向的电视节目预告也刺激着观众，使得他们在短期内一旦被激怒，就容易做出攻击性反应（Cantor，2000）。而且，反复暴露于暴力行为之下会产生脱敏的效果，使得观众在面对暴力行为时，其唤醒水平不仅没有提高，反而会降低（Carnagey et al.，2007）。这将导致个体因暴力思想产生的压力变小，对暴力受害者的共情也会有所减少，暴力变得更加可以接受。

　　观看有暴力内容的电视节目的另一个后果是，观众认为这个世界是危险的，别人会来伤害自己（Gerbner et al.，1994）。儿童和青少年可能会因为他们在电视上看到的内容感到害怕、做噩梦，或头脑中经常反复出现一些可怕的想法，甚至可以持续数年。尤其是那些描绘超自然力量或性侵的场面，这些更使他们感到恐惧（Harrison & Cantor，1999）。很多成年人（包括作者）看了电影《惊魂记》和《沉默的羔羊》后也会产生挥之不去的恐惧。短暂地暴露于攻击行为之中后，**认知启动**（cognitive priming）就会发生，所谓认知启动是指神经通路的激活使模棱两可的或中性的刺激被知觉为与先前接触的刺激类似的刺激（Strasburger et al.，2009）。

　　这些数据都支持观看含有暴力内容的电视节目与攻击性行为之间的因果关系（Kirsch，2006）。大量实验室实验和现场实验的证据表明电视暴力已经成为一种社会污染，造成暴力行为的增多。很多人都难以接受这一结论，因为他们看含有暴力内容的电视节目却认为自己是不具有攻击性的。但是，请记住有些人每天抽两包香烟却没有患上肺癌。

　　这意味着吸烟不会增加患癌症的风险吗？当然不是。同样，虽然不是每个看含有暴力内容的电视节目的人都会受影响（你可能已经受到影响，但你自己没有意识到），但在群体水平上，含有暴力内容的电视节目的普遍性使人们的攻击性有所增加。因为在日常生活中，媒体呈现的暴力内容对人的影响常常表现为粗暴行为的倾向提高、对他人漠不关心或者愤怒，而不总是表现为向他人开枪，所以这些影响常常容易被人忽视。

你想知道吗

观看含有暴力内容的电视节目是否会真的对人产生影响

关于观看含有暴力内容的电视节目会带来负面影响的数据是强大且有说服力的。观众经常在电视上看到一些英雄人物通过使用暴力拯救一个时代，最终这些观众会觉得暴力行为是平常的、可以接受的。而且有些人在被激怒时更有可能做出攻击性反应。

研究热点

我们为什么喜欢恐怖的媒体内容

如果人们不喜欢看，电视台就不会播放含有暴力内容的电视节目，电影公司也不会花几千万美元制作恐怖电影。在某种程度上，人们一定很享受这些吓人的节目和电影。有一些数据表明，青少年比儿童或老年人更喜欢恐怖表演（例如，Cantor，1998）。为什么青少年和一些成年人喜欢被惊吓？

人们已经提出了几种理论。齐尔曼（1996）提出，当我们看到其他人处于危险中时，我们感受到的共情忧虑会导致生理唤醒，这种生理唤醒状态加强了一个好结局给我们带来的积极情绪反应。能够体验最终的放松感使人们觉得先前的焦虑是值得的。（这个理论很难解释那些没有完美结局的恐怖电影为何仍然受到很多人的喜欢。）相反，坦博里尼（1996）提出，只有那些共情能力低的人才会喜欢恐怖电影，因为那些共情能力高的人会因主人公的困境感到忧虑。斯莱特（2003）认为，恐怖电影满足了人们寻求感官刺激的需求。斯帕克斯（2001）认为，人们把看恐怖电影作为一种逃避现实的手段——一种能够暂时忘记自己生活难题的方式。康托（1998）把看恐怖电影与"禁果"联系起来，提出它的吸引力来自恐怖电影并不适合人们。戈尔茨坦（1999）指出，看恐怖电影是为了友谊，因为大部分时间都是一群人一起去看这些节目和电影。许多研究者（例如，Selah-Shayovtis，2006）提出，观看与死亡和伤害有关的场面是一种间接攻击手段，这可以解释为什么有攻击性的个体比没有攻击性的个体更喜欢暴力的媒体内容。

霍夫纳和莱文（2005）对迄今为止这一主题的研究进行了元分析。他们发现，大量的数据表明，男性比女性更喜欢暴力的内容，青少年比老年人更喜欢看暴力的内容。（他们的元分析中没有包括涉及儿童的研究。）他们还发现，恐怖电影或电视节目越可怕，人们就越感到享受，给它的评分就越高，无论故事是否有一个好的结局。高度共情的人不像攻击性强的人和那些寻求感官刺激的人那样享受这样的电视节目和电影。

性的内容

正如电视将年轻人淹没在暴力影像中一样，它也呈现了大量与性有关的内容。一些研究宣称，这是一种更有影响力的性教育形式（Strasbuiger et al.，2012），其影响力超过互联网（Ybarra et al.，2014）。电视上的性内容明显增多了，即使在电视节目的黄金时段也是如此（Kunkel et al.，2007）。青少年观看的节目甚至比成年人观看的节目中有更多的性内容（Kunkel, et al.，2005）。在所谓的"家庭时间"（东部标准时间晚上 8 点到 9 点）播放的节目中，几乎 1/3 的节目含有性内容，平均每小时有 8 次以上提及性语言。更糟糕的是，通常电视中的性内容是以可供利用的或微不足道的、无害的娱乐形式呈现的，其对情绪和健康的潜在影响却很少被提及。事实上，电视里描绘的与性有关的事件只有 10% 涉及怀孕、感染性病的风险、避孕和禁欲（Kunkel et al.，2007）。

出于同样的原因，电视中的性内容与暴力内容一样令人不安：青少年会受到电视中的性内容的影响。有研究表明，即使只是观看一些讨论性话题而没有性场面的节目，也会影响青少年对常规性行为的看法（Ward，2002）和偶然性行为的态度（Taylor，2005）。有多个研究表明，大量观看有性内容的电视节目与过早发生性行为有联系，包括性交（Collins et al.，2004）、性冒险行为（O'hara et al.，2012）、口交（Bersamin et al.，2010）和性攻击行为（Ybarra et al.，2011）。

与电视暴力的研究类似，关于电视中性内容的研究也表明青少年观看性内容会使他们对正常性活动的概念产生偏差，青少年性健康委员会（SEICUS，1996）提出了在媒体中呈现性信息的指导意见。委员会认为，这将促使青少年有健康的性态度和性行为。根据青少年性健康委员会的意见，如果媒体能够做到以下几个方面，社会将从中受益：

- 不要只将外表好看的人描绘成理想的、能够发生性关系的人。
- 不仅描述性活动多的青少年，也描述禁欲的人。
- 典型的两性关系不是互相利用的。
- 典型的性接触是计划好的，而不是出于一时的冲动。
- 描述如何使用避孕药具以及避孕失败的消极后果。
- 描述父母和孩子之间交流有关性问题的场景。

物质主义

美国的儿童和青少年每年在电视上看到约 40 000 个广告（Wilcoxm et al.，2004）。事实上，青少年每看电视一小时就会看到 10 ～ 14 分钟的广告（Gantz et al.，2007）。一些儿童和青少年甚至在学校也能看到广告，因为现在很多学校会播放新闻视频节目，这种视频节目中也有商业广告（Wartella & Jennings，2001）。很多公司愿意花费数百万美元购买电视广告时段来宣传自己的产品，这一事实表明这些广告一定会有效地改变人们的消费行为。不幸的是，许多针对儿童和青少年的广告所宣传的产品并不是特别有益于他们（如含糖的零食）或是非常昂贵的（如名牌运动服装）。这些广告有助于创造人们对这些产品的需求，激发青少年的购买欲。

有充分的研究证据表明，某些产品的广告（如香烟和酒）的确有效地说服了青少年去使用这些产品。例如，一项研究发现，如果青少年看到一个酒广告的次数超过平均数，他饮酒的可能性就会增加 1%（Snyder et al.，2006）。另一相似的研究发现，认识电视上啤酒广告的 12 岁青少年比其他同龄人对啤酒更有好感，并且表达了更强的、像成年人一样的饮酒愿望（Grube，1995）。还有一项研究发现，在吸烟的青少年中，有 1/3 的人是受到广告的影响才这么做的（Biener & Siegel，2000）。

在更广泛的层面上，电视广告推广了过"好的生活"就是拥有更多物质财产的观点。它提供了这样的信息：那里有一个产品将能解决你的所有问题。不受欢迎吗？试试这个祛痘霜或漱口水，或买下这辆车。不满意自己的外表吗？试试这个洗发水和这个品牌的衣服。不只是广告在影响人们对世界的看法，那些电视节目也呈现了一个远比真实生活更加富裕的世界（O'Guinn & Shrum，1997）。财富带来幸福的作用在媒体上被过度强调了。许多研究表明，一个人看电视越多，就越变得物质主义（Robinson & Martin，2008），越不满意他们的生活标准（Burroughs & Rindfleisch，2002）。顺理成章地，也有研究发现看电视与幸福感降低有关（Shrum et al.，2010）。

其他问题

暴力、性混乱和物质主义并不是人们提出的关于电视的全部抱怨。正如在前面关于身体形象的一节中所讨论的，媒体中出现的过于纤瘦的人使得很多人，特别是女孩，对自己的身体不满意。此外，一天几个小时看电视的时间本可以用来做别的事情，比如做运动、与朋友聚会、与家人交谈、发展爱好或阅读。即使看好的电视节目，看太多也是有问题的，因为它占用了几个小时的时间，使人们不能做一些更有益的活动。

道德教育

因为我们都受他人道德行为的影响，所以美国的学校一直关注对学生进行道德教育。很多开国元勋（如托马斯·杰斐逊和约翰·亚当斯）都提倡将公共教育作为向年青人传播民主价值观的手段（Wynne，1989）。在 19 世纪，随着那些在非民主传统文化下长大的移民者来到美国，学校增加民主价值观教育的需求增加了（Titus，1994）。

随着时间的推移，社会的关注点和价值观已经发生了发展和改变，进行道德教育的方法也发生了变化（见图 7-2）。李和泰勒（2013）对这些变化进行了总结。他们指出，在 20 世纪 70 年代之前，道德教育在关于某些行为是对是错的问题上常常与宗教的信条密切相关，尤其强调《圣经》中的美德，例如尊敬父母。到 20 世纪 70 年代，随着科尔伯格研究的流行，道德认知发展这一途径开始成为主流，它强调公平和推理，这一倾向最近才终止。在 20 世纪 90 年代，道德教育开始更加强调公民教育和公民意识。进入 21 世纪以来，我们看到道德教育又开始强调具体的道德原则。让我们再继续探讨关于道德教育的一些重要途径。

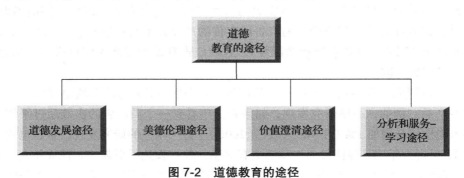

图 7-2 道德教育的途径

道德发展途径

如上所述，道德教育的第一个途径是**道德发展**（moral development），是直接从科尔伯格的理论和研究发展而来的，在 20 世纪 70 年代早期开始流行。这一方法是基于这样的理念：青少年必须经历更高水平的推理才能发展更高水平的道德（Harding & Snyder，1991）。这种类型的道德教育所采用的具体方法是提供案例或道德两难问题，让学生来解决（Mills，1988）。例如，一个用来促进思考和讨论的两难问题是：

特丽莎是一个 16 岁的女孩，她最好的朋友名字叫凯西。昨天，凯西告诉特丽莎，她打算离家出走。凯西说她已经把自己银行账户里所有的钱都取出来了，还买了一张去洛杉矶的巴士车票。特丽莎问凯西那里有没有她认识的人。凯西说"没有"。特丽莎还问凯西为什么要离开家，凯西说她的父母太严格，不让她去任何地方，也不让她玩，并且认为如果父母看到她最近的成绩单，情况估计会变得更糟。特丽莎担心凯西，没能说服她不要离家出走。凯西离开后，特丽莎在想她是否应该告诉老师或凯西的父母凯西的计划。你认为她该怎么办？

接下来给学生们呈现以下几个问题：

- 特丽莎应该告诉凯西的父母凯西的计划吗？为什么？
- 特丽莎应该做些别的事情或者将凯西的计划告诉别人吗？她应该怎么做？为什么？
- 特丽莎有责任阻止凯西做任何鲁莽的事吗？
- 一个人应该始终替朋友保守秘密吗？

当学生们思考和讨论自己对上述问题的回答时，他们的推理会受到挑战，道德推理水平会提高。这种道德发展途径的一个子类型被称为**公正社群**（just community），在公正社群中，学生以学校及校规为中心来讨论道德决策，学生讨论并帮助制定学校的校规。

美德伦理途径

第二个途径是**灌输**（inculcation），这也是最古老的道德教育方法之一，现在又开始流行起来。灌输即向学生传授某种价值观和规范，使他们认同并遵守这些价值观。这也被称为美德伦理途径（virtue ethics approach）。

在一个多元化的社会，一个显而易见的问题是：

你将传授谁的价值观

灌输法的支持者坚持世界上有超越了文化、宗教、种族 / 民族的共同价值观。这六大支柱包括：

1. 诚信：包括诚实、正直、可靠、忠诚。
2. 尊重：尊重他人，对待他人要有礼貌、谦虚和宽容。
3. 责任：对自己的行为负责，持之以恒，勤奋，能自我约束。
4. 公正：遵循正当的程序，公平，拒绝不正当地利用他人。
5. 关怀：关心他人的幸福。
6. 公民权：为社会做贡献并遵守社会规则。

乔纳森·海特（2012）提出了另外一套不同的基本道德品质，被很多人注意。他列出了一系列道德品质及与之相反的品质（见图7-3）。

1. 关怀/伤害：保护或帮助他人的意愿。
2. 公正/欺骗：对正义的一致性、无偏性和均衡性的需要。
3. 自由/压迫：对自由和自我决定的热爱。
4. 忠诚/背叛：保护群体、家庭和国家利益的信念。
5. 权威/破坏：尊重传统和权威。
6. 圣洁/堕落：对不光彩的行为和思想的憎恨。

海特所提出的一些道德品质（如关怀）与约瑟夫森伦理研究所提出的道德支柱是非常相似的，另外一些品质却非常不同。这六个道德品质构成了道德基础理论（moral foundations theory）的基石。道德基础理论由一些研究者提出（例如，Maxwell & Narvaes，2013），它替代了科尔伯格的理论。道德基础理论与科尔伯格的认知发展理论的不同之处在于：

1. 道德基础理论强调情绪而非推理。
2. 在道德基础理论中，所有的六个道德品质都是重要的，而科尔伯格的理论只强调两个：关怀和公正。

图7-3　乔纳森·海特的观点

👤 私人话题

高校学术造假

从各方面综合来看，大学里的作弊现象已经非常普遍。根据约瑟夫森伦理研究所的研究，51%的高中生承认在上一年的考试中作弊了。大约1/3的学生承认自己抄袭过网上的内容，75%的学生说他们曾经抄袭其他学生的作业。超过一半的学生承认他们曾经对老师说谎（Josephson Institute of Ethics，2012）。"好消息"是，如果你愿意称之为好消息，这些数字要小于2010年调查所得到的结果。然而加洛韦（2012）报告说，有93%的经济富裕的高中学生在过去的一年里至少作弊过一次。

关于大学生的研究也发现了类似的结果。麦卡贝（2005）发现，大约1/3的大学生承认问过那些曾经参加过某一门学科考试的学生考试题目——尽管有90%的学生说这种行为是严重作弊。有同样比例的学生承认自己曾经抄袭。同样糟糕的是，超过70%的学生承认他们会用虚假的理由来获得更多的时间以准备考试或完成论文（Roig & Caso，2005）。

既然这么多学生作弊，至少是偶尔作弊，那也许最好问谁不作弊而不是问谁作弊。女大学生声称她们作弊比男性少（例如，Jenson et al.，2002），但是当用客观的方法来测量时，研究者发现几乎没有性别差异（McCabe et al.，2001）。作弊现象在高中阶段达到最高峰（O'Rourke et al.，2010），但如前所述，在大学阶段仍然保持很高的比例。独立的学生——那些没有参加任何男生联谊会或女生联谊会的学生，其作弊行为要少于那些参加了这些联谊会的学生（McCabe & Bowers，2009），这也许是因为他们作弊的机会较少。此外，一个学生与联谊会的关系越密切，就越有可能作弊。在一般情况下，最聪明能干的学生作弊的可能性明显低于那些学业能力较弱的学生（Nathanson et al.，2006）。

奥泽克和兰恩（2005）发现，那些在大五人格测验中尽责性分数较高的学生（这表明一个人有组织有计划，遵守规则，具有延迟满足的能力）和宜人性分数较高的学生（这表明一个人友善、体贴他人、温暖）较少作弊。安德森和他的同事（2009）发现冲动的学生比不冲动的学生作弊更多。因为这些因素或特质都是相当稳定的，如果你是男生，你一直是男生，如果你是尽责的，你一直都会比较尽责，所以之前的作弊行为可以预测将来的作弊行为，作弊常常并非一次性行为（Whitley，1998）。

作弊也会受到情境因素的影响。在规模较小的学校和班级中，作弊行为较少出现（McCabe et al.，2001）。学生在网络课堂上比在面对面的课堂上有更多作弊行为（Miller & Young-Jones，2012）。老师可以通过设置使学生很难作弊的情境有效阻止学生作弊。其有效的原因很简单，因为这种情境使学生感到根本不值得努力去作弊（Sazbo & Underwood，2004）。老师可以布置具体的而不是泛泛的、一般性的作业（Davis，1994）。老师可以使学生相信如果他们作弊，确实有可能被抓到并将受到严重的惩罚（Szabo & Underwood，2004）。老师可以确保学生准确地理解处理作弊和剽窃的规则是什么（Roig，1999），这样就没有人会意外地做出不良行为。老师可以确保学生有足够的时间完成作业（Szabo & Underwood，2004），使用合适的教学方法让学生认为课程材料对他们来说是有价值的，与他们的生活相关（Kibler，1993）。

对失败的恐惧是作弊的最常见原因，尽管学生知道这种行为是错误的，但是仍然会因为恐惧失败而作弊（Stephens & Gelbach，2007）。数学和科学课中出现的作弊要比其他课多。来自富裕家庭的学生要取得高分的压力更大，在那些富裕社区里的学校的学生压力也更大（这与一般规律相反），那些优等生或平均学分绩点（GPA）较高的学生压力也较大（Demerath，2009）。在过去的 30 年里，不诚实已经被看作越来越有必要。研究表明了这样一个事实：学生常常指责别人——父母、老师、学校甚至社会使他不得不欺骗。例如，学生宣称，老师布置太多作业，不可能完成（Anderman et al.，2009）。他们说，自己被迫作弊，是希望成绩排名靠前，也因为"每个人都这么做"（Schmelkin et al.，2010），所以现在更多学生承认在作业和考试中作弊（Garavalia, et al.，2007）。此外，学生不相信他们会被抓住，即使被抓住他们也不会认为自己会因此受到严厉的惩罚（McCabe & Trevino，1997）。作弊现象可能不会很快消失，特别是在互联网上丰富的资源给他们提供了新的作弊或抄袭的机会的情况下：在一项研究中，60% 的英国大学生承认在过去的一个月里至少有中等程度的网络作弊（Selwyn，2008）。

价值澄清途径

道德教育的第三种途径是**价值澄清**（values clarification）。它关注的不是价值观的内容而是评价的过程。它的目标不是灌输一套特定的价值观，相反，其目标是帮助学生意识到他们所赞赏和支持的信念和行为，学会权衡利弊，预测各种选择的后果，在考虑后果之后再自由地选择，学会将行为与信念保持一致。价值澄清教育的一个重要组成部分是允许学生选择他们自己的价值观，这可以被看作优点也可以看作弱点。支持这种方法的人主张在一个自由、民主的社会里，应该允许个人持有他自己希望持有的任何价值观，国家不应该告诉人们应该想什么。这一方法的批评者认为：有些道德选择优于其他价值观，教青少年所有的道德选择都是平等的是不负责任的做法。

运用价值澄清途径的老师可以使用各种各样的具体方法。老师可以问学生他们的价值观并让他们互相讨论，也可以让他们讨论真实或假想的道德两难问题。另一种方法是强迫的道德选择。例如，究竟应该允许人们任意制造噪声（个人自由），还是要将人们制造噪声的权利限制在不能打扰他人的范围之内？还有一种类似的价值澄清方法是，要求学生对各种不同的价值观按照优先权进行分级（Rice，1980）。

分析和服务 – 学习途径

第四种途径——**分析**（analysis），从来没有像其他几种途径一样流行过。它教学生在做道德决策时运用批判性思维和推理。一般来说，该途径主要专注广泛的社会价值观而不是个人的道德困境。该途径往往会通过批判性思维的教学指导，让学生练习澄清一个问题，收集和评估支持这一问题的不同看法的事实，评价这些事实与该问题的相关性，得出合适的结论，仔细思考他们做出的决策的意义（Huitt，2003）。

最后一种道德教育的途径——**服务学习**（service learning）是最新的一种途径，现在已经非常普遍（Reinders & Youniss，2006）。它让学生有机会参与社区服务项目，从而使道德推理和道德行为能够联系起来。服务学习背后的理念是，如果青少年能够直接观察社会问题（例如贫困、污染）和体验参与社区服务项目所带来的自我满足感，他们对关怀的行为的评价会更高，社会意识也会增强。越来越多的高中将社区服务列为毕业的必备条件。在后面的章节中我们将详细讨论这个问题。

研究热点

青少年的政治观和人权观

早期关于个体如何理解政府发展的研究提出了一个三阶段模型：儿童把政府看作一个惩罚性的实体，其作用是确保人们行为正确；处于青春期早期的个体的观点虽然支离破碎，但是更积极；在青春期后期，个体理解政府是为公民提供服务，保证社会平稳运行的（Gallatin，1980）。最近有研究调查世界各地的青少年对政治和政治权利几个问题的看法。

一个问题是关于民主的价值观。毫不奇怪，加拿大青少年认为直接民主制和代议民主制比那些寡头政治或精英管理的非民主系统的政府优越，因为它们给每个人发声的权利，让大多数人来统治。

在美国，有几个因素会影响一个人对政府和政治参与的态度。种族/民族是其中的一个因素。黑人青少年对政治的兴趣较低，他们对政府的看法更加负面（Flanagan et al.，2009）。这显然是他们不参加选举和较差的社会条件的反映。拉美裔青少年对政府有着相似的负面看法，他们也不如白人青少年愿意投票（Fridkin et al.，2006）。亚裔青少年对政治和政府的态度更加积极（Lopez et al.，2006）。那些对政府有积极看法的青少年更可能参加投票，讨论政治，发表自己的观点（Pritzker，2012）。受教育程度也能预测青少年的政治行为，例如，高中毕业生的投票率是中途退学的人的三倍（Flanagan & Levine，2010）。那些在各种媒体中接触政治的青少年，与父母经常讨论政治的青少年，更有可能参与与政治有关的活动（McDevitt，2006）。到青春期早期和中期，个体对政府和政治的态度都已经充分发展（Hooghe & Wilkenfel，2008）。

　　青少年对某些基本人权的观点也呈现出惊人的跨文化相似性。特别是世界各地的年青人都相信，所有人，包括儿童，都有**教养权利**（nurturance right，有权得到社会的指引和保护）和**自我决定权**（self-determination，就某一问题自己做决定和表达自己意见的权利）（Cherney & Shing，2008）。来自不同文化的青少年都认为所有人都应拥有自我决定权和教养权利，但他们给这两种权利的权重有所不同（Peterson-Badali & Ruck，2008）。正如预期的那样，来自个人主义社会的西方青少年比来自集体主义文化的东方青少年更支持自我决定权。自我决定与个人的自主性相关。

　　有几个国家的研究表明，在青春期早期，个体还支持宗教自由的权利，认为这是自我决定的一个方面（Lahat et al.，2009；Turiel & Warnryb，1998；Tenenbaum & Ruck，2012）。当然，这可能不是普遍性的。跨文化研究也表明，年龄较大的儿童和青少年比年幼的儿童更加抽象地看待人权。那些在学校里被鼓励自由讨论自己观点的儿童和青少年更加支持人权（Torney-Purta et al.，2008）。一个有趣的现象是，儿童和青少年认为自我决定权比教养权更重要，而他们的父母认为教养权比自我决定权更重要（Day et al.，2006）。而且，如果青少年的母亲管教严格而非民主，青少年就更有可能认为自我决定权更重要。

　　回到关于民主的看法，当被问到民主意味着什么时，美国高中的青少年将这一概念理解为一系列权利。这些学生指出，生活在民主社会意味着我们享受个人的权利（自我决定权）、公民平等权（与教养权差别不大）和代表性规则（Flanagan et al.，2005）。

第8章

与家庭成员的关系

事实上所有的青少年都发现他们是家庭的一部分。每个家庭的构成都是独特的。例如，一个青少年可能由他的亲生父母抚养长大，或只由父亲或母亲一个人抚养，或者由生父（母）和继母（父）抚养。他可能有兄弟姐妹、阿姨、叔叔、祖父母或堂兄弟与他互动交流、互相影响，也可能没有这些亲戚。无论家庭构成是怎样的，每个家庭的功能和重要性都是相同的。在青少年的生活中，家庭可能是最重要的影响因素，没有之一。

人们与亲戚的关系要比与非亲戚者的关系更持久和强烈。（与你互动时间最长的人一般是你的兄弟姐妹。）在你一出生时家庭中最老的成员就认识你了。在儿童很小的时候，他们的父母或父母的代替者几乎完全控制着他们的行为；这些年长者设定规则和提供机会。因为许多家庭成员都生活在同一个空间，所以无论他们愿意不愿意，彼此之间都会有频繁的接触。由于家庭成员共享生活空间，也共享经济来源，因此一个家庭成员的行为常常会影响到其他家庭成员。比如，如果你和妹妹共用一个浴室，她把浴室弄得乱七八糟，你就会觉得不方便。你哥哥弄坏家里的汽车将会给整个家庭带来麻烦。因此，家庭成员之间的互动经常是很激烈的。

本章首先会描述青少年需要并期望从父母那里得到什么，接下来会关注父母与青少年之间的冲突，然后讨论青少年与兄弟姐妹的关系和年青人与祖父母的关系，最后讨论对青少年的虐待问题，包括儿童虐待、性虐待、乱伦和忽视。

养育青少年

几乎所有研究都指出父母对青少年的行为有着巨大的影响（Laursen & Collins，2009）。

不同父母的行为有很大不同，有些父母行为模式比其他父母的行为模式对青少年更有益。

研究者已经找出养育的三个关键成分（Barber，1997）。

1. 第一个成分是**联结**（connection），指父母和孩子之间温暖的、稳定的、充满爱和关心的强烈纽带。联结为青少年去探索家庭外部的世界提供了安全感。

2. 第二个成分是**心理自主性**（psychological autonomy），指一个人有形成自己的观点、有隐私、自己为自己做决定的自由。如果缺少自主性，青少年就会容易做出问题行为，很难发展成一个独立的成年人。

3. 第三个成分是**规则**（regulation），儿童（甚至青少年）必须要有**规则**，成功的父母会监督孩子的行为，设置行为的规则和界限。规则使儿童学会自我控制，避免反社会行为。

你想知道吗

好父母的特质是什么

　　最好的父母会对他们的孩子表现爱和关心，给孩子私密的空间和一定程度的自由，并为孩子的行为设定明确的规则和标准。

联结

青少年知道父母关注他们所采用的一些方式，这些方式包括父母表现出对他们的关心，父母与他们共同度过多少愉快的时间，以及当他们需要时父母的支持与帮助（Adams & Laursen，2007；Meeus et al.，2005）。积极的父母支持不仅与青少年同父母关系和兄弟姐妹的亲密关系相联系（McHale et al，2006），还与高自尊（Boudrea-Bouchard et al.，2013）、学业成功（McNair &Johnson，2009）以及道德发展有关（Barber et.al.，2001）。积极的父母支持也影响家庭以外的人际关系质量，例如，父母接纳及参与和青春期、成年早期亲密的浪漫关系有正相关（Auslander et al.，2009；Madsen & Collins，2011）。缺少父母支持则可能带来相反的效果：低自尊、学业失败、冲动行为、社会适应不良、行为异常、反社会行为或犯罪行为（例如，Carleton-Ford et al.，2008；Dwairy & Achoui，2010；Khaleque，2013）。如果你幸运地来自一个支持性家庭，你可能会因为一些同伴极少得到父母关注和关心而感到震惊。我想到一个生活中的例子：我们全家曾经计划了几天如何在机场迎接我女儿，她刚刚在非洲度过了一年，从事类似维和部队的工作。我们举着标牌，带着花和气球，一看到她出来，大家就尖叫欢呼。那一天，跟她一起工作的同伴下飞机时，发现他的父母没有在等他。他打电话回家，发现原来他的父母忘记他那天要回国，根本没有去机场接他！他的父母让他自己叫出租车回家。我能想象他受到的伤害。

很多关于美国白人家庭的研究发现，一般来说，青少年与母亲更亲近（例如，McKinney & Renk，2008）。与父亲相比，母亲往往花更多时间陪伴孩子，对孩子更加温暖（Phares et al.，2009），无论父亲还是母亲都与同性别的子女相处时间更长（McHale et al.，2003），女儿与母亲的相处时间要多于儿子与父亲的相处时间。在非洲裔美国家庭中也发现了这样的模式（Stanik et al.，2013）。

随着青少年年龄的增加，他们与父母的关系会发生变化。一般来说，随着青少年年龄的增长，父母与他们相处的时间越来越少（Mooney et al.，2006）。父母较少直接参与青少年的活动。处于青春期早期的孩子比年龄较大的青少年知觉到更多的父母支持（Huver et al.，2010）。似乎随着青少年的成熟，父母继续提供大量工具性支持——钱、建议、协助，但是情感性支持在减少（Del Valle et al.，2010）。一般来说，青少年与母亲的关系比与父亲的关系更亲密（Smetana, et al.，2006）。在青春期，家庭亲密度下降的程度与初始家庭亲密度的强弱相关：在亲密的家庭中，下降程度较小，在较为疏远的家庭中，下降程度较大（Allen et al.，2004）。

青少年从父母那里获得的关注度在一定程度上与出生顺序和孩子之间的年龄间隔有关。最大的孩子一般在青春期期间与父母保持着亲密和温暖的关系（Shanahan et al.，2007）。出生顺序在中间的孩子有时候会觉得父母的爱和支持有欺骗性质，觉得自己只是被迫服从家庭的规则。在一个开放式问卷中，与家里的第一个孩子或者最后一个孩子相比，出生顺序在中间的孩子比较少地说他们愿意向父母寻求帮助（他们更可能会说出一个兄弟姐妹的名字），他们也不像他们的兄弟姐妹一样认为自己是家里的一个成员（Salmon & Daly，1998）。

在父母眼中，他们与青少年子女的关系要比孩子眼中自己与父母的关系更亲密（Collins & Laursen，2006），他们所报告的与孩子一起做活动的时间也更长（Stuart & Jose，2012）。与孩子相比，父母，特别是母亲，认为他们的家庭更和谐（Laursen & Collins，2009）。父母与青少年子女对家庭的认识差异在青春期早期较小，在青春期中期有所提高，到青春期后期又下降（Butner et al.，2009）。

倾听与共情理解

共情（empathy）是认同他人的思想、态度和感受的能力。这是一种针对他人的情绪敏感性，是间接地共享另一个人的体验以及与之相联系的情绪（Decety & Jackson，2004）。共情加上倾听可以使人们理解他人。理解在父母与青少年关系中起着重要作用，如果没有理解，那满意度和家庭适应性都会比较低（Sillars et al.，2005）。不幸的是，大多数家庭的共情理解状况都较差（McLaran & Pederson，2014）；出现这种情况的一部分原因是父母往往过度将孩子的行为归因于消极动机，孩子往往过度将父母的行为归因于控制的动机（Sillars et al.，2005）。对他人的情绪和感受完全不敏感的人意识不到他人的思想和感受，他们做出任何行为时也不考虑他人的思想和感受。当他人不安时，他们不知道为什么。与年幼的青少年相比，年长的青少年认为父母更能够共情，这可能是因为最严重的冲突已经过去了（Drevets et al.，1996）。

在青春期，孩子与父母的沟通情况在某种程度上恶化了。青少年不愿意向父母坦露信息，与父母沟通常常变得很费劲儿（Beaumont，1996）。缺乏沟通的一个可能原因是许多父母不再倾听孩子的想法，不接受他们的意见，或者不去试图理解孩子的感受和观点。青少年希望父母以一种共情的方式**与**他们交谈，而不是**对**他们说话。基本上，青少年说的是他们需要共情理解、认真倾听的耳朵和认为孩子的话也有价值的父母。研究表明，尊重青少年意见的父母对家庭的气氛和幸福感起着重要作用（例如，Jackson et al.，2005）。

许多研究发现青少年与母亲交谈的时间多于与父亲交谈的时间，他们在很多问题上都倾向于征求母亲的意见（例如，Ackard et al.，2006）。对女儿来说更是如此。母亲比父亲更容易与人交谈，更可能被孩子们认为是能够倾听和共情，较少做出评判的。开放的沟通是和谐的亲子关系的关键（Masselam et al.，1990）。

当处于青春期的孩子不同意父母的观点或想与父母争辩时，有些父母会感觉自己受到了威胁。他们可能会说"我不想再讨论这个问题了，就按我说的办"，这些话是拒绝沟通的表现，它们可以终止争论，但也关上了有效沟通的大门。这些父母就像那些愤怒的青少年一样，冲出家门，或者板着脸回到自己的房间。我们后面会讲到，如果处理得好，争论也可以是有建设性的、有益的沟通。

由于父母和青少年对于相同的事情往往有不同的看法，因此他们之间沟通是很有限的，即便有同理心，细心的父母也常常意识不到处于青春期的子女所面临的压力。有几项研究（例如，Hartos & Power，2000）表明母亲会低估青少年所承受的压力。我们可以发现，这种意识差距越大，青少年所表现出来的问题就越多，因为父母无法帮助孩子处理那些他们根本不知道的问题，所以这一现象的出现并不会让人觉得出乎意料。

爱和积极的情感

情感（affect）指存在于家庭成员之间的情绪和感受，可能是积极的也可能是消极的。家庭成员之间的**积极情感**（positive affect）是以温暖、喜欢、爱和敏感性为特征的关系。家庭成员在乎彼此的感受，对彼此的情感和需求有所回应。**消极情感**（negative effect）是以冷漠、排斥和敌意为特征的关系。家庭成员好像不爱彼此，甚至连喜欢都谈不上。在有些家庭中，恨或者漠不关心是常态。在这些家庭中几乎没有爱、积极的情感支持、共情或理解。

青少年和父母不像儿童和父母那样经常向彼此表达温暖和爱，这种下降的趋势在青春期早期最为明显，女孩与父母之间的爱的表达减少得比男孩多，这可能是因为前者的基线水平比较高（McGue et al.，2005）。

大多数青少年需要来自父母的强烈的爱及爱的表达。有时父母自己是在不擅于表达爱的家庭中长大的，在他们的原生家庭中，成员之间很少互相表达爱，这使这些父母很少会拥抱和亲吻孩子。他们根本不表达积极的、温暖的情感。这可能会带来两种后果：第一种可能性是青少年极其渴望爱与关心，当他们成年以后这种需求变得非常强烈；第二种可能性是青少年成年之后仍然保持冷漠，很难对他们的配

大多数青少年需要很多来自父母的爱与关心。对父母支持的知觉，包括内部支持与外部支持，与青少年的生活满意度呈正相关。

偶或孩子表达爱。青少年强调他们既需要内部支持（如鼓励、感激、分享快乐、信任和爱）也需要外部支持（支持的外显表达，如拥抱、亲吻、带孩子出去吃饭或看电影，给孩子买特别的礼物）。青少年对父母支持的知觉，特别是对内部支持和亲密性的知觉，与其生活满意度呈正相关（Young et al.，1995）。

青少年使用很多不同的策略来引出他们所渴望的爱的表达（Flint，1992）。他们会表

现出信任（通过诚实、讨论他们做错的事），会很有礼貌（倾听而不反驳），会表达关心（他们会赞扬父母，会帮助他们解决一些问题），还会表达对父母的爱。一般来说，青少年对待父亲比对待母亲更加礼貌。研究表明，父母表达情感的次数从青春期早期到中期呈现下降趋势，然后保持稳定（例如，Shanahan et al.，2007）。

接受与赞许

爱的一个重要成分是无条件的接纳，或者如卡尔·罗杰斯所说，无条件的积极关怀（Rogers，1951）。表达爱的一种方式是理解和接受青少年本来的样子，包括他们的缺点。青少年需要知道在父母眼里自己是重要的，是被父母接纳并喜爱的。他们也希望父母能够包容个体的个性、亲密性和人与人之间的差异性（Bomar & Sabatelli，1996）。父母要持续努力，才可能做到赞许孩子并客观地看待孩子，接纳他们可能存在的缺点。

为什么你认为接纳青少年本来的样子是重要的

父母往往期望孩子是完美的，只有孩子达到他们的要求，他们才会爱孩子。青少年非常不喜欢父母这一点，他们不可能在一个充满批评和不愉快的氛围中健康成长。

父母无条件接纳的好处之一是它可以激发和鼓励青少自我表露。研究表明，在接纳的家庭中，父母与青少年的交流更频繁（Guilamo-Ramos et al.，2006）。如果青少年感到父母是接纳的，他们就更愿意与父母分享自己的行为（Smetana et al.，2006）和感受（Hare et al.，2011）。

父母与青少年之间的消极情绪可能有不同原因。有些孩子一出生就不被父母喜爱和接纳，因为父母当时可能没有生孩子的计划，孩子却意外来了。还有些父母可能会对孩子长大后的样子感到不满意——有些父母对孩子有着不切实际的期望。还有些父母没有准备好承担为人父母的责任，抚养孩子需要花费时间、金钱和精力，这让他们感到愤恨。还有些人在孩子的身上仿佛看到自己，他们把对自己的愤怒表达了出来。

信任

所有青少年都渴望父母的信任。大多数青少年认为他们值得无条件的信任，除非他们做了什么事以至于失去父母的信任。研究表明，这种信任是建立在父母对青少年有哪些了解以及了解多少的基础之上的。父母对青少年日常活动的了解要比对过去错误行为的了解更能解释父母对青少年的信任。如果青少年想让父母信任自己，最好与父母分享自己生活的一些细节（Kerr et al.，1999）

有时父母会因为孩子过去的错误行为而不信任他们。苏格兰有一句古老的谚语："欺骗我一次，是你的羞耻；被你欺骗两次，是我的羞耻。"如果父母抓住孩子在说谎，或者发现孩子违反了家庭规则，他们就会很自然地怀疑孩子下次还会这么做。有些父母是不恰当地对青少年缺少信任。这些父母会把自己的恐惧、焦虑和犯罪感投射到孩子身上。那些恐惧感最强的父母往往是自己本身缺乏安全感，或者在成长过程中经历过很多困难的人。那些未婚怀孕生子的母亲最担心女儿的约会和性行为。那些曾在学校里不努力学习的父母会担忧他们孩子也是这样。

因为缺少对孩子的信任，所以很多父母会过度干预孩子的生活。他们可能会读孩子的日记，看孩子的短信，偷听孩子与朋友的电话。出于恐惧，父母会过度控制青少年。我们下面会接着讨论，这种缺少信任和对孩子生活的侵犯对亲子关系和青少年的心理成熟都是不利的。

自我表露的作用

如上所述，父母接纳可以促进青少年对父母的自我表露，从而提高父母对青少年的信任。自我表露还有其他功能，值得进一步详细讨论。

蒂尔顿·韦弗等人（2014）提出了两种类型的自我表露：

例行表露（routine disclosure）

他们将第一种类型命名为例行表露，指青少年告诉父母他要去哪里，跟谁在一起，几点回家，等等。这些对父母来说是很实用的信息，作为父母，他们需要知道这些。这些信息不属于太隐私的内容，即使青少年不说，父母也能从其他渠道获得这些信息（Darling et al.，2009）。例行表露从青春期早期到青春期中期逐渐减少，到青春期后期时又开始增多（Keijsers & Poulin，2013）。

青少年并不总是能做到例行表露，有时候他们会向父母隐瞒自己的行踪，尤其是当他们要去做一些问题行为，而这些行为往往会招致父母的反对时（Kerr et al.，2010）。当他们认为父母没有权力或权威来控制某一活动时更是如此（Cumsille et al.，2010），青少年认为父母没有权力来了解他们的同伴以及他们与同伴一起进行的活动（Darling et al.，2008）。在这种情况下，青少年会想办法避免自己要进行的活动被禁止。有时候青少年不例行表露是因为他们不想让父母担心（Darling et al.，2009）。有些时候青少年只提供部分信息，或给父母误导信息，甚至说谎（例如，Cumsille et al.，2010；Laird & Marrero，2010）。证据表明，例行表露比父母的主动追问更能预测父母对孩子的了解（例如，Kerr et al.，2010）。

个人表露（personal disclosure）

第二种类型的表露被命名为个人表露。这主要涉及对隐私的个人信息的分享，它常常与个人的感受和信念有关，而非与行动有关。通过个人表露，其他人可以更好地理解你，从而提高你们的亲密度。个人表露常常是自愿的（虽然有时候也是由其他人提问而启发的）。例行表露是告诉父母他们需要知道的信息，而个人表露是告诉父母更多信息（Antaki et al.，2005）。不是所有个人表露都会提升关系质量，它有可能只是为了操纵父母的注意力，使父母不再关注某一件事（Tilton-Weaver et al.，2014）。

例行表露与个人表露之间并没有一道清晰的分界线。某一自我表露的内容是属于例行表露，还是个人表露，每个人可能有不同的意见。因为这两种类型的自我表露都受到父母温暖的影响（Tilton-Weaver et al.，2014），两者往往是相关的。

你想知道吗

大多数青少年发现与母亲交谈容易还是与父亲交谈容易

　　大多数青少年发现与他们的母亲交谈比与父亲交谈更容易，因为他们认为母亲更理解自己。

自主性

每个青少年的发展目标都是成为一个自主的成年人。这是通过一个被称为**分离 – 个体化**（separation-individuation）的过程实现的。在这个过程中，父母与青少年之间的纽带虽然发生了变化，但仍然存在着（Kroger，1988）。青少年开始个体化，同时仍然保持着与父母的联结（Reis & Buhl，2008）。青少年在寻求一种不同于儿童期的与父母的关系。例如，他们发展了新的兴趣、价值观和目标，也可能会为了表现自己的独特性而产生与父母不同的新观点。个体化是人类成长的基本组织原则，是个体在与他人的关系中不断努力达到自我理解与同一性的过程。在从儿童到成年的转换过程中，青少年需要建立一定程度的**自主性**和同一性，以使自己能够承担起成年人的角色和责任。

自主性包括两个方面。

行为自主性（behavioral autonomy）指成为独立和自由的人，能够根据自己的想法做事，不再过度依赖他人的指导。

情感自主性（emotional autonomy）指不再像孩子一样对父母有情感上的依赖。研究表明，行为自主性，即为自己做决定的能力，在青春期会迅速提高（例如，Feldman & Wood，1994）。

青少年在一些领域特别渴望行为自主性，例如衣服的选择或朋友的选择，但是在另外一些领域里他们愿意听从父母的安排，如规划教育计划。青少年希望也需要父母慢慢给他们增加一些行为自主性，而不是一次全部给他们。如果一次被给太多自由，青少年可能会将其解释为父母的拒绝和排斥。青少年希望有做选择的权利、能够练习自己独立性的权利、与成人争论的权利和承担责任的权利，但是他们并不想要完全的自由。

在青春期，情感自主性不像行为自主性发展得那样显著，情感自主性的发展主要依赖于父母的行为。有些父母一直鼓励孩子的依赖，这会使青少年的需求过度，难以得到满足，甚至到成年期仍然会依赖父母，这样的父母实际上是在干扰孩子的成长，使他们不能成为一个真正的成年人。有些青少年开始接受并且愿意保持这种依赖性，结果造成青春期的延长。例如，一些青少年可能在结婚以后还愿意与父母住在一起，也可能从来没有获得过成熟的社会关系、建立自己的职业同一性，也没有发展出作为独立个体的积极自我形象。与过度依赖相反的另一个极端是被父母孤立，以至于青少年完全不能从父母那里获得指导和建议。就像许多其他生活领域一样，青少年需要的是处于这两种极端情况中间的状态。

联结与凝聚力

联结与自主性可能看起来似乎是相互排斥的。一个人如何才能感觉到与父母亲密但又独立于父母？大多数研究者将这两种特征看作互补的（例如，Montemayor & Flannery，1991），并且相信健康的家庭能够在独立与情感支持之间保持平衡。有的家庭中，成员严重依赖于联结，他们花很多时间在一起，希望知道每一个人生活的所有方面，这样的家庭被称为**紧密型家庭**（enmeshed families）。相反，有些家庭中，成员是孤立的，没有人知道其他人在一天里做了些什么，他们的朋友是谁，他们对于重要问题的看法是什么，这样的家庭被称为**疏离型家庭**（disengaged families）（Olson，1988）。

家庭的**凝聚力**（cohesion）过强并不一定是好事。家庭凝聚力在很大程度上取决于青少年的年龄和一个家庭的生命周期所处的阶段。一般来说，在婚姻的早期阶段，孩子很小的时候，家庭凝聚力是最强的。孩子们喜欢感觉到他们是一个联系紧密的家庭中的一部分。随着孩子长大进入青春期时，大多数家庭的凝聚力会有所降低（Ohannesian & Lerner，1995）。

在青春期，低水平的家庭凝聚力是青少年渴望成为自主的人，想在分离 – 个体化过程中创造自己的生活所致。同时，父母因为青少年在创造自己生活的过程中日益增加的对隐私的需要，开始与青少年分离（Demick，2002）。这些同时发生的分离过程造成了家庭生命周期处于青春期阶段时的较低水平的凝聚力。

一个很有趣的现象是，年龄较大的青少年比年龄较小的青少年与父母的空间距离更大（例如，Bulcroft et al.，1996）。这标志着年龄较大的青少年追求更多自主性、独立性及私人空间。因此，家庭的发展阶段与青少年与父母的空间距离有着重要关系。这一结论在拉森和洛（1990）的研究中更为明显，他们发现年龄较大的青少年与父母之间的平均距离比年龄较小的青少年与父母之间的平均距离远 70%。

青少年需要父母的关注和陪伴。有些父母在这方面做得过度了。青少年希望与自己的朋友在一起，而不是希望父母变成自己的朋友。他们需要成年人的关注和帮助，而不需要成年人做与青少年一样的行为。青少年需要独处，需要单独与同伴在一起。

你想知道吗

一个人与家庭有可能亲密过度吗

是的。尽管从来不会有过多的爱，但可能有过多的相处时间。家庭中的每个人都需要一些隐私，需要独处的时间，或者与自己的朋友在一起的时间。

规则

40 多年以前，戴安娜·鲍姆林德（1971）为如何描述养育方式奠定了基础。她的观点后来为麦考比和马丁所发展，他们提出了父母控制儿童的四种基本模式。

这四种模式是根据两个不同且相互独立的维度区分出来的。这两个维度分别是控制与温暖。

第一个维度，**控制**（control），指父母管理孩子行为的程度。一个极端是父母进行过度控制，他们规定孩子行为的许多方面，期望孩子无条件地服从他们的命令。控制的另一个极端是父母很少设定规则，孩子违反规则也几乎不会招致什么后果。

第二个维度，**温暖**（warmth），反映了父母的关心和支持程度，与之相反的是拒绝和不回应。

当两个维度以不同的方式组合起来时，就形成了四种不同养育风格（见表 8-1）。

表 8-1　四种主要的养育风格

	控制	放任
温暖	权威型父母	放任型父母
冷漠	专制型父母	忽视型父母

　　不同的养育风格对青少年有什么影响？哪种养育风格最好？我们接下来探讨这些问题。

四种主要的养育风格

　　四种养育风格之间有很大的差异。尽管有些家庭的养育风格是混合型的，但一般来说通过短暂的观察就能很容易将一个家庭的养育风格划分到某一种类型中。

权威型父母

　　大多数发展心理学家都同意权威型养育方式是最好的（Sternberg，2001）。实际上，更好的是父母中只有一个是权威型（虽然这意味着会有不一致的养育方式），这比父母双方都是权威型要好（Fletcher et al.，1999）。权威型父母以权威的方式行事，通过引导来表达对孩子的关心。**引导**（induction）（Hoffman，2000）是权威型父母最常使用的训练孩子遵守规则的技巧。引导包括与孩子交谈，解释为什么某种行为是不合适的以及这种行为会给他人带来的消极影响。讨论的目的是引出孩子对于这种行为的内疚感，从而使孩子不会再次做出这样的行为。引导不仅是最有效的训练方法，也是青少年最能够接受的方法。他们也许并不享受讨论的过程，但他们相信父母的反应是比较恰当的，而且讨论不会使他们生气（Padilla-Walker & Carlo，2004）。

　　权威型父母也鼓励个体的责任感、决策和**自主性**。青少年在听取父母意见，与父母讨论合理解释的同时，也参与决策自己的事情。权威型父母还鼓励青少年逐渐与他们的家庭分离。权威型家庭氛围是一种尊重、理解、温暖、接纳和一致的养育方式（Necessary & Parish，1995）。这种类型的家庭与青少年的顺从和无不良行为有联系，无论男孩还是女孩都是如此。

　　关于权威型养育方式的有效性的证据是很有力的，不仅对于美国青少年来说如此，很多跨文化研究也支持这一点（Rohner & Britner，2002）。例如，在一项美国、瑞士、匈牙利和荷兰青少年的比较研究中，瓦索伊等人（2003）发现权威型父母的孩子比放任型和专制型父母的孩子适应得更好。这种养育方式同样适合那些非西方文化的家庭（例如，Feldman & Rosenthal，1994）和美国的少数民族家庭（Sternberg，2001）（见美国华裔"虎妈虎爸"）。

跨文化研究

美国华裔"虎妈虎爸"

　　一个很常见的现象是美国华裔（以及其他亚裔）青少年的学业成就很高（音乐家也非常出色）。可能是由于文化刻板印象的存在，加上2011年的畅销书《虎妈战歌》（*Battle Hymn of Tigher Mother*）（蔡美儿，2011），很多美国人认为华裔青少年的成功是严格的、专制的父母养育的结果。

　　自称"虎妈"的蔡美儿所描绘的"虎妈虎爸"会逼迫孩子每天练习音乐几个小时，给孩子压力，要求他们的学习成绩达到优秀，禁止孩子参与过夜的聚会，当孩子达不到父母的期望时给他们惩罚或者让孩子感到羞愧。这样做的结果是：孩子在学业上极其成功。事实上，已有研究都倾向于认为权威型养育风格更好（都是针对白人父母开展的研究），也就是说，关于这两种养育风格的好处的证据互相矛盾，这很让人困惑。这两种不同的观点可以调和吗？我相信答案是肯定的。

首先，大部分华裔父母并不是"虎妈虎爸"。基姆和她的同事（2013）发现大部分华裔父母是支持性的，温和的父母与"虎妈虎爸"的数量几乎一样多。其次，与基于白人被试的研究相一致，"虎妈虎爸"的子女要比支持性父母的子女学业分数更低。最后，"虎妈虎爸"式的养育方式在中国也不那么普遍了，而是被更加权威式的养育风格取代，后者更加强调孩子的幸福感（Way et al. 2013），更不必说生活在美国的华裔父母了。"虎妈虎爸"的养育风格并不是典型的权威型，与专制型也有所不同（Xu et al，2005），它既有温暖和支持，有时候也会让孩子感到羞愧（Kim，2013）。

华裔青少年在学校更可能取得好成绩是因为他们的父母比白人更加强调学业成绩的重要性（Chen & Lan，1998）。而且他们更相信努力的作用，也因此对成功有更高的期望（努力是一个人可以控制的，与天生的智力不同，后者是不可控的），这是华裔青少年学业成就高的主要原因（Li，2012）。

中国人的这种养育方式是一种理想的方式吗？通常情况下，它既有长处，也有短处。其积极的一面，如上所述，很多华裔青少年在学术和艺术方面都有突出的成绩；其消极的一面，亚裔青少年要比白人青少年更可能出现抑郁（Chen et al.，2011）。实际上，15～24岁的亚裔美国人的抑郁发生率和自杀率在所有民族/种族中是最高的（Africa & Carrasco，2011）。

无论是哪种民族/种族的青少年，其抑郁的核心原因往往和青少年与父母的关系质量有关（例如，Kim et al.，2009）。当父母的传统价值观与孩子的现代西方价值观碰撞时，家庭冲突就产生了（Juang et al.，2007）。儒家哲学重视服从父母和自我完善，因此与白人青少年相比，对中国的孩子来说，顺从父母和实现父母的期望是更加重要的（Chen & Lan，1998）。如果他们不这么做，他们就会感到巨大的压力。由于其文化的价值取向，这些青少年更有可能把父母的监控理解为爱而不是控制。在一定程度上，父母和孩子都这么认为，这削弱了监控的消极作用。当然，还有很多华裔青少年，特别是女孩，认为他们的父母比白人朋友的父母更加严格，与孩子的沟通不良（Yumen & Chen，2013），这是不恰当的。当父母和孩子之间的信念有差异时，争执、压力及其导致的症状也会出现，进而会影响抑郁率和自杀率。

专制型父母

专制型养育方式会使青少年形成反抗性和依赖性。专制型父母教育青少年要无条件地听从父母的要求，不要试图独自做决定。这种环境中的青少年往往与父母敌对，对父母的控制产生强烈的愤恨，很少会认同父母。他们更愿意向同伴而不是向父母寻求建议（Bednar & Fisher，2003）。这些青少年可能会反抗，有时候会公开表现出攻击性和敌对，尤其是当父母的纪律特别苛刻、不公正或者在管教青少年时没有表现出任何爱和情感的时候。专制型养育方式对青少年产生的影响因他们的性格差异而有所不同。温顺的孩子会感到害怕并且会保持依赖性，性格比较强硬的孩子则会反抗。这两种性格的青少年都会有一些情绪上的困扰，会有社会和情绪问题。

专制型父母常常是不灵活的，认为只有一种方式是正确的，就是他们自己的方式。这样的父母不会让步，拒绝改变自己的观点和行为反应。他们不会讨论不同的观点，不允许有不同的意见，因此他们从来不能和他们的青少年子女互相理解。他们期望所有的孩子都按照一个狭窄的模式来行为、思考，都像这个模式规定的样子。他们不能容忍青少年与自己不同。

顽固的父母往往是完美主义者，因此在很多事情上他们都会对青少年的表现不满并提出批评。这会打击青少年的自尊，给青少年造成相当大的紧张和压力。许多这样的家庭中的青少年在成长过程中经历过焦虑和恐惧，担心自己做错事或者达不到要求。

严厉惩罚的作用

专制型父母主要用惩罚的方式来教育孩子，通过惩罚来控制孩子往往会带来消极的后果。青少年会被父母的粗暴所伤害，有专制型父母的青少年往往比其他青少年更容易抑郁（Aquilino & Scupple，2001）。而且，在父母经常粗暴地体罚自己的家庭中长大的青少年往往会仿效父母的攻击性行为。家庭暴力似乎会引起更多家庭内和家庭外的暴力（De la Torre-Cruz et al.，2014；Walker-Barnes & Mason，2004）。

家庭里严格的纪律与青少年和同伴的关系也有着一定的关联。有些青少年在社会行为方面不能够克制自己，部分是因为他们模仿了父母的攻击性行为，他们不如那些在家庭中从积极的父母榜样那里学会了克制自己的青少年受欢迎（Kaufmann et al.，2000）。

尽管如上所述，有充分的证据表明在很多文化和民族中，权威型养育方式都很有效，但在某些群体中（例如亚裔美国人和非洲裔美国人），专制型养育方式所带来的一些消极后果并不具有一致性。这可能部分是因为对"专制"这个词的宽泛定义没有区分出不同民族群体中的父母在实施严格控制方面的细微差异。例如，布鲁克斯－冈恩和马克曼（2005）发现，年老的非洲裔母亲有时候会用一种他们称之为"严厉的爱"的策略，这是一种与年轻一代的非洲裔母亲所用的方式有所不同的专制的变形，这种方式也可以是非常有效的。也可能是因为个体所生活的文化背景不同，这些青少年和他们的父母对于什么行为是符合常规的有着不同的标准，因此父母的管教行为对他们的意义与对白人青少年的意义是不同的，这会减少专制主义所带来的消极后果（Mason et al.，2004）。例如，有专制型父母的亚裔美国青少年在学校表现很好，不过最近的一项研究发现那些有权威型父母的青少年做得更好一些（Lee et al.，2006）。

💡 私人话题

体罚

体罚指为了纠正或控制孩子的行为，运用暴力的方式试图引起孩子身体的疼痛但是对孩子并不造成身体伤害的行为。

父母对孩子的体罚在美国社会乃至全世界很多地方都是常见的控制孩子行为的手段。超过一半的美国父母运用体罚（Wissow，2001），其中20%的父母针对处于青春期的孩子实施体罚。但是对体罚的运用一直存在争议。很多国家，包括瑞典、德国和英国，已经立法禁止父母体罚孩子（Ben-Arih & Haj-yahia，2008）。

无论体罚是否被广泛接受，一项对关于体罚效果的70项研究的元分析表明，体罚会带来消极的行为和情绪方面的后果（Paolucci & Violata，2004）。其他形式的教育手段更有效，而且不会造成这些消极后果。

放任型和忽视型父母

另一个极端是放任型家庭，在这样的家庭中，青少年几乎得不到任何指导，父母也很少给孩子限制。在大多数情况下，青少年都得自己做决定。有三种形式的放任：

1. 物质放任，指孩子几乎可以得到他们想要的所有的东西，无论多昂贵或他们是否需要它；

2. 关系放任，指父母过度帮助孩子实现每一个愿望，以至于孩子不能学会独立地为自己做事；

3. 结构放任，指父母对孩子的行为没有设定任何规则和限制（Clarke et al.，2004）。

这三种类型的放任常常是同时发生的。

当然，不同形式的放任对青少年的影响是不同的，但是总体的结果是相同的：被过分纵容的青少年无法接受挫折，没有责任感，不会关心他人。放任型父母养育的子女常常有很强的控制欲、以自我为中心、自私，不能与那些不像父母一样纵容他们的人很好地相处。因为没有任何行为的限制，所以他们感到不安，没有方向感，内心充满不确定性。如果青少年把父母不控制他们的行为解释为不关心或拒绝，他们就会责备父母不想要他们或者不指导他们。不严格的管教、拒绝和缺少父母的爱也与犯罪行为相关。一项研究发现，来自放任型家庭的青少年犯罪者与那些来自权威型家庭的青少年相比，同理心较低，学业分数较低，而且更有可能使用药物（Steinberg et al.，2006）。

由忽视型父母抚养长大的青少年与由放任型父母抚养长大的青少年是相似的，只是忽视型养育方式对青少年产生的影响更大。由忽视型父母抚养长大的青少年饮酒和吸烟的可能性是那些由权威型父母抚养长大的青少年的两倍（Luyckx et al.，2011）。

除了设定规则和进行处罚之外，父母还通过监视来控制孩子的行为。成功的父母知道他们的孩子做什么，在哪里，和谁在一起（Jacobson & Crockett，2000）。如果青少年相信父母会发现他们在做什么，他们就不太会惹麻烦。受父母监控的青少年也不太可能参与犯罪行为、进行性行为及使用药物（Crouter & Head，2002）。与权威型和专制型父母相比，放任型父母很少去监控他们的孩子。专制型父母往往会过度监控从而导致青少年的忧虑。专制型父母的孩子比权威型父母的孩子更有可能出现焦虑和抑郁（Luyckx et al.，2011）。

尽管研究者普遍同意父母对青少年的行为的了解与青少年的行为关系密切，但还是有一些研究者对此产生了疑问：父母对青少年的行为的了解是来自监视，还是来自青少年自愿的自我表露？毕竟人们可以用不同的方式来了解另一个人在做什么。斯塔廷和克尔（2000）探讨了父母对青少年的认识的三个来源：控制（通过规则来限制青少年的行为，因此父母知道孩子的所在及行为），直接的提问，青少年的自我表露。在他们的研究中，青少年的自我表露能更好地预测父母的知悉和青少年无反社会行为。怀岑霍费尔等人（2004）研究了父母知悉青少年行为的四个来源：向他人询问孩子的状况，孩子的自我表露，配偶主动提供的信息，从日常惯例来推测（如果现在是下午六点，星期四，那么……）。他们发现，父母对女儿的活动比对儿子的活动了解得更多，母亲比父亲知道更多青少年的活动。

母亲比父亲更可能通过主动的监督或孩子的自我表露来获得信息，父亲则倾向于从配偶那里获得信息。

私人话题

过度养育

作为一名大学教授，我根据自己的经验和从同事那里听说的故事，发现父母过度干预的行为越来越常见了。例如，有一次我接到一位母亲的电话，她说我不应该惩罚她正在读大学二年级的儿子（他因睡觉错过了上午 11 点的考试），因为是她忘记给他打电话叫他起床。一个我指导的学生，他父亲每周给我打一次电话，问他的儿子怎么样，正在做什么，等等。还有一次，我课上的一个学生有两次书面作业未交，也没有参加期末考试，她的父亲打电话要求我不要给她的分数打F，而应该是"I"（未完成该课程）。我向他解释，只有当学生有合理的理由没有完成课程时，我才能这么做。这位父亲对我说，如果我不给她的女儿改分数，他就向大学校长投诉我。他的动机是：他女儿很不安，因为如果 GPA 不够高，她就不能参加女生联谊会了（我没有满足他的要求）。

这样的父母被称为"直升机父母"，因为他们总是盘旋在孩子上方，也被称为"除草机父母"，因为他们为孩子清除道路上的一切障碍。有几本畅销书提到了这一类父母（例如，Nelson，2010）。不同的作者对这一类父母的描绘略有不同。莱文（2006）认为"除草机父母"最主要的特征是保护孩子免受任何痛苦和不愉快的强烈愿望。乌加尔（2009）更强调的是即使孩子在安全的环境下父母也要监视和关心。波梅兰茨和穆曼（2007）关注的是在孩子的学业成功方面父母的过度参与。

洛克等人（2012）做了一项研究，他们让家庭关系专家提供了一些父母过度养育的例子。他们对这些例子进行质性分析，呈现的主题包括"将孩子婴儿化"（用对待年龄更小的人那样的方式来对待孩子），"确保孩子不会面对失败""为了自己的孩子对他人提出高要求""像孩子的朋友而不是父母""认为孩子永远正确，从来不责怪他们""为自己的孩子做太多事，不惜以牺牲他人（包括他们自己）为代价""坚信自己的孩子是最好的""代替孩子做事"。很多例子都描绘了过度焦虑的父母。

所有专家一致认为"直升机父母"的养育方式对孩子（包括青少年及大学生）的发展不利。"直升机父母"的孩子往往缺少心理弹性（因为他们没有机会学会如何从逆境中恢复），缺少基本的成就感（因为父母为他们做了所有事），他们把很多事都当成理所当然，期望所有事情都符合他们的想法，也常常焦虑。"直升机父母"的子女在成年后比其他人更加有压力、焦虑和抑郁（LeMoyne & Buchanon，2011；Schiffrin et al.，2014）。他们的自我效能感较低（Givertz & Segrin，2014），还很自恋（Segrin et al.，2012）。已有大量研究表明父母的过度控制会导致消极后果（例如，Groinick，2009；Segrin et al.，2012），关于"直升机父母"的研究发现与之前这类研究的结果是一致的。

"直升机父母"通常被认为有好的出发点，只是对孩子做出了错误的引导。然而，塞格林等人（2013）的一项研究驳斥了这一观点。他们的研究发现，过度养育与家庭关系中的批评相关，而非家庭温暖。参与他们研究的父母的要一直监视着孩子的倾向并不是基于关心，而是因为他们对孩子缺少信心。此外，他们还发现了处于青春期后期的青少年对父母过度参与的知觉与青少年对亲子关系问题的评估、消极的自我感、学业困难、对未来的迷茫相关。因为这是一项横断研究，所以很难说是过度养育造成了这些问题还是这些问题的存在促使父母过度养育。

🔆 研究热点

可以误导父母吗

青春期是一个人积极寻求自主性和独立性的阶段，是努力长大和经历新事物的阶段。父母常常在青少年发展成熟的速度以及哪些行为是合适的等方面与青少年有不同意见，加上青少年自身有与同伴保持一致的需求，也有希望自己看起来很有魅力的需求，因此，几乎是不可避免地，青少年会发现自己想要做什么的时候，往往会遭到父母的反对。这种情况的一种"解决方案"是误导父母，或者说谎，或者不告诉父母自己将要进行的活动。近年来，由于父母对监督的兴趣增加，有很多研究关注青少年说谎的问题。

可能最基本的一个问题是青少年对父母说谎这一现象是否普遍。答案似乎是肯定的。詹森和他的同事（2004）调查高中生和大学生是否在过去的一年中因为六个方面的事情（如聚会、饮酒）向父母说谎。在每个方面，有 1/3 ～ 2/3 的高中生、28% ～ 50% 的大学生报告说自己曾经对父母说谎。大约 80% 的学生在过去的一年里至少向父母说过一次谎。儿子比女儿说谎的次数多。

青少年认为对父母说谎在道德上是可以接受的吗？有时候是的。答案取决于因为什么事情说谎以及说谎的动机。青少年觉得在那些他们认为是父母应该去关心的问题上不应该向父母隐瞒，而那些纯私人的、与父母无关的问题没有什么必要告诉父母（Sametana et al., 2006）。当然，父母和青少年对于哪些问题是父母应该知道的，哪些问题是与父母无关的往往有不同意见，但随着青少年年龄的增大，这些分歧会逐渐减少。大多数青少年认为为了掩盖错误的行为而说谎是错误的，但是因为私人原因而说谎是可以接受的（Perkins & Turiel, 2007）。当说谎的动机是利他的或者是亲社会的而不是恶意的时，说谎更倾向于被接受（Jensen et al., 2004）。

偶尔说谎是可以接受，也是正常的，但这不意味着经常说谎也是正常的。与很多先前的研究一致，弗里金等人（2005）发现习惯向父母保密的青少年更有可能低自尊、表现出抑郁的情绪、压力大、具有攻击性，与那些比较诚实的同伴相比，他们的自我控制水平较低。研究者提出了出现这些消极状态的三个可能原因。第一，保守秘密是有压力的、困难的事情。第二，如果父母不知晓青少年孩子发生了什么事，就不能帮助他们。第三，保守秘密会破坏对家庭的归属感和凝聚力。

在所有事情上，诚实都是最好的选择！

父母与青少年的紧张关系

父母与青少年之间的紧张程度大于父母与年幼儿童之间的紧张程度（Goosens, 2006）。那些在孩子年幼时很享受与孩子之间的良好关系的父母，在孩子进入青春期时，他们中的大部分人仍将享受良好的亲子关系（Noack & Buhl, 2004）。由于青少年一直努力提高他们的自主性，因此一定程度上的冲突是正常的、不可避免的，甚至有人认为冲突有利于健康的发展。解决冲突的过程迫使青少年确认他们的同一性，采择他人的观点，弄清关于道德的问题，学会妥协，处理困难和愤怒（Walker & Taylor, 1991）。接下来我们讨论父母与青少年的关系紧张的原因。

在制订家庭计划时，青少年应该有多少发言权

父母当然应该在制订家庭计划时允许青少年表达意见。这么做可以表达对孩子的观点的尊重，让他们有机会练习做出决策。但是，青少年在做家庭决策时的发言权不应该与父母一样多或比父母更多。

观点的差异

父母与青少年之间的误解是因为成年人和青少年所持有的两种典型观点。表 8-2 列出了这些观点的对比。

表 8-2　中年父母与青少年的观点的对比

中年父母	青少年
倾向于对什么行为是适合某个年龄段的持限制性观点	比成年人更能接受那些违背社会期望的、与年龄不符的行为
谨慎，有经验	胆大冒险，有时候会不想后果，碰运气
沉湎过去，习惯于将昨天与现在进行比较	认为过去的事是无关的，活在当下
现实主义，有时候会怀疑生活和人	理想主义，乐观
在行为、道德及很多方面都比较保守	自由，挑战传统观点，尝试新的风俗习惯
容易满足，接受现状	批判现实，渴望改革和变化
希望保持年轻，恐惧变老	希望长大，但是不喜欢变老

尽管不是所有成年人或青少年都完全符合表中的描述，但仍有很大一部分人与这些描述相类似，这些差异是冲突的主要原因。表 8-2 揭示了中年父母与青少年之间的一些显著差别。由于拥有多年的生活经验，因此父母从自己的视角来看青少年时，会认为他们没有责任感、鲁莽、幼稚，过于缺少经验因而不能认识到冒险是很愚蠢的行为。父母担心他们的孩子会有意外、受到伤害或者触犯法律。青少年则认为他们的父母过于谨慎，担心得太多。

父母与青少年的压力源

中年父母习惯将如今的青少年及其生活方式与他们自己的过去相比较。父母经常感到自己的文化落后了，这是一种使他们感到自身的知识和信息不足的处境。儿童和青少年倾向于认为父母没有能力作为当代社会准则的教育者，因而质疑他们作为教育者是否可靠。实际上，青少年有时候会认为他们必须使他们的父母社会化，使父母能够了解当代的新观点。

父母也开始对人性的特点抱有怀疑，有些父母甚至放弃试图改变世界和这个世界上的人，他们开始变得现实起来，学会接受一些事物本来的样子。青少年仍然是极其理想主义的，对成年人不耐烦，因为成年人掌控着这个世界，并且接受和喜欢事物本来的样子。青少年想在一夜之间改变世界，当父母不同意他们的观点时，他们会很容易恼怒。

青少年变得更聪明了，他们在青春期拥有了新的认知能力。他们可以进行抽象思维、假设思维和反事实推理。他们可以想象事实上并不存在的可能选择。以前他们将父母的行为当作理所当然的，现在他们开始提出质疑（为什么晚上我必须得按时回家？为什么我必

须得告诉你我下午在哪里）。青少年往往相信他们解决问题的方法比年长者提出的方法更好。因为他们缺少经验，不能理解世界的复杂性，所以他们的方法在很多时候并不现实。尽管如此，当青少年的建议没有被采纳时，他们可能会感觉到自己不被理解。

青少年会对成年人产生戒心，这主要是因为他们认为大多数成年人都过于挑剔，不会理解他们。青少年认为他们也有好的想法，有些事情他们知道的比父母还多。而且他们感到自己已经长大了，所以他们可能会嘲笑父母的建议或观点。成年人像青少年一样，面对批评和拒绝也会愤怒和觉得受伤。

一些年纪较大的成年人对于自己正在变老和被别人认为自己老了的事实过于敏感。他们第一次看到自己开始出现白头发，容易疲劳。中年人看到年轻的同事升职，感到自己在走下坡路。他们开始意识到生命的有限。很多中年人，无论他们是否有处于青春期的孩子，都开始经历不同形式的中年危机（Fruend & Ritter，2009）。

因此，尽管中年人面临的困境常常被归因于父母与青少年子女之间的冲突，但这可能仅仅是其中一个因素。在一个家庭的生命周期中，最大的孩子进入青春期是这个家庭最艰难的时刻之一（Lila et al.，2006）。一部分原因是父母对自己正在变老的知觉。还有，孩子进入青春期后，亲子之间的冲突会增加，这一点已经被证实（Goossens，2006）。冲突是令人不愉快的，亲子冲突对父母的伤害往往多于对孩子的伤害（Smetana et al.，2006），这是因为父母会把亲子冲突作为拒绝的标志，而青少年不是这么认为的。父母的婚姻满意度也会达到新低，配偶之间的冲突达到新高：这些新的冲突常常是如何对待青少年子女的不一致意见引起的（Cui & Donnellan，2009）。科雷斯特等人（2011）的研究证据表明，亲子冲突本身对父母的忧虑程度的影响是很小的。

总而言之，无论对父母还是对青少年来说，生活都是很有压力的，青少年的受欢迎度，青春期，浪漫关系和寻找同一性等都受到人们的关注。

你想知道吗

青少年和父母的冲突主要是因为青少年渴望更大的自由吗

青少年与父母的冲突部分是因为青少年想要更大的自由，也是因为人到中年的父母正在与自己的心理冲突做斗争，而且他们对于生活的看法与青少年不同。

冲突的焦点

冲突往往发生在不能满足对方期望的时候。在青春期，违背父母的期望更有可能发生，因为青少年处于快速发展的时期（因此，父母的期望可能已经过时），也因为青少年对自我的成熟程度和能力有一种膨胀的感觉（Collins et al.，1997）。青少年希望父母能给他们自主权，但是父母认为在这个年龄阶段还为时过早（Feldman & Quatman，

青少年和他们的父母在很多问题上都可能发生冲突：朋友的选择、晚上几点回家、家务劳动、分数、使用不合适的语言，等等。

1988），这可能是因为青少年觉得自己比实际的年龄大（Montepare & Lachman，1989）。

父母与青少年冲突的诱因

研究表明，尽管有一定的性格差异，但父母与青少年的关系通常是和谐的（Laursen & Collins，2009）。当冲突发生时，争论的焦点通常与五个话题中的一个或多个有关（Holmbeck et a.，1995）。总的来说，父母与青少年争论的都是一些日常的小事。

这五个话题分别为社会生活和习俗、责任、学校、家庭关系、社会传统。在此，我们只对社会生活和习俗进行讨论。

社会生活和习俗

青少年的社会生活和他们遵守的社会习俗可能会造成他们与父母的冲突，这方面的冲突可能比其他方面的冲突都多（Smetana & Asquith，1994）。冲突最常见的原因包括朋友和约会对象的选择、在外面过夜、可以去哪些场所、参加什么样的活动、晚上几点回家、保持稳定的恋爱关系以及衣服和发型的选择。父母最常见的抱怨是青少年从来不待在家里，不愿意与家人在一起。

影响冲突的变量

在所有家庭中，冲突的焦点都与几个因素有关。三个最主要的因素是青少年的性别、父母的性别和青少年的年龄。

第一个因素，青少年的性别，它本身似乎对家庭中冲突的次数没有太大的影响（Bosma et al.，1996），但它会与其他两个因素相互作用产生不同的模式。例如，女孩与父亲的争吵比较多地发生在青春期早期，而男孩与父亲的争吵比较多地发生在青春期后期（Comstock，1994）。女孩和男孩与父母争执的问题也有所不同。一项研究发现，儿子因为行为问题与父母产生的争执比女儿多，女儿则更多因为同伴和朋友的问题与父母争执（至少是与父亲争执）（Renk et al.，2005）。与儿子相比，女儿更容易因为与父母争执而感到苦恼（Flook，2011）。

青少年与父亲、母亲的冲突的类型是不同的，因为他们与父亲和母亲的关系有所不同。一般来说，青少年认为在家庭中父亲比母亲更加权威（Youniss & Smollar，1985）。这一点以及他们有更多时间与母亲在一起的事实，意味着他们与母亲的争执会更多（Laursen & Collins，1994a）。但是，冲突并不意味着不喜欢或缺少亲密性。正如前面所提到的，大多数青少年与母亲的关系更亲密，更愿意与母亲进行交流和沟通（Ackard et al.，2006），母亲对青少年的影响也更大（Greene，1990）。

随着青少年年龄的增大，他们越来越认同父母的观点，与父母的争执渐渐减少。到18、19岁的时候，父母也愿意给他们所期望的自主权和自由。在这之前，在青春期中期，尤其在青春期早期，更可能发生冲突。在这一时期，青少年渴望自由，而父母认为这种自由是不合适的，此时的青少年也不愿意理睬父母希望他们能够承担责任的愿望。一项对已有文献的元分析证实了这个趋势：冲突率在青春期逐渐下降。然而，随着青少年逐渐成熟，冲突的强度变得更大，也更加情绪化（Laursen et al.，1998；Smetana et al.，2006）。

影响父母与青少年的冲突的变量几乎数不胜数，这里提到的这些变量表明有多少因素可能与这些冲突有关。

影响父母和青少年的冲突的其他因素

一些家庭特征与高水平冲突相联系，另一些家庭特征与低水平冲突相联系。影响父母和青少年的冲突的因素有家庭氛围、社会经济状况、种族、社区环境、父母的工作负担。在此，我们只对家庭氛围进行讨论。

家庭氛围

家庭氛围影响冲突。在专制型家庭中，所有类型的冲突都比权威型家庭多。在专制型家庭中，关于如何用钱、社会生活、家庭外的活动和家庭事务等方面都有更多冲突。父母之间的冲突会影响家庭氛围，对青少年有不利影响。温暖和支持的家庭氛围可以促进父母和青少年在有不同意见时进行成功的协商，因而可以将冲突保持在较低或中等的水平。但是在敌对的、粗暴的环境中，父母与青少年不太可能解决意见的不一致，冲突会加剧并达到难以调和的水平（Rueter & Conger，1995）。

你想知道吗

父母和青少年争论的问题是什么

父母与青少年争论的问题多数是关于是否为其他家庭成员着想、完成学校作业和家务劳动、遵守社会传统的，父母和青少年对于什么是正确的往往有不同观点，因此他们的期望也有所不同。

与父母的冲突及与同伴的冲突

青少年与父母争辩的时间要比与同伴争辩的时间多（Fuhrman & Buhrmester，1992），而且他们与父母的争辩更加激烈和情绪化（Laursen，1993）。与父母的争论最后总是要有一个明确的胜利者和一个失败者，而与朋友的争论的解决方式一般更可能包括妥协和折中（Adams & Laursen，2001）。这些差异可能有两个原因。第一，父母和青少年要争论的事情远比青少年与朋友要争论的事情多——父母和青少年有更多不同的期望。第二，友谊是自愿地结合在一起，而家庭的联系是更加持久的（Collins et al.，1997）。简而言之，你可以对你的妈妈大声喊叫且无须担心她会放弃你，选择其他的孩子，但是你不会对朋友大声喊叫，因为他可能会终止与你的友谊。

冲突的后果

有必要再一次强调，发生在青少年与父母之间的持续不断的、激烈的冲突是不正常的（Laursen & Collins，2009）。对没有经过任何临床治疗的青少年家庭进行的研究一致表明，尽管与父母有争执，但青少年仍然认为他们的家庭关系是亲密的、积极的、灵活的。然而，关于家庭冲突（无论是夫妻间的冲突，还是父母与青少年子女的冲突）的强度和频率的研究，都强调高水平的家庭冲突会影响家庭的凝聚力，对青少年的发展会有不良影响。与冲突程度低的家庭相比，冲突程度高的家庭中的青少年更可能做出反社会行为、不成熟、低自尊（Barber & Delfabbro，2000）。

当父母与他们的青少年子女争吵时，父母似乎比青少年感受到了更大的压力。在一项研究中，40% 的父母表示在他们与青少年子女争吵后会感受到两种或两种以上的消极情绪——自尊的降低和焦虑水平的提高等（Steinberg，2001；Steinberg & Steinberg，1994）。不能轻易地停止思考这些争执的是父母，而不是孩子。而且，在与孩子发生冲突之后，父母更有可能感到强烈的受伤感，而不是愤怒或悲伤（McLaren & Pederson，2014），这可能是因为父母认为自己更应该为家庭的和睦负责任（Sternberg，2001）。因为家庭中的矛盾比任何其他矛盾都更加有害（Mills & Piotrowski，2009），所以有时候父母感受到的伤害是巨大的。尽管青少年报告的受伤感不像父母那么强烈，但这种伤害是很深的：与父母相比，青少年更有可能在冲突发生之后宣称家庭关系的质量下降（McLaren & Pederson，2014）。

总之，需要强调的重要一点是，所有研究者都承认正常数量的冲突不会对青少年造成伤害（例如，Allison & Schultz，2004）。事实上，中等程度的亲子冲突能比高程度或低程度的亲子冲突带来更好的结果（Adams & Laursen，2001）。

与其他家庭成员的关系

父母当然不是青少年唯一的亲属。大多数青少年都有兄弟姐妹、祖父母、姑姑、叔叔和堂兄弟。他们可能还有继父母、继兄弟姐妹、同父异母或同母异父的兄弟姐妹。有些亲属可能很少见面，只是偶尔来访，有些亲属与青少年住在同一屋檐下。我们在这里只讨论兄弟姐妹和祖父母对青少年的影响。

青少年与兄弟姐妹的关系

很多研究致力于探讨家庭中父母与青少年的关系，而很少有研究关注青少年与兄弟姐妹的关系。但是青少年与兄弟姐妹的关系确实是相当重要的，因为他们可能在青少年的发展过程中对青少年产生持续的影响，为青少年未来的其他亲密成人关系提供一个范例（Conger et al.，2000）。

青少年与兄弟姐妹的关系的重要性

让我们来探讨为什么青少年与兄弟姐妹的关系如此重要。兄弟姐妹可以是行为榜样、代理父母或照料者，或者当青少年没有同龄伙伴时的陪伴者。在此，我们只对作为代理父母和照料者进行讨论。

作为代理父母和照料者

哥哥或姐姐经常会承担起代理父母或者照料者的角色（Dunn et al.，1994）。当年长的儿童因为他们能够照顾年幼的弟弟妹妹而感到自己是有用的、被接纳和被称赞时，他们的自我价值感会增强。哥哥姐姐照顾弟弟妹妹（Tucker et al.，1997），给他们建议，他们还经常被期望会保护弟弟妹妹，不让他们受到其他人的欺负（Tisak & Tisak，1996）。许多青少年在他们成长的过程中通过照顾弟弟妹妹获得了成人角色和责任感。在青春期，青少年与兄弟姐妹的关系变得更加平等，照顾与被照顾的不平衡关系逐渐消失，青少年与其兄弟姐妹互相支持（Branje et al.，2004）。

有趣的是，与进化论的预测相一致，当兄弟姐妹的外貌相似时，他们更有可能互相支持。刘易斯（2011）发现，与那些外貌看起来不相似的兄弟姐妹相比，外貌相似的兄弟姐妹对待彼此更加无私。蒂弗特和他的同事（2015）也有类似的发现，当弟弟妹妹长得更像哥哥姐姐时，哥哥姐姐更愿意关心照顾他们，给他们钱或者花时间陪伴他们。

青少年与祖父母[⊖]的关系

随着人们生活得更健康、更长寿，青少年有活跃的、精力充沛的祖父母的概率提高了。人们对这种关系的需求也很高：越来越多的母亲外出工作，她们需要人帮忙照顾孩子（Bureau of Labor Statistics，2011），而且单亲家庭也越来越多（U.S. Census Bureau，2014）。

有五种不同类型的祖父母（见图 8-1）。与青少年和祖父母的关系，特别是那些投入程度比较高的祖父母，可能会对青少年产生积极的影响。最重要的几个影响如下。

祖父母常常在其与青少年孙子、孙女的关系中起着积极作用。祖父母将现在和过去联系起来，这有助于青少年寻找同一性。在青少年与父母的冲突中，祖父母还可以起仲裁者的作用。

1. 祖父母可以成为重要的推动者，为青少年的生活提供连续感，将过去和现在联系起来，传递文化知识和家族的根，对青少年寻找同一性具有积极的影响（Kopera-Frye & Wiscott，2000）。

2. 祖父母可以把关于父母的信息传递给青少年，从而对父母和青少年的关系产生积极的影响。青少年在与父母发生冲突时也会向祖父母述说，将他们当作知己和仲裁者（Lussier et al.，2002）。

3. 祖父母帮助青少年理解老化，接受年老的事实。经常见到祖父母和与他们保持良好关系的青少年能够以积极的态度面对老年人（Harwood et al.，2005）。

4. 通过给青少年的父母提供情感的或者有形的支持，祖父母可以降低父母的压力水平减少父母的负面情绪，这有利于青少年的发展。

5. 祖父母可以直接为孙子、孙女提供帮助，比如给他们钱，帮助他们完成家庭作业或者给他们情感支持。

虽然不是全部，但有许多研究表明，那些积极投入的祖父母对青少年的发展有利。有这样的祖父母的青少年更加自信，更成熟，在学校表现更好，更多做出亲社会行为（Ruiz & Silverstein，2007；Yorgason et al.，2011）。当青少年的母亲抑郁（Silversten & Ruiz，

⊖　如果无特别说明，本书中的"祖父母"指父亲的父母和母亲的父母。——编者注

2006）或者对青少年过于严厉的时候（Barnett et al.，2010），祖父母的积极影响更加明显。

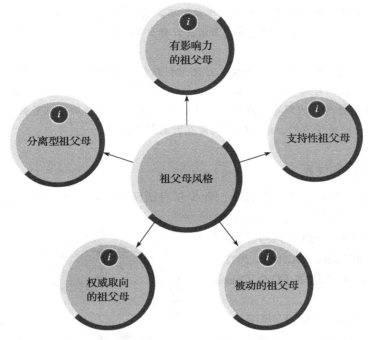

图 8-1　五种主要的祖父母风格

注：穆勒等人（2002）提出有五种祖父母风格。

　　是什么决定了祖父母与孙子、孙女的关系的性质？空间距离上接近使得他们更容易保持接触（Uhlenberg & Hammill，1998）。当祖父母居住的地方离青少年比较近时，他们更容易产生亲密的关系（Dunifon & Bajracharya，2012）。父母与祖父母的关系也是非常重要的，因为一般来说青少年要通过父母才能与祖父母联系。由于女儿与父母的关系往往比儿子与父母的关系密切，所以青少年与外公、外婆在一起的时间通常比与爷爷奶奶在一起的时间长（Chan & Elder，2000）。青少年与祖父母的关系在整个青春期会越来越好（Crosnoe & Elder，2002），这很可能是因为青少年的自主权问题被解决和家庭关系整体上有所改善。

虐待

　　虐待儿童不仅包括对儿童身心的直接伤害，也包括对儿童的忽视。这是一个全球性的问题。世界卫生组织（2014b）估算有 1/4 的成年人在他们未成年时曾经遭受身体上的虐待，大约 20% 的女性和 7.5% 的男性在未成年时曾经遭受性虐待。美国的青少年也未能幸免：美国疾病控制与预防中心开展的一项关于儿童虐待发生率的大型研究（Felitti et al.，1998）表明，在 17 000 多位受访者中，28% 受到过身体上的虐待，25% 受到过情感虐待，21% 受到过性虐待，10% 受到过忽视。其中许多虐待都是在青春期发生的。实际上，最可能受到虐待的时期是婴儿期和青春期（WHO，2014），而且受到的虐待往往来自家庭成员。

　　虐待形式如下。

- **儿童虐待**（child abuse）指非偶然的人身伤害和侵犯、性虐待以及对儿童心理和情绪上的伤害。
- **身体虐待**（physical abuse）指儿童可能受到身体上的攻击，如烧伤、挨打、被摔到墙上或地板上、被打骨折、皮肤撕裂或青肿。
- **性虐待**（sexual abuse）包括使用暗示性语言、展示色情照片、拍摄儿童的不雅照、抚摸、手淫、裸露癖、偷窥、口交、完全阴道性交或肛门性交。
- **情感虐待**（emotional abuse）包括不断对儿童大叫，辱骂、批评、嘲弄儿童，不恰当地将儿童与兄弟姐妹相比较或者忽视儿童。
- **儿童忽视**（child neglect）指不能提供最低限度的照顾，包括合适的食物、衣服、住所、医疗，不能满足儿童的情绪、社会、智力和道德需求。

虐待是一个多维的概念，既包括攻击，也包括忽视。

身体虐待

对儿童进行身体上的攻击和伤害的父母会对儿童的身心造成毁灭性打击。一些儿童死于虐待，一些儿童因为受虐落下了永久性残疾。这些儿童受到了伤害和惊吓，那些直接指向他们的愤怒和憎恨也给他们留下了深深的情绪创伤，其后果包括病态的恐惧、害羞、消极的性格、深深的敌意、郁郁寡欢、冷漠、没有爱他人的能力等。受到身体虐待的青少年更可能使用暴力，甚至到了成年期仍然如此。费根（2005）发现，在十几岁时受到过身体虐待的青少年出现犯罪行为或使用药物的可能性要比没有受到过虐待的青少年高 50%。更让人吃惊的是，她发现受过虐待的青少年对大众实施暴力犯罪的数量是其他人的两倍或三倍。苏安迪和她的同事们（2011）发现，攻击行为还会发展成伤害伴侣：在青春期受过虐待的成年人对他们的伴侣进行身体攻击的可能性是其他人的两倍，进行言语攻击的可能是其他人的六倍。受过虐待的青少年女性往往在后来又成为受虐者：他们选择会施虐的约会对象，然后成为恋爱关系中的受害者（Capaldi et al., 2012；Sappington et al., 1997）。她们比其他女孩更有可能进行有风险的性行为（Elliott et al., 2002）。与没有受虐经历的青少年相比，那些受到过身体虐待的青少年女性更有可能抑郁和产生自杀的念头（Danielson et al., 2005）

所有年龄的儿童，包括青少年，有时候会成为身体虐待、性虐待、情感虐待和忽视的受害者。

性虐待

性虐待对儿童和青少年的严重影响已经得到充分证明。有很多性虐待事件没有被报告出来，或者受害者仅仅向同伴倾诉（Priebe & Sveden，2008），这导致许多性虐待受害者没有得到任何帮助和治疗。可能正因如此，性虐待的幸存者身上表现出来的一组症状与创伤后应激障碍（PTSD）的诊断标准相吻合（Kingston & Raghanven，2009）。据估计，女性儿童受到性虐待的发生率是8%～32%，男性儿童受到性虐待的发生率是1%～16%（Sikkema et al.，2009）。其中大部分受害者受到的是男性的虐待（Negriff et al.，2014）。

无论是临床研究还是社区研究都发现性虐待受害者表现出高度抑郁、焦虑、性问题和自杀的倾向和行为（Paolucci et al.，2001；Soylu et al.，2013）。性虐待受害者也非常容易出现药物滥用（Martin et al.，2005）、饮食障碍（Johnson, et al.，2002）和伤害自己的行为（Cyr et al.，2005）。这些影响甚至会波及下一代，因为与其他人相比，这些性虐待的受害者更有可能认为自己不是称职的父母，他们不能满足孩子的需求，对孩子也不太满意（Ehrensaft et al.，2015）。

在某些模式的青少年反社会行为中，性虐待似乎是一个重要的背景因素（Lowenstein，2006）。受到性虐待的人，主要是女性（Finkelhor et al.，2005），在敌意和攻击性的测量分数比控制组高，并且更有可能犯罪。研究显示，他们还表现出较高水平的学业问题，包括逃学和在高中毕业之前退学。此外，与控制组相比，他们在青春期更有可能离家出走。有证据显示，很多妓女都是性虐待的受害者，尤其是那些在年龄很小时受到性虐待和暴力对待的受害者（Stoltz et al.，2007）。

乱伦

各种类型的乱伦时有发生，其中最常见的三种形式是父女乱伦、继父继女乱伦和兄妹乱伦。

大部分情况下，兄妹之间的乱伦是由哥哥发起的。乱伦的长期后果与其他形式的性虐待是相似的。但是，因为他们体验到了强烈的背叛感，所以乱伦给受害者带来的后果会比其他形式的性虐待更严重（Stroebel et al.，2012）。

普遍的反应包括低自尊、抑郁、饮食障碍、药物滥用的风险提高以及弥漫性身体症状（如胃痛）（Holifield，2002）。乱伦的受害者变得难以信任他人，这一点并不少见，因此他们常常难以形成亲密关系。男性受害者受到的影响似乎比女性受害者更强烈（Garnefski & Diekstra，1997）。

忽视

忽视是最常见的虐待儿童或青少年的形式。它有多种形式。

1. **身体的忽视**指没有提供足够的食物、合适的衣服、健康照料、适当的住所、家庭卫生条件和个人卫生条件。

2. **情感的忽视**包括不充分的注意、照顾、爱和情感，以及没有满足儿童对赞扬、接纳和陪伴的需求。

3. **智力的忽视**包括没有合理的理由就允许孩子不上学或不写作业，或者没有提供激发智力的经历和材料。

4. **社交的忽视**包括对社交行为的不充分监控，对孩子的玩伴缺少关注，不愿意让孩子参与社交群体和活动，或者不能使孩子学会与人相处。

5. **道德的忽视**包括没有为孩子提供积极的道德榜样和任何类型的道德教育。

父母忽视的例子非常多。比如父母任由孩子的龋齿发展，以至于青少年不得不装假牙。再比如一对夫妻有一次去坐游轮度假，把他们 12 岁的女儿一个人留在家里待了两个星期，没有人照看。有一些忽视案例没那么明显，如父母在感情上拒绝他们的孩子，没有表现出爱和关心。这种情况与身体虐待的后果一样严重。例如，情感虐待与药物滥用有关系（Moran et al., 2004）。受到情感虐待的孩子容易出现低自尊、抑郁、学业困难和较差的同伴关系等问题（Sneddon, 2003）。他们呈现出较长期的可的松水平升高，这不仅仅标志着长期压力，还可能会导致免疫系统出现问题，使其患病风险变高（Bick et al., 2015）。

情感虐待

贬低孩子，告诉孩子他是不受欢迎的，因为全家人的问题责备孩子，用身体伤害来威胁孩子等，这些都属于**父母的情感虐待**，这对孩子的影响可能是毁灭性的。它会破坏一个人自我价值感，使他感觉到被遗弃的恐惧。这些伤害不像身体伤害那么显而易见，因此更难得到证实，但它们同样是有害的。大量研究发现，发生在儿童期或青春期的情感虐待与抑郁之间有关联（例如，Gibb et al., 2007）。如果一个人受到母亲的虐待，那么无论是女儿还是儿子，其抑郁风险变高这一后果都可能持续到成年早期，父亲的虐待可能造成的长期影响在儿子身上更为明显（Moretti & Craig, 2013）。情感虐待还与焦虑，特别是社交恐惧相关（Bruce et al., 2012）。因为感到愤怒和没有自有价值，所以情感虐待的受害者比其他人更可能受到性虐待或者成为施虐者（Zuibriggen et al., 2010）。

第9章

不同的家庭模式

　　在童年期与自己的亲生父母生活在同一个家庭的美国青少年越来越少了。事实上，尽管孩子由生活在一起的亲生父母抚养长大仍然是常见情况，但这种情况现在变少了。在以往的"传统家庭"中，父亲外出工作，母亲在家照顾孩子，这种模式现在反而不是最典型的家庭模式。很多青少年经历了父母离异，由父亲或母亲抚养，或者成为父母重新组建的混合家庭的一员，因为家庭对一个人的健康发展起核心作用，所以这些事件对青少年的影响值得思考。在本章中，我们会逐一考察这些不同的家庭模式。

美国青少年与谁生活在一起

　　如图 9-1 所示，几乎所有（93% 左右）19 岁以下的美国青少年都与至少亲生父母中的一方生活在一起，超过一半（60% 左右）的青少年与亲生父母双方生活在一起（Vespa et al.，2013）。

种族、民族、收入水平与居住模式

　　居住模式存在着很大的种族和民族差异性。

　　这些种族或民族的差异部分是不同的文化亚群体的经济水平差异造成的。与中产阶级的青少年相比，低社会经济地位的青少年更有可能只与他们的母亲生活一起，或者不与父母的任何一方生活在一起（Vespa et al.，2013）。

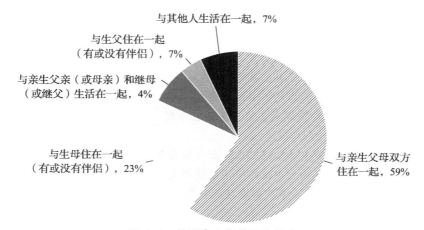

图 9-1 美国青少年的居住模式

注：图中呈现了美国青少年各种居住模式的相对比例。大约 25% 的青少年只与他们的亲生母亲生活在一
　　起。不到 5% 的青少年只与他们的亲生父亲生活在一起。

资料来源：Data from Vespa et al. (2013).

如图 9-2 所示，与低社会经济地位的青少年相比，中产阶级的青少年更有可能与亲生
父母一起生活。

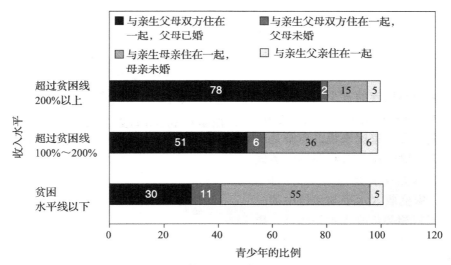

图 9-2 不同收入水平的青少年的生活安排

注：如图所示，儿童和青少年与亲生父母一起生活或者与亲生父母中的一方一起生活的可能性与他们的家
　　庭经济状况有关。

跨文化研究

扩展家庭

当欧洲裔美国人听到"家庭"这个词时，他们最有可能想到的是人类学家和社会学家所说
的核心家庭，即由一对夫妻和他们的孩子构成的家庭。当然，在当代美国社会，随着未婚生育、

离婚和再婚的增多，许多美国白人也会想到单亲家庭、分裂家庭和混合家庭。其他民族的后代则可能会更容易想到扩展家庭。

扩展家庭在世界上很多地方都很常见。在亚洲、非洲和拉丁美洲的许多地区，很多家庭都是扩展家庭。美国土著也继续着扩展家庭的传统。一些扩展家庭有三代——祖父母、父母和孩子三代人居住在同一栋房子里。有些扩展家庭由几个兄弟和他们的配偶以及孩子组成，在这样的家庭中，孩子与他们的叔叔婶婶及堂兄弟生活在一起。在某些地区，扩展家庭由一个丈夫、他的几个妻子以及他们的孩子们组成。

扩展家庭的优势在于，多个成年人可以一起分担经济负担、家务劳动和照顾孩子，因此扩展家庭在低社会经济地位的美国人中比在中产阶级的美国人中更常见。这一趋势在非洲裔美国人中更加明显，他们世世代代享受着扩展家庭所带来的好处。

青少年与父母中的一方生活在一起的原因

有四个可能的原因使青少年只能与父母中的一方生活在一起。

1. 父母已经结婚但是因为环境原因分开居住，例如一方在其他城市或州工作。

2. 父亲或母亲去世。

3. 父母已经离婚或在法律上已经分居。

4. 孩子的母亲未婚生育，从未与孩子的生父结婚。

如图 9-3 所示，后两种原因要远比前两种原因更为常见（U.S. Bureau of the Census，2009a）。

不同种族与民族的青少年只与父母中的一方居住在一起的原因有显著差异。对于非拉美裔白人家庭来说，离婚是最常见的原因，对于拉美裔和非洲裔美国家庭来说，未婚生育是最常见的原因。如前所述，家庭收入水平与父母中的一方缺失的原因相关：收入水平越高，离婚的可能性越高，未婚生育的可能性越低（见图 9-4）。

离婚与青少年

离婚现象变得如此普遍，随之而来的问题就是它会对青少年产生怎样的影响。这一问题与很多因素有关。

数据表明，几乎一半美国婚姻都以离婚而告终（U.S. Census Bureau，2004）。这造成的后果是，50% 的美国孩子都经

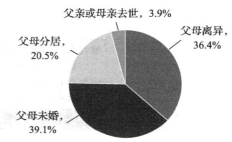

图 9-3　青少年与父母中的一方生活在一起的原因
资料来源：Data from U.S. Bureau of the Census (2009b).

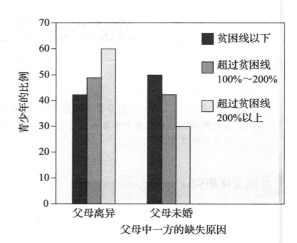

图 9-4　来自不同收入水平的家庭的青少年与父母中的一方生活的原因
资料来源：Data from U.S. Census Bureau (2015c).

历了父母的离婚。在这些孩子中，有些已经是青少年，有些还没有进入青春期。

许多心理健康工作者认为离婚是引发儿童不安全感、混乱、痛苦情绪的一个主要消极因素。尽管大部分心理健康工作者认为儿童不会因为离婚受到永久的伤害，但是也有些人认为它对儿童的长期情绪和社会性发展有消极的干扰作用（例如，Wallerstein & Lewis，2004）。

短期的情绪反应

- 我爸爸会搬出去住吗？
- 我还能见到他吗？
- 我是不是得转到另一所学校去上学？
- 我将会跟谁生活在一起？
- 我能上大学吗？

伯恩斯和邓洛普（1999）发现，这些消极情绪在刚刚离婚的那段时间里是普遍存在的，但是它们不会一直持续下去。在他们的研究中，父母离婚三年以后，大多数青少年报告说他们的悲伤和震惊感已经渐渐消失，取而代之的是轻松和愉快，因为家庭冲突已经成为过去。父母离婚十年以后，轻松和愉快已经成为他们的主要情绪，不过还是有一些人对父母中的一方保持着愤怒情绪（一般是对父亲）。

长期的影响

许多人认为父母离婚会给儿童带来创伤。朱迪思·沃勒斯坦的畅销书《第二次机会：离异十年后的男人、女人和孩子》强化了这一普遍观点（Wallerstein & Blakeslee，1989），这本书是基于对一项重要临床研究进行的 15 年追踪调查创作的。沃勒斯坦发现，在她的加亚福尼亚研究中，几乎有一半被试在进入成年早期时忧虑、未获得自己能够获得的成就、自我否定，有时候还会愤怒。许多人都适应不良，原因各种各样，包括卷入多重关系和以离婚收场的冲动婚姻（Wallerstein，1991）。后来的追踪调查表明：在父母离婚 20 多年以后，消极后果仍然是可见的（Wallerstein & Lewis，2004）。在这些年青的成年人中，有些人小时候看起来很冷静，似乎没有什么麻烦，这使得沃勒斯坦认为离婚对儿童造成的短期影响，不能预测多年之后离婚对儿童的长期影响。

这些相对悲观的结论受到了其他一些研究的挑战，这些研究得到了不同的结果。对加利福尼亚研究的批评包括样本较小、缺少非离异家庭的控制组，以及这些研究样本不是基于抽样原则选择的，那些去寻求临床帮助的家庭在研究样本中占了过大的比例（Chelin & Furstenberg，1989）。还有人提出沃勒斯坦没有考虑在父母离婚之前生活在一个充满冲突的生活环境中给孩子带来的伤害（Gordon，2005）。

🔅 **研究热点**

男同性恋、女同性恋或跨性别父母抚养的青少年

大约 4% 的美国人认为自己是同性恋或双性恋（Gates，2011）。这一比例超过了大多数国

家（Borden，2014）。目前，几乎有一半的女同性恋和20%的男同性恋抚养有18岁以下的孩子（Gates，2013）。

总的来说，在同性恋家庭中长大的孩子与在异性恋家庭中长大的孩子在行为上没有差异。不过这一研究领域里很少有长期研究，这些孩子似乎是正常的，与其他孩子一样，一直到成年期都能够适应良好（Lick et al.，2013）。

在许多方面，这是对同性恋父母的一个证明：正如其他少数群体一样，同性恋和他们的孩子面临着尴尬、排斥及成见。他们同样面临着来自同性恋的扩展家庭的敌意（Almack，2007）。同性恋父母的孩子可以通过发展一些有用的信念来应对这些消极性：性取向是天生的，爱是最重要的，其他人没有权利来评判他们，宗教反对同性恋的观点是有缺陷的，对他们家庭的批评是无知的（Breshears & Braithwaite，2013）。这些信念帮助他们维持自尊，忽略外部的批评。

💡 由同性恋父母抚养长大的青少年可能出现的问题

许多人认为由同性恋父母抚养长大的青少年可能会比由异性恋父母抚养长大的青少年表现出更多的问题，包括异常的性别同一性、适应和人格问题、人际关系受损、性虐待、性取向问题。在此我们只对异常的性别同一性进行讨论。

异常的性别同一性

性别同一性是一个宽泛的概念，包括性别认同（对自己性别的积极感受）以及对性别定型化行为的偏好（如果是男性，个体就会做出并享受男子气的行为，如果是女性，个体就会做出并享受女子气的行为）。与人们的普遍观点相反，没有证据表明在同性恋家庭中长大的孩子更有可能发展出异常的性别同一性。大多数在同性恋家庭中长大的孩子是异性恋（Fedewa et al.，2015）。

💡 离婚导致的消极情绪

很多文献都提到了当儿童知道父母离婚时的即时情绪反应（Kelly，2003）。如果青少年没有意识到父母婚姻中存在的问题的严重程度，他们就会表现出很震惊的样子，不相信这是真的。另一种反应是对未来的恐惧、焦虑以及不安全感。我们把这些情绪反应总结为以下几类：愤怒和敌意、自责和内疚、悲伤和忧虑、嫉妒和怨恨。

在此，我们只对愤怒和敌意进行讨论。

愤怒和敌意

愤怒和敌意是青少年对父母离婚的常见情绪反应，尤其是他们会对父母抱怨他们离婚。青少年可能会频繁地问"你为什么让爸爸离开"，或者说"你为了别的女人离开我妈妈，我恨你"。有时候，青少年会对父母双方都产生愤怒："你们毁了我的整个生活，我不得不离开我所有的朋友和学校。"有些青少年深深地沉浸在他们自己的痛苦中，完全忘记（至少是暂时忘记）他们的父母此时也正在经历的痛苦。

由于离婚率一直以来保持在较高水平，离婚对儿童的影响也一直存在争论，因此学者们希望能够有更好的证据来检验沃勒斯坦以及其他人提出的关于父母离婚对儿童的长期影响的假设。在过去的 20 ~ 25 年里，出现了更多关于这一主题的研究，其中大部分至少部分证实或者拓展了沃勒斯坦和布莱克斯利的发现：无论是在小时候还是长大成人后，经历了父母离婚的儿童和青少年都是出现各种问题行为的高风险人群。

父母离婚对子女影响的研究

一项发表于 20 世纪 90 年代的关于离婚后果的元分析研究发现，经历了父母离婚的儿童在学业成就、合适的行为、心理调节、自我概念、社会关系等方面显著逊色于父母婚姻一直持续的儿童，尽管这些差异并不总是很大（Amato，2001）。无论父母离婚是在孩子几岁时发生的，这些消极的后果都有可能存在（Wallerstein & Lewis，1998）。许多研究发现男孩的行为比女孩的行为受到的影响更大（例如，Trinder，2008）。

此外，父母离婚对孩子的影响可能会持续到成年期。与那些在完整的家庭中长大的孩子相比，经历了父母离婚的孩子上大学的可能性较低，未婚同居的可能性更高，较早生孩子，心理健康水平较低。这些差异并不都是在青春期出现的问题的延续。事实上，在完整的家庭中长大的孩子与在离异家庭中长大的孩子之间的差异在成年期会有所增大（Cherlin et al.，1998）。不仅在美国如此，这一结果也被跨文化研究证实。例如，在一项大规模的欧洲研究中，休尔等人（2006）跟踪了近 1500 个被试，从他们还是青少年时开始，一直到他们 30 多岁的时候。那些父母离婚的成年人进入大学的可能性更低，更可能失业。他们也不愿意结婚，更可能过度吸烟和饮酒。而且经历了父母离婚的女性比在完整的家庭中长大的女性更可能出现抑郁和身心症状。即使控制了社会经济地位和其他因素，这些效应仍然存在。

父母离婚对子女未来婚姻关系的影响

沃勒斯坦的发现中有一个方面（Wallerstein & Blakesless，1989；Wallerstein & Lewis，2004）得到了其他研究者的证实，是关于父母离婚对孩子未来婚姻关系的长期影响的。2001 年，阿米托和德博尔（2001）报告了一项关于成年人的大规模纵向研究的结果，他们发现，那些在童年期或青春期经历了父母离婚的人，离婚的风险是那些来自完整家庭的人的两倍。有些人的父母虽然对婚姻的满意度水平很低，但是并没离婚，这些人离的风险也不像经历过父母离婚的人那么高。惠顿和她的同事（2008）在近年的一项研究中比较了来自完整家庭和来自离异家庭的已经订婚的女性，发现父母离婚与对未婚夫较低水平的承诺有联系，并且来自离异家庭的女性对他们的关系更没有信心，但研究中的男性被试没有表现出信心缺乏。

研究者努力寻找造成这种现象的原因。第一种解释是惠顿等人的研究曾经提到的，当在父母离异的家庭中长大的孩子结婚时，他们会对婚姻有较高的担忧，对婚姻的承诺水平较低。与那些在完整家庭中长大的人相比，更可能婚姻失败。他们对婚姻会比较犹豫和谨慎，但是他们与其他人一样，希望自己能够结婚。他们结婚的愿望是非常强烈的，但是他们往往会通过控制自己、不给婚姻高水平的承诺，来对抗可能出现的婚姻失败。第二种解释是社会学习理论提出的。孩子会效仿父母的行为。因此，孩子可能会模仿父母所做出的那些破坏成功婚姻的行为，这导致他们更容易离婚。第三种解释是，经历了父母离婚的孩子要比在正常家庭中长大的孩子更早结婚，这可能是前者的情感需求或者希望离开一个不开心的家庭环境的需求所致。在较小的年龄结婚与婚姻失败显著相关（DiCario，2005）。

离异家庭中的兄弟姐妹之间的关系似乎也变糟了。里吉奥（2001）和米列夫斯基（2004）发现，在父母离婚后，兄弟姐妹之间的互相支持减少了。希恩等人（2004）发现，离异家庭中的兄弟姐妹之间存在更多的敌意和冲突。这可能是因为亲子关系紧张的蔓延、对有限资源的竞争（包括父母的时间），也可能是因为兄弟姐妹之间关于父母双方谁该为离婚负更大的责任有不同的看法。

需要强调的重要一点是，大多数经历了父母离婚的青少年并没有长期的适应问题。离婚是一个风险因素，它提高了问题出现的概率，但是这并不意味着一定会出现（Amato，2000a）。一般来说，父母离婚的儿童产生问题的可能性大约是家庭完整的儿童的两到三倍（Kelly，2003），完整正常家庭中的孩子产生严重的适应问题的比例大约是10%，离异家庭中的孩子产生严重适应问题的比例大约是20%～25%（Hetherington & Kelly，2002）。

而且，如果不离婚，也就是说，父母仍然维持着充满冲突的、不愉快的婚姻，对儿童的发展没有任何好处。许多研究（例如，Morrison & Corio，1999）已经发现，父母离婚的儿童，要比那些在父母没有离婚却不和谐的家庭中长大的孩子适应得更好。此外，在充满冲突的家庭中长大的孩子成年后的婚姻稳定性也不比那些父母离婚的孩子更好（Amato & Booth，2001）。父母一直争吵却维持着婚姻对孩子的发展并没有好处。

影响离婚后果的因素

有很多因素使得经历了父母离婚的青少年幸福感较低。

第一，家庭中存在的矛盾和冲突。那些婚姻幸福、对生活满意的父母是不会离婚的。经历了父母离婚的儿童往往已经看到了父母之间的"战争"，在家庭中体验到了较高程度的压力和紧张。

第二，离婚本身就是一种创伤。甚至在最和谐的情境中，离婚也会给孩子带来痛苦和不确定性。孩子会问自己这样的问题：我将住在哪里？爸爸还爱我吗？我将和谁生活在一起？

第三，离婚会导致长期生活方式的变化。孩子与父母中的一方在一起的时间会减少，或者他们不得不在两个家庭之间跑来跑去。

第四，离婚后家庭的经济状况一般会下降，"新"家庭可能会搬到一个新地方住，有新的邻居。父母对待孩子的行为也会改变。（这些问题将在本章后面的部分详细讨论。）

在这些问题中，很多都与冲突有关。家庭冲突有多种形式，包括与父母的意见不统一、父母间的冲突、父母间的攻击行为以及不居住在一起的父亲和母亲之间的冲突，这些都对青少年有持续的、负面的影响。对很多生活在离异家庭或再婚家庭中的青少年来说，冲突成了日常生活的一部分。许多青少年经受着持续不断的离婚前的夫妻冲突，以及伴随着冲突的家庭变化，包括父母不一致的教养方式、夫妻间的暴力攻击、亲子间的暴力攻击，以及亲子关系的恶化。这些问题会因为离婚后的紧张、父母间的敌意变得更加严重，青少年被卷入冲突之中，他们感到自己夹在父母之间，他们或者因为支持某一方而感受到压力，或者因为努力与父母双方都保持亲近而感受到忠诚冲突。

这些数据进一步丰富了家庭冲突损害青少年幸福感的研究证据，这些家庭冲突以不同的方式呈现，可能在人生的几个阶段中都会存在（例如，Bing et al.，2009）。

你想知道吗

有多少青少年经历了父母离婚

大约有一半青少年经历过父母离婚。他们的父母可能是在孩子处于青春期时离婚，也可能是在孩子更年幼时离婚。

遗传、气质和孩子的年龄

个体适应变化的能力是不同的，他们有不同的应对技能、自尊水平、寻求他人帮助的意愿。这些人格特质可能会影响一个孩子如何适应父母离婚这件事（Hetherington & Stanley-Hagan，1999）。一些孩子只是比其他孩子有更强的心理弹性。有充分的证据表明，人格特质，比如那些在一种程度上是遗传的人格特质，会影响人的幸福感和心理调节能力。例如，门罗和瑞德（2008）提出，遗传因素会影响一个人是否会以抑郁情绪应对压力。一项更直接的研究：达诺弗里奥和她的同事（2006）发现，内在的、遗传的易感性可以解释很多种离婚给孩子带来的影响，如物质滥用和同居风险的升高。

有很多研究者相信，父母离婚对年幼的儿童来说是最艰难的，再婚对青少年来说是最艰难的（Lansford，2009）。父母离婚的具体后果可能会因孩子的年龄不同而不同。一项纵向研究发现，离婚对小学儿童的影响主要表现在情绪和行为问题方面，而对初中和高中学生的影响主要表现在学业方面（Lansford et al.，2006）。

离婚前的经济状况和养育行为

总的来说，那些走向离婚的家庭与那些保持稳定的家庭存在着质的差异。那些受教育水平较低、收入低、结婚较早的人（这些特征往往同时存在）更有可能离婚（Pryor & Rogers，2001）。而且，经济状况变差（无论在婚姻开始时经济状况如何）也会提高离婚的可能性（O'Connor et al.，1999）。这说明父母离婚的儿童比那些家庭完整的儿童更有可能过着贫穷的生活或经历生活水平的下降。另外，在离婚之前出现的经济压力也可能会造成离婚后的消极后果。

除前面提到的父母冲突外，父母在离婚前行为的其他方面也会对孩子产生不利的影响。例如，与有着成功婚姻的母亲相比，婚姻将走向结束的母亲会对孩子的行为更加消极。那些婚姻将走向解体的父母对孩子的控制也比较少（Hetherington，1999a）。一般来说，成年人是在持续一段时间的不安和压力之后最终走向离婚的，而处于压力之下会造成养育质量下降。父母中的一方可能还会滥用酒精和药物，这也是比较常见的离婚原因之一（Ostermana et al.，2005）。也因此，那些父母离婚的孩子比家庭完整的孩子更有可能由滥用药物的父母抚养长大。而且，这些压力刺激在父母离婚前就已经存在，这有助于解释为什么父母离婚后孩子会出现问题。在一些研究中，在排除那些经济状况相对较差的儿童在父母离婚前就有的适应问题后，离婚给孩子带来的影响消失或者大幅度减少了（例如 Sun & Li，2001）。

离婚后的经济来源和养育行为

在大多数情况下，父母离婚后孩子的经济状况会变差。在过去，这种经济状况的恶化是很严重的：20 世纪 70 年代，大多数孩子在父母离婚后与母亲生活在一起，大约 2/3 的女性在离婚后生活标准下降了 25% 以上。男性在离婚后收入降低的概率是女性的一半。现在，女性和男性在离婚后生活水平大幅度下降的概率几乎是相同的，大约是 50%（The PEW Charitable Trusts，2012）。这意味着很多孩子不仅会失去对家庭的安全感，还不得不改变他们已经习惯的生活方式。例如，一种并不少见的情况是，在父母离婚后，孩子不得不搬到一个较小的房子去住，而且常常是搬到一个不同的社区或学区。他们也可能不得不放弃音乐课程，或者需要做些工作来补贴家庭的开销。

💡 离婚的后续影响

最近的统计数据表明，经历父母离婚的孩子，其变糟的经济状况可能会持续到成年期，特别是那些来自最低收入阶层的孩子，这很有可能是因为他们没有资源可以利用。那些处于收入分布最低端的 30% 的儿童，提高其社会经济地位的概率只有 25%。这一数字不仅低于那些生活在婚姻完整的家庭中的儿童（50%），也低于那些未婚的单身母亲的孩子（42%）。尽管总体上有 90% 的子女比他们的父母收入高，但是来自离婚家庭的孩子收入比父母高的比例只有 75%（DeLeire & Lopoo，2010）。

离婚对青少年的影响在一定程度上与离婚对父母的影响有关。父母的心理调适，特别是作为监护人的父母对青少年的心理调适有很大影响（Hetherington，1999a）。父母越焦虑不安，青少年也越有可能焦虑。有些父母因为离婚而感到轻松，这对青少年会有积极的影响。

对于夫妻来说，离婚是痛苦的经历，即使是在最好的情况下也是如此。在最坏的情况下，离婚会导致情绪创伤、迷茫，给人们带来打击。刚刚离婚时，人们会面临孤独和新的社会适应挑战，因为他们要寻求新的友谊和陪伴（Pinquart，2003）。离婚后需要照顾孩子的父亲或母亲将面临角色压力和过度的工作负荷，现在他们必须独自承担所有家庭功能。与前夫或前妻的联系可能仍然是很麻烦的事。自己父母的积极支持是很有帮助的，祖父母对青少年的适应情况也可以起到重要的影响。

居住地点的改变与关系的丧失

我们将会在下一节中讨论监护权的问题，这里值得一提的是，父母离婚后，大多数青少年不能像以前一样经常地看到父母中的一方（常常是父母双方）。而且，他们与父母中非监护人一方的扩展家庭成员一起度过的时间也会减少：如果你一个月只有六天能见到父亲，那么你见到父亲这边的祖父母和堂兄弟的机会当然也会变少。此外，因为他们的监护人搬到新的地方居住，所以他们被迫与朋友失去联系。一项研究（Braver et al.，2003）表明，接近 30% 的受访者说，他们在父母离婚后与自己的监护人搬到了距离原住处一个小时车程的地方，居住地点的改变带来了一些消极后果。赫瑟林顿和凯利（2002）在他们的研究中也发现，离婚之后的六年里，作为监护人的母亲平均搬四次家。即使有一些搬家只是在较小的地理范围之内，也有很大的可能性使孩子不得不转学，与朋友和老师失去联系。

监护方式和生活安排

在离婚过程中，最难做出的决定是关于孩子的监护权的。监护权有两种：

- **法定监护权**（legal custody），指父母可以做出对孩子产生某种影响的决定的权利。
- **生活监护权**（residential custody），指孩子在哪里以及与谁生活在一起。

在监护权的安排中，孩子与父母的情感依恋、公平性和经济后果都是需要考虑的问题。

从罗马时代到 19 世纪，父亲都被认为拥有孩子的"所有权"，如果夫妻离婚，父亲被自动赋予全部监护权。这种情况在 19 世纪发生了变化，由母亲照顾年幼子女的观点出现了——人们认为母亲天然地能够比父亲更好地照顾孩子。从那时开始，直到 20 世纪七八十年代，母亲可以获得法定监护权和生活监护权，除非因为环境因素，她无法成为合格的母亲。在那时，共同监护成为常见的方式。共同监护指父母双方共同承担养育孩子的责任。到 2013 年为止，已有 47 个州认可共同监护，而且很多州认为这是一种更好的方式（DiFonzo，2014）。需要注意的是，共同监护是灵活的，它并不必然意味着孩子与父亲或母亲居住的时间一样长。现在，最常用的标准是"子女利益最大化"，不是根据孩子的性别来决定其与父亲还是母亲同住，其假设是，在没有特殊理由的情况下，孩子与父母中的任何一方在一起的时间都应不少于 30%（DiFonzo，2014）。

当共同监护无法实现时，一般来说，孩子会与母亲生活在一起。现在，当孩子年龄比较大，特别是最大的孩子是男孩，父亲是离婚中的原告，且在离婚诉讼期间进行了法庭调查时，父亲成为监护人的概率会提高。母亲的高教育水平、母亲的高收入水平以及父亲对孩子不良行为的支持都会降低父亲成为监护人的概率（Fox & Kelly，1995）。

那些与父母双方的关系都很好的青少年最害怕的是离婚会使他们与其中一方失去联系。这种担忧并非毫无道理：18% ～ 25% 的孩子在父母离婚后的 2 ～ 3 年内就完全失去与父亲的联系（Kelly，2003）。显而易见，这对孩子是没有好处的。有充分且有力的数据表明，和不能与父亲保持联系的青少年相比，那些与作为非监护人的父亲仍然保持密切接触的青少年，特别是当他们的父亲是权威型，参与他们的学习，在经济上支持他们时，其学业表现更好，较少出现行为问题（King & Sobolewsky，2006）。在最好的情况下，如果青少年能够在他需要或想见到父母的任何时候都可以见到他们，离婚对青少年发展的消极影响就可以最小化。

即使父亲和母亲都继续与孩子保持联系，离婚也会导致孩子对非监护人一方的依恋降低。似乎对女儿来说尤其如此，因为儿子一般在父母离婚后与父亲一起度过的时间更多一些，并且报告说觉得自己与父亲更亲近了（King et al.，2004）。因此，离婚可能会对青少年对父亲的情感依恋有影响，再婚似乎不能减弱这种影响（McCurdy & Scherman，1996）。

研究表明，在共同监护的情况下，父母更有可能积极参与养育过程，从而使青少年适应得更好（例如，Bauserman，2002）。接触的质量似乎比接触的数量更重要（Dunn，

2005）。因此，父母需要知道，离婚并不是与他们的孩子分离，他们将继续积极地关心孩子，参与孩子的养育过程。当然，如果父母没有调节好自己的心理状态，或者心理极其不成熟，或者以某种方式辱骂孩子，那么有必要严禁他探视孩子（Warshak，1986）。

共同监护与单独监护

哪种监护方式最好？共同监护比单独监护更好吗？对于这一问题并没有一个明确的答案。自 1990 年以来，很多研究发现，共同监护的孩子比单独监护的孩子发展得更好，2002 年，一项元分析也证明了共同监护的优势（Bauserman，

以前，孩子的监护权往往自动地赋予母亲，除非她们因为某些原因不能胜任。今天，父亲获得监护权的概率有所提高。如图所示，游行有助于这一变化的发生。

2002）。同时，有很多研究者提出了另一种可能性：这种优势不仅仅是因为监护方式的差异，也因为那些彼此相处得好，经济状况良好的父母更有可能选择共同监护。因为我们已经发现离婚后父母冲突（例如，Lee，2002）以及经济困境可能会对孩子有消极影响，所以这两方面的因素都可以解释那些发现共同监护具有优势的研究的结果。目前，美国的很多州和欧洲国家都开始更倾向于共同监护，这种自己选择监护方式的情况几乎没有了（Fehlberg et al.，2011）。结果是，有共同监护权的父母双方很有可能相处得不好，甚至对彼此敌对。

最重要的似乎不是与父母相处的时间长短，而是父母双方继续积极参与青少年的生活，继续在他们的生活中发挥父母功能的程度（Simons et al.，1999；Vanassche et al.，2013）。发挥父母功能包括一起玩、一起旅行、提供经济支持等，还意味着要制定纪律，给予建议，促进孩子成熟。能够投入青少年养育的父母都有积极的方面，也有消极的方面。

为什么共同监护比单独监护更合适？

主要原因是孩子可以与亲生父母双方都保持比较密切的联系（Kelly，1993）。而且，拥有共同监护权的母亲比拥有单独监护权的母亲倾向于更迅速地再婚，这会提高她们及其子女的生活水平（Gunnoe & Braver，2001）。在哪些方面共同监护有可能不如单独监护呢？孩子可能会因为不停更换住处而备感压力，没有归宿感（Bauserman，2002）。另外，来回搬家也会对孩子的友谊产生消极影响（Cavanaph & Huston，2008）。最后，如上所述，孩子更有可能面临父母之间的冲突，感到自己被夹在中间。

非离婚导致的单亲家庭

正如我们已经看到的，离婚会对不同的青少年产生不同的影响，这与许多因素有关。关于在其他类型的单亲家庭中长大的青少年我们有哪些了解呢？远比我们应该了解的要

少，尤其是在 2011 年美国 35% 的新生儿是由未婚女性生育的情况下（Shattuck & Kreider，2013）。对从未结婚的单身母亲抚养的青少年与结婚但后来又离婚的母亲抚养的青少年的比较研究如此之少，是令人很吃惊的（Amato，2000）。

而且，关注这一问题的文献常常将其与生育年龄的问题混淆：大部分关于未婚妈妈所生孩子的研究都集中于未婚青少年生的孩子，关于离婚的研究往往考查的是年龄较大的父母的孩子。因为青少年母亲一般来说没有年纪较大的母亲成功，所以无论青少年母亲的婚姻状态如何，我们都难以把由未婚青少年母亲抚养与由离婚的青少年母亲抚养对孩子的影响分离开来。

种族和经济因素也与之相关。大部分单身的黑人母亲从来没有结过婚，但是大部分单身白人母亲结过婚然后又离婚；总体上看，从未结过婚的母亲的经济状况比结婚又离婚的母亲更差（Amato，2000），这两个因素可能是有联系的。

你想知道吗

由未婚妈妈抚养的孩子发展得好吗

未婚妈妈往往在她们很年轻的时候就有了孩子，因此她们会面临经济上的困难。但是当未婚妈妈的收入水平与离婚妈妈的收入水平相同时，他们的孩子没有表现出明显差异。

以祖父母为主的家庭

因为很多未婚母亲太年轻，也因为独自抚养孩子太困难，所以她们会向自己的父母寻求帮助，因此，有很多未婚母亲的孩子生活在三代家庭中。在 2012 年，超过 450 万美国家庭是三代家庭，这样的家庭里既有孩子，也有祖父母。生活在三代家庭中的儿童占当时美国儿童总数的 10%（Ellis & Simmons，2014）。2/3 的三代家庭是以祖父母为主的。（这意味着这些儿童以及他们的父亲或母亲（或者父母双方）都生活祖父母的家里。）最常见的情况是母亲、孩子和外公外婆生活在一起。在另外 1/3 的家庭里父母是不在的，仅由祖父母独自抚养孙辈。无论父母是否在家里，孩子与祖父母一起生活的家庭都往往比较贫困。大部分三代家庭依靠父母维持生活，他们与祖母住在一起，而不是与祖父或祖父母一起。

亚裔和黑人儿童最有可能与祖父母生活在一起（15%），其次是拉美裔儿童（12%）；大约 5% 的白人儿童与祖父母生活在一起。黑人儿童更有可能由祖父母独自抚养，因为，尽管亚裔和黑人儿童与祖父母一起生活的可能性大致相同，但亚裔儿童更有能与祖父母、父母一起生活。在 2012 年，270 万美国的祖父母是其孙辈的主要照顾者（其中 40% 与孩子的父母一起居住）。与亚裔和拉美裔相比，黑人和白人祖父母更有可能成为主要照顾者。在很多家庭中，这种情况会持续相当长时间：作为主要照顾者的祖父母当中，有 40% 的祖父母承担照顾孙辈的责任长达五年以上（Ellis & Simmons，2014）。

在历史上，单身的黑人母亲在养育孩子的过程中更有可能向自己母亲寻求帮助。近年来，由于经济不景气，离婚也越来越普遍，白人母亲也开始与她们的母亲住在一起，寻求母亲的帮助（Kochhar & Cohn，2011）。非洲裔美国人比白人美国人更加重视扩展家庭纽带

（Hill，1998），这种家庭纽带是非洲文化遗产的一部分（Hunter，1997）。而且，非洲裔美国女性第一次成为母亲的时间一般比白人美国女性第一次成为母亲的时间早（Hamilton et al.，2005），因此她们养育孩子的经验较少，拥有自己的资源的可能性也较低。

🗣 青少年的心里话

"我来自一个很棒的家庭，我们家是一个活生生的证明——单亲不一定会导致无止境的绝望和麻烦。我的妈妈是我的角色榜样。她为我和哥哥提供了一个美好的家。她牺牲自己的需求，满足我们的需求。我们一辈子都会很感激她。

我的妈妈在离婚后，把她一天的24个小时都献给了家庭。当我们睡觉时，她在为获得公共会计证书学习。她会在晚上帮助我们完成家庭作业，跟我们交谈。我的妈妈做得如此成功，家里的事情从来没有脱离过轨道。直到几年以前我才真正意识到我家的情况有多糟糕。

扩展家庭的支持对我的成功发展是重要的。我从很小的时候就知道，我属于我的家庭。我的外公外婆总在那里支持我们。我的外祖父负担着双重责任，我的外祖母一直愿意分担我母亲的负担。阿姨和舅舅会带我们去度假，他们给了我们一个丰富的童年，这是我母亲无法独自为我提供的。"

父母补充模式

阿普菲尔和塞克斯（1991）研究了120个生活在贫民区的黑人青少年母亲与她们的母亲之间的援助模式，发现共有四种类型的援助模式。最普遍的方式是养育补充模式。大约一半的家庭都采用这种模式。在这些家庭中，母亲和祖父母基本上是共同养育，尽管祖母并不一定与他们的女儿和孙辈住在一起。孙辈可以从这种模式中获益，因为有两个人在照顾他们，其中一个是相当有经验的；青少年母亲也从中获益，因为他们可以继续受教育，有人帮她们承担了很多照顾孩子的责任。阿普菲尔和塞克斯还发现，当母亲和女儿有不同意见时，这一关系的平等本质会使母亲与女儿的关系变紧张，也会导致孙辈感到混乱，不知道应该服从谁。

支持性基本养育模式

20%的家庭采用支持性基本养育模式，在这种模式中，母亲全权负责照顾孩子，祖父母帮助承担开销，偶尔照看一下孩子，有时候帮助母亲做一些家务。家庭成员可能居住在一起或者住得很近。有些家庭之所以采用这个模式，是因为母亲希望如此：一些年轻的母亲想与她们的男朋友住在一起，或者想过成年人的、独立的生活。也有些情况下是祖父母的选择，他们不想承担全天照顾孩子的任务，或者不想让他们的女儿觉得事情很容易并受到鼓励再次怀孕。这种模式的好处是，母亲可以得到一些支持，孩子也能得到一些额外的照料；这种模式的风险是，当年轻的母亲想完全依靠自己掌控所有的事情时，她们会不知所措。孩子可能会得不到很好的照料，也可能会被忽视，母亲可能会发现她无法完成自己的教育课程，或者没有时间去接受工作培训。

父母代替模式

第三种模式是祖母成为她女儿的养育替代者。大约10%的家庭是这种情况。顾名思义，在这些家庭中，祖母承担了所有养育责任，母亲的作用是不重要的。有时候这种模式是双方一致同意的选择，例如，母亲和祖母都希望母亲不用照顾孩子而是去读大学。有时候是祖母渐渐地或者突然"接管"了这一责任，因为她女儿太不关注孩子。有些家庭是逐渐过渡到这种模式的，有些家庭是有意识地选择这一模式的。母亲和孩子都可能从这种模式中受益，孩子有了比原来更好的照料者，母亲能够集中注意力，关注自己的发展。但是这些家庭也有发生冲突的风险（如祖母不想成为全职照料者，或者母亲不想完全放弃她自己的角色），如果将来母亲回来继续做照料者，孩子可能还要重新适应。

父母学徒模式

阿普菲尔和塞克斯把最后一种模式称为父母学徒模式，有大约 10% 的家庭属于这种模式。在这种情况下，祖母作为她女儿的指导者。这些祖母认为，尽管她们的女儿有潜力成为好的母亲，但是她们还没有具备做好这项工作所需要的技能和知识。祖母就像一个老师，逐渐将责任移交给母亲。这种模式似乎有许多好处：青少年母亲可以得到她需要的培训，孩子可以与母亲形成依恋，母亲和祖母之间不会因为谁是主要照料者而发生冲突，孩子也会得到高质量的照料。而且，学徒模式中的祖母和母亲倾向于有温暖的亲密关系（当然，她们可能已经有这种关系了，因为她们有这种亲密关系所以她们形成了这种模式，而不是学徒模式使她们有亲密关系）。这种模式的风险在于，在这些家庭中，人们非常重视孩子的养育，以至于影响了母亲受教育情况和经济前途。母亲和祖母之间也可能存在怨恨情绪。

显而易见，不是所有未婚母亲所生育的孩子都是由母亲独自抚养的（母亲甚至不一定是主要抚养人）。在这些孩子的生活中，祖父母的存在对他们的发展和幸福感有深远的影响，事实上，对所有孩子来说都是如此。阿塔尔·施瓦茨及其同事通过对英国的样本进行研究发现，祖父母的卷入越多，青少年的情绪问题越少，亲社会行为越多，那些家庭中只有父母中的一方的青少年更是如此（Attar-Schwartz et al., 2009）。

尽管祖父母的高度卷入对孙辈的发展确实有益，但是这常常使祖父母付出代价。许多研究表明，抚养孙辈往往会强烈地损害祖母的幸福感（例如，Ross & Aday, 2006）。作为监护人或者接近于监护人的祖父母（这要看他们的家庭是父母补充模式还是支持性基本养育模式）有较高水平的抑郁和较差的身体健康状况，比那些非监护人的祖父母的压力更大（例如，Minkler & Fuller-Thomson, 1999），当他们的孙辈有情绪和行为上的困难时更是如此，如果孩子之前是由疏忽的母亲所照顾的，就往往会出现上述情况（Emick & Hayslip, 1999）。许多人都经历了不必要的责任感、义务感和所谓的牺牲（Erbert & Aleman, 2008）。然而，也有许多作为监护人的祖父母报告说他们从自己的角色中获得了极大的满足，因为他们的孙辈给了他们生活的新理由，他们因为知道孙辈被照顾得很好而感到满足（Pruchno, 1999）。

父亲或母亲死亡导致的单亲家庭

另外一种没有得到很好的研究的家庭类型是父亲或母亲死亡导致的单亲家庭。超过 200 万的美国儿童和 18 岁以下的青少年经历了父母的死亡（Christ et al., 2002），专家们认为这是一个孩子所面对的最艰难的经历之一（Harrison & Harrington 2001）。尽管经历父母的死亡在某种意义上与经历父母离婚有些相似，如分离或丧失的感觉，儿童的生活被打乱，经济状况可能会发生变化，但是父母死亡造成的丧失是彻底的和永久的丧失，儿童完全没有希望再见到父亲或母亲（至少在这一生中是如此）。父母的死亡使青少年纠结于哲学难题——生命的意义、死亡的本质、公平，而他们还没有为此做好准备（Noppe & Noppe，1997）。因为这种分离不是自愿的，所以被背叛的感觉会比较少，除非是父母自杀。在父母离婚后，孩子对父亲的态度往往会恶化，但是如果父亲去世了，孩子对父亲的态度会变好（Spruijt et al.，2001）。那么，离婚与父母的死亡对孩子的影响有多相似呢？

令人吃惊的是，人们关于父母的死亡对青少年适应的影响知道得很少，我们知道的都与短期的变化有关，而不是长期的后果。青少年在父亲或母亲死后可能会经历长达一年的悲伤，但是只有极小一部分青少年有可能产生抑郁（Dowdney，2000）。他们往往会担忧还活着的父亲或母亲的安全，很多青少年出现了创伤后压力综合征的症状，尤其是死亡是无法预料地、强烈地、突然地发生的时候（Cerel et al.，2000）。意料之中的是，青少年对学业和其他活动的兴趣会下降（Abdelnoor & Hollins，2004）。青少年男性比女性更有可能出现攻击行为（Downdney et al.，1999）。青少年对父母死亡的反应的最主要的决定因素是活着的父亲或母亲能否成功应对：有一位可以依靠的、强大且冷静的父亲或母亲能够使这段悲痛比较容易忍受一些（Cerel et al.，2006）。影响青少年对父母死亡的反应的另一个重要变量是，孩子的生活与父亲或母亲死亡之前的生活的相似程度（Hope & Hodge，2006）。

对死亡造成的父母缺失给孩子带来的长期影响这一问题的研究比对其他因素造成的父母缺失的研究少得多。我们对失去父亲或母亲给一个儿童或青少年带来的长期影响知之甚少。这一事件给青少年带来的消极后果包括抑郁风险增高、健康水平下降、低自信、社会关系不良及受教育程度低（Brent et al.，2009；Hamdan et al.，2012；Marks et al.，2007；Melhem et al.，2008）。与那些在小时候经历了父母离婚的成年人相比，我们还不了解那些在小时候失去父母的成年人。

🗣 青少年的心里话

"在我 11 岁的时候我爸爸死了。事情不能比这更糟糕了——爸爸不见了，我们不得不搬家，住得离妈妈的家近一些。这么多事情在同一时间里出现了——一个星期之内，我失去了我所有的朋友、我的学校、我的邻居和我的爸爸。在接下来的几个月里，我充满了内疚，因为在我有机会的时候我没有做一个好女儿。直到今天，我仍然懊恼，就在他死之前几天，我拒绝与他一起去看球赛。我是可怜的、孤独的。我在原来的学校里有很多朋友，但是在现在的新学校里，我是一个社交失败者，因为我不友好，我经常哭泣。

但是，随着时间的推移，我开始意识到，如果我不得不失去我的爸爸，我宁愿以这种方式失去他——因为他死去，而不是因为离婚。当一个人死去时，你不会对他产生愤怒或有被出卖的感觉，那是失去理性的做法。我悲伤、忧虑，但是我没有感觉到被遗弃。我的处境不是任何人的错误造成的。我不用看着爸爸再婚，爱其他孩子，跟他们在一起。我不用看着他为了一个报酬更高的工作选择离开我们。我的意思是，如果我的父母能够很友好地离婚，这可能会好些——他们可以做邻居，我可以一直看到父母，而且他们能够保持着朋友的关系。但是在我认识的人中，还没有在结束婚姻之后过着这样生活的人。"

单亲家庭对成长的影响

因为离婚、未婚生育、父母死亡，超过一半的美国儿童有生活在单亲家庭的经历（Bumpass & Lu，2000）。在单亲家庭中长大（无论是什么类型的单亲家庭），会提高青少年出现各种问题的风险（Wood et al.，2007）。生活在单亲家庭中的青少年比那些生活在完整家庭中的青少年更有可能出现情绪和人格问题（Cavanaph，2008）、犯罪行为（Brown，2006）、过早怀孕（East & Khoo，2005）、使用药物（Donovan & Molina，2011）、学业不良（Manning & Lamb，2003）以及攻击性行为。儿童生活在单亲家庭中的时间越长，出现上述问题的概率就越大，这很有可能与经济压力和缺少监控有关。在美国以外的其他国家开展的研究也得到了这一结果，如泰国（Gray et al.，2013）、中国（Zhong et la.，2013）、法国（Jovic et al.，2014）、比利时（Vanassche et al.，2014）和两个斯堪的纳维亚半岛的国家（例如，Breivik et al.，2009）。

除适应问题外，还有三个问题受到了很多关注：身体健康状况、男子气或女子气的发展、学业成就。

健康

与生活在双亲家庭中的儿童相比，在单亲家庭中长大的儿童更有可能出现健康问题或没有形成好的健康习惯（因为缺少好的健康习惯，所以这些儿童可能会随着年龄的增大出现更多的健康问题）。单亲家庭儿童的健康问题在很多国家都被发现了。例如，在瑞典开展的一项研究（Nyberg et al，2012）发现，单亲家庭中的青少年比双亲家庭中的青少年更有可能因为身体受伤住进医院。在同一年，加拿大的研究者发现，单亲家庭中的青少年吸烟的可能性是在其他类型家庭中长大的青少年的两倍（Razaz-Rahmati et al.，2012）。希腊的单亲家庭青少年饮用更多的含糖饮料（Sdrali et al.，2010）。在澳大利亚，生活在单亲家庭中，处于青春期早期的青少年，看电视的时间更长，运动的时间更少（Hesketh et al.，2006）。这些升高的健康风险可能是一些因素的共同作用所致：较少的父母监督，更多地暴露在健康风险因素中，父母对预防和治疗的投资较少（Case & Paxson，2001）。

男子气或女子气的发展

很多研究发现，与那些有父亲的男孩相比，生活中缺少有效的父亲角色或者仅仅由母亲抚养长大的男孩，更有可能在男子气的测量上分数较低，关于男子气的自我概念及性别角色取向分数较低，低自尊，依赖性强，攻击性低，在同伴关系方面也较弱（Mandara et al.，2005）。这可能是男子气角色榜样的缺乏，以及母亲更鼓励儿子的双性化而不是男子气特征所致（Leve & Fagot，1997）。相反，有些

在单亲家庭中，许多孩子都不得不面临独自一人在家的处境，因为他们的父亲或母亲要出去工作。尽管这对青少年有许多消极影响，但也有好的一面，即有助于青少年的独立性和自主性的发展。

男孩，特别是那些来自贫困家庭的男孩，有着夸张的男子气特征（Mandera et al.，2005）。

父亲缺失所产生的影响在很大程度上取决于男孩是否有男性角色榜样的替代者（Ruble & Martin，2000）。父亲缺失，但是有父亲替代者（如叔叔、祖父或年纪较大的哥哥）的男孩受到的影响会比较少。对父亲缺失的儿童来说，男性同伴，特别是年龄较大的同伴，也可能成为其重要的替代榜样。父亲缺失的年幼男孩会寻求年龄较长的男性的注意，并且有强烈的动机去模仿和取悦潜在的父亲形象。但是代替者并不总是像父亲一样与他们保持亲近，也可能不容易得到（Hofferth & Anderson，2003）。

父亲缺失对女儿的影响似乎是相反的。在一项研究中（Mandara et al.，2005），单亲母亲抚养的非洲裔女孩比那些在完整家庭中长大的女孩更有男子气。（她们的兄弟的男子气较弱。）在童年期缺少有意义的男性/女性关系会使处于青春期的女孩更难与异性建立联系。青少年心理学领域里有一项著名的研究，这项研究是马维斯·赫瑟林顿在1972年开展的（Hetherington，1972）。她是第一个直接研究已婚母亲、离婚的母亲和配偶死亡的母亲所抚养的青少年女性的跨性别关系的研究者。她发现离婚者的女儿比其他两类母亲抚养的女儿的举止更轻浮，她们更有可能在年龄较小时就开始约会。这些女孩把母亲的不幸福解释为她们没有浪漫的依恋关系的结果。相反，经历丧偶的母亲抚养的女儿在处理与男性的关系时古板且谨慎。她们为对方设定了高标准，当对方达到这些标准时她们才愿意开始一段关系，这可能是因为她们的母亲会赞扬其已去世的丈夫。

研究热点

单亲父亲

大约15%生活在单亲家庭中的美国儿童与他们的父亲在一起生活（U.S. Census Bureau，2014）。与单亲母亲抚养孩子相比，单亲父亲抚养孩子的情况更少见，因为几乎没有父亲来抚养非婚生子女，而且大部分情况下，单独抚养权是被判给母亲的。一般来说，当母亲死亡、母亲被认为不称职或者母亲不能与孩子很好的相处时，父亲会获得抚养权。青少年比年幼的儿童更有可能与父亲生活在一起，儿子比女儿更有可能与父亲生活在一起（U.S. Census Bureau，2014）。与单亲母亲相比，单亲父亲有一个明显的优势：他们更有可能有较高的收入（U.S. Census Bureau，2014），因此他们更可能能够避免贫穷造成的巨大压力。单亲父亲的压力更多来自学习承担那些以前他们的妻子承担的责任（Maccoby & Mnookin，1992）。

很多早期研究表明，由父亲抚养的孩子与由母亲抚养的孩子最终是相似的（Amato & Keith，1991）。例如，他们在学校里的表现一样好（MaLanhan & Sandefur，1994），呈现出相似水平的内在问题（如抑郁和焦虑）（Downey et al.，1998）。但是越来越多的数据表明，父亲抚养的孩子更可能出现外在的问题和药物滥用（例如，Breivik & Olweus，2006）。他们更有可能退学（Song et al.，2012）或有不健康的生活方式（Ulveseter et al.，2010）。这些行为问题是单亲父亲与单亲母亲抚养孩子的差异所致。例如，母亲比父亲更密切地监控孩子（Crawford & Novak，2008）。我们知道父母监控的缺失与反社会行为有联系（Demuth & Brown，2004）。布雷维克和他的同事（2009）发现，单亲父母对孩子监控的程度与孩子的反社会行为呈负相关。另外一种可能是，单亲父亲监护的孩子出现更多行为问题是选择因素所致：如果他们的家庭在离婚前存在严重的问题，那么父母离婚后孩子更有可能由父亲监护。

对学业成绩、成就和职业的影响

由单亲父母抚养的青少年在学业上的表现没有由双亲抚养的青少年好（例如，Sun & Li，2008），对女孩来说尤其如此，特别是在数学方面（Murray & Sandqvist，1990）。不过是否由单亲父母抚养只是一部分原因，还有一部分原因是经济方面的因素——单亲母亲家庭往往收入水平较低，不与他们在一起生活的父亲常常不愿意或不能够对孩子的教育给出经济支持（Popenoe，1996）。来自单亲家庭的青少年进入大学的可能性比其他青少年低，对女孩来说更是如此（Krohn & Bogan，2001）。其他因素，如低自尊和对个人取得学业成功的信心下降，毫无疑问，都是这一现象的原因。

此外，因为学业成绩对于获得感兴趣的、收入高的工作至关重要，所以这些来自单亲家庭的孩子，特别是女孩，在完成教育后获得一份满意的工作的可能性也较低。

混合家庭

在美国，30% 的婚姻中的一方或两方有过婚史，在这 30% 的婚姻中，约 50% 的人有孩子（Kreider，2006）（见图 9-5）。

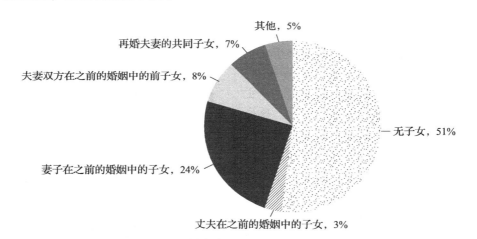

图 9-5　再婚家庭中的父母与子女的状况

注：图 9-5 显示了再婚家庭中，亲生父母或继父母与子女一起居住的不同情况的比例。

资料来源：Data from Kreider (2006).

在 2012 年，7% 的美国儿童与继父母生活在一起，13% 的美国儿童与继兄弟姐妹、同父异母或同母异父的兄弟姐妹生活在一起（Kreider & Ellis，2011）。因为目前与他们的亲生父母生活在一起的儿童可能在将来会与他们的继父母生活在一起，在儿童发展的某个时间点上，这个数字可能会更大。

不幸的是，第二次婚姻的离婚率比第一次婚姻的离婚率还要高。结果是，许多孩子不得不经历不止一次的父母离婚和再婚。所以，孩子有几个继父母，可能还有来自不同家庭的继兄弟姐妹以及同父异母或同母异父的兄弟姐妹就不足为奇了。

再婚家庭的关系可能是相当复杂的。孩子有亲生的父母和兄弟姐妹、继父母和继兄弟姐妹、祖父母和继祖父母，还有其他亲戚。成年人与他们的配偶，与他们自己的亲生父母和祖父母、新的岳父母或公公婆婆都有联系，他们可能还会继续与之前的岳父母或公公婆婆以及其他家庭成员保持联系。因此，可以理解家庭的整合为什么如此困难。

当亲生父母再婚时，孩子往往会不高兴（Stoll et al.，2005），因此他们不会愉快地欢迎他们的继父母。他们的行为往往会给这个新的婚姻增加压力。事实上，再婚夫妻在前一次婚姻中的孩子提高了再婚夫妻离婚的可能性（Teachman，2008）。再婚夫妻之所以离婚，往往是因为他们想离开继子女，而不是想离开新配偶。

继父母

在很多案例中，再婚的双方中至少有一个人在这段婚姻开始时是有孩子的。母亲往往获得孩子的生活监护权——父母离婚后与亲生母亲生活在一起的儿童数量是与亲生父亲生活在一起的儿童数量的四倍（Vespa et al.，2013），也就是说，她的孩子与她和她的新丈夫生活在一起，她的新丈夫成了继父。这位丈夫的孩子一般与他的前妻生活在一起，这种情况可能会使这位丈夫与前妻现在的家庭成员产生联系、敌对和冲突。这位妻子的前夫作为非监护人会经常去看望他的孩子，因此他会与他的前妻及前妻的新丈夫有接触，这也可能会导致问题和紧张。做继父母远比做亲生父母更难，因为前者有多重关系需要处理，而且孩子很难接受父母的代替者。

高离婚再婚率意味着有许多人二次结婚。在大多数混合家庭里，需要时间和努力来解决问题，建立良好的继父母－继子女关系。

继母比继父更多地感觉到抚养继子女比抚养亲生子女困难更大（Shapiro，2014），无论他们的孩子是来自先前的婚姻还是现在的婚姻。继母的困难可能有以下几个原因。首先，亲生父亲会期望继母（他们的新妻子）在孩子的抚养方面做得更多，而亲生母亲不会期望继父这样做，因此当已经有人管教孩子时，继父就可以做个旁观者（夏皮罗的研究支持这一观点，他发现当性别角色比较灵活时，继母自我报告的压力较低）。其次，非监护人的亲生母亲比非监护人的父亲更倾向于与孩子保持联系，这使继母与亲生母亲之间产生冲突的可能性比继父与亲生父亲之间产生冲突的可能性大（Hetherington，1999a）。最后，童话和民间传说中都有冷酷的继母的刻板印象，这可能是难以克服的，在再婚家庭中自然如此（Planitz & Feeney，2009）。

尽管存在这些问题，继母也必须在偶尔和继子女见面时，努力与继子女建立良好的关系——这是最困难的任务。所有成年人都在与三个或四个父母共同抚养孩子，而不只是两个人一起抚养。孩子们不断地适应两个家庭中的人——三个或四个权威人物，两个或更多关系模式。孩子和成人都必须对其他家庭成员的态度和影响表示满意。如果出现意见不一致的情况，孩子往往会站在他们的亲生父母一边（Dunn et al.，2005）。

青少年对父母再婚的反应

许多研究已经证实，女儿比儿子更难适应父母的再婚。女孩无论对继母还是对继父都更加抗拒，她们的适应困难既严重又持久（例如，Hetherington & Jodl，1994）。她们不会做出行动，而是回避或者用一种沉默的、非沟通的方式来处理（Hetherington，1993）。一个与母亲关系亲近的前青春期女孩尤其可能拒绝新继父的加入。

💡 青少年与继父母的关系

在混合家庭中，与黑人儿童和青少年相比，白人儿童和青少年更有可能受到消极影响（Adler-Baeder et al.，2010）。这可能是因为扩展家庭在非洲文化中要比在欧洲文化中更常见；也可能是因为，与白人相比，对非洲裔美国人来说，非核心家庭成员的存在更普遍。

与年幼的儿童相比，青少年继子女在接受新的继父或继母时尤其困难。他们可能会嫉妒他们自己的父母注意他或她的新配偶（继父母），他们可能把继父母看作打扰者，或者认为又多了一个控制他们自由的成年人（Hetherington，1999a）。他们可能还会认为自己要对亲生父母忠诚，而继父母是闯入者（Moore & Cartwright，2005）。继子女对继父母的一种典型反应就是排斥："你不是我爸爸"或者"你不是我妈妈"。这种拒绝对于继父母来说是难以接受的，有时候会导致吵架。在很多时候，继父母一开始很努力地表示友好和关心，但是在面对持续不断的敌意之后，他们不再努力表现得友好。他们不再像以前那么热情、支持，不再努力控制或监视青少年的行为（Anderson et al.，1999）。尤其是继母，有可能因为继子女的拒绝产生抑郁情绪（Shapiro & Stewart，2011）。

💡 私人话题

继父母与亲生父母

许多继父母在发现当继父母与当亲生父母之间几乎没有相似性时，都感到失望、吃惊和迷茫。让我们总结一下这两者之间的重要区别：

继父母对他们自己和继子女的关系可能有不现实的期望。毕竟，他们以前做过父母，他们以为自己能够很容易地胜任继父母的角色。如果继子女不马上接纳他们，向他们表示足够的尊敬，他们就会很困惑。这会使他们产生愤怒、焦虑、内疚和低自尊。他们会认为继子女有什么问题或者责怪自己。他们需要意识到，他们可能需要几年时间才能与继子女彼此接纳，建立令人满意的关系。

父母和继父母在开始他们的新家庭时可能会带着许多对先前失败婚姻的遗憾和内疚。他们因为自己使孩子经历父母离婚的创伤而感到抱歉。这使他们溺爱孩子，如果不离婚，他们对孩子不会这么不严格。因此，他们可能在控制和指导孩子的行为方面会有更多困难（Amato，

1987）。他们往往会用钱来"买"与孩子的合作和感情。

继父母必须面对如何与受到过父母影响的孩子相处的问题。他们没有机会像他们期望的那样，把继子女从婴儿抚养长大（除非继子女非常小）。孩子会怨恨继父母进入他们的生活并试图改变很多事情。

继父母角色没有清晰的界定。继父母不是父母也不是朋友。在一开始，他们想代替父母角色的努力可能会被年纪较大的孩子拒绝。继父母也不能只是朋友，因为他们要承担父母的责任，希望能够对孩子的生活做出贡献。人们往往要求他们承担许多父母的责任：支持、身体的照料、提供娱乐活动的机会、参与运动竞赛及学校活动。他们承担父母的责任，但是很少有父母的特权及满足感。

继父母希望他们所做的一切能够得到感激，但他们得到的可能是批评和排斥。他们往往像照顾自己的亲生子女一样照顾继子女，可是大多数亲生女子和继子女都把这当作理所当然。

继父母还要面对尚未解决的、来自先前婚姻以及离婚的情绪问题。继父母仍然会受到他们先前家庭所发生的事情的影响。他们可能还有很多愤怒、怨恨、伤害，这些可能会以一种破坏性的方式出现在他们的新家庭中。他们可能需要用治疗来解决一些分离和离婚所带来的消极感受。

再婚家庭的凝聚力比原来家庭的凝聚力弱。重新建立的家庭生活在再婚之后的几年都很可能是有压力的和混乱的。幸运的是，随着时间流逝，事情会渐渐安定下来。

兄弟姐妹关系

父母的再婚是否会改变兄弟姐妹之间的关系？同母异父或同父异母的兄弟姐妹，和继兄弟姐妹能否相处融洽？让我们从父母再婚对先前就生活在一起的、完全亲生的兄弟姐妹之间的关系的影响开始谈起。许多研究表明，在父亲或母亲再婚的家庭中长大的、完全亲生的兄弟姐妹不像在完整家庭中长大的兄弟姐妹那样亲密（例如，Baham et al.，2008；Hetherington & Clingempeel，1992）。男孩尤其有可能与他们的兄弟姐妹保持距离。这种距离可能会持续到成年期，因此，在混合家庭中长大的、完全亲生的兄弟姐妹比完整家庭中的兄弟姐妹更为疏远，甚至在他们离开童年时代所生活的家庭之后仍然如此（Hetherington，1999a）。

许多父母再婚的儿童或迟或早都会有同父异母或同母异父的兄弟姐妹，或者继兄弟姐妹。很显然，这是很可能令人感到不安的。例如，原本已经习惯自己是家里最大的孩子的青少年可能会失去这一地位和与之有关的一些特权。总体上看，成年人没有感到有义务像帮助完全亲生兄弟姐妹（64%）那样来帮助同父异母、同母异父的兄弟姐妹或继兄弟姐妹（42%）（Parkder，2011），这表明他们之间不太亲密。但是大多数继兄弟姐妹相处得相当不错（Beer，1992），他们的关系比完全亲生的或同父异母或同母异父的兄弟姐妹之间的关系更加随意，没有那么紧张（Hetherington，1999b），他们之间极度消极和积极的互动都比较少。

一个家庭中同父异母或同母异父的兄弟姐妹以及继兄弟姐妹的存在似乎会影响青少年与他们的亲生父母之间的关系及其适应。例如，有继兄弟姐妹与青少年对父母产生疏远感有联系（Gatins et al.，2014），还有可能会降低青少年的学业成绩，减弱其心理调节能力（例如，Tillman，2008）。与同父异母或同母异父的兄弟姐妹生活在一起的青少年，与其亲生父母及继父母关系都比较差（Schlomer et al.，2010），生活幸福感较低（Strow & Strow，2008）。

最成功的再婚家庭是父母能够在压力几乎就要出现之前采取预防性的应对措施（Michaels，2006）。这些压力包括丧失感、变化和分裂的忠诚（divided loyalties）（Freisthler et al.，2003）。这些措施包括给青少年足够多的时间来适应变化，给他们倾诉的机会，让青少年与亲生的、作为监护人的父亲或母亲有单独相处的时间，维持扩展家庭的纽带，告诉他们每个人正在经历的困难，将日常生活的改变尽可能地最小化。

> **你想知道吗**
>
> ## 混合家庭中的青少年与他们的继兄弟姐妹相处得好吗
>
> 继兄弟姐妹之间的关系常常是热情且友好的，但是比较表面化。继兄弟姐妹一般可以共同生活在一起而不感到太紧张，但是他们不会变得很亲密。

被收养的青少年

另一种类型的家庭是被收养的青少年与他们的父母。

有三种收养方式。

第一种方式是寄养收养。有些孩子被安置在寄养服务机构，因为他们的家庭不愿意或者没有能力照顾他们。这些孩子可能会被收养。

第二种方式是私人家庭收养。这涉及那些没有居住在寄养服务机构的儿童。他们可能会被自己的家庭安排，或者通过私人收养机构被收养。大部分以这种方式被收养的孩子都是婴儿。被自己的家庭安排与通过私人收养机构被收养的儿童数量大致相同。

第三方式是跨国收养。生活在美国的收养儿童有 1/4 来自其他国家。

被收养的青少年所面临的问题

哪些因素可以解释被收养的青少年不太成功的适应呢？可能既有收养前的原因也有收养后的原因。许多被收养的青少年的生母在怀孕期间没有得到合理的照顾，这些母亲在怀孕时年轻、贫穷或滥用药物的可能性更大。那些通过寄养机构被收养的孩子，很多是因为他们在出生后被父母忽视或虐待而被送到寄养机构的（Simmel，2007）。他们当中有很多儿童多次被送到新的家庭——从一个寄养家庭换到另一个寄养家庭，或者在他们的寄养家庭中有过消极经历（Rutter et al.，2001）。他们的生母很可能在怀孕时酗酒或使用药物（Ornov et al.，2010）。另外，通常来说，寄养收养的儿童被收养时的年龄要比通过其他方式被收养的儿童年龄大（Vandivere et al.，2009）。从其他国家收养的儿童在被收养前一般生活在孤儿院，在孤儿院中长大的孩子往往有情绪和社会性发展迟滞，智商偏低和身体发育方面的问题（例如，Wiik et al.，2011）；儿童在孤儿院生活的时间越长，受到的消极影响越大（McGuinness & Pallansch，2007）。此外，在进入孤儿院之前，儿童可能会受到忽视、被虐待、营养不良、在胎内时就受到药物影响（McGuinness & Robinson，2011）。收养前的影响可能具有倍增的、累加的效果（Palacios & Brodzinsky，2010）。

一旦他们被收养，他们就可能会面临更复杂的依恋问题，会比其他青少年出现更多对规则的反抗，他们可能会说出诸如"你不能告诉我应该做什么，你并不是我真正的母亲"这样的话表示反抗。如果被收养的青少年感觉到他们曾经被遗弃，他们可能会发现自己难以应对越来越高的自主权。他们还可能会因为被收养而面对额外的社会污名。更重要的是，被收养这一事实会使这些青少年的同一性探索更加困难。如果一些信息丢失，个体就更难形成同一性，即弄清楚"我是谁"（Grotevant，1987）。对于那些收养信息被保密、对自己的亲生父母知道得极少或完全不知道的青少年，尤其如此。

在被收养儿童中，有40%是跨种族收养，这一群体所面临的风险可能更高（Vandivere et al.，2009），毕竟，对他们来说，同一性探索比那些同种族收养的青少年更加困难。他们的养父母也很难能够帮助他们确立种族同一性（Leslie et al.，2013）。与这一观点相反的是，跨种族收养的青少年与那些同种族收养的青少年一样成功。一项最近的元分析研究（Jeffer & van Ijzendoorn，2007）发现，跨种族收养的青少年自我感觉很好，与那些同种族收养的青少年一样，他们已经很好地解决了种族同一性问题。此外，这些青少年明显比那些因为没有家庭收养而不得不在公共福利机构里长大的青少年发展得好。

被收养者与他们的家庭

大约有180万美国儿童被收养（Vandivere et al.，2009）。

哪些人被收养

他们更有可能是黑人或亚洲裔，是白人和拉美裔的概率比较低。其中大约有40%的被收养儿童与和他们种族不同的养父母住在一起，1/3的儿童在他们刚出生时就被收养了。超过一半的被收养儿童现在处于前青春期或青春期，与没有被收养的人群相比，这一比例是比较高的。与其他美国儿童相比，他们有比较小的可能生活在穷困中，有更大的可能生活富裕。他们被一对已婚夫妻抚养的可能性略高于那些没有被收养的儿童。超过1/3的被收养儿童是家里唯一的孩子，有近1/3的被收养儿童与他们亲生兄弟姐妹生活在一起（换言之，他们的养父母收养了他们和他们的兄弟姐妹）。在某种程度上他们更有可能生活在安全、干净的社区。他们更有可能有中度或严重的健康问题（26%），而没有被收养的孩子有健康问题的比例是10%。在年龄达到能够接受调查的被收养儿童中，有超过90%的人报告说在收养家庭中的感受是积极或大多数时候是积极的。

研究热点

公开的和保密的收养

20世纪30年代至20世纪80年代，大多数收养都是保密的。也就是一出生其收养记录就密封，建议所有当事人都将收养这一事件最小化，孩子往往被安排到与他们外貌相似的养父母家中，维持着孩子是收养家庭的亲生子女的假象（Bussiere，1998）。尽管在每个州这一做法的程度有所不同，但是趋势已经明显朝着公开收养的方向发展（公开收养在20世纪30年代之前是常见的做法）。公开收养有很多种含义，从通过第三方一直给养父母提供孩子生母的生平和医疗信息，到养父母与生母见面或生母与孩子见面（McRoy et al.，2007）。随着人工流产以及愿意独自抚养孩子的女性越来越多，可供收养的婴儿变少，公开收养已经变成一种规范。生母现在有更大的能力在收养之前来协商她自己而不是养父母所希望的条件（Hartman & Laird，1990）。大约有 40% 通过寄养机构被收养的孩子和 2/3 通过私人收养机构被收养的孩子与他们亲生的家庭成员有联系。在被跨国收养的孩子中，只有 5% 与亲生家庭有联系（Vandivere et al.，2009）。在很多州，法律允许被收养的儿童在达到法定成年的年龄时查看他们自己的收养记录。

被收养的青少年是否有兴趣获知他们生父和生母的信息呢？弗罗贝尔等人（2004）的一项研究发现他们是的。他们的研究表明，大约 2/3 的被收养青少年至少有一些兴趣去寻找他们的亲生父母。女孩比男孩更愿意去寻找亲生父母，年龄较大的青少年比年龄较小的青少年更主动地采取行动去寻找亲生父母。想去寻找亲生父母的原因随着青少年年龄的增大而发生变化——青少年最想知道亲生父母为什么把他们送去寄养或收养（Wrobel & Dillon，2009），而年青的成人最想了解亲生父母的健康史（Grotevant et al.，2013）。

没有证据表明那些想寻找自己亲生父母的青少年比不想寻找自己亲生父母的青少年更加适应不良或者不喜欢收养的他们家庭。青少年知道的关于亲生父母的信息越多，他们就越想去找他们；换言之，信息激发而不是平息了他们的好奇心。在这项研究中，大部分养父母支持孩子寻找亲生父母的愿望。弗罗贝尔等人得出的结论是，对被收养的青少年来说，有想寻找亲生父母的愿望是正常的，这不表示他们不快乐或适应不良。他们以及其他的一些研究者后来所做的一项研究（Grotevant et al.，2007）发现，青少年因为自己与亲生父母取得联系而感到满意，他们觉得与生母的交流是积极的体验。

收养的公开会降低被收养青少年出现适应问题的可能性吗？几项研究表明并非如此（例如，Neil，2009），但被收养的青少年对信息公开程度的满意度可以降低其出现适应问题的可能性（Grotevant et al.，2011）。

第10章

成为青少年亚文化中的一员

　　青春期是同伴关系发生根本变化的时期。随着青少年逐步离开父母的怀抱，他们与朋友们在一起的时间越来越多。由于他们的社会认知能力比过去更强，因此他们与同伴能更好地理解彼此。这一切为更亲密、更有意义的同伴交往打开了大门。另外，当他们更换学校时——从小学升入初中，从初中升入高中，他们通常会接触到一个全新的、更大的、更多样化的同伴群体。随着生理的成熟和性意识萌发，青少年逐渐展露出对浪漫的、柏拉图式依恋的欲望。

　　本章主要讨论青春期的同伴交往。我们会首先谈论宏观层面，从整体上考察同伴群体和他们关注的东西，接着讨论青少年更大的社交网络，然后讨论友情，最后是爱情。因为未婚同居已经成为青春期后期的一种常见现象，所以本章也将讨论这一现象。同时，因为有一些青少年已经结婚，所以早婚现象也将被关注。在本章的最后，我们将考察一些令青少年着迷并占据他们时间的活动。

青少年文化和社会

　　所有研究者都认为青少年有属于他们自己的社会，有些研究者还宣称青少年有自己的文化。**青少年社会**（adolescent society）指青少年间有组织的关系网络。**青少年文化**（adolescent culture）指青少年所表现出的行为方式的总和，包括规范、价值、态度以及青少年社会成员的共有行为。青少年社会由他们自己的社会体系中的个体之间的相互关系组成，他们的文化描绘了他们思考、行为和生活的方式。

青少年文化不是一个能够包括所有年青人的、单一的、整体的结构，其中有各种年龄层次、社会经济水平、种族或国家背景的群体，还有价值观和风格迥异的群体。然而，一些研究者认为，在互联网和卫星电视的影响下，一个趋于统一的全球青少年文化正在形成（例如，Wang et al.，2007）。不管怎样，青少年社会的构架都是松散的。它没有任何正式的、书面的以及长期的传统。个体在短短的几年内进入和离开这个群体，这使得它充满了变化和不稳定性。

青少年亚文化

在分析青少年文化之前，我们要提出一个重要的问题：青少年文化确实与成年人的世界不一样吗？一种观点认为，青少年是一个相对统一的群体，他们的道德观与成年人的相反。持有这一观点的人认为，青少年确实形成了一种不同的亚文化——学校把青少年群体从成人世界分离出来，在学校里他们从事同伴都感兴趣的活动，他们发展出一种亚文化，有自己的语言、时尚，最重要的是他们有与成年人不同的价值体系。结果是，青少年生活在一个与成人世界相分离的社会中，他们的行为举止会得到同伴的认可，但他们不一定能得到成年人的赞同。

另一个相反的观点认为：不同于成年人文化的**青少年亚文化**（adolescent subculture）只是一个传说。这一观点认为，青少年反映了成年人的原则、信仰和行为。此观点被许多研究证实。例如，青少年要做人生抉择时会参考他们父母的意见而不是他们的朋友或媒体的意见（Malmberg，2001）。当出现代际冲突时，问题通常集中于平凡的、日常的事情，例如噪声、整洁、守时和社会风俗，而不是基本的价值观，如诚实守信、坚持不懈和关心他人（Smetana，2002）。

至于青少年文化区别于成年人文化的程度是否足以将其从中分离开来仍然存在分歧。这种情况有时确实会出现——与其他代人相比，有几代人与他们的父母辈有更大的差异。加纳和她的同事（Garner et al.，2006）对青少年文化进行了总结，得出以下几点：

1. 重视运动能力、外表魅力、地位财富和社交技能。
2. 围绕着学校里的互动。
3. 包括强大的等级制度。
4. 表面上与成人文化相分离，但实际上反映了社会规范和价值。

这样的研究越多，对这些结果的分析就越细致，也越能证实青少年既不是完全选择听从父母，也不是完全听从朋友。有一种解释是，在很多情况下，父母和朋友的意见是十分相似的，所以同伴群体有助于青少年听从而不是违背父母的价值观。青少年倾向于选择与其价值观相似的朋友（Aloise-Young et al.，1994），因此，由于在社会、经济、信仰、教育甚至地域等背景上存在共同之处，家长和同伴间的价值观可能有相当大部分的重叠。

而且，正如之前讨论过的，有些青少年相对来说更易受同伴的影响，有些则受父母的影响更深。年龄、性别、社会经济地位以及亲子关系都起着一定的作用。青少年持有的大部分基本价值观都与他们的父母相似，尤其是在经济、教育、职业规划以及偏见方面（Ritchey & Fishbein，2001）。相反的是，青少年本身固有的行为大大受到同伴的影响。例如着装风格、音乐品位、日常用语、电影和电视节目偏好、约会习惯以及消遣娱乐，这些是青少年亚文化特有的东西，并且经常与成年人文化大相径庭。除此之外，青少年喜爱追求时尚、颠覆传统，并且比他们的父母亲更崇尚享乐主义（Boehnk，2001）。因此，我们可以提出青少年文化的某些部分是有独立性的，因为它们主要由青少年来发展和实践，有时这部分还与成年人的规范相对立。

青少年与成人观念不一致的领域　青少年和成年人有很多观念不一致，药物使用（包括饮酒）和性行为是尤其明显的两个方面。导致这种不一致的主要原因是社会文化如此迅速和巨大的变化，以至于青少年的行为完全不符合成年人的价值观。例如，一些态度调查显示，两代人之间关于性方面的态度存在着一些不同（例如，Le Gall et al.，2002），比如，如今的青少年不太会把口交定义为"做爱"（Remez，2000）。因此，这些年青人的态度会被看作亚文化。然而，家长也确实不断地对青少年在性方面的价值取向施加影响。例如，有些父母认为性交只应该发生在一段正式的恋爱关系中，并且会与自己的青少年子女交流自己的看法，这些青少年更有可能直到自己发展了一段正式的恋爱关系时才有性行为（Parkes et al.，2011）。

因此，青少年亚文化是否存在取决于我们所关注的领域。总体来说，青少年文化反映着成年人文化。然而在某些特定的领域中，青少年文化是一种不同的亚文化。随着青少年的年龄逐渐增长，成为成年人，青少年文化的许多方面最终会被主流的成年人社会所吸收（如今，大部分成年人喜欢摇滚音乐，穿蓝色牛仔裤）。随着时间的流逝，起初看起来奇特、叛逆的东西渐渐变成了正常、普通的事物。

青少年社会

青少年社会包括两种类型的群体：正式的青少年社会和非正式的青少年社会。

正式的青少年社会　主要包括基于学校或在学校中的青少年群体。是否上学、上哪所学校以及参加哪一个学生社团，把青少年联系起来并形成群体。当然，也有些青少年会加入处于监管之下的校外宗教或非宗教的青少年群体（例如童子军）。

非正式的青少年社会　指那些无成年人监管的，在社会上聚集在一起的，结构松散的青少年群体，非正式青少年群体的大部分会面发生在周末或晚上，并且是在学校以外的地方进行的。

你想知道吗

青春期最重要的身份标签是什么

青春期最重要的身份标签不是性别或者种族/民族，而是年级。无论在哪所学校，任何时候，作为一名 12 年级的学生都比 10 年级的学生要好。

正式的学业和活动子系统

青少年的正式学业子系统借由学校行政、教师、课程、年级及班级形成（子系统是同伴群体中有明显区别的、相对独立的一部分）。作为学生的他们，追求智力发展、知识、成就和排名。在此系统中，高年级学生比一年级新生的地位高。学业成就与受欢迎程度的关系更加复杂。有时候得到较高的分数会降低受欢迎度，特别是在职业学校。有很多（但不是所有）研究表明，青少年女性比男性更在意学业成就（例如，Steinmayr & Spinath，2008）。优等生比差生的地位高。学业成功也会提高那些想上大学的、成绩突出的高中生的受欢迎程度，但是这一结论只适用于那些有着较强的社交技能（Meis et al.，2010）与那些愿意突破传统和规则（Dijkstra et al.，2009）的青少年。（换句话说，书呆子并不太受欢迎。）有趣的是，生活中有些人认为成绩优异的黑人学生会被同伴看不起，认为他们"太像白人"，他们会因为自己的高分不受欢迎，但这一观点并没有得到证据的支持（Wildhagen，2011）。

　　除学业子系统外，大部分青少年还会参与一个正式或半正式的活动子系统，包括那些得到赞助的组织和活动，例如运动、戏剧、音乐和院系俱乐部。学校里有各种独立的正式社团，从学校篮球队到社区服务俱乐部。在学生眼中，每个社团都有一个声誉排名，会员身份也会给成员们带来一定的地位。每个团体都有特定的职位，个体的地位部分由他在团体中的职位决定。例如，足球队队长的地位要比替补队员的地位高。一个职位被赋予了多少声誉，不仅取决于它在组织内部的地位排名，还取决于社团的声誉排名。

　　多达 75% 的初中生参加结构性的课外活动（Mahoney et al.，2002），大多数高中生也是如此。有 1/3 的学生参加各种各样的俱乐部，如职业俱乐部和社会服务（National Center for Education Stastics，2012）。1990 年至今，这些数据没有发生太大的变化。女生更有可能参加除运动外的所有课外活动，运动是更受男生欢迎的活动。图 10-1 显示了高中学生最常见的活动。

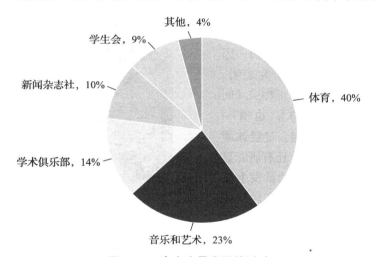

图 10-1　高中生最常见的活动

注：高中生最常见的活动包括体育（40%）、音乐和艺术（23%），接下来是学术俱乐部（14%）、新闻杂志社（如年册、学校新闻或电视节目，10%），然后是学生会（9%）。

资料来源：National Center for Education Statistics (2012).

参加课后活动的益处　年青人参加这些有组织的课后活动有好处吗？大部分回答是：有（Feldman & Matjasko，2005）。尽管研究数据之间存在一些矛盾，但参加课外活动的学生比不参加的学生在校表现更好，相信学校对他们的未来是重要的，有高自尊，心理弹性强（Fredricks & Eccles，2008）。这些学生退学的可能性更小（Mahoney，2000），也更有可能顺利地继续学业并从大学毕业（Mahoney et al.，2003）。参加课外活动的学生使用药物（Gottfredson et al.，2004）或发生性行为（Miller et al.，1998）的可能性更小。他们带着更强的自尊进入成年期（Barber et al.，2001）。

为什么参与结构性的课外活动能获得如此多的好处？可能有以下几点原因。

第一，从课外活动中获取的自信心可以延伸到其他领域。

第二，因为他们要完成所有的任务，所以他们必须培养时间管理能力。

第三，青少年有更多机会得到支持他们的教练、老师或其他成年人的指导（Grossman & Bulle，2006）。有机会学到有用的技能，参加有意义的活动（Eccles & Gootman，2002）。

很多研究（例如，Eccles & Barber，1999）关注这样一个事实，那就是参与课外活动可以更多地接触高质量的同伴（例如，那些专注学业、不服用药物、遵守法律的学生）。无论是聚会时还是其他时间，青少年都会花很多时间与他的团队或者俱乐部的同伴在一起。因此，加入课外组织能够提高同伴的积极影响。

青少年从课外活动中获益的程度因参与的时间、活动次数、活动的广泛性而有所不同。（例如，参与一个乐队和一个足球队，要比参与一个足球队和一个田径队受益更多（Fredricks & Eccles，2006）。）不幸的是，现有趋势需要学生专攻一项活动，投入大量时间在这项活动上，而不是选择几项活动。

青少年参与体育活动　正如前面提到的，相比其他活动，参加体育活动的学生更多。美国正面临肥胖症危机，青少年能有一个锻炼体能的途径无疑是很有益的。然而，体育活动给青少年带来的好处不像其他课外活动那么明确，因为它的数据更为复杂。很多研究表明，参与体育活动与学业成就有正相关（例如，Marsh & Kleitman，2003），也有一些研究发现运动员更有可能会过量饮酒（例如，Dever et al.，2012）。还有研究显示，男性中，运动员比非运动员发生性行为的可能性更大，并且有更多性伙伴（Habel et al.，2010）。总体来看，女生在体育活动中获得的益处比男生更明确。

参与课外活动，如运动，可以提高青少年的社交能力、受欢迎程度、成就感、自尊水平和对目标的承诺。

大量研究结果仍然显示加入运动队的学生会得到很多益处。加入运动队产生的效果可能取决于几方面因素：从事的是什么运动？选择这项运动的学生的特点是什么？此运动在学校的地位如何？相比于运动对高中生的影响，我们更理解运动对大学生的影响。整体上来说，大学生运动员比其他大学生的饮酒频率高（例如，Tewskberry et al.，2008）。不仅如此，他们的饮酒量也更大，他们更有可能在醉酒时做出一些后悔的事情，更有可能酒后驾驶以及因喝酒而引发麻烦。大学里的运动员也有高频率的、病态的赌博行为（Huang et al.，2010）。全国学校体育协会甲组学校的运动员有更高的地位，他们还会发展出一种特权感，这使他们出现问题行为的可能性增加。另外，这些运动员总是处于要取得胜利的巨大压力下。

显然，在初中和高中阶段参与课外活动对青少年是有益的。然而不幸的是，从 20 世纪 70 年代开始，在参与课外活动方面出现了巨大的社会阶级分层——中上层阶级的学生花在课外活动上的时间越来越长，而来自普通工薪阶层家庭的学生花在课外活动上的时间却越来越少。这是因为学校面对紧张的经费预算，将课外活动转换成"付费项目"，也是因为富裕的家长会为孩子的课外活动投入更多金钱，使他们的孩子在活动中更加出色（例如音乐营、私人课程）（Snellman et al.，2015）。还有一些教师因为固有的偏见，更喜欢中上层阶级的孩子，他们会选择这些富裕的孩子承担课外活动中的重要角色（如年册主编），这些都造成了参与课外活动方面的社会阶层差异（McNeal，1998）。

你想知道吗

青少年能够从体育活动中获益吗

虽然有些体育活动带来的积极影响不太明显，但大部分运动能使青少年从中获益。成为运动队的一员不仅可以提高青少年的地位，还能使他们自我感觉良好。参与活动使他们逐渐成为团体中的一员。然而，参加体育活动是否会使青少年有更多的饮酒行为和有风险的性行为还不太清楚。

非正式子系统

青少年学生处于一个非正式的朋友**子系统**的网络中。青少年选择的朋友几乎都是与他们同校的学生，并且大部分是同年级和同性别的。在三个子系统中（正式的学业子系统和活动子系统以及非正式的朋友子系统），能成为非正式朋友系统的成员在其他学生看来是最重要的。这是唯一不受成年人牵制的子系统。这是青少年自己的世界，个体在这个世界里的状态是最重要的。

在很大程度上，由于全国各地发生的高中校园枪击案，大家重新燃起对学校小团体和群体结构的研究兴趣。无论从过去还是现在的数据（以及几乎每个人的经验）来看，不同小团体的状态无疑有着很大的差异，不过在高中结束时这种状态差异会减小（Brown et al.，1994）。阿伦森（Aronson，2000）分别对密苏里州、亚利桑那州和加利福尼亚州的三所高中的非正式社会结构进行了对比，结果发现其结构几乎是一致的。

这些学校和其他学校一样，在学校里，"运动派"和"学院派"（着装得体、顺从的学生，他们在学校组织的及其他受到许可的活动中表现很活跃）统治着学校。

在学校里，小团体按地位从高到低依次为："技术宅""哥特派""滑板少年"和"尘土"（药物使用者）。地位最低的是那些不属于任何一派的独行者。大多数近期的研究者已经发现，群体结构基本上是相同的（例如，Bešić & Kerr，2009；Susssman et al.，2007）。

研究已经证实，低地位群体的自尊会受到损害（例如，Brown et al.，2008）。

在群体结构中发生的所有改变，似乎都反映了更大的种族和社会经济的融合（Garner et al.，2006）。少数民族学生有时候会形成反抗性群体，他们这么做是因为他们抗拒成人权威（如街头黑帮成员），或者是因为他们不喜欢主流群体，或者是因为他们被禁止进入主流群体。在退学率较高的学校，反抗性群体占优势地位。在最好的情况下，种族多样性与宽容、较少等级制和更多元的群体结构相联系。

初中生和高中生中存在地位差异的现象已不是新闻。我们从最新的研究中得出了一些惊人的发现，这些发现主要针对以下几个方面：

1. 这些差异究竟有多大。
2. 地位低的学生有多少不愉快和焦虑的经历。
3. 被那些受欢迎的群体所贬低和欺负的学生数量。

友谊系统的结构

友谊系统由帮派、群体和朋友构成。

小团体（cliques）是由 3～10 个好朋友组成的相对较小、关系紧密的群体，他们经常花大量的时间在一起。实际上，几乎所有关于青少年的观察研究均显示，小团体是青少年群体中最普遍的和最重要的友谊结构，对女孩（Urberg et al.，1995）和处于青春期早期的青少年来说尤其如此（Thompson et al.，2001）。研究还表明，小团体成员的年龄、性别、民族/种族、社会地位、学业成就和兴趣爱好都很相似（例如，Henrich et al.，2000）。他们对反社会行为的态度也是基本一致的。这种相似性可能是自我选择（你选择与自己相似的同伴在一起）和同伴影响（同伴支持或反对你做某种行为）共同作用的结果。

小团体，尤其是女生小团体，有明确的等级（Closson，2009）。地位高的成员会看不起圈外人和地位低的成员，以使他们遵守规矩。地位高的成员决定着谁可以加入他们的小团体。成员是时常变化的。一项研究发现，大约有 1/3 处于青春期早期的青少年在一年内改变了小团体。（Faircloth & Hamm，2011）。属于一个小团体既有好处，也有坏处。一方面，帮派给青少年提供练习社交技能和学习社会规范的机会，给青少年提供群体支持和归属感（Rubin et al.，2006）。另一方面，小团体成员与外在行为的高发率相关（Witvliet et al.，2010）；换言之，小团体成员会有不良行为，可能会给他人带来痛苦。

你想知道吗

成为一个帮派的成员对青少年来说很重要吗

成为一个小团体的成员对青少年来说很重要。实际上，在这个年龄阶段，小团体是最普遍的友谊结构。尽管如此，也只有一半的青少年属于某一个小团体。有些青少年与几个不同小团体的人做朋友，但是自己不属于任何一个小团体，他们生活得很好。那些独行者往往会生活得比较困难。

研究热点

因为青少年需要将自己与成年人区别开来，所以青少年亚文化也变来变去。

四个著名的青少年亚文化

在过去的 100 年里，出现了很多有趣的、不同的青少年亚文化。自 1900 年以来，有四个较为有趣的青少年亚文化：新时代女郎（flappers）、嬉皮士（hippies）、哥特派（goths）和潮人（hipsters）。在此我们只对哥特派进行讨论。

哥特派

一个持续了很多年的亚文化，于 20 世纪 80 年代起源于英格兰。哥特派很容易因为他们黑色的维多利亚式装扮被识别出来。例如，女性可能会穿紧身胸衣、破渔网袜或长裙，戴用饰钉装饰的项链，男性可能会穿着黑色乐队 T 恤，系用饰钉装饰的腰带，脚踩军靴。黑色是他们喜欢的发色（有一缕鲜明的对比色头发的现象也不少见）。一些哥特派青少年使用苍白的皮肤粉底液，这使他们看起来像吸血鬼。他们还特别喜欢恐怖、神秘和超自然。他们与多种类型的摇滚乐有关，包括哥特式摇滚、死亡摇滚和后朋克摇滚。

欺凌

欺凌（bullying）指无缘无故地伤害其他人的攻击行为。这种行为常常会重复发生，而且只有当欺负者和受害者之间存在可以被知觉到的力量差距时才会发生（Rigby，2002）。令人很不安的是，欺凌在学校十分常见：大约 20% 的青少年报告说在过去的一年里有被欺负的经历（CCD，2013）。欺凌有多种形式，包括身体攻击、嘲笑和有意回避（Tanaka，2001）。这些行为虽然单独一人就可以做到，但它们通常是在同伴在场的情况下出现的，同伴要么积极地支持，要么消极地纵容（Karatzias et al.，2002）。欺凌可以通过现场的攻击行为或网络、短信的方式实现。

被欺负的对象通常没有安全感、内向并且害羞（Olweus，1994）。他们往往身体虚弱，不擅长运动（Card，2003）。他们很可能没有吸引人的外表（Sweeting & West，2001）。这些受害者往往与欺凌者不是同一个种族或民族，或者是同性恋或双性恋者（Mueller et al.，2015）。受害者大部分来自工薪阶层家庭（Knack et al.，2012）。他们可能贫穷或特别优秀（Horowitz et al.，2004），常常是一些有创造性的、与众不同的学生（Franks et al.，2013）。他们很少有朋友，因此没有人能够支持他们（Kendrick et al.，2012），他们也缺少解决问题所需的社交技能（Cassiy & Taylor，2005）。

欺凌的影响 欺凌对受害者有很大的影响。短期来看，他们会失去朋友，因为其他人会害怕与他们做朋友会使自己成为被欺负的目标（Batsche & Knoff，1994）。他们可能会不想上学（Kochenderfer & Ladd，1997），试图做出自杀行为或真的自杀（Tanaka，2001）。有些人会产生躯体症状，如头痛（Gini et al.，2014）。长期来看，他们更有可能变得抑郁（Bond et al.，2001）。他们在成年后患焦虑症的概率是其他人的两到三倍（Stapinski et al.，2014）。如果女孩受到男孩的欺负，后果会更加严重（Sainio et al.，2013）

尽管被欺凌的受害者会产生压力，但很多时候他们没有向老师或父母报告。其原因包括：欺凌行为被视为普遍的正常行为；受害者感觉没什么能阻止欺凌行为；恐惧成人的过度反应；受害者有依靠自己解决问题的愿望；成为欺凌目标的羞耻感（deLara，2012）。因此，重要的是学校应该制定校规让学生主动报告被欺负的状况。

欺凌者，尤其是男性欺凌者的父母通常是冷漠的、排斥的、专制的（Baldry & Farrington，2000），他们也缺少问题解决技能（Baldry & Farrington，2005）。欺凌有助于提高个体的社会地位（Reijntes et al.，2013），在短期内，欺凌者也许能通过迫害他人获益，但从长期来看，他们是适应不良的。少部分欺凌者同时也是受害者。这些青少年比纯欺凌者或纯受害者看起来更糟（Wolke et al.，2000），他们对他人很敌对，他们自己也非常不喜欢被他人欺负。他们不仅比那些纯欺凌者更多地欺负他人，也比那些纯受害者更多地受到欺负（Yang & Salmivali，2013）。在这部分青少年中，患注意力缺陷多动症的人的比例超过普通青少年（Griffin & Gross，2004）。

一些学校里的欺凌现象比其他学校更常见。这一差异在很大程度上是学生，特别是那些受欢迎的学生，对欺凌行为的可接受性的知觉所致（Menesini et al.，2015）。与这一发现相一致的是，如果学生的受欢迎程度在一所学校的等级结构中占支配地位，那这样的学校往往会出现更多欺凌行为（Garandeau et al.，2014）。

反欺凌计划

幸运的是，目前已有人设计了一些有效的学校反欺凌计划。这些计划一旦被全面贯彻，就可以将欺凌行为减少50%～75%（Olweus，1994）。自1990年以来，这些反欺凌项目的实施可能就是学校欺凌行为发生率显著降低的原因，特别是在男孩当中，以及在中学阶段（Perlus et al.，2014）。

💡 研究热点

网络欺凌

尽管电脑和网络可能有助于提高学生的学习成绩，促进积极的人际沟通，但是它也有可能带来一种新的侵犯形式：网络欺凌（Beran & Li，2005）。根据威勒德（2004）的研究，网络欺凌包括通过网络或其他电子通信设备发送或发布有害的、使人痛苦的文字或图片。典型例子有：

1. 发送诽谤或恐吓信息。
2. 发布故事或图片来嘲笑某人。
3. 发送不雅或色情信息去骚扰某人。
4. 在网页上传播他人的谣言。
5. 通过泄露个人信息来攻击他人。

网络欺凌已成为普遍存在的全球现象，与之相关的研究也显著增多了。美国、东欧和西欧、中国、澳大利亚、日本、土耳其等国家都有与之相关的研究，不过研究者所使用的网络欺凌发生率数据有所不同（这在很大程度上与如何定义网络欺凌有关）。最近的一项元分析表明，大约有15%的青少年遭遇过网络欺凌，这略低于传统欺凌发生率的一半（Modecki et al.，2014）。在传统意义上，男生比女生更可能欺负他人，在网络上也是如此（Wang et al.，2009）。面对面的欺凌和网络欺凌的相关很高：在学校常被欺负的青少年也是网络欺凌的受害者（Katzer et al.，2009）。

网络欺凌的影响与传统欺凌相似。受到网络欺凌的青少年也会感到不安和受威胁（Sticca & Perrin，2013）。一项研究发现，网络欺凌的受害者滥用药物的可能性是非受害者的两倍多，试图自杀的可能性是非受害者的三倍多（Goebert et al.，2011）。

表 10-1 网络欺凌与传统欺凌的区别

网络欺凌	传统欺凌
常常是匿名的	偶尔是匿名的
极其猛烈的	通常是中等强度的
可以在任何时间、任何地点发生	通常在学校
有大量潜在的观众，例如，任何发表在 YouTube 的信息都可能像病毒一样快速传播，被全世界的人看到	观众很少
持续时间极长	通常是较少的、分散的事件
受害者的报复更频繁	通常受害者没有报复

资料来源：Arslan et al. (2012), Davison and Stein (2014), and Kowalski et al. (2014).

李（2006）还发现，大约 1/3 的受害者反复遭受网络欺凌。大部分受害者即便在学校受到欺凌也不会告诉大人，这很有可能是因为学生们并不相信网络欺凌会停止，或者他们担心父母会取消他们上网或用手机的权利（Juvonen & Gross，2008）。网络欺凌是否违法是模糊的——法庭必须权衡言论自由和其他公民权利，但截至 2015 年 1 月，已有 22 个州立法反对网络欺凌，还有些州有关于骚扰行为的法律，其中包括电子手段的骚扰（Hinduja & Patchkin，2015）。有些学校的干预项目已被证实能有效降低网络欺凌的发生率。

最有效的反欺凌干预措施的特点

格林总结了最有效的干预措施的一些特点（Greene，2006）：

- 所有学生都必须积极参与。
- 教师必须参与其中。
- 公平，在学校里，规定必须强制执行。
- 家长和其他社区成员应该参与其中。
- 每个学校必须考虑该校（学生）特有的欺凌动机。
- 要持续不断地努力。

在此，我们只对第一点进行讨论。

所有学生都必须积极参与

学校里的所有学生都必须积极参与，不仅仅限于欺凌者和受害者。所有学生都需要熟知反欺凌规则，他们要知道欺凌行为发生后去找谁，并且要形成反欺凌的态度。帮助学生学到一些策略来控制潜在的欺凌行为，将对减少欺凌行为有帮助。

友谊

两个朋友组成的"小团队"是最小的社会单位，在青春期，对亲密朋友的需求变得尤为重要。进入青春期之前，孩子们对朋友的依赖并不强。孩子们寻找与他们有共同兴趣爱好的同龄玩伴。虽然他们常在一起玩耍，但他们之间的情感联系并不紧密。他们在情感满足方面主要依赖他们的父母，而不是朋友。他们寻求父母的赞扬、爱和温情。当父母不爱、拒绝和严厉地批评他们时，他们才会转向朋友或父母的替代者寻求情感满足。而到了青春期，这一切将发生改变：青少年由之前的从家庭中获得情感支持，开始转向从他们的同伴那里获得支持（Helsen et al.，2000）。

已经有很多研究发现，青春期的同伴关系具有潜在的好处。研究发现，同伴交往与许多心理和社会适应指标呈正相关。例如，埃拉斯等人（2008）发现，有亲密朋友的学生在校表现更好。还有其他研究表明，有亲密朋友的青少年比没有好朋友的青少年表现出更少的行为问题（例如，Laursen & Mooney，2008）。许多研究发现，拥有好朋友能提高个体的自尊水平（例如，Keefe & Berndt，1996）。相反，与那些欺负你或对你口出恶言的人成为"朋友"会降低你的自尊和适应水平（Guroglu et al.，2007）。在青春期早期，为了提高接纳度，同伴间的从众行为会有所增多。

在青春期早期，青少年与他人的关系建立在共同兴趣的基础上（Hortacsu，1989）。随着青少年不断长大，他们需要更加亲密、相互关爱的关系来一起分享情感、探讨问题和交流思想（Berndt，2004）。青少年需要用一种理解的、关心的方式陪伴和支持他们的亲密朋友。正如一个女孩在谈到她最亲密的朋友时说的："他们了解我。我们可以讨论任何事情。他们一直在那里等着我。"

青少年需要朋友的一个关键原因是他们会有不安全感和焦虑感（Hartup & Stevens，1999）。他们缺乏对自己人格的定义和安全的同一性。因此，他们需要朋友，从身边的朋友那里获得力量。从朋友那里，他们习得必要的个人技能和社交技能，了解人格的社会定义，这帮助他们成为更大的成人世界的一部分。所以，青少年会与他们的朋友产生情感上的联结并会同仇敌忾。

研究发现，年纪较小的青少年更愿意向父母表露自己的情绪感受。随着年龄不断增长，他们对朋友的自我表露会增加，处于青春期后期的青少年最为明显。所有年龄段的女生都比男生更易向父母和更多同伴表露自己的情感（Brendgen，Markiewicz，Doyle，et al.，2002）。这一发现与强调男性不太对外表达情绪和感受的男性刻板印象研究一致。青少年有向朋友表露心声的欲望是因为他们相信朋友更能对他们产生共情，不会像父母那样批判他们。

家庭在友谊发展中的作用

发展亲密友谊的能力部分是在家庭中习得的。青少年与父母关系的某些方面与他们成功的同伴关系存在显著相关。例如，许多研究把亲子依恋的质量和同伴关系的质量联系起来（例如，Benson et al.，2004）。**依恋**（attachment）是儿童体验爱的最初形式，通常出现在儿童和父母之间。有着健康、安全依恋关系的青少年对他人有发自内心的信任感，这使他们更易于与他人密切交往（Waters & Cummings，2000）。与父母没有形成健康依恋关系的青少年对同伴的态度更加强硬和敌对（Zimmerman，1999）。过度控制的父母也对子女建立亲密的友谊有消极影响（Soenens et al.，2008）。亲子关系的亲密度的影响可以这么解释：与父母关系亲近的青少年更可能有高自尊（Sim，2000）。高自尊的个体更可能拥有外向的性格并认为自己是受人喜欢的，因此更易接近同伴并对同伴开放。这是家庭影响青少年友谊发展的第一个方式。

家庭影响青少年友谊发展的第二个方式是，父母可以通过积极的鼓励或不支持的态度来影响青少年的友谊。例如，韦及其同事（Way & Chen，2000；Way & Greene，2005）发现，相比于拉美裔或非洲裔美国父母，亚裔美国父母不太鼓励他们的青少年子女与家庭成员以外的人建立亲密关系。因此，相比于其他群体中的青少年，亚裔美国青少年花在朋友身上的时间相对要少，他们与朋友的亲密程度也不高。

青少年的友谊随年龄发生的变化

由于对陪伴的需求，青少年会选择一两个最好的朋友，一般来说是同性朋友。他们会花大量时间与朋友煲电话粥，他们一起上学，参加俱乐部，一起运动，并且努力追求与好朋友穿得一样，看起来一样，行为也一样。通常，他们与这个好朋友有着相似的社会经济地位、种族和家庭背景，他们来自同一个社区、学校和年级，他们一般是同龄人，有很多共同的爱好、价值观和朋友。最好的朋友能和谐共处是因为他们的相似性。

为什么青少年的朋友会与他们如此相似？正如前面提到的，有两个主要原因。

青少年需要亲密的朋友，他们可以分享秘密、计划和感受，也可以为个人问题提供帮助。通常，青少年的好朋友与自己十分相似，他们有相同的社会经济地位和种族／民族背景，住在同一个社区，就读于同一所学校，彼此分享兴趣爱好和价值观。

原因之一是青少年会有意识地选择与他们相像的人做朋友（例如，DeLay et al.，2013）。这些像我们的人，肯定了我们是谁和我们做的选择，他们使我们更自信。另一个原因是，一旦某人成为我们的朋友，他就会以很多方式影响我们（Brown & Larson，2009）。朋友能鼓励或强化我们的行为。他们能为某种行为的发生提供机会。他们实施某种行为，他们是我们观察学习的榜样。朋友的影响有时候是积极的（如互相鼓励以取得好成绩），有时候是消极的（如互相鼓励使用药物）。与许多成年人想象的不同，朋友很少主动强迫对方做什么事情（Bradford-Brown & Klute，2003）。如果一个朋友给对方施加诸多压力，让对方做他不情愿做的事，友情就会因此告终。

💡 青少年的心里话

"我最好的朋友是一个男生（一个女同学写道）。我们共同经历了很多，这使我感到他已经成为我生活的一部分。当我们不在一起的时候，我们可以煲电话粥好几个小时。我们的关系仅经历过一次很困难的时刻：当我们都意识到，我们不只是想做朋友时。那时我们都刚刚与各自的恋人分手，我想我们都是需要被爱的。所以，我们决定爱彼此。我们接吻了，但是我感觉自己像在亲吻我的哥哥，他告诉我他仿佛在亲他的妹妹。于是，我们的这段关系还没开始就结束了，我们回归到了正常状态。

他谈每段恋爱的时候我都和他一同经历过。他会寻求我的建议，我也很乐意帮忙。曾经一个女孩离开他的时候他打电话给我，他哭得很悲伤，我试图让他相信这不是他的错。

从另一方面来说，他是我的良心解脱者。在家里，我是一个乖女孩，但是在外面，我就像个野孩子。他总是罩着我，支持我做任何尝试。当我第一次吸烟时，他是第一个知道的，并且一如既往地接受我这样做。

从我戴上眼镜又戴了牙套后，大家就都把我当成一个呆子。那时候我跟很酷的同学一起玩，但我从未真正被他们当成他们团体中的一员。有一次，平时一起玩的一个家伙打电话给我，问我借游戏机手柄，但他没有邀请我到他家一起玩电子游戏。吃午饭时，我通常坐在离垃圾箱最近的那一头，他们会把垃圾传给我让我帮他们去倒垃圾。有几次我没有坐在垃圾箱旁边，他们还是会把垃圾传给我，我不得不起身去倒掉。现在，我是一名大学生了，我也有一些受欢迎了，至少，如果我再帮别人倒垃圾，那是因为我想做个友善的人。"

青春期初期的友谊　处于青春期初期的青少年的友谊是强烈的、情绪化的，有时甚至带有很激烈的情绪。青少年，尤其是女孩，希望他们的好朋友时刻在那里，如果朋友没有做到，他们就会生气、嫉妒、非常沮丧（Parker et al.，2005）。这是因为，在青春期初期，青少年常常有一些以自我为中心，他们对朋友该给自己的支持程度有一些不切实际的期待。如果他们对朋友提供的帮助程度不满意，他们就会跟朋友发生争执，甚至会跟对方绝交（初中时，有一次我与其他女生一起吃午饭了，只有一次，我的好朋友因此好几周不理我）。青春期早期的友谊确实情绪化并且充满不稳定性。

虽然死板的单性别结构友谊在青春期逐渐被打破（Connolly et al.，2000），但青少年的朋友仍以同性为主（Hartup，1983）。在青春期中期，个体开始真正地区分同性之间的友谊和异性之间的友谊（Radmacher & Azmitia，2006）。女孩报告说，比起男生，她们与同性的友谊更加亲密，并且她们会对朋友会袒露更多的心声（Johnson，2004；Rose & Rudolph，2006）。这一阶段的女孩比男孩更倾向于从朋友那里获得情感支持（Lederman，1993）。男孩在进入青春期后可能也希望与朋友保持亲密的关系，但是文化中关于男子气的刻板印象和男性的成熟阻止了他们这样做（Way，2013）。在青春期中期，女孩开始经历友谊带来的越来越大的压力，并且会一直担心朋友对自己是否忠诚（Schneider & outs，1985；Seiffge-Krenke，2011）。

孤独

对幸福感而言，最大的敌人之一是孤独（Chipure et al.，2003）。青少年用空虚、隔离和无聊等词语来形容孤独。当他们感觉被排斥、疏远、隔离和不能掌控情境时，他们会产生孤独感（Woodward & Kalyan-Masih，1990）。害羞的或低自尊的青少年比外向的、喜欢自己的青少年更常感到孤独（Vanhalst et al.，2014）。处于青春期的男孩比女孩有更加强烈的孤独感（例如，Demirli & Demir，2014），这大概是因为对男孩来说，表达自己的情感更难。

青少年孤独有多种多样的原因。有些人是因为不知道如何与他人交往，这些人有高水平的社交恐惧（Goossens & Marcoen，1999）。有些人有消极的自我形象，也受不了他人的批评。这些青少年认为自己会被他人回绝，所以他们不采取任何行动，因为他们担心这些行为可能会让他们感到尴尬（Cacciopo et al.，2000）。

这样会形成一个恶性循环：因为孤独，所以变得抑郁，抑郁又使建立新关系更难，最终造成更强烈的孤独感（Brage et al.，1993）。一些青少年有受伤害的经历，所以他们条件反射性地不相信他人，不愿意与他人交朋友（Boivin et al., 1995）。还有一些青少年缺少父母的支持（Mahon, et al., 2006），这使得他们交友更加困难。当这些青少年认为交朋友的风险比从中获得的好处更多时，他们很难建立起真正的友谊。

在很大程度上，相比儿童和成人而言，青少年更加孤独（Snell & Marsh, 2008）。孤独的一部分原因是环境：在青少年文化中，独自过周末被认为是很悲惨的。因为青少年认同这一点，所以他们感到这让他们很痛苦（Meer, 1985）。这变成了一个自我实现预言。

意识到这点很重要：几乎所有青少年，包括大学生，都会偶尔感到孤独，很多青少年会经常感到孤独。客观地说，有孤独感的青少年，与那些更好地融入社会的人一样有吸引力或受欢迎（Cacciopo et al., 2000）。他们一样聪明，一样漂亮，也一样健硕。但是，有孤独感的青少年更容易感到害羞并体验到低自尊（Mahon et al., 2006）。孤独感来自个体内部，源自个体退缩、脱离社会，不愿与他人接触的倾向。因此，对于所有青少年来说，发展积极有效的策略来战胜孤独感是很重要的。有一些不错的策略，包括忙于自己喜欢的活动（如最喜欢的爱好或运动），与朋友及喜欢的人多接触，或者主动帮助有困难的人。

 私人话题

独处与孤独

独处和孤独之间有着巨大的差异，尽管有时候人们（尤其是青少年）常把两者搞混。独处，字面意思是这个人与其他人是分开的。孤独，反映的是一种主观感受，指个体没有得到足够的支持或陪伴。一个人即使在人群中也会感到孤独。

与青少年和父母的距离感相比，青少年的孤独感与其和同伴的距离感的关系更密切。没有一个好朋友以及感觉与同伴群体有距离会使青少年产生孤独感（Hozaet al., 2000）。同伴的排斥也会使青少年产生孤独感（Vanhalst et al., 2014）。

青少年通常不愿意独处（Buchholz & Catton, 1999），他们独处时不像与他人在一起时那么快乐（Butkovic et al., 2012）。然而，独处也有很多益处。例如，在独处的时候可以反思（这对青少年探索同一性很重要），可以专注于一项有难度的任务，或者可以休息和恢复一下身体（Corsano et al., 2006）。

许多青少年似乎都认为，他们应该将所有空闲时间用于和朋友的社交上，独处一定是不好的。这个想法应该被纠正，因为对于所有人而言，享有他人陪伴或者享受独处的时光都是有可能的和必要的。

同伴接纳和受欢迎度

随着熟人数量的增加，青少年开始意识到他们有越来越强的归属于某一个群体的需求。到青春期中期，对大多数人来说，被那些他们所羡慕的小团体或者群体成员当成朋友是很重要的。在这一阶段，青少年对他人的批评或负面反应特别敏感。他们尤其关心他人的想法，因为他们关于自己是谁的观点和其自我价值感在一定程度上是他人观点的反映。在这一节中，我们将探讨青少年对受欢迎度的知觉，那些认为自己受欢迎的人如何能维持这样的地位，青少年可以通过哪些方式获得（或试图获得）同伴接纳。

怎样才能受欢迎

在我女儿刚上高中时，她常常很沮丧，因为她认为自己是不受欢迎的。这让我非常吃惊，因为她有很多很多朋友，有应付不过来的邀请，并且找她的电话从没有断过。在我看来，她简直就是一个交际明星。当我说她对自己的认识与我对她的认识有所不同时，她说："但是妈妈，那些受欢迎的同学不喜欢我啊，我也不是很喜欢他们。所以，我不是受欢迎的人。"三年后，似曾相识的感觉又来了，我听到与女儿状况相似的儿子跟我说了一样的话。不仅我的孩子是这样，许多很受人喜欢的青少年都渴望受欢迎，初中生和高中生花大量的时间谈论这些受欢迎的学生（Eder et al.，1995）。

这个分歧是因为成年人（包括之前的心理学家）对受欢迎的理解与青少年有所不同。对成年人和（之前的）心理学家而言，受欢迎的人指大家都很喜欢的人。受欢迎的孩子是那些有很多朋友的人。他们具有很好的品质：为人友善、善于交际、乐于助人、团结合作、慷慨大方、值得信任（Cillessen et al.，2011）。青少年口中的"受欢迎的人"与成年人理解的完全不同——青少年指的是社交中的领导人物。或许大家没那么喜欢这些学生，但他们是学校的社交核心人物。他们是流行风向标，谁跟他们在一起，谁就会受到大家的关注（de Bruyn & van den Boom，2005）。现在，心理学家所说的"好孩子"指那些**社会测量的受欢迎度**（sociometric popularity）较高的学生，"地位高的群体"指那些**知觉到的受欢迎度**（perceived popularity）较高的群体（Cillessen & Rose，2005）。

那么，知觉到的欢迎度高的青少年是什么样的呢？

- 他们的外貌通常是有吸引力的（Dijkstra et al.，2009）。
- 他们会花很多钱在服装上，因此他们看起来很时尚、很好看（LaFontana & Cillessen，2002）。
- 每个人都知道他们是谁，他们常与其他受欢迎的青少年为伍，而且在异性眼中他们很火辣。
- 他们把大部分时间用来参加群体聚会，避免单独活动（deBruyn & Cillessen，2008）。
- 他们有良好的领导能力和操控力（Farmer et al.，2003）。
- 他们知道如何利用自己的魅力，但不排除用强制手段得到自己想要的（Wolters et al.，2014）。

换句话说，尽管这些人在社交方面很成功，但他们并不总是友善的。许多人一方面想加入他们的群体，一方面认为他们既傲慢又刻薄。

你想知道吗

为什么有些青少年更受欢迎

受欢迎的青少年往往运动能力强（特别是男生），参加很多活动，成绩很好，性格外向。外表吸引力也能提高一个人的受欢迎度。

关系侵犯和名誉侵犯　受欢迎的青少年常使用关系侵犯和名誉侵犯来保住自己的高地位（Xie et al.，2002）（见表 10-2）。

表 10-2　关系侵犯和名誉侵犯的区别

名誉侵犯	关系侵犯
名誉侵犯（reputational aggression）指到处传播他人的谣言来损坏他人的社会地位，例如，他们可能会造谣萨拉在上周末的大赛后跟整个篮球队的队员都上床了。	关系侵犯（relational aggression）指通过你的朋友让某人站到自己的队伍中来，例如，他们让自己的朋友保证不跟某人玩儿，直到他们说"可以停了"。
这些青少年似乎会首先使用名誉侵犯。	如果名誉侵犯没有效果，这些青少年就会使用关系侵犯来打击他人。女生比男生更可能使用关系侵犯，男生更可能直接使用言语攻击和身体侵犯（Crick，1997）。

青少年比儿童更倾向于使用关系侵犯和名誉侵犯（Rose et al.，2004）：步入初中后，青少年周围的环境确实变得危险了。

社会接纳的途径

青少年选择那些与自己最相似的朋友，之后他们还会通过强化和模仿互相影响（Brechwals & Prinstein，2011）。当朋友不一致的态度和行为使他们的友谊失衡时，青少年要么会与朋友断交再找其他朋友，要么会为了保持友谊而改变自己的行为。小团体和群体以相同的方式运行，它们寻求群体行为的一致性。

虽然反社会的青少年看起来似乎难以成为一个好朋友，但是事实并非如此。这些反社会的青少年之间的友谊往往是相当亲密的（Hussong，2000）。不幸的是，因为友谊的自我选择机制（即选择与自己相似的人做朋友）、**模仿**（modelling）、提供机会和期望，与那些不良青少年保持友谊的青少年往往最终也会做出不良行为。

得到社会接纳的途径

青少年可以通过不同的方式寻求在同伴中的社会接纳，包括成就、参与、外表吸引力、个人财产、偏差行为。在此我们只对成就做讨论。

成就

得到社会接纳和认可的途径之一是获得成就——在运动、娱乐活动或某个学科方面获得成功。同伴群体赋予每种不同的活动不同的地位，在较高地位的活动中取得成就会使青少年更容易获得认可和接纳。例如，运动被赋予很高的地位，所以一个穿着队服的青少年会被同伴认为很受欢迎（St-James et al. 2006）。

数据显示，学业成绩和受欢迎度的关系是复杂的，部分原因可能是在许多研究中，个体知觉到的受欢迎度和社会测量的受欢迎度之间存在混淆（de Bruyn & Cillessen，2006）。例如，夸特曼等人（Quatman et al.，2000）发现，学业成就对提高欢迎度的贡献是很微弱的，除音乐外，学业成就的影响比他们研究中涉及的其他所有因素都小。他们的研究还得出与其他研究相类似的结论：比起男生，学业成就更能提高女生的受欢迎度（例如，Van Houtte，2004）。学业成就也有潜在的负面影响——学生会花大量时间在学业上，这必将减少其与同伴交往的时间，学生也不能随叫随到，而这点对青少年的交际而言是很重要的（Landsheer et al.，1998）。

你想知道吗

青少年会给对方从众的压力吗

答案是肯定的，但他们不会用明显的或威胁的方式，而是会用非言语的信号、赞同、注意及嘲笑来使对方做出从众行为。

异性社交

青春期中期最重要的一个社会目标就是实现异性社交（heterosociality）（Miller，1990）。图 10-2 显示了在心理社会性发展的过程中，儿童会经历的不同阶段。

图 10-2　儿童异性社交的发展阶段

注：在异性社交发展过程中，儿童经历了三个阶段。

随着性成熟，青少年对异性的生理情感意识开始萌发，对异性的敌对情绪也开始减弱。之前傻呵呵的、不招人喜欢的女生如今也变得楚楚动人。逐渐成熟的男孩开始对年轻的女孩子有兴趣和着迷，他们也对这一切感到震惊、恐惧和不知所措。他们首先会试图通过某种身体接触来逗弄女孩：碰她的书，拉扯她的头发，用雪球砸她。女孩的反应通常由文化决定，是可以预料到的：尖叫、跑（要么逃跑，要么追他）或者假装很不安。男孩不善于跟女孩讲话，但他们知道如何打闹，所以他们通过使用这种老套的方法，与异性进行第一次以情感为主的社会接触。

慢慢地，青少年转而采用更复杂的形式建立这些联系。逗弄成了孩童的事情。"酷"——自信、淡定、冷静、健谈以及在社交中表现自如，成为最重要的特质。男孩群体和女孩群体的关系发生了改变，男孩和女孩有了结伴关系，随着对异性的了解和发现，这种关系深入发展为友谊和恋爱关系。

总体来说，选择异性作为同伴的平均年龄有所降低，这可能是因为性成熟提前以及社会习俗的变化。早期的男女朋友关系可能不是相互的，关系中的一方可能都没意识到这种情感（我知道一位处于前青春期的男孩，他曾以 100 个游戏卡的价格把自己的女朋友"卖"给另一个男孩，但是这个女生从来没有意识到自己曾经是他女朋友）。随着年龄的增长，双方对这种情感的期待和真正的恋爱关系开始出现。

性取向

一些同性恋在青春期初期就意识到了他们的性取向。他们没有感觉到跟异性发展浪漫依恋关系的欲望和需求。尽管如此，所有青少年都需要与异性发展友谊，或者建立其他令人感到舒适的关系。他们会学着追求同性之间的浪漫。因为偏见和对拒绝的恐惧，同性恋青少年发现他们追求浪漫关系的难度要比那些追求异性浪漫依恋关系的青少年大。

💡 **研究热点**

同性恋青少年的浪漫关系

因为同性恋青少年是少数群体并且面临偏见，所以他们形成亲密关系要比异性恋取向的青少年困难。当然，大部分同性恋青少年还是希望拥有同性别的爱情（Savin-Williams，1990），但这做起来没那么容易。因为害怕被拒绝，所以他们更愿意接触那些公开的同性恋同伴，而这样的人在学校、社区都不多。即使他们认识两三个同性的同性恋青少年，他们也面临着一系列问题：（1）其他同性恋青少年不吸引他们；（2）他们不吸引其他同性恋青少年；（3）他们感兴趣的关系类型不同（例如，专一的或开放的，深刻的或非正式的）；（4）他们担心有失去这为数不多的，真正能够互相理解的朋友的风险（Diamond & Savin-Williams，2003）。

考虑到这些困难，许多同性恋青少年选择跟异性交往，虽然这并不是他们所愿（Glover et al.，2009）。另外，女同性恋会与其他女孩形成非常深的、有激情的柏拉图式友谊（Diamond et al.，1999）。男同性恋青少年更可能与那些对自己不太会构成威胁的、更支持自己性取向的女孩，而不是与那些同性的异性恋伙伴，形成情感支持式的柏拉图式友谊。

跨性别友谊

跨性别友谊可以带来一些同性别友谊所没有的益处：与异性的友谊，对异性有深刻的了解，异性觉得你很有魅力会提高你的自尊水平（Monsour，2002）。跨性别友谊还能提高你的社会地位（Bleske & Buss，2000）。当然，青少年仍会花更多的时间和他们的同性朋友在一起，他们更喜欢同性朋友的陪伴，尤其在青春期早期和中期（Richards et al.，1998）。总体来说，青少年与同性朋友在一起时更加开心，他们发现同性朋友能提供更多支持，青少年与同性朋友也更亲密（Buhrmester & Furman，1987）。这可能是因为青少年认识同性朋友的时间更长，对他们的关系有更高的承诺（Johnson & Durell，2004）。跨性别友谊或许对青少年女性要比对青少年男性更为重要（Blyth et al.，1982）。

你想知道吗

跨性别友谊对青少年有好处吗

是的。拥有跨性别友谊对青少年男性和女性都有益处。拥有跨性别友谊的女孩在与异性相处时更加自如，并能知道男孩的想法。男孩也能从跨性别友谊中获得这些益处，并有机会表露他们的感受。

青少年的爱与仰慕

追求爱情和浪漫是青少年的共同兴趣。一项研究表明，超过半数的美国 12～18 岁青少年在过去的 18 个月中经历过浪漫关系（Furman & Shaffer，2003）。大部分美国青少年在青春期早期开始初恋（Montgomery & Sorrell，1998），初恋对象常常是几乎不认识的或者很少说话的人。男孩的初恋要比女孩更早一些，男孩比女孩更容易爱上一个人，也更有可能正在爱着一个人。这可能是由于男孩的爱更多是因为外表的吸引力，而女孩并非如此（Feiring，1996）。高中生报告说，即使是当他们独自一人的时候，他们每周至少要花 5 个小时想真正的或假想的恋爱对象（Richards et al.，1998）。

处于青春期的男孩和女孩是否同样容易坠入爱河？ 处于青春期的男孩比女孩更容易坠入爱河。男孩报告说他们更快速、更频繁地坠入爱河。

坠入爱河是大多数人的积极需求。如果爱是相互的，它就会带来满足和狂喜。那些在大学校园里约会的情侣都认为自己是最幸福的人。恋爱还可以促进同一性探索，帮助青少年从情感上脱离父母（Gray & Steinberg，1999）。

强烈的爱情也可能是有风险的。成功的爱情会激发喜悦，失败的爱情则会带来绝望。单恋往往会带来空虚和焦虑。失恋对青少年来说可能是一段毁灭性的经历。

失恋

一段浪漫关系的破裂是一个重大的生活变化，男朋友或女朋友的离去会使青少年感到崩溃。家长和其他成人通常会低估分手给青少年带来的痛苦。在成年人看来，青少年的恋爱关系是短暂的和不重要的。成年人会用各种各样的话来安慰青少年："你还太小，还不能明白什么是真正的爱。你经历的不是真正的爱情""明天你就会感觉好些""你还这么年轻，你有大把的时间去找下一个伴侣""将来当你回头看过去的时候，你很可能会怀疑自己当年是否了解这个人"。但从青少年的角度来看，这段关系是可能持续一生的。青少年特别无法接受失恋的痛苦，这是因为他们的自我仍在发展，而且他们的应对能力还没有完全发展好。因此，失恋是导致青少年抑郁、自杀、焦虑、外在问题和谋杀的常见原因之一就不足为奇了（Davila，2008；Joyner & Udry，2000；Starr et al.，2012）。

从一段关系中走出来需要花费相当多的时间和精力。失恋时，青少年会经历悲伤，这可能会影响青少年的学业成绩和身体健康，也会导致他们对家庭责任、工作职责、学业甚至衣着都漠不关心。他们可能会不想参加社交活动，花更多时间独处，甚至吃饭都在自己的房间里。当听到伤感的音乐时，他们会不禁想起或想象他们的前任男朋友或女朋友。他们很可能会说永远不会再爱上其他人了这样的话。也可能试着借助药物或酒精来自我治疗。同样需要关注的是那些在失恋后没有表现出典型反应的青少年，他们以忙碌的脚步开始新的生活，并极其迅速地开始一段新的亲密关系。

以下是由卡兹马雷克和巴克伦德（1991）总结的，关于成年人如何帮助青少年走出失恋的几个步骤：

- 帮助他们认识到强烈的情绪是正常的、可以预期的。允许青少年有感受和悲伤。
- 鼓励他们表达自己的感受和想法。
- 教他们了解悲伤的过程。

- 鼓励他们依赖家庭和朋友网络。这些人将接纳他们的悲痛，不会说些安慰人的陈词滥调。同样感受过失恋的朋友可以同情和真正理解他们。
- 允许他们慢慢走出来，开始疗伤的过程。
- 鼓励他们在社交需求和独处需求之间保持平衡。
- 鼓励他们通过休息、吃饭和锻炼照顾好自己的身体。
- 建议他们将相关纪念品收起来。这么做是为了表明放弃与对方重新和好的幻想。
- 帮助他们把自己看作一场灾难的幸存者，让他们理解伤害会随着时间的流逝变得越来越淡。
- 帮助他们理解生活就是存在起起伏伏，偶尔也会有悲伤。
- 建议他们延迟做重要的决定，避免生活中出现其他大的改变，因为痛苦的阶段不宜做重大的改变。
- 鼓励他们找到新的方式去度过多余的时间和享受新的自由。可以给他们建议，例如继续自己的爱好，结交新的朋友，参与其他工作或活动。这些能帮助他们重拾自信和自尊。

约会

青少年约会并不是一个普遍的现象。实际上，很多社会禁止青少年与异性约会，甚至禁止密切的婚前接触（Hatfield & Rapson，1996）。事实上，像美国青少年那样的约会——自由独立地选择恋爱对象，不认为双方必然会走向婚姻——是最近的文化习俗。（以前的美国人互相追求，期望一段严肃的关系并以结婚为目标。）

青少年约会的目的多种多样，包括柏拉图式的休闲活动、陪伴、择偶、强烈的性关系和 / 或恋爱关系。

青少年约会的直接影响因素和间接影响因素

在青少年的生活中，约会会影响其他人，也会被其他人所影响。一个间接影响的例子是与父母关系好的青少年有着更高质量的浪漫关系（Donnellan et al.，2005）。一个直接影响的例子是父母会为青少年约会设定规则（"让我知道你们去哪"或者"你必须在午夜之前回到家"），给女孩设定的规则要比给男孩设定的规则多（Madsen，2008）。相似地，约会会影响青少年与朋友的关系：在其中一个人开始约会后，朋友之间变得不像以前那样亲密，冲突也比以前多（Thomas，2012）。最后，朋友会影响青少年的约会习惯，例如，与有着温暖友谊关系的人相比，与好朋友之间冲突较多的青少年会有更多的约会焦虑（LaGreca & Mackey，2007）。

约会的发展

到青春期后期，大部分美国青少年已经有过至少一次恋爱。而且，大约 25% 的青春期早期青少年，50% 的青春期中期青少年以及 70% 的青春期后期青少年报告说，在过去的 18 个月中有一段恋爱关系（Carver et al.，2003）。在美国，青少年开始约会的情况和约会现象的普遍性存在种族差异。例如，由于家庭的影响，亚裔美国青少年和拉美裔美国青少年约会的可能性比其他种族背景的青少年小（Connolly et al.，2004；Raffaelli，2005）。

约会的过程从青少年参加混合性别的群体活动开始（Pouli & Pedersen，2007）。他们一起去看电影、跳舞、打篮球和聚会，在这些聚会中可能会发生一些异性交往。接下来，一些成员，通常是这些混合性别群体中最受欢迎的青少年，开始约会并与这些群体保持密切的联系（Carlson & Rose，2007）。

逐渐开始约会的益处是显而易见的。

第一，青少年处于一个群体中，群体中的许多人都是他的朋友，青少年被支持他的个体包围着，这些人又是他喜欢的人，因此，他被团体拒绝的机会微乎其微。第二，青少年有机会去观察异性，去估计自己对谁有兴趣。第三，青少年能温和地试探水深，看看他喜欢的人是否也喜欢他。如果对方不喜欢他，他可以随意离开。第四，展开谈话和逗大家开心的压力分摊在很多人身上，不容易出现尴尬的瞬间。第五，这里只有有限的机会发展亲密关系，对于身体上的或情感上的亲密关系，年青的青少年可能还没准备好。

随着青少年越来越放松和成熟，他们对这些支持的需要越来越少，逐渐开始花更多的时间与自己的恋爱对象在一起。

在**青春期中期**，约会发展出两种不同的方式（Connolly & McIsaac，2009）。

第一种：有些青少年形成短暂的、随意的约会关系。这种关系仅仅持续几个星期或几个月（Seiffge-Krenke，2003）。

第二种：有些青少年开始"集体约会"，几对建立关系的男女一起出去玩（Nieder & Seiffge-Krenke，2001）。

青春期后期的约会以专一和亲密的关系为主要特征（Seiffge-Krenke，2003）。这时候的关系相对而言持续的时间较长，通常能维持一年或更久。这对青少年来说是很重要的一件事情，而且占据了青少年生活的中心，因为约会占用了他们太多时间，所以他们跟柏拉图式的朋友在一起的时间越来越少了（Kuttler & LaGreca，2004）。

尽管以前人们将约会的发展顺序描述为固定不变的，但大多数研究者如今意识到，这些事件的顺序具有流动性，青少年的行为更多是来回反复的（Connolly et al.，2004）。

💡 约会的目的

约会是为了达成什么目的？青少年为什么要约会？可能有以下原因：约会、休闲、陪伴、社会化、性尝试或性满足、亲密关系、择偶。在此我们只对休闲进行讨论。

休闲

约会的主要目的之一是休闲娱乐。约会可以给青少年带来快乐，它是休闲的一种形式，是快乐的来源。约会本身就可以是目的。

约会和暴力

我对当前有关青少年恋爱经历的论文进行了研究。令我吃惊的是，当我使用"青少年 + 约会"这两个关键词进行搜索时，我发现，自 2010 年以来，发表的文章中有 2/3 都是关于约会暴力的。虽然在本书的其他章节我会对强奸展开讨论，但似乎也有必要在本章介绍一下这个更广的主题——约会暴力。

侵犯，包括身体上、情绪上以及性方面的侵犯，在青少年约会时十分常见。大约每 6 个高中生中就有 1 个报告自己在约会时遭受过身体暴力（Marquart et al.，2007）。对青少年男性和青少年女性而言，身体暴力的发生率是相似的（Howard et al.，2008）。加上性暴力和心理暴力，共有 25% 的青少年报告说自己遭受过暴力，15% ~ 20% 青少年报告说自己曾经向他人施加过这些类型的暴力（Niolon et al.，2015）。女孩使用威胁和身体暴力的可能性略高于男孩，男孩更可能使用性暴力（Archer，2000）。男孩发起暴力行为，通常更可能是因为他们嫉妒或愤怒。女孩发起暴力行为大多是因为她们很愤怒或想要对伤害过自己的男孩"以牙还牙"。女孩对遭受暴力行为的反应是害怕和 / 或受伤害的感觉，男生的反应是生气和认为女生想要伤害他的想法是"搞笑的"（O'Keefe & Treister，1998）。

不同的行为可以预测男孩和女孩的约会暴力行为。男孩有可能打过架或者在过去携带过武器（这表明他有参与暴力行为的历史），女孩有可能曾经酗酒或使用药物（Howard & Wang，2003）。在遭受约会暴力后，女孩患抑郁症的概率提高了（Ackard et al.，2007）。

约会暴力不仅发生在美国青少年中。一项关于新西兰青少年的研究发现，大约 80% 的女孩和 67% 的男孩有过被迫的性行为，而且大部分人遭受过至少一次的情绪暴力。正如在美国的研究显示的，男孩比女孩更少受到这些事件的烦扰（Jackson et al.，2000）。一项关于欧洲青少年性暴力的研究综述得出的结论是，在美国、加拿大和欧洲国家，青少年遭受性暴力的概率是相似的（Len et al.，2012）。

约会暴力的发生率比许多青少年意识到的高。女孩在约会中遭受身体侵犯和性侵犯的风险尤其大。

未婚同居

对很多青少年和年青的成人来说，**未婚同居**（cohabitation）只是稳定约会的延伸。婚前性行为的增多伴随着同居者的增多。在 2014 年，美国有 280 万 18 ~ 24 岁的美国人同居。这一数字代表了大约 11% 的年青女性和 8% 的年青男性（U.S. Census Bureau，2015a）。很多青少年预计他们会在婚前同居（Manning et al.，2007）。实际上，超过一半的年青成年人会在婚前与他人一起生活（Stanley et al.，2004）。在非洲裔美国人中，同居更常见，在贫困和没有宗教信仰的人中同居也是很常见的。在父母离异或在单亲家庭长大的年青成年人中，同居更为普遍（见图10-3）。

　　尽管不少人将同居者视为未婚、未育的年青人，但这已不完全准确。几乎一半的同居伴侣有一个或多个孩子（Fields，2004），并且他们中的许多人有婚史。

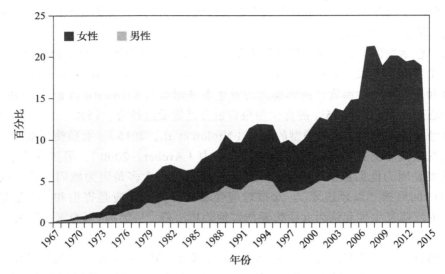

图10-3　18 ～ 24 岁的美国同居者的数量（1967 ～ 2014）

注：如图所示，在过去的40年间，同居伴侣的数量大幅增长。
资料来源：Data from U.S. Census Bureau (2015).

同居的意义

　　人们出于各种各样的原因选择同居。黄和她的同事（2011）对同居的年青成人进行了访谈，发现了三个最常见的原因。前两个分别是为了有更长的时间在一起，以及作为结婚的一种尝试。第三个原因也经常被人们提到：经济上的优势。因为两个人一起生活的成本比独自生活低，所以很多人选择了同居而不是经常约会。

💡 青少年的心里话

　　"我和我的男朋友从未真正决定要婚前同居，但这还是发生了。他每个周末都来我家，有时候会待到很晚，所以我就留他过夜了。于是，有好几个周末他都完全住在我这儿，这比开车很久回家轻松得多。一段时间过后，我们想：这不是很傻吗？我们为什么要分开住，为什么他不能直接搬来跟我一起住？于是，他搬来了。最终，他退掉了他的房子，我们一起分担一套房子的租金。半年后，我们就结婚了。如果有人问：是什么让你们决定婚前同居的？我的回答很可能是：我也不知道，就这么住在一起了。"

💡 同居的原因

　　正如黄和她的同事发现的，人们出于很多原因选择同居。最常见的三个原因是：同居是结婚的序曲,同居是为了试婚,同居是婚姻的替代形式。同居按有没有承诺可以分为两类,在此我们只对没有承诺的同居进行讨论。

没有承诺的同居

有时,年青人做出同居的决定是草率的或非正式的。例如,在共度一个快乐的周末和经过短暂的了解之后,年青的男人决定搬到他女朋友的公寓里去住。他一直住在那儿直到学期结束。有时,他们是经过一段时间的考虑,很谨慎地做出同居的决定的。他们只是想一起生活、一起睡觉和一起开心。他们是好朋友,是情人,但他们并不做出长久的承诺。他们的生活协议包括共同负担开支、分担家务劳动以及一起睡觉。这种形式的同居常常是短期的,最终要么发展为更大的承诺,要么分手。

同居的情侣可能会给他们的关系附加一些意义。同居有可能是毫无承诺的短暂安排,是没有长远计划的情感承诺关系,是婚姻的序曲,是试婚或者是结婚的一种替代形式。

同居与约会

很少有研究对同居者和没有同居、只有约会的情侣的满意度进行比较。一项研究比较了约会情侣和同居情侣知觉到的两人关系中出现的问题,发现这两类情侣之间出现的大部分类型的问题有着相似的发生率。但有两个明显的例外:一是同居者会发生更多争执,二是约会情侣对他们关系的安全感比较弱(Hsueh et al.,2009)。

然而,大部分同居的大学生表示对这种经历有积极的感受。学生把这种经历描述为"愉快的""成功的""高产出的"。同居情侣比那些仅仅约会的情侣报告了更高水平的总体幸福感和快乐(Kamp et al.,2005)。

💡 同居的好处和弊端

判断下列同居的特点中哪些是好处,哪些是弊端。

1. 生活便利,可以分担生活成本,相处时间更长。
- 好处
- 弊端

2. 期望不匹配(例如,伴侣中的一方比另一方对这一关系更投入)。
- 好处
- 弊端

同居与结婚

虽然同居和结婚在许多方面相似,但二者也有明显的不同。从群体层面上来说,同居群体似乎不如结婚群体快乐和适应良好,在很多国家都是如此(Lee & Ono,2012)。人口统计学变量可以解释两个群体之间的大部分差异（Hsue et al.，2009）。亲密伴侣之间的暴力行为在同居者中更为常见（例如，O'Leary et al.，2014），而且同居者更容易有抑郁倾向（Marcussen，2005）。虽然大部分同居者满意他们的生活，但他们的快乐水平显著低于结婚的人，甚至在二者的人口统计学变量和关系的持续时间保持一致的条件下仍是如此。

有一些原因导致同居关系不如婚姻关系持久。通常，同居者比结婚者的承诺水平低（Stanley et al.，2004）（有些同居者从未计划以后要在一起）。选择同居生活的人逃避传统，也不愿意遵循传统的生活方式。而且，解除一段婚姻关系要比结束一段同居关系困难；在婚姻中，有更多的束缚来维持婚姻关系（如财产）。

同居对将来婚姻的影响

婚前同居对将来的婚姻调适有什么影响呢？一个观点认为，同居可以筛除与自己不和谐的伴侣，人们可以为一段更成功的婚姻做好准备。这个观点是正确的吗？从很多研究的结果来看，答案是否定的。

有婚前同居经历的夫妻在婚姻质量测试上的得分明显低于婚前未同居的夫妻（例如，Dush et al.，2003），并且无论结婚多久，有婚前同居经历的夫妻离婚的风险都更高（例如，Phillips & Sweeney，2005）。最新数据表明，高离婚率仅发生在婚前多次与不同的人同居的情况下（Lichter & Qian，2008）。那些婚前同居并最终走向婚姻的夫妻比婚前未同居的夫妻更不可能离婚。这很有可能是真的，因为在现代的美国社会，婚前同居已经成为一种常态。因此，相对于没有同居过的人，那些经过深思熟虑，慎重决定要跟谁一起生活并最终结婚的人，对婚姻有更积极的态度并拥有更强的能力做出承诺。

牢记这点是十分重要的：婚前同居者和婚前未同居者之间的比较在本质上是相关。婚前是否同居是人们选择的结果。这一自我选择很有可能能够解释我们观察到的关系满意度和离婚率的统计结果。例如，与婚后才同居的夫妻相比，婚前同居者的宗教信仰不虔诚、文化程度较低。这些因素很有可能就是导致他们婚姻不幸福的原因，这些原因可能独立于同居经历起作用，或者可能与同居经历共同起作用。

你想知道吗

婚前同居能检验出人们将来的婚姻是否美满吗

不能。与婚前未同居者相比，婚前同居者不一定更有可能拥有幸福、稳定的婚姻。

青少年婚姻

为了评估青少年结婚究竟是否明智和可取，我们必须问一个问题：青少年的婚姻有多么成功。如果他们的婚姻是牢固的、幸福的、令人满意的，那我们没什么理由去抱怨和忧虑。但如果他们的婚姻是不稳定的、不幸福的、令人沮丧的、会引发个人和社会问题的，我们就有足够的理由去关心这一现象。图10-4列出了男性和女性首次结婚的年龄的中位数。

如图10-4所示，从1950年起，男女初婚年龄呈稳步增长趋势。这一增长趋势在1980～

2000 年最为明显。现在，男性初婚年龄的中位数为 29 岁，女性为 26.6 岁（U.S. Census
Bureau，2014b）。与这一趋势相符的是，青少年的结婚率一直在降低。大量研究表明，
步入婚姻的年纪越小，婚姻不幸福的概率越高，离婚的可能性也越大（例如，Raley &
Bumpus，2003），青少年结婚率降低似乎是一个积极的改变。

即使如此，一小部分青少年，尤其是女孩，仍然很早结婚。

统计局报告说，在 2008 年，5.1% 的女孩和 2.3% 的男孩在十八九岁时结婚或者已经
结婚；21.1% 的年青女性和 12.7% 的年青男性在 24 岁时结婚或已经结婚。拉美裔青少年比
非拉美裔的白人和黑人青少年更有可能早婚。

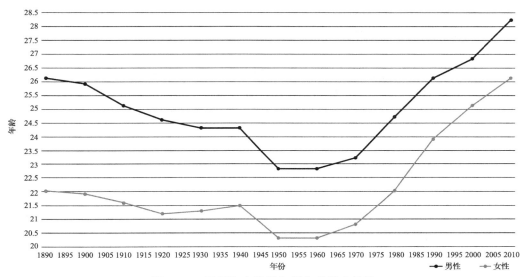

图 10-4　男性和女性的初婚年龄的中位数

资料来源：U.S. Bureau of the Census, Current Population Survey, Annual Social and Economic Supplements,
　　　　　2011 and earlier.

年青已婚者情况简介

早婚夫妻的社会经济背景通常较差。作为一个群体，社会经济地位低的青少年对高中
和高等教育的兴趣较低，所以他们认为没有必要为了学业而延迟结婚。社会经济地位低的
父母也不会反对子女早婚。而且，婚前怀孕，早结婚的主要原因之一，在成长于低社会经
济地位的家庭的青少年中也更为常见。

类似地，在学校里成绩较差的青少年也常常结婚较早。而且，还在上学就结婚的人辍
学的可能性更大。一个恶性循环诞生了：学业困难促使青少年较早结婚，一旦结婚，他们
继续接受教育的可能性就会变小，婚后很快就有小孩的人更是如此。

> **你想知道吗**
>
> #### 有多少青少年结婚
>
> 结婚的青少年越来越少了，现在已经少于 5%，这可能是因为人们对未婚怀孕的接纳度
> 越来越高了。无论如何，这是一个积极的趋势，因为青少年的婚姻很少有幸福且持久的。

青少年结婚的原因

青少年早婚的主要原因，尤其是在校期间就结婚的主要原因是怀孕。由于不同的研究关注的青少年的年龄不同，所以研究者发现的青少年怀孕率不一致。青少年结婚时的年龄越小，他们因为怀孕而结婚的可能性就越大。青少年的怀孕率已经下降，这在很大程度上使青少年婚姻减少了。

青少年对婚姻时常持有不切实际的想法。他们认为结婚就像童话故事一样，男人和女人相爱，结婚，永远幸福地生活下去。即使父母离婚或再婚的青少年也可能对婚姻存有理想化的看法。在我们的文化中，相爱是那么浪漫和美好，以至于青少年迫不及待地想要步入这个幸福的状态。这种婚姻是为了爱的观点导致青少年认为生活的目标就是找到爱，一旦找到爱，他们就必须在爱消失之前不计代价地迅速结婚。早婚的女生通常认为结婚是她们的生活目标。

有时结婚是青少年用来逃脱不幸的家庭、学业失败、个人安全感或满足感匮乏或社会适应不良的一种手段。青少年对目前状况的满意度越低，婚姻的吸引力对他们就越大。那些感到情绪上的不安全或社会适应不良的青少年，会迫切地想结婚。

调适与问题

年青的夫妻需要在婚姻中做出的调适以及需要解决的问题，与其他夫妻没有什么差异，但不同的是，他们的不成熟使得这些问题更严重。如果第一次约会和结婚的时间间隔缩短，青少年了解对方，判断自己能否与这类人和谐共处的机会就会变少。青少年在第一次谈恋爱时，在选择配偶方面存在着明显的劣势。

💡 青少年婚姻的问题

早婚的年青人在探索婚姻的过程中花费的时间较少，他们对结婚伴侣的很多特质还不了解，而他们很有可能在这些性格特质上不能很好地匹配（South，1995）。青少年婚姻所面临的问题包括不成熟、责任感不足、经济困难、与对方父母不和等。在此我们只对不成熟进行讨论。

不成熟

尚未成熟的个体的人格是变化的，还未完全成形。随着年龄的增长，青少年的人格逐渐成熟，他们会发生改变，哪怕开始时两个人很和谐，后来他们也可能会发现自己与伴侣的共同之处少之又少。在某一时间点，两个年青人确实可能发现彼此拥有共同的兴趣和良好的互动，但随着他们的人格发展，在接下来的四五年里，两个人的差距可能会越来越大。

青少年文化中的物质方面

让我们回到本章的开始部分：青少年文化的主题。理解这个问题的一个途径是看青少年在他们的日常生活中购买和使用什么产品。本章将讨论四类产品：衣服、车、电脑和手机。我们之所以讨论这些产品是因为它们对青少年的生活很重要。在讨论它们之前，我们要先了解一下青少年有多大的购买力。

青少年消费群体

相比过去，青少年有了更多可自由支配的收入。这是因为他们自己工作能获得较高的收入，也因为家庭为青少年子女付出了更多的钱，美国青少年的购买力在 2010 年达到了 2000 亿美元（Business Wire，2011），这比俄罗斯的国民生产总值还要多。也就是说，每个美国青少年每周的开支超过 100 美元。这还不包括父母和祖父母为他们花的钱。全世界的青少年每年共消费 8000 多亿美元，其中亚洲青少年的消费占大约一半（Sommer，2012）。

大部分青少年报告说从父母那里得到钱，有的青少年有偶尔的零花钱，有的青少年有固定的零花钱，有的二者都有。大部分年幼的青少年（12～14 岁）每月得到 20～50 美元的零花钱。较年长的青少年（15～17 岁）获得的零花钱的差异较大：大约 1/3 的人每月有 20～30 美元，20% 的人每月有 50～100 美元。很多青少年获得现金，这些现金是生日礼物或者节日礼物。还有很多青少年在空闲的时候会打工。需要注意的是，男孩更有可能通过工作赚钱，女孩的钱大多是别人给的。有趣的是，很多青少年说，他们是通过收集家里的零钱来获得钱的，用这种方式基本上每月能得到 14 美元（Coinstar，2003；Newspaper Association of America，2005）（见图 10-5）。

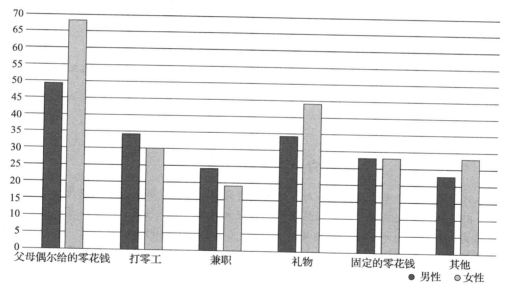

图 10-5　青少年的收入来源

注：青少年的钱来自哪里？如图所示，有多种来源。

资料来源：Newspaper Association of America（2005）.

青少年的消费习惯　青少年的钱都花在哪里了？一项问卷调查发现，青少年把 30% 的钱用于购买衣服，10% 用于购买配饰和个人护理用品，18% 花在食物上，8% 用于电子设备，21% 用于娱乐（音乐、电影、视频游戏等），8% 花在汽车上（Business Wire，2013）（见图 10-6）。从图 10-6 中可以清楚地看到，青少年很少会把收入用于储蓄或者帮助负担基本的家庭开销。

青少年对父母的购买行为的影响呈增长趋势（Belch & Willis，2002）。47% 的青少年曾被父母要求浏览购物网站以及推荐购买哪个牌子的商品（Magazine Publishers of

America，2004）。而且，与以前不同，如今，青少年在购物过程中最终做决定的阶段也拥有了话语权，而不是仅仅在搜索或者起始阶段（Wang et al.，2007）。相比与生活在正常家庭中的青少年，生活在单亲家庭中的青少年对父母的购物决定有更大的影响（LaChance et al.，2000）。

随着讨论的进行，我们更加清楚青少年文化中有物质元素。为了更好地适应同伴，青少年会花相当一部分的钱让自己看起来不错，购买一些时尚的物品。一些东西，如衣服和汽车基本上已经普及；其他东西，如手机、健身手环、电脑是相对比较新的。

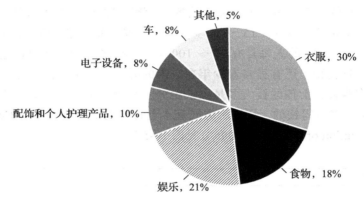

图 10-6 青少年的消费习惯

注：青少年的消费主要是为自己买东西。他们的钱大部分用于娱乐和购买那些让他们看起来更有魅力的产品。
资料来源：Business Wire (2013).

🔦 私人话题

青少年的信用卡债务

步入大学会带来许多新的挑战，对许多年长的青少年而言，其中一个挑战是对自己的信用卡负责。83% 的大学生拥有至少一张信用卡，并且大多数人是入校第一年就有了。几乎一半的本科生在离校时有信用卡债务，平均高达 3000 美元（Akaka，2004）。巧的是，这一数字是学生贷款数额的上限。不只是美国的年青人会背上难以偿还的债务，超过一半的英国青少年在 17 岁时也背上了大笔信用卡债（Bothol，2007）。

信用卡公司很积极地将大学生群体作为他们的目标。他们提供办卡礼品，并洪水般地给大学生发送容易办理信用卡的邮件。学生宿舍走廊和教学楼里也张贴着办卡广告。这些公司并不是真正的无私，他们是为了公司的商业利益才这么做的，他们出于几种原因去试图吸引青少年办信用卡。

首先，人们常常会对自己使用的信用卡形成"品牌忠诚度"，换言之，他们会倾向于一直使用他们办的第一张信用卡。

其次，很多学生办的信用卡都有年费。

最后，因为大学生们在用信用卡消费后并不能在月底还清所有欠款，所以会产生罚款和利息。信用卡利息很高，这对信用卡公司来说是很大的一笔利润。信用卡公司鼓励持卡人每月还最低还款额，而最低还款额不足以偿还所有欠款，因此持卡人将支付更多利息。

人们认为太容易获得的信用卡对年青人的财政健康来说是有害的。2009 年，美国国会通过了《2009 年信用卡业务相关责任和信息披露法案》，禁止信用卡公司在没有成年人共同签名的情况下向 21 岁以下的人签发信用卡。（如果青少年能够证明自己的经济状况，这个条件也可以放宽。）该法案还禁止向年龄小的青少年过度推销信用卡，减少了向青少年发放的信用卡的数量。

如果使用恰当，信用卡还是值得拥有的。它可以让你避免携带大量现金。信用卡是紧急资金的来源，能帮你建立起良好的信用等级，还能让你享受网上购物。如果使用不当，信用卡就会成为陷阱。巨额欠款、延迟付款或拖欠信用卡账单都将对你的信用等级产生负面影响，将来如果你需要贷款，你会更难获得贷款。

为了避免头脑发热，仅拥有一张信用卡是一个不错的主意。多挑选一下，找到最优惠的条款（例如征收的利息率）。仔细阅读每月的账单也很重要，确保条款没有发生变化。坚决不要购买负担不起的东西。除非有足够合理的理由，否则不要想象你会在下个月买得起现在买不起的物品（NellieMae Corporation，2006）。这样你会睡得更踏实！

服装

青少年文化中最值得关注的一个方面就是服装。实际上，青少年对服装的关心比大部分其他亚群体都多（Wilson & MacGillivray，1998）。他们将服装作为表达自我的一种方式和评价别人的一种途径（Piacentini & Mailer，2004）。适当的服装会给青少年带来自信，帮助他们融入群体，还能提高他们的自尊水平。

服装是青少年发现和表达自我同一性的一个重要方式（Isaksen & Roper，2008）。在青少年男女寻求自我感觉舒服的自我形象时，他们想的总是如何在自己的外表方面进行不同的尝试（Littrell et al.，1990）。他们选择衣服帮助他们实现印象管理。服装是一种与他人沟通的视觉手段，它能告诉别人你希望自己是哪种类型的人。青少年非常在意品牌（Moses，2000），他们或许会选择目前流行的牌子，如 Hollister、PacSun、Forever 21、Abercrombie、Zumiez，或者完全不要牌子货，他们要表明自己是谁以及希望别人如何看待自己。他们对服装的选择有几条原则：不要看起来很幼稚的，能显出成熟的身材的，不要成年人热衷的品牌，要能形成自己的风格（Konig，2008）。

服装可以成为青少年对抗成人世界的一种媒介。那些与父母对立，想反抗父母的青少年，会通过穿父母不喜欢的衣服或留父母不接受的发型来表达对父母的不满。父母表现得越大惊小怪，青少年越会坚定地坚持自己的风格。与之类似，服装和发型也会被一些青少年用来表达他们对成年人的社会道德观和价值观的反抗。如果成年人文化近乎虔诚地强调整洁，青少年就会选择保持脏乱来表达他们对虚伪的、物质主义的文化的反抗（至少青少年是这么看待这些文化的）。服装可以是一个人的个性、生活方式和政治哲学的一种可见象征。

服装帮助青少年发现和表达自我同一性，也使他们在同伴群体中有归属感。许多研究表明，青少年的外表和他们的社会接纳度有正相关。

母亲仍然是青少年着装的重要约束者（Johnson et al.，2014）。

你想知道吗

为什么时尚对青少年如此重要

追求时尚，无论是服装、俚语还是音乐，会给个体带来安全感（如果穿的和大家一样，你就不会因为品位被嘲笑）。追求时尚也可以让他人了解你，例如你属于哪个团体。最后，青少年独特的服装风格和喜好可以将他们与成年人分离开来，使他们感到独立。

服装对青少年的重要性　研究表明，女性比男性更关心服装，也更爱购物（例如，Chen-yu & Seock，2002）。大部分青少年女性报告说她们唯一最爱的休闲是购物（Dolliver，2010）。这点显示出了男女的社会化差异。女性被教育得比男性更重视自己的穿着。

服装的一个功能是表明青少年属于哪个小团体。服装还可以表明一个人的社会地位；例如，根蒂纳（2014）发现，**中间人**一般不会把自己的衣服借给别人或者跟别人交换衣服穿，以表明他们的独立性，而小团体的成员会互相交换衣服穿，但只限于小团体内部。因此，很容易理解同伴对青少年服装的选择有着主要的影响（Wilson & MacGillivray，1998）。如果一个人穿的衣服被同伴认为是不合适的和不流行的，那么他将会被冷落（Liskey-Fitzwater et al.，1993）。

服装的重要性在青春期阶段渐渐减弱。一项研究发现，12～14岁的青少年比15～18岁的青少年更喜欢穿最时尚的、当下流行的以及有名牌标签的服装（Simpson et al.，1998）。到了大学，处于青春期后期的学生通常会选择款式最舒服的衣服，对形象也没那么关注了。

汽车

青少年文化中另一个物质的方面是汽车。可能对于几代青少年来说，汽车都是他们最想拥有的东西。

为什么汽车是地位的象征

汽车是地位的象征。拥有一辆汽车或者有车开可以提高青少年在同伴眼中的威望。一个人拥有的车的类型也很重要，每种类型的车被赋予的地位每年都在发生变化。不久之前，开家用轿车，尤其是一辆新的、大的并且贵的车，能大大提升青少年的地位。后来，大型车过时了，小型的、跑得快的、价格高的运动型轿车开始流行。现在，运动型多用途汽车（SUV）开始进入青少年市场。对于大多数青少年来说，无论男女，拥有一辆汽车仍然是他们最希望拥有的地位象征。

在21世纪，在高中生群体中，拥有一辆汽车已经变得更加普遍。1985年至2002年，在年龄为15～20岁的群体中，拥有汽车的人几乎增多了一倍——从22%上升到42%。在2002年，超过50万辆新车被卖给了青少年。这一增长归因于这样一个事实：青少年的父母越来越愿意为孩子购买车辆以及为他们支付保险等费用（Higgins，2003）。

汽车在青少年文化中的重要地位已经开始弱化，处于青春期后期和成年早期的年青人不太看重汽车，至少有三点原因：拥有一辆汽车的高成本，对环境的关注，人们很容易通过网络和手机与朋友保持联络。在这些原因中，过高的成本似乎是最重要的（Zipcar，2011）。对汽车的兴趣减退反映在青少年取得驾照的速度的变化上：在 1983 年，近 50% 的美国 16 岁青少年有驾照，而在 2018 年，这一数字下降到了 30%（Pernod，2013）。时间会告诉我们这一趋势是否会持续下去。

手机

青少年喜欢使用电话的事实有家长为证。前几代青少年能因每一个能想到的话题讲几个小时电话。许多接到电话（或者短信）的青少年把这当作社会地位的体现。那些来电不多的青少年会有被拒绝和孤独的感觉。曾有一个广泛流传的笑话，父母不得不一直对他们的青少年孩子大吼大叫让他们挂掉电话，因为他们一直占据着家里的唯一电话线。随着手机的普及，青少年花更多的时间与朋友聊天，但至少他们不会烦到父母了。

78% 的美国青少年有自己的手机，其中一半拥有智能手机，年长的青少年和那些来自富裕家庭的青少年更可能有手机（Madden et al.，2013）。3/4 的美国青少年发短信，将近 2/3 的人每天至少发一次短信。现在有手机的普通美国青少年平均每月发送或接收 5000 条短信——每天 180 条，每年超 65 000 条——而通话不足 200 次（Lenhart，2012）。短信的数量在过去几年里急剧增长。实际上，因为短信的隐私性和不容易被别人听到的特征，手机短信就相当于现代版的传纸条（Davie et al.，2004）。发短信是现在的青少年互相联系的主要方式，即使在方便直接通话的情况下，他们也更喜欢发短信（Blair et al.，2015）。打电话一般用于与父母联系（他们通常不发消息）或者需要一个很长的私人对话时（Blair et al.，2015；Madell & Muncer，2017）。

青少年使用手机的好处与弊端　手机的一个好处是给孩子和他们的家长带来安全感（Williams & Williams，2005）。有了手机，无论在哪里，求助仅仅是按下几个按钮的事。十年前，寻呼机在一些高中里是标准配备。手机取代了这些设备，因为手机可以保证父母随时能联系到他们的子女（Ribak，2009）。正因如此，与没有手机的时候相比，父母现在愿意给孩子更多的自由。例如，家长允许他们晚归或去之前没有说清楚的地方，只要他们的电话可以打通。与之矛盾的是，由于这种"自由的增加"，青少年已经放弃了一定程度上的真正自主：他们从未真正独自一个人做决定，脱离父母的监管。来自家里的束缚一直都有。

由于手机代表着高新技术，而且并不是每个人都有，因此手机成为青少年新的地位象征（Srivastava，2005）。他们能选择各种颜色、设计以及带有各种功能的手机。手机已成为一个新的时尚配件（Katz & Sugiyama，2006）。

手机的一个弊端在于，当人们做事时，手机可能会打扰他们。有些学校明令禁止人们使用手机，因为手机对课堂的干扰很大。手机的另一个弊端是，开车时使用手机会增加开车的危险性（见"私人话题"）。青少年有对手机上瘾的风险：青少年报告说，当手机不在手上时，他们会很焦虑，他们会强迫性地检查是否有遗漏的短信，即使有时这么做并不合适（Sansone & Sansone，2013）。虽然青少年使用手机可能有以上弊端，但很显然，手机已成为青少年生活中的一部分，并会在以后的时间里被使用得更加频繁。

与使用手机相关的另一个问题是用手机发送性信息——发送有明显性含义的自己的照片。大约7%青少年报告说自己会发送性信息，其中女孩和年长的青少年的比例更高。发送性信息的青少年的性活动更为活跃，也更有可能进行有风险的性行为（如有多个性伙伴）。他们也更有可能使用药物，自尊水平较低（Ybarra & Mitchell，2014）。

在美国，青少年使用手机没有任何限制。实际上，在许多欧洲和亚洲国家，青少年使用手机的现象更为常见。这是因为，他们使用手机不需要获得父母的同意，而且相比美国，他们的通信费也更便宜些（相比固话）（Anderson，2002；Nielsen Company，2009）。

对大部分青少年而言，煲电话粥是一种重要的消磨时光的方式，这会占据他们一天中的大部分时间。手机的流行只会使这样的行为增多。

💡 青少年使用手机的好处和弊端

认真阅读下列特点，你认为哪些是使用手机的好处，哪些是使用手机的弊端？
1. 更强的安全感，无论人在哪里，都可以通过电话求救。
- 好处
- 弊端

2. 牺牲了真正的自主性，青少年受到家庭或父母的束缚。
- 好处
- 弊端

电脑和互联网

几乎所有青少年都接触电脑和网络（95%），大部分青少年都有自己的私人电脑（MAdden et al.，2013）：即使他们家里没有（大部分是有的），在美国，几乎每所学校都有很多供学生使用的电脑，还都连接了网络。3/4的青少年可以连接无线网络，他们有手机或平板电脑，1/4的人主要通过这些设备上网。在某种程度上来说，黑人和拉美裔青少年拥有电脑的可能性要比其他青少年低，但比白人青少年拥有手机的可能性高，而且他们比白人青少年更频繁地上网（Lenhart，2015）。造成这种状况的部分原因可能是社会经济差异，父母是高薪人员并受过高等教育的青少年比其他青少年更有可能拥有电脑（Madden et al.，2013）。

青少年不仅使用网络，而且经常使用。与成年人一样，常用的搜索引擎（如谷歌和雅虎）是青少年最常访问的网站（Nielson Company，2009）。为了正确看待这个问题，要知道成年人也经常上网，而且比青少年上网的时间更长（大部分是因为工作）。成年人平均每天上网超过五小时（Kleinman，2013）。年龄较大的女孩要比年幼的女孩或男孩上网的时间更长。图 10-7 显示了青少年使用网络的频率。

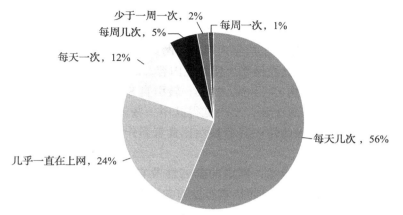

图 10-7 青少年上网的频率

注：大约 90% 的青少年报告说自己每天至少上网一次，大约 25% 的青少年说自己"几乎一直"在上网（Lenhart，2015）。

资料来源：Lenhart (2015).

青少年上网做什么呢？他们是如何度过在上网时间的呢？

发布自己创作的内容 近 60% 的青少年（2/3 的网络使用者）把自己原创的内容发在网上供他人访问。最常见的发布在网络上的内容是一些艺术作品，例如绘画作品或歌曲（占 40%），接下来是博客（28%）及个人网页（27%）。女孩和年长的青少年更喜欢发布他们自己的内容（Lenhart et al.，2007）。

使用社交网站 大多数美国青少年还使用社交网站：超过 70% 的美国人用 Facebook，超过一半的人使用 Instagram，1/3 的人频繁使用 Google+（Lenhart，2015）。他们通过这些网站与经常联系的朋友或那些只是偶尔见面的人保持联系。大概一半的人通过网站结识新朋友。

其他活动 还有其他活动，包括玩游戏（81%）、阅读新闻（76%）、购物（43%）、获得健康资讯（43%）（Lenhart et al.，2005）。与父母相比，青少年更经常通过网络下载音乐或视频，但不常使用电子邮件功能（Fox & Madden，2006）。

青少年使用网络可能带来的问题 除了可以与学校的朋友保持联络，青少年还可以通过网络与陌生人交谈，还能和某些陌生人变成朋友。这对那些在现实生活中发现自己在社区中是少数群体中的成员，或者那些有一些特殊的兴趣和问题，无法与周围的人交流的青少年来说，尤其有帮助。青少年可以进聊天室与他人"聊天"，青少年可能会与聊天室里的人有共同的爱好，支持同一支球队，有共同的生活方式（如双性恋、哥特风）、相同的健康状况、相同的种族或者有共同的宗教或政治信仰。目前，我们还没有理由担心通过电子媒介进行的沟通会给青少年的社交技能带来负面影响或引发反社会行为。例如，米卡尼等人（2010）发现，在青春期早期社会适应良好的人长大后，更有可能经常在网络上与人交流。当然，不要忘记，与陌生人交往并不总是好的。在网络上的一些聊天室里，青少年会鼓励对方参与一些有害的活动，如饮食失调行为或自残行为。也有研究显示，约 15% 的青少年会约见网友（例如，Staksrud，2003）。这一行为会给青少年带来很大的风险，因为谁都无法保证网友在网上所宣称的是他的真实身份。

另外一个担心是（不是孩子们的担心，而是家长的担心），网络上极易获取露骨的性内容。大约 1/3 的青少年说他们在浏览网页时，会看到自动弹出的色情网页（Wolak et al.，2007），大约 4% 的青少年曾被陌生人要求发送自己的裸照（Mitchell et al.，2007），约有 50% 的青少年收到过含有限制未成年人观看的网页链接的邮件（Symantec Corporation，2004）。因为许多年青人会主动在网络上搜索性内容，所以不足为奇的是，他们中 90% 的人表示在网上看过露骨的性内容（Fox，2006，转引自 Strasbruger et al.，2009）。很多青少年，特别是女孩和年幼的青少年，至少觉得其中一些内容是令人不安的（Ševčíková et al.，2015），有时候这些露骨的性内容会被性掠食者当作诱饵（Slavtcheva-Petkova et al.，2015）。

心理学家还有另外一个担忧：网络的匿名性及它对青少年自我同一性的形成的影响。匿名性为青少年提供了一种以前从未有过的尝试不同的同一性的机会（Katz & Rice，2002）。你可以用各种各样的方式展现自己，去看他人如何反应，而且几乎不需承担什么现实的后果。你可以假扮成任何身份，没有人知道这不是真的。青少年似乎在利用网络进行同一性实验（Israelashvili et al.，2012）。较年幼的青少年比年长的青少年花更多的时间来尝试不同的同一性，后者花更多的时间与朋友聊天。无论女孩还是男孩都把自己在网络中的角色描述得更符合性别定型化特征（例如，女生把自己描述得比真实的自己更漂亮，男生则把自己描述得更有男子气）。这样做最常见的动机似乎青少年是想看到自己在某方面发生变化后，他人是如何对待自己的，第二个原因是青少年想促进一段关系的形成（Valkenberg et al.，2005）。

💡 私人话题

网络和手机成瘾

高中生和大学生花很长时间上网，不断查看手机的现象极其普遍，以致我们很难划出一道清晰的界限来区分手机使用是正常的还是不正常的。如果你对网络和手机的使用是强迫性的，并且它开始干扰你生活的其他部分，这就可能是有问题的。你登录网络、聊天、发消息占用多少个小时其实并不是问题，问题是你对花在这些事情上的时间的态度和它们在你的生活中是否有优先权。

如果你想知道自己是否已经对网络和手机上瘾，你应该问问自己以下问题：

1. 你能控制自己花在网络和手机上的时间吗？或者你发现自己实际上网或检查信息的次数比你自己希望的次数多吗？接电话和回复消息干扰了你的其他活动吗？

2. 你在线的时间经常比你真正想在线的时间长吗？你甚至会因此而错过约会或者减少必要的睡眠时间吗？

3. 你会因为在线聊天或收发短信而忽视学校作业或工作职责吗？

4. 你会取消一些社会活动从而能够有更多的时间上网或者在手机上聊天吗？

5. 当你没有上网或没有与人在手机上交谈时，你是否会幻想自己正在上网或者用手机聊天？

6. 当你与他人交谈时，你是否会对自己上网与手机使用的情况说谎或者低估？

7. 你的朋友是否向你抱怨或暗示你用在手机或网络上的时间过多？

8.当你不能随意地上网或者使用手机时,你是否会变得烦躁不安?

这些问题与你在评估自己是否有药物滥用、赌博或运动等各种形式的成瘾时问自己的问题是相似的。

手机成瘾的人不能忍受孤单、错过一条信息或者不知道正在发生什么。网络成瘾的人的表现更加多样化,因为在网络上可以做很多种不同的事情。有些人参与在线赌博,在聊天室里与他人交谈、购物、浏览信息、观看色情书刊或视频、玩在线游戏。是那种上网的强烈需要对人们有害,而不是在网上所进行的活动。

像其他成瘾行为一样,网络和手机成瘾也是可以治疗的。如果你担心自己网络或手机使用成瘾,你可以向大学咨询中心的咨询师求助。

青少年文化的非物质方面

青少年亚文化并不总是与物质有关的。使用最新的俚语,听同伴认可的音乐也有助于青少年感受到部分亚文化。由于时代的差异,这些非物质方面的文化可能会引起他人对青少年各种不同评价,如"酷""有吸引力""时尚""疯狂""牛""难以接受""棒"等。

俚语

属于亚群体的人常常会使用他们自己的俚语。俚语以简便的方式来表达传统语言中需要更长的语句才能表达出来的概念。例如,用"辣"来表示"具有性吸引力"要简单得多。和服装一样,正确地使用俚语可以使人们辨别一个人是否属于亚群体的成员。使用俚语还能给青少年提供一定程度的隐私,因为他们周围的成年人可能很难理解他们在说什么。俚语能表达亚群体的价值观:例如,在 20 世纪 60 年代,嬉皮士使用"迷幻药"一词来表达他们对一些并不是药物的事物的喜爱,而这个词原本指能引起幻觉的药物。使用俚语对亚群体成员之间的凝聚力也有积极影响。

音乐在青少年文化中的重要性

音乐是青少年文化的重要组成部分。大多数青少年都会花很多时间来听音乐。许多研究表明,青少年平均每天听音乐接近 6 个小时(Nielson,2013)。在这其中的许多时间里,音乐往往是青少年进行其他活动的背景。随着 MP3 播放器的广泛流行——这些播放器尺寸较小,并且有巨大的存储容量——持续不断地听音乐比以往更方便了。青少年不再需要一个电源插座或者必须带着一个大音箱了。

波尔和他的同事研究了六个国家的青少年听音乐的理由,他们发现了音乐的七个功能(Boer et al.,2012)。

1.音乐是其他活动的背景。

2.音乐能激发记忆。

3.音乐可以分散注意力,听音乐很有趣。

4.音乐能引发动作。

5.音乐有助于一个人调节情绪。

6.音乐可以反映和表征自我。

7. 音乐帮助形成社会联结（人们倾向于选择与自己有相似音乐品位的朋友（Lewis et al., 2012））。

鉴于音乐能够满足人的多种需要，它占据青少年如此之多的时间就不足为奇了。

尽管不同类型的音乐（如主流的摇滚、流行音乐、乡村音乐、西部音乐）强调不同的主题，但关于爱的歌曲仍然是最多的（Christenson & Roberts，1998）。许多歌曲以一种浪漫的方式来描述爱，说真正的爱能够征服一切，或者爱是人生中最大的快乐源泉。也有一些歌曲表达了爱的另一面：分手、单相思和背叛。而且，歌曲对性的表达变得越来越外显。公开表达性接触是愉快的歌曲并不少见。无论是男歌手还是女歌手都频繁地描述做爱的感觉有多好。

除爱和性的主题外，流行音乐的主题有时候也会涉及青少年所面临的一些问题。一些艺术家演唱关于孤独或找不到工作的歌曲。有些歌曲会鼓励听众反抗父母、老师或警察的权威，有些歌词可能会鼓励听众以暴力来对抗自己知觉到的压迫，或抱怨战争和偏见等社会和世界性问题。饮酒和药物也常常被提及，一些歌典或者庆祝醉酒的乐趣，或者强调这些行为可能引起的问题。所谓的聚会歌曲会鼓励青少年放松和快乐。

摇滚乐

在 20 世纪 50 年代，摇滚乐开始流行起来的时候，它是属于青少年的音乐。在那以前，成年人和青少年听相同类型的音乐，如更早的吟唱歌手。爵士乐曾经被认为是低俗的，它从来不是只有青少年听众。但是从小理查德、猫王和查克·贝里开始，青少年拥有了属于自己的音乐，而且这些音乐往往是他们的父母不喜欢的。

尽管许多摇滚乐是比较轻柔的爱情歌曲，但也有些摇滚歌曲赞美了性爱、药物使用和反抗。在早期，

参加摇滚音乐会是青少年的一种传统，这一传统已经有超过 60 年的历史。

猫王扭动臀部的动作曾经引起了人们的忧虑。在 20 世纪 60 年代，披头士乐队的约翰·列农宣称他们的乐队比耶稣更受欢迎，这震惊了成人世界（引得公众焚烧唱片）。滚石乐队被禁止在电视上演唱《一起欢度这夜晚》（*let's spend the night together*）这首歌（他们不得不将歌词改为 "let's spend some time together"，意为："让我们共度一些时光"）。后来，杰斐逊飞机乐队和感恩而死乐队向听众推荐使用药物，乡村乔与鱼乐队唱的歌反对越南战争。重金属演奏者（如莫特利·克鲁伊）和金属乐队将自己标榜为危险的性捕猎者，有魅力的摇滚乐手更享受暧昧的性关系。20 世纪 90 年代早期，位于西雅图的格鲁吉亚摇滚乐队，如爱丽丝囚徒乐队和涅槃乐队，是愤怒的充满绝望的。进入 21 世纪后，新的金属乐如林肯公园乐队、乳齿象乐队和七倍报应乐队延续了煽动性歌词的传统。

摇滚乐已经不再像以前那样具有震撼成人世界的能力了，因为当代青少年的父母在成

长的过程中已经听过这样的音乐了。许多成年人，即使不是大多数，仍然会将他们的收音机调到摇滚频道（他们播放 20 世纪 70 年代或 80 年代初的排行榜上的歌曲）和参加摇滚音乐会。摇滚已经成为主流，青少年需要一种新的声音。

说唱音乐

说唱音乐诞生大约 40 年了。它的特征是伴随着有节奏的节拍说唱出歌词。至今为止，说唱音乐在黑人、白人和拉美青少年中是最受欢迎的音乐（Roberts et al., 2005）。说唱音乐在全世界的青少年中都很流行。说唱音乐是嘻哈文化的支柱（Miranda et al., 2015）。源于非洲和加勒比音乐的说唱音乐是由两个纽约市的音乐节目主持人创造出来的，艾弗瑞卡·班巴塔和库尔·赫克，他们是从加勒比岛移民到美国的。第一张大型商业说唱音乐唱片是 1979 年发行的糖山帮的《说唱者的喜悦》（*Rapper's Delight*）。随着说唱音乐的发展，它变得越来越多样化。艺术家开始尝试把说唱音乐与摇滚音乐（尤其是金属乐）、拉丁音乐和电子音乐融合起来。尤其是其中的一个分支"街头说唱"——以 Ice-T、图派克·沙克和公敌乐队为代表，"街头说唱"充满暴力、性别歧视和同性恋恐惧。

不可避免地，正如人们对摇滚音乐中的反社会信息的担心一样，人们对说唱音乐也有同样的担心。这些担心是否有道理？听带有暴力或露骨性信息的歌词是否会对青少年有消极影响？请继续阅读本书。

反社会音乐的影响

社会学习理论表明，听那些反社会主题的音乐，特别是当这些音乐是由一个人的英雄或偶像所表演的时，会产生有害的影响。人们已经知道电视（一种不同的大众传播媒介）对人产生的影响，这提醒人们注意反社会音乐可能对青少年产生的影响。那些直接探究反社会音乐对青少年影响的研究有什么发现呢？

有很多研究表明，对反社会音乐的偏好与社会疏离相关。大量研究（几乎都是相关研究）发现，重金属音乐的粉丝更有可能自杀（Stack et al., 2012）。在一项少见的采用实验法的研究中，马斯特和麦克安德鲁（2011）发现，重金属摇滚使他们的实验参与者更愿意让其他人不舒服。哈特和她的同事（2014）发现，饮用紫色饮品（一种处方强效止咳糖浆和苏打水的混合物）与对说唱音乐或嘻哈音乐的偏爱相关。还有些研究发现了离校与偏爱重金属音乐之间的联系（例如，Roe，1995）。

由于大部分关于反社会音乐对人们的行为的影响的研究都是相关研究，因此至今为止，几乎没有研究表明对反社会性歌词的偏爱与攻击行为之间存在直接的因果联系（Kirsh，2006）。例如，斯塔克（1998）发现，虽然重金属音乐迷更能够接受自杀，但是当把重金属音乐迷和非重金属音乐迷的宗教信仰考虑在内时，这种差异就不明显了。换句话说，是宗教信仰，而不是对重金属乐的偏爱，影响着人们对自杀的态度。还有研究发现，当重金属音乐迷听自己喜欢的音乐时，他们的情绪会高涨，而不会低落（例如，Scheel & Westefeld，1999）。重金属音乐可以起到宣泄的作用，驱散人们累积的沮丧和愤怒。但是那些初次听到重金属音乐的人更有可能产生愤怒的情绪。

还有一些研究结果是引人担忧的。例如，最近一项关于荷兰青少年的研究发现，对说唱音乐的偏爱可以预测女孩后来的**外在问题**和反社会行为。对说唱音乐或重金属音乐的偏爱可以预测男孩后来的外在问题。相反，有外在问题不能预测一个人将来是否会成为重金属音乐迷或说唱音乐迷（Selfhout et al.，2008）。尽管这种相关关系很可能是其他因素造成的，但这一相关关系的单向性（音乐偏好影响行为，反之则不然）支持人们反对这种类型音乐的观点。

总之，反社会音乐在青少年生活中的作用是复杂的，这些音乐反映了他们对世界的关心以及对未来的悲观，还被他们用来减轻不愉快的和无法控制的情绪。关于自杀、谋杀、极端绝望和毁灭世界的歌曲是结果，而不是青少年鲁莽和绝望的原因，重金属音乐是他们对世界的关心以及适应社会环境的过程的反映。

歌词与性行为之间的关系　相似地，有一些相关研究的数据表明，那些听了包含性贬低的歌词的青少年更有可能出现较早的性行为（Martino et al.，2006），在很多其他因素被控制的条件下，仍然可以得出这样的结果。尽管这种分析比一个典型的、单纯的相关研究更有说服力，但仍然不足以推论出听包含性贬低的歌词会直接导致较早的性行为的结论（即这两者之间存在因果关系）。

需要谨记的一点是，对暴力性的摇滚和说唱音乐的偏爱与参与危险行为有联系，但这不一定会导致青少年做出危险行为。相反，危险行为与重金属音乐或说唱音乐可能都吸引那些对寻求感官刺激有高倾向性的青少年。同样要谨记的是，只有很少的几项研究试图证明听音乐与反社会行为之间是否存在因果联系。很有可能这些联系会在将来被揭示出来，特别是对于那些并不是因为自己的意愿而去听反社会性音乐的人。而且，即使听说唱音乐和重金属音乐与反社会行为之间没有因果联系，这种相关关系也是重要的，因为我们有可能把听这些音乐这件事作为青少年将来可能出现问题行为的标志或预测因素。

你想知道吗

听反社会音乐是否会引起反社会行为

还没有因果性的数据将青少年抑郁、自杀和反社会行为与听反社会音乐联系起来。然而，那些抑郁或攻击性强的青少年倾向于听反映这些主题的音乐。而且，暴露于描绘女性和少数民族的刻板印象的音乐和音乐视频中会使人们对这些刻板印象更深信不疑。

音乐视频

自从 1981 年 8 月 MTV（音乐电视台）出现，一种极其受大众欢迎的新型娱乐方式产生了。没有人质疑 MTV 取得的巨大商业成功和它对音乐产业的后续影响。然而，今天的青少年已经不再像 20 世纪 80 年代的青少年那样花大量时间看 MTV 了。MTV 也几乎不再投入时间来做音乐视频了。现在青少年观看其他电视台或在电脑上浏览视频网站（如 YouTube）。然而，即使每天只花 15 ～ 30 分钟看音乐视频，加起来的话，一年也可以达到 90 ～ 180 小时，因此思考音乐视频对青少年会产生什么影响是值得的。

由于音乐视频以青少年为目标群体，并且它比传统的电视节目有更多的暴力和性内容，因此音乐视频产业引来了很多批评。例如，美国儿科学会、女性反色情组织、国家电视暴力联盟、父母音乐资源中心等组织都表达了音乐视频可能会对青少年产生有害影响的担忧。内容分析表明，超过半数的概念视频（那些描绘形象而不是音乐演奏的音乐视频）有暴力或性内容（Strasberuger，1995）。说唱音乐视频比摇滚乐和重金属音乐视频更加暴力、更加粗俗，有更多性信息（Kandakai et al.，1999；Smith & Boyson，2002）。此外，很多音乐视频以饮酒和吸烟的内容为主要特征（Cranwell et al.，2015）。

💡 探讨反社会音乐视频对青少年的影响的研究

约翰逊和他的同事证实了有反社会主题的视频的消极影响。

在一项研究中，研究者分别给非洲裔美国男性青少年呈现暴力的说唱音乐视频、非暴力的说唱音乐视频，或者不呈现视频（控制组），然后再给他们呈现一个有暴力内容的故事。那些观看有暴力信息的说唱音乐视频的被试比其他两组被试更能接受故事中的暴力，他们还说自己也更可能使用暴力（Johnson et al.，1995）。

音乐视频可能对青少年产生影响的原因　我们有充分的理由相信音乐视频比其他的大众媒体更可能对青少年产生影响。思考以下几个方面（Strouse et al.，1995）：

1. 音乐能激发强烈的情绪，且音乐的情绪调节作用使人们对行为和态度的改变更加敏感。

2. 众所周知，音频和视频同时呈现能够促进学习，比单纯的音乐对人们的态度和行为的影响更大。

3. 摇滚乐和说唱音乐常常包含反抗性的、反社会的和性挑逗的信息。

4. 概念音乐视频中往往有很多暴力片段。

5. 有研究表明较短时间的接触音乐视频能够导致个体对暴力的脱敏，提高个体对社会上的暴力行为的接纳度。

关于音乐视频对青少年影响的研究揭示了一些有趣的性别差异。女性听音乐更多，她们更喜欢轻柔的、浪漫的、适于跳舞的音乐，而男性更喜欢"硬的"音乐（Toney & Weaver，1994）。相比于男性，音乐对女性来说更加重要，她们还比男性更关注歌词。因此，她们报告了更多对音乐意象的个人卷入和参与，在用收音机听音乐时，她们更有可能去回忆视频中的图像。调查研究发现，女性看音乐视频的量与女性婚前性放纵的相关比男性强（Strouse et al.，1995）。

另一个需要考虑的重要因素是家庭环境。父母的缺席与青少年看电视和听广播时间的增加相关。而且，与不太经常听摇滚音乐的青少年相比，经常听摇滚乐的青少年参与同伴活动更多，参与家庭活动较少。因此，家庭环境是音乐视频对青少年的影响的重要调节变量。与其他更客观的家庭功能指标相比，青少年的家庭满意度对音乐视频可能产生的影响有重要调节作用。一些音乐节目能使人逃离到诱人的音乐幻想中去，对家庭不满意的青少年对这类音乐节目的需求会增加。总而言之，音乐视频可能产生的影响是一个动态的交互过程，它对那些处于风险中的青少年会产生更大的影响。相对来说，具有较高家庭满意度的青少年不会受到音乐视频中的性信息的影响（Strouse et al.，1995）。

第 11 章

性 行 为

　　青春期的开始伴随着对与性有关的所有事物的好奇。最开始时，这种好奇是以自我为中心的，青少年会关注自己身体的变化。大多数青少年花很多时间照镜子，仔细检查自己身体的变化。青少年最早产生的对身体变化的关注主要集中在正在发育的体格上，而不是性欲的感觉或表达。

　　渐渐地，青少年不仅关注自身变化，而且关注别人的变化。他们的脑海里会浮现出越来越多关于异性的发展、变化和性特征的问题。青少年也开始对人类的繁殖感兴趣。男孩和女孩慢慢意识到性的感觉和性冲动，以及在什么情况下性冲动会被唤起，身体会有什么反应。大多数青少年有过这样的经历：抚摸自己，玩弄自己的生殖器，探索新的感觉。他们常常在不经意间通过自慰体验到性高潮。青少年开始花很多时间谈论性，讲粗俗的笑话，看色情作品，甚至发送有性信息的短信。成年人有时候会被青少年的这些行为震惊，许多家长发现孩子浏览过色情网站时感到很恐惧。实际上，青少年有这些行为是因为他们想要了解人类的性欲，是青少年理解、表达、控制性感觉的方式。

　　随着时间的推移，青少年对同伴间的性尝试越来越感兴趣。这些兴趣一部分来自他们的好奇心，一部分来自获得性刺激和性释放的需求，还有一部分来自对爱、亲密以及被他人认可的需求。获得情感满足和鼓励的需求比获得生理满足的需求更强烈，这并不少见。

　　在美国，性道德规范在 20 世纪 60 年代晚期至 20 世纪 70 年代早期发生了巨大的变化，这段时期也是所谓的性解放时期。其中一些变化是积极的，例如今天大多数青少年对性的态度都很开放，不会像 1962 年的青少年一样"谈性色变"。这样的变化有助于他们将来拥有更加满意的性生活。伴随着新道德标准的形成，人们的性态度和性行为也发生了变化。研究显示，青少年，尤其是女孩，对性的态度越来越宽容，现代社会是多元化的，性道德规范也是一样。总之，青少年现在认可个人主义的道德规范——认为所有人必须依照个人标准进行决策。

这些变化也带来了一些问题。青少年的性活动更加频繁，却不总是采取有效的避孕和防止疾病传播的措施，所以性活动的愈加频繁导致了更多的性传播疾病、意外怀孕和人工流产。

今天的青少年，像曾经的那些青少年一样，面临着如何做出关于性的决策这一任务。他们和其他时代的青少年有着相同的性冲动，不同之处在于，当代青少年的性冲动更频繁地被激发（想想你最近看过的两三个音乐视频），却没有人告诉他们怎样才能更好地控制和释放性欲。尽管电视节目和电影中有很多性镜头，杂志也总在探讨性，但许多青少年还是对性不了解或者存在误解。所以，我们需要系统的性教育来抵抗青少年所接触的半真半假、被扭曲的性知识，帮助青少年穿过道德混乱的荆棘。

正在改变的态度和行为

美国青少年的性活动有多活跃？是不是大多数青少年在高中就有性行为了？甚至初中？除了性交，他们还做什么？在这一节中，我们将探讨美国青少年的性行为。我们将首先探讨过去 20 年来青少年性行为发生率的变化。我们还将讨论与青少年的性活动有关的因素。

婚前性行为

美国疾病控制与预防中心的数据显示（CDC，2014d），只有大约 6% 的青少年在 13 岁前有过性交。自 20 世纪 90 年代以来，青少年过早性交的发生率一直在下降（见图 11-1）。这是个好的趋势，因为过早性交与后来的不良情绪健康及冒险行为有关（Kastbom et al.，2015）。

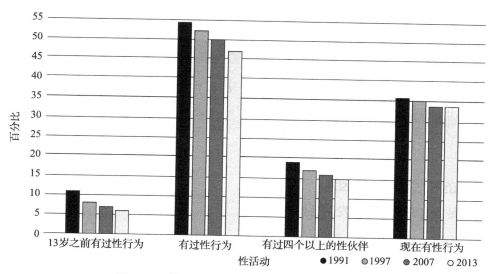

图 11-1 性行为发生率的变化（1991 ～ 2013）

注：在全国范围内，47% 的高中生有过性行为。大约 30% 的九年级学生报告说自己有过性行为，有 2/3 的高中高年级学生说自己有过性行为（CDC，2014d）。

资料来源：Data from CDC Control and Prevention (2014d).

非洲裔青少年最有可能有性行为。大多数有性行为的青少年有与自己年龄相仿的性伙伴，他们的年龄差一般在几岁的范围内（Koon-Magnin et al.，2010）。也就是说，大多数青少年的性伙伴都是他们的同龄人或者年青的成年人。大多数有性行为的女孩是与一个固定的男朋友发生性行为的（Abma et al.，2004）。自 20 世纪 90 年代以来，性行为活跃的青少年的比例有小幅下降（CDC，2014d）。

其他数据表明，第一次性行为是在不情愿的情况下发生的概率很高，对青少年女性来说尤其如此。大约 11% 的年青女性说她们"当时真的很不希望第一次性行为发生"，而且女孩发生第一次性行为的年龄越小，越有可能是被迫的。还有 48% 的女生当时的态度是模棱两可的，情绪很复杂（Marttinez et al. 2011）。男性在回忆自己的第一次性行为时，报告消极体验和复杂情绪体验的可能性较小——只有 5% 的男性说他们当时不想发生性行为，33% 的男性报告说他们情绪很复杂。总的来说，今天的青少年发生第一次性行为的时间比他们的祖父母早，但不一定比他们的父母早，与他们的哥哥姐姐几乎同岁或者更晚。现在的青少年不太可能在年龄很小时（如十三四岁）发生性行为，有过性行为的可能性也较低，不太可能有非常活跃的性活动，也不太可能像 20 世纪 90 年代早期的青少年那样有四个或更多性伙伴（CDC，2014b）。大多数研究者认为这些数字之所以减少主要是因为人们对性传播疾病的警觉和恐惧。

现在平均结婚年龄是 25 ～ 30 岁，所以很少有美国人等到结婚后才开始性行为，不过大多数有性行为的高中生并不会有很多个性伙伴——在高中阶段有四个或更多性伙伴的人不足 20%（CDC，2014d）。更常见的模式是"接力赛式的一夫一妻制"（serial monogamy），也就是在一段时间内只与一个人约会，而且只与这个人发生性关系。大多数青少年说，只有当这段关系对他们来说很重要时，他们才会与对方发生性行为。虽然如此，也有大约 15% 的高中生同时与多个人关系密切（Kelley et al.2003），这个比例在大学更高（详见研究热点"大学校园里的草率交往"）。

你想知道吗

大多数美国青少年发生第一次性行为的年龄是多大

美国青少年发生第一次性行为的平均年龄是 15.5 岁，也就是在高中二年级的时候。

与青少年的性活动相关的因素

并不是所有青少年都会发生性行为。

与青少年的性活动相关的因素

与青少年性活动相关的因素包括年龄和社会经济地位、种族 / 民族和宗教、男朋友或者女朋友、发生第一次性行为的年龄、青春期开始的年龄和同伴标准、性别和问题行为、教育期望。

在此我们只对年龄和社会经济地位进行讨论。

年龄和社会经济地位

年龄　年龄越大，青少年就越有可能发生婚前性行为，且目前更有可能有性生活（20% 的九年级学生和 50% 的高中生报告说自己在过去的一个月中发生过性行为）(CDC，2014b)。

社会经济地位　在父母受教育程度低、社会经济地位低的青少年中间，有过早性行为的例子更多（Cubbin et al.，2011；Sieving et al.，2000）。

父母和兄弟姐妹　青少年和父母关系的质量会影响他们的性行为（Miller, et al.，2001）。那些和孩子关系亲密且温暖的家长，他们的后代总是比较节制，能够延缓性行为，而且有较少的性伙伴。这里有一部分是直接影响——青少年的态度和父母的态度一致，也有一部分是间接影响——这样的青少年控制冲动的能力一般较强，不与有偏差行为的同伴来往，避免药物滥用，有更多的亲社会行为，这些都有助于降低青少年性行为的发生率。类似地，那些通过制定行为标准、加强宵禁等措施管理和监督孩子行为的家长，他们的孩子进行性活动的可能性也较低（然而如果家长过分严苛，他们的孩子的性活动就会更加频繁）。与民间说法相反的是，和青少年谈论性并不意味着默许他们的性活动（这个问题后面还会再讨论）：如果家长明确地告诉孩子他们的性价值观，孩子就会延缓性行为，性伙伴的数量也会更少（例如，Sneed，2008）。

许多因素都和青少年的婚前性行为相关，其中"能否和父母探讨性方面的问题"对处于青春期早期的青少年影响最大，在青春期后期，朋友对青少年的影响更大。

此外，家庭系统也会影响青少年的性活动。相比正常家庭，在父亲缺失的家庭长大的女孩更有可能寻求性关系（例如，James et al.，2012）。来自重组家庭的青少年比来自完整家庭的青少年有更多的性经验（Sweeney et al.，2009）。

很多研究证实了青少年的性行为和其哥哥姐姐的性行为之间的联系（see East，2009），兄弟姐妹之间的关系越亲近，共同的朋友越多，并且哥哥姐姐会给青少年施加某种压力，这种联系就越紧密。例如，有"少女妈妈"这样的姐姐的女孩，怀孕的概率是相似背景下其他女孩的五倍（East et al.，2007）。弟弟或妹妹会主动模仿哥哥或姐姐的冒险的性行为（Whiteman et al.，2014）。如果弟弟妹妹相信他们的哥哥姐姐节制性活动，他们也更有可能这么做（Almy et al.，2015）。

前工业社会中的青少年性行为

美国青少年和其他西方工业化国家的青少年在参与性活动方面差不多，这些青少年与那些前工业化、非科技化社会中的青少年相比如何呢？虽然不同社会在价值观方面有巨大的不同，但可以肯定的是，和大多数非工业化文化相比，美国成年人对青少年性行为的容忍度较低。

施莱格尔和巴里（1991）考察了186个不同的非西方社会，他们发现，60%～65%的尚无文字的社会能够容忍青少年与异性的性行为，至少是与有限数量的其他青少年的性行为。他们最终的配偶往往是曾经的性伙伴。允许滥交的情况是很少见的。有一些部落，如非洲东部的基库尤人允许互相爱抚和手淫，但是他们禁止实际的性交。

施莱格尔和巴里还发现，那些对青少年异性间性行为宽容的文化通常具有的特征是：科技极不发达，性别平等，母系社会，女性对家庭财富积累有重要贡献，人们可以自由选择配偶。对青少年性行为有限制的社会有着与之相反的特征，以及结婚时交换财物的习俗。

在少数文化中，同性恋行为是被允许甚至被鼓励的。例如美拉尼西亚的基迈姆，他们认为年青的男孩需要精液来成长为成熟的男人，在这个社会以及其他类似的社会中，男孩会为年长的男性口交，获取对方的精液。

总的来说，对这些文化的研究表明，人们对青少年性活动的接纳程度有很大的差异。一些文化完全限制和禁止男孩和女孩的任何接触。大多数文化认为青少年的性行为只是青少年生活的一个方面，人们对此的反应更多是愉快而不是愤怒。

其他性行为

在许多人的观念中，处男或处女这个词意味着基本没有或完全没有性经验的人，但是对于许多青少年处男或处女来说，事实并非如此。在20世纪90年代开展的一项有2000个高中生参与的研究中，接近30%的处男处女报告说他们曾经给伴侣手淫或者对方曾经给自己手淫（Schuster et al.，1996）。更近一些时候，许多报刊也报道了口交在青少年中变得更为普遍（见研究热点"口交普遍存在吗"）。尽管这些行为没有怀孕的风险，但这些行为可能会导致许多性传播疾病的传染。

口交普遍存在吗

很多成年人感觉到青少年越来越多地进行口交行为，甚至在青春期早期就开始这么做了，事实真的如此吗？

只有大约13%的中学生有口交行为，在16～17岁的青少年中，这一比例是约20%（Herbenick et al.，2010）。在19岁时，有口交行为的人数比例达到50%（Linberg et al.，2008）。处男处女的口交行为显著少于非处男处女，而且他们的口交也更有可能是与同一个伴侣进行的。白人青少年和那些有较高社会经济地位的青少年比其他青少年更有可能进行口交，女孩比男孩更有可能为对方口交。

也有一些数据表明，青少年并不认为口交是性交。一本受欢迎的青少年杂志做过一项调查，发现只有 60% 的 15～19 岁的青少年认为口交是性交（Remez，2000）。其余 40% 的被抽样青少年认为，"童贞"等于"从来没有进行过阴道性交"。

口交带来的风险要比性交少一些。也就是说，怀孕不可能发生，感染某些性传播疾病的可能性也更小。但是，许多青少年错误地认为口交是没有风险的（事实上并非如此），他们可能会感染淋病、衣原体、生殖器疱疹和生殖器疣。此外，由于青少年认为自己不容易被传染，因此他们可能会不急于治疗这些疾病。

自慰

自慰是指能够产生性唤醒的所有类型的自我刺激，无论这种性唤醒能否使个体达到性高潮。无论是男性还是女性，正在与他人交往的还是单身的，已婚的还是未婚的，自慰行为都是普遍存在的：事实上，自慰是青少年报告的最普遍的性活动（Herbenick et al.，2010）。

不同研究得到的关于自慰行为发生率的数据存在差异。

最近一项针对高中生的研究发现，自我报告有自慰行为的男性数量显著多于女性，男性自慰的频率也比女性更高（Robbins et al.，2011）。在 14～17 岁的青少年中，大多数男性都有自慰经历，而且大约一半男性每周至少自慰两次或三次。大约 40% 的 14 岁女孩和 60% 的 17 岁女孩有自慰经历，其中 1/4 的人每周自慰几次或更多。因为自慰往往被看作不好的行为，或者因为青少年（错误地）认为只有那些没有其他途径释放性欲的人才会这么做，所以青少年很有可能不愿意报告这一行为。在其他研究中，自慰的频率也被低估了（Halpern et al.，2000）。

经常自慰的青少年，与性伙伴一起进行各种形式的性活动（如性交、口交或手淫）的可能性是不自慰的青少年的四倍多（Robbins et al.，2011）。另外，所有健康、医疗和精神病学方面的权威现在都提出自慰是成长过程中的正常部分。它对身体和心理没有任何有害影响，也不影响正常的性调适。实际上，从来没有自慰经历或者对自慰持消极态度的女性，对性关系的满意度低于有自慰经历的女性（Hogarth & Ingham，2009）。自慰可以帮助个体了解自己的身体，使个体学会如何做出性反应，发展性别同一性，达到性释放。自慰唯一的消极后果并非这一行为本身所致，而是青少年认为这一行为有害并会造成问题而带来的内疚、恐惧、焦虑所致。这些负面情绪可能会给个体带来很多心理上的伤害。一直相信自慰有害的青少年仍然一直有自慰行为，这将不可避免地导致这些青少年焦虑。

性及其意义

许多青少年有性交行为，随之而来的一个问题是这一行为有什么意义。从 20 世纪 60 年代开始到 20 世纪 90 年代，研究表明，青少年偏爱的标准答案是"感情的放纵"——性行为在有爱情的情况下是最能被接受的（McCabe，2005）。当今有大量青少年有性交活动，但是他们之间没有爱情或承诺（Manning et al.，2004）。

青少年追求的是什么？当青少年说他们需要性时，他们的主要动机是什么？

很容易做出这样的回答：因为他们想要迅速释放生物驱力。青少年之所以会产生性欲往往是因为他们不知道如何对待性（Diamond & Savin-Williams，2003）。这些情绪需求包括好奇、想得到爱情的愿望、孤独，还有获得地位的需求，对男子气或女子气的验证，提高自尊，要表达对枯燥无味的愤怒和逃离。性变成了一种表达和满足与性无关的情绪需求的方式。

性多元化

美国人生活在一个**多元化社会**（pluralistic society）中：不同的个体接受多种性行为标准。

随意的性 随意的性，或者没有爱情的性，是指人们有性交行为但是没有情感投入和对情感的需求。他们进行性行为只是为了性本身，因为他们享受性的乐趣，他们这么做没有任何附加条件。有些人做爱只是为了生理满足，有些人则有不同的动机，如表 11-1 所示。

表 11-1 性行为的隐秘动机

动机类型	描述	例子
		"她让我生气，因此只是因为怨恨，我这么做了。"
		"我今晚为你花了 15 美元，现在我得到了什么？""因为你送的手链，我不知怎样感谢你才好。"
		"如果我跟你睡觉，你会跟我住在一起吗？""让我们生个孩子吧，这样我的父母就不得不允许我们结婚了。"
		"我等着别人发现我昨晚跟谁一起睡觉了。""我跟你赌 20 美元我能跟她上床。""我会让你看到谁的魅力不可抵挡。"

注：性行为的一些隐秘动机如表 11-1 所示。根据所提供的例子，填写这些动机的类型及其描述。

💡 性行为的标准

性行为的标准可能包括：婚前禁欲，有爱情、承诺和责任的性，有爱情、承诺但没有责任的性，有爱情但没有承诺的性。在此我们只对禁欲进行讨论。

禁欲

不同个体对禁欲的确切含义的理解有着巨大的差异。有些青少年只允许有爱情的亲吻。另一些青少年认为没有爱情也可以亲吻。亲吻可以是很随意的，不管是轻吻、深吻还是法式亲吻。有些青少年觉得搂着脖子亲吻很长时间是可以的（包括所有形式的亲吻和拥抱），但是不允许爱抚（抚摸脖子以下的身体部分）。另一些青少年允许抚摸胸部，但是不允许抚摸性器官。也有些青少年会刺激性器官，甚至互相手淫达到性高潮，但是不进行真正的性交。有些青少年是技术上的处男或处女——他们从来没有允许阴茎进入阴道，但是进行口交和两股间的刺激（将阴茎放在对方大腿之间）。

性道德标准的性别差异

"双重标准"是指对男性行为有一个标准，对女性行为有另一个标准（Milhausen & Herold，2001）。

许多青少年仍然相信，男性的性活动要比女性的性活动更容易被人们接受（Crawford & Popp，2003；Lyons et al.，2011）。有证据表明现在仍然是这样。例如，克莱格和斯代夫（2009）发现，有多个性伙伴会提高男孩的受欢迎度，但这会降低女孩的受欢迎度，大学生更有可能记住那些经常有性活动的男性的积极信息，而记住经常有性活动的女性的消极信息（Marks & Fraley，2006）。杰克逊和克拉姆（2003）的报告也指出，用于指代滥交的女孩的词"荡妇"带有轻蔑的意味，而与之相对应的指代滥交的男孩的词"风流男子"被认为有积极的含义。

双重标准不仅仅存在于美国，其他西方国家的女孩（如英国和俄罗斯）也报告了对双重标准的担忧（Ivchenkova et al.，2001；Jackson & Cram，2003）。在非洲和亚洲国家也是如此（Shefer & Foster，2001；Zuo et al.，2012）。

尽管在性行为的动机方面性别差异正在渐渐减少，但性别差异仍然存在。男性一般对性有更放纵的态度，比女性更容易接受没有爱的性（Townsend & Wasserman，2011）。当讨论为什么进行性活动时，女性比男性更强调对情感亲密性的需求（Diamond & Savin-Williams，2009）。使这种状况更严重的是这样一个事实：男性青少年更有可能将他们正在进行中的一段关系描述为"随便的"。男孩称之为"随便的"关系，却被女孩当作"稳定的""长期的"关系（Rosenthal et al.，1990）。这些差异会导致伤害或背叛的感觉。

 研究热点

大学校园里的草率交往

草率交往是许多大学生生活中存在的事实，比如两个人刚认识或者只在酒吧或聚会上偶然相识，然后就一起离开，进行某种形式的性行为，不期望有任何未来的、长期的关系。草率交往是非常普遍的行为，在大学新生中的发生率已超过 50%（例如，Ggute & Eshbaugh，2008），男生和女生的数据很接近。草率交往常常发生在两伙聚会的人都喝酒的情况下（LaBrie et al.，2014），其中超过 50% 的人说他们根本没想过要这么做，或者说如果没有喝酒，他们不会做出这样的性活动。

研究者发现大约 80% 的学生在他们学习的大学校园里有至少一次草率交往的经历（Paul，McManus & Hayes，2000）。几乎有一半男性和 1/3 的女性在草率交往中有性行为。

因此，我们有理由追问：大学生是否享受这种草率的交往？如果答案为"否"，那为什么他们还会这么做呢？大多数人是享受这种行为的（例如，Lewis et al.，2012），但有超过 1/3 的女大学生报告说后悔、羞愧、失望或事后会产生混乱的感觉（Owen et al.，2010）；男生则比较少报告这些消极情绪。大多数女生是为了追求性满足才进行草率的交往（Fielder & Carey，2010），然而，其中一半以上（私下里）希望一夜情能够演变成一段更持久的关系（Owen & Fincham，2012）。许多学生感觉他们的草率交往行为是因为（至少其中一部分原因是）从众的需求，因为别人这么做了，所以自己也要做（Lambert et al.，2003）。这充其量是一个不可靠的动机，而且很不幸的是，大学生往往会高估他们的同伴草率交往的可能性，高估他们从中获得的享受（Reiber & Garcia，2010）。男性对于草率交往的感觉并不像女生以为的那样舒适，女性对于草率交往的感觉也不像男生认为的那样舒适。这是很有问题的，因为它意味着有很多"当事人"并不希望发生的性活动正在发生。

性侵犯

阅读关于青少年性侵犯经历的研究让人感觉很痛苦，因为几乎所有研究都表明这是相当常见的。根据美国疾病控制与预防中心的数据，大约 10% 的高中生报告说自己在过去的一年里约会时遭受过对方的身体伤害（CDC，2014c）。需要注意的是，在过去的一年里，只有 75% 的高中学生报告说自己约会过，也就是说，这些约会过的高中生受到侵犯的人数比例约为 14%。在女性和 12 年级的学生中这一比例是最高的。被迫的性活动包括从亲吻到性交的各种行为。女生被迫接受性接触更加常见（特别是白人和拉美裔）。

在女大学生中，这一情况更加严重。每年大约有 5% 的女大学生遭受过强奸或企图强奸（American college Health Association，2013）。18 ～ 22 岁的没有上大学的女性被强奸的比例甚至更高（Sinozich & Langton，2014）。大部分性侵事件都没有被报告出来。

如果把那些不情愿的性活动考虑在内，这一比率会高得多。不情愿的性活动指一个人同意与对方进行性活动，即使他并不想要。有时候一个人感到自己应该与伴侣进行性活动，因为他担心对方会结束这段关系。有时候青少年担心如果自己没有异性恋行为，就可能会被贴上同性恋的标签。有时候他们这么做是因为药物或酒精的作用而不能控制自己。

女性会使用不同的拒绝策略来避免不情愿的性活动（Perper & Weis，1987），包括避免引诱行为和亲密的情境，忽视男人发出的性信号，转移话题或分散注意力，找借口（"我明天有个重要的考试"），说"不"，身体的拒绝。女性还会使用推迟（"我还没准备好""我想要一种有情感投入的关系"）以及威胁（"如果你不停下来，我就再也不跟你见面了""我要离开"）。

💡 研究热点

强奸的本质

有三种类型的强奸。

1. **陌生人强奸**（stranger rape），这种类型的强奸是人们最容易想象到的，发生在一个人被另一个他或她所不认识的人侵犯的时候。

2. **熟人强奸**（acquaintance rape），指受害者被认识的人强奸，可能是同事，居住在同一座大厦或同一个区域的人，或者一个经常去的杂货店的收银员。

3. **约会强奸**（Date rape），指发生在自愿的、预先安排好的约会中的强奸，或者女性在某个社交场合中遇到一个男性后，在自愿与他出去的情况下发生的性侵犯形式。

约会强奸在高中和大学校园里呈现增多趋势（Casey & Nurius，2006），而且是最为常见的一种强奸形式（Zinzow & Thompson，2011）。

强奸的受害者常常会受到责备。可能这就是为什么强奸案件很少被报告出来：只有 11% 被强奸的女大学生去报案，如果她们在被强奸时喝了酒，报案的就更少了（Kilpatrick et al.，2007）。男性比女性更有可能责备受害者。他们更有可能认为犯罪是不严重的（Newcombe et al.，2008）。如果一个女性的穿着具有挑逗性或者该女性醉酒了，她更可能会受到责备（Maurer & Robinson，2008）。男生联谊会或运动队的男生更有可能支持强奸，责备受害者，他们对女性进行性侵犯的可能性是那些独来独往的人的三倍（Foubert，2011；Murnen & Kohlman，2007）

（在男生联谊会里待的时间更长的女生联谊会成员，受到强奸的可能性是独来独往的人的三倍（Minnow & Einolf，2009））。

强奸对受害者和他们的家庭来说都是一种创伤性经历。强奸的受害者往往会变得极其混乱，经历很大的痛苦，可能通过语言或流泪表达出来。当她努力让生活回归正轨时，她可能会感到抑郁、恐惧，焦虑长达几个月甚至几年（Howard et al.，2007）。大约 1/5 的强奸受害者曾经试图自杀，她们的自杀率比没有被强奸的妇女高 8 倍。不幸的是，不足 10% 的青少年性侵犯受害者会寻求父母或其他成年人的帮助（Black et al.，2008），这表明他们很难得到他们需要的帮助。

与女性一样，男性也可能被强奸，尽管数量少于女性。大约 4% 的高中男生报告说自己曾被强迫性交，3% ～ 5% 的成年男生曾被强迫肛交（男性更有可能受到另一个男性的性攻击，而非女性，不过偶尔也会被女性胁迫）。男性比女性更有可能受到一群男性的攻击，而不是一个男性的攻击。与女性受害者一样，男性受害者也常常因此受到指责，遭受巨大的创伤（Bullock & Beckson，2011）。

你想知道吗

大多数美国青少年的性道德标准是什么

大多数美国青少年相信"有爱情的性"是允许的。当然，有些青少年会与那些不在意爱情的人进行性交，但是这样做被认为是不好的。

避孕及性传播疾病

既然大多数美国青少年都有性行为，避孕措施的使用率就成为一个极其重要的问题。估计 90% 经常有性行为且不使用避免措施的青少年女性将在一年内怀孕（Guttmacher Institute，1999），更多的人将会被感染性传播疾病，而这本来是可以避免的。

在经常有性行为的青少年中，使用某种形式的保护措施来避免怀孕和性传播疾病的人占多大比例呢？好消息是越来越多的青少年开始这么做了。

青少年对避孕措施的使用

1988 年，美国国家家庭增长调查显示，只有 35% 的 15 ～ 19 岁女性或她们的伴侣在第一次性交时使用避孕手段（包括中断性交）(Forrest & Singh，1990）。同年，只有 32% 的 15 ～ 19 岁女性和 / 或她们的伴侣报告说他们使用避孕措施（Mosher，1990）。更近的数据表明，85% 的青少年伴侣在上一次性交时使用了某种形式的避孕措施，大部分是用安全套（CDC，2014c）。96% 的青少年至少偶尔会使用避孕措施（Martinez et al.，2004）。青少年女性使用避孕措施的持续性显著低于成年女性，偶尔使用避孕措施显然是不够好的。这些数字表明大量青少年存在意外怀孕和感染性传播疾病的风险。图 11-2 列举了美国青少年常用的避孕方法。

许多卫生官员认为青少年应该选择安全套避孕，因为这种方法不仅可以大大降低怀孕的风险，还可以有效降低感染性传播疾病的可能。相比之下，口服避孕药和其他影响激素的方法不能降低感染性传播疾病的可能。现在，经常有性行为的青少年开始越来越多地使用安全套，这可能是因为他们害怕感染人体免疫缺陷病毒（HIV），这种病毒会引起获得性免疫缺陷综合征（即艾滋病）。美国妇产科医师学会支持使用长效避孕措施（宫内节育器、注射、埋植、宫颈环），这是因为他们担心青少年不会持续使用安全套或口服避孕药。

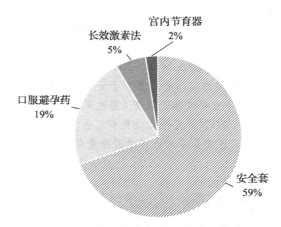

图 11-2　美国青少年常用的避孕方法

注：在美国青少年所使用的避孕方法中，最普遍的是安全套（59%），其次是口服避孕药（19%），大概5%的青少年使用长效激素法，如避孕贴片、注射式避孕、宫颈环，使用宫内节育器的青少年大约为2%（CDC，2014d）。

个体是否使用生育控制手段，与种族或民族、年龄、性取向有关。例如，黑人青少年更喜欢用安全套而不是避孕药，白人青少年则正好相反（CDC，2014d）。年龄较大的青少年比年龄较小的青少年更有可能使用口服避孕药（CDC，2014d）。与异性恋相比，男同性恋使用安全套的可能性比较低（Blake et al.，2001）。

最后一种避孕措施是吃紧急避孕药。在没有采取任何保护措施的性交后的几天内吃这种药可以阻止怀孕。有一种叫作 Plan B 的紧急避孕药不需要处方，任何人都可以在

有几种类型的避孕用具在药店和杂货店里公开出售，包括安全套。尽管很容易得到这些避孕用具，但许多经常有性行为的青少年仍然不使用任何避孕方法，这提高了青少年怀孕和感染性传播疾病的发生率。

药店买到。大多数青少年都知道这类药物（Kaiser Family Foundation，2014），超过 10% 的有活跃性行为的青少年女性吃过紧急避孕药（CDC，2011）。

为什么不采取避孕措施

如何让有频繁性行为的青少年持续采取避孕措施是个挑战。即使是那些经常有性行为但又不想怀孕的青少年也经常不采取任何避孕措施。使用者必须得了解这些避孕方法（大多数人似乎了解）（Brown & Guthrie，2010），并且得愿意承认他们经常有性行为（这个问

题更难）。他们必须希望并且能够在需要的时候获得避孕用具。一些学生在什么时候进行性行为是安全的，怀孕的概率是多少等问题上被误导了（Ryan et al., 2007）。许多人不相信怀孕会发生在他们身上。一小部分未婚的青少年确实想怀孕，因为他们认为自己和伴侣彼此相爱，怀孕能够确保自己获得对方的长期承诺。有些人因害怕父母不赞成而对是否该得到帮助犹豫不决（Zavodny，2004）。

一项研究得到了一个有趣的发现：如果一个青少年在性活动中提议使用安全套，那么他或她的性伙伴有超过 50% 的概率认为，这意味着这个青少年知道他或她有性传播疾病。此外，大约有一半的青少年说他们的伴侣怀疑他们，有大约 20% 的青少年说如果他们的伴侣想使用安全套，他们会感到被侮辱了（Kaiser Family Foundation，2000）。

青少年应该避孕吗

计划生育诊所是有性行为的青少年学习避孕措施的一个很好的信息来源。但是，青少年常常在发生性行为之后或者在怀孕后才去诊所。

1977 年 6 月 9 日，美国最高法院宣布，各州法律不能限制对未成年人出售避孕用具，非注册药剂师可以提供非处方避孕用具，这些工具可以被公开陈列和做广告（Beiswinger，1979）。一个初等法院的案例也判决，在给青少年开避孕药处方时，无论青少年年龄多大，都不需要事先通知其父母（*T. H. v. Jones*，1975）。

青少年是否应该获得避孕用具一直是个有争议的话题。有些成年人担心青少年获得避孕用具将会提高青少年滥交的可能。同时，超过一半的父母支持他们的女儿使用安全套或避孕药（Hartman et al.，2013）。

能否获取避孕用具对青少年的性活动几乎没有影响，却是他们是否使用避孕用具和是否会怀孕的主要决定因素（Blake et al.，2003）。性教育的一个主要目标应该是提供避孕知识。有些反对性教育的人提出，他们担心如果青少年"知道得太多"，会因为这些知识遇到麻烦。但是，证据表明，避孕知识对性行为没有影响，真正影响性行为的是个体和他们所属群体的价值观和道德观。事实上，青少年很容易获得非处方避孕用具，但是他们不经常使用它们。

你想知道吗

美国青少年最常使用哪些类型的避孕措施

美国青少年最常使用的避孕措施是安全套，其次是避孕药（在过去许多年中，这两者的顺序是相反的）。尽管长效激素法（如避孕贴片和注射式避孕）也越来越被广泛地使用，但是使用它的人仍然比使用安全套和服用避孕药的人少得多。

性传播疾病

任何年龄的人都有可能通过性接触被感染性传播疾病，但性传播疾病在很大程度上是青少年问题。基本上，由于生物易感性和许多风险行为（如有多个性伙伴，不使用安全套），所有经常有性行为的青少年都有感染性传播疾病的风险。许多性传播疾病（如生殖器疣和淋病）在青少年中的传播比在成年人中更广。全国每年新增的性传播疾病患者中有50%是被 15 ～ 24 岁的人传染的（CDC，2014a，见图 11-3）。

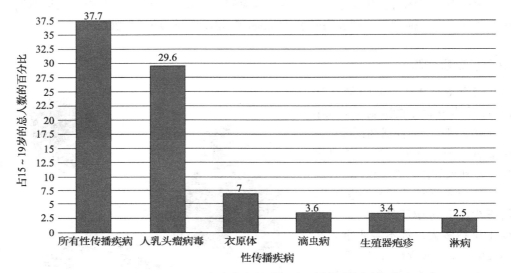

图 11-3 美国 15 ～ 24 岁的人中最常见的五种性传播疾病的患病率

注：如图 11-3 所示，HPV 类疾病是最常见的性传播疾病，每年新增病例超过 450 万。
资料来源：Data from Forhan et al. (2009).

有超过 25 种传染性微生物体可以通过性传播，其中很多都是极其常见的。不幸的是，很少有青少年意识到他们感染了性传播疾病。

你想知道吗

经常有性行为的青少年有多少感染了性传播疾病（STD）

据估计，在经常有性行为的青少年中，每年有 1/4 的青少年将会感染性传播疾病。

风险与症状

青少年女性感染性传播疾病的风险比男性大，因为男性在与一个已经被感染的女性发生性行为之后不太可能被传染，反过来，女性与一个已经被感染性传播疾病的男性发生性行为之后，更可能被传染（Rosenthal et al, 1997）。此外，女性比男性更有可能出现性传播病症的并发症，因为女性常常没有症状或者症状不明显，她们在严重伤害产生之前，也较少寻求治疗。

最常见的性传播疾病

虽然每种性传播疾病都很重要，但我们在这里将只关注 HPV，因为它是最常见的性传播疾病。

HPV

有 790 万美国人携带 HPV（人乳头瘤病毒，很多人没有症状）。每年有 3/4 的青少年性传播疾病感染者所患的病是 HPV 引起的。这是一族病毒，而不是某种特定的病毒。幸运的是，大部分感染是无症状的，不需要进行治疗，就可以自行消失。有时候 HPV 会引起生殖器疣，这种疾病是可传染的，很难看，但是无痛。更严重的是，HPV 与女性的宫颈癌有关，迄今为止，没有其他好办法来降低传染的概率。

2006 年，美国食品药品管理局批准宫颈癌疫苗可以用于 9 ～ 26 岁的女性。这种疫苗可以预防可能导致宫颈癌的多种类型的 HPV 感染。青少年女性使用疫苗将有效降低她们患宫颈癌的风险。美国疾病控制与预防中心推荐所有 11 ～ 12 岁的青少年，包括男孩和女孩，都接受三次接种以获得免疫力（CDC，2014e）。非洲裔美国青少年女性和拉美裔青少年没有白人青少年接种这一疫苗的人数比例高（Kester et al.，2012）。有些父母不给孩子接种，是因为他们认为获得免疫力可能会鼓励孩子滥交（Marlow et al.，2007）。

所有有活跃性行为的人都有感染性传播疾病的风险。有一些行为提高了这一风险。如果你不用安全套，有多个性伙伴，是性侵的受害者，以前感染过性传播疾病，滥用酒精，使用消遣性的毒品，静脉注射药物，或者是青少年女性，那么你感染性传播疾病的概率会提高。

许多性传播疾病常常没有症状，这意味着个体可能已经被感染，但是自己并不知道。这些人可能并不愿意传染给他人。因为艾滋病患病率的快速增长和高死亡率，公众在过去的 40 年里给予这种疾病很多关注。其他一些未经治疗的性传播疾病也可能会引起不育或死亡，我们也应该予以重视。表 11-2 列出了一些未经治疗的性传播疾病的主要症状和后果。

表 11-2　关于常见性传播疾病的事实

疾病	原因	症状	治疗方法	后果
衣原体	细菌	男性有清、稀的分泌物；女性一般无症状	抗生素	男性尿道损伤；若不治疗，女性可能会不育，患盆腔炎
淋病	细菌	男性有黏稠的脓状分泌物；女性一般无症状	抗生素	女性不育，患盆腔炎
梅毒	细菌	疮疡之后出现疹	抗生素	大约一半未接受治疗的患者死于心脏病
生殖器疣	乳状瘤病毒	生殖器内外都有疣	局部治疗，激光	女性患宫颈癌
生殖器疱疹	疱疹病毒	生殖器上有小水泡，伴有疼痛	无治疗方法，阿昔洛韦可缓解症状	尿道狭窄，少数病例患脑膜炎，提高 HIV 易感性

艾滋病

艾滋病是造成美国 15 ～ 24 岁人群死亡的第八大原因（U.S. Census Bureau，2012）。尽管青少年实际的艾滋病患病率相对较低，但大部分患有艾滋病的年青成年人是在十几岁时感染上病毒的（MacKay et al.，2000）。而且，实际上，青少年的 HIV 感染率更有可能显著高于根据年青成年人的艾滋病患病率来推论得到的数字，因为许多感染 HIV 的年青成年人没有表现出症状（National Institute of Allergy and Infectious Diseases，2013）。非洲裔美国青少年比白人青少年和拉美裔青少年更可能感染 HIV。

艾滋病的诊断

艾滋病是 HIV 引起的。当 HIV 进入血液时，它会攻击一种被称为"T 淋巴细胞"的白细胞，T 淋巴细胞刺激人体的免疫系统，提高人们与疾病斗争的能力。随着 HIV 的繁殖，越来越多的 T 淋巴细胞被破坏。免疫系统越来越弱，身体容易患各种各样的机会性疾病。但是，不是所有感染了 HIV 的人都会得艾滋病。在个体接触 HIV 病毒三个月以后，我们就能通过检验其血液中是否含有 HIV 抗体，测出其体内是否含有 HIV 病毒（ELISA/EIA 检测）。

诊断

当一个人表现出症状时或者 T 淋巴细胞数量下降到 200 以下时，此人被认为患上了艾滋病。艾滋病的潜伏期为几年到十年不等。从病毒感染到发病的平均时间是 5 ～ 7 年（Ahlstrom et al. 1992）。青少年有可能感染并携带 HIV 长达几年而不自知。但是，在这个阶段，他们可以将病毒传染给他人。

私人话题

回答下面的问题，看看你对艾滋病了解多少。对下面的每个陈述做出"是"或"否"的回答。

1. 你会因为与他人共用针头而感染艾滋病。
2. 你可以通过性交将 HIV 传染给另一个人。
3. 没有使用安全套的性行为可能会使你感染艾滋病。
4. 你可以通过握手感染艾滋病。
5. 使用安全套可以降低感染 HIV 的概率。
6. 只有男同性恋才会得艾滋病。
7. 与班级里学生的偶然接触会使你感染艾滋病。
8. 艾滋病或 HIV 感染可以治愈。
9. 怀孕的妇女会感染未出生的婴儿。
10. 禁欲可以降低感染艾滋病的概率。
11. 不与静脉注射药物者进行性行为可以降低感染艾滋病的概率。
12. 口服避孕药可以降低感染艾滋病的概率。
13. 你可以从一个人外表上看出来他是否被感染。
14. 你可以在公共卫生间感染艾滋病。
15. 你可以因为献血而感染艾滋病。
16. 你可以因为昆虫叮咬而感染艾滋病。
17. 你可以在不知道自己是 HIV 携带者的情况下将病毒传染给他人。

18. 你可以因为口交而感染艾滋病。

19. 输血可能会导致艾滋病的传染。

20. 你可以因为与艾滋病患者拥抱而被感染。

经常有性行为的青少年患艾滋病的可能性有多大

青少年很少会患艾滋病，因为这种疾病往往在一个人感染 HIV 几年以后才会发生。但是，相当大比例的人在 20 多岁的时候得了艾滋病（这占艾滋病患者的很大比例），因为他们在十几岁时感染了 HIV。

未婚怀孕和人工流产

婚前性行为的高发生率以及不能坚持采用避孕措施导致大量未婚怀孕的发生。

在工业化国家中，美国青少年的怀孕率最高（Sedgh et al., 2015）。在美国的青少年中，超过 80% 的怀孕是计划外的（Finer & Henshaw, 2006）。在 2010 年，美国青少年怀孕率（有统计数字的最后一年）大约是 6%。换言之，有 6% 的美国青少年女性在 2010 年怀孕，怀孕者总数超过 60 万（Kost & Henshaw, 2014）。美国社会普遍认为青少年怀孕是最复杂、最严重的公众健康问题之一。

一个好消息是青少年的怀孕率已经大幅下降，如图 11-4 所示。

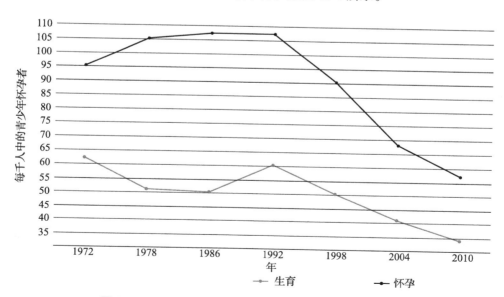

图 11-4　1974～2010 年美国青少年怀孕和生育的数量

注：20 世纪 70 年代和 80 年代这 20 年中，每年至少有 100 万青少年怀孕，自 90 年代以来，青少年的怀孕率下降了 51%（Child Trends, 2014）。2010 年的青少年怀孕率是自 1972 年有数据记录以来最低的一年。

资料来源：Data from Kost & amp; Henshaw (2014) and Henshaw (2003).

15 ～ 17 岁青少年的怀孕率下降幅度大于 18 ～ 19 岁青少年，15 岁以下的青少年的怀孕率下降幅度更大。现在，青少年生育二孩的情况比以前少了（CDC，2013）。这些下降在很大程度上是由于青少年更多地运用了控制生育的手段（Santelli et al.，2007）。

在过去的 20 年里，不同种族 / 民族的青少年的怀孕率下降幅度有所不同。非洲裔美国青少年女性怀孕率的下降最为显著，为 56%，但是，其怀孕率还是很高，是白人女孩的 3 倍之多。

你想知道吗

在美国每年有多少女孩怀孕？这些怀孕的女孩大多数会怎么做

目前，每年大约 615 000 个美国女孩怀孕，绝大多数青少年是意外怀孕，她们也不想要这个孩子。尽管如此，在大多数情况下，怀孕的女孩会生下孩子并自己抚养。

青少年怀孕的原因

与其他西方国家相比，为什么美国女孩更有可能怀孕呢？请看图 11-5 关于出生率的比较。

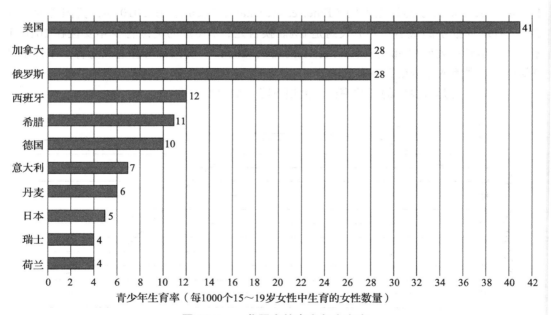

图 11-5　一些国家的青少年生育率

注：如图所示，美国的青少年生育率（3.4%/ 年）比其他所有西方工业化国家都高得多（Sedgh et al.，2015）。
资料来源：Data from United Nations (2008).

达罗克和她的同事（2001）比较了美国和其他四个发达国家的情况，得到了以下结论：

1.美国青少年并没有比欧洲国家的同龄人有更多的性行为。因此，美国青少年的高怀孕率不是高比例的性行为导致的。

2. 与其他国家的青少年相比，美国青少年更不愿意采取避孕措施。在他们采取避孕措施时，他们采取那些最有效的避孕措施的可能性也较小，例如避孕药和长效激素法（注射和埋植），而欧洲的青少年更喜欢双管齐下，同时使用安全套和影响激素的方法，这降低了他们怀孕和感染性传播疾病的风险。

3. 美国的贫困率高于许多其他发达国家，这是很重要的因素，因为在所有调查的国家中，贫困率与高怀孕率都有关。

4. 相比于其他西方国家，在为中产阶级提供健康保健服务方面，美国政府做得不够好。不是所有美国青少年都能免费或以较低的价格获得避孕的处方，这导致他们更少地使用避孕工具，从而使怀孕率更高。

5. 与其他国家相比，美国的初级保健医师不关心避孕问题。美国青少年女性往往不得不去妇科医师或者私人诊所那里去获取避孕处方。

6. 在其他国家，在孩子们从青少年向成年过渡的过程中，他们往往可以从外界获得帮助，例如，他们更有可能受到职业培训以找到工作。类似的帮助有助于减少贫困，进而降低青少年的怀孕率。

7. 其他国家的产假政策鼓励人们推迟生育，尤其是一个人在休假时得到的工资与她正常的薪水是成比例的。假设这一比例为 60%，高薪水的人自然更容易维持生活。由于这一实质性的经济刺激，许多夫妻决定推迟生育。

8. 在许多欧洲国家，人们更易于接受青少年发生性行为。青少年不会因性行为感到羞愧，他们有更多的自由来承认自己希望有性行为，他们也可以采用避孕措施，为性行为做好准备。

9. 与其他国家相比，美国社会对青少年生育有更高的接受度。

10. 与许多美国校区采用禁欲作为性教育的唯一手段的做法不同，其他国家的学校会提供更广泛的性教育（在本章后面我们会继续讨论性教育）。

在工业化国家中，美国的青少年怀孕率最高。大多数女孩决定把孩子生下来，或者退学，或者在做母亲与学业之间挣扎。

由此来看，为降低美国的青少年怀孕率，还有许多事情可以做。

怀孕的后果

怀孕可能导致三种结果：孩子出生、人工流产、意外流产。在全球各地，这几种结果的可能性有很大的差异（见图 11-6）。

当然，现在的数字与以往相比有了大幅下降：现在的数字不到 1991 年的一半（Martin et al.，2015）。青少年母亲第二次生育的比率已经下降 20%，所以总的青少年生育率也降低了（Black et al.，2006）。拉美裔与黑人青少年的生育率高于白人，亚裔青少年的生育率最低（Martin et al.，2015）。

青少年怀孕有四个可能的结果，这四种结果发生的可能性从高到低依次是：

1. 生下来并且自己抚养。
2. 选择人工流产。
3. 意外流产。
4. 生下孩子，但是送给他人抚养。

母亲 我们没有现在的数据，已知的是，在20世纪90年代，超过97%的青少年母亲决定抚养自己的孩子（例如，Henshaw，2003）。我们有理由相信，现在这一比例基本没变：对未婚母亲的污名在持续减少，流产仍然被允许等。同其他青少年相比，少女妈妈更有可能贫困（Furstenberg，2007），更有

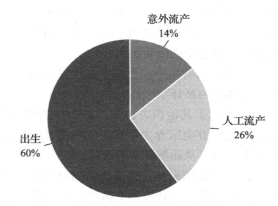

图 11-6　美国青少年怀孕的结果（2013）

注：82%的青少年怀孕是意外怀孕（Finer & Zolna，2011）。其中，14%的青少年意外流产或产下死胎，26%人工流产，其余60%孩子正常出生（Kost & Henshaw，2014）。

资料来源：Data from Kost & amp; Hensahw (2014).

可能是非裔或拉美裔（Furstenberg，2007），与她们的父母关系更糟，可能在儿童期受到过虐待，她们的父母可能是药物滥用者，不能监控她们的行为（Oxford et al.，2006）。这些年青的女孩往往认为生下孩子会改善她们与孩子父亲之间的关系。她们也希望得到孩子给她们的爱（Garrett & Tidwell，1999）。换言之，成为一个少女妈妈是她们遭受痛苦的表现，而不是引起问题的原因。然而，作为母亲的真实情况往往并不像她们所期望的那样：孩子总是有很多要求，而不是给予。成为父母的青少年很少有生活快乐的。

大部分美国人认为，青少年做母亲是一个悲剧（Zachry，2005）。决定生下孩子的单亲妈妈会陷入贫困。如果她结婚，她能够保住婚姻的概率只有1/5（Hanson，1992）。这些青少年母亲中大约有一半都完成了高中学业（The National Campaign to Prevent Teen and Unplanned Pregnancy，2012a），没有孩子的青少年完成高中学业的可能性要比她们高（Mollborn，2010），她们中也很少有人去读大学（Hofferth et al.，2001）。青少年母亲不大可能获得一份好工作来养活自己和家人，经常需要公共援助（超过60%的青少年母亲在孩子出生后的第一年需要援助）（The National Campaign to Prevent Teen and Unplanned Pregnancy，2012a）。

青少年生育的代价

青少年生育的代价是十分巨大的，这些代价需要三代人以及社会来共同承受。在此我们只对年轻母亲付出的直接代价进行讨论。

年青母亲付出的直接代价

青少年母亲要承受的直接代价是失去或推迟受教育的机会，中断自己的发展之路，失去谋生的机会。许多年青的父亲也会因女方过早怀孕而受到消极的影响。

父亲 因此大部分青少年母亲是与比她们大 2 ～ 3 岁的男生发生性关系而怀孕的（Coley，Chase-Lansdale，1998），所以也同样存在着很大数量的青少年父亲。那么这类青少年是哪些人呢？他们与自己的孩子以及孩子的母亲有什么样的关系呢？

在许多方面，成为父亲的青少年男性与成为母亲的青少年女性具有相似的人口统计学特征。他们往往比较贫困，生活在低收入的社区中，学业不良，他们经常中途退学，有犯罪行为（Fagot et al.，1998）。

许多青少年父亲表示他们愿意与孩子和孩子的母亲保持联系，愿意养他们（Glikman，2004）。但事实是，在孩子出生后，他们与孩子和孩子母亲的联系会逐渐减少。例如，研究者（Larson et al.，1996）发现，在孩子一岁时，不到 40% 的青少年父亲与他们的孩子以及孩子的母亲生活在一起。孩子出生后，只有 1/4 的人一直与孩子和孩子的母亲作为一个家庭生活在一起。

为什么父亲的参与度如此之低？青少年母亲与父亲对这个问题的看法有所不同。青少年父亲说女方的反对是他们参与照顾孩子的主要障碍，而母亲说这是因为父亲的漠然。这两种观点可能都是正确的。母亲会因缺少经济方面的支持产生挫折感和愤怒，而父亲将母亲的这种情绪理解为她们不希望看到他们。父亲可能会因无法提供更多钱而感到窘迫，因为不擅于照料孩子而感到不安，这有可能会被母亲理解为父亲不愿意参与照料孩子（Rhein et al.，1997）。父母双方都认为父亲使用药物是他不参与照料孩子的原因。

青少年父亲通常比较贫困，他们不可能给孩子提供足够的钱。这些人总是很早离开学校，收入水平低，与周围的同龄人相比，他们每年的工作时间也往往少几个星期（Nock，1998）。这些青少年往往在成为父亲之前就存在各种问题。未成年父亲的犯罪率是其他青少年的两倍（Stouthamer-Loeber & Wei，1998），药物使用率是其他青少年的三倍多（Guagliardo et al.，1999）。不幸的是，青少年在成为父亲之前的反社会行为是不良养育行为的一个很强的预测因素（Florsheim et. al.，1999）。通常，这些青少年自己的家庭中也没有父亲，他们可能有男性家长的榜样，也可能没有，事实上，他们可能有多个婚外怀孕的榜样（Leadbetter et al.，1994）。

基于这些情况，社会应该给这些未成年父亲更多帮助。只要求这些男孩变得更有责任，却不指导和帮助他们如何更好地承担父亲的责任是没有用的。有证据显示，青少年父亲对合适的外展活动（outreach initiatives）有很好的反响，这些活动使他们提高自己的生活质量，对于社会和他们的孩子的幸福都有积极的贡献，（例如，Philliber et al.，2003）。

人工流产 在美国发生的人工流产中，青少年占大约 5%（Jones et al.，2010）。与很多人的刻板印象相反，在美国，做人工流产手术的人大部分是 20 多岁的已婚白人女性。

成为父亲的青少年男性发现他们的生活发生了巨大的变化。其中有些人帮助孩子的母亲承担照料孩子的责任，有些人不得不退学来抚养他们的孩子。

有 26% 的怀孕少女最终选择了人工流产（Kost & Henshaw，2014）。正如人们所期望的那样，在 20 世纪 90 年代和 21 世纪初期，随着青少年怀孕率的下降，人工流产率随之下降。

人工流产率比怀孕率下降得更为剧烈。流产率下降的一部分原因是决定人工流产的怀孕少女变少了，但是更主要的原因是人们采取了紧急避孕措施（事后避孕药）。

哪些青少年会选择人工流产　与人工流产相关最高的因素是收入水平，也就是说，青少年的社会经济地位越高，她就更倾向于人工流产而不是把孩子生下来。大部分未成年人做人工流产手术在父母中的至少一方知道的情况下进行，大部分父母支持女儿做人工流产手术的决定（Hasselbacher et al.，1992）。

大多数州（38 个州）的法律规定，在未成年人决定做人工流产手术时需要父母的参与。表 11-3 给出了美国各州的不同要求的细节。

各个州对于父母知情且同意的要求并没有系统地影响到未成年人的人工流产率（Gius，2007）。

收养　将孩子送给他人收养的青少年数量较少，因此我们对这部分青少年的信息的了解有限。似乎那些将孩子送给他人收养的青少年往往觉得这是一个不错的选择。当然，她们比那些自己抚养孩子的青少年生活得更好些。例如，一项研究比较了打算放弃孩子和打算自己抚养孩子这两类怀孕青少年的应对和心理社会适应的差异（SternAl & varez，1992）。与那些想自己抚养孩子的怀孕少女相比，那些打算放弃孩子的怀孕少女的自我形象的总体水平更高。其他研究发现，那些想自己抚养孩子的青少年在怀孕之前，比那些将孩子送给他人收养或者选择人工流产的青少年更有可能患抑郁症（Miller-Johnson et al.，1999），也更可能有较低的自尊（Plotnick & Butler，1991）。

表 11-3　关于父母参与未成年人做人工流产手术决定的州法律

要求父母同意	要求通知父母
需要父母双方同意的州	**需要通知父母双方的州**
密西西比、北达科他	明尼苏达
需要父母中任意一位同意的州	**需要通知父母中任意一位的州**
亚拉巴马、亚利桑那、爱达荷、印第安纳、肯塔基、路易斯安那、马萨诸塞、密歇根、密苏里、北卡罗来纳、俄亥俄、俄克拉荷马、宾夕法尼亚、罗得岛、南卡罗来纳、田纳西、得克萨斯、犹他、弗吉尼亚、威斯康星、怀俄明（阿拉斯加、加利福尼亚和新墨西哥州的法律目前有这项规定[1]）	科罗拉多、特拉华、佛罗里达、佐治亚、爱荷华、坎萨斯、马里兰、内布拉斯加、俄亥俄、俄克拉荷马、南达科他、西弗吉尼亚（伊利诺伊、蒙大拿、内华达和新泽西州的法律目前有这项规定[2]）
允许父母之外的亲戚同意即可的州	**允许通知父母之外的亲戚的州**
北卡罗来纳、南卡罗来纳、弗吉尼亚、威斯康星	特拉华、爱荷华
不需要父母同意或知情的州	
康涅狄格、哥伦比亚特区、夏威夷、缅因、新罕布什尔、纽约、俄勒冈、佛蒙特、华盛顿	

[1][2] 一个州的法律目前有这项规定，表示州立法机构已经通过了需要父母同意或知情的规定，但是这项法律被法院系统驳回，没有生效。

资料来源：Data from the Guttmacher Institute (2015).

青少年同性恋和双性恋

同性恋（homosexuality）指对与自己的生理性别相同的人有性兴趣的性取向。阿尔弗雷德·金赛是最早强调有不同程度的**异性恋**（heterosexuality）（即对与自己的生理性别相反的人有性兴趣的性取向）和同性恋的社会科学家之一。（如图 11-7 所示，金赛将性取向的连续体分为 7 种不同的水平。）

金赛发现许多人是同性恋和异性恋的混合体，也就是说，他们是某种程度的双性恋。例如，一些双性恋者跟配偶和孩子在一起，过着典型的异性恋生活，但他们同时也享受与同性的性关系。

同性恋、双性恋和异性恋不是描述个体的外貌特征、性别角色或人格特质的。许多男同性恋的外表和行为都具有典型的男性化特征，有些男同性恋是非常优秀的运动员，如足球运动员迈克尔·山姆和篮球运动员贾森·科林斯。许多女同性恋的外貌和行为都具有典型的女性化特征。人们不能通过外貌和行为特征来判断一个人是不是同性恋。性欲和性别角色是两个相互独立的现象。

有多少人认为自己是同性恋或双性恋？不同的研究者给出了不同的数字（部分原因是他们对同性恋的定义有所不同），最近的估计值是 3% ～ 5%。例如，在 2012 年，盖洛普组织调查了超过 120 000 个美国人，问他们是不是同性恋、双性恋或跨性别者，3.4% 的人回答"是"（Gates & Newport，2012）。相似地，美国疾病控制与预防中心发现，4.6% 的女性和 4.1% 的男性认为自己是同性恋或双性恋（Chandra et al.，2011）。女性比男性更有可能认为自己是双性恋，男性比女性更有可能认为自己是同性恋。要注意的是，这些数字指的是身份认同，而不是性吸引力或经历。12% 的女性和 5% 的男性在被问到性接触时，报告他们有同性恋经历，这其中包括 11% 15 ～ 19 岁的女性和 2.5% 15 ～ 19 岁的男性。换言之，有些个体认为自己是异性恋，但是他们有同性恋经历。

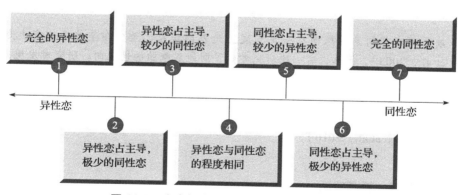

图 11-7　金赛提出的异性恋 – 同性恋连续体

注：图 11-7 是金赛提出的性取向的七个水平。
资料来源：Kinsey（1948）.

关于性取向决定因素的理论

虽然当谈到关于性取向的原因问题时，人们通常会这样问："是什么原因引起了同性恋？"但是也可以这样问："是什么原因引起了异性恋？"答案是：这是生物因素、个人因素和社会因素相互作用的结果。性取向并不是由单个因素决定的。而且，与男性的性取向的原因有所不同，女性的性取向更可能是另一些原因决定的（Baumeister，2000）。在本节，我们将探讨生物学理论、精神分析 / 养育理论和社会学习理论。

你想知道吗

是什么决定了一个人是同性恋还是异性恋

性取向是一个复杂的现象，许多因素共同作用决定了一个人是同性恋还是异性恋。而且，对于不同的个体来说，影响性取向的因素的重要性各不相同。大部分专家认为生物因素、个人经历和社会价值共同决定了一个人的性取向。

生物学理论

人的生物特征影响性取向的途径有三种：

1. 基因的差异。
2. 出生前性激素的浓度的差异。
3. 脑结构的差异。

影响性取向的因素

这三种途径并不是互不相关或者相互排斥的。例如，某种基因的存在可能会影响大脑的发育或大脑对出生前激素的反应，相似地，出生前的激素也可以影响大脑的发育。在此我们只对基因的差异进行讨论。

基因的差异

大多数研究者都同意性取向在一定程度上是基因现象，至少在某些个体身上是这样的（Rahman et al.，2003）。例如，有一项研究考察了同卵双胞胎的性取向。研究者发现，同卵双胞胎的性取向的相似性大于异卵双胞胎。同卵双胞胎由同一个卵细胞分化而来，比异卵双胞胎的基因更加相似。异卵双胞胎与先后出生的兄弟姐妹的基因相似性相同。研究者在关系相对强度的基础上，得出结论：T基因可以解释约50%的个体的性取向，环境因素解释另外50%的个体的性取向（Alanko et al.，2010）。

精神分析理论 / 养育理论

在传统的观念中，人们认为同性恋是家庭的亲子关系问题造成的。人们认为，不良的亲子关系会使孩子对与自己性别相同的父母中的一方的认同产生问题。然而，在一项针对来自美国不同地区的322个同性恋者的研究表明，2/3的人认为他们与父亲的关系是极其令人满意或者一般令人满意的，3/4的人认为他们与母亲的关系是极其令人满意或者非常令人满意的（Robinson et al.，1982）。仅有4%的人从来没有或者几乎没有感受到来自母亲的爱，11%的人没有感受到来自父亲的爱。

实际上，几乎没有证据显示父母对孩子的性取向有很大影响。在同性恋父亲的儿子中，异性恋者的比例超过90%。女同性恋抚养的女儿是异性恋的比例也超过90%（Golombok & Tasker，1996）。

社会学习理论

行为主义者强调同性恋仅仅是学习的结果。根据行为主义理论的观点，强化或惩罚个体早期的与性有关的观念、感觉和行为会影响其性取向。因此，如果一个人有不愉快的异性恋经历或者其同性恋经历受到过奖赏，他就会产生同性恋的倾向。根据这一观点，如果一个女孩被强暴过，或者在第一次与异性性交的尝试中有痛苦的经历，她就可能会转向同性恋。然而，在大多数情况下，同性恋者的孩子长大后并没有成为同性恋，一些异性恋者的孩子长大后成为同性恋，这表明模仿并不能独立地解释个体为何会成为同性恋或异性恋。

在一项开创性的研究中，研究者对 686 名男同性恋、293 名女同性恋、337 名男异性恋和 140 名女异性恋进行了长达 3 ～ 5 个小时的集中采访（Bell et al., 1981）。他们试图获得能够揭示同性恋原因的数据。他们用路径分析法对数据进行系统分析，试图找到因果关系，但是他们未能找到可以将所有同性恋被试的背景联系起来的共同线索。有些人具有消极的异性恋经历，也有许多人没有这样的经历。有些人与他们的父母关系融洽，有些人则相反。有些人有过积极的同性恋体验，这促使他们认识到自己的同性恋倾向，其他人早在与同性接触之前就已经知道自己是同性恋。因为没有找到一致的环境因素，所以这些研究者（和现在的大多数研究者）认为同性恋一定有生物学基础。

事实是，没有人确切地知道同性恋的原因。尽管有许多看似合理的原因，但是没有哪一个因素能够一致地起作用。或许可以解释说存在许多不同类型的同性恋。同性恋不是一个同质的群体，因此使一个人成为同性恋的原因不一定能够解释为什么另一个人是同性恋（Diamond & Savin-Williams, 2003）。有一些人的同性恋倾向似乎在儿童期就存在了。他们在青春期早期意识到自己是同性恋。有一件事是确定的——大部分同性恋并非主动选择了自己的性取向。实际上，许多人否认它并与之斗争多年，因为他们害怕公众或自己的指责。在所有可能的影响因素当中，并不存在造成同性恋的单一原因，但可以肯定的是，这与个人选择几乎没有关系。

出柜

很不幸的是，美国社会对同性恋的厌恶是事实，因此同性恋青少年在处理自己的性取向问题时比异性恋青少年更觉得困难。当然，许多同性恋青少年很容易就接受了自己的性取向。另一些人经历了一段时间的否认之后，接受了自己的性取向，与同性建立了亲密关系，过得更加快乐，并因此适应得更加良好。过得最不快乐的是那些不能接受自己的性取向的人，他们过着隔绝的、隐秘的生活，寻找短暂的、互不相识的性伙伴。他们通常是孤立的、孤独的、不快乐的，他们非常害怕被排斥，甚至害怕被其他同性恋者排斥。因此，出柜是同一性形成和整合的重要部分（Legate et al., 2012）。同性恋青少年并没有一致的出柜过程（Rosario et al., 2008），但大部分同性恋者是在青春期出柜的（Cox et al., 2011）。

不幸的是，许多同性恋青少年发现告诉父母自己的性取向极其困难。他们害怕被父母抛弃或辱骂（Cohen & Savin-Williams, 1996），尤其害怕被父亲抛弃或辱骂（Savin-Williams & Dube, 1998）。令人遗憾的是，这些恐惧似乎并非不切实际的。超过一半的父母得知孩子是同性恋后，最初的反应是消极的（D'augelli et al., 2008）。最有可能有强烈的消极反应的父母是那些年纪较大的（Biacco et al., 2013）、有宗教信仰的（Biacco et al., 2013）、受教育程度较低的父母（conley, 2011）。父母拒绝接受青少年出柜所导致的消极后果包括抑郁（Legate et al., 2012）、酒精滥用（Baiocco et al., 2013），甚至自杀（ryan et al., 2009）。相反，对孩子性取向的接纳和温暖可以带来放松，提高孩子的自尊水平（例如，Hoffman et al., 2009）。

通常，关于自己的性取向，青少年第一个告诉的人不是父母，他会选择一位同性的朋友来诉说这件事（Grov et al., 2006）。互联网也越来越成为同性恋和双性恋者求助的地方。通过网络，青少年可以找到问题的答案，匿名尝试同性恋或双性恋的身份，与其他有同样性取向的人交流（Craig & McInroy, 2014）。对很多人来说，这是出柜过程中的重要一步。

💡 青少年的心里话

"很小的时候我就意识到我喜欢女孩。事实上，那时我 11 岁。对于女同性恋来说这不太常见。可以说，我一直喜欢与众不同。最糟糕的是，当我意识到并非每个人都认为同性恋是正常现象时，我感到震惊，我还没准备好。我想起来，孩子们会随意使用"男同志"和"女同志"这样的词，他们用这些词来说那些女性化的男生和男性化的女生。很明显，同性恋者被认为是不正常的和奇怪的人。我被这一认识打倒了。"

"研究表明，父母往往是最后知道同性恋青少年出柜的，我想这是对的。我感到非常孤立无援，这对一个同性恋青少年来说是正常的。因此我去上网。我发现了一个同性恋青少年社区，他们正在寻找相关的人。我看到一个双性恋女孩发的帖子，我给她发了电子邮件。我没有意识到当时我妈妈正在读我的邮件。她把我叫到她的房间，让我坐下来，打开一张纸，上面是我给那个女孩发的电子邮件的内容。接着我妈妈告诉我，我现在做出这样的决定还太早，我将永远不会真正快乐，我的朋友可能会不愿意跟我出去玩。她建议我接受治疗。"

"我刚进入高中时还没有出柜，这一点儿也不令人意外。然后，在我 16 岁时，有一天晚上我的朋友和我正在讨论生命，我很小心地说我是双性恋。对话慢慢深入，最后我的朋友向我保证，无论怎样他们都会是我的朋友，没有什么能改变这一点。从此我发生了变化。我不再感到无助和迷失。朋友使我愉快地接受了我是谁、我是个什么样的人。"

同性恋青少年面临的困难

同性恋青少年还会有一些其他压力。他们在学校受到骚扰和伤害的风险更高（Williams et al., 2005）。当这些压力与家庭和朋友的排斥、意识到自己的同一性不正

有些同性恋青少年很容易就接受了自己的性取向。另一些人在经历了一段时间的否认之后，也接受了自己的性取向。还有一些人从来没能接受自己的性取向。加入同性恋社区有助于这些个体表达他们的同一性。

常而产生的痛苦同时到来时，同性恋青少年比异性恋青少年更有可能出现抑郁（Galliher et al.，2004）、试图自杀（Eisenberg & Resnick，2006）或饮食失调（Austin et al.，2004），这并不令人感到惊讶。而且，男同性恋感染性传播疾病的风险也更高，包括艾滋病（Mosher et al.，2005）。

🔆 跨文化研究

少数民族／种族群体的青少年男同性恋

白人青少年男同性恋难以被人接纳，少数民族／种族的青少年男同性恋甚至更加不容易被人接纳。无论他们是非洲裔美国人、拉美裔美国人，还是亚裔美国人（Savin-William，1996）。对各个不同的群体来说，男同性恋更难被人们接纳的原因有所不同。

非洲裔美国人对于同性恋的态度相对来说比较消极（例如，Heath & Goggin，2009），这种态度根植于保守的基督教教义的强烈影响（Miller，2007）。而且非洲裔社区认为男性应该展现极端的男子气行为，黑人男同性恋必须应对这一文化习俗，那些带有女子气的黑人男性感到尤其困难（Balaji et al.，2012）。此外，在美国所有的统计群体中，黑人男同性恋感染 HIV 的风险最高（Millett et al.，2007）。

一般来说，支持严格的性别角色的文化对同性恋行为的容忍程度较低，因为他们有一种普遍的误解，认为男子气和女子气与性取向有着紧密的联系。拉美文化禁止与生理性别不同的性别角色，相对来说，他们更不容忍同性恋（例如，Long & Millsap，2008）。例如，在同性恋者相遇时，作为"受"的男人被认为是耻辱的，而作为"攻"的一方相对容易被接受（Carrier，1995）。

在亚裔群体中，人们普遍相信人的欲望不能脱离整个家庭的幸福。同性恋被认为是违反传统的，因为完全的同性恋者不会结婚。拒绝结婚会影响整个家庭，因为这会阻碍传宗接代，削弱巩固家庭纽带的可能性（Chan，1992）。因此，亚裔美国人群对同性恋有较高水平的恐惧，这并不令人感到惊讶（例如，Span & Vidal，2003）。

相反，许多美国土著部落有接受同性恋行为的传统。事实上，20 世纪 60 年代的研究发现，超过 50% 的美国土著部落可以容忍男同性恋，超过 15% 的人可以容忍女同性恋（Pomeroy，1965；Walters et al.，2006）。对同性恋的接纳之所以可以达到这种程度，可能是因为人们相信上帝赋予每一个人独特的生活追求。因此，在许多美国土著部落中，个体差异被广泛接纳的程度要高于其他种族／民族。但也有一些研究表明，大多数美国土著男同性恋感到其家庭以他们为耻辱（Gilley & Cho-cké，2005）。

未来

与以前的人相比，今天的美国同性恋和双性恋青少年成长在一个不像以前那样恐惧同性恋的时代。2015 年，联邦最高法院将同性恋婚姻合法化了。民意调查显示，大多数美国人支持同性恋婚姻的平等权利（例如，Gallup，2015）。2011 年以后，同性恋可以公开在军队里服役。

这意味着同性恋青少年将没有任何烦恼吗？或者他们的父母会愉快地接纳他们的同性恋身份吗？不，当然不是。但与过去相比，他们的未来看起来更光明，人们对他们的接纳度似乎会越来越高。

性知识与性教育

　　鉴于大量青少年怀孕，加之感染 HIV 和其他性传播疾病发生率的上升，青少年得到适当的性教育变得越来越重要。青少年可以从哪些途径获得关于性的知识呢？

　　父母、兄弟姐妹、同伴和媒体都为青少年提供了关于性的信息。有几项研究（例如，Secor-Turner et al.，2011）发现，青少年更有可能从同伴和兄弟姐妹而不是父母那里获得与性有关的信息。大多数青少年还在互联网上寻找与性有关的问题的答案（Simon & Daneback，2013）。不幸的是，很多网站上有不准确的信息（Buhi et al.，2010）。他们也常常阅读杂志和观看电视节目来寻求指导，而这些信息来源也不可靠（例如，Wegmann，2013）。青少年也看非教育目的的媒体信息学习正确的性行为（如电视节目），可能因为这些节目给人的印象是性活动对青少年来说是很平常的，而且避孕的需求往往被忽视，所以这些看过有性内容的电视节目的青少年在较小的年龄就开始有性行为，这致使怀孕率提高（Collins et al.，2011）。

私人话题

青少年关于性的传言

　　几年来，俄亥俄卫斯理大学"青少年心理学和人类性学"课上的学生一直被要求讲述他们曾经在初中和高中走廊里听到的关于性的传言。下面是一些在美国青少年中流传的错误信息：

1. 站着做爱不会使女孩怀孕。
2. 如果在做爱之后用可乐冲洗阴道，女孩就不会怀孕。
3. 可以用食物的塑料包装当安全套。
4. 如果在热气腾腾的浴缸里做爱，女孩就不会怀孕。
5. 女孩第一次性交时不会怀孕。
6. 如果一个女孩的月经不规律，那么她不会怀孕。
7. 穿紧身内裤会使男人不育。
8. 如果男人频繁自慰，他将没有足够的精子使女人怀孕。
9. 中止性交可以有效避孕。

　　不用说，即使是当代青少年也没有足够的关于性和生殖的知识。悲哀的是，像这样的错误信息可以部分解释青少年怀孕和性传播疾病的高发生率。

父母的作用

　　一些人认为，家庭是合适的性教育场所。不幸的是，如前面所说，许多父母不与孩子谈论有关性的事情。即便是谈论到这些，交谈的内容也往往局限于诸如怀孕和性传播疾病这类非个人的话题（Sneed et al.，2013）。那些大多数青少年想听到的话题反而不会提及，例如手淫、梦遗，如何使用避孕工具以及性高潮。更糟糕的是，当父母指导孩子关于性的问题时常常会传递一些错误的信息（Eisenberg et al.，2004）！

　　母亲比父亲更有可能与孩子谈论性知识，父母与女儿讨论这方面的事情用的时间比与儿子讨论用的时间长（Wilxon & Koo，2010）。客观测量表明，父母认为他们与青少年就性的问题进行了充分的讨论，但是实际上并非如此（Hyde et al.，2013）。青少年更愿意与自己的母亲讨论性知识（Sneed，2008），这可能是由于母亲更加开放，她们更有可能让孩子感到舒服，鼓励孩子提出问题，她们对待与性有关的问题就像对待其他健康问题一样（Feldman & Rosenthal，2000）。这些特征是与青少年深入谈论过性知识的人所共有的。

    父母指导缺乏的原因   大部分研究表明，父母是传递价值观和态度的重要来源，对青少年的性行为有重要的影响。

💡 父母不与孩子讨论性的原因

如果父母与孩子讨论性，他们的孩子就更有可能推迟性活动（Guzman et al.，2003），更有可能使用生育控制手段（Aspy et al.，2007）。但是，很少有父母去做这件他们应该做的事，主要有以下几个原因：羞于讨论，父母缺乏相关知识，担心说了后青少年会尝试性行为，说得太少或太晚，害怕自己给孩子树立负面榜样。在此我们只对羞于讨论进行讨论。

羞于讨论

一些父母羞于讨论这个话题，或者以消极的方式来处理这件事。许多父母在自己成长的过程中被灌输了"性行为是错误的或肮脏的"的观念，他们在任何时候提到这个话题都觉得不舒服（我的一个学生曾经对我说：你是对的，D博士，父母与孩子讨论性这件事时真的会感到不舒服。我的父母在我们当地的高中里做性教育，但是他们从来不坐下来与我讨论这个问题）。当父母讨论性时，他们传达给孩子的信息往往是负面的。一些青少年也觉得与父母讨论性很难开口，从不与父母谈论这个话题。

当然，与其他人相比，父母告诉青少年的性知识还是比较多的。与自由主义的、无宗教信仰的父母相比，政治倾向保守、有宗教信仰的父母说他们与青少年子女更多地谈论性的消极后果。一般来说，无宗教信仰的父母说他们与子女更多地谈论如何避孕。父母会与女儿、年龄较大的青少年和正在谈恋爱的孩子更多地谈论性，与男孩子、年龄较小的青少年和不在恋爱中的孩子则谈论得比较少（Swain et al.，2006）。

如果父母在与青少年谈论性时能够有更多相关知识、更自如，效果会更好。学习或参与有关人类性知识的课程可以为父母提供很大的帮助。学校也可以起到重要作用，学校通过教育家长，使家长能够更好地指导孩子。父母也可以为学校的家庭生活和性教育计划提供支持，作为自身在子女性教育方面所做努力的补充。

学校的作用

全国范围内的调查显示，绝大多数美国成年人赞成在学校进行性教育（例如，Kaiser Family Foundation，2004）。这一调查发现只有4%的初中生父母和6%的高中生父母认为性教育不应该在学校开展。支持综合的性教育和支持"禁欲－唯一"性教育的父母比例略高于2∶1，"禁欲－唯一"模式教育个体应该在婚前克制性冲动，不给个体提供关于生育控制的信息。认为性教育应该是必修课与认为性教育应该是选修课的人数比也近2∶1。图 11-8 提供了更多关于这方面的细节。

父母认为孩子学习关于性的知识很重要，一项最近的研究（Barr et al., 2014）发现，大多数父母支持在小学阶段就开始教孩子相关知识。

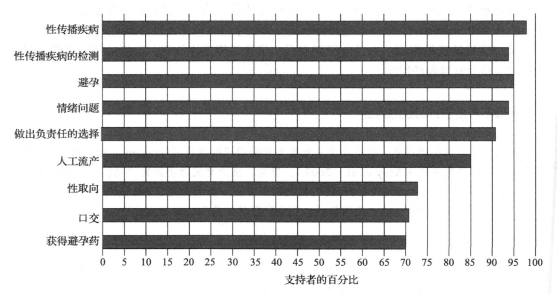

图 11-8　在高中性教育中父母偏爱的主题

注：父母认为性教育课程应当包含性基本知识（96%），HIV 和其他性传播疾病（98%），避孕（94%），延迟性活动至年龄大一些的时候（95%），处理与活跃的性活动有关的情绪（94%），如何拒绝性（93%），自慰（77%），人工流产（85%），性取向（73%），口交（71%），根据自己的价值观做出负责任的性选择（91%）。

资料来源：Data from Kaiser Family Foundation（2004）.

公立学校设置性教育课程的原因　有太多父母在性教育方面做得不够好，因此青少年需要比他们的同龄人更可靠的信息来源，公立学校有责任对青少年进行性教育，原因如下。

1. **家庭生活与性教育是已经提供给青少年的众多课程中的天然的组成部分。** 在生物课上讲授人体解剖学的时候，不讲生殖系统，就等于给学生传递消极的信息，是虚伪的做法。如果不包括对家庭这个基本社会单元的研究以及非婚生育、早婚、离异等问题，就很难研究社会问题。在现代小说或者诗歌的课程里，也很难不涉及对性和性行为的讨论。因此，如果现有课程能如实讲授，家庭生活和性教育在许多学科中都将有一席之地。

2. **帮助年轻人获得成功的婚姻以及成为有责任心的父母是一个重要的、渐进的教育目标。** 拥有一个幸福的婚姻、成为一个合格的父母是普通人最重要的人生目标之一。如果学校不能够像帮助学生做好职业准备一样，帮助学生为实现这一目标做好准备，那学校的作用只是为了让他们将来能够能谋生和活着吗？

3. **学校是唯一能够接触到所有青少年的社会机构，它有独一无二的机会，能最大程度地使青少年拥有家庭生活和性教育。** 一些父母在这方面做得十分优秀，但是大部分父母没有做到。他们的孩子将被剥夺获取正确的信息、态度、榜样和指导的权利。人们不希望如此。一些社区青少年服务组织，例如教堂和童子军，对青少年拥有家庭生活和性教育同样负有责任。然而，这些组织中没有一个能像学校一样接触到如此之多的青少年。

4.学校作为一个专业的教育机构，有足够的资源或者能够得到足够的资源将这件事做好。这不意味着所有老师都有进行性教育的资格或者每个学校都有开发课程所需的专家和资源，但是这确实意味着，一旦确定这件事的优先权和必要性，学校能够培训老师，开发课程，提供必要的资源。

性教育是否鼓励滥交

一些人反对学校里的性教育是因为他们认为讨论性话题意味着默许青少年可以进行性行为。这种想法正确吗？答案是彻底的"否"。格伦塞特和他的同事（Grunseit et. al., 1997）总结了 47 项有关性知识教学所产生的影响的研究，发现其中只有 3 项研究报告了在参加这样的课程后，学生的性行为有所增加，17 项研究报告了过早的性交、性伙伴的数量、怀孕和性传播疾病的概率都略有下降。大部分课程似乎对于青少年的性行为没有影响。近期的研究证实了这些发现：参与性教育课程推迟了性交的发生，使青少年更多地使用避孕工具（例如，Manlove et al., 2008；Mueller, 2008）。

你想知道吗

只讲述禁欲的性教育在减少性行为、意外怀孕和性传播疾病方面有效吗

尽管只讲述禁欲的性教育变得越来越普遍，但它在减少性行为、意外怀孕和性传播疾病方面并没有综合的性教育有效。

性教育的途径

学校提供性教育课程的现状如何？必须讲授性教育课程的州在过去的 20 年中有所增多，这主要是因为人们对 HIV 和艾滋病的关注。在性教育途径以及呈现哪些信息方面，差异仍然很大。多年以来，大部分学校采用"禁欲 – 优先"的性教育模式。这些学校试图教学生在青春期保持禁欲是最可取的行为。他们提供很多关于性传播疾病和避孕的知识，也讲授关于生殖的基本生物学知识。在 20 世纪 80 年代早期里根总统任职期间，另一种性教育模式——"禁欲 – 唯一"模式成为主流：那时保守的联邦政府投入资金支持"禁欲 – 唯一"模式的课程。这项资助持续增加直到 2009 年，当时奥巴马总统创建了"总统青少年怀孕预防计划"，其中包括资助第三种模式：**综合的性教育**。在这一模式中，禁欲是一种选择，其他更广泛、更包容的课程内容也包含在其中。目前接受这一模式性教育的人数正在增多。奥巴马还减少了对"禁欲 – 唯一"模式的资金支持。

当然，学校课程是由各州控制的，而不是联邦政府。（尽管当联邦教育经费与服从联邦命令挂钩时，各州会被迫服从。）各州都设计了对性教育的要求和重点。现在，有 22 个州和哥伦比亚特区要求必须有性教育课程。37 个州要求要有包括禁欲的性教育课程，25 个州要求性教育课程强调禁欲。18 个州要求性教育课程包括避孕知识，12 个州要求性教育课程包括关于性取向的内容。26 个州要求性教育课程必须提供关于健康的性决策的信息，13 个州要求性教育课程包含对性活动的负面后果的讨论（Guttmacher Institute, 2015a）。

既然有 50% 的州都要求性教育课程强调禁欲，并且其中 19 个州不要求性教育课程提供关于避孕的知识（这是一种"禁欲－唯一"模式），我们有理由问，这类课程与其他项目相比，有哪些成功之处。实际上，基本上没有研究支持"禁欲－唯一"模式，所有研究都表明这种模式不如"禁欲－优先"模式或综合的性教育模式有效（例如，Kohler et al.，2008；Trenholm et al.，2008）。一些研究者甚至发现完成"禁欲－唯一"模式性教育课程的青少年不愿意采取避孕措施，因此比那些没有参与这类课程的青少年更容易感染性传播疾病或者过早怀孕。相反，2/3 综合的性教育模式课程被证实有积极作用，能减少或延迟性活动，减少性伴侣的数量，提高安全套及其他避孕措施的使用率（Kirby，2007）。这些课程并不是万能药，不能完全消除风险行为，但是可以减少风险行为。支持综合的性教育模式的证据比较充分，因此美国医药协会、美国儿科学会和美国健康协会都提倡它。

第 12 章

学校和教育

　　大多数美国青少年醒着的大半时间都在学校，而不是家里。在学校，他们受到同伴和老师的广泛影响。成功的学校经历是走向经济稳定的未来生活的基础，大多数好工作要求应聘者至少是高中学历，薪酬最高的工作甚至要求更高的学历。为什么有些学生能够成功，而有些学生不能？美国学校的结构是怎样的？青少年对于他们接受的教育是否满意？教育的最新趋势是什么？

美国教育的趋势

　　让我们看一看美国教育的发展趋势，尤其是 20 世纪后半叶到现在的情况。首先了解一下在历史上教育是如何开始的。

　　在美国的历史上，公共教育开始得很早，起初，公共教育有明显的宗教倾向。离开英格兰来到新英格兰的普鲁士人认为，每个成年人都应该读《圣经》，因此他们很快地建立学校，重点教授文学和《圣经》。天主教传教士也在西部为当地的儿童建立学校，教他们信仰和阅读。但直到 19 世纪初期，仍然很少有儿童上学，通常是父母在家里教他们，有些富裕的家庭会雇用家庭老师。孩子们很少在学校接受教育到青春期，很多青少年做学徒，与师父生活在一起，学习生计（Rury，2013）。

　　很多开国元勋都是公共教育的信徒（Rury，2013）。托马斯·杰斐逊在他的家乡弗吉尼亚尝试建立公立学校（但没有成功）。本杰明·拉什（费城的一名医生，独立宣言的签署人之一）也尝试在宾夕法尼亚建立公立学校，在费城建立女子学院。

19世纪，学校教育快速发展。1800年，一个普通美国人在一生中上学的时间总计达到210天；1900年，这个数字提高到了1050天（Rury，2013）。随着工业化的推进，学校开始出现更现代的形式。例如，学生越来越多，不再是所有学生在同一个教室，而是根据学生年龄分成不同的教室。1821年，高中出现并逐渐普及，不过不是所有学生都能进入高中学习。（少数民族学生不被允许进入高中，很多贫困家庭的青少年不得不工作。高中允许女孩入学。）教师教育也更加正式了。19世纪中叶，大部分非宗教学校提供统一的课程，受到地方政府的经费支持。

20 世纪早期的传统论者与进步论者

传统论者（traditionalists）认为教育的目的是教授基础知识：英语、科学、数学、历史以及外语等。这样能够增加学生的知识，提高他们的智力。

进步论者（progressives）认为教育的目的是教授学生公民的义务和责任、家庭生活技能、职业、好的健康习惯、愉悦地利用休闲时间、切实的人格发展等，从而让学生为生活做好准备。

正如教育哲学家约翰·杜威和其他人所设想的（Westbrook，1991），进步论者认为学校准备让学生成为积极的、具有批判性的、参与性强的公民。持进步论观点的教育家认为学生应该被当作单独的个体，要在考虑到他们各自不同的文化背景的基础上对待他们，也要让他们有能力参与到这个社会当中。

传统论者和进步论者的争论开始于20世纪初，现在仍在继续，部分原因是双方都坚持教育在社会改革和解决社会问题方面扮演着重要的角色。每次出现一个新的社会问题，总会有一个新的学校方案被设计出来解决它。当交通事故死亡率上升时，针对司机的教育便被提出来了；在未婚怀孕率和离婚率上升之后，紧跟着的是家庭生活教育课程的设置；对于种族一体化的要求带来了对非洲裔美国人的研究和校车制；女权主义者对于平等和自由的需求带来了对女性和性别的研究；我们无法参与高科技行业的竞争的忧虑导致了我们对于数学和科学教育的日渐关注。纵观历史，因为社会需求已经发生改变，所以教育的钟摆也随之从一个方向摆到了另一个方向。

进步教育的兴起 直到20世纪初，传统论一直统治着所有美国学校。但是20世纪初的社会变化（例如非英语移民的增加和萧条的就业市场）导致人们对教育有了新思考。进步论思想有两个来源：

- 一些人提出以儿童为中心的新人本主义思潮。
- 使学校更好地适应市场和经济需求（Rury，2013）。

人造卫星的出现及其以后

20世纪50年代，苏联发射了人造卫星——第一个人造地球卫星，美国震惊了。几乎一夜之间，美国人满脑子都想的是自己的学校未能跟上苏联技术进步的步伐。学校备受谴责，因为它们大打折扣的课程让美国青少年在面对挑战时毫无准备。其结果是，美国国会通过了国防教育法案，联邦拨款近10亿美元支持教育，支持的科目有数学、科学和外语。

学校实现实验室现代化，并由著名学者重编物理和数学课程以反映知识上取得的进步。

人造卫星出现之后的美国教育

在人造卫星出现之后，出现了很多不同的尝试来提高和改革美国教育。这些变化反映了不同年代更广泛的社会问题，揭示了在传统论与进步论取向之间摇摆的教育现状。

20 世纪 60 年代

到 20 世纪 60 年代中期，美国与苏联的冷战程度减弱。美国出现社会动荡、种族紧张和反战抗议的浪潮。社会又一次陷入麻烦之中，学校再次被号召去解决这些问题。主要的学校援助立法获得通过，主要是针对贫穷的孩子，这是约翰逊政府向贫困宣战的一部分。这又一次与学校教育的发展相关。教育家声称学校没有为年青人进入成人角色做好准备，而且青少年需要花费更多的时间在社区、工作场所以及课堂上。学术科目应该让路于职业和实验教育，以便青少年能够得到实践经验。小学采用了开放式教育，让学生走出教室，并给学生提供关于每天做什么的更多选择。高中学校也降低了毕业要求，对科学、数学和外语方面的要求有所下降，因为传统科目给独立研究、学生设计课程和大量选修课程让了路。

20 世纪 90 年代的教育 20 世纪 90 年代的教育的特点是朝着多种教学形式发展。

其他教学形式

对学校教育的持续不满和美国学生群体多样性的事实，鼓励家长和教育工作者尝试各种新的教学方法。除了传统的公立和私立学校，美国也提供了大量其他选择，包括磁力学校、特许学校、教育券体系、技术预备课程、开放注册政策、家庭学校教育。在此我们只对磁力学校进行讨论。

磁力学校

磁力学校虽已存在几十年，但是其招生率是在 20 世纪 90 年代才大幅度跃升的。这些学校是公立学校体系中的主题学校，例如以艺术或非洲文化为特色的磁力学校。

21 世纪初期

对公立学校的不满情绪持续有增无减，一部分是因为有数据表明，美国学生比欧洲或亚洲的同龄人学到的东西要少。例如，美国的 15 岁学生在 2012 年的 PISA 测验中，数学排第 27，科学第 20，阅读第 17。PISA 测验旨在对来自 34 个工业化国家学生的学业成就进行评估，考试时长为 2 小时，测验包括科学、数学和阅读三个方面。25% 美国青少年的数学没有达到及格标准，尤其在使用数学解决现实生活中的问题时有困难，这一比例超过了国际平均水平（Office of Economic Reform and Development，2013）。大部分美国人认为学校教育应该使孩子做好学术上的准备，美国应该成为在这方面做得最好的国家之一，因此关于教育改革的呼吁仍在继续。

《不让一个孩子掉队法案》 到21世纪为止，最有影响的教育政策是2001年总统乔治·布什公布的《不让一个孩子掉队法案》。该法案基于四个原则：

1. 学校应为学生的成功以及相应的奖励或惩罚负责。
2. 地方应该加强对学校的管理。
3. 父母和学生应该有更多的选择权。
4. 具体的教学方法应该改进。

该法案的一个规定是，每年对3～8年级的所有学生进行测验，以测量他们在核心知识领域的能力。此外，各州在如何使用联邦教育基金上有了更大的选择空间。父母在决定子女要在哪里上学方面也有了更多的选择机会。阅读在早期教育中占据了更大的优先权。从某种意义上说，《不让一个孩子掉队法案》将教育的钟摆又摆回到基础的传统主义教育，它强调阅读和其他核心科目的成绩。

《不让一个孩子掉队法案》自产生伊始就是备受争议的。反对者声称测验会造成压力，实际上会降低教育的质量，因为老师是"教学生如何通过测验"。成绩差的学生（指那些不论怎样辅导都没有能力通过测验的学生）和成绩好的学生（指在任何环境下都能通过测验的学生）一般会被老师忽略，因为老师被激励去主要帮助那些有潜力提高成绩，可能从不及格变成及格的学生。那些低于标准的学校也担忧自己会失去资金，比其他学校落后得更多。因为该法案没有足够的资金资助，因此很多人声称测验实际上花费了原本可以用于加强教学的资金。其他人抱怨该法案使得各州政府交出教育管理权，给了联邦政府，而传统上，教育是由各州政府负责的。最后，并不是每一个人都认同正在推广的阅读方法。然而奥巴马就任总

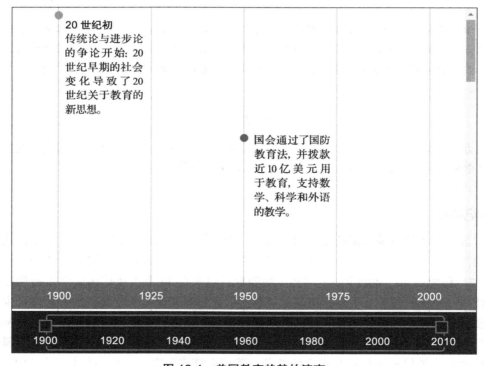

图12-1　美国教育趋势的演变

注：图中的时间轴呈现了从20世纪早期至21世纪早期美国教育实践的关键事件。

统后也没有试图去撤销它，而是宣称修订它会更有益处。2015 年，参议院教育委员会通过了《每一个学生成功法案》，它保留了《不让一个孩子掉队法案》的很多要素，如每年一度的测验。但是，它赋予各州更大的自主权，增加了核心学科的数量（Lewin & Rich，2015）。

在写作本书之时，我们还不清楚特朗普总统将如何在中学教育上打上他的烙印，但是他公开表示支持《学校选择与教育机会法案》，这一法案将给父母更多的权利，父母可以选择把孩子送到公立学校、私立学校、特许学校、磁力学校、宗教学校或让孩子接受家庭学校教育。他还承诺取消州共同核心课程标准，这是一项由全国州长协会制定且被 40 多个州采取的方案（Trump，2016）（共同核心课程标准的设定是为了使参与的各州教育一致，以及确保高中毕业生为上大学做好准备。）无论他的承诺是什么，目前的法律禁止联邦政府强行制定学校标准，因为这是属于各州政府的权力。总之，现在还不能确定特朗普总统对这一标准的反对将产生什么影响（Klein，2016）。

初中

正如我们在这本书中所讨论的，青少年与儿童是非常不同的，而且处于青春期早期和青春期后期的个体也是非常不同的。以前学校让各年龄段学生聚集在一间教室里，随着美国人口的增加，现在的学校让各年龄段学生在不同的教室里。早期的学制是将学校分成初等教育（1 ～ 6 年级）和中等教育（7 ～ 12 年级）。后来，最普遍的模式是小学、初级高中和高中。正如它的名字一样，初级高中的意思是为处于青春期早期的青少年准备的学校，因此它们的结构和高中有很多相似之处：学生每堂课的老师都不同，学校有很高的入学率，学生更有可能根据他们的能力水平被分层。

从 20 世纪 60 年代开始，人们认识到这种初级高中并不能很好地满足处于青春期早期的青少年的特殊需求。改变初级高中运动的发起人威廉·亚历山大，在康奈尔大学举办的一次关于初级高中的会议中呼吁建立"中间的学校"（Pace，1996），其他人也加入这一运动，中学开始发展起来。

你想知道吗

初中和初级高中之间的差别是什么

顾名思义，初级高中是针对处于青春期早期的青少年的高中，而初中旨在表明这些青少年需要一种不同的教育——旨在帮助他们过渡到青春期的教育。现实中，这两种叫法并没有很严格的区分，很多初级高中和初中本质上是相似的。

初中学生和老师面临的问题

初中没有单一或固定的结构。根据社区情况，初中可以在 4 年级就开始，也可以在 6 年级开始，初中可能在 6 年级、7 年级或 8 年级结束。

现在初中的数量是 1970 年的四倍多，而初级高中的数量只有当时的一半（National Center for Education Statistics，2015b）。也有人呼吁回到两类学校的模式，也就是分为幼儿园～8年级和9～12年级这两类（例如，Juvonen et al., 2004）。因为一些研究表明，这种模式比任何一种三类学校的设置都要成功。为什么会出现这种情况呢？埃尔莫尔（2009）认为，这是因为幼儿园～8年级的学校中青少年数量较少，而且年幼儿童的存在改变了青少年与老师之间的互动方式。理想的情况下，初中不应该仅仅是对初级高中的重新命名和重组，它们在理念上应该是不同的，可实际情况通常并不是这样。很多学生在进入初中以后就开始陷入低迷的状况：他们的学习动机、对自己学术能力的知觉以及离开小学之后的学业成就等，都出现了大幅度的下降（Eccles & Roeser, 2009）。

成功初中的特点

基于大量专家的工作，杰克逊和戴维斯（2000）总结了成功的初中学校的大多数特征，包括以下几个方面：

- 从事处于青春期早期的青少年工作的老师，在与这个年龄段的青少年的互动方面，应该接受过专业的训练，而且也应该有持续不断的专业发展机会。
- 课程设置应该是严谨的，且应该有较高的学习期望。
- 课程的呈现应该使学生理解其与生活的相关性。
- 学校的氛围应该是关心和支持的，学生应该感到他们和同伴、老师共同生活于这个集体中。
- 初中生需要感受到他们的意见和想法是被尊重的。
- 学校应该努力确保所有学生的成功，包括学业上弱或强的所有学生。
- 父母应该参与到学校教育中来。
- 学校应该与商业、社区服务中心等有互动。
- 应该鼓励学生形成良好的健康习惯。

你想知道吗

培养学生之间的竞争性能让他们学习更努力，学到更多的知识吗

很多研究者认为培养学生之间的竞争性，不如培养学生的自我竞争效果好。也就是说当学生与自己竞争时，他们会做得更好，并且会努力提高自己的表现。根据这种方法，学生的分数应该是以他们自身的进步为基础评定的，而不是根据与其他同学的比较来判断自己做得有多好。

🔆 **研究热点**

分层教学

分层教学（tracking）或能力分组，是一种教育技术，根据学生在给定的科目的能力将学生分入不同的班级（它并不是在总体课程规划的层面上进行分层，而是针对个别科目进行分层教

学）。一些课程，如数学和科学，比其他科目更为普遍地进行分层教学。

分层教学在 20 世纪 80 年代和 20 世纪 90 年代不再受欢迎。一个担心是学生会因为种族、社会经济地位和其他个人特征而被不公平地分到低能力班级（Loveless，2013）。更糟的是，一旦学生被放置在低能力班级，就很难再进入高能力班级，因为低能力班级的学习材料更简单，节奏更慢，并且学生也会被认为是能力不足的（Lucas & Good，2001）。此外，人们也普遍担心低能力班级的学生会出现自尊降低的情况，因为分层会使他们认为自己在某个科目的能力不足。这些问题加在一起，造成"富的更富，穷的更穷"的状况。

但在 20 和 21 世纪之交，分层教学又重新受到重视，事实上，现在有超过 95% 的美国初中和高中运用某种形式的分层教学（Schweiker-Marra & Pula，2005）。部分原因是前面提到的担忧在研究中并没有完全显现出来。例如，武特斯和他的同事（2012）发现，转入较低层级的学生，自尊不仅没有降低，反而升高了。还有研究发现，在所有能力水平的班级中，学生的学业成就都有所提高（Collins & Gan，2013，转引自 Loveless，2013）。

也有一些人认为分层教学是有好处的。支持者认为，高能力班级的学生可以学得更多，因为老师会比不分层时讲授得更快，低能力班级的学生也可以掌握这些材料，因为他们有足够的时间来学习。他们不需要每天体验面对比自己更有能力的同伴那种不舒服的感觉。

人们最终想知道的是，高能力和低能力班级学生的成就和自尊的长期情况。不幸的是，截止最近，我们也没有获得真正良好的数据，因为大多数调查这些问题的研究使用的是横断设计，而且缺少合适的对照组。2005 年穆基和她的同事（2005）发表了一篇很好的纵向研究论文，该研究追踪了 24 000 名学生长达 6 年的时间，从初中到高中结束。这些学生中有一些在数学进行分层教学的学校，其他人则不是。有些学生在高能力班级，另一些在低能力班级。

与人们的直觉相反，穆基和同事的调查结果表明，分层教学对低能力班级的学生比对高能力班级的学生更有益处。采用分层教学的学校所有学生的数学成就比不分层学校的学生高，能力较弱学生的受益更大。与此同时，往往是高能力班级的学生自尊受损，而非低能力班级的学生，因为高能力班级的学生从常规数学班级中的最好水平变成了高能力班级中的一般水平，随着时间的推移，他们越来越不信任自己的数学能力。相反，低能力班级的学生因为和与他们能力相当的同伴在一个班，所以他们自我感觉好多了。在分层教学中，男性受益似乎比女性多。

每个人都要谨慎，不应随随便便地根据单个研究就得出结论，无论其研究设计和执行得有多好。其他研究者认为，分层教学实际上对那些低能力班级的学生是有害的。他们列举了一些事实，比如低能力班级的老师往往比高能力班级的老师能力要差（Oakes，2005），低能力班级的学生比高能力班级的学生更可能被懒散的同伴包围（Dryfoos，1991）。如果穆基的研究结果可以被重复验证，人们就会知道分层教学可能不会对较低能力的学生不利，或者至少这种不利不是无法避免的。

好学校的特点

杰克逊和戴维斯所列的清单给我们讨论"什么构成了初中和高中学生理想的学习环境"提供了一个好的开始。好学校的其他特征也已经被提出来。例如，规模较小的学校的学生做得更好。另外，学校需要培养学习氛围。老师需要鼓励学生参与。在本节，我们将讨论这些特征，并探讨中学的三种基本课程设置。

规模

正如前面提到的，当学生感到自己是充满关心和支持的团体中的一分子时，他们会做得更好。这种情况通常会发生在规模相对较小（不到 1000 名学生）但又不是特别小的学校中（Weiss et al.，2010）。

💡 **规模较小的学校的学生学业成就高的原因**

在较小的学校中，学生会发展得更好，这有两个原因：主动有意义的参与、老师监控的质量。（Elder & Conger，2000）。在此我们只对主动有意义的参与进行讨论。

主动有意义的参与

在小的学校里，学生更有可能主动积极地参与活动。显然，学校戏剧中的角色、足球队中的跑位队员及学生会成员的数量是一定的。这意味着在较大的学校里，很多学生只能站在一边看着。失去了参与的机会，学生可能会产生脱离的感觉（Crosnoe et al.，2004）。在太小的学校里，可能没有足够的机会。

你想知道吗

学生在大规模还是小规模的学校发展更好

一般小规模学校比大规模学校更好一些。原因如下：更多的学生能参与到诸如乐队、运动等活动中，学生较少可能有被遗弃感和匿名感。

不幸的是，穷困的内城贫民区青少年更有可能在过度拥挤的大型学校里就读。

氛围

老师仅能管理一个班级里发生的事，校长却能为整个学校的氛围定下基调（Darling Hammond & Bransford，2005）。一位有能力的校长能够充分运用他的领导权为学校设定较高的标准，为学生建立公平的规则和纪律，建立学校与外部社区的联系，培养学生合作和追求成就的乐观精神，这样的校长是学校的巨大财富。如果学生在走廊感觉不到安全，他们便会思想不集中；如果他们经常受到审查和怀疑，他们就不会开心、不会合作；如果他们认为有些学生受到了特殊优待，他们就会感到愤怒。因此，一所学校的氛围可以提高或减损它的成就。

为了提高成绩，学校必须创建一个良好的学习氛围。很多时候，学生并不认为学校是一个主要用来学习的地方。在许多情况下，连享受学校生活的学生都不是因为学校的教育而喜欢学校，而是因为在学校有机会可以看到朋友，可以参加各种活动（Anderson & Young，1992）。当父母问他们正处于青春期的孩子"今天在学校怎么样啊"时，父母更容易听到谁与谁打架了，他们如何在这一天的消防演习中跑到外面去等，而不是他们在课堂上学习了什么。学校氛围的一个重要方面就是如何让学生把精力放在学习上。如何让学生感到学校课程与他们的生活有关，具有挑战性，这是至关重要的，因为只有这样，学习才会被学生优先考虑。

　　如果学生认为他们对自己的学习负有责任而不是被要求承担责任，这所学校会更有学习的氛围。那些感到有责任为自己而学习或对课程材料感兴趣的学生不需要催促，他们是为自己才选择这样做。当学生被给予足够的自主权和控制权时，他们会有责任感（Ainley，2012）。

　　良好的学校氛围的另一个成分是尊重学生。在一所学生行为良好的学校里，学生是受到尊重的。例如，拉鲁索和她的同事发现，学生感到受尊重的学校药物使用问题较少，学生抑郁的比例会降低。

在学习氛围中，学生感到有责任为自己学习，而不是被动地承担责任。他们也对课程材料感兴趣，并愿意学习它。

老师

　　老师能使用很多策略使学生感到自己有责任为自己学习（Roeser et al.，2008）。举例来说，如果允许学生自己发现答案，而不是期望他们记住大量的信息，那么他们一般会做得更好，会更感兴趣。此外，老师可以直接指导学生如何更好地学习。他们可以就学生的学习情况给学生频繁的反馈，指出优秀之处和仍然需要改进的地方。老师还可以允许学生以不同的方式学习课程材料并展现出来，允许学生运用自己的个人长处，有自己的学习风格。

　　优秀的老师还能使学生投入学习。他们能使知识与学生相关，让学生感觉到有意义，他们会给学生示范如何将课程材料和技能运用到日常生活中。当他们这样做的时候，学生不会觉得学习无聊（Finn，2006）。好的老师鼓励学生提问、提出不同的观点和自我反思，他们也允许学生探索自己感兴趣的领域（National Middle School Association，2005）。

　　老师表现出对学生的支持和关怀也很重要。当学生觉得老师喜欢他们，关心他们，相信他们有能力做好的时候，他们做得最好。老师可以通过温暖和友好地对待学生，和学生待在一起表明这种关心。老师可以通过寄予学生高的期望，要求高品质的作业，有耐心并给予学生机会重做不合格的作业来证明自己对学生能力的信任（Wigfield et al.，2006）。如果老师表现出不喜欢学生或对学生缺乏信任时，学生的成绩就会降低。老师消极的期望往往是针对女孩、少数民族群体以及低收入家庭的儿童的（Juvonen et al.，2004）。不幸的是，从整体上看，初中老师不像小学老师那样信任学生的能力，也不像小学老师那样充满温暖和关怀（Burchinal et al.，2008；Roeser et al.，2006）。

　　优秀的中学老师还促进开放的沟通，培养合作氛围和相互的责任，要求学生出色地完成任务（Ellerbrock et al.，2015）。

你想知道吗

老师能做些什么来帮助学生获得成功

老师通过灵活、耐心以及高质量的作业要求来帮助学生获得成功。为了做得好，学生需要知道老师对他们掌握课程材料能力的信任，以及老师在意他们的成功。

课程设置

学校的课程即学校提供的学习科目的总和。目前大多数高中提供三种基本课程：

1. 普通课程
2. 职业课程
3. 大学预科

我们首先从普通课程开始，讨论课程目标及相关问题。

上普通课程的学生经常是被其他两种课程淘汰的，或者是既不想上大学也不想参加职业课程的学生。普通课程的目标是教授毕业之后需要就业的学生基本技能。大多数辍学和失业的青少年都上的是普通课程，并且大部分都是低收入和少数民族青少年（Lewis & Cheng，2006）。学生因为被他人知觉到的能力较低或学习动机较低而被分配去上普通课程，很多时候，一旦被分配到普通课程，他们便会陷入困境之中。大量研究表明，普通课程的授课老师经验较少，对学生的期望也较低（例如，Pallas et al.，1994）。学生周围都是无精打采的同伴。如果要实现"不让一个孩子掉队"的目标，就需要给这些孩子额外的关注，我们必须找到激发他们学习积极性的方法。

职业课程 职业课程现在被称为"职业和技术教育"或 CTE，是为学生将来能找到有报酬的工作而设置的。学生花大约一半时间在上普通课程，剩余的时间则在上专业课程。而且，很多时候学生是在工作岗位上进行培训。教授职业课程的老师一般有他们所授的职业领域的工作经验。这类课程的质量从极好到普通各有差异。

为了让学生做好准备以得到有报酬的工作，大多数高中学校提供将普通课程和专业课程结合在一起的职业课程以及可能的岗位培训。

学习职业课程的人不仅局限于选择这一课程体系的学生。事实上，大多数高中生在毕业前都至少选修一门或几门 CTE 课程。莱韦斯克等人（2010）报告，在 2005 年，在所有公立高中的学生中，有 85% 的学生选修至少一门职业课程，平均每人选修 2.5 门职业课程。阿利亚加和他的同事报告了相似的发现：92% 的公立高中学生选修至少一门 CTE 课，这些学生当中有一半选修三门或更少，另一半选修三门以上。男生和来自低收入家庭的学生选择的 CTE 课程数多于女生和来自富裕家庭的学生。

这 3 个传统高中课程体系的界限似乎变得不那么清晰了。这可能部分是因为更多关注就业的高中生意识到上大学是有帮助的。而且研究表明，当学生知觉到学习内容与未来职业相关时，他们会更投入地学习。例如，奥尔斯纳等人（2013）发现，当核心课程中有与职业相关的案例时，初中学生会对学校评价更高，会更投入地学习（例如，在数学课上使用与商业相关的案例）。

大学预科课程　大学预科课程的目标是让学生为成功进入大学做好准备，使学生能够进入大学，获得本科学位甚至进入研究所。近年来，越来越多的学生在高中毕业时已经为上大学做好了准备。事实上，到 2011 年，有 13 个州强制所有公立高中学生选修大学预科课程，至少有 16 个州正在考虑这么做（Mulroy，2011）。这是"回归基础"运动的一部分，"回归基础"运动旨在创造有能力的、有竞争力的劳动力，因为现在大部分好的工作都需要大学教育。

除试图使更多高中毕业生做好上大学的准备外，各州还在努力使学生能够进入大学并顺利毕业。

💡 帮助学生获得大学学分的选择

有不同的方法可以用来帮助学生在高中阶段获得大学学分。其中两种最常见的选择是大学先修课程和双学分课程。在此我们只对先修课程进行讨论。

先修课程

使学生在高中阶段获得大学学分的最早的方式是先修课程，或者叫它 AP 课程。这些课程由高中老师讲授，学生在高中就要学习它们，最后参加国家统一考试。考试成绩分为五个等级分数。如果能达到 3 分以上，很多州立大学就会给学生大学学分。一些私立文理学院和大学可能会要求达到 3 分、4 分或者 5 分。有些先修课程已经有 50 多年的历史。在 2014 年，超过 200 万学生完成了超过了 400 万 AP 课程。共有 34 门先修课程可供选择，其中最普遍的是美国历史、英语语言与写作、英语文学与写作（College Board，2015）。

参与程度

前面描述的很多策略的提出是为了确保学生努力工作，重视学习，充分利用他们在学校的时间。虽然课程、教学策略、学校规模等方面都在改变，但还有一个问题我们未能解决——太多学生不喜欢学校。

我们是如何知道这一点呢？一个途径是分析"高中学生参与度调查"（HSSSE）的结果。这是国家定期对大量高中学生进行的一项调查。最新的调查结果（与之前的调查结果相似）表明：2/3 的学生报告说自己每天至少感到厌倦一次，近 1/5 的学生说自己每节课都感到厌倦。大多数学生说他们感到厌倦的主要原因是学习材料无趣或者没有意义。学生还说他们渴望被允许创造性地完成作业，希望有更多的讨论和辩论。在学校以外，学生花更多的时间去参与社交活动，在电话里聊天，而不是做作业或学习。25% 的学生说他们觉得大部分课程都没有挑战性，他们不需要为了通过考试努力学习，学生承认他们没有一直付出最大努力（Yazzie-Mintz，2010）。

显然，在中学教育改革方面，我们还有大量工作要做。

跨文化研究

日本的教育

日本的教育体系是公认的全世界最好的教育体系，日本人拥有高识字率，他们的学生在国际数学和科学竞赛中脱颖而出。为什么日本的教育体系如此成功？

一个原因是日本人对待教育很认真，日本老师比美国老师具有更高的职业地位和薪水。另一个原因是日本学生花了更多的时间在学校里，他们的学年较长，而且直到最近，他们在周六仍然有半天需要到校。此外，日本人认为，学业上的成功更多的是努力学习的结果，而不是因为与生俱来的能力，这种观点培养了所有孩子都能在学习方面成功的信念。

对日本教育模式通常有三种批判。

第一，这对学生而言是相当有压力的。为了进入他们所选择的高中，日本青少年必须参加升学考试，而最好的学校竞争非常激烈。许多学生花很多时间学习，参加补习班，为这些考试做准备。学生清楚地知道他们最终得到的工作和他们将来要去读的大学很大程度上由他们所上的高中决定。

第二，日本的教育体系是没有人情味的、死板的，很少重视学生的个性。

第三，日本学校有一个传统，强调死记硬背，而不是创造性地解决问题。

为了解决后两个问题，2002年，日本对课程设置进行了很大的变动。（由于日本的教育受国家而非地方监管，因此这些变动是全国性的。）日本引入一个新的学科——综合学习。基本上，它提供了一段自由的时间，鼓励学生去了解他们感兴趣的话题。此外，日本还讨论了是否可以让社区服务成为高中学生必修课。这些变化使日本教育从传统论的教育转向进步论的教育。只有时间才会告诉我们哪一个更成功。

资料来源：Ellington (2001) and Letendre (2000).

私立、公立和半私立教育

大约88%的美国高中生就读于公立学校。他们中大多数人上的是家庭附近的普通学校，有一小部分人上的是特许学校、磁力学校或邻区的公立学校。约8%的学生上私立学校，他们中的大多数人在教会附属学校，约4%的学生接受家庭学校教育（National Center for Education Statistics，2014a）。

完成学业和辍学

美国人并非一直认为应该给所有青少年提供教育。1874年，密歇根州卡拉马祖市的一个著名决策确立了一条公认的原则，即公共教育没必要仅限于小学。此前，在1870年，全国青少年只能从800所公立高中中进行选择（Rury，2013）。很多准备读大学的青少年都去了通常被称为预科学校的私立中学。1970年，25岁以下的美国人中，有52%完成了高中学业，1990年，该数字上升到了88%。后来，这一数字继续缓慢上升，达到了93%

（Child Trends，2015）。

　　注意，刚刚呈现的数字是个体到 25 岁时获得证书的数据，这掩盖了一个事实，即同年入学的高中生中大约 1/3 的学生没有按时取得毕业证书，对于非洲裔和拉美裔学生而言，这个数字达到近 50%（Sweeten et al.，2009）。那么很明显，很多学生在高中时学习很吃力，即使他们最终总会毕业。在这一节，我们会讨论一些学生未能从高中毕业的原因。

🔅 研究热点

失败的学校？

　　不同高中的毕业率有很大的不同。少数一部分高中做得很好——有些学校的毕业人数接近入学第一年学生总数的 60%。正如人们预料的，我们发现"失败的学校"集中在贫困人口集中地区，学校中有大量少数民族学生：这些学校坐落于特定的地理区域，去上这些学校的学生通常别无选择，只能去上这些高中。2002 年，有 2000 所不达标的学校，46% 的黑人学生和 39% 的拉美裔学生在这些学校读书（Balfanz & Legters，2004）。现在，因为我们集中精力对它们进行干预，全国不达标的学校减少至 1200 所，不到 20% 的非洲裔学生和 15% 的拉美裔学生在这些高中就读（DePaoli et al.，2015）。我们做得还不够好，但我们做得越来越好了。

　　尽管许多就读于低毕业率学校的学生因为个人特点（见正文）而有更高的辍学风险，但学校本身是否使得这个问题更加严重了呢？克里斯托等人（2007）对此进行了探讨。他们采用访谈法、观察法和问卷调查法，比较了肯塔基州高毕业率学校和低毕业率学校的特点。

　　研究者发现了学校层面上的差异。平均而言，高辍学率学校管理者的经验只有低辍学率学校管理者的一半。毕业率最低的学校硬件条件较差，卫生和秩序也都不太好。这些学校的员工在穿着方面不太表现得出专业仪态，师生比不是很好，在整体气氛上，这些学校是较为消极的。

　　此外，很多区别可以归因于学校政策、学生特点或二者兼而有之。高辍学率学校的学生更有可能留级、休学、逃学。他们去了更低的年级，但依然没有在成绩测验时得到好的分数。高辍学率学校学生的家庭参与度极低，师生也较少互动，就算是互动，也更有可能是专制性的。

　　我们也可以根据学生的特点来区别这些学校。正如先前的研究预期的那样，毕业率与家庭收入水平和少数民族学生的比例之间有很显著的相关。不太成功的学校的学生更有可能从事犯罪行为，他们在学校对他人的行为更消极。

　　毕业率的差距之所以如此之大，其原因是复杂的、多方面的。这些学校的学生的学业表现比他们的同龄人差，家里可利用的资源较少。同时，学校本身也不具吸引力，资金也不足，可能还会有一些苛刻的规定。

辍学者和辍学原因

　　有一系列原因来解释青少年为什么会辍学或成绩不良。问题可能很早就出现了，甚至可能在出生之前。那些早产儿或出生体重低的婴儿会因为生物因素和社会因素有更大的辍学风险（Odberg & Elgen，2011）。众所周知，出生体重低的儿童轻微的神经系统缺陷会影响他们在学校的表现。具体的认知过程如注意力和短时记忆也可能受到影响，从而影响阅读能力、算术能力和社会适应能力。大量关于小学生的研究表明，出生体重低的儿童比出生体重正常的儿童在学校里遭遇更多学习问题、视觉－运动缺陷以及留级等（McGrath & Sullivan，2002）。许多研究人员认为，三年级学生的低阅读水平（不管什么原因）很好地预测了他们不能顺利完成高中学业（例如，Heinrich et al.，2008），由此得出的结论是，对于很多辍学者而言，他们的学业问题并不是从青春期开始的。

很多因素可以影响学业成功或失败：社会经济地位、种族和民族的偏见和歧视、父母的影响和亲子关系、家庭责任、人格问题、社会适应、参与活动和社团、经济问题、健康问题、过早怀孕、智力困难、学习障碍、成绩不良、行为不良、开除学籍、对学校缺乏兴趣等（Connell et al.，1995）。通常情况下，问题会积累多年，直至退学，退学一般出现在法定许可年龄之后或已满足法律规定的教育年限之后。

造成退学的事件可能是很小的一件事：与老师的误解、一个纪律处分、与同伴的争吵、家里的紧张气氛或其他原因。例如，我们所知的一个男孩在因为迟到被拒绝进入教室后便退学了。他很生气，退了学，再也没有回来。在一系列先前事件如成绩不好、留级、社会适应不良等之后，这样的插曲最终导致了退学。图 12-2 罗列了青少年退学的原因。

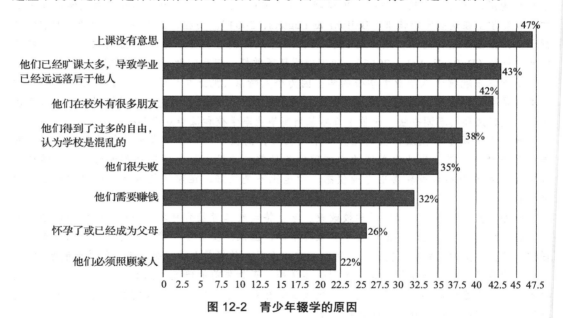

图 12-2　青少年辍学的原因

注：2006 年，有一份调查请辍学者给出自己离开学校的理由。这些青少年提到的最普遍的原因如图中所示（这组数字的总和不等于 100%，因为受访者可以给出多个选择）

大多数人表示：他们并没有努力学习的动机（69%），他们当时应该在学校努力学习（66%）（Bridgeland et al.，2006）。现在让我们来看看这些动机。

厌倦和疏离　许多人辍学的原因包括厌倦（无趣的课程）、缺少动机和与学校的疏离感（朋友不在学校）。

🔍 造成青少年厌倦感和疏离感的因素

当个体有无力感，或者觉得布置给他们的任务是无意义的，或者感到没有行为标准时，他就会开始感到厌倦和疏离。在此我们只对无力感进行讨论。

无力感

当人们被权威人物控制或操纵时，人们通常会有无能为力之感。在学校，学生在不能控制学校的规定，不能改变自己所处的班级，或不能提高处于边缘水平的学业成绩时，会体验到这种感觉。于是他们选择不去争取诸如表扬和考试分数之类的奖励，而是缺课、叛逆，或者仅仅出现在课堂上却不真正参与。

有许多方法可以减轻厌倦感并增强参与感：例如，课程可以设置得与个体的未来更加相关，且具有明确的关系；使老师和学生之间建立更牢固的人际关系。也可以鼓励学生通过参加课外兴趣俱乐部和各种活动以发现自己的才艺所在。加入乐队或者出去运动的学生更容易感受到他们和学校之间的联系（Brown & Evans，2002）。

有趣的是，老师认为厌倦是辍学原因之一的可能性要比学生小得多。

家庭责任　关于辍学的原因，很多学生都提到需要照顾家庭成员，包括配偶或子女。怀孕是青少年女性辍学的一个很重要的原因。怀孕的青少年女性从高中毕业的可能性比其他青少年女性低 10%～12%（Basch，2011），她们上大学的可能性也比其他青少年女性低 15%～20%。怀孕对拉美裔和非洲裔美国女孩辍学的影响尤其显著。超过 30% 的拉美裔和非洲裔美国女孩因为怀孕辍学（Guilamo-Ramos et al.，2012；The Natinal Campaign，2012）。怀孕使得女孩辍学，反之亦然。如果她们辍学，她们就更有可能怀孕（Demenico & Jones，2007）。因此，降低高中辍学率将会带来降低少女怀孕率这个额外的好处。联邦法律第九条要求学校为怀孕少女和未成年妈妈提供合适的住宿（National Women's Law Center，2007），因此她们不会因为学校制度而被强制退学；更常见的是，她们辍学是因为她们没有兴趣上学或者需要赚钱养活自己的孩子。基于学校的干预课程被证实能成功地降低她们的辍学率（Steinka-Fry et al.，2013）。

少女怀孕同样会影响高中男生的毕业率。做父亲的美国男性中有 6%～9% 是青少年，其中大约一半是非白人青少年（Scott et al.，2012）。因做了父亲而辍学的人数占据青少年男性辍学总数的 1/4 以上，19% 的人说做了父亲是辍学的一个主要因素（Peter D. Hart Research Associates，2005）。青少年父亲进入劳动力市场较早，最初的收入比其他年轻男性多一些，但当青少年父亲到 25 岁左右时，他们的收入是较少的。相对于推迟到 20 岁或以后有小孩的男性，青少年父亲的工资更低（Pirog-Good，1996）。青少年男性的社会经济地位越低，年龄越大，父母所受教育越少，居住在乡村地区，所有这些都会提高青少年父亲从高中辍学，并且不再回来的概率（Futris et al.，2012）。

即使不涉及怀孕，对经济的考量也通常是个体决定是否待在学校的重要因素。读高中所需的费用是高昂的：学生可能会想他们必须有"合适的"的衣服穿，而且许多学校都有"参与费用"，至少在一些课程和课外活动中学生需要付费。有时候，父母给青少年施加压力，让他们去工作以帮助养家。青少年也会有想要经济独立，有足够的钱去参加社交活动或者存钱买一辆车的诱惑。如果辍学风险较高的学生能在不接受教育的情况下得到相当不错的工作，他们就更有可能辍学（Stallmann & Johnson，1996）。因此，美国的经济衰退可以部分解释为什么在过去的十年里辍学率较低。

你想知道吗

怀孕和辍学之间的关系是什么

对一个女孩而言，怀孕增加了她辍学的可能性，辍学也增加了她随后怀孕的可能性。做了父亲的青少年男性也不太可能完成高中学业。

逃学和学业因素　那些辍学者往往在辍学之前就有较高的逃学率（Sheldon & Epstein，2004）。逃学既是学生不参与学校的行为表现，也是学生学业失败的原因。逃学也有不同的原因。比姆勒和柯克兰（2001）把逃学的学生划分为五类。

前两类包括其父母纵容或鼓励逃课行为的青少年，例如，逃学者的父母可能希望他们留在家里照顾年幼的弟弟妹妹。这两类之间的差异在于逃学者在上学的时候内心是否不愿意待在学校。

比姆勒和柯克兰将第三类称为"无动机的独行侠"：适应性较差的社会隔离者，他们根本就无心待在学校。

第四类同样无心向学且适应性差，他们还是叛逆的社会群体中的一部分。

第五类由社会化良好的"行为不端者"构成，他们的适应性很好，很受不良青年的欢迎，但他们不喜欢学校。

很多学业因素和辍学有关联，包括低水平的阅读能力、不恰当的分班、较低的分数（Bowers，2010；Goldschmidt & Wang，1999）。有学习障碍的学生和低智商的学生辍学的可能性更大（Dunn et al.，2004）。那些持续得不到好成绩的学生感到上课是一种惩罚，并且不再愿意参与竞争。他们更可能无法取得进步，这本身也是与辍学相关的一个因素（Carpenter & Ramirez，2008）。

除这些辍学者自己提出的辍学原因外，还有一些其他因素与青少年不能从高中毕业相关。

社会经济因素、种族和民族　大量研究表明，低社会经济地位和早期辍学呈正相关（Sirin，2005）。来自低收入家庭（总人口中收入最低的20%）的学生辍学的可能性，是来自富裕家庭（总人口中收入最高的20%）学生的5倍（Chapman et al.，2011）。

来自低社会经济地位家庭的学生辍学率高的原因

为什么来自低社会经济地位家庭的学生辍学率如此之高？有以下几种可能的原因：缺少积极的父母榜样、老师对其有偏见、较少得到奖励、不具有阅读和写作技巧、受反学校的同伴的影响（Simons et al.，1991）。在此我们只对缺少积极的父母榜样进行讨论。

缺少积极的父母榜样

低社会经济地位的学生通常缺乏积极的父母影响和榜样。大多数父母都希望他们的子女能接受比他们好的教育，但是如果父母只上到五年级，他们就可能认为子女初中毕业就足够了。一般来说，来自低社会经济地位家庭的男孩比女孩更容易得到鼓励去完成学业。

民族和种族　拉美裔、非洲裔和美国土著学生的辍学率比白人学生高（Child Trends，2015；Diplomas Count，2013），拉美裔学生的辍学率尤其高。（当然，拉美裔学生往往会面临语言障碍，正因如此，他们获得学业成功更困难。）但近年来拉美裔青少年的辍学率大幅度下降了：在 2000 年，有 32% 拉美裔学生辍学，而在 2013 年，拉美裔学生的辍学率不到这一数字的一半（14%）。非洲裔学生的辍学率也有相似程度的下降，同样在这一段时间内，从 15% 下降到 8%。白人学生的辍学率也更低了，从 2000 年的 9% 下降到 2013 年的 5%。亚裔青少年的辍学率一直保持稳定（4% 或 5%）。唯一的例外是美国土著，他们的辍学率上升了。

辍学率最高的是贫民区高中的非白人学生。实际上，美国大城市的贫民区高中的平均辍学率是 50%（Orfield et al.，2004）。这些青少年面临着不容乐观的经济、社会和家庭条件，这些都不利于他们继续受教育（见研究热点"失败的学校？"）。好消息是这些青少年的毕业率比国家毕业率提高得更快，也就是说，毕业率的差距在减少。

家庭生活与同伴群体

经济弱势和少数民族青少年可能会体验到学校与家庭之间缺乏一致性，（Arunkumar et al.，1999），对于移民青少年来说也是如此（Georgiades et al.，2013）。也就是说，这些学生在家所体验到的价值观和态度与学校老师的不一致，而这对于中产阶级、多数群体而言，一般不成问题。

这些不一致的方面包括：对竞争的态度、冲动控制、情绪表达的适当性（Trumbull et al.，2001）。例如，相比于在学校表达愤怒，低社会经济地位的非洲裔学生在家中表达愤怒更加被包容；美国土著学生可能会觉得，主动举手表明自己知道正确答案是一种夸耀和自负的表现；有些青少年被教育对成年人说话时要向下看（不要与成年人对视），这可能会被不知情的老师误解为是欺骗或傲慢的表现。与家校和谐一致的学生相比，家校不一致的学生对未来不抱太大希望，自尊较低，对自己的学业能力缺少信心，成绩也较差。

你想知道吗

父母能做些什么来帮助青少年在学校获得成功

热心、鼓励和对教育的关注可以使父母更好地帮助孩子在学校获得成功。例如，父母可以确保孩子完成家庭作业，了解孩子的老师。父母应该避免给孩子太多压力，这种压力会使他们感到学习令人很不愉快。

导致学校与家庭不一致的因素

当学生感到学校和家庭环境的不一致性时，他们会发现此前所被教导的得体的和可接受的行为在学校中并不合适，会给他们的学校生活带来麻烦。这导致学生有一种受挫、疏离和愤怒之感。导致这种不一致的因素有很多，在此我们只对家庭关系进行讨论。

家庭关系

青少年家庭成员之间的互动的质量对他们的学业成绩有显著影响（Gordon & Cui，2012）。研究表明，高学业成就的学生比低学业成就的学生更频繁地报告说父母与他们一起休闲娱乐，分享想法。理解、赞同、信任、爱和鼓励（但不施压）都和学业成就相关，而且高学业成就的学生没有被过于严格或严厉的纪律限制。高成就学生的父母为子女提供了在家学习的机会，监督孩子的功课和成绩，愿意去孩子的学校参与志愿工作。

有大量研究调查了父母的教养方式对孩子在校表现的影响。权威型父母的子女最有可能重视学校、获得好成绩（例如，Spera，2005）。权威型父母参与孩子教育的程度比专制型父母要高一些，比放任型父母高得更多，他们与孩子的老师有更多的接触，花更多时间帮助孩子做功课，也花更多时间和孩子谈论学校生活（Melby & Conger，1996）。

压力 大量研究已经证明，持续的高水平压力会使心理幸福感降低，身体健康情况和工作表现变差。许多研究关注学生在校期间压力的多种来源。

压力来源之一是缺乏个人安全感。欺凌行为很猖獗。（不只是在美国，一项关于28个国家的欺凌现象的元分析表明，10% ～ 20% 的学生在学校里经常被欺凌。）很多学生报告说有人打过、踢过、推过，甚至用刀或枪威胁过自己，因此，他们在学校感到不安全。通常，学生在教学楼的一部分区域感到安全，但在另一部分，诸如走廊或洗手间等区域，他们感到不安全（Astor et al.，1999）。

对于心理或社会伤害的恐惧也会带来压力。如果学生担心他们会在其他同学面前被愚弄或者认为老师会批评他们，他们就会变得很焦虑。被迫感受着自卑和羞愧，无法完成课堂任务，测验成绩比自己的预期低或比其他同学差，这些都让人感到有压力。在不同的课堂上需要达到不同老师的期望也是压力的来源。其他会带来压力的情境包括储物柜的东西被盗，看到其他同学在餐厅打架等。

你想知道吗

为什么学生会辍学

简而言之，学生辍学是因为他们在学校不开心。他们可能觉得自己不论是社交还是学业都不够好。也许他们从老师和同伴那里得到了太多消极反馈和太少积极反馈。如果学生所接受的教育和他们的生活无关，他们也许会认为学校没有满足他们的需求，他们也许想要去做一份比兼职挣钱多的全职工作。

行为不良

当学生在学校受挫或在家面对压力的时候，他们可能会做出不良行为。不论怎样，行为不良和毕业之间有着强烈的负相关。在一项研究中，出现严重行为问题的青少年男性辍学的可能性，是没有那些问题行为的青少年男性的 17 倍（Gluek，2005，转引自 Heinrichet al.，2008）。

🧠 **研究热点**

学校暴力

被大众高度关注的校园枪击事件已经引起了许多青少年的担忧：他们在学校是否安全。他们安全吗？

好消息是，相对而言，他们是安全的。自 2000 年至今，共有 63 名美国儿童和青少年在小学或中学被杀害（Statistic Brain Research Institute，2015）；其中 41 例死亡发生在小学，3 例在初中，19 例在高中（其中小学的 41 例死亡全部发生在康涅狄格州桑迪胡克小学的枪击案中）。哪怕死亡或受伤的学生只有 1 个，这个数字也称得上"太多"，但无论如何，这是这 15 年间美国在校学生总人数的极小一部分。2006 ～ 2007 年，这一比率约为 1/2 000 000，学生在校死亡人数不到所有青少年死亡人数的 2%（Dinkles et al.，2009）。其他严重的暴力犯罪事件的风险（例如严重攻击等），也是校内比校外更小。下午比较晚的时间是最危险的（Sickmund & Puzzenchara，2014）。相对被攻击而言，青少年更容易遭受抢劫，而且校内抢劫比校外抢劫的发生率更高。青少年被抢劫的案件中，发生在学校的可能性与发生在学校以外的可能性相同。2010 年，约 2% 的高中生在学校有东西被偷的经历（Sickmund & Puzzenchara，2014），通常，被盗的是被放在储物柜和书桌里的东西。

这些数据表明，学校总体上是较为安全的，比 20 世纪 90 年代的学校安全。尽管如此，许多学生仍然担心自己在学校的安全。华莱士和梅（2005）发现，1/3 的学生一直害怕有人会在学校里伤害他们，17% 的学生害怕在上学路上或放学路上被伤害，14% 的学生因为害怕被伤害而避免去学校的某些区域。感到恐惧的学生经常报告说，他们的焦虑影响了他们的成绩，有时还会导致他们逃学（Barrett et al.，2012）。

学校以很多方式应对学生的恐惧。大多数学校通过关闭或监控大门的方式来限制人们进入学校，还使用安全摄像头。约 1/4 的学校使用嗅毒犬。很多学校雇用安保人员看守大门或巡逻。有些学校还在门上安装了金属探测器，开始落实对携带武器零容忍这一规则。越来越多的学校提出旨在预防暴力的方案，试图防患于未然。学校还为高风险学生提供咨询和其他调解服务，解决学生的冲突（Juvonen，2001；National Center for Education Statistics，2014）。

对校园暴力的恐惧不太可能在短期内消失。有些研究表明，实施安全措施虽然事实上使学生更加安全了，但却会让他们感觉到不那么安全（Perumean & Sutten，2013）。由于人们之间的隔阂，可以获得武器和媒体暴力等原因，这些问题单独依靠学校是无法解决的。

辍学、就业和普通高中同等学力证书（GED）

与人们的刻板印象相反，很多高中辍学者都能找到工作（虽然多为不愉快、低工资的工作）。尽管如此，2008 年，辍学者的失业率差不多是高中毕业生的 1.5 倍（分别为 9% 和 5.7%）（U.S. Bureau of Labor Statistics，2015）。近年来，由于经济衰退，这两个群体的就业前景都很黯淡：29% 的高中毕业生和 30% 的辍学者失业。白人辍学者比黑人辍学者更可能找到工作，男性辍学者比女性辍学者更可能找到工作（U.S. Bureau of Labor Statistics，

2015）。后一种现象是可以理解的，因为很多女性辍学是因为她们有了小孩。在辍学者能找到一份工作的情况下，一开始辍学者能赚得的工资与高中毕业生几乎一样多。然而，辍学者会发现自己做了一份毫无前途的工作，而且他们的薪水不会再涨，高中毕业生却不然。因此，这两个群体的工资差距会随年龄而增大。2014 年，所有高中辍学者的周薪的中位数是 488 美元，高中毕业生是 668 美元（比辍学者多大约 1/3），那些具有学士学位的毕业生是 1011 美元。这种情况的部分原因归结于不景气的就业形势，大多数辍学者都开始后悔自己没拿到文凭就离开高中（Bridgeland et al.，2006），因此，很多人最终选择继续学习，然后参加普通高中同等学力考试（GED）。

GED 是用来考察一个人在阅读、写作、社会研究、数学和科学方面是否达到高中水平的考试。如果一个人辍学，那么通过 GED 是他获得高中毕业文凭的一条路径。2012 年，超过 600 000 人参加 GED，其中 400 000 通过。

通过了 GED 的人成功吗？没有传统的高中毕业生成功——他们上大学的可能性比传统高中毕业生要低，大学毕业的可能性更是低得多。他们的收入也比那些获得传统高中文凭的人少很多。但他们比辍学者的收入高，这说明这个文凭还是值得去追求的。

获得大学学位

由于越来越多的工作，特别是高收入的工作要求大学学位，因此越来越多的高中生选择继续完成高等教育。传统读大学的方式是在 3 ~ 4 年里，在学校里修完所有的课程。现在有更多其他选择，不足一半的大学生在他们开始高等教育的地方获得所有学分并获得学位（McCormick，2003）。获得大学学分的两种方式——AP 课程和双学分课程在前面已经讨论过了。这些改革使得更多学生更容易进入大学，大学费用也减少了。

甚至在进入大学后，越来越多的学生，通过在线上课来"跳过"一些传统课程。2013 年，几乎一半的美国大学生选择至少一门在线课程，许多人选择多于一门在线课程（Bolkan，2013）。在线上课更容易解决时间安排上的冲突，使学生能够选择一些原本无法选择的课。大多数学生选修自己的大学提供的在线课程，有些则不是这样。

除较为传统的网络课程外，慕课（或大规模开放式在线课程）更是应有尽有。这些课程对每个人开放（包括高中生），常常是由精英大学提供的，可以自由选择，只需要支付适度的费用来得到正式完成课程的官方证明。每一门慕课都可以招收大量学生：一门课可以有超过 200 000 个学生，但通常一门课只有 20 000 ~ 30 000 个学生。慕课的完成率比较低，平均完成率只有 10%（Jordan，2014）。随着这一新课程的发展，有动力的高中生可能能够通过慕课在家获得大学学分。

🗨 私人话题

有没有必要获得大学文凭

你正在阅读这本书，似乎可以有把握地假设你目前正在大学就读。你（也许你的父母）必须舍得在你的大学教育方面投入相当可观的费用，因此你必须相信得到这个文凭将有利于你。

真的有利吗？答案是毫不含糊的肯定。

最明显的好处是关于知识和认知能力的。大学毕业生肯定比他们进入大学之前知道得更多，并更有可能比没有继续接受教育的人们知道得更多。

大学毕业生的批判性思维技能也得到了提高（例如，Karantzas et al.，2013），他们整合信息的能力增强，在形成观点时更加深思熟虑并且能够自我反思（Nelson Laird et al.，2014）

许多学生选择上大学主要是因为他们相信拥有大学文凭能帮助他们获得一份好工作。事实上，拥有学士学位的确能增加你获得称心的工作的机会，提高你的赚钱能力。2012 年，拥有学士学位的人的失业率是 4.9%，拥有高中文凭的人的失业率是 9.4%。大学毕业生的年均收入比高中毕业生多 2/3，二者之间的薪酬差距自 20 世纪早期开始一直在稳定变大。除更高的薪酬外，拥有学士学位的工人还享受更好的福利，如带薪假期。拥有硕士、博士或专业学位的人甚至可以得到更高的报酬，这些人的失业率也更低（U.S. Bureau of Labor Statistics，2015a）。这些优势同样存在于读文科专业和其他追求职业目标的专业的人身上。女性和少数民族群体的赚钱能力在他们获得学士学位后得到了尤其明显的提高（Montgomery & Coté，2003）。

此外，大学教育还改变了人们的态度。大学生会带着公民责任感离开学校（Ehrlich，2000），政治方面，他们会更加积极地参与（Kam & Palmer，2008）。对很多学生来说，大学给他们带来了转变，因为读大学这一经历，他们开始以不同的方式进行反思（例如，Benson et al.，2014）。

有多少高中毕业生会继续读大学呢？你也许会很惊讶地发现，在美国，拥有大学学历的年青人是相当少的（见图 12-3）。

拥有大学学历的年青女性的比例比男性高 2%～3%。25～29 岁的人中，大约 1/4 拥有学士学位。现在的趋势是，越来越多的学生进入大学并完成学业，因此这个数据在接下来的十年会有所上升。而现在，拥有学士学位让你成为拥有优势的少数群体。

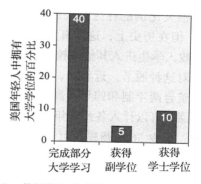

图 12-3　美国拥有大学学历的年轻成人的百分比
注：根据美国人口调查局的调查（U.S. Bureau of the Census，2014a），18～24 岁美国人中，大约 40% 完成了一部分大学学习，约 5% 拥有两年制的副学位，约 10% 拥有学士学位。

社区学院

社区学院在高等教育中所起的作用正变得越来越大。它们的招生人数急剧增多：2012 年，其学生人数占美国高等教育学校入学总人数的 40%（Morest，2013）。1/3 的社区学院预科生转入四年制大学。在美国，50% 的学士学位是社区学院的学生获得的（Backes & Velez，2015）。社区学院承担着很多任务，包括授予毕业证书和两年制的副学位，使学生为转入四年制大学做好准备，提供发展性课程以弥补大学预科教育和正式的大学教育的差距，提供职业培训，提供继续教育和成人教育。社区学院的学生构成在少数民族群体和成人学习者方面比四年制大学复杂得多（National Center for Education Statistics，2015a）。社区学院不仅能增加人们获得高等教育的机会，其费用也比四年制大学低得多。

创建"专科学院"的最初目的是为大量学生提供一种在 12 年级后可以继续受教育的途径。最早的专科学院始于 1901 年，作为高中的延伸，为 13 年级和 14 年级的学生提供大学低年级的通识教育课程（或大学前两年的课程）。它们常常位于或者附属于高中（Beach，2011）。在20世纪早期，由于专科学院运动的发展，人们对于专科学院是应该继续与高中保持一致，主要由高中老师任教，还是应该与大学保持一致，产生了不一致的看法（Cohen et al.，2014）。1947年，总统高等教育委员会的建议为专科学院带来了深远的影响。面对大量返回的二战老兵，总统高等教育委员会建议专科学院发挥更重要的作用，由联邦投入一定的资金，并将其重新命名为"社区学院"（Education.com，2015）。

社区学院越来越受欢迎。他们面对各种各样的人群招生，包括大量少数民族和移民学生。

有很大比例的社区学院的学生想进入四年制大学，获得学士学位（Alexander et al.，2008），但在历史上，这没有真正发生过。（一些研究者甚至认为，社区学院系统就是为了引导低收入学生进入其他院校，远离更有声望的四年制大学（例如，Brint，1989））。

面对这种脱节，近年来，各州开始努力为社区学院的学生进入四年制大学提供更好的条件，整合两年制和四年制高等教育的课程。很多州都取得了进展，确保学生在社区学院修读的课程可以计入各州四年制大学学分，用于申请学位，至少有16个州有共同的课程编号系统，至少36个州提供可以迁移的大学低年级核心课程（Education Commission of the states，2015）。已经被证实行之有效的帮社区学院学生融入新的四年制大学的策略包括：课堂合作学习（Townsend & Wilson，2009）、实验室经历（Reyer，2011）和专业课程方面的群组模式，这些模式允许学生在不同课程间转换时仍留在自己的群组中（Bahr，2012）。对低收入家庭的学生，相关主题的带薪实习和培训是有效的。由于教育界的不懈努力，自1990年来，让社区学院的学生获得学士学位这一方面取得了显著进展（Mullin，2011）。事实上，有时候从社区学院转入四年制大学的学生的毕业率，与那些直接进入四年制大学的学生的毕业率相同（Monaghan & Attewell，2015）。

随着越来越多学业能力较强的高中毕业生出于经济原因选择社区学院，社区学院一直在发展。事实上，社区学院越来越像四年制大学了，它增加了四年制学位课程，因此有些专业的学生不需要转学也能获得四年制学位（Morest，2013）。很多社区学院还增加了荣誉课程（Morest，2013）、服务学习（Morest，2013），还有大量国际学生（Peterson's，2015）。因此，在过去的十年里，很多社区学院已经将它们的学校名称中的"社区"两字去掉了（Marklein，2015）。

我们有足够的理由相信，社区学院将继续蓬勃发展，其入学人数还没有达到顶峰：2010年，奥巴马总统召开白宫社区学院峰会，提出了"美国学院承诺"的提案。在提案中，他建议社区学院为每个美国青少年提供两年免费的教育。这一声明引发了对美国社区教育在未来几十年中可能在高等教育中发挥更大作用的进一步讨论（Whitehouse.gov，2015）。

第13章

工作与职业

职业选择是青少年必须要做的最重要的选择之一。在本章，我们将探讨一些对职业选择产生影响的因素，以及其他可能会有影响的因素。我们还会讨论一些主要的职业选择理论，以及父母、同伴、学校、性别、能力倾向、兴趣、工作机会、社会经济地位以及民族或种族对职业发展的影响。我们将讨论青少年的工作经历，包括有工资收入的和志愿者，并将讨论青少年的失业情况。本章最后一节是关于职业教育的。

职业选择的动机

职业选择是一项重要的任务。所有人都需要满足自己对于认可、赞美、接纳、赞成和独立性的情感需求。个体实现这些情感需求的一个途径是通过拥有职业身份，通过成为其他人承认的"某人"来获得满足。较高的职业理想既是个体高自尊的结果，也是促成满意的自我形象的因素（Hogg & Terry，2000；Patton et al.，2004）。青少年自我接纳的程度往往取决于其在自己和他人眼中成功的程度。在他们寻找同一性和自我满足的过程中，他们具有强烈的动机去做出能够达到自我满足的职业选择。

职业选择不仅包括"我如何谋生"，也涉及"我在一生中要做些什么"。

这是表达和实现一个人的价值的途径。有些青少年关心服务社会，想为他们所生活的社会带来好的变化，他们会寻求能够帮助他人的职业。

那些追求实用的青少年，则会选择这些类型的职业：

● 空缺职位多

- 有优厚的薪酬和丰厚的福利
- 他们最感兴趣
- 他们最有资格从事

这样的选择主要基于经济动机、现实考虑、个人能力。

还有一些年青人通过职业选择来证明自己已经长大，能够经济独立，脱离父母的束缚，自己做决定。对于他们来说，工作是进入成人世界的一种手段。

你认为没有做出理性的职业选择会对青少年的个人生活及职业生活产生什么样的影响？有时候青少年做出并非理智的选择。例如刚出来工作的青少年得到了第一个工作机会，或者得到了他们觉得待遇不错的第一份工作，或者他们因为朋友的推荐而接受一份工作。在这种情况下，职业选择是偶然事件的结果，而不是深思熟虑后做出的决定。青少年可能会暂时享受就业所带来的经济上和其他方面好处。只有到后来，他们才可能发现自己不快乐，并不适合这份工作，且正在为值得怀疑的利益牺牲他们的时间和努力。他们需要回头，重新评估自己的目标、才能和机会，并想办法找到一些有意义和有较好回报的工作。

在最好的情况下，选择职业的困难也会增大，因为社会变得更复杂了。职业前景手册（U.S. Bureau of Labor Statistics，2014）中列出了 800 多种不同的职业，其中大多数都是青少年不熟悉的。如果可能，青少年需要做出理性的、深思熟虑的选择。如果他们找不到自己适合的或者能实现自我价值的工作，他们就很难获得职业同一性，更难获得整体的生活满足感。在某种意义上，他们将很难发现自己的生活的价值。

职业选择理论

许多理论家都致力于描述职业生涯的发展过程。我们接下来将会讨论依莱·金茨伯格（1988）、琳达·古特弗里森（1981）、约翰·霍兰德（1985）以及罗伯特·兰特和他的同事（1994，2000）的理论。接下来我们将更深入地讨论这些理论，尤其是表 13-1 中列出的几种理论。

表 13-1 职业发展理论

理论家	理论	定义
依莱·金茨伯格	现实妥协理论	强调职业选择是一个发展的过程，它不是某个时刻突然发生的，而是一个长期的过程
琳达·古特弗里森	职业发展理论	在职业发展早期，人们会遇到限制，然后妥协
约翰·霍兰德	职业环境理论	人们会选择那些能够提供与自己的人格类型一致的环境的职业；当自身特征与环境相匹配时，人们更有可能选择和待在这个领域，且乐在其中
罗伯特·兰特、斯蒂芬·布朗、盖尔·海凯特	社会-认知职业理论	个体根据资源和机会的变化不断修改和重新审视自己的目标

金茨伯格的现实妥协理论

金茨伯格的**现实妥协理论**（compromise with reality theory）强调职业选择是一个发展

的过程，它不是某个时刻突然发生的，而是一个长期的过程，一系列选择叠加构成了最终的职业选择（Ginzberg，1988）。每一个选择都很重要，因为它限制着个体随后的选择自由和他达到其初始目标的能力。

例如，在高中时学完代数之后决定不再选修数学课程，会使得个体后来很难决定去做一名工程师。你必须付出额外的时间、努力，有时候是金钱来弥补你所欠缺的准备工作。随着成熟，孩子获得了知识，面临很多选择，他们学着去了解自己以及周围的环境，以便能够更好地做出理性的选择。大多数这些选择涉及现实和理想之间的比较。

金茨伯格的职业选择阶段

金茨伯格将职业选择过程分为三个阶段：幻想期、尝试期、现实期。在此我们只对幻想期进行讨论。

幻想期

在幻想期，孩子们想象他们想要成为的对象，而不考虑训练、能力、就业机会或其他任何现实条件。

幻想期一般在 11 岁之前。他们想要成为飞行员、老师、橄榄球四分卫、芭蕾舞演员等。在很多情况下，他们所选择的职业是有魅力的、容易辨认的，因为从事该职业的人往往穿着特殊的制服。

在幻想期，儿童想象他们想要成为的对象，而不考虑训练、能力、就业机会或其他任何现实条件。

琳达·古特弗里森的职业发展理论

琳达·古特弗里森提出了一个和金茨伯格的理论相似的职业发展理论（CCT，或称之为限界和妥协理论），她认为早期的职业发展包括**限界**（circumscription）和**妥协**（compromise）（Gottfredson，1981）。当儿童年幼时，他们容易被强大的人吸引；然后他们会渐渐意识到男性和女性有不同的工作，承担不同的工作角色，性别刻板印象融入他们的思维当中；到童年后期的时候，他们被社会和周围人们的价值观同化，他们认识到不同的职业表达着不同的价值观。在这个年龄，他们同样开始意识到一些职业需要他们所不具备的能力或需要他们所不愿付出的努力，因此他们开始限制他们的选择，并开始拒绝基于这些要求的职业。到青春期早期的时候，个体的兴趣和需求开始成为职业选择的首要关注点，声望和地位也是如此（Gottfredson，2005）。青少年通过修正他们的选择，使其与现实保持一致，开始妥协。青少年尤其会做出一些预期的妥协，也就是说，他们所做出的修正是基于他们的期望，而不是实际的经历。

阿姆斯特朗和克罗比针对 8 ～ 10 年级的学生做了一项纵向研究，发现了支持金茨伯格和古特弗里森提出的现实妥协理论的证据，即当青少年知觉到其理想与现实可能存在矛盾时，他们会改变自己的职业目标，这种改变一般会使得他们的职业选择更具性别刻板性和现实性，没有知觉到这种矛盾的青少年则不会修改他们的抱负（Armstrong & Crombie，2000）。

与之相似，赫尔维格的研究也支持了金茨伯格和古特弗里森的理论，赫尔维格发现童年期和青春期的个体选择理想职业的倾向下降了（Helwig，2001）。很有趣的是，这点上，男生的表现滞后于女生，部分原因是很多男孩坚持成为专业运动员的理想一直持续到高中。此外，和社会价值观相匹配的职业在 8 年级的时候达到高峰，然后会出现下降趋势。从这之后，个体的关注点开始起更重要的作用。

研究热点

发展 - 情境的概念

对职业生涯发展的研究强调在职业探索中个体与环境的动态交互作用。

影响发展的三类因素

具体来说，有三种类型的变量影响发展（Vondracek & Schulenberg，1986，1992）：

1. 正态的、与年龄相关的影响
2. 正态的、历史时代的影响
3. 非正态的、生活事件的影响

第一种影响随年龄变化而变化，可能是生物的或是环境的。例如，某些类型的工作，诸如职业运动，要求特定的身体特点，想成为篮球运动员，一般情况下必须要有高个子。当你 50 岁的时候，无论你有多高，你可能都不会想成为职业篮球运动员。

有些因素对个人的职业选择会产生重大的影响，但个人对这些因素是很难控制的。根据很多研究人员的观点，偶然在形成职业决策的过程中扮演着很重要的角色。例如，克朗伯兹（2009）提出职业发展的"偶然学习理论"（happenstance learning theory）。职业决策很少是纯理性的。一些规划和偶发事件的结合似乎也会影响职业决策。大多数已经工作的成年人报告说，有几次偶然事件使他们选择了现在的职业（Bright et al.，2009）。

个体在生命的重要转折时期容易受到偶然事件的影响，特别是那些发生在个体职业生涯早期的、未曾预料到的事件。应对突发事件的能力（用柠檬做出柠檬汁，或者利用好买彩票赢来的钱）很大程度上取决于个体自我概念的强度和内部控制感。

以下五个特质可以预测成功利用偶然事件的能力。

1. 乐观主义，或认为新机遇是可得的。
2. 好奇心，或有探索新机会的兴趣。
3. 灵活性，或有做出变化的能力。
4. 坚持性，或面对挫折能继续坚持的能力。
5. 冒险精神，或当结果不确定时愿意采取行动（Kim et al.，2014）。

拥有这些特质的个体能够比他人更好地克服偶然事件的消极方面，并有效利用其积极的方面（Scott & Hatalla，1990）。

霍兰德的职业环境理论

霍兰德（1996）的**职业环境理论**（occupational environment theory）认为，人们会选择

那些能够提供与自己的人格类型一致的环境的职业；当自身特征与环境相匹配时，人们更有可能选择和待在这个领域，且乐在其中。

霍兰德列出了 6 种职业人格类型——艺术型、事务型、进取型、研究型、现实型、社会型，以及和这些类型相匹配的职业环境（见表 13-2）。

表 13-2 霍兰德的职业环境理论

人格类型	特点	建议职业
艺术型	喜欢创造性活动和艺术：音乐、戏剧、绘画 认为自己富于表现力，较独立	作曲家、时尚设计师、图书编辑、内科医生、艺术老师、平面设计师
事务型	喜欢结构和顺序，喜欢和数字打交道 认为自己是有条不紊的，有条理的	记账员、银行柜员、邮局工作人员、法院职员、产权审查员、秘书
进取型	喜欢领导他人、说服他人，渴望成功 认为自己有抱负，喜欢与人打交道	城市规划师、律师、房地产代理、销售人员、学校校长
研究型	喜欢数学和科学 认为自己很聪明，也很努力	建筑学家、生物学家、牙医、气象学家、药剂师、检查员、兽医
现实型	喜欢与机器和动物，而不是与人在一起 认为自己是实用型的人	木匠、警察、电工、消防员、飞行员、锁匠、机械师
社会型	喜欢做帮助人的事 认为自己是友好的、富有同情心的、乐于助人的	图书管理员、咨询师、社会工作者、教师、牙科保健师

为合适的职业而奋斗的个体应当寻找与他们的个性倾向相匹配的职业环境。

后来的研究普遍支持了霍兰德的理论，这一理论为职业生涯咨询提供了基础（Staff et al.，2009）。它似乎对男性和女性都同样适用（Anderson et al.，1997），而且有趣的是，在总体上，男孩和女孩有不同的人格类型。例如男孩更多地表现出现实型和研究型的特质、兴趣和能力，而女孩倾向于艺术型，或对社会型和进取型的工作有兴趣（Turner et al.，2008）。

职业人格类型与个体总体的人格特质有关（Barrick et al.，2003），这并不令人惊讶。艺术型和研究型个体具有开放性，进取型和社会型个体更加具有外倾性，社会型个体具有宜人性的倾向。

但是，有些研究发现，职业人格类型对来自不同文化背景的个体并不一定适用。（例如，Flores 等人（2006）发现这一理论不适用于墨西哥裔美国高中学生。）另外，即使人格特征往往确实会影响职业选择，个体有时也会选择并留在与其人格特征不匹配的职业环境中（Wallace-Broscious et al.，1994）。这些人留下来的原因是：它提供了更安全的工作环境、更高的薪酬，或者较少出差；它要求较少的教育；他们快要退休了；他们不希望改变地理位置。此外，许多工人留在不完全适合他们的工作岗位是因为个人或家庭责任。

你想知道吗

你如何知道一份职业是否适合你

如果一份职业与你的兴趣、能力和价值观（金茨伯格和古特弗里森）以及你的个性（霍兰德）相匹配，那这份职业是最可能适合你的。同样，能得到你周围人支持的职业也是最可能与你匹配的职业（兰特）。

兰特等人的社会认知职业理论

社会认知职业理论是由罗伯特·兰特、斯蒂芬·布朗、盖尔·海凯特（Lent，Brown，Hackett，1994，2000）提出来的。他们的工作是以阿尔伯特·班杜拉的社会认知理论（Bandura，1986）为基础的。班杜拉提出，当个体为一个长期目标做决策时，会权衡自己的能力和成功的概率，而且他们是在具体的情境中做出这种权衡的。有没有导师来帮助他们，并给他们提供一个机会？他们在追求目标过程中是否有障碍，如缺乏父母的支持？

兰特和他的同事考虑了这些一般性前提，并描述了它们是怎样影响职业选择过程的。这一理论的核心是职业自我效能和结果信念的概念。

社会认知职业理论本质上是动态的。个体根据资源和机会的变化不断修改和重新审视自己的目标。这一理论不仅考虑了个体的特质和对能力的信念，也考虑了独特的环境影响（例如一个从事某一类生意的邻居）和更广泛的社会条件（例如经济低迷）。

越来越多的研究为社会认知职业理论提供了证据支持。

父母对职业选择的影响

父母以多种方式影响着青少年的职业选择（Whiston & Keller，2004）。其中一种方式是直接继承：儿子或女儿继承父母的生意，继承父母的事业似乎比离开父母自己从头做起更加容易和明智。家长也会通过提供学徒培训对孩子施加影响。

例如，一个做木匠的父亲可能会通过带孩子一起工作，或安排他/她师从其他木匠，传承自己的事业。在低社会经济地位的家庭中，青少年可能不会有很多其他选择。

在孩子小的时候，父母通过提供游戏材料，鼓励或阻碍他们的兴趣，鼓励孩子参与一些活动等方式影响孩子的兴趣和活动（Lent et al.，2000）。例如，一位做律师的母亲会在孩子还小的时候，让孩子更多接触自己和其他律师。

不管父母是否有意去施加任何直接影响，榜样的影响都存在。此外，家长会提供工作在一个人的一生中所扮演的重要角色的一般信息（Bryant et al.，2006）。

职业自我效能感

父母对青少年的职业自我效能感有很大的影响（Kenny & Medvide，2013）。职业自我效能感指一个人关于自己能否在职场中取得成功的信念。如果你认为你能够在一种职业或者几种职业上取得成功，你就更有可能在学校里努力学习，认真探索这些职业，最终获得一份满意的工作（Huebner & Gilman，2006；Millar & Shevlin，2007）。青少年意识到父母的行为（如父母如何支持他们的职业兴趣，在多大程度上使他们能够接触某种职业）会影响他们的职业自我效能感（Keller & Whiston，2008）。职业自我效能感在很大程度上影响着职业选择。

父母对于职业自我效能感的影响

父母能够通过直接鼓励影响青少年子女的职业兴趣（例如，Turner & Lapan，2002），他们

甚至能通过坚持不让孩子上大学，或坚持让孩子去某一所学校，学习某一专业，或预先决定好
孩子的职业等手段来指引或限制青少年子女的职业选择。这些父母没有考虑到青少年的才能、兴趣和需要，也许会迫使青少年终身从事不适合他们的职业。通常青少年不会强烈反对，他们往往习惯性地想要取悦父母，或者是由于惰性，或者因为他们自己也不知道要做些什么而遵从父母的意愿。

主要动机

父母这么做的动机之一是，他们想让孩子从事一份他们一直感兴趣但从来没有做过的职业，父母通过孩子实现他们自己的愿望。父母的另一个动机是他们有一个很满意的职业，因

父母影响青少年职业选择的一个方式是树立角色榜样。"带孩子去工作"给了孩子观察父母工作情况的机会。

此迫切希望和孩子分享他们的目标，因为他们相信孩子也会喜欢这份职业。很多父亲坚持让儿子在自己的母校读书，参加相同的联谊会，像自己一样踢足球，成为像自己一样的专业人员。一些父母通过提供或克扣零花钱或者将孩子送进自己的母校向孩子施加压力。另外一些父母对孩子的教育和职业期望较低，并因此限制孩子的职业选择。

同伴和学校的影响

针对父母和同伴对青少年的教育规划的影响的研究（教育和职业发展的水平有关，而不是与特定的工作有关）揭示了一些相互矛盾的发现。实际上，大多数青少年会持有和父母、朋友一致的教育规划。因为青少年和那些目标与自己父母一致的同伴来往，这些同伴强化了父母的期望。

💡 影响青少年职业选择的人

青少年既受家庭中的人影响，也受家庭外部的人影响。青少年钦佩的任何成年人或同伴都能影响他们的职业期望。尤其是在学校里与青少年互动的同伴和成人，他们能对青少年产生重要的影响。在此我们只对父母和同伴对青少年的影响进行讨论。

父母和同伴

研究发现工人阶级的青少年向更高层社会流动的程度取决于父母和同伴的影响。当工人阶级的青少年同时受到父母和同伴的支持时，他们更有可能去追求地位较高的职业。当没有父母和同伴的影响时，他们追求高地位职业的可能性很小。除此之外，克拉克（2002）发现朋友，能对彼此的职业选择产生积极的影响，让彼此积极地去寻找关于职业的信息。同伴对科学和工程方面的职业兴趣尤其可以提高青少年对这些职业的动机（Robnett & Leaper，2013）。

性别角色和职业选择

关于男性与女性分别应该从事什么样的职业，青少年受到了社会期望的强烈影响。传统上，女性的职业范围一直比较狭窄：教师、秘书、图书管理员、服务员等。2012 年，女牙医只有 30%，女牙科保健员却达到了 98%（U. S. Bureau of Labor Statistics，2014a）。图 13-1 列出了美国女性可能从事的职业的百分比。

在高级管理层中，女性的比例偏低：在 2014 年，财富 500 强企业的执行官中女性只占 14%（Catalyst，2014）。而且，在美国，职业女性的工资只有男性的 78%（National Partnership for women and Families，2014）。

女性从事高薪酬职业的障碍

尽管结构性和标准性障碍正在逐渐减少，但它们目前仍然在影响着高中和大学的女孩。女性意识到这些障碍，并相信它们仍然存在（Watts et al.，2015），因此很多女性会避免走上她们认为可能会有问题的职业道路（Messersmith et al.，2008）。也有可能是因为在大多数情况下，照顾孩子的担子仍然主要落在女性肩上而不是男性，青少年女性倾向于选择那些具有灵活性的职业（Rottingghaus & Zytowski，2006），她们排除了那些工作时间长或者工作时间难以预料的职业。

至于认知差异，男性与女性的智力并不存在显著差异。其他方面（例如成就动机和自信）与个体如何看待任务有紧密的联系。当男性和女性相信他们做的工作适合他们的性别时，他们对自己的能力更加自信。有大量数据（例如，Eagly et al.，2003）表明，女性内在的领导力水

最高百分比

| 幼儿教师 98% |
| 儿童护理 96% |
| 秘书 94% |
| 美发师 93% |
| 语言障碍矫正师 93% |
| 职业护士 92% |
| 接待员 92% |
| 助教 89% |
| 保姆/管家 88% |
| 家庭保健服务 88% |

| 卡车司机 6% |
| 飞行员 6% |
| 路面维修工 5% |
| 垃圾收集工 5% |
| 计算机程序员 5% |
| 害虫防治工 4% |
| 消防员 4% |
| 建筑工人 3% |
| 汽车机械工 2& |
| 木匠 2% |
| 模具工人 <1% |
| 家电修理工 <1% |

最低百分比

图 13-1　女性职员占比最高和最低的职业
资料来源：Data from U.S. Bureau of Labor Statistics (2014a).

青少年受男性和女性应该从事哪些类型的工作的社会期望影响。这在某种程度上解释了为什么有很多女幼师，却很少有女建筑工人或者很少有男性在花店工作。

平与男性相同，甚至超过男性。起初，女孩有着比男孩更高的职业抱负，因为在早期，她们的学业表现比男孩更好（Mau & Bikos，2000）。但是高中之后，女孩的职业抱负降低了，她们变得更加传统，也不再抱有较高的理想。很多年青女性最终会选择那些并不能完全发挥自己才能和能力的职业（O'Brienet al.，2000）。社会化、角色期望、性别歧视（真实存在的或知觉到的）和不同兴趣之间的相互作用导致女性的职业抱负下降。

你想知道吗

现在男性和女性是否有平等的就业机会

尽管现在情况有所改善，但女性的就业机会仍然比男性少。结构性障碍包括各种性别歧视，例如不会使女性晋升到更高的职位。标准性障碍也依然存在，女性肩负着大部分家庭责任，因此很多女性会避开需要时间较多的职业。

💡 女性高职业抱负的障碍类型

有三种类型的障碍可以用来解释为何女性在很多高薪酬的职业上人数较少（Fiorentine，1988）：结构性障碍、标准性障碍和认知差异。在此我们只对结构性障碍进行讨论。

结构性障碍

结构性障碍（structural barriers）是外部强加给女性的职业限制，这种限制源于性别歧视。一些公司拒绝雇用女性做重要工作，即使她们的工作做得很好，也会拒绝她们晋升，拒绝给她们男性员工拥有的津贴。

职业选择中的其他关键因素

不同的职业要求不同的资质和特殊能力。例如，有些职业要求力量，有些职业要求速度，还有些职业需要良好的手眼协调或空间视觉能力。有些职业需要特殊的才能，如艺术、音乐和言语方面的才能，有些职业需要创造性、独创性、自主性，还有一些职业需要顺从、合作和领导能力。拥有或缺乏特定资质对能否直接取得职业成功，或者是否可以经过训练而取得成功而言都很关键。当然，日益发达的技术要求越来越多的专门培训和能力。此外，兴趣、工作机会、工资水平在职业选择中也起着很大的作用。我们接下来讨论这些因素。

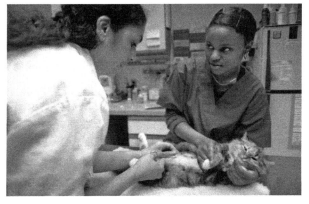

青春期，女孩对有关科学的职业产生兴趣的可能性比男孩小，这很大程度上是因为有关科学的职业被认为是男性的工作。

兴趣

兴趣是职业选择中值得考虑的一个重要因素。人们对自己的工作越有兴趣，他们成功的可能性就更大。换句话说，当其他一切条件都相同时，个体的兴趣和该领域的成功人士的兴趣越相似，他们成功的可能性也就越大。职业兴趣测验遵循着这条原则：他们通过测量与该领域的成功人士的兴趣相似或相近的一组兴趣，来预测个体成功的可能性，从而建议个体考虑自己最感兴趣的领域内的职业。

也许这些测试中得到最广泛应用的是**斯特朗职业兴趣量表**（Strong Interest Inventory）（Strong，1943），最新版本的斯特朗职业兴趣量表部分以霍兰德的职业环境理论为基础。最新的版本（2012 年更新）包括约 300 个多选题，需要约 25 分钟完成。除了提供关于工作风格偏好的信息（如愿意当领导），该量表还用受测者的个性特征与 100 多种不同的职业进行匹配。

🔍 研究热点

为什么女科学家如此之少

尽管有更多女性成为科学家，但数学和物理科学领域的女性仍然是很少的（National Science foundation，2011）。通往科学家的路在很早就开始了，最迟也应该在读高中的时候。为了追求科学事业，一个人必须选择适当的课程，学会做科学研究。女孩开始表现得很好，小学的时候在数学和科学方面和男孩一样好甚至更好（Duck-worth & Seligman，2006；U.S. Department of Education，2012），但是到高中时，男孩比女孩对科学有着更积极的态度（Weinburgh，1995），比女孩更相信自己擅长数学（Nagy et al.，2008）。

当女孩选择科学类课程后，她们往往把自己限制在生物学上，避开物理学和化学。这种趋势在大学阶段仍在继续。

2011 年，女性获得了 27% 的数学学士学位，20% 的工程学士学位，36% 的物理学学士学位（National Science Foundation，2011）。在同一年，女性获得了 30% 的数学硕士学位，23% 的工程硕士学位，31% 的物理学硕士学位（National Science Foundation，2011）。

那些在高中和大学放弃科学的女性的个人背景表明她们能够在科学方面取得成功，但是她们似乎缺少成功的欲望（Ware & Degol，2013）。

此外，在霍兰德的现实型人格类型测量中，女孩的得分往往比男孩低（Turner et al.，2008）。具有现实型人格的个体喜欢鼓捣物件、动手和修理东西，由此断定这些人可能会被工程师和自然科学类的职业吸引。即使女孩对机械物体和操纵类活动感兴趣，她们也往往会觉得自己不像男孩那样能够胜任。

这种情况也可能是因为擅长数学和科学的女孩有比男孩更好的机会。因为与擅长数学和科学的男孩相比，擅长这两门学科的女孩同时有很强的语言能力（Wang et al.，2013），因此，她们可能有更多的高薪职业选择（如法律）。

贝茨和席拉诺（1999）的研究表明，提高年青女性机械方面的自我效能感是有可能的。他们根据班杜拉（1977）的四部分社会学习模型设计了 7 个小时的干预程序。在三个阶段中，女大学生被展示如何使用各种工具，如何读懂设计图。她们还拿到了与设备有关的任务，并得到了指导以便她们能够成功使用它们，她们会因为自己的努力得到鼓励和奖赏，她们也练习了放松和减轻焦虑的技巧。在干预结束后，这些女性觉得自己更能胜任机械方面的事情。这项研究表明，即使是相对短期的干预也可以消除限制女性职业选择的一些负面感受。如果这些活动辅以激励、探索的机会和女性角色示范等，那么有更多的女性可能会选择科学事业。

🦫 为什么女孩会远离科学（和数学）

这是许多因素造成的，包括性别歧视和来自他人的打击。

老师观点的影响

大量研究表明，有很多老师对女孩的数学和科学能力持有消极的看法（Li，1999）。我们知道，这会对女孩产生影响，因为已经有研究表明，如果老师有"数学是男孩的领域"这样的刻板印象，那他的学生也会支持这一观点（Keller，2010）。女性比男性更容易受到老师对数学成绩的低期望的消极影响（Wang，2012）。她们经常认为自己不擅长数学，无论她们的分数有多高（Simpkins et al.，2006）。

就业机会

对某个领域感兴趣并不意味着可以得到该领域的工作。一些就业领域，如农业工作，现在正趋于饱和，其他领域，如文职工作，需求却变得越来越大。现在社会仍然保持着一个向白领阶层和服务行业移动的趋势。这意味着青少年不仅要被兴趣控制，也需要控制兴趣，因为兴趣并不等同于工作机会。

在各行各业中，哪些行业的就业机会更多呢？图 13-2 给出了 2012～2022 年一些行业的就业机会的预计增长数量（U.S. Bureau of Labor Statistics，2013）。

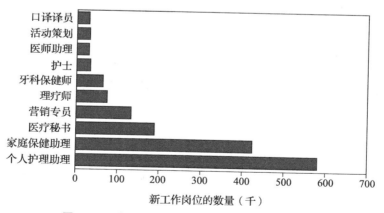

图 13-2　岗位增加最多的职业（2006～2016）
资料来源：Data from U.S. Bureau of Labor Statistics (2013).

需求量最大的行业是医疗领域，很多工作岗位并不要求学士学位。图 13-3 列出了需要学士学位的需求量增长最快的职业以及薪酬的中位数。

薪酬

期望薪酬是职业选择中起重要作用的一个因素。不同行业的薪酬有很大的差异，薪酬也会有地域差异。还需要意识到的很重要的一点是，两种职业可能在开始时薪酬水平相似，但是随着人们资历的增加可能会有很大差距。因为专业不同，所以大学生的起薪有很大的不同。表 13-3 给出了 2015 年不同专业的大学毕业生的平均入职工资。

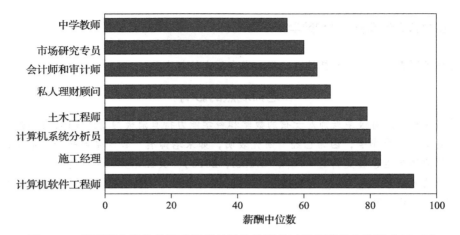

图 13-3　需要学士学位的需求量增长最快的职业以及薪酬的中位数（2015）
资料来源：Data from U.S. Bureau of Labor Statistics (2013).

表 13-3　不同专业的大学毕业生的入职工资

	平均薪酬（美元）
人文学科	45 042
社会科学	49 047
健康	50 839
农业和自然资源	51 220
商科	51 508
数学和科学	56 171
计算机科学	61 287
工程	62 998

资料来源：Data from the National Association of Colleges and Employers (2015).

🔆 跨文化研究

从学校到工作的转换：美国青少年和欧洲青少年的比较

克柯霍夫（2002）描述了美国青少年从学校到工作的转换过程中的很多方面，这些方面与大多数欧洲国家青少年所面临的有所不同。那么美国青少年和欧洲青少年的经历有什么区别呢？

1. 大多数美国青少年学习和具体职业无关的一般课程，而欧洲学生更趋向于与职业相关的课程。

2. 美国青少年在找工作时一般很少有制度上的支持。

3. 在美国，获得工作最重要的两个条件是有高中文凭和大学学位。这两个文凭之间至少相隔四年甚至更久，而且很多青少年上大学后又辍学了。很不幸的是，只有一点大学学习经历对一个人的工作前景没有什么帮助，这一点也欧洲国家有所不同。而且大学毕业生发现，更进一步的学习并没有显著改善他们的就业前景。

4. 美国青少年开始全职工作的时间一般比欧洲青少年晚一些。

5. 与欧洲青少年相比，获得大学文凭对美国青少年更加重要。在美国，有和没有学士学位的毕业生在其工作类型、工资标准、福利以及晋升机会等方面的差距要比欧洲的大。

6. 没有大学文凭的美国青少年比欧洲青少年更有可能面临失业。

7. 美国青少年在全职工作一段时间后重新返回学校的可能性比欧洲学生大。

社会经济因素

社会经济地位会影响青少年对不同职业的认识和了解（Weinger，2000）。中产阶级的青少年比低社会经济地位的青少年更能够发展广泛的职业兴趣，更能注意到当地社区之外的工作机会（Turner，2007）。来自低社会经济地位家庭的青少年对各种职业见得少、读得少、听得少，与来自高社会经济地位家庭的个体相比，他们一般经历得也少，较少有工作或实习的机会。他们的父母可能失业或者未能充分就业，因此他们缺少有威望的职业榜样。结果是，低社会经济地位的青少年趋向于仅从事他们进入劳工市场时了解的那些工作。

社会地位和种族 / 民族对职业抱负的影响

种族 / 民族和社会地位都对职业抱负有影响，在此我们只对社会地位对职业抱负的影响进行讨论。

社会地位和职业抱负

中产阶级的青少年比低社会经济地位的青少年更容易选择高社会地位的职业（Ashby & Schoon，2010；Rojewski & Kim，2003）。有多方面的因素决定他们这样做：一方面是中产阶级的青少年渴望得到地位，另一方面是他们期望自己能够真正成功。贫穷的青少年比中产阶级的青少年更渴望获得一份工作，却并不期望成功。事实是，低社会经济地位的青少年意识到要达到自己的目标是多么遥远，这使得他们降低了自己的职业抱负（Chang et al.，2006）。当然，有时候职业指导咨询师、老师、父母或其他人会极力说服低社会经济地位的青少年尝试进入高薪职业领域。如果这些青少年有努力工作的动力，并被提供一些该职业领域内成功所需要的基本技巧，他们就能够成功。

当然还有其他因素的影响：学业能力和社会经济地位之间的相关。一般来讲，社会经济地位越高，学业表现越好（Uzzell et al.，2011），学业表现越好，他们所渴望的职业就越好（Watson et al.，2002）。显然，学生把高学业能力视为获取高名望职业的"钥匙"。职业抱负与社会阶层以及学业能力都是相关的。

居住在内城贫民区的青少年不像中产阶级的青少年那样相信自己能够掌控自己的生活。他们不太相信学业成功能带来未来职业上的回报（Jackson et al.，2006），因此，他们不会付出太多努力积极规划未来的职业发展（Hirschi，2010）。

青少年就业

今天大量美国青少年在高中毕业前都有工作经历，这是不是一个好的趋势？这种工作所带来的短期或长期的益处是否比他们所付出的更有价值？多少工作量是合适的？无薪工作（志愿者）能够促进青少年的发展吗？这些问题我们将逐一进行阐述。

💡 青少年的心里话

"我在快餐店工作得开心吗？是的，绝对开心（尽管在早晨六点钟我开始工作之前你这样问我，我可能会有不同的回答）！之前我没想过在那儿工作——就从这儿开始讲吧。然而，我很快意识到进入大学之前的青少年要想在工作市场自由选择基本是不可能的，因此我的好朋友给我介绍了一份工作，就是现在的这份。

这是去大学之前的一件大事，它真是让我大开眼界。坦白地说，这不是一份我想要的每天醒来都想去做的工作，因此我最好不要把接下来的四年搞得一团糟，我需要那个学位。你知道，我认为当今社会的一个主要问题是什么类型的工作会受到尊重。世界闻名的医生、律师和成功的商人都值得因他们的天赋、坚韧和努力而获得荣誉，至少当他们每天早上从漂亮的房子里出来，坐着宝马车去工作时，他们是去做一份不仅收入颇丰，而且自己真正享受的工作。快餐工作者，从某方面讲是一份糟糕的工作，没有赞赏，只能得到极少的钱。现在请告诉我，你喜欢哪一种工作？我无比敬佩那些因为一份不喜欢的工作而在清晨醒来的人，这份工作也许薪酬不高，但是无论如何，只要做，他们就能够养活自己和家人。

我没有杰出的哲学功底去总结它，但是我真的觉得如果每个人在他们的人生中至少有一次在快餐店工作的经历，那么乡村的快餐店也许是一个较好的选择，关于现实世界，我学到了很多。"

青少年的就业范围

在过去的几十年里，进行有偿工作的青少年数量快速增长。1987年，美国高中里有大约1/3的高二学生和2/3的毕业班学生在上学期间有工作。在20世纪90年代中期，16岁的青少年中有过工作的超过3/4（Mihalic & Elliott，1997）。现在，几乎高达90%的高中生在他们毕业之前都有一份正式工作（Hirschman & Voloshin，2007）。而且如果将诸如照看小孩和修剪草坪等自由职业包括在内，这个数字甚至会更大。但在任何时候，都很少有人获得长期的工作机会。例如，大约一半的高三学生做的是一次性工作（Hirschman & Voloshin，2007）。

很多青少年甚至在高中之前就开始工作了，尤其是在那些非正式的自由职业也被包括在内的情况下。在一项研究中，有超过一半的14岁青少年报告说他们从事过某种类型的工作，在15岁的青少年中，这个数字上升到了65%。总之，将近300万15～17岁的青少年在校期间有过工作经历，大约400万15～17岁的青少年有暑期工作经历（Herman，2000）。

青少年都做过哪些类型的工作呢？很多工作是禁止聘用青少年的，尤其是不足16岁的青少年。表13-4列出了联邦政府对青少年就业的限制。

表13-4　联邦政府对青少年就业的限制

对14～15岁青少年的就业限制	对16～17岁青少年的就业限制
不能从事制造业、加工业和矿业方面的工作	不能从事与危险物品相关的工作
不能从事运输业、建筑业和货仓方面的工作	不能使用机动车辆
不能使用电动机器	不能使用大部分电动机器

（续）

对 14 ～ 15 岁青少年的就业限制	对 16 ～ 17 岁青少年的就业限制
在学期中： 不能在上课时间工作 每周工作不能超过 18 小时 每天工作不能超过 3 小时 工作时间为 7 点～ 19 点	不能从事多数挖掘、拆迁工作 不能从事矿工工作 不能在屠宰场工作
暑假期间： 每周工作不能超过 40 小时 每天工作不能超过 8 小时 工作时间为 7 点～ 21 点	
报酬不低于法定最低工资标准	报酬不低于法定最低工资标准

资料来源：http://www.youthrules.dol.gov/know-the-limits.

大多数青少年女性都会在餐厅（尤其是快餐店）和零售店做职员和收银员。她们也常常做服务员和照顾小孩。大多数男孩也会在餐厅、零售店工作，但是与女孩相比，他们更可能从事建筑业，做园艺助手、家畜饲养、工厂和加油站的工作等。女孩比男孩更有可能从事自由职业，也更可能被个体商户雇用，而不是公司。

其他就业方面的性别差异包括：男孩在校期间工作的可能性比女孩大，工作时间也比女孩长。这些性别差异随着青少年年龄增大而逐渐减少。

暑假期间参加工作的青少年数量激增，这是很常见的（一旦学校不再上课，青少年显然有了更多的自由时间）。近年来，这种趋势变得不那么明显了。2014 年 7 月，16 ～ 19 岁已有工作或正在寻找工作的青少年所占比例为 60.5%，这是自 1989 年以来的最低点。很多经济学家认为这是因为越来越多的学生开始选择暑期学校。暑期学校以前通常是一些学业落后学生经常去的地方，而现在暑期学校的招生对象范围更广（例如想要在毕业之前学习额外科学课程的学生）。与没有参加暑期课程的学生相比，那些加入暑期学校的学生工作的可能性更小（U.S. Bureau of Labor Statistics，2014b）。

你想知道吗

大多数青少年都有工作吗

是的，如果我们将诸如保姆和草坪修剪工等自由职业计算在内，那么大多数青少年在 14 岁时就开始工作了。超过 90% 的青少年在高中毕业前从事过某种工作。

与青少年就业相关的因素

除性别外，其他因素也能预测青少年工作或不工作。白人青少年比非洲裔美国人和拉丁美洲青少年更有可能被聘用，这主要是因为居住区域的隔离而不是兴趣差异：与白人青少年相比，少数民族群体青少年居住在有适宜工作的区域的可能性更小，他们有车的可能性也更小，因此他们很难往返于工作地点与居住的地方（von Lockette，2010）。来自高社会经济地位家庭的青少年来自比低社会经济地位家庭的青少年更可能去工作，来自完整家庭的青少年比来自单亲家庭的青少年更可能去工作（U.S. Bureau of Labor Statistics，2014）。当他们能够找到工作时，这些条件不好的青少年趋向于比中产阶级的青少年工作更长时间（Staff & Mortimer，2008）。

你想知道吗

哪一类青少年更有可能去工作

　　白人青少年和来自完整家庭的中产阶级青少年比其他社会经济地位和其他群体的青少年更有可能工作。为什么呢？因为他们更容易获得工作机会，更容易被聘用，并有往返工作地点所需的交通工具。这些青少年的工作欲望并没有比其他人更强。

就业的影响

　　大多数人认为工作对青少年是有益的。毕竟，工作教会了他们责任，将他们置于工作的世界，给他们机会去管理自己的钱。相似地，从青少年的观点来看，工作也是有好处的。首先，工作提供了他们购物所需的钱（青少年将所挣的钱大部分用于购买奢侈品，而不是帮助养家或为大学做准备）。工作给青少年对自己生活的控制感（部分原因是他们拥有自己可以任意支配的收入），自己可以控制的时间，发展创造力的机会，可以和朋友一起聊天的时间（Besen，2006）。（这也许可以解释为什么一个人在青少年专卖店购买衣物后付款时不得不等10分钟）。

　　那么这些常识性观点是否正确呢？事实上，成本与收益的比率取决于三个因素：每周花在工作上的时间，工作本身的性质，每年有多少个星期在工作。

　　大多数研究者都认为青少年不应该花费太多时间去工作。问题是多少时间算太多？有两个不同的观点：

　　第一种观点认为任何工作都是不好的，因为它将青少年带离了更为重要的活动，如学业和家庭时间。

　　第二种观点认为虽然大量工作对青少年有害，但是少量工作是有好处的。

　　大多数成年人赞同第二种观点。如果这是正确的，那么那些每周只工作几小时的青少年，在学业成绩或社会适应方面看起来应该比根本不参加工作的青少年的表现要好一些，工作很长时间的青少年应该看起来会更糟糕一些。

　　事实的确如此吗？尽管得到的数据多少有些矛盾，但是最好的研究都指向同一答案：人们的常识是错误的。大多数情况下，任何工作量对青少年都是弊大于利的。例如，马什和克莱特曼（2005）收集了12 000个学生从进入初中开始到高中毕业后两年的数据，并对此进行了分析。研究发现，在排除社会经济地位、种族、家庭系统等因素的影响后，青少年在8、10、12年级时做兼职工作对其在12年级和高中以后的发展有显著的消极影响。例如，做兼职的青少年承担领导角色的可能性更小，他们也更有可能养成吸烟、喝酒等不良习惯，学业成绩较差，参加课外活动较少，会选择容易的课程，进入大学的可能性也较小。在高三时做兼职的危害比在高二或初中时做兼职更大，这多少让人有几分震惊。研究者调查发现，做兼职所产生的 23 个结果中有 15 个是在高三时做兼职的负面影响。唯一的积极影响是，在中学就做兼职工作的人，比没有工作过的人更有可能在高中毕业后获得工作。人们的常识模型（少量工作是好的，大量工作是有害的）所期望的峰形函数没有出现在任何一个观察变量上。相反，兼职工作的影响主要是线性的和累积的，换句话说，工作 2 小时比工作 1 小时更糟糕，工作 3 小时比工作 2 小时更糟糕，以此类推。

另外一些研究在分析其他结果变量时得到了相似的结论。其他一些与工作相关的消极结果包括：旷课数量增加，和家人待在一起的时间变少，父母控制减弱，辍学可能性增大，对酒精和大麻的使用增多（Lee & Staff，2007；Manahan et al.，2011；Paschall et al.，2004；Warren，2002）。

很多青少年第一份真正意义上的工作是在快餐店。无聊的工作、快速的节奏和低收入让一些青少年改变了对工作的态度，也促使另一些人继续他们的学业，为获得一份更好的工作做准备。

青少年就业的消极和积极影响

尽管大多数研究认为青少年就业的弊大于利，但也有一些青少年从中受益。在此我们只对与消极影响相关的因素进行讨论。

与消极影响相关的因素

工作可以直接导致一些问题行为。它给青少年提供了买酒精和药物的钱，让他们有了脱离家庭束缚，私自卷入不良行为的时间，也提供了和对学校不感兴趣，有不良行为的同伴交往的机会（Osgood，1999）。那些容易受到反社会同伴影响的青少年更有可能被伤害。除此之外，工作使青少年很少参与运动、音乐或社区服务的一些活动——这些机会对青少年是有益的（Barber et al.，2001）。参与这些活动的动机不强的青少年最有可能退出活动。花很多时间去做兼职工作的青少年得不到足够的睡眠，而且比其他同龄人更可能不吃早餐，这也是导致他们的学业落后的因素（Safron et al.，2001）。

斯坦伯格和他的同事（1982）最先提出那些有兼职工作的青少年更有可能对工作持有一种怀疑的、负面的态度，包括对小偷小摸或对老板撒谎的容忍等。当青少年感到他们所从事的压力大、节奏快且不愉快的工作与他们未来的职业目标无关时，他们会产生一种消极情绪（Ritzer，2000），很多青少年都是如此。当青少年所从事的是一份有趣的、令人舒适的工作时，他们不会产生愤世嫉俗之类的情绪。很不幸，即使是很短暂地处于令人厌恶的工作场所，这种消极的感觉也会增加（Loughlin & Barling，1998）。在令人不满的条件下工作的时间越长，越会产生悲观的、不道德的情绪（Mihalic & Elliott，1997）。

有偿工作对青少年是好还是坏

对低收入家庭的青少年而言，利大于弊，因为拥有一份工作将会帮助他们在高中毕业后得到另一份工作。对于中产阶级青少年而言，工作所带来的更多是坏处，工作时间较长时更是如此。

青少年就业产生消极后果的原因 如何解释青少年在校期间就业所带来的消极影响？由于很多研究只是相关研究而非因果研究，只是对有工作的青少年群体和不工作的青少年群体进行对比，因此很难说是青少年在工作之前就已经有这些问题，还是工作导致了这些问题的出现。不管从哪个方面看，因果关系都有一定的合理性，即不受学校和家庭约束的学生更有可能去工作，参加工作的个体更有可能出现成绩下降、参与非法活动等情况（Apel et al., 2007）。

研究热点

就业、参军还是上大学？

高中毕业之后，青少年必须在上大学、参加工作或参军之间做出选择（想要或能够无限期不工作的人寥寥无几）。已有研究致力于考察影响青少年高中毕业后选择工作、参军或上大学的因素。密歇根大学的杰拉尔德·巴赫曼和他的同事针对这一问题做了一项很好的研究（Bachman et al., 2000）。

他们发现，那些来自低社会经济地位家庭、在高中选择了职业课程的男孩会选择参加工作，而且他们在高三那年比选择大学预科课程的学生工作的时间长。与从军和获得大学入学通知书的人相比，选择就业的人能力较差，也很少有进入大学的朋友。那些之前就认为父母想要他们在高中毕业后开始工作的男孩更有可能选择去工作。

很多（虽然不是所有）研究者同意参军是能帮助非洲裔美国青少年向上层流动的策略。军队里的种族歧视更少，工作稳定，提供在职培训，同时有好的福利，尤其是军人安置法案，资助退伍士兵的大学教育。可能最后这项大学学费的福利有最大的作用，例如，克莱坎普（2006）发现，在想上大学但是毕业后并没有直接升学的高中毕业生中，选择入伍的人比选择就业的人多两倍。

志愿服务

正如青少年参与有偿工作的数量在过去30年里逐渐增长一样，参与无偿工作的人数也在不断增加。2014年，26%的美国16～19岁青少年参与志愿工作。20～24岁的人参与志愿工作的比例是19%（Bureau of Labor Statistics, 2015a）。考虑到志愿服务给志愿者自身和社会所带来的益处，志愿项目如此受支持就不令人惊讶了。例如，2009年联邦政府专项拨款 9700 万美元资助初中生和高中生的暑期社区服务项目。很多高中现在要求学生积极参与一些社区服务工作（Reinders & Youniss，2006）。

研究表明，来自双亲家庭，尤其母亲是全职家庭主妇的青少年更有可能贡献他们的时间（Raskoff & Sundeen，1994）。那些父母也做志愿服务，有高社会经济地位背景，或学业成绩较好的青少年更有可能参与到公共服务工作中来（Mustillo et al.，2004）。大多数研究表明女孩比男孩更有可能做志愿工作。

社区服务似乎带来了很多好处。

- 志愿者获得了知识和技能。
- 当个体思考自身在社会中的位置、道德观，以及自己在社会变革中的角色时，他们的自我同一性得到了发展（Yates & Youniss，1996）。
- 社区服务与高自尊（Pancer et al.，2007）和低水平的问题行为（Barber et al.，2001）相关，包括欺凌（Gebbia et al.，2012）。
- 志愿服务提高了青少年上大学的可能性（Eccles & Barber，1999）。
- 社区服务增强了青少年对政治的兴趣，也促进了父母与子女之间对政治的讨论（Niemi，et al.，2000）。
- 同样重要的是，志愿服务帮助了社区里的其他人。

一项研究发现，在参与调查的青少年志愿者中，有 90% 的人认为他们在志愿服务中受益良多，会继续做下去（Hamilton & Fenzel，1988）。

对青少年社区服务的研究只是刚刚开始。然而，很显然一些志愿服务机会比其他机构更有用。当一些青少年在一间屋子里将政治候选人名单塞进信封时，其他人走进社区，加入与自己完全不同的人群。梅茨等人（2003）比较了参加社会事业服务（例如给长期不出门的老人送饭）的青少年和选择更标准的青少年服务（例如给同学辅导，帮助处理办公室事务）的青少年，尽管几乎所有志愿者都发现他们的经历是很愉快的，并计划在未来继续做志愿者，但是只有那些与贫困的人有积极互动的青少年对社会的关注有所提高。

无论如何，学校能够通过预先让学生做准备，给他们事后反思的机会，来提高社会服务的益处（Blyth et al.，1997）。

🗨 青少年的心里话

"我强烈赞同青少年就业的真实问题是大量充满压力的、枯燥的、不相关的工作。暑假里我做过药店的收银员。在那里，我很多时候都在照顾宿醉未醒的经理、清洗地板，受小老太太的责骂，只因为露华浓停止生产她最喜爱的颜色的唇膏。我从来没得到过积极反馈，而且我感觉一只经过足够训练的猴子都可以做我的工作。

药店的工作也不全是可怕的，但是在校期间偶尔的志愿工作让我有了更好的体验。我加入了美国志愿者，去帮助孩子，在那里我感到自己有用武之地，我也接触到了各种各样的人和事，而药店的工作让我只接触到了那些烦闷的、受挫的青少年。如果在做志愿类型的工作时能得到一些报酬，那就太好了。"

青少年和失业

美国的主要社会问题之一是青少年失业。衡量青少年失业很困难，因为更多青少年在暑假期间找工作，而不是在上学期间。在 2015 年 5 月，总失业率是 5.5%，青少年的失业率是 17.9%（Bureau of Labor Statistics，2015）。非洲裔青少年的失业率是最高的（Bureau of Labor Statistics，2014）。

拉美裔青少年的失业率也在白人青少年之上，但依然远远低于非洲裔青少年。这些数据可能低估了这个问题的严重程度，因为该数据并未将很多受打击而停止寻找工作的青少年计算在内。如此之高的失业率意味着会有更多犯罪，更多药物成瘾，更多抑郁以及贫困家庭更少的收入。

失业的原因

为什么青少年的失业率居高不下呢？原因之一是他们很少受到培训，没有技能，经验不足，而且很多人于在校期间只能做兼职工作。他们被限制在了一个较为狭窄的低技能职业的范围之内。而且在这一范围内，很多人只能以兼职的形式工作。在劳工市场，拥有高中毕业文凭的青少年比辍学者拥有较好一些的机会，高中毕业生较低的失业率可以反映出这一点。很多雇主要求的学历与工作技能几乎没什么关系，辍学者通常被拒之门外，不是因为他们不能做这些工作，而是他们没有必需的文凭。

很多失业的青少年是正在寻找第一份工作的临近毕业的大学生，其中有些人主修的课程未能让他们为就业做好准备，对一些人而言，在他们找到和自己所学专业相关的工作之前，暂时失业是一件很正常的事。

青少年的平均失业期比年长群体短一些，女性平均失业期比男性短，白人失业期比非白人短。所有失业青少年中有一半人的失业期不超过 4 周，这个事实反映出青少年失业的季节性和间歇性的本质，以及很高的人事变更率。

你想知道吗

为避免将来失业，你最好应该怎么做

避免失业最好的方式是从大学毕业！大学毕业生的失业率比其他受教育水平低的群体的失业率低很多。

政府政策造成的青少年失业

为了保护青少年和成年工人，政府制定了一些政策，使得青少年很难找到工作。

州执业资格评审委员会

州执业资格评审委员会经常限制进入某行业的人数。要进入一个行业，往往需要很长时间的实习。这样的一些要求对青少年的打击是最大的，尤其是那些力图兼顾工作和学校教育的青少年。各行业协会的要求同样限制了青少年的参与。获得协会成员资格需要时间和经验，因此

青少年没法得到诸如建筑行业的工作，而这些行业可能是兼职工作和暑期工作的重要来源。很多协会也限制受训学徒的数量，万一裁员，也会根据资历条例选择留下年长一些的、更有经验的工人，青少年是第一批失去工作的群体。

职业教育

几乎所有美国人，无论男女，无论已婚还是单身，在他们成年后的绝大部分时间里都是为薪酬工作的。人们工作是为了挣钱，为了实现自主，以及享受自我满足。社会需要工人生产商品和提供服务。因此学校帮助青少年为其未来职业做好准备是非常重要的。高中根据学生的需要提供了不同的课程。一些学生想上大学，尽管最终工作所需要的部分基本技能在小学和初中（阅读、数学和口语表达）都学过，但是他们仍然期望大学教育能够让他们为将来的职业做好准备。很多学生根本不会继续读大学，他们需要在高中时期获得工作训练和职业技能。

事实上，很多根本不打算上大学的青少年在进入工作市场时都处于不利的地位。雇主抱怨说青少年缺乏基本的学业技能，找不到他们所需的信息。一些青少年还缺乏人际交往能力、首创精神、有效的工作习惯（Taylor，2005）。在当今社会，越来越多的工作拥有了短期项目驱动和合约的性质，工人必须要灵活，能够适应转换（Lapan，2004）。他们必须能够容忍不确定性（Turner & Conkel，2010）。为应对

实习制给青少年提供了了解不同职业的好机会。

这一现状，国会通过了《从学校到工作机会法案》（1994）和《卡尔·帕金斯职业和技术教育法》（2006年，修订版），为学校提供资金来发展更有效的工作培训，建立技术学院和社区学院之间的桥梁。

"从学校到工作"计划 已有几种类型的方案将学校和工作更好地联系起来，用来改善高中毕业生的就业前景（见表13-5）。

第一个方案是技术准备计划（Tech-prep programs），它包括高中和为期两年的职业学院的合作。在这类计划中，学生需要在高二结束时选择一份职业，然后在最后两年去上直接适用于所选职业的课程，高中毕业后，学生会转到技术学校。这类计划的一个问题是，学生必须在高三开始前选择一个职业领域。

第二个方案是建立在德国所使用的系统基础之上的模型：学徒制（apprenticeships）或**实习制**（internships）。学生将一周的时间分给以下三个方面：公司的工作，学校中与职业相关的课程，常规的学业课程作业。同样，学生必须较早做出职业决策。

第三个方案是校办企业（school-based enterprises），即学校设立商店，模拟一些小型企业。尽管这些企业无法让学生进入真的工作场所，但是它们能够让学生参与商业的很多方

面，并给他们提供做决策的机会。

可能是因为社区学院（传统上是职业教育的场所）的扩展，也因为高中毕业要求的变化，自 20 世纪 90 年代开始，选择高中职业课程的人数出现了轻微的下降。参加商业和制造业课程的人数下降得最多。但有些领域，如通信、医疗保健、烹饪艺术课程的参加人数在上升（National Center for Education Statistics，2013）。

斯特恩和他的同事（1998）将这些计划分成了"学习－就业"和"学习－迁移"两类。在"学习－就业"模式中，学生会进入一个特定的行业或公司；在"学习－迁移"计划中，学生学习更多能够通向很多行业的一般技能。斯特恩和他的同事建议学校将目前学生所做的兼职工作转换成"学习－迁移"模式。因为大多数学生做的是一份没有前途的低收入工作，所以学校的焦点必须转移到提供可迁移的工作技能上来。必须激励企业以确保它们能够参与进来。斯特恩等人还建议学校针对高收入行业，创造更多基于企业的"学习－就业"模式的机会。最后，他们还推荐扩展校办企业，"学习－就业"模式和"学习－迁移"模式皆可。

复习表 13-5 中列举和描述的计划。挑战你自己，尝试回忆每一个计划的含义。

表 13-5　"从学校到工作"计划的类型

计划	描述
工作观摩	在他人工作的时候待在旁边
指导	与某个特定职业的个体配对
合作教育	将学业和某个相关领域的职业学习相结合
学校创办企业	生产商品并出售或为他人提供服务
技术准备	参与技术准备计划中某一职业相关课程的学习
学徒制 / 实习制	为雇主工作以便了解某个特定的职业或行业
职业专修	上规定顺序的课程，为特定职业做准备

跨文化研究

青少年就业的国际视角

鉴于当今世界经济衰退，很多美国年青人正对他们的就业前景感到担忧，这是可以理解的，但实际上，处于美国这样拥有发达市场经济的国家中的青少年，比世界上大多数其他国家的青少年有更好的劳动力市场前景，这点足以让人感到安慰。这很大程度上是因为我们的青少年有着空前的受教育机会，还因为年青人的数量增长速度还不快（人口过多会增加就业竞争）。发达国家的女性，相对于全球女性而言，尤其有更多的就业机会。即使现在的失业率相对较高，但是大多数寻找工作的青少年都将找到工作，虽然并不一定是他们梦想的工作。

联合国（2011）认为，在年青人所面临的就业问题中，有一些几乎是全球性的。例如，在全球，青少年的失业率是上升的，大约是成年人的平均失业率的两倍。这在很大程度上是因为青少年缺少资历，当经济不好时，企业往往运用"后进先出"原则，解雇最近聘用的员工。年青人的工资更低，升职的希望渺茫，工作时间更长，全世界都是如此。青少年也比年纪大的成年人更有可能在有风险的环境中工作。

每个地区的年青人都面临特定的挑战。

有一些问题只存在于某一特定的地区。总体而言，每个地区都面临着独特的挑战（United Nations，2007）。

撒哈拉以南非洲

撒哈拉以南非洲的青少年是当今世界上数量增长最快的劳动力，然而失业青少年的增长速度也很快，而且失业率很高。结果是，很多青少年，在一些国家超过了 90%，生活在严重的贫困之中。城市地区的失业率尤其高，因为很多乡村的青少年抱着一种错误的信念，以为他们能够在城市找到高薪的工作，所以迁移到了城市。相反，即使他们找到工作，也通常是剥削性的、令人不愉快的工作。非洲女性比大多数其他区域的女性更有可能去工作，或者说更想去工作。也许是因为非洲的儿童，不论男女，都希望积极地帮助家人做家务，女孩在很小的时候就会习得家政技能和商业技巧。

第14章

青少年的压力和疏离感

有时候，生气或不开心的青少年会通过各种外显行为向外部世界发泄其郁结的情绪，如逃学、滥交、偷窃或攻击行为。有时候这种愤怒或不愉快会投向青少年自身，导致抑郁和自我伤害。大多数情况下，这些苦恼的青少年会感觉到与家庭和学校的疏离感，他们不能融入主流社会。他们的行为表达了他们的疏离感，他们发现自己很难以社会认可的方式去面对这种疏离感。

疏离感的确切含义是什么？根据西曼（1959）的经典定义，疏离感是六种感受或信念的混合体。

无力感是不能改变自己的境况或控制发生在自己身上的事的感觉。

无意义感是因为不可能预测任何行为的后果而无法合理选择自己的行动的感觉。

自我疏离是一个人对自己感到陌生，常常对自己的行为感到困惑的感觉。

文化疏离是对文化中的价值观不满意，例如，你可能非常反对现在社会上太多人是物质主义者的这一事实。

失范是认为是社会规范已经失去作用的信念。

社会隔离是感觉自己孤独，没有朋友，被他人误解。

一个人产生疏离感不一定要具备所有这六种感受，只要有其中一些就足以使一个人感到孤独，与他人有距离，没有归属感。

本章我们将讨论青少年的压力或疏离感造成的几种外显行为：离家出走、抑郁、自杀、饮食障碍以及未成年人犯罪。尽管这些问题看起来各不相同，但是它们都源于很多相同的原因。人们日渐理解，问题行为可能是多种多样的，但是其根源常常是相同的。而且青少年的问题行为，如药物滥用、怀孕、犯罪、自杀或辍学，都有聚合出现的倾向。换句话说，青少年一旦卷入某一种问题行为，他们就更容易出现其他几种问题行为（Ozer et al.，2003）。

各种问题行为聚合出现的原因有两个。

- 这些行为背后有共同的原因。家庭不和、与有偏差行为的同伴交往、贫困以及学业失败都有可能导致问题行为（因此，这些问题会在本章和其他章节多次提及）。
- 一种问题行为可能会直接引发另一种问题行为。例如，离家出走所带来的压力会导致青少年滥用药物、滥交以及参与犯罪活动。

离家出走

离家出走比很多人想象的更加普遍，在全美国范围内每年离家出走的青少年估计有160 万～ 280 万（National Runaway Switchboard，2010）。大约 1/5 的青少年在 18 岁生日之前至少离家出走一次，其中一半离家出走超过一次（Pergamit，2010）。白人青少年比拉美裔或非洲裔青少年更有可能离家出走（Tyler & Bersani，2008）。

在单亲家庭或重组家庭中成长的青少年比那些由亲生父母抚养的青少年的离家出走率高很多倍（Sanchez et al.，2006）。离家出走的青少年中有一小部分是为了逃离寄养家庭、福利院或精神疾病疗养所。离家出走者可能是在学校或家庭受到了伤害（Tyler & Bersani，2008），离家出走的女孩多于男孩（Pergamit，2010）。

女孩比男孩更有可能多次离家出走。离家出走的青少年更有可能来自城市而不是乡村或郊区，而且更多来自美国西半部（Sanchez et al.，2006），也更有可能生活穷困（Tyler & Berzani，2008）。

大多数离家出走者的年龄是 16 岁及以上，1/3 离家出走者的年龄是 15 岁及以下（Snyder & Sickmund，2006）。这些低龄的离家出走者发现他们很难应对流落街头的生活，与年龄较大的离家出走者相比，他们在外的生活更艰难。低龄的离家出走者身材矮小，这使得他们更容易受到伤害，也不可能找到合法的工作。因为他们害怕自己会被移交给父母，所以他们不愿意向社会机构（收容所和食物银行等）求助。

离家出走者的分类

离家出走的原因有很多，可以根据离家出走的动机将离家出走者分为不同的类型。

🛈 离家出走者的两种主要类型

最主要的两种类型是预谋出走者和临时出走者。

预谋出走者

预谋出走者指那些真正打算逃离的个体，他们想要消失——就算不是永远消失，也是希望消失很长时间。

临时出走者

临时出走者是因一时冲动才离家出走，而且只打算离开几个小时或一两天。这些青少年之所以离家常常是因为害怕：也许他们认为父母会因为他们考试成绩不好而打他们，或者是他们因为违反了父母制定的"宵禁"，没有在规定的时间内回家而害怕，还有一些是因为父母不允许他们做某事或他们被惩戒而感到愤怒。

我们在开始讨论这一问题时就区分了这两种类型，原因是大约一半的临时出走者会在两天之内回到家中（Finkelhor et al., 1990），其中绝大部分都是跑到了朋友或亲戚家，而且通常情况下父母知道他们躲在哪里（Snyder & Sickmund, 2006）。

青少年采取离家出走这种极端的做法，即使是很短时间的离家出走，也说明他的家庭动力不是很好，而且这种出走行为通常是很多更严重的问题发生的预警。当然，临时出走者远没有预谋出走且不打算回来的行为严重和危险。

要记住，50%的离家出走者一般只会在外面待一两个晚上，现在我们来考察一下更加严重的预谋出走。

你想知道吗

大多数离家出走者都是永久离开家吗

不是的，大约一半的出走者会在外面待一两天时间，而且通常是躲在朋友或亲戚家。大多数预谋出走者会离家很长时间，但是最终也会回到家里。

离家出走的原因

人们普遍认为预谋出走者最常见的共同点是，他们往往来自功能失调的家庭。他们或者被性虐待或身体虐待或者被父母忽略和拒绝。他们的父母不断争吵，或是频繁滥用物质者（Baron, 1999；Terrell, 1997）。据估计，高达70%的离家出走者都受到过某种形式的虐待（Jencks, 1994）。

预谋出走者中的很多人在学校都有学业不良或辍学的情况（Thompson & Pillae, 2006）。一项研究对收容所中16～21岁的离家出走者和无家可归者的算术和阅读困难的发生率进行了调查，发现52%的人有阅读困难，29%的人有算术和写作方面的困难，只有20%的人达到了正常水平（Barwick & Siegel, 1996）。严肃的离家出走者滥用药物（Johnson et al., 2005）或出现抑郁等心理疾病的情况很普遍，他们的压力一部分来自家庭（Thompson et al., 2011）。他们通常有犯罪史（例如，Robert et al., 2005）。

大多数青少年是被迫离家出走的，他们选择逃离不能忍受的处境。大多数预谋出走者说他们曾试图维持他们家庭的正常功能，但是失败了（Schaffner, 1998）。其他离家青少年实际上是**被遗弃者**（throwaways），也就是说，他们的父母鼓励他们离开家，或者实际上是将他们赶出了家庭（Gullotta, 2003）。只有相对少量的青少年是被街头生活迷幻的假象所吸引而离家出走的。

离家出走的女孩一般都觉得父母会控制和惩罚她们，而很多出走的男孩说父母很少对他们进行控制和惩罚，是来自外部的影响导致他们离家出走的，比如同伴的影响。可以说，家长较少的控制给了男孩离家出走的机会。很多离家出走者的父母都忙于处理自己的问题，无暇顾及自己的孩子，这让青少年觉得父母不想要他们。

🔅 私人话题

如何阻止青少年离家出走以及如何找到他们

大多数青少年不会在想到离家出走的一刹那就真的这么做。他们往往会考虑一段时间以后突然离开。细心的父母或老师能够意识到预警信号，也许和青少年谈谈心就可以防止他们离家出走。

预谋出走最直接和明显的信号是青少年开始积累将来流落街头时可能需要的资源。他们可能会存钱或者准备箱子和背包。此外，他们可能还会收集一些个人纪念品，如好朋友的照片。（大多数青少年不会这么做，但如果这些行为出现，表明他们在很认真地预谋出走。）

一些离家出走者会暗示甚至直接表明他们想离家的想法。他们有时候会向朋友吐露他们的计划。我们应该认真对待这些相关暗示、直接陈述以及离家出走的传闻。

还有一些迹象并不是离家出走的信号，而是预示着将会出现问题。行为变化、叛逆、独处、更换朋友以及逃学等往往暗示着可能会出现的问题，值得家长和老师去进一步了解。

如果一名青少年失踪，并且确信他是离家出走，美国少年司法和犯罪预防办公室（1998）建议采取以下行动。

1. 查问可能知道这名青少年的行踪的人，如朋友、邻居等。
2. 检查他经常去的地方，看他在不在那儿。
3. 检查他的卧室和学校储物柜，寻找他有可能会去哪儿的线索（例如笔记或地图）。
4. 检查电话账单，看他是否曾经拨出莫明的长途电话。
5. 检查他的电子邮箱。
6. 报警，请求警察发布寻人启事。
7. 散播该青少年失踪的新闻，包括他的照片。
8. 联系全国离家出走者帮助热线和美国国家失踪和受剥削儿童中心，询问该青少年是否联系过他们。

被遗弃者

在关于离家出走者的研究中，NISMART（Hammer et al.，2002）是迄今为止最大的研究之一。该研究发现，并不是所有离家出走者都是自己出走的，其中有44%的离家出走者是被家庭放弃或父母要求其离开的，也有大量青少年虽然是自愿离家，但他们在想回家时得不到父母的允许。最近全国离家出走者求助中心（National Runaway Switchboard，2010）发现，在他们的抽样调查中，48%的离家出走者是被赶出家门的，另外22%的离家出走者说，尽管是他们自己做出了离家的决定，但是他们的父母明确表示希望他们离家。正如前面所说的，称这些青少年为被遗弃者更合适。

是什么原因促使一个家庭与青少年子女断绝关系？

● 有时候是因为父母对子女屡教不改的行为苦恼至极，不论是药物滥用、卖淫、犯罪还是类似的事情。

- 有时候，孩子有长期的心理疾病，如品行障碍，使得彼此很难在一起生活。
- 有时候是因为青少年子女与兄弟姐妹或父母中的一方乱伦（Gullotta，2003）。

有些青少年被遗弃是因为父母无法应对他们的同性恋性取向（Rotheram-Borus et al.，1996）。不论是哪种原因，父母抛弃自己的孩子都是不正确、不成熟的决定。如果家庭关系是稳固的、健康的，青少年的这些行为可能就不会发生，或者父母能够以积极的、治愈性的方式来对待青少年的问题行为。将孩子拒之门外也许会减少父母的麻烦，但这只会加重孩子的问题。

父母要求孩子离开家庭的另外一个原因是家庭贫困。一些父母没有能力负担所有孩子的衣食问题。在这种情况下，父母有时候会让大一点的孩子自己养活自己，以便他们能集中精力照料年龄尚小的孩子（Shinn & Weitzman，1996）。与之相似，有一些在街头流浪的青少年是因为他们已经长大，无法再住在寄养中心，只能在没有任何支持的情况下离开（Heerde et al.，2015；National Coalition of the Homeless，2008）。

街头生活

那些离家出走的青少年会很快发现街头生活极其艰难，无家可归的青少年很容易受到伤害。一项对流浪街头的青少年进行的研究发现，其调查样本中，有43%的男性和39%的女性都曾受到武器攻击（Whitbeck & Simons，1990）。

男孩经常被抢劫或被殴打，女孩最常遇到的问题是性侵犯（Heerde et al.，2015）。因为生活条件差，缺少卫生和医疗保健，离家出走的青少年有很多健康问题：高怀孕率，受到伤害，身体和心理健康的整体水平低，很多人都有创伤后应激综合征（Whitbeck et al.，2007）。

尽管青少年在离家之前思考了很长时间，但大多青少年都是一时冲动才离开的，没有为离家后的生活做准备或打包好行李。在离家出走时有超过10美元的青少年不足25%（National Runaway Switchboards，2010）。离家出走的青少年常常从朋友或亲戚处弄一些钱来养活自己（Benoit-Bryan，2008）。为了获得足够的钱维持生活，在街头流浪多日的青少年通常会被迫参与毒品交易、入店行窃和盗窃等（Terrell，1997）。不少人会卖淫或者进行所谓的**生存性性行为**（survival sex），也就是以性服务来交换食物和住所。据估计，长期在街头流浪的青少年中，有75%参与了某种形式的犯罪，25%～65%的个体要么卖淫要么进行生存性性行为（Greene et al.，1999；Kipke et al，1995，1997）。尽管如此，街头青少年仍然时常挨饿（Antoniades & Tarasuk，1998）。

参与这些活动使离家出走的青少年与那些有偏差行为的人建立了联系，那些人会给青少年带来更加不健康的生活方式（Baron，2003）。很多长期在街头流浪的青少年使用毒品，有多个性伙伴并且不使用安全套，这将使他们极易感染HIV，该病毒会导致艾滋病（Booth et al.，1999）。这还会导致极高的怀孕率：无家可归的青少年女性的怀孕率，比与家人生活在一起的同龄女孩的怀孕率高10倍以上（Thompson et al.，2008）。无家可归的女孩中有心理问题的个体占比也很高。她们往往低自尊、抑郁，做出各种形式的自我伤害行为，有很高的自杀风险（Molnar et al. 1999；Yoder，1999）。在洛杉矶开展的一项对无家可归者的研究发现，2/3 的无家可归者有抑郁症，相比之下，全国青少年中只有 7% 有抑郁症（Unger et al，1997）。很多研究报告说，这些青少年的企图自杀率在 20% ～ 40%（Kidd，2003）。据估算，在街头流浪的青少年的死亡率，是与家人生活在一起的青少年的 40 倍（Shaw & Dorling，1998）。

帮助离家出走者

　　离家出走的青少年需要各种服务来帮助他们解决很多问题。这些服务包括但不局限于短期的紧急避难所，在这里他们可以获得临时住所和食物；医疗服务，包括心理服务；社工，可以帮助他们与家人团聚，或帮助他们独立生活；教育，让他们去上学并从高中毕业；长期稳定的居所；工作培训和工作场所。最理想的状态是能够给他们提供一站式服务，可以让无家可归的青少

无家可归的青少年睡在街上，在垃圾箱里捡东西吃，偷窃或卖淫，在城市求生存。

年很容易就能够得到他们所需要的帮助。不幸的是，目前为离家出走和被遗弃的青少年提供的服务是不够的。

全球范围内的情况

　　并不是只有美国有这么多无家可归的青少年。据估算，全球大约有 1.5 亿 "街头儿童"（UNESCO，2015）。这个词指所有无家可归的人，无论他们是离家出走的，被父母抛弃的，还是与父母一起住在街头的。大多数国家没有分别统计离家出走的和没有家的青少年。与美国的情况一样，这些儿童和青少年长期营养不良，有自我毁灭行为以及物质滥用情况。他们捡垃圾箱里的东西吃，靠偷窃或卖淫求生存。这样的儿童大多数来自极度贫困的家庭，有些是离家出走，有些是被遗弃，还有些是父母双亡。

　　勒鲁和史密斯认为街头青少年的增多应归咎于工业化或城市化以及干旱导致的饥荒这两个方面（Le Roux & Smith，1998）。城市化打破了乡村传统的扩展家庭结构，导致父母必须亲自照料孩子。饥荒毁坏了乡村，饿死了父母，迫使家庭在面临食物短缺，不够养活所有孩子时不得不做出艰难的决定。在一些地方，艾滋病造成大量成年人死亡，留下大量的儿童和青少年，他们不得不自己养活自己。有些地方由于战争有很多孤儿，没有成年人照顾他们。

　　在第三世界国家，街头儿童的存在有以下两个原因：

　　第一个是因为贫困：他们的父母无法养活和照顾他们，或者青少年认为自己能够独立生活。奥莱证实了这一现象在尼日利亚的普遍性（Olley，2006），里兹尼和卢斯克证实在拉丁美洲也是如此（Rizzini & Lusk，1995）。

　　第二个原因在美国更加普遍：逃离功能失调的家庭或虐待。举例来说，最近的一项元分析回顾了关于伊朗街头儿童的文献，得出的结论是，身体、情绪或性虐待的经历在街头

儿童中更常见（Vameghi et al., 2014）。

像美国离家出走或被遗弃的青少年一样，其他地区的街头儿童也会为了生存而卖淫或进行生存性性行为（例如，Nada & Suliman, 2010，埃及；Towe et al., 2009，巴基斯坦）。物质滥用的状况极其普遍（例如，Embleton et al., 2012，肯尼亚；Sharma & Lal, 2011，印度；Fernandes & Vaughn, 2008，巴西），也经常会受到暴力的威胁（例如，Walakiri et al., 2014，乌干达）。在过去的 25 年里，联合国资助或参与资助了 40 多个国家致力于改善这些不幸的儿童和青少年的生活的项目，我们在这方面还需要做出更多努力。

抑郁

哪怕**抑郁**（depression）与自杀没有关系，它也是一个需要深入探讨的重要话题。临床上的抑郁症是一种严重的疾病，可以让一个人的生活苦不堪言，还会引发一系列问题。当人们抑郁时，他们感到无助和无望，无助是因为他们没有办法改善这种令人痛苦的状况，无望是因为他们的这种处境永远不会有所好转。他们感到悲伤，常常自我批评，并且觉得别人也在批评他们。抑郁的个体在做很简单的决定时也会感到痛苦不堪。他们往往忽略自己的外表，可能会以攻击的方式来表现自己的挫败感（American Psychiatric Association, 2013）。

目前还不太确定青春期的抑郁和成年期的抑郁是否相同。尽管已经发现这两者有很多共同之处，但是这两个年龄组的抑郁表现依然存在一些差异。青少年不像成年人那样容易悲伤，但比成年人更易怒（NIMH, 2015）。与成年人相比，患抑郁症的青少年更有可能表现出一些身体上的疾病，较少可能感到疲惫或缺乏食欲（Carlson & Kashini, 1988）。而且，一些可缓解成人抑郁症症状的抗抑郁药物却对青少年效果不佳（Cox et al., 2014）。在某种角度上，这种差异表明青少年和成人抑郁的生物基础可能存在差异（例如，Mills et al., 2013）。

抑郁与自杀的联系

有两种途径将抑郁症和自杀联结起来。

第一，正如前面所提到的，抑郁的青少年有很高的自杀倾向（Birmaher et al., 2002）。

第二，治疗抑郁症最常见的方法之一——包含有抗抑郁药物成分的处方药 SSRI（选择性 5- 羟色胺再摄取抑制剂），如百忧解，能够诱发青少年自杀的想法和行为。

值得警示的是，2002 年，美国医生给 17 岁以下的青少年开了约 1100 万 SSRI 的处方（Hampton, 2004）。人们对此问题的关注持续增加，直到 2004 年 10 月，美国食品药品监督管理局发出了 "黑匣子" 警告，说这些药物的使用会增加青少年自杀的风险，在青少年人群中应该极度谨慎地使用。（许多欧洲国家在此之前已经限制成年病人使用 SSRI 类抗抑郁药物。）政府专家工作小组确定，服用这些药物的青少年出现自杀想法和行为的风险增加了一倍（Hammad et al., 2006）。

然而并不是所有研究人员都相信抗抑郁药物的坏处大于益处，例如，瓦萨等人（2006）认为服用抗抑郁药物与自杀之间的联系被夸大了，他们承认自杀风险确实加倍了，但只是从 2% 增加到了 4%，仍然很小。此外，他们指出服用精神药物和正在接受治疗的抑郁青少年自杀的风险，仍然远远低于没有接受治疗的抑郁青少年。还有很多新近的研究没有发现抗抑郁药物与自杀之间的联系（例如，Bridge et al.，2006），或者发现二者的联系是选择因素所致（服用抗抑郁药物的青少年的自杀风险本来就比不服用药物的青少年高）（Gibbsos et al.，2015）。

在下一节中我们将更深入地讨论自杀的问题。

🔆 关于抑郁的一些事实

抑郁已经得到了很多研究，心理学家已经对抑郁有相当多的了解。例如，我们知道，哪些特质和行为与抑郁有联系，在什么时候人们更有可能抑郁。

抑郁与青少年

青少年抑郁是非常普遍的：15% ～ 20% 的青少年在成年早期之前都至少有一次被临床诊断为抑郁症（Lewinsohn & Essau，2002），在任何年龄，都有7% ～ 8% 的青少年忍受着抑郁症的折磨（Kessler et al.，2012）。而且抑郁症经常反复发作，每一次发作通常会持续 7 ～ 9 个月。在被临床诊断为抑郁症的青少年中，大约 2/3 的人还有其他心理障碍（Ford et al.，2003），通常是物质滥用（Poulin et al.，2005）。青少年抑郁症的发生率有所上升（Collishaw et al.，2004）。

🔆 私人话题

为什么青少年女性比男性更容易抑郁

在童年期，男孩和女孩患抑郁症的概率是相等的，但是到了成年期，女性患抑郁症的概率变成了男性的两倍。抑郁症发生率的性别差异在青春期开始初步显现，这是为什么呢？

第一个解释是，男孩和女孩的抑郁是由不同的事件触发的。与男孩相比，女孩抑郁更有可能是因为社会关系的问题。例如，不受欢迎的女孩比受欢迎的女孩更有可能抑郁（Oldenberg & Kerns，1997）。女孩还更有可能感受到他人的痛苦，她们会因为自己在乎的人正在经受压力而变得抑郁（Eberhart et al.，2006）。当男孩遇到问题时，他们倾向于通过否认和回避来应对，也就是说，他们试图转移自己的注意力，不再思考这个问题，而女孩倾向于认真思考当下的问题。后一策略更可能导致抑郁（U.S. Department of Health and human Services，1999）。与男孩相比，女孩的抑郁更有可能持续至成年期（Ggjerde & Westenberg，1998）。

对于上述情况，一个显而易见的解释是，抑郁与女性月经周期相关的激素波动有关（例如 Steiner et al.，2003）。但雌激素和黄体酮水平与抑郁有直接联系的证据的说服力很弱（Seroczynski et al.，2003）。可能性更大的是激素能间接影响情绪。例如，雌激素水平的变化可能会影响血清素的生成，而血清素与情绪有直接联系（Hyde et al.，2008）。

对于上述情况还有一类生物学解释，该解释基于男性与女性的基因差异。例如，于和他的同事（2005）发现，X 染色体上特定基因的变异会提高女性对抑郁的易感性，但是对男性没有影响。这些基因和其他基因可能会因为青春期激素的存在被不同程度地激活。由于这些基因具有压力诱发抑郁的易感性，因此生活压力的提高和基因易感性的交互作用可以解释青少年女性抑郁发生率的提高。

第二个解释是身体满意度的性别差异。在青春期，女性和男性都对自己的身体不够满意，但是女性的不满意度增加得更明显。由于对自己体形的不满与抑郁相关，因此这可能是青春期女性抑郁症的发生率高于男性的原因（例如，Ferreiro et al.，2014）。

也许最吸引人的解释莫过于生物因素和社会因素的共同作用。皮特森和她的同事（1993）注意到，当青少年进入中学经历转折期或进入青春期时，他们的抑郁症发病率是最高的。女孩比男孩平均早两年进入青春期，在很多社区女孩比男孩更早上中学，并在上中学时就开始了青春期。一下子面临两个方面的压力，女孩很可能难以承受。综上，很可能是生物因素和社会因素的共同作用造成了女孩有更高的抑郁症发病率。

自杀

自杀是一个重要的话题，它是青少年死亡的第三大元凶（仅次于交通事故和杀人案件）（Blum，2011）。2013 年，17% 的青少年在过去的 12 个月中认真考虑过自杀，14% 甚至制订了自杀计划，8% 尝试了自杀（Centers for Disease Control and Prevention，2013）。13 岁以下儿童的自杀率较低（Brent et al.，2015），这是因为青少年比儿童更有可能有心理障碍，这是导致自杀的高危因素。而且，青少年比儿童有更成熟的认知技能，能够制订出更有效的自杀计划（Shaffer et al.，1996）。

与大众的看法相反的是，自杀的死亡率随年龄增长，85 岁以上的男性、45 ～ 54 岁的女性的自杀率是最高的（Karch et al.，2011）。图 14-1 显示了这种趋势。

如图 14-2 所示，15 ～ 24 岁年龄组的自杀率从 1950 年到 1995 年增长了 2 倍——每 10 万青少年中，自杀死亡的人数从 4.5 增长到了 13。之后，自杀率又下降到了 10 万青少年中有约 10 个人自杀死亡（U.S. Bureau of the Census，2012）。

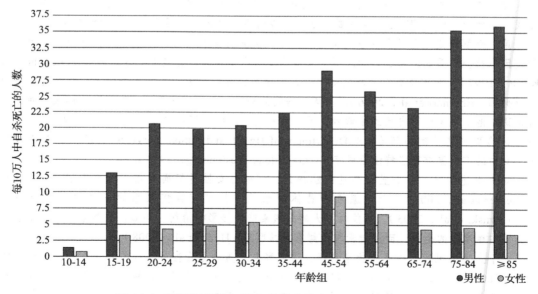

图 14-1　不同性别和不同年龄的人的自杀死亡率（2008）

注：青少年的自杀率不比老年人高。

资料来源：Data from Karch et al. (2011).

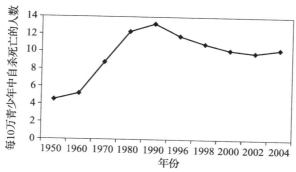

图 14-2　青少年自杀率（1950～2004）

资料来源：Data from U.S. Bureau of the Census (2012).

尝试自杀的人当中只有一小部分成功。青少年尝试自杀与自杀死亡的比率的估计从 100∶1 到 350∶1 之间不等（Seroczynski et al.，2003）。每年大约有 4500 名 15～24 岁的年青人成功自杀（Centers for Disease Control，2014c）。女孩企图自杀的概率是男孩的两倍，但是成功自杀的人当中有 85% 是男孩（Anderson & Smith，2003）。男性更容易自杀成功的一个原因是他们通常会使用更为暴力的方法——上吊、从高处跳下、交通事故、枪杀或刀杀自己，而女性通常采用被动的、危险系数较小的方法，如服用安眠药。女性经常威胁别人说自己要自杀，但真的想自杀或实施自杀的人比较少（Peck & Warner，1995）。

自杀率也因民族或种族的不同而有所变化。美国土著青少年的自杀率最高，是白人青少年的 4 倍。白人青少年的自杀率比非洲裔青少年要高一些，非洲裔青少年的自杀率又比拉美裔青少年高一些（National Adolescent Health Information Center，2006）。

你想知道吗

谁更有可能自杀，青春期男孩还是女孩

女孩更有可能企图自杀，但是男孩更容易自杀成功。

家庭关系与自杀

为什么青少年企图放弃自己的生命？他们的动机是什么？90% 实施自杀的人有一个或多个心理障碍，很多人对此感到惊讶。其中大部分是抑郁症患者，也可能有药物滥用问题或焦虑症。事实上，两个最好的预测因子是临床抑郁症和先前有企图自杀的行为（U.S. Department of Health and Human Services，1999）。

需要注意的是，心理障碍虽然有生物因素，但它们主要是负面经历和环境压力引起的。很多自杀的青少年有一些相同的背景。有大量实证研究表明，青少年的自杀行为在很大程度上与家庭有关（Koopmans，1995）。

自杀的青少年的第二个共同点是有受损的家庭关系。研究表明，家庭生活中的很多方面与自杀的意念、企图以及行为有关（例如，Bridge et al.，2006）。例如，父母患有精神病（Mittendorfer-Rutz et al.，2012）或有物质滥用情况（Rossow & Moan，2012）与青少

年企图和实施自杀相关。如果父母曾经试图自杀，其青少年子女尝试自杀的可能性是其他青少年的五倍（Brent et al.，2015）。遗传可以部分解释这种联系（Brent & Mann，2005）。亲子关系不良也是青少年自杀行为的原因之一（例如，Consoli et al.，2013）。不监督孩子的父母使孩子自杀的风险增加（King et al.，2001）。相比来自完整家庭的青少年，来自单亲家庭的青少年更有可能企图和实施自杀（Weitoft et al.，2003），一部分原因是父母松散的监管，另一部分原因是不良的亲子关系。

这些因素加在一起，意味着这些青少年缺少能让他们认同的父母，这使他们产生了一种和社会的隔离感。社会隔离使这些青少年更不能承受失去所爱的人，这很可能会诱发自杀倾向。例如，在童年期有父亲或母亲离世的经历的个体，将来在失去其他家庭成员、同伴、男朋友或女朋友时会更加难以承受（Agerbo et al.，2002）。

你想知道吗

什么因素让青少年处于自杀的危险境地

大多数，但并不是全部实施自杀的青少年都有抑郁症。许多人使用毒品或酗酒，而且很多人有性虐待的经历。自杀经常是青少年失去生活中的重要他人或事物引发的。

其他相关的心理原因

青少年，尤其是男性，自杀的风险会随酒精和药物滥用的增加而增加（Lowry et al.，2014）。在药物和酒精的影响下，青少年更可能因为一时冲动或服药过量，在无意自杀的情况下杀死自己。

自杀的潜在原因

一些心理问题——品行障碍、创伤后应激综合征、焦虑症以及饮食障碍增加了自杀行为的可能性（Bridge et al.，2006）。受过性虐待的青少年自杀的比例尤其高（Pompili et al.，2004）。在此我们只对性取向这一自杀的潜在原因进行讨论。

性取向

同性恋青少年比异性恋青少年更有可能企图并实施自杀（Lester，2006；Matthews et al.，2014），大约有30%的同性恋青少年企图自杀（Safren & Heimberg，1999），这些青少年有着和其他青少年同样的风险因素：物质滥用、抑郁、丧失、家庭功能失调等。同性恋青少年自杀率更高，因为他们还面临着承认自己的性取向的额外压力，经受着来自父母和朋友的负面反应，也可能会受到那些讨厌同性恋的人的攻击（Berlan et al.，2010；Ryan et al.，2009；Shields et al.，2012）。

自杀预防

与普遍的观点相反，绝大多数情况下，自杀是经过考虑，并理性地权衡其他选择之后做出的决定。这些试图自杀的人可能已经尝试过其他方法：反抗、离家出走、说谎、偷窃或做出其他吸引注意力的行为。个体尝试过这些方法，而且都失败了，在这种情况下，个体很可能会尝试自杀。

大多数企图自杀的青少年首先会谈论它。

如果他人能及时察觉，注意到这些苗头并能够严肃地对待，努力去改善这种情况，也许就能够阻止死亡（Ghang & Jin，1996）。

💡 私人话题

阻止自杀

自杀有时候（不是所有的时候）是可以被阻止的。

识别预测因子

1. 亲密朋友或家庭成员死亡或搬迁。
2. 其他重要的丧失，如失去工作、家庭、地位等。
3. 物质滥用。
4. 抑郁。
5. 长期存在但是最近加剧了的问题。
6. 无价值感。
7. 社会隔离。

💡 阻止自杀：你如何提供帮助

发现你的朋友可能会自杀是件很可怕的事。你为什么会得觉得害怕？你能提供什么帮助吗？思考下列情境。

情境

你室友闷闷不乐的状态已经持续几个月了。他难以适应大学生活，非常想念高中的女朋友。最近他开始酗酒，大部分时间都在宿舍里玩视频游戏。昨天他对你说，如果他出了什么事，他的东西就送给你了。但是他的分数还不错，与老朋友在 Facebook 上有一些联系，也会更新自己的网页。

自杀幸存者

青少年自杀对其亲人和朋友产生的影响是毁灭性的。活着的这些人一般会经历恐惧、愤怒、内疚和抑郁，还有震惊、难以置信和麻木。他们因为没有注意到自杀者传递露出来的信号，没能阻止自杀而感到自己应负有责任（Shilubane et al.，2014），他们因自杀者遗弃了他们而感到愤怒。在自我怀疑和自我谴责之后，他们会有丧失感、空虚感以及难以置

信的感觉。从这种状态中恢复过来可能需要一两年，时间的长短取决于他们的人格特点和

与自杀相关的事件（Baugher，1999）。如果自杀者的家庭成员能够得到支持，他们的悲伤会更容易忍受一些。以下一些支持可能会对他们有所帮助：身边的人可以倾听他们述说感受和关于自杀的青少年的事；值得他们信任的人帮助他们在青少年自杀后做一些必要的决定；他们被允许与孩子的遗体待一会儿；有人帮助他们一起度过孩子生命中的重要的日子，如生日或重要事件的周年纪念日等；他们能找到一些方式去帮助他人（Miers et al.，2012）。

青少年的自杀对其家庭和朋友影响尤其大，他们可能要承受丧失和空虚感，为自己没有及早发现问题感到内疚。

💡 青少年的心里话

　　"一年半前，我的一个朋友自杀了，我们 7 年级的时候就已经认识了，大学的时候我们更加亲密了。凯瑞是个总有烦恼的女孩，没有人知道她到底有多痛苦，等人们知道的时候，一切都太迟了。她总是很夸张，还有点古怪，人们知道她喜欢被关注。大约在她自杀的前一年，她变得很奇怪，会谈论她的葬礼可能会是什么样子，谁会来，谁又会悲伤。她的生活也变得相当混乱，她和偶然相识的女孩的男朋友睡觉。当我们出去的时候，她会用烟头烫自己。因为她的行为是引人注目的，所以我们都认为她这样做只是为了吸引他人的注意。

　　显然，凯瑞已经被诊断为抑郁症，我们不知道她在自杀的前一周就已经停止服药了。那周她做好了准备，她向一位朋友表示歉意，因为 4 年级的时候没有选择和对方一起踢球。第二天她起床之后带着她的狗一起去跑步（她最喜欢做的事情），回来之后，她用拴狗的皮带将自己吊死在仓库。

　　她的自杀不仅是一件令人悲伤的事，而且让我意识到自杀是多么自私的做法。她不仅留下了两个年幼的弟弟妹妹（其中一个发现了她），而且还将所有的朋友都置于一片混乱之中。她的妈妈现在经常吸烟和酗酒。"

非自杀性的自我伤害行为

　　一种很不幸的行为似乎在青少年中越来越多地出现——自我伤害或自残行为。非自杀性的自我伤害行为（NSSI）指不被社会认可的，以故意伤害身体为目的的行为（例如，不是以装饰为目的在身体上穿洞的行为），而且行为者没有明显的自杀意图（Klonsky et al.，2011）。自我伤害者通常会用刀或剃须刀片割伤自己，也包括火烧、刺激伤口、吞咽尖锐物品、咬伤、在体腔内嵌入尖锐物品、抓伤自己、冲撞坚硬物体、故意滚下楼梯等（Styer，2006）。当一个人伤害自己是为了减轻消极情绪，解决人际问题或引起积极情绪时，其行为可以被认定为自我伤害行为（American Psychiatric Association，2013）

　　尽管有些成年人也有自我伤害行为，但这种现象在青少年更为常见。大约有 18% 十几岁的高中生承认自己有自我伤害行为（Muehlenkamp et al.，2012），在大学生中，有自我伤害行为的人数比例为 12% ～ 38%（Whitlock et al.，2011）。一些（并非所有）研究发现，

女孩比男孩更容易出现自我伤害行为（例如，Taliaferro & Muehlenkamp，2015）。这种行为正在那些没有患任何一种《精神障碍诊断与统计手册》中包含的精神障碍的人当中蔓延。当然，这种行为仍然与某些其他心理障碍有联系：有 40% ～ 80% 被诊断为边缘性人格障碍、饮食障碍、抑郁和分离性障碍的青少年有自我伤害行为（Keer et al.，2010）。

一般而言，自我伤害似乎是对高水平压力和不愉快的反应。因此，那些正面临一些重要问题的青少年是高危人群，例如无家可归的青少年（Tyler et al.，2003）。遭受过性虐待的青少年自我伤害的比例很高（Isohookana et al.，2013）。

为什么这种行为现在浮出了水面？我们只能推测。也许是因为在身体上穿洞的行为盛行才让我们注意到自残现象。我们知道，和自杀一样，在身体上穿洞也会被模仿，一旦它在某个社区得到认同或公开，这种行为就会开始盛行（Yates，2004）。

自我伤害行为能够帮助青少年以多种方式应对不堪重负的压力。

首先，青少年用这种自己和他人都能看得见的方式来表达自己的痛苦。

其次，它可以使青少年成功控制濒临崩溃的情绪。

诺克和普林斯坦发现了大声求援和情绪控制这两种动机的证据，但是他们报告说他们研究的大多数自我伤害者这样做的目的是"阻止感觉变得更糟"或者"变得麻木"（Nock & Prinstein，2005）。自我伤害的影响至少会持续 24 小时（Kamphuis et al.，2007）。大多数自我伤害者在自残时几乎或完全感觉不到疼痛（Zila & Kiselica，2001），因为他们体内的内啡肽水平已经升高了（Sher & Stanley，2008）。

几乎不需要怀疑的是，自我伤害者经历着心理上的疼痛。研究者发现，在有非自杀性自我伤害行为的人中，有 40% 的人一次或多次试图自杀。而且自我伤害越严重，出现自杀的想法和行为的可能性越大（Washburn et al.，2012）。

幸运的是，很多帮助自我伤害者停止伤害行为的治疗方案已被证明是有效的（Turner et al.，2014）。包括辩证行为治疗，一种用来治疗边缘性人格障碍的认知行为疗法，还有动态解构治疗，这种疗法通过改善人际关系来提高自我伤害者的自我接纳程度，帮助自我伤害者理解自己的情绪。此外，抗精神病药物和抗抑郁药物有时候也能有效减少自我伤害行为。

青少年的心里话

"我感觉自己失控了，我拿起我的车钥匙，在我苍白的前臂上扎下去，沿着我的皮肤缓缓地划下去，随着胳膊上划痕的出现，我的紧张感上升到了一种难以忍受的程度。当我最后把钥匙拿开的时候，我被一种巨大的解脱感冲击着，呼吸慢下来了，肌肉也放松了，之前所感受到的紧张完全消失了，我陷入了极度平静的状态。

我这样做不是想毁了自己，只是想让自己受点伤，我认为这是对自我伤害最大的误解。这不是求助，也不是尝试自杀，这是一种应对压力的方式，其应对机制与饮酒和吸烟没什么不同。是一种用身体疼痛来压倒情绪痛苦的方式。这种解脱是暂时的但也是即时的，就像将你置于温暖的雨中，你会感到一种平静的幸福。这是一种不需要药物就能拥有的快感。"

饮食障碍

关于外表吸引力的社会刻板印象使得大多数女孩想变得苗条。对于女孩来说，在青春期早期开始节食已经成为她们的行为准则（Tyrka et al.，2000）。有时候，个体渴望苗条的想法会达到非常极端的程度，以至于个体出现饮食障碍。饮食障碍不再是一个罕见的问题，它已经成为青少年女性第三常见的慢性疾病（Rosen，2003）。我们这里讨论三种饮食障碍：神经性厌食症、贪食症和暴食障碍。

神经性厌食症是一种可能危及生命的情绪障碍，其特点是个体被食物和体重困扰。

贪食症的特征是个体在短时间内无法控制地快速摄入大量高热量食物。

暴食障碍是反复在短时间内比在同样情况下的其他人摄入更多食物，其特征是个体失去控制。

神经性厌食症

神经性厌食症是一种可能危及生命的情绪障碍，其特点是个体被食物和体重困扰，它有时候也被称为饥饿病或节食病。厌食症的诊断标准是：个体的体重低于与其身高和骨骼对应的正常体重的15%，而且个体一定会表现出对体重增加和变胖的过度恐惧，个体对自己身体形象的认知是歪曲的，不认为自己的体重低于正常体重（American Psychiatric Association，2013）。厌食症患者有临床抑郁症（Kaye，2008），表现出强迫性特征（Mas et al.，2013），这都是很常见的。

厌食症的原因　近年来很多关于探索厌食症原因的研究都关注厌食症患者与家庭的关系。女儿患厌食症的家庭经常是没有凝聚力、缺乏支持性的家庭（Tyrka et al.，2000）。他们在抚养女儿的过程中使女儿充满内疚感（Berghold & Lock，2002），而且妈妈将自己对体重和外表的过度关注传递给了女儿（Hirokane et al.，2005）。换句话说，如果妈妈在节食，女儿就更有可能这样做，如果妈妈对自己的身材不满意，女儿也更可能采取极端的减肥措施（Benedikt et al.，1998；Hill & Pallin，1998）。这些研究中有些是纵向研究，因此可以说受损的家庭关系能很好地预测饮食障碍症状，其预测效力甚至比受损的家庭关系对体重超标的预测效力还高（Archibald et al.，1999）。失调的家庭关系与厌食症之间的联系在青春期早期就存在，但是在青春期中期和后期就不存在了（Archibald et al.，2002）。

神经性厌食症在青春期性征发育开始之后出现，这一事实表明性冲突是该疾病的核心问题。显而易见，个体的焦虑水平随着个体女性化的生理变化增多而升高。女孩不断发展的身体特征需要她接受女性的性别认同。她的任务是不断将新的身体形象与女性的性别概念和性别角色进行整合。如果她不认同女性的性别同一性，她就可能希望压制自己在青春期的身体发育。她通过极端的减肥来改变自己的身体，渴望获得苗条的、男性化的外表。她可能看起来会特别消瘦，看不出任何第二性征的迹象，月经也会停止。这些努力代表一个少女坚决地阻止自己的性发育。她不是朝向青春期发展，而是退回到前青春期阶段，延迟了成熟的进程。

💡 关于厌食症的更多信息

一些厌食症患者还可能沉湎于暴饮暴食和清除行为（暴食清除型神经性厌食），也有些患者没有这些行为（限制型神经性厌食症）。

厌食症与身体状况

厌食症与众多身体疾病有关：心率缓慢、心脏骤停（可能引起死亡）、低血压、脱水、体温过低、电解质异常、代谢改变、便秘以及腹部不适（Becker et al.，1999）。一旦疾病加重，厌食症患者就会变得很瘦，外表看起来也很憔悴。即使在温暖的环境中，他们还是会感到冷，身体会生长出绒毛状的毛发以保存热量，缺钾可能会导致他们出现肾脏功能障碍。研究人员发现患厌食症的女孩大脑异常，精神状态和记忆力受损，这是营养不良的结果（例如，Buerhen et al.，2011；Seed et al.，2000）。

　　厌食症患者有一种普遍的缺陷感和错误的身体意象，这通常会导致抑郁。他们的自尊通常较低（Surgenor et al.，2007），对自己的外表吸引力持消极的态度（Canals et al.，1996）。厌食症患者通常会表现出顺从、自我怀疑、依赖、完美主义和焦虑等特征（McVey et al.，2002）。他们对身体内部的饥饿信号不敏感（Wonderlich et al.，2005）。有神经性厌食症的青少年很少观察自己，哪怕强迫他们看自己，他们也不愿意这么做，他们很少准确地感知到自己的身体形象，他们带着厌恶的情绪看待自己的身体，这是她们对自我的感受的一种投射。

　　那么我们该如何治疗神经性厌食症呢？医学治疗包括监管厌食症患者的身体状况，并设法使其体重恢复到正常范围之内，有些病人入院治疗，但不入院也能成功治好（National Institute for Health and Care Excellence，2004）。行为矫正法根据患者的饮食行为和体重增加情况使用奖励和剥夺。家庭疗法使整个家庭一起帮助青少年更健康地饮食，解决潜在的家庭互动问题，改善父母、兄弟姐妹与厌食症患者的关系（Lock & Le Grange，2013）。选择哪种疗法一般需要慎重考虑（Espie & Eisler，2015）。认知行为疗法的个体咨询也是有效的（Dalle Grave et al.，2013）。治疗的最终目标是消除厌食症状，让患者感觉自己是一个独立的人，喜欢自己，对自己的能力感到自信，能够控制自己的生活。

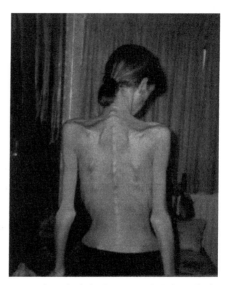

厌食症患者想要的不只是苗条的身材。她们有扭曲的身体意象，而且减肥到了严重损害身体健康的程度。

贪食症

　　贪食症是一种暴饮暴食和清除摄入食物的综合征。这一名称来源于希腊语，意思是"像牛一样饥饿"（Ieit，1985）。文献中出现的第一例贪食症是与神经性厌食症联系在一起的（Vandereycken，1994）。最初，贪食症被诊断为厌食症的一种，而现在它被认为是一种不同的饮食障碍。

　　被诊断为贪食症的个体有以下表现。

- 无法控制的暴饮暴食反复出现。
- 有过度的补偿行为以避免体重增加，如禁食、呕吐、滥用泻药。

● 过度允许体重影响自尊，暴食行为每周至少出现两次，持续时间达三个月以上（American Psychiatric Association，2013）。

贪食症的特征是短时间内无法控制地快速摄入大量高热量食物（Holleran et al.，1988）。一项对门诊贪食症患者暴食行为发生的频率和持续时间进行的研究表明，患者平均每周暴饮暴食的时间为 13.7 小时（Mitchell et al.，1981）。暴食和清除行为每天可能发生多次。每次进食摄入的热量在 1200 ～ 11 500 卡路里，以碳水化合物类食物为主。

很多贪食症患者报告说自己失去了感知饱腹的能力。每次进食都是在很隐蔽的地方进行，通常是在下午或晚上，有时候在深夜。暴食之后通常是催吐。贪食症患者会使用泻药、利尿剂、灌肠剂、安非他命、强迫锻炼或禁食来抵消巨大的食物摄入量。

贪食症患者对自己的外表很不满意，渴望获得社会推崇的苗条身型（Ruuska et al.，2005），然而他们无法控制饮食，感到自己被驱动着去进食，因为关注体型，又在进食后进行清除。暴食通常在感到有压力之后发作，通常在进食时和进食后伴有焦虑、抑郁情绪和自我贬低的想法（Davis & Jamieson，2005；Wegner et al.，2002）。

哪些人会患上贪食症？到目前为止，女孩比男孩多，只有 10% 的贪食症患者是男性（Nye & Johnson，1999）。贪食症一般在青春期中期到后期出现，持续到 20 多岁，一般比厌食症发病的年龄范围晚一些（Reijonen et al.，2003）。来自低收入家庭的女孩比来自高收入家庭的女孩更容易患贪食症（Gard & Freeman，1996）。

贪食症患者渴望完美，但是他们有不良的自我形象、害羞、缺乏自信（Bardone et al.，2000）。和厌食症患者一样，他们往往是完美主义者，对自己的样子不满意。他们认为自己是没有吸引力的（Young et al.，2004）。他们会因为其他人很瘦而感到有压力。

由于不现实的标准、无法控制饮食和对完美的渴望，贪食症患者的压力增加，这种压力通过暴食和清除而得到释放。紧跟而来的是羞愧和内疚感，这会导致贪食症患者低自尊和抑郁。贪食症很难治疗，因为患者往往会拒绝寻求帮助或有意破坏治疗。

贪食症患者的家庭和厌食症患者的家庭有一些不同（见表 14-1）。厌食症患者的家庭往往是过度保护、压制和过度介入的，而贪食症患者的家庭通常是混乱、充满压力、松散的（Tyrka et al.，2000），沟通情况较差（Moreno et al.，2000）。贪食症患者的父母通常会干预女儿的体重和外表（Rorty et al.，2000）。

最有效的治疗方案一般都涉及认知行为疗法，即帮助患者确定不现实的、适得其反的认知（Hay，2013）。纠正这些不理性的观念是改变贪食症患者行为的关键步骤。家庭疗法也被证明是有效的（例如，Paulson-Karlsson et al.，2009）。治疗专家已经发现抗抑郁药物可以减少暴食和清除行为，至少对成年患者是有效的（Reinblatt et al.，2008）。

很多人觉得难以区分神经性厌食症和贪食症。根据你在本书中了解到的信息，区分这二者的以下特征。

表 14-1　神经性厌食症和贪食症的对比

特征	神经性厌食症	贪食症
体重		
发病率		
发病年龄		

（续）

特征	神经性厌食症	贪食症
民族 / 种族		
进食行为		
人格		
情绪状态		
改变的意愿		
行为动机		
家庭背景		
可治愈性		

暴食障碍

暴食障碍在 2013 年被《精神障碍诊断与统计手册（第五版）》（DSM-5）列为一种饮食障碍。在 DSM 之前的版本中，暴食障碍没有被划为单独的疾病，而是被归类为没有明确细分的"其他饮食障碍"。暴食障碍被定义为反复在短时间内比在同样情况下的其他人摄入更多食物，其特征是个体失去控制的感觉。有一些暴食障碍患者可能吃得很多，甚至在不感到饥饿时进食。他们可能会有犯罪感、尴尬、恶心，隐瞒自己的行为，独自一人进食。暴食障碍与明显的忧虑有关，一般来说，暴食行为每周至少出现一次，持续三个月。暴食障碍与贪食症的区别是暴食障碍患者不会去清除已经摄入的食物（American Psychiatric Association，2013）。此外，暴食症的发生率是贪食症的两倍，与肥胖的相关更高（Kessler et al.，2013）。暴食症的治疗方法与贪食症相似（Amianto et al.，2015）。

💡 **区分不同的饮食障碍**

阅读下面的案例，识别该案例的饮食障碍类型。列出帮助你做出诊断的特征。

朱莉是一位来自中西部地区的一个镇的青少年女性。她身高 5 英尺 6 英寸，体重 93 磅。她说她的体重低是因为她是越野队的运动员，每天都跑至少 5 英里；实际上，她认为如果体重能再减少几磅，她就得跑得更快。她吃得极少，避免一切"可能让人发胖"的食物。

你认为朱莉患有哪种饮食障碍？

未成年人犯罪

未成年人犯罪指未成年人违反法律，在大多数州，未成年人指 18 岁以下的人。法律术语**少年犯**（juvenile delinquent）是给年青的违法者使用的词，这样他们可以避免因为留下犯罪记录而受到耻辱和歧视，而且可以将未成年与成年罪犯区别对待。大多数少年犯在未成年人法庭受审，而未成年人法庭的目的是帮助他们恢复正常的生活。

一个年青人会因为违反一些法律被贴上少年犯的标签，其范围可能是从谋杀到逃学。违反只适用于青少年的法律叫作**身份犯罪**（status crimes），例如未成年人饮酒、违反宵禁法、逃学。由于法律的不一致，因此一种行为在一个地方也许是违法的，但是在另一个地方是合法的。此外，执法官员执法的方法和程度也是有差异的。在某些地方，警察只是对

被指控为少年犯的青少年进行谈话，在另外一些地方，警察会将这些青少年移交给他们的父

母，还有一些地方，在那里他们也许会被逮捕，并被送往未成年人法庭。与成年人一样，很多未成年人犯罪没有被发现，或者如果被发现也不会被报案或起诉。因此，大多数关于未成年人犯罪的统计数据低估了未成年人犯罪的程度（Flannery et al., 2003）。

很多青少年涉及身份犯罪，如未成年饮酒。

犯罪率

来自美国少年司法与犯罪预防办公室的数据显示，2012年，美国未成年人犯罪占全部被拘捕的暴力犯罪的12%，财产犯罪的18%（Puzzanchera & Kang, 2014）。

如图14-3所示，未成年人犯罪率最高的是纵火、恶意破坏和抢劫，未成年人犯罪很少涉及谋杀和严重人身侵犯。

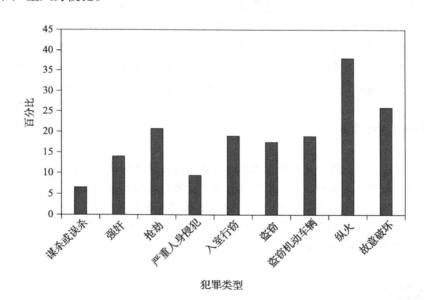

图 14-3　被拘捕的各种类型未成年人犯罪（2012）

资料来源：Data from Puzzanchera and Kang (2014).

未成年人暴力犯罪率在20世纪70年代中期到20世纪80年代中期一直相对稳定，但在1985～1993年，未成年人暴力犯罪率大幅上升。此后，青少年暴力犯罪率开始下降，当前的未成年犯罪率是自1980年以来的最低点（见图14-4）。

这一趋势尤其适用于青少年谋杀案的犯罪率。随着社会对青少年杀人越来越关注，人们产生了一个普遍的误解：青少年谋杀犯罪率呈持续上升的趋势。其实相反，这种犯罪率从1993年达到顶峰之后就开始大幅度下降了，这主要是枪械使用减少的结果。（遗憾的是，未

成年人使用其他武器进行谋杀的发生率保持稳定。）2012 年，青少年谋杀犯罪率是 20 来的最低点——只有最高点的 1/3（Puzzanchera & Kang，2014）。非洲裔美国青少年比白人青少年更有可能犯谋杀罪，但两个群体之间的差异已经比 20 世纪 80 年代中期和 20 世纪 90 年代时小了很多。大多数青少年谋杀犯杀害的是他们同民族或种族的人，这意味着非洲裔青少年远比白人青少年更有可能成为谋杀的受害者。青少年男性比女性更可能卷入谋杀或被杀。

每10万10~17岁未成年人中被捕的人数量，1980~2012

图 14-4　未成年人犯罪率（1980～2012）

资料来源：Data from OJJDP's *Statistical Briefing Book*（OJJDP, 2014）.

在暴力犯罪中，青少年和 20 多岁的年轻人比年龄较大的成年人更有可能成为暴力犯罪的受害者。青少年也更容易成为财产犯罪的受害者。成年人和未成年人犯罪都可能涉及未成年受害者。事实上，在被害的青少年当中，只有大约 1/4 是被另一青少年所杀（Synder & Sickmund，2006）。

目前，所有被逮捕的未成年人中有 29% 左右是女性，因暴力犯罪被逮捕的未成年人中有 19% 是女性，因财产犯罪被逮捕的未成年人有 30% 是女性（Puzzanchera & Kang，2014）。然而，多年来女性被捕率的增长速度一直比男孩快，因此，青少年男女逮捕率的差距在不断缩小。此外，受少年司法系统干预的男孩更有可能涉及违反法律，受干预的女孩更多的是逃学、离家出走、社会性或人际问题。男孩更容易参与范围较广的严重犯罪行为，而女孩的行为通常在一个较小的范围之内（Lahey et al.，2006）。例如，女孩更可能攻击家庭成员而不是熟人或陌生人，男孩则相反（Roe-Sepowitz，2009）。

青少年更容易在放学以后在校外犯罪或受害。

在上学时，大多数未成年人犯罪发生在学校放学后的几个小时内，一般是下午 3 点到下午 6 点之间；在周末和假期期间，大多数未成年人犯罪发生在晚上 8 点到晚上 10 点之间。这表明为青少年提供课后活动比执行宵禁能更有效地减少未成年人犯罪（Puzzanchera & Kang，2014）。

青少年犯罪的原因

反社会行为通常在青春期早期就开始出现。很多研究试图探索其原因。总的来说，犯罪的原因主要可以分为以下三类。

- 环境因素，包括青少年的邻里和社区的因素。
- 人际因素，指家庭、朋友、兄弟姐妹和同伴的影响。
- 个人因素，指人格特质和反社会行为的生物倾向。

而且，如布朗芬布伦纳（1979）在对行为的生态学分析中所提出的观点，这三种因素以协同的方式交互作用，它们不是相互独立的。

研究热点

品行障碍、对立违抗性障碍和注意缺陷多动障碍

品行障碍（conduct disorder）是一种和未成年人犯罪有很大关联的心理障碍。它是一种个体违反与其年龄相符的社会规范和无视他人权利的长期行为模式，这些长期的破坏性行为损害了青少年在社会、职业和学业环境中的正常功能。

个体如果具有三种以上不同的破坏性行为，就可以被诊断为患有品行障碍。《精神障碍诊断与统计手册（第五版）》将这些症状分成了以下四大组。

1. 攻击他人或动物（例如打同学或威胁同学，朝他人的宠物扔石头）。
2. 破坏财产（例如破坏他人的财物、纵火、胡乱涂鸦）。
3. 盗窃和 / 或欺诈（例如撒谎、哄骗、欺骗、偷窃）。
4. 严重违反规则（例如多次逃学、夜不归宿）(American Psychiatric Association，2013）。

这些症状可能会在青春期到来之前或青春期开始之后出现。

患有品行障碍的青少年社交技能往往较差，不知道如何与他人相处，他们不擅长应对挫折，容易发怒。他们的共情能力有限，不在意他人的幸福。他们可能在较小的年龄就饮酒或使用毒品（Dodge et al.，2009；Herson et al.，2013），也可能性早熟（Wymbs et al.，2013）。品行障碍与**对立违抗性障碍**（oppositional defiant disorder，ODD）和**注意缺陷多动障碍**（attention-deficit hyperactivity disorder，ADHD）很相似，患者都会表现出破坏性行为。但是品行障碍又和这两者有所不同。与品行障碍患者相比，对立违抗性障碍患者伤害他人的可能性较小。他们容易与人争吵，容易生气，常责备他人，心存戒备或不服从，尤其是在面对权威人物时。患有对立违抗性障碍的青少年会想方设法激怒他们的老师和家长，但不太可能骚扰同伴。尽管大部分患对立违抗性障碍的儿童不会发展成为品行障碍患者，但他们确实有较高的风险患上品行障碍（Burke et al.，2002）。患有注意缺陷多动障碍的青少年对挫折的容忍度较低，对冲动的控制较弱，因此当受到刺激的时候，他们会用语言和身体攻击他人。这些反社会行为更多的是其他症状的副产品而不是这些心理障碍本身的症状。元分析表明未成年人犯罪与注意缺陷多动障碍关系密切（例如，Pratt et al.，2002）。

环境因素　与未成年人犯罪有关的最重要环境因素如下。

- 贫穷
- 居住在高犯罪率区域

- 犯罪团伙的存在
- 可以获得毒品
- 不够标准的学校
- 住在一个分裂的、没有凝聚力的社区
- 接触媒体暴力
- 快速的社会变迁

当然，大多数环境因素是同时出现的。这也是在贫困地区长大的青少年比中产阶级青少年更容易出现违法行为、参与暴力犯罪的原因（Farrington，2009）。然而需要注意的是，一些中产阶级青少年确实有违法行为，很多贫困的青少年则没有。

为什么有些贫困的青少年违法，有些却没有？这是不同类型的风险因素交互作用的结果。钟和他的同事（2002）试图回答这个问题，他们观察贫困儿童的生活以及哪些儿童在后来有违法行为。他们发现，那些没有出现违法行为的青少年有着不同的性格，他们与父母更亲近，受到父母更密切的监控，很少与反社会的同伴在一起，在校表现较好，居住的社区毒品使用情况没那么严重。那些只是一时违法的青少年在以上这些维度上比没有违法的青少年差一些，但是比长期违法的青少年好。在一项类似的研究中，弗格森和他的同事（2004）发现，只有那些被父母严厉惩戒、缺乏母亲照顾、频繁逃学且与不良的同伴在一起的低收入青少年才会出现违法行为。

其他研究表明，有些学校环境滋生了反社会态度和行为，混乱的学校更容易助长犯罪行为，这些学校只是偶尔执行规则，学校存在的问题很多，没有课后活动（Flannery，et al.，2003）。

今天的青少年正处于一个文化快速变动的时期，这种社会背景容易促发犯罪行为（Boehnke & Bergs-Winkels，2002）。曾经被普遍接受的价值观现在被质疑，曾经提供安全和保护的社会机构（如家庭），现在反而给人增加了烦恼，社会、经济和政治动荡的阴影激发了焦虑和反叛。

参与学校和社区组织，例如图中所示的青少年俱乐部，通常是遏制犯罪活动的一种手段。

人际因素 家庭背景对青少年的发展和适应以及社会行为都有重要的影响。破裂的家庭和紧张的家庭关系都与违法行为有关，缺少亲密性的家庭更有可能有犯罪行为的孩子（Matherne & Thomas，2001）。

如果父母有虐待行为，孩子就更有可能犯罪。如果父母忽视子女，孩子犯罪的可能性甚至更大（Evans & Burton，2013）。有些孩子见到父母对配偶使用暴力，他们也更有可能成为暴力犯罪者（Zinzow et al.，2009）。父母较弱的监控和不一致的规则也与孩子的攻击行为和反社会行为有关系（例如，Vieno et al.，2009）。

最能预测未成年人犯罪的因素之一是亲近的亲属参与了犯罪活动（例如，Menard et

al.，2015）。

法林顿和他的同事为这一相关的内在机制提供了六种解释（Farrington et al.，2001）。

1. 暴露于贫穷和混乱街区等风险因素有代际连续性。

2. 自我选择，即反社会的个体选择了其他反社会个体作为朋友。

3. 共同的遗传倾向。

4. 家庭内的模仿和社会学习。

5. 反社会父母的不良养育方式。

6. 权力机构对犯罪家庭的标签和偏见。

同伴对青少年是否会参与犯罪行为也有很大的影响。青少年之所以违法，部分原因是他们有意或无意地被同伴社会化了。例如，玛格和她的同事发现，那些被同伴排斥的过度活跃的儿童最有可能发展成犯罪者（Mrug et al.，2012）。有高度同伴取向的青少年，如果与行为不良的同伴在一起，也更可能参与犯罪（Hamilton，2009）。

例如，开始与反社会青少年产生联系（如参加犯罪团伙）的个体参与的反社会活动会增多（Klein & Maxson，2006）。与不良同伴的交往通常只发生在形成消极的家庭互动和被主流同伴群体拒绝之后。换句话说，同伴能够加剧和鼓励那些不快乐的、适应较差的未成年人犯罪。

个人因素 有一些研究探讨了是否存在使得青少年更容易犯罪的人格因素。没有哪种单一的人格类型与违法行为有关，但有几个人格特征与反社会行为相关。其中最确定的一种是缺乏自我控制。

戈特弗雷德森和赫斯（1990）最先提出这一点，后来又被多个研究验证（例如，Mears et al.，2012）。相似地，高度冲动也会提高青少年的攻击性，使青少年更多地违反规则（Chen & Jacobson，2013）。另一个与违法行为相关的人格特质是自恋，指对自我的重要性过度夸大，需要别人羡慕自己。一项研究表明，未成年人犯罪者更有可能是自恋的，所以他们对他人的共情程度比较低（Hepper et al.，2014）。

有些有违法行为的青少年持续表现出低自尊和消极的自我形象，他们用攻击行为来武装不稳定的自我（Ostrowsky，2010）。另一些违法青少年通过否认存在的问题，否认行为与自我知觉之间的不一致来维持高自尊。他们拒绝为自己的行为负责，不断埋怨他人和环境给他带来麻烦。有研究者（例如，Walker & Bright，2009）认为，暴力可能是这些青少年保护他们错误膨胀的自我免受威胁的方式。

研究也考察了违法与酒精和药物使用之间的相关。有几项研究发现，饮酒和严重违法密切相关（例如，Bernasco et al.，2014）。吸食大麻的青少年更有可能做出反社会行为（Prpovici et al.，2014）。使用可卡因和海洛因（Thompson & Uggen，2012），还有脱氧麻黄碱（Wilkin & Sweetsur，2011）的未成年人犯罪者更常见。此外，由物质滥用的父母抚养长大的青少年和未成年犯罪有密切的联系（Douglas-siegel & Ryan，2013）。

有研究发现，有违法行为的青少年在社会认知技能方面的得分低于无违法行为的青少年（例如，Jones et al.，2007）。不能准确地知觉威胁，意味着有攻击性的青少年比无攻击性的青少年更容易认为他人怀有敌意。当一个人将他人的行为解读为具有威胁性时，他很有可能表现出攻击行为。

尽管人们认为大多数违法行为都是环境因素引起的，但有时候生物因素也会直接或间接地产生影响。例如，研究发现，一些少年犯的大脑额叶系统的发展滞后（Chretien & Persinger，2000）。他们不是认知受损，而是还不能基于他们所拥有的知识而行动，或不能思考行为的后果。

其他研究者强调遗传因素对违法行为的影响。例如，郭和他的同事（2007）发现，如果青少年男性携带 DAT1 基因（影响大脑里的神经递质多巴胺水平的基因）的一种特殊形式的两个副本，其暴力犯罪的可能性是没有这种基因形式或只有一个副本的男孩的两倍。一些研究者发现，超过一半的犯罪倾向有遗传性（例如，Fisell et al.，2012）。可以肯定的是，某些人格特征，如脾气，是受基因影响的，因此孩子可能会有表现不良的倾向。如果父母不知道如何应对，青少年就可能会产生心理障碍。

高水平的睾丸素和低水平的血清素也与攻击行为有关（Flannery et al.，2003）。还有一些研究将这些化学物质失衡与犯罪活动联系起来。这些化学物质与环境和情境的输入信息共同作用。例如，较低的血清素水平可能会使人不容易感到高兴和满意，从而为破坏性行为打开了大门。

未成年人犯罪团伙

在 20 世纪八九十年代，青少年犯罪团伙成了美国主要的犯罪问题。关于青少年犯罪团伙暴力犯罪的新闻报道频繁出现在大众媒体上，这些犯罪案件的受害者都是随机的。

当下有关青少年犯罪团伙的研究有什么发现呢？根据最近的全国青少年犯罪团伙调查（Egley et al.，2014），美国大约有 30 000 个青少年团伙，总人数高达 850 000。

这个数字比几年前的调查结果要大。大约 30% 的警察局辖区报告了犯罪团伙问题。大约 40% 的犯罪团队在大城市、郊区和小城市里（分别有犯罪团伙的 1/4），乡村地区出现犯罪团伙的可能性最小（National Youth Gang Center，2014）。大量研究发现，典型的犯罪团伙成员是低收入的少数民族青少年男孩。

2012 年，在所有未成年人犯罪团伙成员中，约 45% 是拉美裔，约 1/3 是非洲裔，约 10% 是白人。尽管政府数据显示团伙成员中女性的人数在相当长的一段时间内维持在 7%～8%，但他们报告说有更多的犯罪团伙都有女性成员，全由女性组成的犯罪团伙也更多了。（许多非政府数据显示的女性团伙成员的占比要高得多，估计可能达到 50%（Gover et al.，2009））。由于作为团伙成员令人感到满足且有利可图，因此许多成员长大后也不想退出犯罪团伙，超过 2/3 的团伙成员都是成年人（National Youth Gang Center，2014）。

为什么一些青少年要加入犯罪团伙，而有相同背景的另外一些青少年拒绝加入？一种理论解释说这与自我选择过程有关，只有那些已经出现

内城贫民区的男性构成了最大的街头犯罪团伙，他们出于各种情感和社会性需要加入犯罪团伙，包括陪伴、保护和刺激。

适应问题的青少年才会选择加入犯罪团伙。另一种理论认为，正常的青少年加入犯罪团伙后会被其他成员强迫做出偏差行为。这些理论并不矛盾，这两种假设似乎都是正确的：决定加入犯罪团伙的青少年在开始时感到困扰，但是一旦他们加入，他们的犯罪水平就开始增加。加入犯罪团伙的青少年通常和父母的关系很差，他们还有未解决的民族同一性问题（Duke et al.，1997）。他们通过从事反社会活动来获得金钱、地位和认可，与犯罪团伙的同伴形成联系、保护自己。

尽管情况在渐渐改变，但人们仍然普遍接受的一点是，加入犯罪团伙的人主要是男性。当女孩加入犯罪团伙后，她们或多或少地处于边缘地位。女孩在加入或离开犯罪团伙时的年龄都小于男孩。女性团伙成员不大可能像男性成员那样从事暴力犯罪活动以及被拘捕，但是她们也可能参与犯罪活动（Egley et al.，2006）。此外，她们扮演的角色之一是男性团伙成员的性伙伴。

那些青少年犯罪团伙成员比其他青少年更有可能去偷窃、攻击他人、携带武器和杀人（例如，Esbensen et al.，2010）。犯罪团伙成员也更有可能有不安全的性活动（King et al.，2013）、使用药物（Hoffman et al.，2014）、参与性侵犯（Gover et al.，2009）以及被杀害（Papachristos，2009）。对一些青少年而言，加入犯罪团伙是他们为改善生活做的最后一搏，结果却适得其反。

未成年人司法制度

每个州都有自己处理未成年人犯罪的程序，尽管各州的程序各自不同，但是所有处理系统都由三个不同的实体组成：警方、未成年人法庭、矫治系统。

青少年第一次接触的少年司法系统是当地警察局。（父母、受害者和学校员工等的行动使少量青少年进入法庭的注意范围。）警方负责维护和执行法律，在对案件进行审查后可能会将案件交给法庭。当发现青少年出现违法行为后，警方可以采取下述行动中的任何一种。

1. 忽略违法行为。

2. 给予警告后允许青少年离开。

3. 将问题报告给违法者的父母。

4. 将案件转交给学校、社会福利机构、诊所、咨询中心或指导中心。

5. 拘留问话，或由主管少年犯罪的警官训诫。

6. 调查之后，逮捕违法者，将案件移交给未成年人法庭。

如果被逮捕等待审判，该未成年人可能会被保释或无保释放，或者待在专门的拘留中心。

在整个过程开始的时候，警察行使了大量的酌处权，这可能会产生偏见和不一致。一些警察在执行法律时是不一致的。一个警察可能会逮捕那些来自城镇"不好的区域"或有色皮肤的青少年，但可能会释放来自富裕家庭或穿戴整洁的青少年。有些警察比另一些警察更严厉地对待青少年。一些违法的青少年仇恨警察的原因之一是，他们觉得自己受到了不公平和歧视性的对待或骚扰。

许多社区聘用专门处理青少年问题的警官，这些警官所做的远远超过了其执法职能，他们努力协助青少年和他们的家庭解决问题，他们还赞助男孩和女孩俱乐部，提供关于远离毒品的教育，在当地学校进行安全教育。

一些大城市设有独立的少年局，少年局一般有以下四个基本功能。

1. 保护未成年人。
2. 阻止未成年人犯罪。
3. 调查青少年违法的案件，或青少年在成年人犯罪时提供协助的案件。
4. 处置青少年案件。

未成年人法庭

即使未成年人案件在未成年人法庭候审，也可能有几种不同的结果。

第一，案件可能会被驳回（例如缺少证据）。

第二，案件可能会被非正式地移交给私人听证会。这些私人听证会通常是在法官室进行的。法官可以允许未成年人不受惩罚就离开，或向他提出一些他在一段时间内必须遵守的条件或规则。这些条件通常包括遵守宵禁令、按时上学、见咨询师以及补偿受害者。如果青少年能同意并遵循这些要求，那么一切都会变得顺利，否则就会重新开启这一案件，法官将会用第三个选择，正式的未成年人法庭听证会。（当然，对于一些案件，法官会立即安排正式听证会。）最好的未成年人法庭系统聘用有未成年人法庭专业资格的法官，他们不仅理解法律，也理解儿童心理学和社会问题。

很多州还有第四个选择：案件可能会被移交给成人刑事法庭。只有当罪行极度暴力或该未成年人是惯犯的时候，才会发生这种情况。

在有些州，当未成年人犯罪涉及严重暴力时，案件会直接被移交成人刑事法庭。

💡 研究热点

改变未成年人法庭的案件

在 20 世纪以前，司法系统同等对待青少年与成人。如果被逮捕，他们就将在成人法庭受审，如果被判刑，他们就要去成人监狱坐牢。在 20 世纪之交，改革者成功改变了这个规定。他们认为未成年人能够并且应该被改造，而不是被惩罚。他们声称法院应该承担**国家亲权**（parens patriae）的责任，并以让儿童的最大利益化为准则采取行动。虽然这是一个高尚的意图，但在实践中，这意味着青少年将会得到不一致的对待，而且他们的宪法权利常常会受到侵犯。

改变司法系统的案件与一个 15 岁男孩有关，这个男孩叫杰拉尔德·高尔特。1964 年，杰拉尔德在邻居投诉他打猥亵电话之后被警察逮捕并拘留，警察在拘捕杰拉尔德之前没有通知他的父母。无论是杰拉尔德的父亲还是原告都没有出席听证会。证人没有宣誓，诉讼过程中没有质证，也没有正式记录。法官下令将杰拉尔德送到少年感化中心，判处 6 年刑期，杰拉尔德一直被关押到他 21 岁生日。而一个犯下相同罪行的成年人所面临的最高刑罚是罚款 50 美元，监禁两个月。

该案件被上诉至亚利桑那州最高法庭，但上诉被驳回。当 1967 年，这一案件被递交给美国最高法庭时，法庭以 5 比 4 的裁决支持杰拉尔德。法院宣布，根据《人权法案》和美国宪法第十四条修正案，未成年人享有走正当程序的权利。从那时起，虽然未成年人法庭仍然独立于成人法庭，但是未成年人被确保享有和成年人相同的司法权，例如，他们有权请律师，可以质证证人，他们不能被强迫认罪。

矫治系统

大多数被送上法庭的未成年人，特别是那些第一次被指控的青少年，一般会被判处缓刑，和/或责令其寻求适当的医疗、心理或者社会服务机构的帮助。法庭的目的不只是惩罚，而是要确保恰当地对待少年犯，让他们回归正常的生活。因此，法官往往会在深思熟虑之后做出最佳的处理。

矫治过程的支柱是缓刑制度。缓刑制度使未成年人处于缓刑监督官的照顾之下，青少年要对监督官进行汇报，监督官要努力规范和引导他们的行为。大约2/3的少年犯都会被处以缓刑（Egley et al., 2014）。

完全建立在惩罚威胁基础上的缓刑改造的效果并不好，所以大多数被判处缓刑的青少年也需要参加心理咨询并对受害者做出赔偿。研究表明，缓刑期少年犯具有较低的重新被捕率，而且一般比被拘留的少年犯表现更好（例如，Ryan et al., 2014）。然而，出现这种情况的部分原因是，犯罪情节恶劣的少年犯被改造的可能性很小，他们一开始就不会被判缓刑。

你想知道吗

通常会怎样对待因违反法律而被捕的青少年呢

当警察抓到有违法行为的青少年时，通常会在给予警告或联系他的父母或学校管理人员之后让他离开。最常见的是，青少年会被送到未成年人法庭。未成年人法庭可能会决定释放他们（例如，如果他们觉得没有足够证据起诉），或用非正式的方法处理案件，或者起诉。未成年人通常不会被送到刑事司法系统。如果未成年人被审判并被判有罪，那么最可能的结果是缓刑。

💡 对已定罪的少年犯的处置

根据犯罪的严重程度、以往的犯罪记录、法官的偏好等，被定罪的少年犯必须承担某种后果。如前所述，缓刑是最可能的结果。但还有其他几种可能。在此我们只对咨询和治疗进行讨论。

咨询和治疗

咨询和治疗，不论是个体的还是团体的，都是治疗和矫正青少年罪犯方案的重要组成部分。一对一的个体治疗较为耗时，专业人士太少而少年犯太多，但它是有效的。有些治疗师认为团体治疗比个体治疗起作用更快，因为在团体中，少年犯的焦虑和防御水平比较低。团体疗法有时会同时针对少年犯和他们的父母，在这种情况下，团体疗法有些类似于家庭治疗。当家庭因素是引起未成年人犯罪的主要原因时，家长的参与对矫正家庭状态尤其重要。

对感化中心的批评　感化中心和矫治机构常常经费不足，他们缺少足够的设施或人员来为青少年提供适当的监控和照顾。在感化中心，青少年遭受身体攻击、性侵和抢劫的风险很高。（这种风险的程度因他们的年龄、性别、监禁时间、机构规模的差异而有所不同。例如，在感化中心度过18～24个月的青少年中，有1/4的人将成为暴力行为的目标

（Egley et al.，2014））。它们会对青少年的药物使用和自杀倾向进行常规筛查，为有需要的人提供支持服务。大部分感化中心都会提供高中教育和 GED 培训。

对这些矫治机构的一个批评是，一旦这些青少年获准离开，回到社区，他们通常又会受到与以前相同的影响，面对当初导致他们进感化中心的问题。因此，建议为他们准备过渡住所和儿童之家，青少年可以在那里居住，从那里出发去上学或工作。用这种方法，对青少年的控制可以持续到他们学会自我引导。最重要的需求之一是帮助这些青少年就业。

恢复性司法运动

在过去的 30 年里，青少年司法的一个新路径——**恢复性司法**（restorative justice）得到了迅猛发展。这种方法力图平衡受害人（补偿和面对）、社区（安全和保护）和少年犯（用学习技能代替犯罪）的需求。可以肯定的是，违法者要为他们的罪行负责，他们要认识到他们给他人带来的伤害，为自己造成的伤害负责任，并弥补他们所带来的伤害。理论上，与受害者见面，对受害者做出补偿，有受教育、咨询和社区服务的机会，不仅会使这些少年犯在道德上变得更加成熟，而且会让他们产生融入社区的感觉，拥有成为社区的一分子的愿望和技能（Okimoto et al.，2009）。

越来越多的研究发现恢复性司法减少了重新犯罪率。例如，麦加瑞尔和希普尔（2007）发现，两年以后，参加恢复性司法行动的青少年比其他少年犯再次犯法的可能性要低。另一个例子：新西兰在 1989 年将恢复性司法作为处理未成年人犯罪的主要方法，结果未成年人犯罪减少了 67%（Mulligan，2009）。此外，还有几项研究表明，与传统的处理方式相比，用恢复性司法范式来处理伤害事件时，受害者感觉会更好，满意度更高（例如，Calhoun，2013）。因为它的成功，现在有 32 个州在其刑法中明确表明支持恢复性司法（Silva & Lambert，2015）。

恢复性司法的做法也受到了社会的批评（见 Cullen & Wright，2002）。例如，目前还不清楚在严重犯罪的情况下如何使用这种方法，例如在强奸或谋杀这样的案件中，受害者也许不愿意面对罪犯。而且，如果违法者承诺进行合作，然后并不合作，应该怎么办？如果他完成了恢复性司法的程序，然后又做出犯罪行为，该怎么办？到目前为止，关于恢复性司法有效性的研究没有得到一致的结论，我们需要更多的时间来判断恢复性司法是否比其他方法更有效。

> **你想知道吗**
>
> ### 为了减少未成年人犯罪，我们能够做些什么
>
> 包括使未成年人学习生活技能，给未来创造希望，给未成年人提供导师，向未成年人灌输亲社会价值观的方案能够也确实减少了未成年人犯罪。

| 第15章 |
CHAPTER 15

物质滥用、成瘾和依赖

本章的重点是青少年面临的主要健康问题：药物滥用。之所以选择这一特殊的问题，是因为它在青少年生活中出现的频率及其重要性。药物滥用被认为是与青少年相关的最大的社会健康问题，它与青少年犯罪及其他高风险行为也存在显著相关。在本章中，我们将讨论这个主题，并回答几个问题：最常被滥用的药物有哪些？药物滥用是否被高估了？什么人在滥用药物？出于什么原因？

除非法药物外，很多青少年还滥用处方药、吸烟和喝酒。我们可以做些什么来防止这些行为发生呢？这些行为会带来哪些有害的后果？鉴于烟草和酒精的使用是如此普遍，本章将分别用单独的一节对它们进行论述。首先，我们需要区分药物使用和药物滥用。

药物使用和药物滥用

事实上，大多数人总是在使用药物：当我们头疼时，我们会服用两片阿司匹林，会使用减充血剂来缓解鼻塞。实际上，所有药物都可能被滥用，如果服用的量足够多，那么阿司匹林也会致死。我们怎样区分药物使用和药物滥用呢？

没有单一的、绝对的方法可以将二者区分开来，但从常识上看，当符合以下两个标准时，药物使用可以被界定为药物滥用：

● 药物使用带来消极后果的风险显著增加。
● 服用药物以某种方式妨碍了个体的日常职责和成就。

不幸的是，根据所使用药物的性质不同，第一个条件很容易达到，要达到第二个条件通常需要更大的剂量和更频繁地使用药物。

说实话，大多数尝试使用药物的青少年不会被长期的负面后果砸中，然而，问题是我们不知道自己什么时候会成为那些少数人中的一个。例如，很少有人第一次尝试可卡因就心脏病发作，或者更常见一些的，一个人酒后驾车造成严重车祸。同样，没有人在尝试一种药物之前就知道自己是否容易上瘾和形成依赖。除此之外，青少年使用的大多数药物都是非法持有的。因此，任何尝试这些药物的青少年都有可能被逮捕、罚款、缓刑，甚至坐牢。

在很多方面，使用药物就像玩俄罗斯转盘：如果 8 个弹膛中只有一颗子弹，那么你安全的概率是比较大的，但是如果你运气不好，后果将会很严重，甚至是致命的。

研究热点

物质使用障碍的完整诊断标准

心理学家和精神科医生的"圣经"——《精神障碍诊断与统计手册》（DSM）在 2013 年被再次修订（American Psychiatric Association，2013），这本书是用来指导诊断心理障碍的正式指南，其中包括关于物质使用的一节。

物质使用障碍的诊断标准可以总结为以下几方面。

- 必须出现有问题的使用模式，个体在过去的一年里至少表现出下列两个症状：
  - 常常摄入较大剂量的该物质。
  - 个体经常有停止使用这种药物的欲望，尝试戒除但没成功。
- 花大量时间获得该物质以及从药效中恢复。
- 强烈渴望摄入药物。
- 因为药物使用而反复出现不能履行承诺的情况（如误工或逃课）。
- 尽管因为使用药物经历了社会问题或关系问题，但仍然继续使用。
- 为了能够使用药物而放弃社会或娱乐性活动。
- 在发现使用药物会带来危险时，仍然会使用它（如开车时）。
- 尽管知道药物正在给自己带来问题，但仍然继续使用。
- 耐受性增加。
- 出现戒断症状。

如果同时有两个或三个症状，是比较轻微的物质使用障碍。如果同时有四五个症状，是中度的物质使用障碍。如果有六个或更多症状，是重度的物质使用障碍。根据个人使用的药物不同，DSM-5 列出了很多不同的物质使用障碍（如酒精使用障碍、大麻使用障碍等）。

生理成瘾和心理依赖

继续使用药物的个体都冒着产生生理成瘾或心理依赖的风险。个体之所以会对某种药物产生生理成瘾，是因为个体的身体产生了对这种药物的生理需求，以至于突然停药时会出现戒断症状，如恶心、疼痛，甚至癫痫。一般而言，精神类药物通过影响神经递质对神经细胞之间的联系起作用：它们能加强或削弱神经递质的影响。由于影响的神经递质不同以及影响效果不同（加强或削弱），神经细胞可能会产生比平时更多的动作电位，或在不应产生动作电位时产生动作电位，或不能产生或只产生微弱的动作电位。

心理依赖是一种持续的、有时候极其强烈的对药物的心理需求，会导致个体产生想要服用药物的冲动。强烈的心理依赖可能比单纯的生理成瘾更难克服，尤其是在个体变得非常依赖药物，感到离开了它就不能正常生活的情况下。例如，对海洛因的生理成瘾可以在几周之内戒除，但是个体会因为心理依赖重新吸食海洛因。因此，认为只有使生理成瘾的药物才算得上危险药物的想法是错误的。

有生理成瘾或心理依赖的个体会发现药物使用干扰了他的日常生活，他可能会逃学、旷课或成绩很差，甚至那些没有生理成瘾或心理依赖的个体，在宿醉或者服用药物后，如果在第二天感到头晕，他们也会这样做。

药物使用的模式和强度

根据服用药物的动机，可以将大多数药物使用分成五类：试验性用药、社会性－娱乐性用药、偶然性－情境性用药、高强度用药、强迫性用药。

🧠 药物使用的动机

由于个性与生活环境不同，因此个体使用药物的原因有所不同。有些原因是相对良性的，而其他一些原因更有可能将个体置于成瘾的风险中。在此，我们只对试验性用药进行讨论。

试验性用药

短期的、对一种或多种药物进行尝试性的使用。个体主要被好奇心或想要体验新感觉的欲望驱使。

> **你想知道吗**
>
> **不同类型的药物使用者分别会承担什么级别的风险**
>
> 显然，从试验性用药到强迫性用药，风险随着药物使用程度的增加而增加。随着药物使用的频率和强度提高，个体所面临的问题的本质和程度也随之增大。强迫性用药者面临的问题最为严重。

药物的类型

最常见的药物可以分为四类：麻醉剂、兴奋剂、镇静剂、致幻剂（见图 15-1），有些药物结合了这几类的特点。麻醉剂通过模仿身体自然产生的内啡肽引起愉悦感。兴奋剂能活跃中枢神经系统。镇静剂能减弱中枢神经系统的功能。致幻剂能引起知觉错乱。

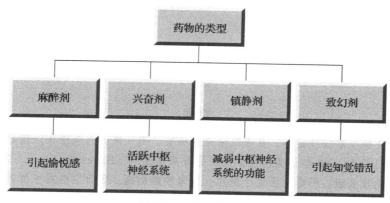

图 15-1 药物的类型

麻醉剂

麻醉剂的原理是模仿内源性内啡肽，这是一种身体自然产生的化学物质，可以减轻疼痛感。（事实上，"Narcotic（麻醉剂）"一词源于希腊语，意为"使失去知觉"。）鸦片是从罂粟未成熟的种子荚的汁液中提取的一种黑色黏性物质。罂粟非常容易种植，因此鸦片自古代就开始被用作止痛药。鸦片通常是口服或鼻嗅，即用加热后吸入蒸气的方式摄入。所有麻醉剂都是鸦片的提取物或其模拟物质。所有麻醉剂都是容易成瘾的，经常吸食者如果停止吸食，就会出现严重的戒断反应。

使用吗啡和海洛因对生理的影响

使用吗啡和海洛因会带来严重的后果。长期使用这两种物质会引起脑白质的变化（Li et al., 2013），导致很多生理变化。通常，成瘾者会没有食欲，从而导致体重骤减和严重营养不良。他们忽视了自身的健康：遭受着慢性疲劳，身体衰弱，性兴趣和性行为也有所下降。成瘾者也极易发生事故，他们可能会经常摔倒、溺亡，甚至会由于吸烟时沉睡而烧伤自己。他们会失去进行日常生活的意志力，也很少关注自己的外表，他们整个生活的中心就是得到供下一次吸食的毒品。

它们是所有药物中最容易令人成瘾的。使用者很快就会产生耐受性（对于相同剂量的药物反应降低）以及生理和心理的依赖，因此必须逐渐增加剂量。由于已经完全形成依赖性，而且海洛因价格昂贵（成瘾者每天需花费几百美元），很多成瘾者开始犯罪或卖淫以满足其吸食海洛因的习惯。一旦停药，6～8 小时之内成瘾者就会出现戒断症状。第一组症状是流眼泪、流鼻涕、打呵欠、流汗、瞳孔扩散、皮肤上出现鸡皮疙瘩（"冷火鸡"的说法就源于此）。24 小时之内，成瘾者腿部和后背肌肉开始抽筋、腹部绞痛，出现剧烈的肌肉痉挛、呕吐、腹泻等。人们用"踢开毒瘾"表示戒除海洛因，这一说法就源于在戒断期间成瘾者会出现肌肉痉挛的现象。原来被压抑的身体机能，如呼吸、血压、体温以及新陈代谢，现在都变得亢奋。这些症状在第一天或前两天内达到顶峰，然后在一周或几周之内渐渐被消除（NIDA, 2014a）。此外，如果海洛因成瘾的女性怀孕，那她分娩的婴儿也会出现药物成瘾情况或因药物中毒变成死胎。

🔅 鸦片的衍生物

麻醉剂类药物主要包括鸦片及其衍生物，如吗啡、海洛因和可卡因。在此，只对吗啡进行讨论。

吗啡

吗啡，鸦片的主要活性成分，是提取出来的味苦、无气味的白色粉末。鸦片中吗啡的含量约为 10%。吗啡是在 1804 年由德国化学家首先分离出来的（Hayes & Gilbert, 2009），最开始时被用于治疗鸦片成瘾。吗啡主要用于医疗，用来缓解剧痛，因为它会对中枢神经系统产生抑制效应。成瘾者将其称为 "M"，"维生素 M" 或 "Morpho"。吗啡粉末可以吸入，但是使用者通常会将其与水混合，用注射器进行皮下注射（皮下注射麻醉品）。为了发挥其最大效用，使用者通常直接将其注射进血管（静脉注射）。

因为治疗海洛因成瘾的预后效果不佳，所以现在医学上采用两种比较安全的药物作为替代。这些药物（美沙酮和丁丙诺啡）可以阻断成瘾者对海洛因的渴望以及它造成的影响，结果大多数成瘾者不再有持续获得海洛因的欲望。美沙酮只能每天去专门的诊所才能获得，丁丙诺啡（加上另一种防止注射的药物）可以在药店凭处方很方便地获得。替代药物使用者不会变得兴奋或昏昏欲睡，各项身体功能维持正常（NIDA, 2014）。研究表明，美沙酮维持疗法获得了极大的成功，大多数定期得到处方剂量的患者都变成了有所作为的公民，重新开始上班或上学，并且没有发生任何与药物有关的监禁（Gossop et al., 2000）。丁丙诺啡的效果似乎更好（例如，Hser, 2014）。尽管这些项目很成功，但是在美国只有一小部分海洛因成瘾者能获得美沙酮（SAMSHA, 2013）。

处方麻醉剂 有少数青少年获取和服用如维柯丁或奥施康定等处方止痛药。维柯丁是一种由氢可酮（半合成鸦片）和对乙酰氨基酚混合而成的止痛药，奥施康定含有一种不同的半合成鸦片类药物，可在普可酮中找到。大约 6% 的高中生承认在过去的一年里非法使用了维柯丁或奥施康定（Johnston et al., 2015）。注意，这个比例高于使用海洛因的人数比例。

兴奋剂

兴奋剂指各种加快中枢神经系统活动的药物，它们使中枢神经活跃而不是镇定。大多数该类药物通过提高去甲肾上腺素水平和 / 或多巴胺水平影响大脑神经元的活动（Bloom, 2008）。多巴胺尤其与愉快的感受有关。可卡因可以引起强烈的愉快感。

在本节，我们将讨论以下几种兴奋剂。

可卡因：产生短期的极度兴奋感和能量，增强警觉性，抑制人的食欲。

安非他命：增加警觉性，改善情绪，使人产生快乐的感觉。

处方兴奋剂：低剂量的处方药可以有效改善患 ADHD 的青少年的注意力集中情况，使他们能够保持安静。当没有患 ADHD 的人摄入大剂量处方兴奋剂时，这些药会产生像安非他命一样的副作用，具有较大的危险性。

　　摇头丸：是一种安非他命，有致幻的效果。

可卡因

　　其中最知名的兴奋剂是可卡因（俗称可可精、雪、安吉等），它是从南美的古柯叶中提取而来的，无气味，呈蓬松的白色粉末状。尽管可卡因很昂贵，但还是有很多青少年和富有的成年人使用它。可卡因会抑制食欲，增强警觉性，其口服效果不明显，因此使用者一般采取鼻嗅或静脉注射法摄入。可卡因使用者要面对的主要不良后果除倾家荡产外，还有紧张、易怒、躁动不安、轻度妄想、筋疲力尽、心智混乱、体重降低、疲惫、抑郁等症状，且鼻黏膜和鼻骨也会有各种不适。使用者在药效起作用期间再次大剂量使用可卡因会导致严重的精神错乱。较大剂量的服用可能会导致头疼、冷汗、呼吸加速、恶心、颤抖、惊厥、知觉丧失，甚至可能会因中风或心脏病发而死亡。心理依赖也是很严重的，戒断时会出现严重的抑郁，似乎只有可卡因才是缓解抑郁的唯一办法（NIDA，2013）。可卡因成瘾者中最著名的人物是西格蒙德·弗洛伊德，他使用这种药物很多年（Markel，2011）。

　　幸运的是，在过去的 15 年里，使用可卡因的青少年的比例一直在持续下降。现在大约 2.5% 的高中毕业班学生自我报告说自己在过去的一年里使用过可卡因（粉末形式），大约 2% 的 8 ～ 10 年级学生报告说自己过去的一年中使用过可卡因（Johnson et. al.，2015）。

　　把可卡因与氨水或碳酸氢钠放在一起加热可以得到"快克"或"石头"，即一种可以烟吸的药物。（"快克"这一名字来源于可卡因加热的时候产生的噼啪声，"石头"这一名字是因为其大块的晶体结构。）与摄入可卡因粉末相比，烟吸快克会产生更加强烈的快感，但快感持续的时间较短。快克是最容易上瘾的药物之一，它带来的感觉是如此强烈，以至于吸食者会很快对它产生极度的渴望。这种渴望极其强烈，以至于吸食者会通过盗窃、欺骗，甚至暴力去获得它。快克会对健康产生严重的影响，因为它对大脑的神经递质具有破坏性的作用，而且对心脏和其他器官也会产生强烈的刺激作用。快克青少年使用者很可能会有较差的成绩、抑郁、疏远家人和朋友（Ringwalt & Palmer，1989）。在青少年中间，快克的使用没有可卡因普遍，目前高中生吸食快克的比例低于 2%（Johnston et. al.，2015）。

安非他命

　　安非他命也是一种兴奋剂，包括中枢神经刺激剂和哌甲酯等药物。医学上常用这些药物治疗肥胖症、轻度抑郁症、疲劳，还有其他一些病症（如鼻塞）。这些药物通常是片剂或胶囊的形式，需口服。因为它们是兴奋剂，所以也能增加警觉性，改善情绪，并使人产生快乐的感觉。大剂量使用会导致血压暂时上升、心悸、头痛、头晕、出汗、腹泻、脸色苍白、瞳孔扩张、血管运动紊乱、情绪激动、神志不清、忧虑或谵妄。低剂量使用安他非命，使用者不会产生身体依赖，但是他们很快会出现继续服用该药物的心理需求，并会随着耐药性的增强要求更大的剂量。停用该药物后，使用者会感到抑郁和疲惫，因为它带来的快感太过诱人，再加上停药后的心理低潮让人感到抑郁，所以使用者会迅速出现心理依赖。重度使用者，尤其是那些将药物注射进血管的人，通常需要入院治疗。还有一些使用者会吞咽整把药片。这些做法最终会导致安非他命精神障碍，患者会出现幻觉和妄想，变得偏执（Shoptaw et al.，2009）。大约有 9% 的高三学生报告说自己在过去的一年里服用过安非他命（Hohnston et al.，2015）。

　　安非他命的一种，梅太德林，也称甲基苯丙胺（俗称"快快""麦斯"和"粉笔"），尤其危险，因为使用者通常会采用皮下注射或静脉注射的方式，有时候会造成血管破裂甚至死亡，还可能会因为不干净的针头感染破伤风、HIV、梅毒或肝炎。重度使用者可能会出现暴力、偏执行为或怪异的行为，产生生理依赖性。断药之后，使用者会陷入重度抑郁中，在这个时期自杀并不少见。梅太德林的药用原理是刺激多巴胺的释放，在这个过程中，它损害了释放多巴胺和另一种神经递质——血清素的神经元末梢。血清素通常存在于消化道，会影响食欲和情绪。梅太德林可以呈晶体状，又称"冰毒""冰""水晶"或"玻璃"，以吸烟的方式使用。它会对身体产生很多有害影响，如破坏毛细血管和血管，抑制身体的自我修复能力。它还会破坏唾液腺，使人口干，使用者常常会出现"冰毒嘴"，主要症状是严重的牙齿变色、腐烂和脱落。大约 1% 的高三学生报告说自己在过去的一年里使用过梅太德林（Johnston et. al.，2015），这个数据已经多年呈持续下降趋势。

处方兴奋剂

利他林（哌甲酯）、专注达（盐酸哌甲酯控释片）和阿得拉（一种安非他命和右旋安非他命的混合物）也是青少年容易获得的兴奋剂，因为这些药物被广泛应用于儿童和青少年的注意缺陷多动障碍的治疗。当按照处方小剂量服用时，这些药物能够有效地帮助患有注意缺陷多动障碍的青少年集中精力，安静地坐着。当大量服用时，这些药物和其他安非他命一样具有相同的消极作用，而且相当危险。约 9% 的高中生报告说自己在过去的 12 个月里非法使用过安非他命（Joneson et. al.，2015），这一比例要低于大学生。

私人话题

大学生滥用 ADHD 药物

近年来，人们对大学生滥用 ADHD 药物（哌甲酯、阿德拉）的关注在持续增长（例如，Wilens et al.，2008）。很多大学生都非法使用过一两次处方兴奋剂——一项研究发现有 26% 的大学生使用过处方兴奋剂（Bavarian et al.，2013）。其中大多数（70%）是在上大学后开始这么做的。与之相关的是，有这些药的处方的大学生把自己的药送给或卖给朋友的比例是相当惊人的：一个美国样本中高达 63% 的人这么做过（Garnier et al.，2010），一个澳大利亚样本中有超过 2/3 的学生这么做过（Kaye et al.，2014）。

大多数学生非法使用 ADHD 药物，似乎是因为他们认为这些药物可以让他们变得更"聪明"、更警醒，可以更好地应对考试和压力（Teter et al.，2006）。这与使用其他药物的人有所不同，后者一般是为了追求娱乐性。此外，大学生认为使用这类药物不会给他们带来任何伤害（McCabe & West，2013），但实际上并非如此。

哪些学生最有可能非法使用阿得拉或哌甲酯呢？男大学生比女大学生更可能这么做（Desantis et al.，2008），学业困难的学生比学业成绩好的学生更可能这么做（Rabiner et al.，2009），女生联谊或男生联谊会的成员比独来独往的人更可能这么做（Weyandt et al.，2009），在竞争性高的（比较难进入的）学校的学生比在竞争性低的学校学生更可能这么做（WcCabe et al.，2005）。白人学生比有色人种学生更经常非法使用这些药物（DuPont et al.，2008）。

显然，虽然这一问题不像酒精滥用和性侵那样严重，但也需要注意。本章将在后面讨论应对这一危机的方法。

摇头丸

自 20 世纪 90 年代中期，摇头丸首次以夜店药物的身份出现之后，人们对摇头丸（也被称为 MDMA、XTC、Molly 或维生素 E）的使用开始提高。摇头丸是一种安非他命，有致幻的效果。它是从甲基苯丙胺中提取出来的，大多数在美国发现的摇头丸都来自荷兰和比利时，通常是不同颜色的片剂形式。这些片剂往往不纯，是甲基苯丙胺、麻黄素和可卡因（所有其他兴奋剂）和迷幻药的混合物。每片摇头丸能够使人产生 4 ~ 6 小时的快感，服药 2 小时之后，兴奋程度达到顶峰（NIDA，2013a；Powell，2003）。

摇头丸的起效原理是使神经递质多巴胺和去甲肾上腺素（同其他兴奋剂一样）以及血清素（同致幻剂一样）的释放量增多。它能够让使用者感到自信心和幸福增加，能量爆发，失去控制。血清素的释放可能带来强烈的对他人的温暖和共情，这是这种药物的标志性特征。在短期内，摇头丸也可导致混乱、抑郁、失眠、焦虑和偏执。使用者的血压和心率也会大幅增高，他们可能会恶心、头晕、视力模糊。摇头丸一个特别危险的功效是，它会破坏人体调节温度的能力，致使体温可能上升到一个不利于健康的水平。由于它可以杀死脑细胞，因此，接触摇头丸的非人类灵长类动物会产生学习和记忆障碍，甚至几年之后这种影响依然存在（NIDA，2013a）。摇头丸使用者可以快速成瘾（Stone et al.，2006）。

40% 的高三学生都报告说摇头丸是很容易获得的。幸运的是，这种药物的使用率在 2000 年达到峰值，之后开始下降。2000 年，每年有 9% 的高三学生使用摇头丸，现在这一比例已经低于 4%（Johnson et al.，2015）。

镇静剂

与兴奋剂不同，镇静剂可以削弱中枢神经系统功能。巴比妥类药物、安定药、吸入药和酒精都属于镇静剂，因为它们都能减缓心率和呼吸频率，大剂量服用会致人死亡。

💡 镇静剂的类型

我们将讨论以下三种镇静剂：巴比妥、吸入剂、迷奸药。在此，只对迷奸药进行讨论。

迷奸药

有几种镇静剂现在被用作迷奸药，洛喜普诺（"如飞"）和 GHB（γ- 羟基丁酸）与酒精混合时，能够导致使用者麻木、昏迷，甚至死亡。因为这些药物无色、无气味、无味，因此很容易在女性不知情的情况下被投入到饮品中，最后导致她们遭受性侵犯。在有关强奸和死亡的报道刺激之下，1996 年，美国国会通过了《药物诱发强奸预防和惩治法案》，该法案加重了使用任何管制药物辅助实施性侵犯的刑事处罚（NIDA，1999a）。洛喜普诺和 GHB 与其他镇静剂一样，是通过提高大脑里的 γ- 氨基丁酸水平起作用的。洛喜普诺、GHB、摇头丸和氯胺酮都被称作夜店药物，氯胺酮（维生素 K、K 粉）是兽医经常使用的一种麻醉剂，可以通过注射或鼻嗅摄入。它能引起超然的感觉和轻度的幻觉，它是通过刺激大脑中的 N- 甲基 -D- 天冬氨酸受体起作用的（NIDA，

2014b）。使用这些药物的高中生比例较低，每种药物都不高于 1.5%（Johnston et al., 2015）。

致幻剂

致幻剂也称迷幻药，包含的药物范围较广，包括作用于中枢神经系统以改变人的知觉和意识状态的多种药物。使用最广泛、最温和的致幻剂是大麻。另一个广为人知的致幻剂是 LSD（麦角酸二乙基酰胺），是必须在实验室中合成的药物，其他致幻剂有佩奥特、麦司卡林（从佩奥特仙人掌植株中提取而来）和裸头草碱（源于一种蘑菇）。致幻剂会引起知觉错乱，因为它们与神经递质血清素的化学组成相似。当个体服用这些药物时，参与感觉和知觉的脑区会被激活。

每一种合成物都会对服食者产生独特的作用效果。一般而言，这些药物会产生不可预料的后果，例如对颜色、声音、时间和速度的感知出现混乱，最常见的感觉混乱是"听到"某种颜色或"看见"某种声音的感觉。有些人会经历一种非常可怕的"迷幻旅程"，特点是极度的惊慌和恐惧。大多数经历过"迷幻旅程"的个体报告说他们没有任何人可以求助，自己再也无法控制自己的知觉，或者害怕药物已经摧毁了自己，药物使用者会出现自杀、暴力侵犯和谋杀等行为，因精神错乱入院就医。（一个例子是居住在作者楼下的一个大学生在自己身上点火，因为他认为自己不会因此而受伤。最后他死了。）

LSD

LSD 是效力最大的致幻剂，是从菌类中提取出来的，最早出现于 1938 年。它以多种形式售卖，最常见的是片状或被小剂量的 LSD 浸泡过的方格纸，纯度和剂量各不相同，效果也各不相同。LSD 是一种见效慢但药效持久的药物，它的药效一般在服用 30 ～ 90 分钟之后显现，"迷幻旅程"会持续 8 ～ 16 个小时。LSD 最大的一个问题是药效重现，也就是在没有再服用的情况下，迷幻感觉会在后来再次出现。药效重现常见于重度使用者身上，但不仅限于重度使用者。当储存在脂肪细胞里的 LSD 进入血液时，就会发生药效重现。LSD 使用者容易产生心理依赖而不是生理依赖。2015 年，约 3% 的高中毕业班学生报告说自己在过去的一年里至少使用过一次 LSD，这一比例自从 2000 年以来基本保持稳定（Johnson et al., 2015）。

大麻

到目前为止，在美国，大麻是使用最为广泛的非法药物。大约 2000 万美国人报告说自己在过去的一个月里使用过大麻（SAMSHA, 2014），在 25 岁以上的美国成年人当中，50% 的人报告说自己至少使用过一次大麻（NIDA, 2014），40% 的高中毕业班学生和 30% 的 8 年级学生报告说自己在过去的一年里使用过大麻（Johnson et al., 2009）。

大麻由干燥的野生大麻叶制成，这种植物耐寒，非常有用，几乎可以在世界上任何国家生长，有牢固的纤维，可以用来织布、制作帆布和绳索等，它的油可以用来做速干油漆底料。出于这些原因，美国农民种植了大麻，第二次世界大战期间，联邦政府批准美国南方和西部种植大麻。最常见的使用大麻的方法是将大麻做成雪茄的形状，称为"大麻烟"，可以通过烟管或水烟管吸食。近些年来，大麻已经被直接制成了"雪茄"。

大麻的主要活性成分是 δ -9- 四氢大麻酚，通常简称为 THC，大麻中 THC 的含量取决于大麻的种类和种植条件。1980 年，"街头大麻" 中 THC 的含量罕见地超过了 4%。近年来，出现了新的大麻制品，其 THC 的含量达到了 15%（NIDA，2014b）。与原来效力较弱的大麻制品相比，这些大麻制品对使用者的影响更为显著。大麻植株不同部位的 THC 的含量也各不相同，其中茎部、根部和大麻籽中的 THC 含量非常少，花和叶子中的 THC 含量较多。印度大麻是从花的顶部和小叶子中提炼出来的，THC 的含量高；大麻麻醉剂是从未受粉的雌性花朵树脂中提炼出来的，THC 含量可高达 28%；大麻油，是树脂的浓缩，THC 含量最高可达 43%，一般 THC 含量为 16%（NIDA，2014c）。THC 可以与大麻素受体相结合，从而影响脑活动。大麻素受体被发现主要存在于负责协调运动，整合感觉信息，使人集中注意以及产生快乐的脑区。

大麻的影响　大麻会产生哪些影响？吸食大麻的人会体验到快感和放松的状态。他们常常感到他们的感觉器官处于超控状态：色彩更明亮，味觉更强烈。他们的时间知觉也是扭曲的，时间似乎慢了下来，或者快得不同寻常。很多个体会吃零食，或者感觉饥饿感增强。

人们对大麻的耐受性已经得到了充分证明。最新研究发现，与以前的观点不同的是，大约 10% 的大麻使用者会出现生理成瘾。如果一个人每天吸食大麻，那他出现生理成瘾的可能会上升到 25% ~ 50%（NIDA，2014b）。戒断症状包括易怒、食欲下降、睡眠障碍、发汗、呕吐、颤抖、腹泻等。持续吸食大麻一段时间会使人形成心理依赖，长期大麻吸食者很难消除心理依赖。

大麻常常会引起心率和血压的增加，降低血液运输氧的能力（Thomas et al.，2014）。由于大麻对血管产生的作用，吸食者的眼睛往往会变红。大麻烟会刺激肺，引起咳嗽，提高支气管炎的发病率（Tashkin，2013）。尽管还没有明确的联系，但人们担心大麻对肺的刺激可能会提高人们患肺癌的可能性。

大麻还会损伤海马体的功能（海马体是一个负责学习、记忆和动机的脑区）。因此，大麻重度使用者会记忆力衰退（例如，Solowij et al.，2002），做出不太好的、有风险的决策（Whitlow，2004）。孕妇产前接触大麻会导致孩子记忆力较差，学习能力受损（Warner et al.，2014）。

研究还表明，大麻重度使用者的生殖功能可能会受损，长期使用大麻会减少精子数量，降低精子活力（Fronczak et al.，2012）。同样，大麻也可能会影响女性的生育能力。这些初步的发现也许对那些生育能力较差的人来说有重要意义。此外，还有大量研究表明，孕妇在怀孕期间使用大麻会影响胎儿发育。一项研究发现，怀孕期间吸食大麻的母亲所生婴儿的哭声和知觉反应不正

在一些青少年中，大麻很受欢迎，尽管它不会像其他药物那样立即产生破坏性的作用，但是长期大剂量服用大麻也会导致负面影响，如心理依赖、对肺的内壁造成伤害、损坏免疫系统。

常（例如，de Moraes Barros et al.，2008）。甚至在学龄前和小学阶段，这些儿童也比其他儿童更有可能表现出问题行为（Goldschmidt et al.，2000）。

鼠尾草

鼠尾草是一种新出现的毒品。它是一种草药，属于薄荷科。使用者可以咀嚼新鲜的鼠尾草叶子，或者抽干叶子制成的烟，还可以用叶子泡水喝。尽管它是一种致幻剂，但它不是通过影响血清素受体起作用的，而是通过激活一个特定类型的鸦片受体起作用的（与海洛因或吗啡对大脑的影响相似）（NIDA，2013b）。鼠尾草能使人产生短暂但强烈的视觉感和情绪变化以及超然的感觉。这种效应来得很快，吸食几秒后就会出现。它似乎不会成瘾。尽管有一些州（如俄亥俄州、特拉华州、路易斯安那州）禁止使用鼠尾草，但目前联邦法律没有禁止人们持有它。目前，还没有青少年使用鼠尾草的情况的数据。

复习：药物的主要类型

药物有哪些主要类型

选项

＿＿＿＿＿＿＿ 通过模仿自然生成的内啡肽而引起精神的愉悦	• 麻醉剂
＿＿＿＿＿＿＿ 可以活跃中枢神经系统	• 镇静剂
＿＿＿＿＿＿＿ 减弱中枢神经系统的机能	• 致幻剂
＿＿＿＿＿＿＿ 引起知觉错乱	• 兴奋剂

研究热点

大麻的法律地位

自 20 世纪初开始，在美国拥有大麻是非法的，但近年的状况正在发生变化。关于大麻使用的法律是复杂的，正在快速变化着，在本书写作的时候（2017 年），超过一半的州或将持有大麻不再视为犯罪（持有大麻是违法而不是犯罪），或将成人少量持有及娱乐性使用大麻合法化，将因医疗目的使用大麻合法化。同时，拥有和使用大麻是违反联邦法律的，这是一个严格的规定，甚至适用于那些居住在大麻合法化的州的人。联邦政府没有积极追查那些其行为在其所在州为合法的大麻使用者，但政策可能在特朗普的任期期间发生变化。

在 2016 年末，29 个州和哥伦比亚特区已经将因特定医疗目的使用大麻合法化（阿拉斯加州、亚利桑那州、阿肯色州、加利福尼亚州、科罗拉多州、康涅狄格州、特拉华州、佛罗里达州、夏威夷州、伊利诺伊州、路易斯安那州、缅因州、马萨诸塞州、马里兰州、密歇根州、蒙大拿州、内华达州、新罕布什尔州、新泽西州、新墨西哥州、纽约州、北达科他州、俄勒冈州、俄亥俄州、宾夕法尼亚州、罗得岛、佛蒙特州和华盛顿州）。关于一个人持有多少大麻是合法的，大麻使用者可否自己种植大麻，还是必须通过获得许可的渠道来购买大麻，什么情况下大麻可以合法地用于医疗，这些州的规定并不统一。可医用的情况主要包括癌症、慢性疼痛、青光眼、艾滋病、恶心、癫痫。在很多州，医生不会给出大麻的处方，因为这会使他们被联邦政府起诉，他们会"推荐"患者使用大麻。

娱乐性地使用大麻在 6 个州已经不再被视为犯罪，在 8 个州已被合法化（阿拉斯加州、加利福尼亚州、科罗拉多州、缅因州、马萨诸塞州、内华达州、俄勒冈州、华盛顿州）。很多其他州的立法者已经开始了将大麻的娱乐性使用不视为犯罪的法律程序。不过在这些州，拥有大麻仍然是违反联邦法律的。

现在，超过一半的美国人偏向于将大麻合法化，近 40% 的人承认自己偶尔尝试大麻（Swift，2013）。民主党和独立选民比共和党更有可能赞同大麻合法化，年长的选民比年轻的选民支持大麻合法化的可能性低。支持大麻合法化的观点包括：提高税收，节省用于抓捕、起诉和监禁违法者的巨大开支，认为大麻合化法可以削弱街头黑帮和犯罪集团的力量。反对大麻合法化的理由主要包括：认为大麻合法化可能会导致大麻更加容易获得，大麻使用增加会引起其他更危险的药物使用增加，受到大麻伤害的驾驶员增多会造成交通意外死亡率上升，导致更多未成年人使用大麻。

有数据支持其中的一部分观点。例如，安德森等人（2013）发现，在那些允许将大麻用于医疗的州，大麻的价格下降了 10% ~ 26%，这意味着大麻的供应量增多了，大麻更加容易获得了。他们还发现大麻合法化与酒精使用量的下降有联系。似乎年长的青少年和年轻的成年人倾向于用这些药物互相替代。换言之，如果一个人吸食更多大麻，他就会较少饮酒。无论合法与否，酒精都比大麻更危险，大麻合法化似乎使酒精这种更危险的物品的使用量下降了。在某种程度上，人们对更多的交通事故死亡的担忧似乎被证实了：在兴奋的时候开车，碰撞事故增加了 200%（Asbridge et al.，2012）。然而，在血液酒精水平为 0.08 时开车，发生交通事故的风险会上升 400% ~ 2700%（Peck et al.，2008）。避免兴奋或醉酒时开车显然是最好的，但年轻人用大麻来代替酒精，从整体上看也确实更安全了。

大麻合法化是否会导致青少年对大麻的使用增加？已有的数据似乎并没有证实人们的这一担忧。尽管沃尔等人发现，在法律比较宽松的州，对大麻的使用比管控严格的州高，但在任何立法变更之前和之后都是如此（Wall et al.，2011）。而且哈塔普什和哈尔福斯发现，没有证据显示在加利福尼亚州将医疗目的大麻使用合法化后大麻的使用量增加（Khatapoush & Hallfors，2004）。相似地，哈珀等人发现，大麻合法化与 12 ~ 17 岁青少年的大麻使用率小幅下降有联系（Harper et al.，2012）。威廉姆斯在澳大利亚样本中发现，尽管将大麻不再视为犯罪提升了成年男性的大麻使用率，但这对女性和未成年人没有影响（Williams，2004）。

总之，在美国，与大麻使用相关的态度和法律在正发生着变化。尽管还需要时间才能知道大麻合法化的影响，但迄今为止，这些变化似乎对青少年人群几乎没有造成消极影响。

青少年使用药物的总体情况

关于青少年药物使用的研究一致表明，青少年最常使用的药物依次是酒精、烟草和大麻。图 15-2 显示了 1991 ~ 2014 年间，高三学生中长期使用药物的人数百分比。

图 15-2 显示了相同的基本模式：在过去的 25 年里，酒精和烟草的使用量有所下降，非法药品的使用量整体保持稳定，大麻的使用量有所上升。除大麻外的所有其他非法药物的总使用率都低于大麻、酒精和烟草的使用率。在 2010 年，烟草和大麻的趋势线出现了交叉：在这之前吸烟的青少年多于吸食大麻的青少年，在这之后则相反。但这可能不完全是真实的情况，因为大多数青少年转去吸电子烟了，我们稍后会讨论这一问题。

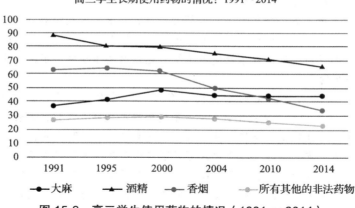

图 15-2　高三学生使用药物的情况（1991～2014）

注：本图显示了 1991～2014 年期间高三学生长期使用药物的频率。

资料来源：Data from Johnston et al., 2015.

一个不太好的趋势是女生药物使用频率的降低比男生少。从历史上看，到 12 年级，男生不仅比女生更有可能使用大多数药物，而且他们更可能大剂量地使用药物。然而这种情况正在改变。现在，8 年级女生使用非法药物的可能性和 8 年级男生一样大，而且她们更可能会使用安非他命和吸入剂。她们到 12 年级时严重饮酒的可能性低于男生，但是在 8 年级时，女生比男生醉酒的可能性高（Johnston et. al.，2015）。

大学生的药物使用情况

大学生是否比高中学生更容易使用药物呢？大学生与高三学生使用非法药物的可能性相近，使用大麻的可能性略高（见图 15-3）。

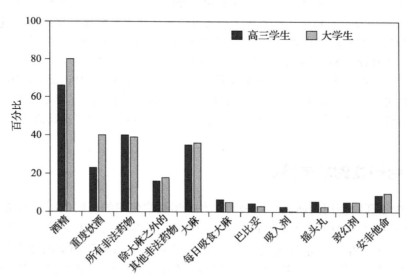

图 15-3　高三学生和大学生药物使用的对比（2014）

资料来源：Data from Johnston et al. (2014a).

这是因为在过去的 25 年里，大学生的药物使用率保持相对稳定，而高中生的药物使用率上升了。高中生每日吸食大麻的可能性比大学生略高，使用巴比妥和吸入剂的可能性也比大学生高。大学生使用摇头丸、饮酒和重度饮酒的可能性都高于高中生（Johnnston et al.，2015a）。从总体上看，那些没有在上学的 19～22 岁的年青成年人的药物使用率比在校的同龄人高，大麻是例外。当前大学生的药物使用率与过去相比有什么变化呢？简而言之，药物使用量一直在下降。20 世纪 70 年代和 20 世纪 80 年代的学生比当今的大学生更多地使用药物，尤其是大麻和可卡因（Johnston et al.，2015a）。所有非法药物的使用量在 20 世纪 90 年代初降到了最低点，后来又缓慢上升，大麻、可卡因、海洛因、安非他命、巴比妥、镇静剂等非法药物的使用情况都是如此。但并不是每种药物都会显示出这种模式，例如吸入剂，吸入剂的使用量自 20 世纪 90 年代初开始逐渐下降。

你想知道吗

青少年最常使用哪种药物

约 1/3 的美国高中毕业班学生报告说自己在过去的 30 天里喝过酒，约 1/8 承认自己在这一时间段内吸食过烟草或大麻。只有一小部分青少年会经常使用其他类型的药物。

使用药物的原因

青少年第一次使用药物的原因是什么？绝大多数人尝试药物是出于好奇，想看看它们是什么样的。如果青少年被药物带来的好处吸引，而没有被潜在的危害吓怕，他们就可能会去尝试。有些青少年第一次尝试药物是因为他们想融入群体，他们不想成为聚会活动中唯一一个不用药物的人。有些青少年尝试药物是因为要逃离生活的无聊感或者追求好玩，也有些人因为想逃避问题。有很多青少年开始使用药物是因为这样做使他们感到自己"长大"了，或者因为这样看起来很酷。还有些青少年将使用药物作为一种反叛、抗议的手段，也是对传统规范和价值观不满的一种表达。

尝试药物的另一个强烈动机是社会压力，青少年想与朋友相似或者成为社会群体的一部分。朋友是否使用药物是决定一个青少年是否使用药物的最重要因素（Hart et al.，2001）。研究表明，使用某种药物的青少年几乎都有使用同种药物的朋友（Dinges ＆ Oetting，1993）。同伴对药物的积极态度（不只是他们的行为）与青少年的药物使用有正相关，不同性别和不同种族的青少年群体都是如此（Mason et al.，2014）。害羞但好交际的青少年比那些不害羞的青少年更有可能使用药物：使用药物成了一种在社交场合让人感觉更舒适的手段（Page，1990）。那些通过药物来逃避紧张、焦虑、问题、现实或弥补个人不足的青少年，比其他人更有可能形成使用药物的习惯（Simons，et. al.，1991）。

还有一些人使用药物的主要动机是获得自我意识，提高对他人的认识，提高对宗教的理解或变得更有创造性。增强的意识感或更强的创造力可能是想象的而不是真实的，但药物使用者可能相信这是真的。这是使用迷幻药的一个强烈动机。

还有一些青少年在很小的时候，还没有使用药物之前，就开始贩卖药物，最终在药物交易和使用之间搭建了一座桥梁。售卖药物显然是为了赚钱，在开始时，赚来的钱也许是用来给自己购买药物的，也许不是（Feigelman et al.，1993）。

青少年的心里话

"我第一次和同伴使用药物发生在初中时期。在 7 年级的时候，我最好的朋友开始抽烟，而且开始尝试喝酒，接下来的两年里，她更加频繁地抽烟和喝酒，并开始吸食大麻。那是一段不可思议的时间，我感觉自己还像小孩子，她却告诉我她这一切疯狂的举动都是和她的其他朋友一起做的。"

"我不认为我可以在 7 年级之前喝酒不被人发现，我朋友的妈妈从来不知道她在哪里或做什么，但是我妈妈知道我在哪里，在做什么。很显然，在那个年龄我就知道影响孩子使用药物的最重要因素是他们有多少无人监管的时间。如果你的父母知道你在哪里，就会赶到那里，将你带回家，你在 12 岁之前就不会有因为醉酒而踉踉跄跄的机会。"

人口统计学差异

如果你让很多中产阶级美国白人想象一个药物使用者的样子，他们会想象这是一个贫穷的，来自城市中心贫民区的黑人青少年。但恰恰相反，非洲裔青少年使用药物的可能性显著低于白人青少年，不论是非法药物的总体使用情况，还是酒精、香烟或大多数具体的非法药物。青春期后期，拉美裔美国人的药物使用情况介于其他两个群体中间。然而，在青春期早期，他们是最有可能使用药物的群体。（目前还不清楚这种变化是否反映了他们较早开始使用药物或者使用者会辍学。）城市青少年并不比郊区或农村青少年更可能使用药物，包括快克和海洛因，在药物使用方面几乎不存在社会经济地位的差异（Johnston et al.，2015）。正如前面提到的，高中生药物使用的性别差异在过去比较大，但现在已经完全消失。

从某种意义上说，所有美国青少年都处于药物使用的危险之中，因为没有人是药物免疫的。然而正如我们将在下面描述的，某些因素可以将试验性使用者、社会性 – 娱乐性使用者与那些药物滥用者区别开来。

研究热点

全球视角下的青少年药物使用

与世界上其他国家或地区相比，美国青少年的药物使用情况如何？哪些药物使用高于常规水平？哪些药物使用低于常规水平？

这些问题可以在 2008 年德根哈特和他的同事（2008）开展的一项研究中找到部分答案。这一研究是世界卫生组织对 17 个国家的物质使用情况进行的调查，包括酒精、可卡因、烟草和大麻的使用。

美国、澳大利亚、欧洲和日本比中东、非洲或中国人饮酒更多。（一部分原因可能是伊斯兰教禁止饮酒。）美国对大麻的使用显著多于除新西兰外的任一国家。美国人使用可卡因的可能性也高于其他国家。在美国呈现的性别差异——男性比女性更多使用药物——适用于全球。与美国一样，在全世界，几乎所有的药物使用都始于青春期中后期，对非法药物的使用开始得稍晚一些。从总体上看，生活富裕的人比贫困的人更有可能使用药物。（这不令人惊讶，因为药物使用需要可支配收入。）最后，一个国家对药物使用的法律制裁的严厉程度与该国的药物使用量无关。与之一致的是，美国的"禁毒战争"从来没有成功降低过药物使用率。

强迫性用药

青少年第一次和继续使用药物的原因常常是不同的。初次使用药物的主要动机是好奇心，这很快就能得到满足。那些继续使用不会致人成瘾的药物，将其作为解决情绪问题手段的人会渐渐产生心理依赖，因为药物已经成为他们寻求安全、舒适或解脱的一种方式（Andrews et al.，1993）。当个体对那些使人生理成瘾的药物（如酒精、巴比妥和海洛因）产生心理依赖，也即心理成瘾时，这种依赖会因为个体想要避免戒断反应带来的痛苦而再次被强化。有些青少年更有可能发展为药物成瘾，例如，那些冲动的或者有很强的感官需求的青少年更容易持续使用药物（Malmberg et al.，2013）。另外，如第 4 章中所述，那些较早进入青春期的青少年比晚熟的青少年更有可能出现药物成瘾问题（Castellanos-Ryan et al.，2013）。

在所有导致药物滥用的危险因素中，家庭因素可能是最重要的。过度使用药物的需求源于孩子成长的家庭（Repetti et al.，2002）。与不使用药物的青少年相比，药物滥用者与他们的父母不太亲近，亲子关系不良，支持性互动较少（Iglesias et al.，2014）。他们更有可能来自父母离婚的家庭（Donovan & Molina，2011），尤其是结构发生多次变化的家庭（Cavanagh，2008）。他们的父母不太可能是权威型父母（Adalbjarnardottir & Hafsteinsson，2001）。药物滥用者的父母更有可能自己本身也使用药物或者纵容孩子滥用药物（Ewing et al.，2015）。此外，他们的父母也很少密切地监管孩子（Svensson，2003）。总之，研究发现，那些滥用药物的青少年和那些有情绪困扰的青少年的家庭关系是相似的。家庭状况的整体效应导致了儿童和青少年的人格问题，而这些人格问题使得他们更可能去使用药物。

另一种家庭因素是遗传易感性：个体对药物成瘾，在一定程度上取决于基因。成瘾易感性的遗传率估计值在 25% ~ 60%，针对不同药物的不同研究得出的结果有所不同（Chassin et al.，2009）。尼古丁成瘾易感性的遗传率尤其高。

其他常被提及（尤其是被家长提及）的青少年滥用药物的原因是同伴的影响。许多研究发现，同伴之间的药物滥用模式呈现显著的正相关。换句话说，药物使用者有和他们一样使用药物的朋友和熟人（Monahan et al.，2014）。而且，他们认为很多同伴是药物使用者这一信念也会鼓励他们这么做（Salvy et al.，2014）。但是，同伴影响有可能因为自我选择效应被夸大了（Bauman & Ennett，1994，1996）。换言之，青少年会选择和自己相似的朋友。因此，如果某个青少年打算使用药物，他或许会找赞同药物使用的朋友。如果他选择远离药物，他就会从远离药物的同伴中选择朋友。家庭关系较为牢固和健康的青少年不太可能去选择滥用药物的朋友（Bahr et al.，1995）。同伴对那些生活极端贫困的青少年的影响更大（McGee，1992）。同伴是个范围很大的词。最好的朋友、亲密的朋友、偶然认识的朋友、熟人、同学、敌人都是同伴。在药物使用方面谁能够产生影响呢？可能都会。个体知觉到的地位高的（受欢迎的）同伴的行为相当重要（Helms et al.，2014），最亲密的朋友也有很大的影响力（Shadur et al.，2014）。最后，同伴群体的态度很大程度上与药物使用相关（Eisenberg et al.，2014）。

有一些因素，如父母的教养风格和贫困，似乎会对青少年男性和女性产生同样的影响（Amaro et al.，2001），另一些影响因素的作用呈现出性别差异。例如，男孩比女孩更容易受到有行为偏差的同伴的影响（Sevensson，2003），女孩更容易被低自尊（Crump et al.，1997）、减肥欲望（French & Perry，1996）、身体或性虐待经历（Sarigiani et al.，1999）影响。

💡 研究热点

药物滥用者的家庭

很多研究描述了家庭因素和药物滥用之间的关系。影响药物滥用的家庭因素部分如下。

青少年与家庭的分离

缺乏和父母的亲密感

缺少父母支持

缺乏爱和温暖

希望获得他人认可的需求没有得到满足

父母的排斥与敌对

关系过于紧密，近似于纠缠且无法挣脱

父亲没有积极参与到家庭中来

缺乏监控

资料来源：Based on Chassin et al. (2009), Dunn (2005), and Melby et al. (1993).

预防和治疗

在青少年开始使用药物之前，我们可以采取一些预防措施。预防计划针对可能引起药物滥用的风险因素。2003 年，美国国家药物滥用研究所收集了大量预防方案的结果，总结了最有效方案的一些核心原则（NIDA，2014）。与 2003 年一样，这些原则现在仍然有效，因此没有进行修改。预防方案应该遵循的最重要的原则如下。

- 设法增强保护性因素，例如良好的家庭功能。
- 致力于降低风险因素，例如贫困、学业失败。
- 考虑到所有形式的药物滥用，包括未成年人使用合法药物。
- 关注本地社区发生的事情。
- 针对目标人群中不同年龄和种族群体的具体需求。
- 致力于对父母教养方式的各个方面产生积极的影响。
- 早做预防，也许应该在学龄前就开始。
- 使青少年学习社会技能。
- 努力提高青少年的学业成就。
- 多管齐下，长期预防。
- 包括教师培训这一模块。
- 使用互动技术，如同伴探讨或角色扮演。

（这些原则实际上与你之前所看到过的预防青少年犯罪、怀孕或辍学的有效方案的特征相同。有效的方案一般都有着相同的特征。)

一旦青少年成为药物滥用者，我们就需要与此不同的、更具有侵入性的策略。大多数接受治疗的青少年（约 70%）都是门诊患者（Dennis et al., 2003），他们不会全天待在医院或治疗机构，在治疗间隙他们可以回家。不幸的是，只有不到 10% 有药物成瘾症状的青少年接受治疗（Muck et al., 2001）。

有药物滥用问题的青少年与成年人在几个方面有所不同。例如，青少年比成年人更有可能出现心理依赖，而且还存在心理问题（同时发生），这些心理问题可能在药物滥用出现之前就已经存在了（Winters, 1999），当青少年停止使用药物时，这些心理问题不会消失（Kandel et al., 1997）。青少年戒断药物的动机也没有成年人强烈，青少年往往是因为其他人的转介去做治疗的，而不是自愿选择戒除的（Muck et al., 2001）。要使针对青少年的治疗方案取得成功，就必须将这些差异考虑在内。

霍格和他的同事（Hogue et al., 2014）回顾了有关青少年药物滥用治疗方案有效性的文献，其中包括元分析研究，发现有三种类型的疗法得到了强烈的支持——生态家庭疗法、群体认知 - 行为疗法和个体认知 - 行为疗法。另外两种疗法——行为家庭治疗和动机性访谈也得到了支持。从图 15-4 中可以看到这些疗法的概况。其他疗法，除那些将上述这些技术合并在一起的疗法外，效果似乎不太好。

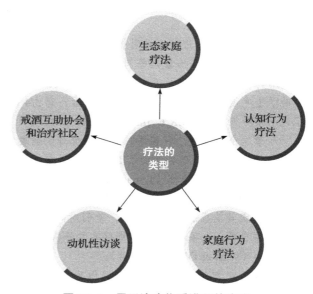

图 15-4　用于治疗物质滥用的疗法

戒酒互助协会和治疗社区

尽管一些其他治疗技术较少得到证据的支持，但一直被使用着。

每一种治疗方法都是有效的。如果你对它们不太熟悉，那只需要记住这些技术是治疗方法，而不是预防措施，因此它们没有被广泛用于普通的青少年群体中。

治疗的有效性

每一个方法都有支持者，但很少有研究将这些方法的有效性进行直接对比。在大多数研究中，研究者将完成治疗的患者与没有接受治疗的控制组、只接受较少干预（例如教育）的控制组或刚刚开始接受治疗还未完成的控制组进行比较。

似乎有一些证据支持家庭系统疗法和认知行为疗法，认为这两种疗法的治疗效果良好，持续时间相对较长（Ozechowski & Liddle, 2000；Vaughn & Howard, 2004）。

在查阅了大量研究的有效性后，威廉姆斯和他的同事（2000）得出结论：最成功的方案的特点如下。

- 有最小的退出率
- 提供跟踪和后续服务
- 是综合性的
- 包含家庭治疗

他们还强调青少年药物依赖的治疗需求是如此之大，因此有必要制定服务于广大青少年的有效方案。

研究热点

DARE 计划

DARE（抵制非法药物滥用教育）计划是现在最流行的药物使用预防方案之一。这一方案为期 4 个月，受过训练的警察每周教学生抵抗同伴压力的技巧一次，从而避免青少年因同伴压力而使用药物。这一计划从五年级开始，一直持续到整个高中阶段。DARE 提供具体药物的信息，帮助学生发展自尊和选择生活方式。全国已有 3/4 的学区，还有英国和其他 48 个国家，都采用了这个预防方案（D.A.R.E. International，2015）。

尽管这个方案被广泛应用，但是很少有证据表明 DARE 计划是有效的。例如，唐纳德·里南和他的同事对 1000 名参加了 DARE 计划或其他更短的形式药物教育的 6 年级学生进行了一个为期 10 年的跟踪研究（Lynam et al.，1999）。在这些参与者 20 岁的时候，将其与其他没有参加过 DARE 课程的学生相比，结果发现参加过 DARE 课程的学生没有更大的可能性拒绝香烟、酒精或其他成瘾药物。此外，他们对同伴压力也没有更高的免疫力，没有比其他学生表现出更高的自尊。一项在 2004 年进行的元分析的结果表明，这一干预程序对预防药物使用没有积极的作用（West & O'Neal，2004）。

DARE 官方对这些严重的批评做出了回应，在 2009 年对课程进行了修改，称新课程为"Keepin' it REAL"。尽管目前还没有足够的时间来评估其有效性，但一项短期研究（Vincus et al.，2010）发现，新课程与旧课程一样，也几乎没有产生积极影响。

既然这一研究以及其他研究的结果表明 DARE 并不比其他项目有效，为什么 DARE 项目仍然如此受欢迎呢？首先，DARE 是一个无害的、令人感觉良好的方案，很容易实施。其次，DARE 计划的成本并不高。最后，DARE 计划看起来好像起作用，这是因为大多数参加 DARE 课程的青少年没有使用药物。大家没有注意到大多数没有参加该项目的青少年也没有使用药物这一事实。既然有一些物质滥用的治疗方案已经被证实有效，也许我们可以重新考虑对这一项目超大规模的支持。

有证据表明有效的药物滥用治疗方法

有四种方法已经被证实能够成功减少药物滥用：生态家庭治疗、认知－行为疗法、家庭行为治疗、动机性访谈。在此我们只对生态家庭治疗进行讨论。

生态家庭治疗

生态家庭疗法基于布朗芬布伦纳提出的关于发展的生态系统模型（Stormshak & Dishion,

2002）。此疗法的基本原则是，把一个人的发展和行为放在生态系统中考察，除考虑他周围的环境（如家庭和同伴）、他的特点以及各因素之间的相互影响外，还要在更广阔的社会影响的情境中来考察他的发展和行为（如社区、文化价值等）。这既是预防模型也是治疗模型。

　　生态家庭治疗的一个变式被称为"多维家庭治疗"，每次治疗 60 ～ 90 分钟，持续 3 ～ 4 个月，目标包括：青少年与父母、同伴的关系，父母的应对及养育能力，家庭成员之间的沟通，社区的核心组成部分（如学校、儿童福利机构)(SAMSHA，2014b）。

💡 其他广为人知的减少药物滥用的疗法

治疗社区治疗

　　治疗社区是一个关注药物滥用者康复的居住场所。同伴压力、榜样作用和支持是这种方法的核心。居住者通过坚持无药物的生活方式和配合治疗来获得特权和责任感。这种疗法的一个局限是完成率较低：参与治疗者实际的平均居住时间是建议居住时间的 1/3（Malivert et al.，2012）。另一个局限是复发率较高，那些完成了整个治疗程序的人复发率也高。

烟草与吸烟

　　20 世纪 90 年代初期到中期，青少年的烟草使用率急剧上升，之后开始下降。事实上，2014 年，12 年级学生的吸烟率低于自 20 世纪 70 年代中期有数据记录以来的任何一年。（Johnston et al.，2015）。4% 的 8 年级学生和 14% 的 12 年级学生报告说他们在过去的一个月内吸过烟，与 20 世纪 90 年代中期 8 年级和 12 年级学生的吸烟率相比，分别下降了 80% 和近 40%。尽管如此，烟草仍是 12 ～ 17 岁青少年使用最广泛的药物之一。约 1% 的 8 年级学生和 7% 的 12 年级学生每天都吸烟。不赞成吸烟的人数在增加：大约有 80% 的高中学生说他们不喜欢待在吸烟的人旁边，也没有兴趣与吸烟的人约会。白人青少年比拉美裔青少年更有可能吸烟，而白人和拉美裔青少年又都比非洲裔青少年更有可能吸烟。8 年级男孩和女孩吸烟的比率较为接近，但在 12 年级，男孩吸烟的比例更高（Johnston et al.，2014）。

　　尽管很多青少年认为他们最终会戒烟，但实际上他们是在自欺欺人：大多数人不会停止吸烟，事实上，还会随着年龄的增长吸得越来越多（Perry & Staufacker，1996）。80% 的成年吸烟者在 18 岁之前就开始吸烟了；几乎所有每天吸烟的人都是在 26 岁之前开始吸烟的（U.S. Department of Health and Human Services，2012）。吸烟最多的成年吸烟者往往是那些很早就开始吸烟的个体。而且烟草是非常重要的"入门"药物，吸烟者使用非法药物的可能性是不吸烟者的 10 倍以上（De Civita & Pagani，1996）。

　　吸烟是美国最大的可预防患病和死亡原因（NIDA，2014d）。每年，吸烟造成全世界 600 万人死亡（World Health Organization，2013）。有 1/3 的癌症是吸烟导致的，不只限于肺癌。除肺癌外，吸烟还会引起其他肺部疾病，如支气管炎和肺气肿，还会增加患心脏病、中风和心脏病的风险（Centers for Disease Control and Prevention，2014）。吸烟者的平均寿命比非吸烟者短 10 年（Jha et al.，2014）。尼古丁，香烟中含有的可以成瘾的化学物质，并不会引起癌症，是香烟点燃后产生的烟中的多种其他化学物质（一氧化碳、甲醛、氰化物及其他成分）导致了癌症。即使一个人不吸烟，他的健康也会因为吸二手烟而受到损害

（Centers for Disease Control and Prevention，2014a）。

烟草中的尼古丁会刺激肾上腺产生肾上腺素，从而引起生理和情绪的变化。肾上腺素又会刺激中枢神经系统，造成血压升高，心率和呼吸率加快，还会促发多巴胺的释放，多巴胺能引起快乐的感觉。尼古丁既可以造成生理成瘾，也可以造成心理成瘾。

研究热点

合法药物的有害影响

尽管大多数美国人都会说使用快克、摇头丸或 LSD 对人有害，但他们很可能会说吸烟的危害没那么大，甚至会说饮酒还不错（在年满 21 岁，适度饮酒的情况下）。毕竟，烟草和酒精都是合法的，其他药物却不是。这一定是有原因的。

我们有一系列的原因（历史、文化和经济原因）可以解释为什么酒精和烟草在美国是合法的，而可卡因、海洛因和大麻不是合法的，注意，"安全"没有被列入考虑的范围。因此，很多人错误地以为使用合法药物比使用非法药物的危害小、风险低。事实是，海洛因和酒精都是可以使人成瘾的，都会对身体造成严重伤害。在这里，我们不是想说非法药物是安全的，而是要说尼古丁和酒精也是不安全的。

青少年吸烟的原因

大多数青少年知道吸烟的危害，那他们为什么还要尝试吸烟并持续下去呢？下面是一些青少年的典型回答。

"因为我周围的人吸烟。"
"为了感觉成熟一点。"
"我很好奇。"
"因为我感到紧张和不安。"
"因为我喜欢吸烟。"
"因为我不被允许吸烟。"

这些回答是在一项研究要求青少年描述自己第一次吸烟经历时他们给出的（Delorme et al.，2003）。同伴影响是青少年最常提及的开始吸烟的原因。几乎同样多的青少年报告说自己吸烟是因为想要维护自己的形象。这两个原因是相关联的，因为形象维护往往与试图提高自己的社会地位有关。几乎有一半的受访者声称"叛逆"是他们吸烟的部分动机。

此外，很多青少年会模仿吸烟的父母、哥哥姐姐以及其他成年人。改变这些青少年吸烟习惯的希望很

很多青少年开始吸烟的主要原因之一是他们看见成年人在吸烟，其中父母的影响力最大。

小，除非其父母和哥哥姐姐的吸烟习惯能够改变。大量青少年吸烟的主要原因之一是他们看见成年人吸烟，想要模仿成年人的行为。如果青少年的父母和兄弟姐妹吸烟，那么他们染上这个习惯的可能性要远远高于那些父母不吸烟的青少年（Bricker et al.，2006）。

香烟广告的影响

青少年从童年早期就开始被广告业洗脑了。广告将吸烟和男子气、独立、天性、漂亮、年轻、性吸引力、社交能力、财富和高品质生活等同起来。任何一个能想到的噱头都被广告业用来鼓励人们吸烟。这些广告总是勾起人们的情绪以及人们对接纳、受欢迎和性吸引力的渴求。性感女人的声音、上流社会的环境、回归天性的承诺，所有这些都是青少年所追求的。这导致烟草广告对青少年的影响比成年人更大（Pollay，1996）。

几十年来，人们已经认识到烟草广告对青少年的影响。早在 1969 年，美国国会就通过了禁止在电视上播放香烟广告的法律（《公共健康烟草吸烟法案》，1971 年开始实施。）从那时候起，烟草公司必须以其他方式传播信息。2011 年，烟草行业花费 80 多亿美元来促销产品，每天的费用超过 2300 万，只有汽车制造商才会花这么多钱在产品促销上（Federal Trade Commission，2013）。2011 年，嚼烟制造商花了 4.51 亿美元做广告（Federal Trade Commision，2013a）。烟草广告大量出现在杂志上，烟草生产商还使用各种促销活动来宣传他们的品牌：赞助体育赛事和音乐会、生产带有品牌标识和商标的衣服和其他物品。

1998 年 11 月，烟草行业与很多州签订了协议，同意停止向未成年人打广告。烟草业还同意在 25 年时间里支付 2060 亿美元，补贴这些州用于烟草相关疾病的医疗保健费用，这暗示着烟草使用所带来的健康危害相当严重。但如果你以为烟草广告从此会比以前少很多，你就错了。在 1998 ～ 2003 年，烟草广告的费用增长了 125%（Campaigh for Tobacco Free Kids，2005）。而且，在烟草行业签订这项协议之后，烟草公司开始在拥有大量青少年读者的杂志上增加广告投放量（Biener & Siegel，2000）。烟草行业只是将广告从广告牌上转移到了商店里和杂志上，并没有减少广告。

这些广告有作用吗？答案是肯定的。青少年经常吸的香烟的品牌往往是做广告最多的（U.S. Department of Health and Human Services，2012）、形象代言人比较年轻的品牌（Arnett，2005）。一项研究发现，那些能够说出吸引他们注意力的烟草广告的青少年吸烟的可能性，是那些说不出烟草广告的青少年的两倍之多（Biener & Siegel，2000）。还有研究发现，广告对开始吸烟的影响甚至比同伴压力的影响大（Evans et al.，1995）。一项元分析显示，接触香烟广告将青少年开始吸烟的可能性提高了一倍多（Wellman et al.，2006）。

禁止烟草广告出现在还使得美国的烟草工业将广告转到其他国家。西太平洋地区和发展中国家的青少年是他们投放广告最多的目标人群（World Health Organization，2008）。

你认为青少年继续吸烟的原因是什么？

表 15-1 青少年继续吸烟的原因

解释	原因
重度吸烟者往往容易紧张、焦躁不安	
很难打破的反射性行为：拿起一根香烟	
吸烟者往往会将吸烟行为与饭后咖啡、聊天、聚会或愉快的环境联系起来	

（续）

解释	原因
吸烟可以让人们的双手有事可做，而且吸烟和点火的动作可以提供几秒钟的停顿时间，这使人们可以在说话之前梳理自己的想法	
大量研究表明吸烟者不仅会产生心理依赖，而且会产生生理依赖	

无烟烟草

从 20 世纪 70 年代到 20 世纪 90 年代，美国青少年使用口嚼香烟和鼻烟的数量一直在持续增长，之后就开始下降，直到 2008 年后，保持相对稳定（Johnston et al.，2015）。部分原因可能是由于一种新型的烟草产品口含烟开始出现。美国南部、社会经济地位低的、乡村的白人男性是最常见的使用者。（极少有青少年女性使用无烟烟草。）大约有 14% 的 12 年级学生报告说自己在过去的一个月里使用过无烟烟草。开始使用无烟烟草的年龄一般小于开始吸烟的年龄（Boyle et al.，1997）。人体通过口腔黏膜吸收尼古丁，因此口嚼香烟也可以使人上瘾，也对人体健康有危害。尽管因为没有烟雾进入肺叶，不会引起肺癌，但是它可能会提高口腔癌、咽喉癌、冠心病、口腔溃疡和神经肌肉疾病的发生率（Piano et al.，2010）。

电子烟 不幸的是，现在市场上有一种烟草"克隆"产品——电子烟，青少年认为它比传统的香烟或无烟烟草更安全。现在青少年对电子烟的使用大大多于传统的烟草产品。9% 的 8 年级学生和 17% 的 12 年级学生报告说自己在过去的 30 天里曾经使用电子烟，在同样的时间段里，8 年级学生吸烟的比例是 4%，12 年级学生吸烟的比例是 13%（Johnston et al.，2015）。电子烟需要用电池，能使人吸入与香料相混合的蒸气形式的尼古丁。

青少年很容易获得电子烟，因为电子烟不受普通烟草产品那样的限制。即使青少年生活在禁止出售电子烟给未成年人的州，他们也能够通过在线订购来躲避法律的约束。很明显，电子烟生产商具有吸引青少年的意图，因为电子烟有巧克力口味、泡泡糖口味和水果口味。

医学研究者不仅关注电子烟对健康的消极影响的风险，还担心它可能会使青少年最终去使用其他形式的烟草产品。无论如何，电子烟本身是不好的。电子烟中包含的尼古丁与其他传统香烟中的致人成瘾的物质含量一样高，蒸气形式可能比烟更安全，但是也包含致癌物和其他有害的化学物质（例如，Formaldehyde）（NIDA，2014e）。

使青少年远离烟草

显然，理想状态是从一开始就阻止青少年使用烟草。目前已经有很多阻止青少年吸烟的做法，其效果也各不相同。大多数方案都是供学校实施的，这样可以使学生必须参与，而且能影响大量青少年。拉托雷和他的同事（2005）评估了很多在学校进行的项目，归纳了那些最成功的项目的共同要素，结果如下。

- 同伴领导的项目比成人领导的项目更有优势。这些项目的成功依赖于同伴强化和改变学生对同伴的行为准则的知觉。

- 小组讨论是有效的策略。

- 以提高对吸烟危害的认识为主的项目是无效的。尽管青少年确实了解了更多相关信息，改变了态度，但是这并不会对他们的行为产生很大影响。研究发现，虽然了解更多信息对行为可能产生影响，但这种效果持续的时间很短。

- 虽然知识本身不足以使行为产生变化，但是了解一定的信息是必要的。这些信息包括：影响烟草使用的社会性因素（例如媒体、同伴效应）、拒绝技巧（如何有效拒绝）、烟草产生的短期生理影响。

此外，他们还发现制定和维护全校范围内的禁烟规定是很有帮助的。很多州已经通过法律禁止 18 岁以下的青少年吸烟，烟草税不断提高使得青少年难以承担购买烟草的费用，越来越多的公众场合也禁止吸烟。所有这些措施都应该会减少烟草的使用（Centers for Disease Control and Prevention，2014）。

酒精和过度饮酒

酒精是青少年经常选择的药物，它是迄今最被广泛使用的可以改变心理机能的药物。但是，可能因为成年人使用酒精是合法的，人们并不认为它是很危险的药物。

因为香烟很容易致人成瘾，而且很难戒除，因此使青少年远离香烟非常重要。

对初中生、高中学生和大学生进行的研究发现，青少年饮酒的比例相当大。2014 年，监测未来调查的结果显示，27% 的 8 年级学生和 66% 的高三学生有饮酒经历。这两组被试在过去的一个月内饮酒的人数比例分别是 9% 和 37%（Johnston et al.，2015）。鉴于饮酒在美国是如此普遍，饮酒的青少年如此之多也就不足为奇了。

青少年喝哪种类型的酒呢？这取决于他们的年龄，对于年龄较大的青少年来说，喝的酒的种类与性别有关（Johnston et al.，2015）。不幸的是，在过去的 15 ~ 20 年里，青少年饮用的酒精饮料，从酒精含量相对较低的葡萄酷乐鸡尾酒变成了烈性蒸馏酒（酒精含量较高）。年纪较小的青少年仍然更有可能饮葡萄酒和啤酒（Maldonado-Molina et al.，2010），年纪较大的青少年越来越多从饮用葡萄酒转向饮用烈性酒。烈性酒会比含酒精的饮料导致更多的问题（Flensborgg-Madsen，2008）。

酗酒

问题不在于饮酒的人数，而在于大量饮酒的频率。2014 年，大约 19% 的高三学生和

4% 的 8 年级学生在过去的两周内至少有一次酗酒的经历（Johnston et al., 2015）。酗酒被界定为在 2 个小时之内喝了 5 杯酒或者更多，之所以设定这个标准，是因为研究表明这一饮酒量是各种风险急剧增加的临界点。而且，如果普通人 2 小时内喝 5 杯酒，他的血液酒精含量将达到 0.08，已经达到美国 50 个州的法律所界定的醉酒标准（National Institute on Alcohol Abuse and Alcoholism, 2004, 2015）。

如前所述，酗酒者不仅自身有面临很多消极后果的危险，他们也会将其他人置于危险之中。例如，酒精是导致交通事故和死亡的主要原因。血液酒精含量刚刚处于法律规定的临界水平之下的人发生交通意外事故的概率是其他人的 4 倍多，高于临界水平的人发生严重车祸的概率是其他人的 16 倍多。每年醉驾导致的交通意外中，几乎一半死亡者并不是车上的司机（Hingston & Winter, 2003）。每年超过 1500 起涉及未成年人的凶杀案件与酒精有关，在发生溺亡、烧伤和摔倒的不满 21 岁的青少年中，有将近 40% 的青少年被测出酒精阳性（Bonnie & O'Connell, 2004）。大多数与青少年有关的性侵行为都是在一方或双方醉酒的情况下发生的，而且醉酒的青少年在发生自愿性行为时很少采取安全的性措施（Champion et al., 2004）。（这只能根据饮酒导致的意外怀孕的数量推测。）最后，醉酒的青少年也会损坏他人的财产，在深夜吵醒他人，挑起事端等。

🔅 私人话题

大学里的饮酒情况

在过去的十年里，有很多研究对大学里的饮酒情况进行了调查。2013 年，约 80% 的男生和 75% 的女生报告说自己在过去的一个月内喝过酒（Johnston et al., 2015a）。不过，在这些学生中，并非所有人都过度饮酒。大约 40% 的大学生报告说自己在过去的两周里至少酗酒一次，男生比女生更有可能酗酒，男生和女生的酗酒率分别为 48% 和 32%。大学生比不上学的同龄人更有可能过度饮酒。这一事实表明，大学助长了饮酒行为。在高中阶段，那些想上大学的学生比不想上大学的学生更少饮酒。在四年制大学的学生所消费的所有酒精中，有近一半（48%）是由未到法定饮酒年龄的学生所消费的（Wechsler et al., 2002）。就读于全日制大学的年青成年人比那些不是学生的同龄人更有可能过量饮酒（Johnston et al., 2014）。

酗酒者承受饮酒的消极后果的可能性远远大于不酗酒的个体。酗酒者的学业成绩经常受到影响，因为他们经常头脑不清，无法学习，也因为他们经常逃课。他们的运动能力也会降低。很多人会眩晕，不记得自己做过什么，也不记得别人对他们做过什么。酗酒的学生更有可能因摔倒、打架或车祸而受伤。酗酒者更容易患上感冒或其他短期疾病，更可能产生严重的长期健康问题。过量饮酒的人更可能进行意外的、没有保护措施的性行为，这增加了他们感染性传播疾病和怀孕的风险（Cooper, 2002; Salas-Wright et al., 2015）。

值得注意的是，酗酒者不仅给他们自己带来了严重的问题，也给其他学生带来了麻烦。约 75% 的学生说至少有一次不情愿、不愉快地偶遇醉酒的同学（Wechsler et al., 2000）。尽管大多数人只是被醉酒者干扰（学习的时候被打扰、被吵醒或不得不照料醉酒的朋友），但是也有一些人被攻击（被推或被打、性骚扰，甚至约会强奸）（Abbey, 2002; Parkhill et al., 2009）。实际上，在大学校园里被熟人强奸的学生中，有 3/4 的施害者是在醉酒时进行的攻击（Mohler-Kuo et al., 2004）。

　　大学也会因为学生酗酒而受到影响。社区和学校的关系可能会变得紧张，和酒精相关的问题会导致法律服务费用和维修费用增加，很多学生服务人员会因为醉酒学生服务需求的增加而出现职业倦怠。大学附近的居民更有可能受到噪声干扰，财产受到破坏，酗酒率上升时警察的到访也会增多（Wechsler et al.，2002）。总之，酗酒的负面影响已经波及周围的人。

　　不是所有大学都有很高的酗酒率。那些酗酒发生率高的大学具有一些共同的特征。例如，这些大学具有强大的学生联谊会体系（联谊会成员比非成员饮酒更多），并且有联谊会之家（例如 Park et al.，2008）。大学中的运动员比非运动员饮酒更多，在小型院校中也是如此（Presley et al.，2002）。那些离家很远但不住在校园里的学生也容易过度饮酒，学生在年龄、种族、性别等方面越多样化，酗酒发生率越低。

　　周围的社区也在一定程度上鼓励或减少大学生酗酒。如果大学生很容易得到酒精（例如有校外酒吧），并且价格不高，酗酒率就会上升。相似地，身处成年人酗酒率很高的州的大学生也更有可能酗酒（Nelson et al.，2005）。最后，在那些具有较强的酒精控制政策的州里，大学生酗酒的可能性较低（Nelson et al.，2005）。

　　这些发现似乎证明了很多大学生的感觉：他们认识的大多数学生都是过度饮酒者。然而，数据表明，超过一半的大学生不是过度饮酒者，至少一般情况下不是。大学生没有必要通过酗酒成为群体的一部分。

合法饮酒的年龄

　　虽然有针对未成年人饮酒的法律措施，但是很多青少年在能够合法购买酒精饮料之前就已经开始饮酒了。其中大多数青少年是在家里，在父母的监管之下开始饮酒的（Van der Vorst et al.，2010）。这种饮酒行为通常发生在假期和其他特殊场合。随着青少年年龄的增长，他们趋向于在外面饮酒，最有可能去没有成年人在场的地方。青少年常常在聚会场所、户外和车里饮酒，在这些地方饮酒不易被他人发现。

　　饮酒行为在初中生和高中生之间的普遍性促使很多州重新审视规定合法饮酒年龄的法律。越南战争之后，很多州将合法饮酒年龄降到了 18 岁，原因是"你够年龄去打仗，就够年龄参加选举和饮酒"，但是政府认为，如果给 18 岁的青少年购买酒精饮料的权利，那他们那些在读初中和高中的年龄较小的朋友就也很容易接触到酒精（达到 18 岁的青少年会为他们年龄较小的同学购买酒精）。结果，很多降低了法定饮酒年龄的州重新将其提高到了 21 岁。现在，根据 1984 年颁布的《全国最低年龄饮酒法案》，所有 50 个州的法定饮酒年龄都是 21 岁。

　　将最低法定饮酒年龄定为 21 岁产生了很多积极的效果。首先，降低了青少年的饮酒率，减少了问题的出现（Wagenaar & Toomi，2002）。其次，阻止了醉酒引起的数以千计的交通事故，降低了因交通事故而死亡的人数（deJong & Blanchette，2014）。最后，21 岁开始饮酒的青少年在成年后的饮酒量通常低于那些很早就开始饮酒的个体（Carpenter & Dobkin，2011）。

青少年饮酒的原因

　　为什么如此多的青少年开始饮酒？为什么饮酒行为如此频繁地出现在这个青春期，而不是早一些或晚一些？

舒伦伯格和麦格斯（Schulenberg & Maggs，2002）认为，成长过程中的一组发展变化共同引发了青少年饮酒行为。一些最重要的变化如下。

- 和青春期有关的身体变化使得个体对于酒精的耐受性增强，因此，他们能够喝大量的酒且不会感到不舒服。
- 青少年不再认为自己是孩子，他们想要看起来更加成熟，更像成年人。他们相信手里端着酒杯会使他们看起来像成年人。
- 随着青春期认知技能的发展，青少年可以相对地看待问题，而非绝对地看待问题。他们不再去思考饮酒是否应该，而是开始思考什么时候喝酒以及喝多少酒。
- 认知上的自负使得青少年更可能质疑权威人物的意愿。
- 逐渐增强的推理能力让青少年更加意识到了成年人的虚伪，青少年可能不再尊重那些自己饮酒却告诉他们的孩子和学生饮酒危险的成年人。
- 寻求同一性的过程包括尝试新体验。
- 青少年比儿童更自由、更独立，较少受到监督。
- 青少年和同伴待在一起的时间比和家人待在一起的时间长，这增加了同伴对其行为的影响，降低了家庭的影响。
- 青少年误以为饮酒率很高，以为"人人都喝酒"的这种想法鼓励他们也去喝酒。
- 青少年对浪漫和性比较感兴趣，这激励他们频繁地去酒吧这样的地方，而这些地方通常都有酒精饮品。
- 青少年面对着很多压力，把喝酒当作一种放松的手段。

德尔曼等人（1998）还提出酒精减少了压抑，给疯狂的行为提供了一个借口。饮酒也许会让青少年做一些平时不会去做的事情，例如和陌生人发生性行为或肆意毁坏学校的财产。

其中一些原因比另一些原因更常见。一项研究（Kuntsche et al.，2014）比较了来自13个欧洲国家的不同年龄的青少年的饮酒动机，发现了惊人的相似性。他们发现社会性动机是最普遍的（饮酒是为了社交），其次是提升动机（饮酒能带来乐趣）、应对动机（释放压力）和从众（为了融入群体）。在年龄最大的青少年群体中，这一排序是最明显的。社会性动机与青少年饮酒的频率有很高的正相关，提升动机与醉酒的频率相关最高。出乎意料的是，社会性动机与醉酒的相关要高于应对动机与醉酒的相关，尤其是在年龄最小的青少年群体中。

成人和同伴的影响

饮酒是一个在成人之间广泛流传的习俗，青少年饮酒反映了他们对成人的态度和行为的知觉（Stevens et al.，1996）。青少年认为使用酒精是成人角色的一个组成部分，饮酒是进入成人社会的"仪式"。

正如前面对药物滥用进行一般讨论时提到的，家庭因素在青少年酒精滥用方面起着相当重要的作用。与不饮酒的青少年相比，过量饮酒的青少年与他们的家庭更疏远（Soloski et al.，2015），和家人在一起的时间较少，也不像不喝酒的同伴那样享受待在家里的时间。

专制型父母的教养方式与青少年的重度饮酒有关，权威型父母的教养方式与青少年较少饮酒有关（Hartman et al.，2015）。

对酗酒的态度比较温和的父母，其子女对酗酒的态度也可能是温和的（Barnes et al.，2000），不喝酒或不赞同喝酒的父母，他们的子女也可能不喝酒或不赞同喝酒。此外，慢性酒精中毒可能会代代相传（Lieb et al.，2002）。部分原因是对酒精的易感性是由一些基因控制的，特别是帮助控制肝脏中的酒精代谢的两个基因，这些基因可以由父母遗传给孩子（Edenberg & Foroud，2013）。父母饮酒的儿童长大后不一定会成为酗酒者。关于家庭影响的最新研究注重父母监控的作用。那些监督子女行为并限制子女行动的父母不大可能有喝酒的孩子（例如，Shorey et al.，2013）。

青少年也会因为他们的同伴和不同类型的朋友的影响而饮酒（例如，Rees & Pogarsky，2011）。青少年还会因为同伴压力、同伴认同的需要、社交以及友谊而喝酒（Fujimoto & Valente，2012）。饮酒变成了一个特定群体的社会习俗。因此，想要加入这个群体的青少年也开始喝酒。很多青少年饮酒是因为他们认为这很平常（Olds & Thombs，2001）。还有些青少年饮酒是因为这么做可以使他们从朋友那里获得社会性奖赏（Allen et al.，2004）。一个有效减少未成年人饮酒的策略是传播一句话："并非每个人都喝酒，并非所有青少年都认为喝醉酒没关系。"第二个策略是教给青少年拒绝的技巧（面对同伴压力时说"不"的能力），已经证明这个策略可以有效减少青少年饮酒。一些研究表明这种方法可能比改变青少年对规范的知觉更有效（例如，Connor et al.，2000）。

你想知道吗

为什么这么多青少年开始饮酒

青少年渴望饮酒似乎是因为身体、认知和社会性发展的各种变化共同起作用的结果。简而言之，他们正在试着触碰边界，想要成为成年人，他们认为饮酒可以帮助他们走过这个过程，但是他们并不理解饮酒的危险。

酒精对身体产生的影响

毫无疑问，长期过度饮酒会对身体造成伤害。大多数人都知道滥用酒精和肝硬化有关，这是一种可能致命的疾病。而且，长期过度饮酒会损伤免疫系统功能（Mehta et al.，2013），酒精滥用者不能像其他人一样能抵抗传染病，包括像肺结核这样的严重疾病。长期过度饮酒也和高血压、心律不齐（不规律的心脏跳动）、心肌衰弱以及中风有关（Corrao et al.，2004）。大量饮酒的女性比男性更易受到不利的影响（Batty et al.，2009）。尽管过度饮酒的女性比过度饮酒的男性的饮酒量要少，但是通常较少的酒精就会对女性的身体造成伤害。此外，女性摄入大量酒精还与患乳腺癌的概率的提高有关（Boyle，2013）。

已有很多证据证明酒精对人的行为和认知会产生影响。前面已经讨论过饮酒对行为的影响——饮酒者可能会出现无保护措施的性行为、逃课等。接下来我们将探讨酒精对一些基本认知功能的影响。

研究发现，过度饮酒者的脑的体积会变小，大多数酗酒者表现出轻度到中度的智力衰退（Lisdahl & Tapert，2012）。大脑额叶皮层中有很多细胞受损，而额叶是参与高级思维过程的脑区，例如计划和冲动控制。海马体和小脑是控制平衡、协调和学习的脑区，这些部位的细胞受损会使过度饮酒者保存新信息的能力、解决复杂问题的能力、知觉和记忆空间物体位置的能力受损。

　　青少年的脑还在发展当中，因此我们有理由关注饮酒是否会改变脑的发展。对实验室动物（Spear，2002）和人类的研究表明，酒精可能会影响脑的发展，至少当青少年过度饮酒时，酒精会影响脑的发展。已有研究发现，那些滥用酒精的青少年的海马体比那些不饮酒的青少年要小，而且他们的饮酒量越多，越早开始饮酒，海马体就会变得越小（De Bellis et al.，2000）。因为海马体和记忆有关，所以研究记忆缺陷与青少年过量饮酒的关系是很有意义的（Brown et al.，2000）。研究还表明，过度饮酒对青少年的脑发展的影响比对成年人的影响大。这些消极影响不仅限于青少年饮酒的时期，而是具有持续的、长期的（Squeglia et al.，2015）。

💡 私人话题

父母酒精中毒的青少年

　　酒精影响青少年的另外一个途径是，青少年生活在一个父母或其他亲密家庭成员滥用酒精的家庭中。这是一个可悲却常见的现象：超过1700万美国人有酒精滥用或酒精依赖（SAMSHA，2013a），而且他们中的很多人都为人父母。结果就是，美国1/4的孩子生活在有酒精滥用或酒精依赖的家庭环境中（Grant，2000）。成长在这样环境中的孩子出现各种问题的风险大大增加，包括焦虑、抑郁、物质滥用和学业失败等（Devine，2013）。

　　酒精依赖的母亲所生的婴儿有患胎儿酒精综合征的风险。胎儿酒精综合征会导致长期的脑结构异常（Willoughby et al.，2008）和生化指标异常（Fagerlund et al.，2006），继而引起学习障碍、记忆损伤和较差的执行控制，这又与较差的决策能力、犯罪行为和破坏性行为有关（Rasmussen & Wyper，2007）。

　　酒精中毒的父母很少履行他们作为父母的责任。他们的纪律缺乏一致性，不能监控孩子的行踪（Brody et al.，2001）。他们让孩子感到有压力，例如，他们没有稳定的工作，不能很好地管理家庭，行为模式不稳定，无法预测（Ross et al.，2004）。这些孩子常常感到抑郁，得不到情感支持（Fals-Stewart et al.，2003）。这些孩子常常需要照顾自己的父母和弟弟妹妹，额外的责任让他们感到无力应付。

　　幸运的是，现在他们可以得到帮助了。其中一个资源是阿拉汀家庭小组（http：//www.al-anon.alateen.org）。更多的信息还可以在父母酗酒儿童基金会（http：//coaf.org）找到。大学生还可以向大学心理健康中心的咨询师倾述。

年青的成年人饮酒

　　随着个体从青春期逐渐迈入成人早期，他们的饮酒量趋于减少（Johnston et al.，2015a）。不论是上大学的青少年，还是高中毕业后参加工作的青少年都是如此。很多在大学里酗酒的人毕业之后都会大幅度减少饮酒。进入职场与酒精使用的下降有关（Wood et al.，2000），不过对高中毕业就参加工作的学生来说，进入职场与酒精使用减少之间的联系不像大学毕业生那么明显（Schulenberg et al.，2000）。结婚后饮酒率也会进一步降低（Staff et al.，2009）。

总之，尽管有一部分在上大学时酒精成瘾或依赖的人在毕业后还会继续大量饮酒，但是大多数人会大大减少饮酒量。

你想知道吗

那些在大学里过量饮酒的学生在进入成年期后是否继续过量饮酒

不是的。成年生活的责任和变化似乎减少了年青人的饮酒量。

年青的成年人饮酒减少的原因

至少有两个因素在这种变化趋势中起了作用：成年人责任感的提高、社交的减少。在此我们只对成年人责任感的提高进行讨论。

成年人责任感的提高

成人生活中日渐增加的责任感使得一个人很难再继续酗酒。毕业之后，一个人通常需要早起和长时间工作、打扫房间、购买食物等。

第16章

结　语

　　读完这本书后，你可能已经了解了很多关于青少年的知识以及他们的典型经历。在此，我想以一个乐观的角度来结束本书，本书详述了大多数青少年会面临的很多问题，我将开始介绍如何阻止这些问题的发生。近年来，大量研究都在关注**积极的青少年发展**（positive youth development）。这一观点关注青少年的长处和建构性的特点。该观点认为发展不是预先决定的，给个体提供促进其健康发展的机会能够对其产生巨大而有益的影响。最后，我将简短地讨论一个人在青春期后即将经历的人生阶段。

积极的青少年发展

　　关于什么是积极的青少年发展，并没有被一致认可的定义（Lerner et al., 2009）。对一些人而言，它是健康调节的同义词（例如，Shek et al., 2007），而对另一些人而言，它意味着避免有害的活动（Tebes et al., 2007）。实际上，我们对积极的青少年发展的了解源于对预防课程的分析。这些预防课程可以教青少年技能，帮助青少年建立关系，提高青少年的自尊，从而避免青少年出现有害行为，帮助他们成长为功能健全的成年人。

　　预防课程的目的是在问题行为发生之前就消除它们。很多专家认为我们应该付出更多的努力做好预防，原因如下。

- 一个课程能够同时有效减少若干不良行为，如药物滥用和辍学。（正如前面所述，或许是同样的压力源导致的多重问题。）

- 预防措施能够消除或减少青少年、他们的家人以及他们的受害者的心理创伤（假设有）。
- 预防课程能够消除失败的循环，即一个问题会导致其他问题，或者至少会使其他问题的情况恶化。积极的青少年发展预防措施不同于狭义的预防措施（如关于不安全性行为和滥用药物的危险性的讲座），后者没有教学生获得成功所需的生活技能（Roth，2000）。

成功的青少年发展课程具有哪些特征？通过考察文献和 71 个已有的成功课程，罗斯和布鲁克斯·甘恩（2003）提出，一个成功的青少年发展课程具有以下三个特征。

- 该课程必须包括恰当的目标，即该课程不仅仅致力于阻止青少年进行高危活动，而且能帮助青少年构建技能和能力，以促进青少年和他人的联系。
- 它们通过给青少年提供合适的活动来完成这些目标。大多数成功的项目能够给参与者机会去制定决策、感受挑战、参与社区服务。
- 该课程能够营造良好的氛围，包括安全感和支持感。大多数此类课程鼓励成人和青少年之间形成良好的师徒关系。为了保证成功，此类课程必须要维持相当长的一段时间（Roth，2000）。

勒纳和她的同事们（2009）结合这个领域内大量研究者的成果提出了青少年积极发展的 5C 模型，具体地讲，积极的青少年发展课程涉及帮助青少年发展能力（competence）、自信（confidence）、联结（connection）、性格（character）以及同情心（compassion）（见图 16-1）。当然，具有这些特质的青少年正走在通向充实且愉快的生活的路上。

里德·拉森和他的同事们在对青少年发展课程的描述中强调了不同的重点，他们提出参与这些活动可以帮助青少年获得责任感（Larson，2011；Salusky et al.，2014），如何做到这一点呢？通过给青少年布置任务，让他们练习负责任。（我们从以前的研究中知道

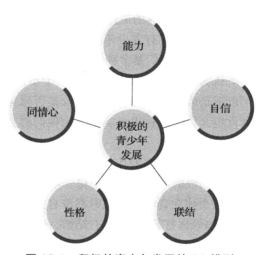

图 16-1　积极的青少年发展的 5C 模型

一个人可以通过练习学习负责任（例如，Wood et al.，2009））。他们宣称，当这些课程对责任感的需要和挑战越来越大时，其效果最好：这可以使青少年发展技能，培养青少年的效能感（Salusky et al.，2014）。另外一些好的特征是：任务是开放式的，而不是被狭隘地定义（因此青少年能够找到达成目标的方法），给青少年比较适当的支持，目标达成需要团队合作。

成功的课程必须能吸引青少年，使他们参与进来。安德森 - 巴切（2005）认为，青少年感兴趣的是那些时间和地点都很方便的课程，这些课程还要能够开阔青少年的视野，提

高其生活质量，在功课上帮助他们或以其他方式满足他们的需求，给他们迎接挑战的机会，让他们体验掌握感，增强他们的身体体能，给他们选择的机会，让他们能彼此成为朋友。

显然，这样的课程的确存在，而且我们有办法帮助青少年成功度过他们的青春期。实际上，我们有能力减少青少年犯罪、未成年怀孕、物质滥用以及学业落后等问题。我们知道如何帮助青少年拥有良好的自我感觉，并对自己的未来充满信心。我们需要能够实现这一切的决心和资源。

成人初显期

传统上，我们期望青少年从青春期直接过渡到成年早期，当然很多青少年仍然如此。然而，现在有更多的青少年正朝着一个不同的、新的生活阶段迈进：**成人初显期**（emerging adulthood）。因为该阶段早于成年早期出现，因此，我们首先讨论这个阶段。

成人初显期由阿内特（2000，2004）首次提出，它通常从 18 岁开始，一直到 25 岁左右（甚至更晚）。这一阶段的存在是我们之前讨论过的人口统计学变量的变化所致：人们的结婚年龄变大了，人们更可能会继续自己的学业，或因为其他原因推迟结婚，人们推迟了稳定下来和做出永久选择的时间。人们的生活处于不断地变迁当中，人们频繁地搬迁，换工作，开始、停止、重新开始接受教育。有时这种频繁的变化是个人的选择（因为个体不确定他们到底想要什么，或者因为他们改变了主意），有时不是自愿的（如就业市场不景气，找不到感兴趣的工作）。成人初显期是很难特征化的一个阶段：几乎所有中年美国人都有工作，几乎所有青少年都和他们的家人住在一起，然而几乎所有的初显期成人都没有什么共同之处，他们是多种多样的。

认为成人初显期是生命中一个不同阶段的理由是，初显期成人感觉自己既不是青少年也不是成年人。当他们被问及是否感觉自己已经长大时，他们的答案不是肯定的，而是既肯定又否定。这很可能是因为他们感觉自己似乎还不能完全独立，不论是经济上还是情感上。

将成人初显期看作一个独立的人生阶段还有一个好处，它为个体完成自我同一性探索提供了一段时间。你肯定记得，埃里克森认为青春期的主要任务是发展自我同一性。然而，大多数个体在青春期结束时都没有完全形成自我同一性（除非你愿意将青春期延长到 20 多岁）。如果你打算 30 岁左右结婚，你就不太可能在 17 岁的时候认真考虑你想要寻找怎样的人生伴侣。如果读大学甚至研究生在你的计划范围内，你就会认真思考你的职业规划，这样的规划绝不同于高中毕业后打算得到一份全职工作的规划。成人初显期是心理延缓期的扩展，在这个阶段，个体会积极地思考自己的目标和选择，但是不会做出任何决定。

成人初显期并不具有普遍性，它只存在于个体发展已经普遍延期的社会中，它更可能出现在西方文化中而不是传统文化中。成人初显期可能并不是工业社会的必然现象，但是现在看来，它似乎是将许多人在 20 多岁的这个阶段概念化的一个良好途径。

成年早期

通常情况下，个体一般会从青春期进入成年早期。我们在前面提到过罗伯特·哈维格斯特描述的成年早期的发展任务（Havighurst，1972）。

心理成熟与社会成熟

尽管哈维格斯特没有提到，但是另外一个也会在成年早期出现的变化是心理成熟与社会成熟，这种成熟不仅仅意味着独立自主和形成自我同一性（尽管这两点也很重要）。你会为自己的决定和行为承担责任，并真正接纳自己。也就是说你能真实、客观地看待世界和自己，包括能够应付挫折，重新振作，照顾他人，而不仅仅是照顾自己（allport，1961）。成熟意味着情绪更稳定、更认真、更宜人（Roberts & Mroczek，2008），这一点已经得到了多个文化的证实（Bleidorn et al.，2013；McCrae et al.，2000）。认真的个体更加细心、周到、负责任。宜人性高的人更加合作、温暖、照顾他人。并不是每个人都会在成年早期达到心理成熟，但这是每个人努力奋斗的目标——与不成熟的人相比，成熟的个体更加快乐，有更成功的关系，工作得更好，生活得更健康，也更长寿（Robers et al.，2007）。

是什么推动一个人逐渐达到心理成熟和社会成熟？生理因素和环境因素都在起作用（Bleidorn et al.，2014）。与生命的更早阶段相比，在成年早期，环境因素所起的作用相对更大（Briley & Trucker-Drob，2014）。转变为全职员工似乎影响特别大（Bleidorn et al.，2013）。似乎是就业所培养的责任感和独立性促进了一个人的成熟。

除了上面描述的方面，很多人认为成年早期的感觉和青春期在其他方面也有所不同。青少年可能会有一种"想成为什么"和"为什么而努力"的感觉；很多大学生通常会说"当我进入现实生活时……""当我长大后……"，青春期后期的个体更多以未来为导向，你可能会感到你正在为自己将来的生活做准备。相反，处于成年早期的个体可能会更多地感觉自己已经来到了曾经想象的未来，你不是正在变成什么样，而是你已经是这个样子了。那么，享受它吧！

年青成人的生活任务

罗伯特·哈维格斯特描述了青少年的生活任务，也概述了年青成年的发展任务（Havighurst，1972）。显然成年人的发展任务与青少年有很大的不同。在此，我们只对年青成人选择配偶这一发展任务进行讨论。

选择配偶

当人们20多岁的时候，约会情况发生了变化：变得更加认真，更多地致力于寻找一位伴侣。当你和某人出去的时候，你通常会问自己：这个人能否成为一个好的配偶？将来是否会成为一位好父亲／母亲？在青春期，你和某人约会仅仅是因为他／她很有趣、很吸引人，你能约到他／她，而在成年早期，仅仅考虑这些也许是不够的。

全 年 龄 段

《叛逆不是孩子的错：不打、不骂、不动气的温暖教养术（原书第2版）》

作者：[美] 杰弗里·伯恩斯坦 译者：陶志琼

放弃对孩子的控制，才能获得更多的掌控权；不再强迫孩子听话。孩子才会开始听你的话，樊登读书倾力推荐，十天搞定叛逆孩子

《硅谷超级家长课：教出硅谷三女杰的TRICK教养法》

作者：[美] 埃丝特·沃西基 译者：姜帆

"硅谷教母"埃丝特·沃西基养育了三个卓越的女儿，分别是YouTube的CEO、基因公司创始人和名校教授。她的秘诀就在本书中

《学会自我接纳：帮孩子超越自卑，走向自信》

作者：[美] 艾琳·肯尼迪-穆尔 译者：张海龙 郭霞 张俊林

为什么我们提高孩子自信心的方法往往适得其反？
解决孩子自卑的深层次根源问题，帮助孩子形成真正的自信；
满足孩子在联结、能力和选择三个方面的心理需求；
引导孩子摆脱不健康的自我关注状态，帮助孩子提升自我接纳水平

《去情绪化管教，帮助孩子养成高情商、有教养的大脑！》

作者：[美] 丹尼尔·J. 西格尔 等 译者：吴蒙琦

无须和孩子产生冲突，也无须愤怒、哭泣和沮丧！用爱与尊重的方式让孩子守规矩，使孩子朝着成功和幸福的人生方向前进

《爱的管教：将亲子冲突变为合作的7种技巧》

作者：[美] 贝基·A.贝利 译者：温旻

美国亚马逊畅销书。只有家长先学会自律，才能成功指导孩子的行为。自我控制的七种力量和由此而生的七种管教技巧，让父母和孩子共同改变。在过去15年中，成千上万的家庭因这7种力量变得更加亲密和幸福

更多>>>

《儿童教育心理学》 作者：[奥地利] 阿尔弗雷德·阿德勒 译者：杜秀敏
《我不是坏孩子，我只是压力大：帮助孩子学会调节压力、管理情绪》 作者：[加]斯图尔特·尚卡尔 等 译者：黄镇华
《如何让孩子爱上阅读》 作者：[澳] 梅根·戴利 译者：卫妮